煤矿安全技术操作规程

主　编　杨尊献
副主编　刘文宝　杨传乐

中国矿业大学出版社
· 徐州 ·

图书在版编目(CIP)数据

煤矿安全技术操作规程 / 杨尊献主编. — 徐州 ：
中国矿业大学出版社，2017.12(2022.1 重印)

ISBN 978 - 7 - 5646 - 3756 - 9

Ⅰ. ①煤… Ⅱ. ①杨… Ⅲ. ①煤矿—矿山安全—技术
操作规程 Ⅳ. ①TD7-65

中国版本图书馆 CIP 数据核字(2017)第 270964 号

书　　名　煤矿安全技术操作规程
主　　编　杨尊献
责任编辑　满建康
出版发行　中国矿业大学出版社有限责任公司
（江苏省徐州市解放南路　邮编 221008）
营销热线　(0516)83884103　83885105
出版服务　(0516)83995789　83884920
网　　址　http://www.cumtp.com　**E-mail**:cumtpvip@cumtp.com
印　　刷　江苏淮阴新华印务有限公司
开　　本　787 mm×1092 mm　1/16　**印张** 39　**字数** 973 千字
版次印次　2017 年 12 月第 1 版　2022 年 1 月第 2 次印刷
定　　价　95.00 元

《煤矿安全技术操作规程》
编写委员会

主　任　满慎刚

副主任　杨尊献

成　员　刘文宝　刘中胜　鲍庆国　杨传乐
崔成宝　张安兴　徐若友　孙继利
苗传靠

主　编　杨尊献

副主编　刘文宝　杨传乐

参　编　石海波　陈亚东　张文宝　彭宗芹
宋忠亮　梁　锋　陈传海　杨　明
宋　勇　万召田　白文信　姜化举
魏振全　王士奎　张道福　董美河
高化军　谢关友　李付海　谢绍成
王思栋　李高奇

目　录

第1篇　井工采煤

第2篇 露天采煤

第3篇 掘　进

第4篇　机电运输

第5篇 通风防尘

第6篇　地测防治水

第7篇　调　度

第8篇　选煤煤质运销

第1篇　井工采煤

采煤爆破工

一、适用范围

第1条 本规程适用于在煤矿井下采煤工作面从事爆破作业的人员。

二、上岗条件

第2条 必须具有两年以上采煤工作经历，熟悉采煤工作面通风、瓦斯管理和爆炸物品管理规定、爆炸物品性能与作业规程，掌握爆破技术，经过培训、考试合格，取得特种作业操作证后，方可持证上岗。

第3条 上岗前必须佩戴齐全职业病个人防护用品，了解并掌握进入产生职业病危害因素场所应采取的防治措施。

三、安全规定

第4条 作业前必须进行本岗位危险源辨识，严格执行敲帮问顶制度，严禁空顶作业，并检查确保作业地点通风良好、有害气体不超限，作业时必须严格执行“手指口述”。

第5条 采煤工作面爆破作业时，除执行本规程外还必须认真执行《煤矿安全规程》、《煤矿井下爆破作业安全管理九条规定》、《煤矿井下爆炸材料安全管理六条规定》、作业规程及其他相关法律、法规的规定。

第6条 采煤工作面爆破作业必须由专职爆破工担任。

第7条 必须严格按照《煤矿安全规程》、本操作规程、工作面作业规程及爆破说明书的规定进行操作，不得擅自改变。

第8条 必须妥善保管好爆炸物品和发爆器。炸药和电雷管分别存放在专用的爆炸物品箱内，并加锁，放置在顶板完好、支架完整、避开机械和电气设备、干燥的安全地点，爆破时必须放到警戒线以外；发爆器悬挂于干燥地点，钥匙要随身携带。

第9条 必须严格执行爆炸物品和发爆器领退等制度，领退时要有记录、签字。

第10条 必须按《煤矿安全规程》第三百五十条等相关规定，井下爆破作业，必须使用煤矿许用炸药和煤矿许用电雷管。一次爆破必须使用同一厂家、同一品种的煤矿许用炸药和电雷管。

第11条 爆破作业必须执行“一炮三检”和“三人连锁爆破”制度，并在起爆前检查起爆地点的甲烷浓度。并必须认真执行报告制度，由带班队长向矿调度室报告瓦斯、煤尘、支护等情况，经同意后方可进行爆破，严禁擅自爆破。

第12条 在采煤工作面，必须使用煤矿许用瞬发电雷管、煤矿许用毫秒延期电雷管或者煤矿许用数码电雷管。使用煤矿许用毫秒延期电雷管时，最后一段的延期时间不得超过130 ms。使用煤矿许用数码电雷管时，一次起爆总时间差不得超过130 ms，并应当与专用起爆器配套使用。在有瓦斯或煤尘爆炸危险的煤层必须采用毫秒爆破，爆破延期总时间不得大于130 ms。

第13条 炮眼封泥必须使用水炮泥，水炮泥外剩余的炮眼部分应当用黏土炮泥或者用不燃性、可塑性松散材料制成的炮泥封实。严禁用煤粉、块状材料或者其他可燃性材料作炮眼封泥。无封泥、封泥不足或者不实的炮眼，严禁爆破。严禁裸露爆破。

第14条 必须使用取得煤矿矿用产品安全标志的发爆器和符合规定的爆破母线进行

爆破，严禁采用其他方法起爆。

第 15 条 装填炮眼与打眼的距离不得小于 20 m，在装填炮眼地点附近 20 m 范围内不得从事其他任何工作；在有电气设备或电缆的地段严禁装填炮眼。

第 16 条 在采煤工作面可分组装药，但一组装药必须一次起爆。组与组之间的炮眼间距不得小于 5 m。严禁对其他组提前进行连线，严禁在 1 个采煤工作面使用 2 台发爆器同时进行爆破。

第 17 条 炮眼深度小于 0.6 m 或有 2 个及以上自由面时，在煤(岩)层中最小抵抗线小于 0.5(0.3) m 时，不准装药爆破。

第 18 条 必须采用串联网络进行爆破，严禁采用并联、混合联。每次爆破作业前，爆破工必须做电爆网路全电阻检测。严禁采用发爆器打火放电的方法检测电爆网路。

第 19 条 爆破工必须最后离开爆破地点，在安全地点起爆；在所有人员撤离警戒区和警戒工作未就绪前不得连线起爆。

第 20 条 处理拒爆、熄爆时，应当在班组长指导下进行，并应在当班处理完毕。特殊情况下，当班留有尚未爆破的装药的炮眼时，当班爆破工必须在现场向下一班爆破工交接清楚。

四、操作准备

第 21 条 向班组长接受任务，填写领料单。领料单要注明当班使用炸药和雷管的品种、数量，并经工区领导签字、加盖工区公章。

第 22 条 领取发爆器，检查发爆器外观是否完好，充电后氖灯是否明亮，是否按期校验合格，否则不得领用。不得用短路的方法检查发爆器。

第 23 条 领取爆破母线，检查母线长度、规格和质量，给母线接头除锈、扭结并用绝缘带包好。

第 24 条 备齐木(竹)扦、木(竹)质炮棍、水炮泥袋。炮棍的直径应略大于药卷直径。

第 25 条 持领料单到爆炸物品库领取炸药与电雷管，检查领取的炸药、雷管品种、数量及雷管编号是否相符，是否已经过期或严重变质。

第 26 条 要将爆炸物品直接运送到临时存放地点，严禁中途停留。运送时必须遵守下列规定：

1. 电雷管必须由爆破工亲自运送，炸药应当由爆破工或者在爆破工监护下运送。

2. 电雷管和炸药必须分装在不同的具有耐压和抗撞击、防震、防静电的非金属容器内，严禁装在衣袋内。

3. 携带爆炸物品上、下井时，罐笼内搭乘的携带爆炸物品的人员不得超过 4 人，其他人员不得同罐上下。

4. 在交接班、人员上下井的时间内，严禁携带爆炸物品人员沿井筒上下。

五、正常操作

第 27 条 爆破工按以下顺序操作：

领取工具→领取爆炸物品→运送爆炸物品→存放爆炸物品→装配起爆药卷→检查炮眼、瓦斯→进行处理→撤离人员，设装药前警戒→装药→撤离人员，设爆破前警戒→检查瓦斯→连线→起爆地点检查瓦斯→做电爆网络全电阻检查→发出信号→起爆→爆破后检查→撤警戒→收尾工作。

第 28 条　准备好足够的炮泥和水炮泥。

第 29 条　按当时爆破需用数量装配起爆药卷。装配时必须遵守下列规定：

1. 由爆破工装配，不得由他人代替。

2. 在顶板完好、支架完整、避开机械和电气设备、干燥的安全地点装配。严禁坐在爆炸物品箱上装配。

3. 装配时，必须防止电雷管受震动或冲击，防止折断脚线及损坏其绝缘层。

4. 从成束雷管中抽出单个电雷管时，应将成束的电雷管脚线顺好，拉住前端脚线将电雷管抽出，不得手拉脚线硬拽管体或手拉管体硬拽脚线。

5. 电雷管必须由药卷的顶部装入，先用木(竹)扦在药卷的顶端中心垂直扎好略大于电雷管直径的孔，然后将电雷管全部插入孔眼，将脚线在药卷上拴一个扣，剩余的脚线全部缠在药卷上(或挽好)，并将脚线扭结成短路。

一个起爆药卷只准装一个雷管；严禁用电雷管代替木(竹)扦扎眼；严禁将电雷管斜插在药卷上或捆在药卷上。

6. 装好的起爆药卷要立刻整齐地摆放在容器内，点清数量，防止遗失，严禁随地乱放。

第 30 条　装填炮眼前，爆破工要与班组长、瓦斯检查工共同对工作面及炮眼进行全面检查，对所检查出的问题，应及时处理。凡有下列情况之一者，不准进行装药：

1. 装药地点 20 m 范围内风流中，甲烷浓度达到 1％时；

2. 装药地点 20 m 范围内有煤尘堆积飞扬时；

3. 工作面风量不足或风向不稳定时；

4. 工作面控顶距离超过规定，支架损坏、架设不牢、支护不全，伞檐、炮道不符合规定或装药地点有片帮危险时；

5. 工作面有明显来压现象时；

6. 炮眼内发现异状，有压力水、温度忽高忽低、瓦斯突增、炮眼出现塌陷、裂缝、煤岩松散、透采空区等情况时；

7. 炮眼的深度、角度、位置不符合作业规程规定时；

8. 炮眼内煤(岩)粉未清除干净时；

9. 发现拒爆未处理时；

10. 高瓦斯矿井和低瓦斯矿井高瓦斯区域工作面采用反向起爆未制定安全措施或应落实的安全措施而未落实时。

第 31 条　按作业规程规定要求设置装药前警戒。

1. 装药前，必须由班组长亲自布置专人按照作业规程要求的范围设置装药警戒，与装药无关的人员不得随意进入装药警戒线以内，严禁从事其他与装药无关的工作。

2. 警戒线必须设在顶板完好、支架完整的安全地点，并设置警戒牌和栏杆(或拉绳)。

第 32 条　按作业规程规定的装药量和起爆方式装药。

1. 用炮棍先将药卷轻轻地推入眼底，推入时用力要均匀，使药卷紧密接触，严禁冲撞或捣实药卷。

2. 正向起爆的起爆药卷最后装入，药卷聚能穴朝向眼底，要一手推引药，一手松直脚线，但不要过紧，不得损伤脚线；反向起爆的起爆药卷最先装，药卷聚能穴朝向眼口，要一手拉住脚线，一手用炮棍将起爆药卷轻轻地推入眼底。

第 33 条 装填炮泥：

1. 先紧靠药卷填上 30～40 mm 的炮泥，然后按作业规程规定的数量装填水炮泥，再在水炮泥外端用炮泥将炮眼封实。不得使用漏水的水炮泥。

2. 装填时要一手拉脚线，一手填炮泥，用炮棍轻轻用力将炮泥慢慢捣实，用力不要过猛，防止捣破水炮泥。炮眼装填完后，要将电雷管脚线悬空。

3. 封泥长度要符合作业规程规定，一般应将炮眼填满。炮眼深度为 0.6～1 m 时，封泥长度不得小于炮眼深度的 1/2；炮眼深度超过 1 m 时，封泥长度不得小于 0.5 m；炮眼深度超过 2.5 m 时，封泥长度不得小于 1 m；深孔爆破时，封泥长度不得小于孔深的 1/3；光面爆破时，周边光爆炮眼应当用炮泥封实，且封泥长度不得小于 0.3 m；工作面有 2 个及以上自由面时，在煤层中最小抵抗线不得小于 0.5 m，在岩层中最小抵抗线不得小于 0.3 m。浅孔装药爆破大块岩石时，最小抵抗线和封泥长度都不得小于 0.3 m。

第 34 条 按作业规程规定要求设置爆破前警戒。

1. 爆破前，必须由班组长亲自布置专人在可能进入爆破地点的所有通路上按照作业规程规定的警戒线处担任警戒，并将警戒情况向班组长反馈。

2. 警戒线必须设在顶板完好、支架完整的安全地点，并设置警戒牌和栏杆（或拉绳）。

3. 爆破时，所有人员都应在警戒线之外。

4. 工作面与其他地点（采掘工作面、作业地点或巷道）相距在 20 m 以内时，必须在其他地点以外处设置警戒，并在爆破前检查瓦斯。

第 35 条 连线前，爆破工要和班组长、瓦斯检查工对爆破地点进行第二次检查，对查出的问题及时处理，在瓦斯检查符合规定时方可连线。

第 36 条 连线：

1. 按照作业规程规定的连线顺序先连接雷管脚线，可由经过专项培训的班组长协助爆破工进行。

2. 脚线连接完后再将母线（或通过连接线）与剩余的两条脚线相连接。

3. 脚线与脚线、脚线与连接线、母线间的所有接头，都必须扭紧并悬空，不得同任何物体相接触。

第 37 条 敷设和检查母线：

1. 爆破母线（或通过连接线）连接脚线、检查线路和通电工作，只准爆破工一人操作。

2. 爆破母线应悬挂在没有电缆、电线、信号线和金属管路的巷道一侧；如果无法避开，则应挂于管线下方，并与其保持 0.3 m 以上的间距。

3. 爆破母线应随用随敷设，每次爆破完毕后都应及时将母线收起。

第 38 条 通电检测与通电起爆：

1. 到达警戒线外的起爆电源操作地点后，首先检查该地点瓦斯，然后进行电爆网络全电阻检查，发现问题及时处理；线路不导通时，应随挽线随对线路重新进行检查，同时必须遵守第 36 条规定。

2. 接到班组长下达通电起爆命令后，将母线连接在发爆器的接线端（输出端）并拧紧，将钥匙插入发爆器转至充电位置，随即发出爆破警号。

3. 发出爆破警号至少再等 5 s 后，方可起爆。

4. 爆破后，首先取下发爆器钥匙，然后将母线从发爆器上摘下并扭结成短路。

第 39 条　分组爆破后检查：

待工作面的炮烟被吹散后，爆破工要会同班组长、瓦斯检查工共同进行爆破后的检查工作。

第 40 条　分组爆破后检查没有发现问题或问题处理完毕后，方可进行下一组的装药、连线、爆破工作。

第 41 条　爆破后，经通风除尘排烟确认井下空气合格、等待时间超过 15 min 后，方准许检查人员进入爆破作业地点，爆破工、瓦斯检查工和班组长必须首先巡视爆破地点，检查通风、瓦斯、煤尘、顶板、支架、拒爆、残爆等情况。发现危险情况，必须立即处理，确无危险后，方可由班组长解除警戒，其他人员方可进入工作面作业。

六、收尾工作

第 42 条　收拾整理好工具，存放在指定地点，清点剩余电雷管、炸药，填写消耗单并经班组长签字。按规定进行交接班。

第 43 条　将剩余电雷管、炸药退还爆炸物品库，并办理手续；交还发爆器、爆破母线等。

采煤打眼工

一、适用范围

第 1 条　本规程适用于在煤矿井下采煤工作面从事打眼作业的人员。

二、上岗条件

第 2 条　必须熟知《煤矿安全规程》的有关规定，熟悉风钻各部性能，能独立操作。操作工必须经过专门培训，考试合格，并持证上岗。

第 3 条　无妨碍本职工作的病症。

第 4 条　上岗前必须佩戴齐全职业病个人防护用品，了解并掌握进入产生职业病危害因素场所应采取的防治措施。

三、安全规定

第 5 条　作业前必须进行本岗位危险源辨识，严格执行敲帮问顶制度，严禁空顶作业，并检查确保作业地点通风良好、有害气体不超限，作业时必须严格执行“手指口述”。

第 6 条　打眼时，除执行本规程外还必须认真执行《煤矿安全规程》、作业规程及其他相关法律、法规的规定。

第 7 条　上班前严禁喝酒，班中不得睡岗、脱岗。严格执行交接班制度和工种岗位责任制，遵守本操作规程及《煤矿安全规程》的有关规定。

第 8 条　打眼与装药不得同时进行。

第 9 条　必须采用湿式打眼，严禁干打眼。

第 10 条　禁止套残眼，处理瞎炮的炮眼必须在距原炮眼不得小于 300 mm 处，重新打一平行炮眼，不得与原炮眼斜交。

第 11 条　打眼过程中，操作人员严禁跨骑气腿钻眼，钻杆下方严禁有人停留。

第 12 条　掌钎工不得戴手套。

第 13 条　不得在水中打眼以防止打在残眼上。

第 14 条　打眼过程中突遇停风、停水时，应取下钻机，拔出钻杆。

第 15 条　退钻时，严禁用力猛拉钻机。

四、操作准备

第 16 条　打眼工在作业现场进行交接班，详细询问工作面岩层情况(硬度、节理等)，支护是否完好，风钻及钻杆的数量及使用完好情况，有无瞎炮、残炮及其处理情况。

第 17 条　检查工作面空顶距离是否超过作业规程规定，工作面临时支护、永久支护是否合格，如发现有空帮空顶、支架歪扭、工作面留伞檐等均要及时处理。

第 18 条　敲帮问顶，处理工作面活煤(矸)。

第 19 条　检查压风、供水管路有无破口，风钻零件是否齐全、完好，螺丝是否紧固。

第 20 条　检查完毕后，把风钻风水管路理顺运至工作面，将风水管路分别与风钻的相应接口连接牢固并向注油器注油。打开钎卡，上好钻杆钻头，扭开水压阀门、再打开风压阀门进行试运转。

第 21 条　若钻眼位置断面较大，眼位较高时，必须用大板配合铁梯搭设牢固的工作平台。

第 22 条　在倾角较大(＞20°)的上山工作面打眼，其后方要设挡板，挡板要牢固可靠并不得影响他人作业。

第 23 条　按照作业规程中爆破图表与说明书的规定标出眼位。

五、正常操作

第 24 条　打眼工站在钻机侧后方，一手握住手把，一手操纵开关，两腿前后错开，保持身体平衡，注视前方钻杆，缓送气腿阀门，使气腿蹬到实处，并达到一定的支撑力(严禁跨骑气腿，防止发生意外伤害)。

第 25 条　掌钎工站在钻机一侧，距离工作面 400～600 mm，两手抓稳抓牢，对准标好的眼位，向打眼工发出开机信号。(掌钎工不准戴手套。)

第 26 条　开机时，把钻机操纵阀开到轻转位置，待眼位固定并钻进 20～30 mm 以后，打开水门，掌钎工两手松开，退到机身后侧监护；打眼工把操纵阀搬到中转位置钻进，当钻进 50 mm 左右，钻头不易脱落眼口时，全速钻进。

第 27 条　打眼应与岩层节理方向成一定夹角，尽量避免沿岩层节理方向钻眼。

第 28 条　打眼时，用手把阀门及时调节气腿高度，使钻机、钻杆和打眼方向一致，距离要均匀，不要用力过大，防止断钎、夹钎。钻杆不要上下、左右摆动，以保持钻进方向。

第 29 条　打眼过程中，要随时注意煤岩帮顶板，发现有片帮、冒顶危险时，必须立即停钻处理。要经常检查风水管路的连接是否牢固，零部件、设施是否正常，发现问题，及时停钻处理。

第 30 条　打眼时，要掌握好钻孔的深度和角度，达到要求深度时，减速撤钻。钻深眼时，必须采用不同长度的钻杆，开始时应使用短钻杆。

第 31 条　在向下倾斜的工作面钻底眼时，钻杆拔出后，应及时用物体将眼口封护好，防止煤岩粉将炮眼堵塞。

第 32 条　处理瞎炮的炮眼，必须与原炮眼相距不小于 300 mm 的距离，并且要平行原炮眼方向，严禁与原炮眼斜交。

第33条　撤钻时，小开阀门，停止向前推力，使钻杆缓慢旋转，缓慢向怀中拉钻机，同时缩气腿，使钻杆在旋转中退出炮眼；掌钎工待钻杆钻速减慢时，站在钻杆一侧，协助打眼工将钻杆退出炮眼。

第34条　遇有下列情况禁止打眼：

1. 工作面风流中甲烷浓度超过1.0%时；
2. 工作面煤体留有伞檐未处理时；
3. 工作面空顶距超过作业规程规定或有隐患时；
4. 发现煤层中有出水、挂汗、水响、怪味、瓦斯涌出量增加等异常情况时。

六、收尾工作

第35条　打眼完毕，关闭风水阀门，将水管、风管从钻机上卸下，打开钎卡，取出钻杆。

第36条　将钻机、钻杆搬离工作面，存放在安全地点，将风水管路盘放整齐。

回采巷道维修工

一、适用范围

第1条　本规程适用于在煤矿井下采煤工作面从事回采巷道维修作业的人员。

二、上岗条件

第2条　必须熟悉顶板控制及支护方法，具有回采巷道的支护、回柱操作技能，经过培训、考试合格后，方可上岗操作。

第3条　上岗前必须佩戴齐全职业病个人防护用品，了解并掌握进入产生职业病危害因素场所应采取的防治措施。

三、安全规定

第4条　作业前必须进行本岗位危险源辨识，严格执行敲帮问顶制度，严禁空顶作业，并检查确保作业地点通风良好、有害气体不超限，作业时必须严格执行“手指口述”。

第5条　回采巷道维修作业时，除执行本规程外还必须认真执行《煤矿安全规程》、作业规程及其他相关法律、法规的规定。

第6条　严格按作业规程及补充措施的有关规定施工，保证工程质量。

第7条　维修巷道每组最少2人操作，严禁单人作业。

第8条　工作面上、下平巷20 m范围内必须加强支护，所有支柱必须拴好防倒链，防止倒柱伤人。

第9条　在有2个安全出口的同一条巷道内，最多只允许两组人员相向进行维修巷道工作，两组之间的距离不得小于15 m。

第10条　凡巷道棚梁或支架发生弯曲、腐朽、错口、折断、破裂等现象都必须及时更换。

第11条　维修时，要随时注意顶板，防止顶板落石伤人，必要时应打好临时支护，维修地点遇大冒顶时，必须按措施要求立即进行处理和抢修。

第12条　架设临时支架要牢固可靠，严禁一梁一柱。

第13条　回撤棚腿和梁以及松动顶帮时，人员应站在支架完整牢固处。

第 14 条 从原棚梁下打临时点柱开始，到新棚架设好之前，严禁人员通过。

第 15 条 在运输巷机道作业时，必须首先与输送机司机取得联系，并停止输送机运转。

第 16 条 进行挑顶作业，事先必须按规定加固前后 3 架棚梁。拆除棚梁时，必须先支后回，补一架拆一架，严禁空顶作业。

第 17 条 更换棚腿时，必须在所换棚腿侧的梁下打上支柱，支护好顶梁后再换棚腿。

第 18 条 更换棚梁时，必须在棚梁的一侧架设临时支架，并用材料将棚腿背好。

第 19 条 架设和拆除支架时，在一架未完工之前，不得中止作业。

第 20 条 使用回柱绞车时必须严格执行回柱绞车的有关规定。

第 21 条 严禁使用损坏、失效、变形、腐朽的支护材料。

第 22 条 巷道内的各种材料和杂物收工前都要清理干净，按指定地点存放或运走，不得乱堆放，以免影响通风、行人、运输和安全。

第 23 条 对维修地点的风管、水管、电缆、液压管路和防尘、通风设施、电气设备等都要妥善保护，掩盖严密。

四、操作准备

第 24 条 备齐所需的各种材料，掩盖或移设好工作地点的管线和设备。

第 25 条 岗前安全确认：详细检查维修地点周围安全情况，清理好安全退路。发现折梁、断柱、片帮、冒顶等威胁人身安全的情况时，必须妥善处理。

第 26 条 维修工作与其他工作交叉互相影响时，必须与班（组）长及有关人员取得联系，妥善处理。

五、正常操作

第 27 条 在预回撤棚梁的外侧架设好临时支架，支护好顶帮。

第 28 条 在原棚梁下打上临时支柱，松动原棚子的顶和帮，撤两帮棚腿，扩帮至规定宽度，回撤原棚梁。

第 29 条 按作业规程的布置方式及时架设新的支护棚梁，并背好顶帮。

第 30 条 将回撤棚梁及时运出工作地点，按指定地点码放整齐，清理工作地点，确认安全后方可继续回撤下一架棚子。

第 31 条 卧底或挑顶需要爆破时，按有关爆破的规定执行。

第 32 条 工作面超前支护的方式按作业规程规定执行。

第 33 条 采煤工作面严禁使用木支柱（极薄煤层除外）和金属摩擦支柱支护。

第 34 条 使用铰接顶梁或十字铰接顶梁超前支护时铰接顶梁或十字顶梁要挂平，方向要与巷道的方向保持一致，相互间要铰接好，梁轴的方向要便于回撤，悬空处要用材料填实背牢。

第 35 条 上棚梁时人员必须口号一致，手要扶在侧面，不得扶在梁的上面，头部要在安全一侧。

第 36 条 煤壁处以里巷道的维护按作业规程规定执行。不采用沿空留巷时，其回撤不得滞后切顶线，并应及时架设一排关门支柱。

六、收尾工作

第 37 条 工作完毕后，把施工地点的煤、矸清理干净，各种物料存放或外运到指定地点，各种管线吊挂整齐，设备按完好标准要求移设好。

第 38 条 向区(队)值班人员和接班人员详细汇报,并交清工作地点的顶板、支架等情况。

回柱放顶工

一、适用范围

第 1 条 本规程适用于在煤矿井下采煤工作面从事回柱放顶作业的人员。

二、上岗条件

第 2 条 应熟悉采煤工作面顶底板特征、作业规程规定的顶板控制方法及支柱特性,掌握工作面顶、底板岩性及厚度等参数,具有实际操作经验,经过培训、考试合格后,方可上岗操作。

第 3 条 上岗前必须佩戴齐全职业病个人防护用品,了解并掌握进入产生职业病危害因素场所应采取的防治措施。

三、安全规定

第 4 条 作业前必须进行本岗位危险源辨识,严格执行敲帮问顶制度,严禁空顶作业,并检查确保作业地点通风良好、有害气体不超限,作业时必须严格执行"手指口述"。

第 5 条 回柱放顶作业时,除执行本规程外还必须认真执行《煤矿安全规程》、作业规程及其他相关法律、法规的规定。

第 6 条 回柱放顶时,必须每 2～3 人一组,一人回柱放顶,一人观察顶板及支架周围情况,观察人除协助回柱外,不得兼做其他工作。严禁单人独自操作。

第 7 条 回柱时回柱工必须站在支柱的斜上方支架完整、无崩绳、崩柱、断绳伤人的安全地点,使用长柄工具卸载或打松支柱水平楔。

第 8 条 回柱放顶应由下往上,由采空区向工作面按顺序进行回撤,严禁提前摘柱和进入采空区内作业。

第 9 条 回柱与支柱、割煤的距离及分段回柱时的分段距离均不得小于 15 m。

第 10 条 工作面初次放顶、结束放顶或顶板大面积不冒落等情况下,除按安全措施执行外,必须在区(队)长、技术人员和安监员现场监督指导下操作,工作面初次放顶还必须有初次放顶领导小组人员在现场监督指导。

第 11 条 工作面局部压力较大,遇断层、破碎带、老巷等回柱时要在区(队)长的监督指导下操作,并严格执行作业规程和补充措施的各项规定。

第 12 条 工作面的基本和特种支护歪扭,质量不合格,有空顶、漏顶或没有按规定架设特种支架时,必须及时处理或整改达到质量合格,安全可靠后,方可回柱放顶。

第 13 条 回每一棵支柱前,都必须选择并清理好退路后,方可进行回柱操作。

第 14 条 采用人工分段回柱时,开口和收尾必须选择在顶板较好、支架完整的安全地点,并打上收尾支柱,做好处理工作。严禁采用平均分配分段长度的方法确定开口、收尾位置。

第 15 条 工作面来压有冒顶预兆时,严禁回柱放顶,必须将所有人员撤离工作面,待压力稳定,经区(队)长、班长检查及处理后,方准人员进入工作面工作。

第 16 条 在有冲击地压危险煤层工作面回柱时,如发现有煤炮频繁、煤壁片帮、顶板断裂声沉重等冲击地压危险预兆时,必须立即停止回柱,发出警号,将所有人员撤至工作面

150 m 以外的安全地点。

第 17 条 回撤出的支柱应将其支撑在作业规程规定的位置;顶梁和各种材料必须按品种规格码放整齐,不得堵塞人行道和安全出口或埋入煤矸中。

第 18 条 有下列情况之一,不得回柱放顶:

1. 支护不完整或退路不畅通时;
2. 回柱附近其他人员未按规定撤离时;
3. 上分层工作面没有注水而本层又无降尘措施或网下采煤破网未补时;
4. 悬顶超过规定未采取措施或工作面来压有冒顶预兆时;
5. 特种支架没有按规定距离提前架设时;
6. 放顶分段距离小于规定距离时;
7. 回孤柱没有架设临时支柱时;
8. 有窜矸可能,但没有挂好挡矸帘时;
9. 急斜工作面放顶的下方没有设挡卡时。

第 19 条 断层处和撤面时的回柱按作业规程及补充措施规定执行。

四、操作准备

第 20 条 备齐注液枪、卸荷手把、锹、镐、锤、斧子、锯等工具和必备材料,并检查工具是否完好、牢固可靠。

第 21 条 检查液压管路是否完好。

第 22 条 检查工作区域的各种支护和顶板冒落情况,工作面有无异常现象,各安全出口是否畅通。对发现的问题必须及时妥善处理。

第 23 条 选择好分段开口、收尾位置。

五、正常操作

第 24 条 人工回柱放顶:

1. 按规定距离和质量要求,架设特种支架后,拆除原特种支架。
2. 按作业规程规定在分段开口处架设好收尾支柱。收尾支柱不得少于 2 棵。
3. 在新切顶线的梁柱靠采空区侧挂好挡矸帘。
4. 在需回梁的煤帮侧梁上从下往上插好调角楔,并打紧。
5. 回柱工站在待回支柱的斜上方进行回柱。回单体液压支柱时,用卸荷手把慢慢使支柱卸载取出支柱后支设在规定位置。
6. 回梁时,站在支架完整的斜上方,用锤打脱调角楔后再将梁的圆销打脱,使该梁脱离连接后取出。
7. 回收出的各种背顶材料,码放到指定地点后,方可继续回柱放顶。

第 25 条 遇难回、难取的支柱和梁时,处理之前,首先要打好临时护身柱或替柱,最后将替柱回出。

第 26 条 难回支柱的处理:

1. 顶板压力大,支柱一松就压下时,要打上临时支护以控制顶板,然后采用挑顶、卧底的方法进行回撤,严禁采用爆破的方法进行回撤。
2. 当支柱顶着岩块不能下缩,岩块又不好处理时,待顶板稳定后,将柱脚用镐刨开,用撬棍来回转动直到将支柱回出。

第 27 条 拴柱或拴梁前要详细检查顶板周围情况，判断安全后，方可近前拴柱梁，并迅速将绳套挂在大钩上，严禁将绳套拴在活柱体上。

第 28 条 不得用手镐或其他工具代替卸荷手把卸荷，严禁用锤砸柱缸。

第 29 条 如支柱三用阀损坏或活柱被压不能卸载时，不得生拉硬拽，必须采用挑顶、卧底或打临时木柱支撑顶板将单体液压支柱回出。

六、收尾工作

第 30 条 将剩余的顶梁、背顶材料、失效和损坏的柱、梁及各种工具分别运送到指定地点。

第 31 条 回收的柱、梁和背顶材料要按规定支设或码放整齐；柱梁如有丢失、损坏，应如实汇报出具编号，以便及时补充。

第 32 条 将回收出的折梁断柱、废料或失效柱、梁及时运出工作面并码放整齐。

第 33 条 对放顶区域进行全面检查，发现有窜矸处，必须采取措施挡矸。

第 34 条 按规定进行交班，向接班人或班长交代工作情况及柱、梁数量。

攉 煤 工

一、适用范围

第 1 条 本规程适用于在煤矿井下采煤工作面从事攉煤作业的人员。

二、上岗条件

第 2 条 必须掌握作业规程中与攉煤相关的各项规定以及支护工、爆破工等相关工种的基本知识，经过培训、考试合格后，方可上岗操作。

第 3 条 上岗前必须佩戴齐全职业病个人防护用品，了解并掌握进入产生职业病危害因素场所应采取的防治措施。

三、安全规定

第 4 条 作业前必须进行本岗位危险源辨识，严格执行敲帮问顶制度，严禁空顶作业，并检查确保作业地点通风良好、有害气体不超限，作业时必须严格执行"手指口述"。

第 5 条 攉煤作业时，除执行本规程外还必须认真执行《煤矿安全规程》、作业规程及其他相关法律、法规的规定。

第 6 条 攉煤工必须在完好支护的保护下攉煤。

第 7 条 从采空区向外清理浮煤时，必须用长把工具，严禁身体的任何部位进入采空区内。

第 8 条 攉煤中，若发现有冒顶预兆时，必须立即撤离危险区，并向班组长汇报。

第 9 条 若遇拒爆或熄爆，必须找班组长和爆破工进行处理，严禁自行掏挖和处理。

第 10 条 在煤堆中发现的雷管、炸药必须及时拣出，交爆破工保管。

第 11 条 矸石应置于采空区内，不得放于溜槽。

第 12 条 倾角超过 25°时，要分段设置安全挡卡。

第 13 条 攉煤时执行敲帮问顶制度，严禁空顶作业；要随时观察支护状况，发现失脚、卸荷支柱，必须立即通知班组长进行调整加固。

第 14 条 煤壁伞檐超过规定或有片帮危险时必须按规定及时处理。

第 15 条 在炮采工作面攉煤时,要采用喷雾装置进行洒水防尘;在自溜运输工作面溜煤时,要及时打开溜煤道内的喷雾装置。

第 16 条 浮煤清理要符合质量标准要求。岩石底板工作面攉煤时要攉净见底,注意支柱是否打在实底上,否则应通知班组长安排先打替柱;分层开采的工作面攉煤到见柱鞋即可,或符合作业规程要求,防止支柱失脚。

第 17 条 严禁站(骑)在输送机上攉煤。

第 18 条 输送机停止运转时,不准攉煤。

第 19 条 机采工作面,禁止人员进入机道内攉煤。

第 20 条 炮采工作面必须及时支设临时支柱和贴帮支柱,否则不准攉煤。

第 21 条 自溜运输工作面安全规定:

1. 铺设的溜槽要平直,溜槽之间应用铁丝连接牢固。
2. 必须按规定在溜煤道设置挡煤卡,看挡卡口的人必须在护身板的保护下工作。
3. 处理溜煤道脱节溜槽或在溜煤道从事其他工作时,必须在工作地点以上 5 m 处设置安全挡卡。
4. 要用镐、锤及时处理大块煤、矸。
5. 溜煤期间不准行人,同时应在下方设置警戒。

第 22 条 有冲击地压的工作面,必须在爆破 30 min 以后进入工作地点攉煤。

四、操作准备

第 23 条 备齐锹、镐、锤等工具。

第 24 条 进入工作地点要先安全确认,检查顶板、煤壁及支护状况,先敲帮问顶,由班组长指定人员(支柱工)补齐缺柱、更换失效支柱,处理安全隐患。

第 25 条 清除作业区间控顶范围内的障碍物。

五、正常操作

第 26 条 先洒水灭尘,再清理材料道、人行道内的浮煤,后攉炮道内的煤。

第 27 条 要握紧锹把,自上而下攉煤。先从煤堆边沿把煤顺势推入溜槽内,再沿底由溜槽边向煤壁方向逐步将煤攉入溜槽内,攉煤过程要进行洒水灭尘。

第 28 条 应先装碎煤,后装块煤,以防块煤滚动伤人。

第 29 条 自溜运输工作面攉煤完毕后,要自上而下将溜槽撤除并竖放整齐。

六、收尾工作

第 30 条 收拾好工具,放到指定地点;按规定进行交接班。

矿压观测工

一、适用范围

第 1 条 本规程适用于在煤矿井下采掘工作面从事矿压观测作业的人员。

二、上岗条件

第 2 条 必须经过专业技术培训,考试合格,持证上岗。

第 3 条　必须认真学习《煤矿安全规程》，掌握井下工作的一般安全知识和专业业务知识，熟悉仪器仪表性能，掌握其操作办法，熟悉现场工作情况和有关的作业规程措施，掌握一定的防灾和避灾知识。

第 4 条　上岗前必须佩戴齐全职业病个人防护用品，了解并掌握进入产生职业病危害因素场所应采取的防治措施。

三、安全规定

第 5 条　作业前必须进行本岗位危险源辨识，严格执行敲帮问顶制度，严禁空顶作业，并检查确保作业地点通风良好、有害气体不超限，作业时必须严格执行“手指口述”。

第 6 条　矿压观测工操作时，除执行本规程外还必须认真执行《煤矿安全规程》、作业规程及其他相关法律、法规的规定。

第 7 条　严格按照《煤矿安全规程》、《煤矿安全生产标准化基本要求及评分方法（试行）》标准中的有关技术要求进行操作。

第 8 条　必须掌握各种仪器、仪表的使用方法，对各种仪器、仪表定期进行检校和保养。

第 9 条　提交的各类成果资料必须经技术主管或分管科长把关审核。对观测的数据认真总结分析，确保提供的观测资料真实可靠。

第 10 条　严禁在矿压观测、计算、资料整理、总结等工作中弄虚作假。

第 11 条　发现重大矿压隐患，必须及时汇报，并做好记录。

四、操作准备

第 12 条　必须携带 ZY-60 型增压式单体支柱测力计。

第 13 条　必须携带钢尺、皮尺、记录表和各类工具等。

第 14 条　现场检查发现问题必须及时处理，确定作业环境安全后，方可开始进行矿压观测；否则不得作业。

五、正常操作

第 15 条　进入轨道巷、运输巷，测量支柱（架）载荷和导点距煤壁的距离、出口高度。

第 16 条　观测记录 10 条监测线上的支柱（架）载荷、采高、冒高、端面距、片帮和悬顶等各类宏观现象。

第 17 条　检查记录表，确保收集数据的完整准确；通知工区整改不合格项；检查工具包。

六、收尾工作

第 18 条　高档工作面记录表、综采（放）工作面记录表经计算机程序处理后，报相关矿领导签批，基层单位落实签署意见后，封存备查。

铺　网　工

一、适用范围

第 1 条　本规程适用于在煤矿井下采煤工作面从事铺网作业的人员。

二、上岗条件

第 2 条　必须熟悉顶板控制及支护方法，具有支护、铺网、连网操作技能，经过培训、考试合格后，方可上岗操作。

第3条 上岗前必须佩戴齐全职业病个人防护用品，了解并掌握进入产生职业病危害因素场所应采取的防治措施。

三、安全规定

第4条 作业前必须进行本岗位危险源辨识，严格执行敲帮问顶制度，严禁空顶作业，并检查确保作业地点通风良好、有害气体不超限，作业时必须严格执行“手指口述”。

第5条 铺网作业时，除执行本规程外还必须认真执行《煤矿安全规程》、作业规程及其他相关法律、法规的规定。

第6条 如果爆破，爆破处理完隐患后，才可进行铺网、连网工作。

第7条 严禁人员站在煤帮侧及刮板输送机中作业，特殊情况确需进行上述作业时，必须严格执行作业规程中工作面煤帮侧作业工操作规定。

四、操作准备

第8条 准备好连网丝和网钩。

第9条 备足当班金属网，按需要量均匀放在工作面支架间。

五、正常操作

第10条 先将网卷的短边展开与支架液压支柱绑牢，然后由两人配合将网展开，接着将展好的网与上茬网搭接。

第11条 每个循环铺连网一次，单网沿工作面走向搭茬不少于400 mm，倾向搭茬不少于200 mm，扣距为150 mm，扎丝拧紧不少于三圈，扎丝头要塞入网内，扎丝选用14# 铁丝。

第12条 铺网后必须达到下列要求：

1. 网头、网茬搭接处平直，长度一致。
2. 网铺平，不出现波浪现象，网头处不出现卷网现象。

第13条 连网后达到下列要求：

1. 每扣间距、连网道数符合作业规程要求。
2. 每扣拧够三圈，网丝不出现涮头。
3. 每片网的连网丝方向一致。
4. 铺齐：保证铺网的质量，机头、机尾两头铺网必须达到作业规程要求。
5. 铺平：金属网必须拉直、拉紧，不出现波浪现象。

第14条 网边对搭符合作业规程要求，连成一条直线。

六、收尾工作

第15条 将剩余的网及扎丝回收，放置在指定位置。

第16条 与下一班组交接当班使用与剩余的网、扎丝数量。

人力运料工

一、适用范围

第1条 本规程适用于在煤矿井下为施工地点服务的从事人力运输物料作业的人员。

二、上岗条件

第2条　必须经过专门培训、考试合格后，方可上岗。

第3条　熟悉巷道的坡度、道岔、拐弯、沿途设施及矿车至两帮的安全间隙，确保在发车、推车、拐弯、速度控制、发车警号、停车时严格按照规定执行。

第4条　上岗前必须佩戴齐全职业病个人防护用品，了解并掌握进入产生职业病危害因素场所应采取的防治措施。

三、安全规定

第5条　作业前必须进行本岗位危险源辨识，严格执行敲帮问顶制度，严禁空顶作业，并检查确保作业地点通风良好、有害气体不超限，作业时必须严格执行“手指口述”。

第6条　进行运料作业时，除执行本规程外还必须认真执行《煤矿安全规程》、作业规程及其他相关法律、法规的规定。

第7条　装卸和运送物料时，必须按作业规程要求的物料规格、品种、数量进行。材料车装料高度不得超过矿车沿0.2 m，长度不超过4.8 m，宽度不超出车沿内宽，超出车两头的长度要相等，封车必须牢固。

第8条　在平巷装卸作业时，必须对矿车采取防跑车措施。

第9条　在斜巷装卸料时，不准摘钩头及保险绳；在斜巷卸料时，必须待车停稳后在料车下方安设防止物料下滑的设施，否则不准装卸料；在斜巷装卸料时，人员不得进入车辆下方。

第10条　运料时，注意不要刮碰支架和电气设备及管、线。

第11条　在有输送机的巷道内搬运材料时，要和司机联系好。人行道安全间隙不符合要求或跨越输送机时，必须做到停机搬运。

第12条　推料车过风门时，必须开一关一，不得同时打开，严禁矿车撞风门。

第13条　斜巷运料时，人员要躲开物料下方，避免物料滑落伤人。

第14条　小立眼运料时，必须将物料捆紧拴牢，眼内不准行人，下口设好警戒，严禁往下自溜物料。

第15条　装运超高、超宽、超长、超重、异形物料时，必须使用专用车辆并制定专门措施。

四、准备工作

第16条　检查工作地点安全环境情况，进行敲帮问顶及围岩观测，发现顶帮悬矸、危岩必须及时找净，确认顶帮安全，检查通风、气体情况等是否符合作业规程要求。

第17条　检查装卸车地点操作空间是否符合要求，起吊工具是否与起吊设备相匹配，起吊生根点是否对向。

第18条　选好搬运路线，清除障碍，选择合理的搬运方法，安排搬运人员并分工明确。

五、正常操作

第19条　操作顺序：检查熟悉推车路线→检查车辆状况→装料→推车→卸料。

第20条　两人以上装卸时，必须做到口号、行动一致，要先起一头或先放一头，做到轻起轻放，不准盲目乱扔，以防物料反弹伤人或砸坏设备。

第21条　同车内的物料长短应一致，否则必须长料在下、短料在上。长、短料插穿时应按运行方向前低后高，并必须用绳索或铁丝等捆绑牢固。

第 22 条 卸料前先清理现场施工环境，确保现场操作空间，防止卸料砸坏电气设备及管、线，以及砸飞他物伤人。

第 23 条 物料卸车时，要按品种、规格分类，分层码放整齐、平稳，物料码放要做到下宽上窄，并保证行车宽度和通风断面符合要求。

第 24 条 卸料工作完成后，运料工应将矿车回收上井，严禁井下矿车占道、积压。

六、收尾工作

第 25 条 工作完毕后，必须清理现场杂物，检查设备、设施，经验收合格后方可收工。

推 车 工

一、适用范围

第 1 条 本规程适用于在煤矿井下从事推车作业的人员。

二、上岗条件

第 2 条 必须熟悉工作范围内的巷道关系，车场、轨道、道岔、坡度等情况及巷道支护状况，经过培训、考试合格后，方可上岗操作。

第 3 条 上岗前必须佩戴齐全职业病个人防护用品，了解并掌握进入产生职业病危害因素场所应采取的防治措施。

三、安全规定

第 4 条 作业前必须进行本岗位危险源辨识，并检查确保作业地点顶板完好、通风良好、有害气体不超限，作业时必须严格执行“手指口述”。

第 5 条 推车工操作时，除执行本规程外还必须认真执行《煤矿安全规程》、作业规程及其他相关法律、法规的规定。

第 6 条 一次只准推一辆车。同向推车的间距，巷道坡度在 5‰以下时，不得小于 10 m；坡度大于 5‰时，不得小于 30 m；巷道坡度大于 7‰时，严禁人力推车。

第 7 条 推车时头戴矿灯，站在车后，抬头注视前方，手扶矿车端头的拉手。不得低头推车，不得扶车沿和车帮，也不准将头探到车上，防止挤伤。若前车停时，要立即发出警号通知后车。严禁在矿车两侧推车。

第 8 条 推车时必须时刻注意前方。在开始推车、停车、掉道、发现前方有人或有障碍物，从坡度较大的地方向下推车以及接近道岔、弯道、巷道口、巷道狭窄处、风门、硐室出口时，必须及时发出警号并控制车速。在巷道内推车时，严禁用肩扛车。

第 9 条 推车通过非自动风门时，应先减速、后停车、再打开风门，通过后立即关闭风门。若通过一组风门时，要做到一开一关，不得将两道风门同时打开。不准用矿车碰撞风门。

第 10 条 推车应匀速前进，严禁放飞车，不准蹬、坐车滑行。

第 11 条 在平车场接近变坡点推车时，必须检查挡车设施是否关闭。不得在能自动滑行的坡道上停放车辆。确需停放时，必须用可靠的制动器或木楔稳住。

第 12 条 临时停车处理障碍时，必须提前发出警号，把矿车停稳挡好，并在矿车两端 10 m 处设阻挡物。

第13条　若在巷道分段接车，接车地点不得在拐弯处，以防看不清误操作伤人。

第14条　在有摘挂钩的地点倒车，要首先和专职把钩工联系好，不得自行摘挂钩。

第15条　推车过道岔时，要在减速停车后，再扳道岔，过道岔后应将道岔扳回原位。

四、操作准备

第16条　接受任务后，领取车牌、铁锹、撬棍、木楔、大木棒等工具。

第17条　检查推车线路中的巷道支架完整情况，有低矮、狭窄不合格的，要汇报班长。

第18条　检查装车地点及沿途有无杂物淤泥，是否妨碍推车，推车路线的轨道、道岔是否合格，风水管路、电缆、电话线的悬挂是否妨碍推车，确保线路畅通无阻。

第19条　检查车轮是否完好和轮轴的固定情况，矿车车厢是否变形破损。推车前，应将后面的矿车用木楔或堰车器稳住。

第20条　推车工操作顺序：接受任务→准备→检查→处理问题→推空车→装煤→推重车到车场→工作结束。

检查发现问题必须及时处理，不合格的矿车要推到旁道或升井处理，确定作业环境安全后，方可开始推车；否则不得作业。

五、正常操作

第21条　确认安全后，即可开始推车操作。开始推车及临近装车点时速度要慢。在弯道推车时，要用力里带外推，以防掉道。

第22条　在单轨道上推车，要确认对方没有车辆推过来时才准发车，两人以上推车时，要同进同出，以免发生误撞。在双轨道上推车时，检查另一轨道上的车辆是否有超宽物料。

第23条　推车时若发现后边车声增大，应躲开身子，提醒后边车放慢速度或停止。

第24条　在车场或调车道停放矿车时，停放的矿车不得压道岔，必须距道岔1 m以上。

六、收尾工作

第25条　推到指定位置的矿车，应挂好钩或用木楔稳住。收工时将空、重车分别稳妥停在空、重车道上，并把沿途溅洒、漏下的浮煤清扫到矿车内。不得把矿车停留在中途巷道中，不得将煤矸扫入水沟。

卫生清理工

一、适用范围

第1条　本规程适用于在煤矿井下综采(放)工作面、高档普采工作面、炮采工作面从事卫生清理作业的人员。

二、上岗条件

第2条　经过培训考试合格，熟知井下避灾路线，遇灾害事故能及时进行自救避灾。

第3条　熟知《煤矿安全规程》和操作规程有关规定。

第4条　上岗前必须佩戴齐全职业病个人防护用品，了解并掌握进入产生职业病危害因素场所应采取的防治措施。

三、安全规定

第5条 班前不准饮酒,班中不得做与本职工作无关的事情,遵守本规程规定和各项规章制度。

第6条 作业前必须进行本岗位危险源辨识,严格执行敲帮问顶制度,严禁空顶作业,并检查确保作业地点通风良好、有害气体不超限,作业时必须严格执行"手指口述"。

第7条 进行卫生清理作业时,除执行本规程外还必须认真执行《煤矿安全规程》、作业规程及其他相关法律、法规的规定。

四、操作准备

第8条 检查施工地点支架接顶是否严密,支架初撑力是否符合要求,巷道支架有无变形现象,顶板、煤帮金属网铺设、连接是否符合要求。

第9条 检查施工地点电缆护套有无破损,设备有无失爆,电缆有无充足余量及悬挂是否符合要求。

第10条 检查施工地点设备运行是否正常,拉线急停及闭锁装置是否灵敏可靠,装车地点车辆停靠位置是否采取可靠的防跑车措施。

第11条 检查所使用的工具是否完好,防止清煤时工具甩出发生意外事故。

第12条 工作前,佩戴好合格的劳动保护用品,做好个体防护。

五、正常操作

第13条 清理输送带下的浮煤时,必须停止输送机运转,和输送机司机联系好,闭锁工作地点的输送带拉线急停装置。

第14条 清理浮煤时,装入输送带的浮煤不得超过输送带宽度的2/3,不得造成煤流外溢。

第15条 对于易滚动的配件、杂物等,严禁装入输送带,大块易滚动的煤块,应进行破碎后装入输送带。

第16条 清理过程中,注意保护好电缆,急停拉线及其他管线等设施。

第17条 清理液压支架架间、架前浮煤时必须和采煤机司机、支架工联系好,清煤前,首先观察附近的安全情况。按照追机作业及时清理架间浮煤。

第18条 清理工作面浮煤时,清理作业必须滞后支架拉移作业,清理作业地点,应彻底冲尘。

第19条 清理巷道浮煤卫生时,浮煤杂物应靠帮堆放整齐,不得影响行人、运输、通风和排水。

第20条 双岗作业时,应保持不少于3 m间距,前后照应,做到互保联保。

第21条 任何情况下,都不得跨越输送机进行浮煤清理工作,进入机道里侧清理浮煤卫生时,必须停止输送机并闭锁,采取顶、帮加固措施,确认安全后,方可进行清理工作。

第22条 清理完毕后要进行巡回检查,及时清理生产中因折帮、掉顶产生的浮煤和其他杂物,确保清理彻底干净。

六、收尾工作

第23条 保质保量完成当班工作量,做到工完料净,经验收合格后,方可收工。

第24条 严格执行交接班制度。

移刮板输送机工

一、适用范围

第 1 条 本规程适用于在煤矿井下采煤工作面从事移刮板输送机作业的人员。

二、上岗条件

第 2 条 熟悉刮板输送机、液压泵、移溜器的结构、性能和本工作面作业规程，经过培训、考试合格后，方可上岗操作。

第 3 条 上岗前必须佩戴齐全职业病个人防护用品，了解并掌握进入产生职业病危害因素场所应采取的防治措施。

三、安全规定

第 4 条 作业前必须进行本岗位危险源辨识，严格执行敲帮问顶制度，严禁空顶作业，并检查确保作业地点通风良好、有害气体不超限，作业时必须严格执行“手指口述”。

第 5 条 移刮板输送机时，除执行本规程外还必须认真执行《煤矿安全规程》、作业规程及其他相关法律、法规的规定。

第 6 条 移刮板输送机时，煤帮侧和机头、机尾四周的作业人员，都必须撤离。

第 7 条 移刮板输送机后必须补齐和打好规定的支柱。

第 8 条 刮板输送机一般应每 4～6 m 安设一台移溜器，机头、机尾各安设两台移溜器(简易机尾安设一台移溜器)，移后距煤壁的间隔应符合作业规程的规定。

第 9 条 移刮板输送机应达到“三平”、“三直”、“一稳”、“二齐全”、“一不漏”、“两不”的要求。

“三平”：刮板输送机机槽接口要平，电动机和减速器底座要平，对轮中心接触要平；

“三直”：机头、刮板输送机机槽和机尾要直，电动机和减速器的轴中心要直，大小链轮要直；

“一稳”：整台刮板输送机要安设平稳，开动时不摇摆；

“二齐全”：刮板要齐全，链环螺丝要齐全；

“一不漏”：接口严密不漏煤；

“两不”：运转时链子不跑偏，不飘链。

第 10 条 工作面刮板输送机要与转载机(或平巷刮板输送机)搭接合理。一般工作面机头与转载机搭接处高度应不小于 0.3 m，综采工作面应不小于 0.5 m。

第 11 条 移机头时，平巷转载机必须停电、闭锁，切断电源。严禁用平巷转载机或刮板输送机顶拉工作面刮板输送机机头。

第 12 条 遇有下列情况之一，要停止移刮板输送机并妥善处理。

1. 移溜器后座的顶柱或后撑支杆(戗柱)松动时；
2. 追机移刮板输送机间隔小于作业规程规定时；
3. 发现刮板输送机槽出现死弯脱节或缺插销、刮板、槽、挡煤板损坏变形时；
4. 出现片帮或冒顶时；
5. 支架不符合质量要求或煤帮有人工作时；
6. 移溜器发生故障时；

7. 发现断链或链子出槽时。

第 13 条 使用移溜器推移刮板输送机时，操作人员必须站在移溜器的上方。

四、操作准备

第 14 条 备齐改锥、扳手、锹、镐、钳子、套管、撬棍、手拉葫芦等工具，以及刮板、链环、链条、密封圈、油管、溜槽等配件。

第 15 条 检查支护是否齐全牢固，进行敲帮问顶，汇报处理安全隐患。

第 16 条 检查开帮宽度是否符合作业规程要求，炮（机）道内浮煤及杂物是否清理干净，如底板凹凸不平，要刨平或垫平。

第 17 条 检查溜槽和溜槽弯曲部分是否有脱节或链子出槽现象。

第 18 条 检查移溜器是否损坏，管路及接头是否漏液，手把是否灵活可靠。

第 19 条 检查电缆、管线是否在线架内或悬挂整洁。

第 20 条 检查移溜器后座的顶柱或后撑支杆（戗柱）是否牢固可靠。

五、正常操作

第 21 条 可采用自上而下、自下而上或从中间向两侧的顺序推移。

第 22 条 调整好移溜器位置，打好移溜器后座的顶柱或后支撑支杆。撤出移刮板输送机段内煤帮所有人员，开启工作面刮板输送机。

第 23 条 回撤机尾（头）前第一排支柱及机尾（头）压戗柱，将机尾（头）移溜器手把打到推进位置，使机尾（头）移到位置后立即将移溜手把打到中间位置，并打好压戗柱。

第 24 条 按作业规程规定回撤临时支柱。

第 25 条 开动两个以上移溜器按顺序推移刮板输送机，推移到规定位置后，要立即将移溜器手把打到中间位置。

第 26 条 移溜至距刮板输送机机头（尾）15～20 m 时，停止推移刮板输送机并停止刮板输送机运转，回撤机头（尾）处输送机前第一排支柱和机头（尾）压戗柱。

第 27 条 开动移溜器，将刮板输送机槽剩余部分和机头（尾）同时移到规定位置后，立即将移溜器手把打到中间位置。

第 28 条 将机头（尾）支稳，打上机头（尾）压戗柱。

第 29 条 回撤移溜器后座的顶柱或后撑支杆，将移溜器收回。

第 30 条 采用液压移溜器移机头时，必须使用两个以上移溜器同时推移；采用回柱绞车移机头时，必须使用钢丝绳套拴好机头，点开绞车，严禁使用绳钩直接拉钩机头。

第 31 条 综采工作面移刮板输送机时应遵守以下规定：

1. 先检查顶底板、煤帮，确认无危险后，再检查铲煤板与煤帮之间无矸石、杂物和浮煤堆积后方可进行推移工作。

2. 推移工作面刮板输送机与采煤机应保持 12～15 m 间隔，弯曲段不小于 15 m。

3. 移刮板输送机机头和机尾时必须距采煤机后滚筒 15 m 间隔，进刀后，刮板输送机机头、机尾必须一次移够步距。

4. 可自上而下、自下而上或从中间向两头推移刮板输送机，不得由两头向中间推移。

5. 除刮板输送机机头、机尾可停机推移外，工作面内的溜槽要在刮板输送机运行中推移，不准停机推移。

6. 千斤顶必须与刮板输送机连接使用，以防止顶坏溜槽侧的管线。

7. 移动机头、机尾时，要由专人(班长)指挥，专人操纵，动作协调，步距移够。

8. 移设后要保证刮板输送机整机安设平稳，开动时不摇摆，机头、机尾和机身要平直，保持刮板输送机、支架和煤壁成直线，电动机和减速器的轴的水平度要符合要求。

9. 移刮板输送机后，刮板输送机起伏不平或超过采高，需要吊刮板输送机垫平时应该用液压千斤顶吊刮板输送机链条，不得吊刮板输送机挡煤板。

10. 拉移放顶煤工作面后部输送机应从一端开始依次拉移，不得相向拉移；要确保拉移弯曲段不小于 15 m。

11. 拉移后部刮板输送机机头、机尾时要多人联合操纵，并停止后部刮板输送机。

12. 刮板输送机推(拉)移到位后，随即将各操纵手把扳到停止位置。

六、收尾工作

第 32 条　推移工作结束时，将所有移溜器手把打到收缸位置。使用液压千斤顶的工作面还应将千斤顶竖立并挂在点柱上。

第 33 条　盘点工具、备件等，按规定进行交接班。

液压支架组装、安装工

一、适用范围

第 1 条　本规程适用于在煤矿井下采煤工作面从事液压支架组装、安装作业的人员。

二、上岗条件

第 2 条　经过安全技术和专业技术培训，考试合格者方可从事液压支架组装、安装工作。

第 3 条　熟悉液压支架的各组成部分、工作原理及性能，能独立工作。

第 4 条　熟练使用液压支架组装、安装工作中使用到的设备、仪器和工具，熟悉《煤矿矿井机电设备完好标准》及工作面安装安全技术规程的有关规定，并按规程要求进行操作。

第 5 条　身体状况适应井下机械安装工作。

三、安全规定

第 6 条　作业前必须进行本岗位危险源辨识，严格执行敲帮问顶制度，严禁空顶作业，并检查确保作业地点通风良好、有害气体不超限，作业时必须严格执行“手指口述”。

第 7 条　作业时，除执行本规程外还必须认真执行《煤矿安全规程》、作业规程及其他相关法律、法规的规定。

第 8 条　上班前严禁喝酒，工作时精神集中，上班时不得做与本职工作无关的事情。

第 9 条　安装工应能正确使用安装工具，如扳手、手撬等，不得加长套管、加长力臂，不得代替手锤使用。

第 10 条　设备在运输下井前，必须在地面进行安装调试，经调试有问题或质量不合格的不准下井。

第 11 条　要确保设备运输路线巷道支护良好，断面尺寸和轨道质量符合装载设备的车辆通过要求，并畅通无阻，巷道宽度和高度符合作业规程的相关要求。

第 12 条　提升运输路线中的绞车、钢丝绳等要事先依据设备提升最大质量和角度进行验算，其安全系数必须符合《煤矿安全规程》的要求，保证提升设备性能良好，安全可靠，通信和信号系统必须清晰、灵敏、可靠。

第 13 条　检查设备装、封车情况，查看有无滑动和未固定好的小件，无问题后方可运输。

第 14 条　安装设备期间，在工作面组装硐室、切眼等地点安装调度电话，确保在发生灾害时，现场作业人员能够及时收到通知立即撤离。

第 15 条　施工前要确保施工地点支护可靠，起吊架固定牢固。在吊、运物件时，应随时注意检查周围环境有无异常现象，禁止在不安全的情况下作业。

第 16 条　起吊设备前，选择符合规定的起吊点，不得将作为巷道支护的锚杆、锚索、金属网、钢带等作为起吊点。起吊用具、悬挂装置和锁具的安全系数要符合《煤矿安全规程》规定，并规定统一的起吊信号。

第 17 条　起吊时，先进行试吊，试吊 1～2 次，试吊时将起吊链逐渐张紧，使物体稍微离开地面，检查物体应平衡，捆绑应无松动，吊运工具、机械应正常无异响。如有异常应立即停止吊运，将物体放回地面后进行处理，检查起吊件重心是否偏离，若偏离必须放下部件重新选取部件吊挂位置，直到重心不偏离后再正式起吊，确认可靠后将物体吊至指定位置。

第 18 条　起吊时，人员要躲开起吊链（钢丝绳绳套）的受力方向，严禁人员或身体任何部位处在起吊影响范围之内。在任何情况下，严禁用人体重量来平衡被吊运的重物。不得站在重物上起吊。进行起重作业时，不得站在重物下方、起重梁下或物体运动前方等不安全的地方，只能在重物侧面作业。严禁用手直接校正已被重物张紧的吊绳、吊具。

第 19 条　当安装现场 20 m 以内风流中的甲烷浓度超过 1.0%时，严禁送电试车；甲烷浓度大于 1.5%时，必须停止作业，切断电源，撤出人员。

四、操作准备

第 20 条　经检查确定作业环境安全、顶帮围岩情况后，确保安全后方可施工。起吊期间，要有专人观察顶板情况，发现顶板离合、围岩发生变化、锚杆失效松动等要立即停止起吊，进行处理。检查施工点附近 20 m 内风流中的瓦斯浓度，排除隐患后方可作业。

第 21 条　每班开始施工前，对起吊架结构件顶梁、斜梁、连杆、底座等是否开焊、断裂、变形等进行检查，确认完好后，方可施工。

第 22 条　当设备运送到指定地点后，拆除封车用绳索等物件，拆除时要注意防止捆绑物有余劲伤人。

五、操作顺序

第 23 条　液压支架组装要在专用的组装硐室内进行。

第 24 条　液压支架组装顺序：

1. 将顶梁、底座、尾梁依次运输至组装硐室车场。

2. 用绞车将尾梁牵拉至风动葫芦下方，将四连杆用手拉葫芦封好，起吊掩护梁尾梁。

3. 将底座牵拉至尾梁下方，用堰车小平板车分别把件车前后头堰实，打紧木楔并穿好销子，与件车连成一体。安装四连杆铰接销轴，上齐挡板及挡销。

4. 将组装好的底座箱车拉出硐室，将顶梁车牵拉至硐室，解除封车，利用风动葫芦将前顶梁吊起，将平板车推至副道，然后把前顶梁吊至规定的高度。

5. 将组装好的掩护梁底座箱车牵入硐室，降低前顶梁，初步对应铰接销孔位置，用手拉葫芦及升降风动葫芦进行微调，安装铰接销轴，上齐挡板及挡销。

6. 安装完成后，施工负责人现场指挥调试，检查各部件动作是否正常、液压管路是否漏液、各连接销轴螺栓是否齐全到位，查出问题立即处理。

7. 调整支架重心，拆除堰车小平板，解除风动葫芦的钩头，封紧支架。

六、正常操作

第 25 条 工作面内第一架液压支架安装位置要根据综采工作面设备布置图或测量部门给定的尺寸确定。

第 26 条 工作面液压支架安装的一般顺序为：

1. 支架安装前，清理干净支架安装位置的杂物。在支架卸车位置两边打 4 根单体支柱，防止支架歪斜。

2. 回撤支架磨架空间内老塘侧的单体支柱，在切眼不影响安装的位置码放整齐，回撤点柱距离不得超过 4 m，支架卸车前，严禁回撤煤壁侧影响调架的单体支柱，待提升空平板时，集中装车回收。

3. 下松支架时，JDHB-30/3.5T 型双速绞车用慢速，支架顶梁朝前。

4. 支架下松至距安装位置 5 m 处打点联系停止绞车，将切眼下头 JM-14T 回柱绞车钩头挂在支架前梁上，用 JDHB-30/3.5T 绞车留住支架，JDHB-20/1.6T 绞车留住平板车，解除封车。

5. 撤出支架下方人员，留专人在支架上方避开支架歪斜波及的范围且顶板完好的位置打点指挥。

6. 缓慢启动切眼下头 JM-14T 绞车，切眼上头 JDHB-30/3.5T 绞车缓慢松绳，保持钢丝绳微微张紧，使支架滑下平板车。

7. 缓慢启动调架绞车开始磨架，切眼上头绞车缓慢松绳配合磨架。需要用单体配合磨架时，将注液枪与单体三用阀固定，远程供液(供液距离大于 10 m)，使支架前梁正对回采煤壁。

8. 操作支架推移千斤顶手把，使支架推拉杆前端顶在溜槽上，继续操作推移千斤顶手把，使支架尾梁顶住老塘侧煤壁。

9. 抬起底座箱，抽出铁板，严禁生拉硬拽。

10. 支架调整到位后，与刮板输送机连接好推拉头，升实支架，接实顶板，挑起前梁、护帮板及尾梁，调整架向，正常打开侧护板。已调好支架的初撑力不得小于额定工作阻力的 80%(24 MPa)。

11. 拆除供回液管，调整调架滑板，准备下一架的安装。

12. 正常情况下，最后两架的安装顺序和前面相反，下道后利用绞车直接拖到位。

七、收尾工作

第 27 条 如发现安装质量不合格，验收员及时通知施工负责人处理。

第 28 条 验收员认真填写安装档案，填写现场隐患及安装遗留问题等并签字，将安装资料整理存档。

第 29 条 做好现场环境卫生，封车手拉葫芦、钢丝绳套等严禁乱放，清理好现场杂物。

液压支架工(电液控)

一、适用范围

第 1 条 本规程适用于在煤矿井下使用电液控制系统从事液压支架操作作业的人员。

二、上岗条件

第 2 条 必须熟悉支架性能及构造原理和液压控制系统、电液控制系统性能及构成、工作面作业规程和工作面顶板控制方式，能够按完好标准维护保养液压支架及支架电液控制系统，经过专业技术培训、考试合格后，方可上岗作业。

三、安全规定

第 3 条 作业前必须进行本岗位危险源辨识，严格执行敲帮问顶制度，严禁空顶作业，并检查确保作业地点通风良好、有害气体不超限，作业时必须严格执行“手指口述”。

第 4 条 液压支架工操作时，除执行本规程外还必须认真执行《煤矿安全规程》、作业规程及其他相关法律、法规的规定。

第 5 条 支架的零部件，管路系统及其辅助设备，必须符合原设计要求，不得任意拆卸。

第 6 条 电液控制系统的线路、电磁阀组、操作面板、控制程序及其相关配件，必须符合原设计要求，不得任意拆卸、更改。

第 7 条 支架工要认真执行检修制度，保证支架液压系统完好，对损坏部件要及时检修更换，支架出现漏液、窜液时要及时处理，不得带“病”使用。

第 8 条 液压支架的所有管路、电液控制系统的控制线、电源线要悬挂整齐，不准压、埋、挤、拆。

第 9 条 工作面所有支架都要达到完好标准，否则支架工有权拒绝操作。

第 10 条 在工作面发现损坏的零部件、液压胶管要及时更换，换下旧的要及时回收，对解决不了的问题向班长汇报，不准带“病”运转，保证支架处于完好状态。

第 11 条 要检查顶板情况，发现顶板破碎或有冒顶现象，要备足防冒顶材料，处理好后再移架，防止移架中冒顶过大造成歪架、咬架和倒架等现象。

四、操作准备

第 12 条 清理好架间、架前和架箱里的浮煤、浮矸和其他杂物，否则不准进行移架。

第 13 条 检查工作面液压支架的电液控制系统，确认信号传输正常，数据显示正常，各操作功能正常，否则要及时进行处理。

第 14 条 移架时要向四周人员发出移架信号，移架的下方和前方不得有与移架无关的其他人员。

第 15 条 有违章指挥的行为，支架工有权拒绝执行。

第 16 条 及时正确地移架：在采煤机割煤后，距采煤机滚筒 3～5 架时应及时移架支护顶板；在特殊情况下，如机道前严重片帮，顶板暴露面积大，顶板破碎现象，应超前移架，支护顶板。

五、操作顺序

第 17 条 一般情况下按以下操作顺序进行：

1. 检查支架完好情况，更换、处理窜漏液及电液控制系统问题；清理架间、架前杂物。

2. 距采煤机后滚筒3～5架开始移架。

3. 选择支架的操纵方式，选择被控支架，准备移架。

4. 移架正常操作顺序：收二级护帮板→收一级护帮板→收伸缩梁→降立柱→调整侧护板→拉架→调整底调梁→升立柱→伸伸缩梁→打开一级护帮板→打开二级护帮板→完成移架动作(成组移架动作顺序与此相同)。

5. 推移输送机。

六、正常操作

第18条　电液控制系统操作方法。

1. 单个支架动作的非自动控制。

(1) 选择被控支架。

单架非自动控制必须首先选定支架：数字S键和数字T键分别为选择被控架在本架左边或右边的对应键。

选择隔架时的操作：先按下数字S键或数字T键，再按下"确认"键进入隔架选择模式，在隔架选择模式下按一次数字S键左隔第一架被选中，按两次数字S键左隔第二架被选中，以此类推可以选择到左/右隔第四架。在按数字S键选架过程中，每按一次数字T键被选架都会退一。右隔架操作与此类似。

(2) 使用单动作快捷键控制被选中架动作。

(3) 动作持续至按键抬起：停止动作。

2. 支架的成组自动控制。

(1) 选择成组的方位(L键或R键)。

(2) 选择成组自动功能。

(3) 选择成组内动作递进方向(由左至右，由右至左)。

(4) 成组动作启动(按启动键)。

第19条　在移架时，应注意收好影响支架前行的千斤顶，一般情况下降架时顶梁与顶板之间保持在100～200 mm为宜，不宜降得太多。当顶板破碎压力大时要采用带压移架，平移速度快，移架中顶板冒落处，要及时刹顶，使支架与顶板牢固接触，保证升起后达到要求的初撑力。移架后升架顺序分别是升柱，伸出侧护板，用护帮板支护暴露顶板，升好支架。移架操作：收二级护帮板→收一级护帮板→收伸缩梁→降立柱→调整侧护板→拉架→调整底调梁→升立柱→伸伸缩梁→打开一级护帮板→打开二级护帮板→检查支架电液控制系统压力显示初撑力达到24 MPa→完成移架动作。

第20条　移架过程中，要利用侧护千斤顶对支架进行微调整，支架与输送机保持垂直，支架中心距保持在规定范围之内，移架步距保持在800 mm，拉线移架使支架整齐成一条直线，支架顶梁与煤壁间的空顶距离符合作业规程规定以防采煤机割顶梁。

第21条　支架升起后一定做到接顶严实，不得歪斜，操作完成后各手把打到零位，严禁手把处于工作位置。

第22条　需要铺顶网时，严防移架撕破网，移架后将网挑起，以防采煤机割网。

第23条　移架前为使支架移够步距，推拉千斤顶处的煤矸，一定要处理干净，防止因挤住千斤顶而使千斤顶收不到位影响移架步距或致使千斤顶弯曲，挤坏液压管路影响移架。

第 24 条 当前梁压力大、煤层底软、架子前倾时，为避免移架时底座下陷，使用单体液压支柱将前梁支撑好抬脚前移，但必须要注意防止单体液压支柱滑倒伤人。

第 25 条 在综采工作面内爆破时，需制定安全防护技术措施，经矿总工程师批准，爆破措施除执行爆破规定外，要求对支架管路、操纵阀及柱体表面镀层等部件，采取严格保护措施。

第 26 条 过断层时，应按措施规定控制采高，防止架间出现台阶。

第 27 条 支架移不动或升不起时，找出原因，排除故障后移架，不要随意更换管路或增大泵站压力，以免损坏设备。

第 28 条 支架工必须站在架箱内，认真观察被控支架，操作电液控制系统控制面板，眼看前方，进行操作，不准后退式操作，不准站在推溜千斤顶处，以防挤碰伤脚。

第 29 条 严格按安全技术措施操作液压系统，拆卸时，必须先停泵卸压，人员离开，不准对人，以防液压系统伤人。

七、收尾工作

第 30 条 支架移完后，支架整齐形成一条直线。

第 31 条 移架完成后必须将电液控制系统的控制面板护罩复位，并保证初撑力达到 24 MPa。

第 32 条 将支架上的浮煤清理干净，将支架电液控制系统的控制面板擦拭干净。

第 33 条 当班支架爆裂的管子、损坏的电液系统控制线及存在隐患(不能马上处理的)汇报工区，做好交接班工作。

第 34 条 与下班对口交接，要交接清楚存在问题和注意事项，填写设备运转日志，参加班后会。

液压支架撤除、解体工

一、适用范围

第 1 条 本规程适用于在煤矿井下采煤工作面从事液压支架撤除、解体作业的人员。

二、上岗条件

第 2 条 经过安全技术和专业技术培训，考试合格者方可从事液压支架撤除、解体工作。

第 3 条 能够熟悉液压支架的各组成部分、工作原理及性能，能独立工作。

第 4 条 能够熟练使用液压支架撤除、解体工作中使用到的设备、仪器和工具，熟悉《煤矿安全规程》及工作面撤除安全技术规程的有关规定，并按规程要求进行操作。

第 5 条 身体状况适应井下机械撤除工作。

三、安全规定

第 6 条 作业前必须进行本岗位危险源辨识，严格执行敲帮问顶制度，严禁空顶作业，并检查确保作业地点通风良好、有害气体不超限，作业时必须严格执行“手指口述”。

第 7 条 液压支架撤除、解体作业时，除执行本规程外还必须认真执行《煤矿安全规程》、作业规程及其他相关法律、法规的规定。

第 8 条　上班前严禁喝酒，工作时精神集中，上班时不得做与本职工作无关的事情。

第 9 条　撤除工应能正确使用撤除解体工具，如扳手、手撬等，不得加长套管、加长力臂，不得代替手锤使用。

第 10 条　要确保设备提升运输路线巷道支护良好，断面尺寸和轨道质量符合装载设备的车辆通过要求，并畅通无阻，巷道宽度和高度符合作业规程的相关要求。

第 11 条　提升运输路线中的绞车、钢丝绳等要事先依据设备提升最大质量和角度进行验算，其安全系数必须符合《煤矿安全规程》的要求，保证提升设备性能良好，安全可靠，通信和信号系统必须清晰、灵敏、可靠。

第 12 条　起吊设备前，选择符合规定的起吊点，不得将作为巷道支护的锚杆、锚索、金属网、钢带等作为起吊点。起吊用具、悬挂装置和锁具的安全系数要符合《煤矿安全规程》规定，并规定统一的起吊信号。

第 13 条　起吊设备时，要先进行试吊，确认无误后再进行起吊，起吊时要平稳匀速起吊，严禁任何人在起吊设备下方及受力绳索附近通行或停留，严禁将身体伸到可能被挤压的位置，起吊时派专人观察顶板、起吊梁情况，操作人员应站在支护完好、设备或吊梁滑落涉及不到的地方，其他人员撤离到安全地点。

第 14 条　设备装车的高度、宽度、长度要符合规定，超出规定时要将设备解体或者采取其他措施。

第 15 条　装车时，要先找好重心，在平板车上垫防滑皮带，使用钢丝绳套及手拉葫芦封车，封车要平稳。所选用的钢丝绳及手拉葫芦要符合规定。

第 16 条　检查设备装、封车情况，查看有无滑动和未固定好的小件，无问题后方可运输。

第 17 条　工作面撤除期间，拆装硐室必须安装调度电话，确保在发生灾害时，现场作业人员能够及时收到通知立即撤离。

第 18 条　施工前要确保施工地点支护安全，起吊架固定牢固。在吊、运物件时，应随时注意检查周围环境有无异常现象，禁止在不安全的情况下作业。

第 19 条　当现场 20 m 以内风流中的甲烷浓度超过 1.0%时，严禁送电试车；甲烷浓度大于 1.5%时，必须停止作业，切断电源，撤出人员。

四、操作准备

第 20 条　施工前认真检查顶帮围岩情况，以及顶板、煤帮、三角区的维护情况等，确保安全后方可施工。起吊期间，要有专人观察顶板情况，发现顶板离合、围岩发生变化、锚杆失效松动等要立即停止起吊，进行处理。检查施工点附近 20 m 内风流中的瓦斯浓度，排除隐患后方可作业。

第 21 条　每班开始施工前，检查起吊架结构件顶梁、斜梁、连杆、底座等是否开焊、断裂、变形等，确认完好后，方可施工。

第 22 条　设备撤除前，准备好撤除用的工具、材料以及安全保护用具，将液压支架重新编号。

第 23 条　铺设滑床板。平整铺设滑床板范围的巷道底板，由拆装硐室至撤架迎头方向依次搭接铺设滑床板。

五、操作顺序

第 24 条　在下巷煤壁外 5 m 处打一个 3 m×3 m 连体木垛，并沿倾向打密集支柱作切顶排,每棵密集支柱跟一棵戗柱,戗柱与密集支柱夹角为10°~15°。

第25条 支架撤除,撤架、扶棚、拉掩护架、回料。

第26条 支架解体,拆除顶梁与掩护梁、底座与掩护梁的铰接销轴。

第27条 支架装车,顶梁、底座、掩护梁分别装车。

六、正常操作

第28条 液压支架撤除的一般顺序为:

1. 撤架。

(1) 撤架前,要将过架管路拆除,接头用堵头堵死,以防进入异物,并向待撤支架单独接通液压管路。

(2) 在煤壁侧掩护架起高千斤顶,柱套上采用 ϕ26 mm×92 mm 圆环链生根一台20 t滑轮,将迎头JDHB-30/3.5T绞车钩头绕过滑轮连接到被撤支架底调梁上。

(3) 降低待撤支架高度少许,观察顶板金属网完好情况,发现网破时应穿撞楔并及时补网,确认正常后,方可进行撤架。

(4) 降低被撤支架高度,所有人员进入架箱内躲避,启动绞车,将支架调向拉出。

(5) 在支架调向时,若后部支护的临时点柱影响支架转弯,要进行整改,整改时坚持做到先支后回,杜绝强拉硬拽,拐倒支护体,造成冒顶或漏顶。

(6) 现场撤架空间不足时,可以解除支架前梁千斤顶与支架主体的连接,将前梁垂下,然后调向拉出。

2. 扶棚。

(1) 每回撤出一架支架,及时在原位置下两个走向棚,相距750 mm。

(2) 扶棚时,4人同时抬起一根4 m大板梁,用一棵单体支柱先将大板梁托起调正,然后补打三棵单体支柱,形成一梁四柱。

(3) 两侧单体支柱支设在距离大板梁两端头300 mm的位置,4棵单体支柱之间的间距均为1.0 m。

(4) 所有单体支柱不准支设在扶煤或浮矸上,单体支柱支设后必须拴好安全绳。

(5) 人员抬运物料时,要喊清口号,行动一致,以防挤手碰脚。

3. 拉掩护架。

(1) 每撤除一个液压支架,前移一次掩护架,三个掩护架采用交替自移的方法前移,先移老塘侧的,再移煤壁侧的,前移步距为1.5 m。

(2) 老塘侧掩护架顶梁托住待撤支架下方大板梁,距离待撤支架不大于500 mm。

(3) 拉移煤壁侧掩护架前,将待撤支架滑移梁及护帮板收回,使用煤壁侧掩护架托住待撤支架上方大板梁。

(4) 拉移掩护架后,三个掩护架前立柱保持一条线。

(5) 拉移掩护架后,将贴帮柱回撤至切顶线位置。

4. 回料。

(1) 老塘侧走向棚采用“见七回二”的方式进行回撤。

(2) 回料时,必须待顶板稳定,由外向里检查加固,清理好退路,再由里向外回撤。

(3) 回撤迎头单体支柱时,要用长把不小于2.0 m卸载工具或手把牵绳方式卸液,同时作业人员应站在安全有掩护的地点操作。

(4) 使用回柱绞车回撤单体支柱用的连接索具应合格，捆扎连接牢固可靠，不能使用半环连接，以防半环崩飞伤人。

(5) 回料后，在迎头三角区的最后一棚加打两棵戗柱，以防落顶推棚，回撤下来的单体支柱要及时运走。

(6) 煤壁侧回料与掩护架切顶线齐，最多拖后不得超过 1.0 m，严禁超前回料。

第 29 条 支架解体：

1. 在工作面上头向外 10 m 位置，巷道两侧各施工一个拆销硐室，拆销硐室对称施工。

2. 拆除顶梁与掩护梁、连杆铰接销挡板，用 M24 或 M36 丝锥攻丝，采用 M24 或 M36 高强螺栓配合专用鱼口连接铰接销，使用专用液压抽销装置通过高压液将铰接销轴抽出，先拆除顶梁与掩护梁铰接销，然后拆除底座与掩护梁铰接销。

3. 将拆除的铰接销轴、挡板靠帮码放在底座箱上，集中装车回收上井。

4. 在装车硐室里侧 20 m 位置，将支架前梁千斤顶销轴恢复，将滑移梁及侧护板收回，拆除前立柱压板及横销，利用装车硐室内绞车将顶梁拉开。

5. 解体过程中，对架间喷雾、一架布置三表、阀组闭锁、高压管路进行回收，严禁将各散件连同胶管一起强拉硬拽解体。

第 30 条 支架装车：

1. 支架解体完毕之后，利用装架硐室处的绞车将支架牵拉至装车硐室，利用风动葫芦起吊支架顶梁，利用工作面上头绞车将支架底座及尾梁拉出装车硐室。

2. 操作风动葫芦将支架顶梁高度降低距轨面 500 mm 位置时，推入空平板车，装顶梁时应将侧护板、滑移梁全部收回，顶梁与平板车间用两块木道板垫实，用 3 t 手拉葫芦配合 ϕ15.5 mm 钢丝绳头进行两道封车，封车要牢固可靠，无超宽超长现象。

3. 将底座拉入硐室，起吊底座距离轨面 500 mm 时，推入空平板车，底座装车时，将大立柱、底调梁全部收回，底座箱与平板车间用旧皮带衬垫加以防滑。用 3 t 手拉葫芦配合 ϕ15.5 mm 钢丝绳头进行两道封车。

4. 将掩护梁牵拉至装车硐室，利用 3 t 手拉葫芦将连杆封好，起吊掩护梁装车。掩护梁下方必须垫上两块道板加以防滑，其重心必须与平板车重心保持平衡一致，用 3 t 手拉葫芦配合 ϕ15.5 mm 钢丝绳头在件车前后各 1/4 处两道封车。

七、收尾工作

第 31 条 如发现工程质量不合格，验收员及时通知施工负责人处理。

第 32 条 验收员认真填写安装档案，填写现场隐患及遗留问题等并签字，将记录资料整理存档。

第 33 条 做好现场环境卫生，封车手拉葫芦、钢丝绳套等严禁乱放，清理现场杂物。

液压支架工

一、适用范围

第 1 条 本规程适用于在煤矿井下综采工作面从事液压支架操作作业的人员。

二、上岗条件

第 2 条 必须熟悉支架性能及构造原理和液压控制系统、作业规程和工作面顶板控制方式，能够按完好标准维护保养液压支架。

第 3 条 经过专业技术培训和考试，持有合格证方准上岗操作。

三、安全规定

第 4 条 作业前必须进行本岗位危险源辨识，严格执行敲帮问顶制度，严禁空顶作业，并检查确保作业地点通风良好、有害气体不超限，作业时必须严格执行“手指口述”。

第 5 条 液压支架工操作时，除执行本规程外还必须认真执行《煤矿安全规程》、作业规程及其他相关法律、法规的规定。

第 6 条 支架的零部件，管路系统及其辅助设备，必须符合原设计要求，不得任意拆卸。

第 7 条 支架工要认真执行检修制度，保证支架液压系统完好，对损坏部件要及时检修更换，支架出现漏液、窜液时要及时处理，不得带“病”使用。

第 8 条 所有管路要悬挂整齐，不准压、埋、挤、拆。

第 9 条 工作面所有支架都要达到完好标准，否则支架工有权拒绝操作。

第 10 条 在工作面发现损坏的零部件、液压胶管要及时更换，换下旧的要及时回收，对解决不了的问题向班长汇报，不准带“病”运转，保证支架经常处于完好状态。

第 11 条 要检查顶板情况，发现顶板破碎或有冒顶现象，要备足防冒顶材料，处理好后再移架，防止移架中冒顶过大造成歪架、咬架和倒架等现象。

四、操作准备

第 12 条 清理好架间、架前和架箱里的浮煤、浮矸和其他杂物，否则不准进行移架。

第 13 条 移架时要向四周人员发出移架信号，移架的下方和前方不得有与移架无关的其他人员。

第 14 条 有违章指挥的行为，支架工有权拒绝执行。

第 15 条 及时正确地移架：在采煤机割煤后，距采煤机滚筒 3～5 架时应及时移架支护顶板，在特殊情况下，如机道前严重片帮，顶板暴露面积大，顶板破碎现象严重，应超前移架，支护顶板。

五、操作顺序

第 16 条 一般情况下按以下操作顺序进行：

1. 检查支架完好情况，更换、处理窜漏液，清理架间、架前杂物。

2. 距采煤机后滚筒 3～5 架开始移架。移架正常操作顺序：收护帮板→降前梁→降后立柱→降前立柱→调整侧护板→拉架→调整底调梁→升前立柱→升后立柱→伸出滑移梁→升前梁→打护帮板→所有操作手把回零。

3. 推前部输送机。

六、正常操作

第 17 条 移架时，应注意收好影响支架前行的千斤顶，一般情况下降架时在顶梁与顶板之间保持 100～200 mm 为宜，不宜降得太多。当顶板破碎压力大时要采用带压移架，平移速度快，移架中顶板冒落处，要及时刹顶，使支架与顶板牢固接触，保证升起后初撑力能达到要求，移架后升架顺序分别是升柱，伸出侧护板，用护帮板支护暴露顶板，升好支架。移架操作：收护帮板→降前梁→降后立柱→降前立柱→调整侧护板→拉架→调整底梁→升前立柱→升后立柱→伸出滑移梁→升前梁→打护帮板→检查支架初撑力要求达到 24 MPa→所有操作手把回零。

第 18 条　移架过程中，要利用侧护千斤顶对支架进行微调整，支架与输送机保持垂直，支架中心距保持在规定之内，移架步距保持在 800 mm（或 600 mm），拉线移架使支架整齐成一条直线，支架顶梁与煤壁间的空顶距离符合作业规程规定以防采煤机割顶梁。

第 19 条　支架升起后要做到接顶严实，不得歪斜，操作完成后各手把打到零位，严禁手把处于工作位置。

第 20 条　需要铺顶网时，严防移架撕破网，移架后将网挑起，以防采煤机割网。

第 21 条　移架前为使支架移够步距，移架千斤顶处的煤矸，要处理干净，防止因挤住千斤顶而使千斤顶收不到位影响移架步距或致使千斤顶弯曲，挤坏液压管路影响移架。

第 22 条　当前梁压力大、煤层底软、架子前倾时，为避免移架时底座下陷，用单体支柱将前梁支撑好抬脚前移，但必须要注意单体支柱滑倒伤人。

第 23 条　在综采工作面爆破时，需制定安全防护技术措施，经矿总工批准，爆破措施除执行爆破规定外，要求对支架管路、操纵阀及柱体表面镀层等部件，采取严格保护措施。

第 24 条　过断层时，应按措施规定控制采高防止架间出现台阶。

第 25 条　支架移不动或升不起时，查找原因，排除故障后移架，不要随意更换管路或增大泵站压力，以免损坏设备。

第 26 条　支架工必须站在架座上，面朝推移方向，手握操作把，眼看前方，进行操作，不准采用后退式操作，不准站在推溜千斤顶处，以防挤碰伤脚。

第 27 条　严格按安全技术措施操作液压系统，拆卸时，必须先停泵泄压，人员离开，不准对着人，以防液压系统伤人。

七、收尾工作

第 28 条　支架移完后，支架整齐形成一条直线。

第 29 条　移架完成后支架阀组的操作把手必须打到零位，初撑力达到 24 MPa。

第 30 条　收工时将支架上的浮煤清理干净。

第 31 条　当班支架爆裂的管子及存在的隐患（不能马上处理的）汇报工区，做好交接班工作。

第 32 条　与下班对口交接，要交接清楚存在问题和注意事项，填写设备运转日志，参加班后会。

三机安装工

一、适用范围

第 1 条　本规程适用于在煤矿井下采煤工作面从事三机安装作业的人员。

二、上岗条件

第 2 条 经过安全技术和专业技术培训，考试合格者方可从事三机(刮板运输机、转载机、破碎机)安装工作。

第 3 条 能够熟悉三机的各组成部分、工作原理及性能，能独立工作。

第 4 条 能够熟练使用三机安装工作中使用的设备、仪器和工具，熟悉《煤矿矿井机电设备完好标准》及工作面安装安全技术规程的有关规定，并按规程要求进行操作。

第 5 条 安装工身体状况适应井下机械安装工作。

三、安全规定

第 6 条 作业前必须进行本岗位危险源辨识，严格执行敲帮问顶制度，严禁空顶作业，并检查确保作业地点通风良好、有害气体不超限，作业时必须严格执行“手指口述”。

第 7 条 三机安装操作时，除执行本规程外还必须认真执行《煤矿安全规程》、作业规程及其他相关法律、法规的规定。

第 8 条 上班前严禁喝酒，工作时精神集中，上班时不得做与本职工作无关的事情。

第 9 条 安装工应能正确使用安装工具，如扳手、手撬等，不得加长套管、加长力臂，不得代替手锤使用。

第 10 条 设备在运输下井前，必须在地面进行安装调试，经调试有问题或质量不合格的不准下井。

第 11 条 确保设备运输路线的巷道支护良好，断面尺寸和轨道质量符合装载设备的车辆通过要求，并畅通无阻，巷道宽度和高度符合作业规程的相关要求。

第 12 条 提升运输路线中的绞车、钢丝绳等要事先依据设备提升最大质量和角度进行验算，其安全系数必须符合《煤矿安全规程》的要求，保证提升设备性能良好，安全可靠，通信和信号系统必须清晰、灵敏、可靠。

第 13 条 检查设备装、封车情况，查看有无滑动和未固定好的小件，无问题后方可运输。

第 14 条 安装设备期间，在工作面组装硐室、切眼等地点安装调度电话，确保在发生灾害时，现场作业人员能够及时收到通知立即撤离。

第 15 条 施工前要确保施工地点支护安全，起吊架固定牢固。在吊、运物件时，应随时注意检查周围环境有无异常现象，禁止在不安全的情况下作业。

第 16 条 起吊设备前，选择符合规定的起吊点，不得将作为巷道支护的锚杆、锚索、金属网、钢带等作为起吊点。起吊用具、悬挂装置和锁具的安全系数要符合《煤矿安全规程》规定，并规定统一的起吊信号。

第 17 条 起吊时，先进行试吊，试吊 1～2 次，试吊时将起吊链逐渐张紧，使物体微离地面，检查物体应平衡，捆绑应无松动，吊运工具、机械应正常无异响。如有异常应立即停止吊运，将物体放回地面后进行处理，检查起吊件重心是否偏离，若偏离必须放下部件重新选取部件吊挂位置，直到重心不偏离后再正式起吊，确认可靠后将物体吊至指定位置。

第 18 条 起吊时，人员要躲开起吊链(钢丝绳绳套)的受力方向，严防人员或身体任何部位处在起吊影响范围之内。在任何情况下，严禁用人体重量来平衡被吊运的重物。不得站在重物上起吊。进行起重作业时，不得站在重物下面(下方)、起重梁下或物体运动前方等不安全的地方，只能在重物侧面作业。严禁用手直接校正已被重物张紧的吊绳、吊具。

第19条　当安装现场20 m以内风流中甲烷浓度超过1.0％时，严禁送电试车；甲烷浓度大于1.5％时，必须停止作业，切断电源，撤出人员。

四、操作准备

第20条　顶板施工专用起吊锚杆（架棚支护时架设专用起吊抬棚），准备5 t手拉葫芦等起吊工具。施工前认真检查顶帮围岩情况，确保安全后方可施工。起吊期间，要有专人观察顶板情况，发现顶板离合、围岩发生变化、锚杆失效松动等要立即停止起吊，进行处理。检查施工点附近20 m内风流中的甲烷浓度，排除隐患后方可作业。

第21条　现场标注工作面刮板输送机机尾、转载机机头、自移机尾、破碎机的安装位置。

第22条　现场准备ϕ24.5 mm穿底槽钢丝绳，按照从机头到机尾的顺序将输送机的部件编号运入，“日”字环、搭接板、螺栓等小件要集中用车皮下井。

第23条　当设备运送到指定地点后，拆除封车用绳索等物件，拆除时要注意防止捆绑物有余劲伤人。

五、操作顺序

第24条　按照自移机尾、电动机减速箱、转载机机头、桥身槽、凹凸槽、自移系统、破碎机（破碎箱、破碎轴、电动机、护罩及零部件）、落地槽、转载机机尾的顺序将转载机部件运入，并按照定位依次卸车组装。

第25条　从切眼下头开始安装部刮板输送机（如果是放顶煤开采，先安装前部刮板输送机，再安装后部刮板输送机），机头架、过渡槽、推移装置、电动机及减速箱、变线槽、中间槽、机尾部（过渡槽、推移装置）、机头架及电动机减速箱待支架安装完毕后安装。

六、正常操作

第26条　转载机、破碎机的安装。

1. 设备卸车。严格按编号顺序运输，分别为自移机尾、电动机减速箱、转载机机头、桥身槽、凹凸槽、自移系统、破碎机（破碎箱、破碎轴、电动机、护罩及零部件）、落地槽、转载机机尾的顺序将转载机部件运入，并按照定位依次卸车，小件集中在安全硐室内码放，自移跑道严格按照安装顺序及安装位置进行卸车。

2. 自移机尾安装。将自移机尾三大段依次卸车组装，组装中间节时安装游动小车，定位孔在人行道侧。

3. 机头部安装。用切眼下头绞车钢丝绳绕过滑轮起吊机头架，采用手拉葫芦调整，将转载机头定位销穿入自移机尾小车定位孔内，用卡箍固定好。

4. 安装破碎机。在组装硐室依次将锤头、顶盖、电动机、护罩等部件安装到位，紧固连接螺栓。破碎机锤头运行方向须与运输方向一致，不可逆转，确保安装质量达到标准，在指定位置进行卸车。

5. 破碎机定位安装后，同时安装桥部溜槽及落地槽，随组装随用ϕ24.5 mm×80 m钢丝绳穿入底槽。

6. 桥部安装。应先吊起桥部溜槽，与破碎机对接完毕后，在溜槽下用方木打木垛支撑。桥部开始时安装凹型槽，桥部结束时安装凸型槽。在组装凹凸槽及摆桥身溜槽时，用手拉葫芦起吊，防止歪倒伤人。

7. 落地槽安装。严格按照标号顺序运入卸车，随卸车随组装，严格按照带式输送机中心线进行安装。

8. 安装自移系统。先将自移跑道铺设好，连接好鱼口、销轴，然后吊装自移跑车，紧固好连接螺丝。

9 铺设链条。先铺设上链，通过预先穿入底槽的钢丝绳，并逐段拉入底槽，随拉底链随铺设上链，补齐刮板，直至底链拉完绕过机尾链轮后生根，补齐上链及所有刮板（刮板间隔 8 个链环），用连接环连接好上链和底链，进行合茬。

10. 完善转载机落地槽搭接板、盖板、电缆槽、连接自移系统管路。各部件安装达到质量标准要求，螺丝、垫圈齐全，对槽入位，紧固有力，桥身平整。

11. 转载机、破碎机正确注入油脂（转载机电动机减速箱注入 L-CKC680 中负荷工业齿轮油，机尾油盒注入 L-CKC320 中负荷工业齿轮油；破碎机手压泵注入 L-HM100 抗磨液压油，干油站注入 3# 二硫化钼锂基润滑脂）。

第 27 条 刮板运输机的安装。

1. 设备卸车。溜槽卸车时，将影响卸车范围的单体支柱临时拆掉，并靠轨道一侧平放，卸两节上层溜槽前，对两节下层溜槽进行单独封车，卸车完毕后，及时将单体按标准恢复，拴好吊猴及安全绳。溜槽卸车与安装平行作业时，溜槽卸车应超前溜槽安装 10 m，同时向溜槽组装人员发出警示，避开单体可能崩击的范围。

2. 机头安装。将机头过渡槽严格按照定位卸车，吊装机头架，将过渡槽与机头架之间用螺栓连接好。安装机头推移横梁，安装 3 节变线槽，在变线槽上打 2 棵压柱进行固定，避免安装溜槽过程中出现下滑。从机头侧底链道穿入拉底链的钢丝绳（ϕ24.5 mm），每安装两节溜槽都要拉出拉底链的钢丝绳。

3. 中部槽安装。第一节中间槽应为开天窗，从机头向机尾随卸车随安装。每隔 9 节安装一节带开天窗溜槽。安装溜槽时齿排应一同安装，不能拖后。接口要严密，两侧用“日”字环等连接牢靠，使溜槽成一直线，并且溜槽内不能有浮煤。

4. 机尾安装。机尾过渡槽及机尾架、电动机减速箱、推移横梁待切眼液压支架安装完毕后安装。

5. 铺链条。溜槽整机安装完成后，利用切眼上头绞车起吊链条，切眼下头绞车通过钢丝绳把底链穿进溜槽底槽中，链条绕过机头传动部 6～7 m，然后铺上链。铺链时应注意环链焊口背离溜槽中板，链条不能缠绕打转，铺完底、上链后，把机头上、下链连接在一起，将机尾处刮板链进行生根。

6. 所有连接件必须入槽、对位，螺丝齐全紧固有力，要按规定加好平垫或弹簧垫，整机设置平衡。

7. 机尾过渡槽、机尾推移部、采煤机硐室处的电缆槽，行走部下方的销排均待采煤机安装完毕，采煤机试车，行走部与销排啮合后再安装。机尾传动部待采煤机、液压支架安装完毕后再下井安装。

8. 电动机减速箱注入 L-CKC680 中负荷工业齿轮油、油盒注入 L-CKC320 中负荷工业齿轮油。连接电源电缆，通电检查电动机转向是否正常。按操作规程要求通电试运转并紧链（在设备列车安装结束后进行）。

9. 紧链方法：利用闸盘紧链器、阻链器进行紧链。

(1) 紧链工作在机尾过渡槽附近进行，紧链前机头电动机电源断电，只用机尾一个电动机紧链。

(2) 紧链前煤帮，顶板支护要完好；通话站、急停闭锁开关、照明必须完好且能正常使用，否则不能进行紧链工作。

(3) 紧链工作不得少于三人配合作业，一人守住急停开关和通话站，一人观察顶板、煤帮及设备情况，一人接链子。

(4) 紧链时将阻链器卡在双股链子上，使用销子固定在过渡槽的销孔中，固定牢固。

(5) 正转启动电动机，直至链条停止转动为止，立即拧紧闸盘紧链器，并立即切断电动机电源，再利用手轮慢慢地松开闸块，直至链条达到所需的张力时为止，重新拧紧闸盘紧链器以便安全操作拆链和接链工作，紧链完成后再慢慢松开紧链器，拆除阻链器。

七、收尾工作

第 28 条　如发现安装质量不合格，验收员及时通知施工负责人处理。

第 29 条　验收员认真填写安装档案，填写现场隐患及安装遗留问题等并签字，将安装资料整理存档。

第 30 条　做好现场环境卫生，封车手拉葫芦、钢丝绳套等严禁乱放，清理好现场杂物。

综采工作面集中控制工

一、适用范围

第 1 条　本规程适用于在煤矿井下采煤工作面从事集中控制作业的人员。

二、上岗条件

第 2 条　必须熟悉控制台的操作方式及各组合开关的相关原理、工作面作业规程，能够按完好标准维护保养控制台设备。

第 3 条　熟悉集控台各控制按钮的功能、信号指示灯的指示信息，能够处理综采工作面内常用电气设备的一般故障，保证生产正常进行。

第 4 条　综采工作面集中控制工必须经过专门培训，考试合格后，方可上岗作业。

三、安全规定

第 5 条　作业前必须进行本岗位危险源辨识，严格执行敲帮问顶制度，严禁空顶作业，并检查确保作业地点通风良好、有害气体不超限，作业时必须严格执行“手指口述”。

第 6 条　在操作时，除执行本规程外还必须认真执行《煤矿安全规程》、作业规程及其他相关法律、法规的规定。

第 7 条　综采工作面集中控制工必须忠于职守，精心操作，遵守劳动纪律和各种规章制度。

第 8 条　综采工作面控制台必须显示正常，各按钮灵活有效，各组合开关工作正常，各种保护灵敏可靠。

第 9 条　工作面各通信设备必须完好，信号传输无衰弱、无损失，通话无杂音。

第 10 条　综采工作面集中控制工要有一定的基本知识，做到知设备性能、结构和原理，会操作、会维护、会保养、会排除一般故障。

第 11 条 在工作期间严禁出现无故离岗、空岗、睡岗现象。

第 12 条 严格执行《煤矿安全规程》、操作规程、作业规程以及有关安全法规和各项规章制度。

第 13 条 在工作面出现意外情况时，要及时采取相应的措施进行处理，必要时将工作面设备停电闭锁，并及时向区队跟班管理人员、班长汇报。

四、操作准备

第 14 条 上岗前，综采工作面集中控制工必须进行岗位安全确认。

第 15 条 在工作地点交接班，了解前一班设备运行情况，设备故障的处理情况及遗留问题，设备检修、维护情况和停送电等方面的情况。

第 16 条 保证控制台区域的卫生整洁，保证操作面板干净、无污渍。

第 17 条 对控制台、组合开关的各处手把、按钮进行检查，保证其灵活可靠。对各组合开关、移变的各项保护进行试验检查，保证其有效可靠。

第 18 条 对工作面通信系统进行检查，保证生产期间各项指令能够及时、准确的传达。

第 19 条 与各岗点人员进行联系，确保各岗点人员到岗，等候开机命令。

五、操作顺序

第 20 条 一般情况下按以下操作顺序进行：

1. 与前一班综采工作面集中控制工进行交接，了解工作面各种情况。

2. 检查本岗位各项设备，确保其运转正常。

3. 与工作面各岗点人员进行联系，确保各岗点人员到位。

4. 听到班长发布的开机命令后，向调度汇报，请求开机生产。然后再次联系各岗点人员，得到回复后，发布开机命令。

5. 开启喷雾泵和乳化泵。

6. 待最后一部带式输送机开启后，按顺序开启破碎机、桥式转载机、刮板输送机，并提醒采煤机司机开机生产。

六、正常操作

第 21 条 在接班后，首先对控制台、通信装置的完好情况进行查看；对组合开关进行安全保护实验。

第 22 条 在本班接班后，及时与各岗点人员进行联络，在各岗点就位后向区队跟班管理人员、班长汇报情况，报告各岗点就位，可以开机生产。

第 23 条 在收到开车命令后，需先向矿调度汇报请示开车，得到许可后，方可通知工作面各岗点人员准备开车。

第 24 条 开车前，必须利用通信装置向工作面各岗点人员发出开车预警，确认安全后方可开车。

第 25 条 按逆煤流顺序开启工作面运输设备，启动前预先发出 5～10 s 的启动预警信号，然后按破碎（机）启动、转载机启动、刮板输送机启动，5 s 后转载机及刮板输送机电动机自动切换成高速运转。并在生产期间做好监控，发现异常及时停机处理。

七、特殊操作

第 26 条 在工作面生产期间做好通信联络与信息传达工作，及时汇报工作面情况，传达好上级下达的临时任务。

第 27 条　传达执行好跟班队长、班长下达的各项临时工作任务。

第 28 条　如遇工作面输送机紧急闭锁停运，必须利用扩音电话问清停机原因，并及时与跟班队长与班长取得联系，待工作面回复可以开车时，并进行确认后，方可重新启车。

第 29 条　如需单机个别启动时，需在确认有专人监护后方可启动。

八、收尾工作

第 30 条　在工作地点交接班，向下一班交接设备运行情况，设备故障的处理情况及遗留问题，设备检修、维护情况和停送电等方面的情况。

第 31 条　清理卫生，填写相关记录。

三机撤除工

一、适用范围

第 1 条　本规程适用于在煤矿井下采煤工作面从事三机撤除作业的人员。

二、上岗条件

第 2 条　经过安全技术和专业技术培训，考试合格者方可从事三机（刮板运输机、转载机、破碎机）撤除工作。

第 3 条　能够熟悉三机的各组成部分、工作原理及性能，能独立工作。

第 4 条　能够熟练使用三机撤除工作中使用的设备、仪器和工具，熟悉《煤矿安全规程》及工作面撤除安全技术规程的有关规定，并按规程要求进行操作。

第 5 条　身体状况适应井下机械撤除工作。

三、安全规定

第 6 条　作业前必须进行本岗位危险源辨识，严格执行敲帮问顶制度，严禁空顶作业，并检查确保作业地点通风良好、有害气体不超限，作业时必须严格执行“手指口述”。

第 7 条　操作时，除执行本规程外还必须认真执行《煤矿安全规程》、作业规程及其他相关法律、法规的规定。

第 8 条　上班前严禁喝酒，工作时精神集中，上班时不得做与本职工作无关的事情。

第 9 条　撤除工应能正确使用撤除解体工具，扳手、手撬等不得加长套管、加长力臂，不得用扳手、手撬等代替手锤使用。

第 10 条　设备提升运输路线巷道要确保支护良好，断面尺寸和轨道质量符合装载设备的车辆通过要求，并畅通无阻，巷道宽度和高度符合作业规程的相关要求。

第 11 条　提升运输路线中的绞车、钢丝绳等要事先依据设备提升最大质量和角度进行验算，其安全系数必须符合《煤矿安全规程》的要求，保证提升设备性能良好，安全可靠，通信和信号系统必须清晰、灵敏、可靠。

第 12 条　起吊设备前，选择符合规定的起吊点，不得将作为巷道支护的锚杆、锚索、金属网、钢带等作为起吊点。起吊用具、悬挂装置和锁具的安全系数要符合《煤矿安全规程》规定，并规定统一的起吊信号。

第 13 条　起吊设备时，要先进行试吊，确认无误后再进行起吊；起吊时要平稳匀速起吊，严禁任何人在起吊设备下方及受力绳索附近通行或停留，严禁将身体伸到可能被挤压的位置；起吊时派专人观察顶板、起吊梁情况，操作人员应站在支护完好、设备或吊梁滑落影响不到的地方，其他人员撤离到安全地点。

第 14 条 设备装车的高度、宽度、长度要符合规定，超出规定时要将设备解体或者采取其他措施。

第 15 条 装车时，要先找好重心，在平板车上垫防滑皮带，使用钢丝绳套及手拉葫芦封车，封车要平稳。选用的钢丝绳及手拉葫芦要符合规定。

第 16 条 检查设备装、封车情况，查看有无滑动和未固定好的小件，无问题后方可运输。

第 17 条 工作面撤除期间，按照作业规程规定安装调度电话，确保在发生灾害时，现场作业人员能够及时收到通知立即撤离。

第 18 条 施工前要确保施工地点支护安全，起吊架固定牢固。在吊、运物件时，应随时注意检查周围环境有无异常现象，禁止在不安全的情况下作业。

第 19 条 当施工现场 20 m 以内风流中的甲烷浓度超过 1%时，严禁送电试车；甲烷浓度大于 1.5%时，必须停止作业，切断电源，撤出人员。

四、操作准备

第 20 条 施工前认真检查顶帮围岩情况以及顶板、煤帮、三角区的维护情况等，确保安全后方可施工。起吊期间，要有专人观察顶板情况，发现顶板离合、围岩发生变化、锚杆失效松动等要立即停止起吊，进行处理。检查施工点附近 20 m 内风流中的甲烷浓度，排除隐患后方可作业。

第 21 条 每班开始施工前，对起吊架结构件顶梁、斜梁、连杆、底座等是否开焊、断裂、变形等进行检查，确认完好后，方可施工。

第 22 条 设备撤除前，准备好撤除用的工具、材料以及安全保护用具，将液压支架重新编号。

第 23 条 转载机停电前，将连接环停到机头位置，进行停电、验电、放电、甩火。恢复好转载机、输送带自移机尾的液压控制系统，将转载机、破碎机、自移机尾整体自移至运输巷装车硐室处。

第 24 条 工作面刮板输送机停机前，先把工作面及整个系统浮煤清理干净，并将中部槽中的煤矸开空，将刮板连接环停在机头位置。

五、操作顺序

第 25 条 转载机、破碎机的撤除顺序：

1. 拆除转载机底链，回撤自移系统。
2. 撤除转载机减速箱、机头。
3. 撤除悬空槽、落地槽及小件。

第 26 条 刮板输送机的撤除顺序：

1. 将刮板链掐开回撤，回撤电缆小件。
2. 回撤机头、机尾，装车上井。
3. 回撤溜槽和挡煤板、搭接板等。

六、正常操作

第 27 条　转载机、破碎机的撤除。

1. 收回转载机机头伸缩千斤顶使刮板链松弛，从连接环处掐开，上链直接掐开装车，利用绞车将底链拉出装车。

2. 拆除自移机尾自移千斤顶及管路，将三大段依次解体。

3. 吐链工作结束后，由机头向机尾方向拆除转载机。

4. 利用顶板专用起吊锚杆或锚索为起吊生根点，使用两台 5 t 手拉葫芦拆除转载机电动机减速箱。

5. 用木垛把转载机桥部垫好，拆除破碎机和转载机桥部的对接螺栓，悬空槽每两节将对口螺柱拆除。

6. 用 4 台 5 t 手拉葫芦将转载机头吊起，拆除转载机头稳销卡箍，拆除行走小车，把自移机尾运走。

7. 拆除自移千斤顶、小跑车、自移跑道及全部液压部件。

8. 拆除破碎机护罩，然后拆除电动机、锤头，拆卸破碎机锤轴必须用 5 t 手拉葫芦拴牢防止翻滚。拆除手压泵，人工运上井，避免丢失。

9. 落地槽每两节分别拆除，搭接板、哑铃、拆除的小件集中码放，统一装车回收上井。

第 28 条　刮板输送机的撤除。

1. 工作面刮板输送机停机前，先把工作面及整个系统浮煤清理干净，并将中部槽中的煤矸开空，将刮板连接环停在机头位置。

2. 将阻链器安装在机尾过渡槽的预设孔中，固定住刮板链条，在机尾电动机处安装闸盘紧链器；然后点动机头电动机，直到机头链条松弛；将开关停电闭锁，解开连接环；然后慢慢松开闸盘紧链器，拆掉阻链器，完成掐链工序。

3. 停电、拆除电源，将负荷电缆拆出，将电动机喇叭口用挡板挡好，工作时严格执行停电、验电、放电制度。

4. 刮板链用回撤通道上端头稳设的绞车拖出装车，用矿车统一装运。

5. 使用支架作吊点，每两节拆卸一副搭接板，然后将电缆槽吊入溜槽内，并用 8# 铁丝固定。

6. 机头、机尾部均应拆卸成电动机减速箱、机头(尾)架、推移梁等部分。中间部分：机头(尾)过渡槽、机头(尾)三节变线槽、中间槽。

7. 机头(尾)电动机减速箱装车时，电动机一侧应加捆道板后，方可封车外运。

8. 将拆开的溜槽和挡煤板、搭接板，用回绞牵拉至装车硐室分别进行装车外运。中部槽用 3 t 手拉葫芦配合 ϕ15.5 mm 的绳头作 3 道封车，封车要牢固可靠，无超宽超高现象。

9. 拆卸的螺栓、哑铃销、推拉头、推拉头横销不准乱放，要集中码放装车回收上井。

七、收尾工作

第 29 条　如发现工程质量不合格，验收员及时通知施工负责人处理。

第 30 条　验收员认真填写施工档案，填写现场隐患及遗留问题等并签字，将记录资料整理存档。

第 31 条　做好现场环境卫生，封车手拉葫芦、钢丝绳套等严禁乱放，清理好现场杂物。

采煤机安装工

一、适用范围

第 1 条 本规程适用于在煤矿井下采煤工作面从事采煤机安装作业的人员。

二、上岗条件

第 2 条 经过安全技术和专业技术培训，考试合格者方可从事采煤机安装工作。

第 3 条 能够熟悉采煤机的各组成部分、工作原理及性能，能独立工作。

第 4 条 能够熟练使用采煤机安装工作中使用到的设备、仪器和工具，熟悉《煤矿矿井机电设备完好标准》及工作面安装安全技术规程的有关规定，并按规程要求进行操作。

第 5 条 身体状况适应井下机械安装工作。

三、安全规定

第 6 条 作业前必须进行本岗位危险源辨识，严格执行敲帮问顶制度，严禁空顶作业，并检查确保作业地点通风良好、有害气体不超限，作业时必须严格执行"手指口述"。

第 7 条 操作时，除执行本规程外还必须认真执行《煤矿安全规程》、作业规程及其他相关法律、法规的规定。

第 8 条 上班前严禁喝酒，工作时精神集中，上班时不得做与本职工作无关的事情。

第 9 条 安装工应能正确使用安装工具，扳手、手撬等不得加长套管、加长力臂，不得代替手锤使用。

第 10 条 设备在运输下井前，必须在地面进行安装调试，经调试有问题或质量不合格的不准下井。

第 11 条 要确保设备运输路线巷道支护良好，断面尺寸和轨道质量符合装载设备的车辆通过要求，并畅通无阻，巷道宽度和高度符合规程的相关要求。

第 12 条 提升运输路线中的绞车、钢丝绳等要事先依据设备提升最大质量和角度进行验算，其安全系数必须符合《煤矿安全规程》的要求，保证提升设备性能良好，安全可靠，通信和信号系统必须清晰、灵敏、可靠。

第 13 条 检查设备装、封车情况，查看有无滑动和未固定好的小件，无问题后方可运输。

第 14 条 设备安装期间，在工作面组装硐室、切眼等地点安装调度电话，确保在发生灾害时，现场作业人员能够及时收到通知立即撤离。

第 15 条 施工前要确保施工地点支护安全，起吊架固定牢固。在吊、运物件时，应随时注意检查周围环境有无异常现象，禁止在不安全的情况下作业。

第 16 条 起吊设备前，选择符合规定的起吊点，不得将作为巷道支护的锚杆、锚索、金属网、钢带等作为起吊点。起吊用具、悬挂装置和锁具的安全系数要符合《煤矿安全规程》规定，并规定统一的起吊信号。

第 17 条 起吊时，先进行试吊，试吊 1～2 次，试吊时将起吊链逐渐张紧，使物体微离地面，检查物体应平衡，捆绑应无松动，吊运工具、机械应正常无异响。如有异常应立即停止吊运，将物体放回地面后进行处理，检查起吊件重心是否偏离，若偏离必须放下部件重新选取部件吊挂位置，直到重心不偏离后再正式起吊，确认可靠后将物体吊至指定位置。

第 18 条　起吊时，人员要躲开起吊链（钢丝绳绳套）的受力方向，严防人员或身体任何部位处在起吊影响范围之内。在任何情况下，严禁用人体重量来平衡被吊运的重物。不得站在重物上起吊。进行起重作业时，不得站在重物下面（下方）、起重梁下或物体运动前方等不安全的地方，只能在重物侧面作业。严禁用手直接校正已被重物张紧的吊绳、吊具。

第 19 条　当安装现场 20 m 以内风流中的甲烷浓度超过 1.0%时，严禁送电试车；甲烷浓度大于 1.5%时，必须停止作业，切断电源，撤出人员。

四、操作准备

第 20 条　在顶板打专用起吊锚杆（架棚支护时架设专用起吊抬棚）时，准备 5 t 手拉葫芦、木道板、液压枪等工具。施工前认真检查顶帮围岩情况，确保安全后方可施工。起吊期间，要有专人观察顶板情况，发现顶板离合、围岩发生变化、锚杆失效松动等要立即停止起吊，进行处理。检查施工地点附近 20 m 内风流中的甲烷浓度，排除隐患后方可作业。

第 21 条　每班开始施工前，对起吊架结构件顶梁、斜梁、连杆、底座等是否开焊、断裂、变形等进行检查，确认完好后，方可施工。

第 22 条　当设备运送到指定地点后，拆除封车用绳索等物件，拆除时要注意防止捆绑物有余劲伤人。

五、操作顺序

第 23 条　支架安装至采煤机机窝区域时，进行采煤机卸车。采煤机组件卸车要按照安装顺序：左（右）滚筒、左（右）摇臂、左（右）机头箱、电控制箱、右（左）机头箱、右（左）摇臂、右（左）滚筒。

第 24 条　先组装三大段，然后组装左、右摇臂及左、右滚筒。

六、正常操作

第 25 条　采煤机的安装步骤一般为：

1. 设备卸车：严格按左（右）滚筒、左（右）摇臂、左（右）机头箱、电控制箱、右（左）机头箱、右（左）摇臂、右（左）滚筒的顺序卸车。

2. 将右机头箱、控制箱、左机头箱分别吊起骑跨在中部槽齿轨上，下面用道木垫实，并用液压螺栓将这三大部分连接在一起，紧固好。

3. 依次用手拉葫芦将左、右摇臂吊起，依次进行组装。

4. 将采煤机左、右滚筒分别吊起与摇臂相连接。

5. 采煤机组装完后，清除机身下面的道木，安装采煤机护板等其他辅助装置。

6. 给采煤机注入油脂（摇臂、行走箱注入 L-CKC320 中负荷工业齿轮油，泵箱注入 L-HM100抗磨液压油，行走部轴承注入 3# 二硫化钼锂基润滑脂），安齐滚筒截齿，铺设电缆、水管，上好电缆夹。

7. 给采煤机通电，检查各电动机正反转，确认无误后进行试运转（在设备列车安装完毕后进行）。

第 26 条　组装采煤机时，人员应在物件上侧工作，防止物件滑落伤人。

第 27 条　油管头、各机械结合部必须有可行的防污、防碰撞措施。

七、收尾工作

第 28 条　如发现安装质量不合格，验收员及时通知施工负责人处理。

第 29 条　验收员认真填写安装档案，填写现场隐患及安装遗留问题等并签字，将安装资料整理存档。

第 30 条 做好现场环境卫生，封车手拉葫芦、钢丝绳套等严禁乱放，清理好现场杂物。

采煤机撤除工

一、适用范围

第 1 条 本规程适用于在煤矿井下采煤工作面从事采煤机撤除作业的人员。

二、上岗条件

第 2 条 经过安全技术和专业技术培训，考试合格者方可从事采煤机撤除工作。

第 3 条 能够熟悉采煤机的各组成部分、工作原理及性能，能独立工作。

第 4 条 能够熟练使用采煤机撤除、解体工作中使用到的设备、仪器和工具，熟悉《煤矿安全规程》及工作面撤除安全技术规程的有关规定，并按规程要求进行操作。

第 5 条 身体状况适应井下机械撤除工作。

三、安全规定

第 6 条 作业前必须进行本岗位危险源辨识，严格执行敲帮问顶制度，严禁空顶作业，并检查确保作业地点通风良好、有害气体不超限，作业时必须严格执行“手指口述”。

第 7 条 操作时，除执行本规程外还必须认真执行《煤矿安全规程》、作业规程及其他相关法律、法规的规定。

第 8 条 上班前严禁喝酒，工作时精神集中，上班时不得做与本职工作无关的事情。

第 9 条 撤除工应能正确使用撤除解体工具，扳手、手撬等不得加长套管、加长力臂，不得代替手锤使用(不得采用加长套管、加长力臂等方法，强行对采煤机解体，扳手、手撬等不得代替手锤使用)。

第 10 条 要确保设备提升运输路线巷道支护良好，断面尺寸和轨道质量符合装载设备的车辆通过要求，并畅通无阻，巷道宽度和高度符合作业规程的相关要求。

第 11 条 提升运输路线中的绞车、钢丝绳等要事先依据设备提升最大质量和角度进行验算，其安全系数必须符合《煤矿安全规程》的要求，保证提升设备性能良好，安全可靠，通信和信号系统必须清晰、灵敏、可靠。

第 12 条 起吊设备前，选择符合规定的起吊点，不得将作为巷道支护的锚杆、锚索、金属网、钢带等作为起吊点。起吊用具、悬挂装置和锁具的安全系数要符合《煤矿安全规程》规定，并规定统一的起吊信号。

第 13 条 起吊设备时，要先进行试吊，确认无误后再进行起吊，起吊时要平稳匀速起吊，严禁任何人在起吊设备下方及受力绳索附近通行或停留，严禁将身体伸到可能被挤压的位置，起吊时派专人(有顶板管理经验的人员)观察顶板、起吊梁情况，操作人员应站在支护完好、设备或吊梁滑落影响不到的地方，其他人员撤离到安全地点。

第 14 条 设备装车的高度、宽度、长度要符合规定，超出规定时要将设备解体或者采取其他措施。

第 15 条 装车时，要先找好重心，在平板车上垫防滑皮带，使用钢丝绳套及千不拉封车，封车要平稳。所选用的钢丝绳及千不拉要符合规定。

第 16 条　检查设备装、封车情况，查看有无滑动和未固定好的小件，无问题后方可运输。

第 17 条　工作面撤除期间，按照作业规程规定安装调度电话，确保在发生灾害时，现场作业人员能够及时收到通知立即撤离。

第 18 条　施工前要确保施工地点支护安全，起吊架固定牢固。在吊、运物件时，应随时注意检查周围环境有无异常现象，禁止在不安全的情况下作业。

第 19 条　当施工现场 20 m 以内风流中的甲烷浓度超过 1.0%时，严禁送电试车；甲烷浓度大于 1.5%时，必须停止作业，切断电源，撤出人员。

四、操作准备

第 20 条　施工前认真检查顶帮围岩情况，顶板、煤帮、三角区的维护情况等，确保安全后方可施工。起吊期间，要有专人观察顶板情况，发现顶板离合、围岩发生变化、锚杆失效松动等要立即停止起吊，进行处理。检查施工点附近 20 m 内风流中的甲烷浓度，排除隐患后方可作业。

第 21 条　每班开始施工前，对起吊架结构件顶梁、斜梁、连杆、底座等是否开焊、断裂、变形等进行检查，确认完好后，方可施工。

第 22 条　设备撤除前，准备好撤除用的工具、材料以及安全保护用具，将液压支架重新编号。

第 23 条　将采煤机牵引至安全撤除位置(工作面顶板完整、底板平整、无片帮危险处)，在工作面停电前，放平左右摇臂，清净机身上的浮煤，控制摇臂销轴处于不承重状态。

第 24 条　停电、停水后，先拆除采煤机处的电缆槽，然后拆除电缆水管。

第 25 条　在摇臂下支设平稳可靠的木垛，并将采煤机身上的杂物清理干净。

五、操作顺序

第 26 条　采煤机撤除的一般顺序为：

1. 拆卸采煤机左、右滚筒。
2. 拆卸左、右摇臂。
3. 拆卸左、右牵引部。
4. 将采煤机牵拉、装车、运输上井。

六、正常操作

第 27 条　采煤机拆除步骤为：

1. 先拆卸采煤机滚筒，拆除滚筒时使用支架前梁合适位置作起吊点，取下端盖，拆掉螺栓，用 3 t 手拉葫芦对滚筒预留，防止拆下后滚动。

2. 拆卸摇臂时首先拆掉调高油缸，用钢丝绳配合绳卡将调高油缸与主机架捆紧，使油缸不能自由摆动，拆卸摇臂铰接销子用两台 5 t 手拉葫芦吊稳摇臂，然后抽掉铰接销。

3. 用木道板支撑好采煤机本体，使用 4 台 5 t 手拉葫芦将左牵引部起吊，用手动高压泵拆除采煤机丝杠及液压螺母，取掉行走部所对应的齿轨销，将牵引部缓慢起吊下放至合适位置。

4. 右牵引部拆除方法同左牵引部，左、右牵引部不能同时进行拆除。

5. 整个采煤机拆卸解体成：

(1) 截割部分:左、右滚筒,左、右摇臂;

(2) 牵引部分:左、右牵引部;

(3) 中间箱。

6. 利用绞车将解体后的部件慢慢牵拉至工作面上头拐弯处,然后利用装车硐室外绞车将各部件依次牵入硐室装车。

7. 采煤机主体部分全部用重型平板车装车,左右螺旋滚筒、左右摇臂、左右牵引部、中间箱共装 7 车。滚筒立装,拆除截齿、齿座。摇臂立装,找好中心后,两头分别用钢丝绳配合绳卡捆牢。

8. 拆除采煤机丝杠及液压螺母后,应及时将液压螺母复位,避免丝扣损坏,拆除的所有紧固螺栓及铰接销应集中放置,避免丢失。

七、收尾工作

第 28 条　如发现工程质量不合格,验收员及时通知施工负责人处理。

第 29 条　验收员认真填写施工档案,填写现场隐患及遗留问题等并签字,将记录资料整理存档。

第 30 条　做好现场环境卫生,封车手拉葫芦、钢丝绳套等严禁乱放,清理好现场杂物。

回柱绞车司机

一、适用范围

第 1 条　本规程适用于在煤矿井下采煤工作面从事 JH 系列及 JSDB 系列中滚筒直径小于 1.2 m 的回柱绞车操作作业的人员。

二、上岗条件

第 2 条　必须熟悉本工作面的作业规程和顶板管理方法,做到“三懂”(懂构造、懂性能、懂原理),“四会”(会使用、会保养、会维护、会处理故障);必须经培训考试合格并持有合格证,方准上岗操作。

第 3 条　必须了解本设备的结构、性能、原理、主要技术参数、牵引能力及完好标准等,并可以进行一般性检查、维修、润滑保养及故障处理。

三、安全规定

第 4 条　作业前必须进行本岗位危险源辨识,严格执行敲帮问顶制度,严禁空顶作业,并检查确保作业地点通风良好、有害气体不超限,作业时必须严格执行“手指口述”。

第 5 条　操作时,除执行本规程外还必须认真执行《煤矿安全规程》、作业规程及其他相关法律、法规的规定。

第 6 条　回柱绞车司机要和回柱放顶工、看滑轮工、信号工密切配合,做好回柱绞车操作工作。

第 7 条　回柱绞车司机与回柱放顶工的联系,必须使用电铃信号装置(或合用光电信号),信号规定如下：

一次长铃——停车；

连续二次铃——开车；

连续三次铃——倒车松绳。

电铃线不许明接，防爆铃盒不准打开。在操作过程中，一律听从信号指挥。听不清信号，不准开车。开车时，绞车附近人员要及时躲开。

第 8 条 有下列情况之一时要停车。

1. 绞车移动时；

2. 导轮移动或导轮工发信号(连续吹口哨)时；

3. 其他不安全情况或听见有人喊停车时；

4. 绞车附近、绞车与导轮间有人时；

5. 钢丝绳钩头距绞车或导轮工 1.5 m 时；

6. 绞车负荷增大发生憋车时；

7. 出现绞车绳拐住物件及爬绳现象时。

四、操作准备

第 9 条 准备。

1. 工具：小锤、长柄钩。

2. 备品、配件：油壶、螺丝。

第 10 条 检查与处理。

1. 绞车附近的顶帮、巷道及支护是否牢固可靠，有无杂物堆积影响操作。

2. 绞车安装是否牢固，压柱、戗柱是否牢靠，角度是否符合要求。

3. 电气设备是否摆设稳当，操作方便。

4. 绞车设备各部件、螺栓、垫圈、护罩等是否齐全牢固，常用闸是否灵活。

5. 绞车的减速箱和轴承的油质是否合格，油量是否充足，是否不漏油。

6. 钢丝绳在滚筒上固定是否牢靠，排绳是否整齐，一个捻距内断丝面积是否超过原钢丝绳总断面积的 10%。

7. 钢丝绳道内物品、杂物等清理干净，不能影响绞车运行。

8. 信号装置是否灵敏、可靠。

9. 发现问题必须妥善处理，否则不准进行操作。

五、正常操作

第 11 条 操作顺序：

准备→检查→处理→试车→正式运行(下放主绳→停车→拉绳→停车→下放主绳……)→处理故障→停车→工作结束。

第 12 条 试车。

1. 试车前应将开关、电铃放在闸把附近，以便于操作。

2. 进行 2～3 次的正反车试转。

3. 将钢丝绳在滚筒上排列整齐，紧绳时要用小锤或带柄钩引绳，不准用手或脚顺绳，以免钢丝绳绞乱。

4. 与回柱工用信号联系，试验其准确性。

第 13 条 绞车司机要精神集中，注意听清信号，按回柱信号进行开车、停车、倒车等操作。

第 14 条　绞车司机开车时不准远离绞车，要站在护身柱或防护网后方。

第 15 条　正常情况停车时，应断电后用机械闸停车，不准打反车停车。电动机滑动轴承温度达 65 ℃时，要停车找出原因，等温度下降后方准开车。

六、特殊操作

第 16 条　发现卡绳时，按以下要求操作：

1. 在回柱工、看滑轮工等协助下取出卡住的钢丝绳。

2. 用撬棍或其他工具剔拨撬起卡住的钢丝绳，必要时可辅以人力撩绳。

3. 将钢丝绳拉展后，用绳头的大钩（或卡子）拴在牢固支柱上再开倒车，使卡住的钢丝绳松开。

4. 开倒车处理卡绳时，如钢丝绳拉到绞车滚筒边绳仍未松开，应停车，以免损坏、折断钢丝绳。

5. 开倒车处理卡绳事故时，现场人员都要退到安全地点。

第 17 条　回柱绞车用作牵引时，按以下要求操作：

1. 开车前必须对所连物件名称、大小、尺寸、质量、工作目的、巷道坡度、长度、工作场所环境等做详细的了解。

2. 绞车滚筒中心应与轨道中心线重合；在近水平机巷、风巷中可采用侧向布置，其绞车滚筒中心线与轨道中心线的夹角要合适；做到钢丝绳排列整齐，不出现咬绳、爬绳、跳绳现象，滚筒上应经常缠留 5 圈摩擦绳，用以减轻固定处的张力，钢丝绳尾部绳头必须压在绞车滚筒上，压绳板不少于两副且有防松垫圈，绳头不得磨绞车电动机端盖螺丝。

3. 回柱绞车运输必须做到“三好、四有、三落实”。

三好：设备完好，巷道支护好，轨道质量好；

四有：有挡车装置，有声光信号，有地辊，有躲避硐；

三落实：岗位责任制落实，检查维修责任落实，交接班制度落实。

4. 司机必须做到“六不开”。即：绞车不完好不开；钢丝绳不合格不开；安全设施及信号不齐全不开；超挂车不开；信号不清不开；“四超”车辆无措施不开。

第 18 条　移设回柱绞车时，按以下要求操作：

1. 移回柱绞车前，要选择顶板支架完好、无淋水、空间足够、有利于安设和操作的地点，安设好牢固的牵引柱或生根点，并清理好绞车行走路径。

2. 移回柱绞车时，至少两人操作，先拴好牵引绳，人员撤到安全地带，发出开车信号，移动时，要慢速牵引，严密注视牵引柱的牢固性和被移动绞车是否歪斜、碰撞、挤压巷道支架、电缆或其他设施，绞车开关电缆是否拉紧，发现问题立即停车处理后再移动。

3. 严禁在牵引绞车时人员在钢丝绳道行走，绞车移到位后，将开关回零，打好压戗柱，各柱下头均打在绞车底盘上，上头支在顶板柱窝内，当顶板破碎松软时，要加柱帽或穿可调向的专用铁鞋，底板松软、高低不平时应找平，垫好木底梁。

4. 绞车安装要平、正、牢，试车紧绳，确认绞车稳固、无问题后，拴好防倒绳，方可使用。

七、收尾工作

第 19 条　回柱绞车司机在接到班组长或回柱工已完成任务通知后，方可开始收尾工作。

1. 把钢丝绳全部缠在滚筒上。

2. 切断电源，把开关把手打在断电位置，锁紧闭锁螺栓。

3. 做好绞车周围环境卫生。

4. 协助信号工盘好信号电缆。

5. 收拾好工具。

第 20 条　向接班人、班组长汇报运转情况及存在问题等。

回柱绞车信号(看滑轮)工

一、适用范围

第 1 条　本规程适用于在煤矿井下采煤工作面从事 JH 系列及 JSDB 系列回柱绞车回柱及牵引时观察信号(滑轮)工作的人员。

二、上岗条件

第 2 条　必须经专业培训考试合格，取得操作资格证，持证上岗。

第 3 条　必须掌握所在工作地点的提升运输线路及巷道技术参数，熟悉《煤矿安全规程》的相关规定和所使用车辆、挡车设施、信号设施的性能，清楚列车组列方法和连接装置的选择、使用规定，按照规程的要求进行操作。

三、安全规定

第 4 条　作业前必须进行本岗位危险源辨识，严格执行敲帮问顶制度，严禁空顶作业，并检查确保作业地点通风良好、有害气体不超限，作业时必须严格执行"手指口述"。

第 5 条　操作时，除执行本规程外还必须认真执行《煤矿安全规程》、作业规程及其他相关法律、法规的规定。

第 6 条　看滑轮工应注意事项。

1. 看滑轮工应在滑轮柱上方 0.5 m 外靠采空区侧工作。

2. 看滑轮工必须用哨子与回柱绞车司机联络，发现滑轮卡绳、柱子松动、咬绳、销子松动等情况时，应及时吹哨停车。

3. 松主绳时，在滑轮下方钢丝绳外侧密切配合向下给绳，以防咬绳。

4. 运行时，滑轮内侧不准人员停留或通过。

5. 不论开车或停车，都要集中精力，注意工作范围动态，严禁打盹睡觉或离开岗位。

第 7 条　信号工注意事项。

1. 听从回柱工的指挥，发信号要迅速、准确。

2. 精力集中，密切注意钢丝绳运行方向，当发现钢丝绳运行方向有误时，应立即发出停车信号，并重新发出正确的信号。

3. 信号工始终和牵引物料保持 5～8 m 距离，随物料位置推延而改变工作位置，并收盘好电缆。

4. 调整工作位置时，应手持信号装置，不准悬提信号线，以免损坏信号线接头，造成事故。

第 8 条 回柱绞车牵引时注意事项。

1. 斜巷运输严格执行“行人不行车，行车不行人、不作业”的规定。

2. 严禁用矿车运送人员，严禁扒、蹬、跳车。

3. 严禁他人代替发送信号。

4. 严禁用空钩头拖拉钢轨等物料，拉空钩头时必须有专人牵引，并通知绞车司机低速运行。

5. 严禁用其他物品代替连接装置。

6. 运送超长、超宽、超高、超重以及特殊物料的车辆时，必须有经批准的特殊安全措施，并严格按措施要求操作。

7. 对检查出不合格的连接装置必须单独放置，交班时交代清楚，并做明显标志，消除隐患。

8. 认真执行岗位责任制和交接班制度。

四、操作准备

第 9 条 操作前要检查周围顶板、支架是否完好，如有断梁、缺柱以及其他不安全因素时，必须处理后方可回柱。

第 10 条 上岗后必须详细检查安全防护装置、连接装置、提升钢丝绳、钩头 25 m 以内的(去掉)质量、信号设施及其他设备、设施是否齐全完好、灵敏可靠或符合标准，不符合提升运输要求时严禁提升运输。

第 11 条 详细检查岗位范围内有无障碍或影响安全提升的安全隐患，有无其他人员在提升区段工作，确认无误后方可提升。

第 12 条 认真检查牵引钩头、物料状态，必须符合作业规程要求。

五、正常操作

第 13 条 每次挂钩完毕后，必须对列车组列、装载、连接装置、保险绳等进行详细检查，确认无误后方可发出开车信号，开车后要目送车辆运行，并正确使用挡车设施，发现异常及时发出紧急停车信号。

第 14 条 运送超长、超宽、超高、超重以及特殊物料时，必须停车检查连接固定情况，确认无误后方可牵引。

第 15 条 摘挂钩操作时注意事项。

1. 必须待回柱绞车停稳，牵引物料稳定，确认钢丝绳松后方可摘挂钩。

2. 严禁站在钩头前方，以防物料滑动伤人。

3. 必须站立在钩头侧面，距钩头 500 mm 左右。

4. 摘挂完毕确需越过牵引物料时，严禁从物料下方越过。

第 16 条 发送信号时应站立在信号硐室内或安全地点，手按信号发送器，严密注视车辆运行状况，发现异常或事故，及时发送紧急停车信号。

第 17 条 提升物料超过规定或连接不良时，都不得发送开车信号。

第 18 条 牵引超大、超重物料时，发生物料倾斜、侧滑需要调整时，要组织人员按照有关规定进行复位，严禁信号工个人复位。

第 19 条 使用回柱绞车轨道运输时，信号工按照规程要求操作。

六、收尾工作

第 20 条　工作完毕，必须清理现场，对安全设备和设施进行检查，确认安全无误后，认真填写有关记录，进行现场交接班。

三用阀试压工

一、适用范围

第 1 条　本规程适用于从事三用阀试阀自动检测试验工作的人员。

二、上岗条件

第 2 条　必须熟悉三用阀自动检测试验台的性能及构造原理和操作规程，善于维护和保养试验台，懂得压力测试的基本知识。

三、安全规定

第 3 条　作业前必须进行本岗位危险源辨识，严格执行敲帮问顶制度，严禁空顶作业，并检查确保作业地点通风良好、有害气体不超限，作业时必须严格执行“手指口述”。

第 4 条　三用阀试压工操作时，除执行本规程外还必须认真执行《煤矿安全规程》、作业规程及其他相关法律、法规的规定。

第 5 条　试验台严禁带压启动。

第 6 条　油温小于 60 ℃，以免损坏系统中的密封件。

第 7 条　操作人员试阀时不要正对着三用阀阀座。

四、操作准备

第 8 条　操作流程：

1. 检查和准备；
2. 试运行；
3. 开始试压；
4. 停机收尾。

第 9 条　根据生产计划及要求，备齐试压时所需要的工具。

第 10 条　试压工接班后进行如下安全检查：

1. 检查工作地点安全环境情况，发现高温、火源、易燃易爆物品必须立刻停止使用，确认周围环境的安全。
2. 检查试验台的电源开关、操作台、压力表等按钮、指示灯是否齐全、完整、灵敏可靠。
3. 要检查油箱中油位、乳化液箱中的液位，确认无误。
4. 启动油泵按钮启动油泵电动机，打开电磁阀开关，观察油压力是否符合标准。

第 11 条　经检查确定作业环境安全、机器完好后，先使增压缸开关处于中位，按下启动按钮，然后转动增压缸开关，使增压缸往复几次，将系统中空气排出，即可进入工作状态。

五、正常操作

（一）低压实验

第 12 条　装好被试三用阀，用调压工具将三用阀调压螺丝旋转至 38.2 MPa。

第 13 条 开动油泵，将泵的出口压力调至 2 MPa。

第 14 条 被试三用阀准备好后，将手动换向阀上打，然后再打到中位，进行低压保压性能检测。

第 15 条 实验完成。

（二）高压实验

第 16 条 将调压阀手轮右旋，油泵压力调至 7.2 MPa。

第 17 条 将手动换向阀其中的一个手把上打，增压缸开关旋转至右位增压缸增压，慢慢转动三用阀调压螺丝钉，直至有液体溢流后，将增压缸开关旋转至中位，手动换向手把打到中间位置，再调试下一个三用阀。

第 18 条 高压实验完成，开启增压缸将手动换向阀手把轻轻下打，压力卸荷。卸下被试用三用阀。

六、特殊操作

第 19 条 如其他矿用液压件，如 ZC 片阀、安全阀、液控单向阀的实验中，需将试件接口和相应的专用工具连接起来，即可做实验。

第 20 条 遇到下列情况应停机处理：

1. 液压油温度过高时；
2. 操作台按钮突然失灵时；
3. 出现压力不稳时；
4. 三用阀座对人时；
5. 电源线出现损坏时。

七、收尾工作

第 21 条 工作完毕后，切断电源，清理卫生，关闭各个阀门，方可离开。

单体液压支柱地面检修工

一、适用范围

第 1 条 本规程适用于从事单体液压支柱地面检修作业的人员。

二、上岗条件

第 2 条 必须熟知液压支柱的构造以及所有配件和作业规程，懂得维修与装配知识。

三、安全规定

第 3 条 支柱地面检修工必须佩戴单位发放的劳动保护用品，并按照工艺流程顺序进行检修。

第 4 条 操作期间，注意工件的放置，以免碰伤、磕伤。

第 5 条 作业前必须进行本岗位危险源辨识，严格执行敲帮问顶制度，严禁空顶作业，并检查确保作业地点通风良好、有害气体不超限，作业时必须严格执行“手指口述”。

第 6 条 操作时，除执行本规程外还必须认真执行《煤矿安全规程》、作业规程及其他相关法律、法规的规定。

四、操作准备

第7条　操作规程：

1. 检查和准备。

2. 清洗与维修。

3. 组装。

4. 检验。

5. 刷漆入库。

第8条　根据生产需求，准备好必备工具、必备零部件，佩戴劳动保护用品。

第9条　交接班后进行如下安全质量检查：

1. 解体机、液压泵是否可以正常运行，液压实验系统是否完整，灵活可靠。

2. 检查液压油箱中油量是否符合要求。

3. 检查活柱、油缸圆度，零件镀层不合格，一律列入修复架中。

4. 底座、活塞中装O型圈或Y型圈处的粗糙度为6，不允许有锈蚀和麻点。

5. 活柱体80孔处满足图纸要求，检查活柱体镀层锈蚀情况。

6. 油缸镀层不允许有锈蚀，尺寸公差不大于100＋0.22。

7. 更换柱头，焊接成型圆润美观，不允许焊透夹渣、裂纹、弧坑气孔等缺陷，并清除焊渣和飞溅物。

8. 检查工作地点安全生产环境情况，检查通风、气体情况等符合作业规程要求。

第10条　经检查确定作业环境安全、机器完好、质量符合标准后，方可进行正常操作。

五、正常操作

第11条　零部件齐全，顶盖、弹性圆柱销装配正确，手把体用手可转动，表面无飞刺。

第12条　支柱外表除尽锈蚀层，油缸表面无加工运输中的凹坑。

第13条　更换所有橡胶件和塑料件。

第14条　清洁度要求：支柱平均每根清洗残留物小于等于60 mg，最大一根小于等于70 mg。

第15条　连接钢丝全部打入槽中，弯头允许外露高度为4 mm，槽口用腻子或烤漆封严。

第16条　支柱全程试验时，手把体、底座不漏液，支柱降柱速度大于等于25 mm/s。

六、收尾工作

第17条　经验收员验收后，合格产品按照型号规格分类入库码放整齐，由保管员统计入库。

单体液压支柱组装试压工

一、适用范围

第1条　本规程适用于从事单体液压支柱组装试压作业的人员。

二、上岗条件

第2条　熟知并熟练操作压力密封检测仪以及液压支柱的压力范围和承压情况。

三、安全规定

第 3 条 试压前，液压支柱要上好防护装置，以免滑倒伤人。

第 4 条 试压时，液压支柱的三用阀不要对人，以免三用阀被压力冲出伤人。

第 5 条 作业前必须进行本岗位危险源辨识，严格执行敲帮问顶制度，严禁空顶作业，并检查确保作业地点通风良好、有害气体不超限，作业时必须严格执行“手指口述”。

第 6 条 操作时，除执行本规程外还必须认真执行《煤矿安全规程》、作业规程及其他相关法律、法规的规定。

第 7 条 试压时必须佩戴安全保护用品。

四、操作准备

第 8 条 操作流程：

1. 检查和准备。

2. 单体液压支柱上试压架。

3. 开机试压。

4. 停机收尾。

第 9 条 根据生产计划及要求，准备好施工工具。

第 10 条 检查工作地点安全环境情况，检查通风等情况符合作业规程要求。

第 11 条 开机前，首先检查打印机与主机接口、打印机与电源、主机与电源是否连接牢固。

第 12 条 每班开机检测时，微机员按要求校对现场初频 G 值，如若个别传感器无初频或初频异常，及时将信息反馈给微机检测工，处理故障。

第 13 条 经检查确定作业环境安全、机器完好后，方可进行操作。

五、正常操作

第 14 条 将支柱按照行程要求置于合适的刚性试压架上。

第 15 条 支柱注液时，必须放尽柱内空气，以免造成支柱密封质量判断失误。同时使支柱顶盖与钢铉压力盒垂直、位置正确，然后启动计算机。

第 16 条 根据鉴定标准，注液压力不得小于 2 MPa，且检测仪 $T=6$ min 时，支柱降压百分比不大于 7%，方为合格支柱。

第 17 条 严格按照鉴定结果检测，任何人无权擅自更改百分比，如有失职，调离本岗，并严肃处理。

六、收尾工作

第 18 条 压力测试后的液压支柱，由微机员统计合格产品数，并登记，打出合格日报表，入成品库，不合格支柱下架后，分类码放，解体分析。

第 19 条 试压后，打扫地面卫生，做到地面无积液。

采煤机司机

一、适用范围

第 1 条 本规程适用于在煤矿井下缓倾斜煤层中从事采煤机操作作业的人员。

二、上岗条件

第 2 条　必须熟悉并掌握采煤机的性能、结构和工作原理，善于维护和保养采煤机，懂得采煤基本知识，经过培训考试合格，取得操作资格证后，方可持证上岗。

第 3 条　上岗前必须佩戴齐全职业病个人防护用品，了解并掌握进入产生职业病危害因素场所应采取的防治措施。

三、安全规定

第 4 条　采煤机司机要与液压支架工密切合作，按顺序开机、停机。

第 5 条　启动采煤机前，必须巡视采煤机周围，确认采煤机滚筒 5 m 范围内无人员和滚筒转动范围内无障碍物后，方可接通电源。

第 6 条　严禁强行截割硬岩和带载启动，按完好标准维护保养采煤机。

第 7 条　采煤机割煤时，必须开启喷雾装置喷雾降尘。

第 8 条　采煤机停止工作或检修时，必须切断上一级电源，打开磁力启动器的隔离开关。

第 9 条　补换截齿时，必须切断上一级电源，摘下滚筒离合器，闭锁工作面刮板输送机。

第 10 条　人员进入机道及煤壁侧作业时，采煤机必须停电，打开采煤机隔离开关及滚筒离合器，同时闭锁刮板输送机，作业期间必须设专人看守采煤机启动按钮及隔离开关，严禁其他人员私自操作采煤机。采煤机送电或解除刮板输送机闭锁前，必须确认机道及煤壁侧作业人员全部撤至安全地点，无安全隐患后方可操作。

四、操作准备

第 11 条　备齐全各类工具、配件及油脂。

第 12 条　全面检查煤壁、采高和顶底板变化以及支护等情况，了解上一班工作、检修及相关设备运转情况，发现问题及时向班长汇报，及时处理。

第 13 条　对采煤机进行运行前检查。

1. 检查连接螺栓、截齿是否齐全、紧固，各操作手把是否灵活可靠，各部油脂油位是否符合规定，各种密封是否完好、不渗漏。

2. 检查电缆夹板及电缆、水管是否完好无损，冷却和喷雾装置是否齐全完好，水压、流量是否符合规定。

3. 工作面倾角在 15°以上时，其防滑装置是否安全可靠。

上述各项检查完毕并对发现的问题处理完毕后，佩戴好个人职业病防护用品方可进行下一步操作。

五、正常操作

第 14 条　解除工作面刮板输送机的闭锁，发出开动刮板输送机的信号。

第 15 条　等待刮板输送机空转 2 min 正常后，合上采煤机的隔离开关，按启动按钮启动电动机。电动机空转正常后，停止电动机，在电动机停转前的瞬间合上截割齿轮离合器。

第 16 条　打开进水截止阀门供水并喷雾，调节好供水流量。

第 17 条　发出启动信号，按启动按钮，启动采煤机，检查滚筒旋转方向及摇臂调高动作情况，把截割滚筒旋调到适当位置。

第 18 条　采煤机空转 2～3 min 正常后，打开牵引闭锁，发出采煤机开动信号，然后缓慢加速牵引，开始破煤作业；选择适宜的牵引速度，操作采煤机正常运行。

第 19 条　破煤时要注意顶底板、煤层和刮板输送机载荷的情况，随时调整牵引速度与截割高度。要按直线割直煤壁，不得割碰顶梁。

第 20 条　割煤时随时注意行走机构运行情况，采煤机前方有无人员或障碍物，有无大块煤、矸石或其他物件从采煤机下通过。

第 21 条　有下列情况之一，要采用紧急停机方法及时停机进行处理：

1. 顶底板、煤壁有漏顶、片帮或透水预兆时；
2. 割煤过程中发生异响时；
3. 采煤机内部发现异常震动、声响和异味，或零部件损坏时；
4. 刮板输送机上发现大块煤、矸、杂物或支护用品时；
5. 工作面刮板输送机停止运转或拖缆装置被卡住时。

第 22 条　正常停机的操作程序。

1. 按采煤机遥控器上的“牵停”按钮，停止牵引采煤机。
2. 将滚筒放到底板上，待滚筒内的煤炭排净后，按“主停”按钮停止采煤机。
3. 关闭进水截止阀。
4. 断开离合器、隔离开关，断开磁力启动器的隔离开关。切断上一级电源。

六、收尾工作

第 23 条　停机操作结束后，清扫采煤机各部浮煤。

第 24 条　向接班司机详细交代本班采煤机运行状况、出现的故障、存在的问题。按规定填写采煤机工作日志。

液压支架维修工

一、适用范围

第 1 条　本规程适用于在煤矿井下从事各类型液压支架维修作业的人员。

二、上岗条件

第 2 条　必须经过专业技术培训，考试合格，方可上岗作业。

第 3 条　熟知液压支架的结构、性能、传动系统、动作原理，掌握故障处理技能，能独立工作。

第 4 条　上岗前必须佩戴齐全职业病个人防护用品，了解并掌握进入产生职业病危害因素场所应采取的防治措施。

三、安全规定

第 5 条　作业前必须进行本岗位危险源辨识，严格执行敲帮问顶制度，严禁空顶作业，并检查确保作业地点通风良好、有害气体不超限，作业时必须严格执行“手指口述”。

第 6 条　液压支架维修操作时，除执行本规程外还必须认真执行《煤矿安全规程》、作业规程及其他相关法律、法规的规定。

第 7 条　维修过程中，不做与本职工作无关的事情，严格遵守有关规章制度。

第 8 条　大的零部件维修更换时，要制定专项维修更换计划和安全技术措施，并贯彻落实到人。

第9条 当工作地点 20 m 内风流中的甲烷浓度达到 1.5%时，必须停止作业，切断电源，撤出人员。

第10条 井下维修时各工种要密切配合，必要时采煤机和刮板输送机必须闭锁、停电、挂停电牌，以防发生意外。

第11条 井下维修支架前应采取可靠的稳固措施。

第12条 维修中所使用的起吊索具应安全可靠。

四、操作准备

第13条 维修负责人首先要向有关人员了解支架的工作情况及存在的问题。

第14条 维修负责人应向维修人员讲清维修内容、人员分工及安全注意事项。

第15条 根据支架维修内容准备好足够的备件、材料及维修工具，凡需专用工具拆装的部件必须使用专用工具。

第16条 需要更换液压锁及关键的液压管路时，为防止支架自降发生意外，必须及时在支架下方架设临时支护。

第17条 维修阀组类元件时，为防止掉入煤尘颗粒，应提前在支架上方吊挂篷布护顶。

第18条 维修前应冲洗支架外面沉积的煤尘、矸石粉等污物。维修地点应清洁，无其他杂物。

第19条 检修支架顶部时，应搭好牢固的工作台。

五、正常操作

第20条 支架液压千斤顶不准在井下拆解维修，不允许随意更换液压系统的管路连接件。若液压千斤顶有故障时，要由专人负责用质量合格的同型号液压千斤顶进行整体更换。

第21条 在拆卸或更换安全阀、测压表及高压软管时，应先关闭本架进液总截止阀卸载无压力后进行。

第22条 在更换胶管、阀组、千斤顶、销轴等需要支架的承载件卸载时，必须采取防坠落、歪倒、冒顶、片帮的安全措施。

第23条 向工作地点运送的各种胶管、阀组、千斤顶等液压部件的进回液接口处，都必须用专用堵头堵塞，只允许在使用地点打开。

第24条 液压件装配时，必须用乳化液冲洗干净，并注意有关零部件相互配合的密封面，防止因碰伤或损坏而影响使用。

第25条 处理更换液压总管路故障时，要停止泵站运转并安排专人看守，严禁带压作业。

第26条 组装密封件时，应注意检查密封圈是否完好，加工件上有无锐角或毛刺，并注意密封圈与配件及销轴的安装方向必须正确。

第27条 管路快速接头使用的 U 形销的规格、质量必须合格，严禁单孔使用或使用其他物件代替。

六、收尾工作

第28条 维修完毕后，要清点工具及剩余的材料、备件和更换下来的零部件，清点后运送到指定地点并妥善保管。

第29条 维修完毕后，必须将液压支架进行动作试验，确认无问题后方可使用。

第 30 条 维修完工后,各液压操作手把要打到零位,并机械闭锁防止误操作。

乳化液泵站维修工

一、适用范围

第 1 条 本规程适用于在煤矿井下从事各型乳化液泵站维修作业的人员。

二、上岗条件

第 2 条 必须经过专业技术培训,考试合格,持证上岗。

第 3 条 熟悉乳化液泵的性能、结构、传动系统、动作原理,掌握故障处理技能,能独立工作。

第 4 条 上岗前必须佩戴齐全职业病个人防护用品,了解并掌握进入产生职业病危害因素场所应采取的防治措施。

三、安全规定

第 5 条 作业前必须进行本岗位危险源辨识,严格执行敲帮问顶制度,严禁空顶作业,并检查确保作业地点通风良好、有害气体不超限,作业时必须严格执行"手指口述"。

第 6 条 乳化液泵站维修操作时,除执行本规程外还必须认真执行《煤矿安全规程》、作业规程及其他相关法律、法规的规定。

第 7 条 维修过程中,不做与本职工作无关的事情,严格遵守有关规章制度。

第 8 条 当工作地点 20 m 内风流中的甲烷浓度达到 1.5%时,必须停止作业,切断电源,撤出人员。

第 9 条 乳化液泵站应配备至少两套泵站,泵和水箱应保持水平稳定。正常情况下,一套泵工作,一套泵备用或检修。

第 10 条 应坚持使用自动配液装置,必须保证乳化液浓度达到 3%～5%,确保配液用水清洁,符合规定。

第 11 条 乳化液泵站的输出压力不得低于 30 MPa,且不得高于泵站最高额定压力。

第 12 条 维修泵站必须停泵挂停电牌,必要时安排专人看守,维修、更换主要液压部件及供液管路前必须进行泄压,在无压的状态下方可操作。

第 13 条 供液管路要吊挂整齐,保证供液、回液畅通。

第 14 条 泵站维修工有权拒绝违章指挥。

第 15 条 按以下要求定期进行检查、检修并做好记录:

1. 每天检查一次过滤器网芯。
2. 每 10 天清洗一次过滤器。
3. 每月清洗一次泵箱。
4. 每季度化验一次水质。

第 16 条 泵站维修期间需要开停泵时,必须发出开停信号。开停泵工作期间,泵站操作人员不得脱离岗位。

第 17 条 乳化液泵液压元器件损坏时,不得在井下拆解维修,应整体进行更换。

四、操作准备

第 18 条　泵站维修人员首先要向泵站司机了解乳化液泵的工作情况及存在的问题。

第 19 条　根据泵站维修内容准备好足够的备件、材料及维修工具，凡需专用工具拆装的部件必须使用专用工具。

第 20 条　需要更换液压元件及关键的液压管路时，为防止煤尘颗粒及杂物污染，应提前将工作点进行冲尘并擦拭干净。

五、正常操作

第 21 条　发出开泵信号，启动泵站试运转检查故障点。发出停泵信号，处理维修故障。

第 22 条　在拆卸或更换液压部件及高压胶管时，应确保停泵卸载无压力后进行。

第 23 条　在更换较重的液压部件时，必须采取防坠落、防歪倒的安全措施。

第 24 条　向工作地点运送的各种胶管、液压部件等的进回液接口处，都必须用专用堵头堵塞，只允许在使用地点打开。

第 25 条　液压件装配时，必须用乳化液冲洗干净，并注意有关零部件相互配合的密封面，防止因碰伤或损坏而影响使用。

第 26 条　组装密封件时，应注意检查密封圈是否完好，液压件上有无锐角或毛刺，并注意密封圈与液压件的安装方向必须正确。

第 27 条　维修完毕后，必须对液压部件使用的螺栓进行认真检查，确保齐全紧固。管路快速接头的 U 形销必须插到位，U 形销的规格、质量必须合格，严禁单孔使用或使用其他物件代替。

六、收尾工作

第 28 条　维修完毕后，要清点工具及剩余的材料、备件和更换下来的零部件，清点后运送到指定地点并妥善保管。

第 29 条　维修完毕后，必须进行试运转，确认无问题后方可正常使用。

采煤机维修工

一、适用范围

第 1 条　本规程适用于在煤矿采煤工作面从事采煤机维修作业的人员。

二、上岗条件

第 2 条　必须经过专业技术培训，考试合格，方可上岗作业。

第 3 条　应具备一定的钳工基本操作技能、液压基础知识及电气维修基础知识。应熟悉所检修采煤机的结构、性能、传动系统、液压部分和电气部分，掌握故障处理技能，能独立工作。

第 4 条　上岗前必须佩戴齐全职业病个人防护用品，了解并掌握进入产生职业病危害因素场所应采取的防治措施。

三、安全规定

第 5 条　作业前必须进行本岗位危险源辨识，严格执行敲帮问顶制度，严禁空顶作业，并检查确保作业地点通风良好、有害气体不超限，作业时必须严格执行“手指口述”。

第6条 采煤机维修操作时，除执行本规程外还必须认真执行《煤矿安全规程》、作业规程及其他相关法律、法规的规定。

第7条 维修人员必须严格遵守入井的各项规定，上岗时应穿戴好安全防护用品。

第8条 采煤机维修前，工作面输送机必须停机、断电、闭锁，采煤机附近及上下相邻5架液压支架停止作业，并关闭总进液截止阀。液压支架操作手把必须上齐防误操作机械闭锁装置。

第9条 检查维修地点的安全状况。在采煤机煤壁侧、机身上或机身两端维修时，应设专人进行监护，不准单人作业。严格执行敲帮问顶，清理煤壁、顶板浮煤、浮矸，在煤壁、顶板之间加设防护措施。

第10条 采煤机附近20 m以内风流中甲烷浓度超过1.0%时，严禁送电试车；达到1.5%时，必须停止作业，切断电源，撤出人员。

第11条 采煤机维修时，必须切断电源，打开隔离开关和离合器。

第12条 采煤机维修后送电试运转前，必须认真检查采煤机附近是否有人，确定无人后方可送电试运转。

四、操作准备

第13条 试机了解采煤机的故障现象，并判断故障原因，确定维修部位。

第14条 切断电源，打开离合器，并挂“有人工作，禁止合闸”警示牌。

第15条 关闭冷却水路。

第16条 根据采煤机维修内容认真检查所用工具、量具、吊装用具、材料和备件的规格、质量、数量，应符合要求。

第17条 采煤机维修地点应清洁，无影响维修的杂物，尤其是维修液压系统的地点必须无污染、无粉尘。

第18条 对采煤机进行外部清洗，除去煤泥、煤尘等污物。

第19条 采煤机维修工作地点周围要洒水降尘，要有足够的照明。

五、正常操作

第20条 拆装时，敲击部位应使用铜棒。

第21条 拆卸锈蚀或使用了防松胶的部位时，事先应用松动剂或震动处理后再进行。

第22条 拆下的零部件及使用的工具应放在专用箱内，不准随处乱放，以防污染。

第23条 更换零部件前必须进行质量检测，核实后方可使用。

第24条 浮动油封的密封环不得有裂纹、沟痕，并必须成对使用或更换。

第25条 O型密封圈不得过松或过紧，装在槽内不得扭曲切边，保持性能良好。

第26条 骨架油封的弹簧松紧适宜，按相关规定调整。

第27条 零部件装配前，其相互配合的表面必须擦洗干净，涂上清洁的润滑油。润滑和液压系统的清洗应用干净的棉布，不得用棉纱。零部件装配后，各润滑处必须注入适量的润滑油。

第28条 主要紧固件应使用力矩扳手。

第29条 维修后必须清洗油池，注入油池的油必须经过过滤。

第30条 恢复送电前，维修人员应清理现场，拆除工作帐篷，清点工具，撤到安全地点。

维修人员向相关人员发出送电开机的命令后，方可送电，经检查采煤机附近无人员后按规定开机试车。

第 31 条　液压件带入井下时，应有防污措施。

第 32 条　更换滚筒和截齿时，必须护帮护顶，切断电源。

第 33 条　对常用工具无法或难以拆除的部位和零部件，要使用专用工具，严禁破坏性拆除。

第 34 条　采煤机电气部分的维修，按电气设备维修操作规程进行。

六、收尾工作

第 35 条　维修结束进行全面试机，观察是否有异常。

第 36 条　清点工具及剩余的材料、备件，并妥善保管。

第 37 条　切断电气设备电源，清理维修现场。

第 38 条　维修完成后，应在采煤机运转正常后方可离开现场。

三机维修工

一、适用范围

第 1 条　本规程适用于在煤矿采煤工作面从事三机维修工作的人员。

二、上岗条件

第 2 条　必须经过专业技术培训，考试合格，方可上岗作业。

第 3 条　具备一定的钳工基本操作，熟知三机的结构、性能、传动系统、动作原理，掌握故障处理技能，能独立工作。

第 4 条　上岗前必须佩戴齐全职业病个人防护用品，了解并掌握进入产生职业病危害因素场所应采取的防治措施。

三、安全规定

第 5 条　作业前必须进行本岗位危险源辨识，严格执行敲帮问顶制度，严禁空顶作业，并检查确保作业地点通风良好、有害气体不超限，作业时必须严格执行“手指口述”。

第 6 条　三机维修操作时，除执行本规程外还必须认真执行《煤矿安全规程》、作业规程及其他相关法律、法规的规定。

第 7 条　维修过程中，不做与本职工作无关的事情，严格遵守有关规章制度。

第 8 条　大的零部件维修更换时，要制定专项维修更换计划和安全技术措施，并贯彻落实到人。

第 9 条　当工作地点 20 m 内风流中的甲烷浓度达到 1.5%时，必须停止作业，切断电源，撤出人员。

第 10 条　三机维修时各工种要密切配合，必要时三机必须闭锁、停电、挂停电牌，以防误操作发生意外。

第 11 条　三机维修中所使用的起吊索具应安全可靠。

四、操作准备

第 12 条　维修负责人首先要向有关人员了解三机的运行情况及存在的问题。

第 13 条 维修负责人应向维修人员讲清维修内容、人员分工及安全注意事项。

第 14 条 根据三机维修内容准备好足够的备件、材料及维修工具，凡需专用工具拆装的部件必须使用专用工具。

第 15 条 试机了解三机的故障现象，并判断故障原因，确定维修部位。

第 16 条 切断电源，并挂“有人工作，严禁送电”警示牌。

第 17 条 三机维修地点应清洁，无影响维修的杂物，尤其是维修电气传动系统的地点必须无污染、无粉尘。维修地点有淋水时，必须搭设防水篷布。

五、正常操作

第 18 条 拆装时，敲击部位应使用铜棒。

第 19 条 拆卸锈蚀或使用了防松胶的部位时，事先应用松动剂或震动处理后再进行。

第 20 条 拆下的零部件及使用的工具应放在专用箱内，不准随处乱放，以防丢失。

第 21 条 更换零部件前必须进行质量检测，核实后方可使用。

第 22 条 主要紧固件应使用力矩扳手。

第 23 条 恢复送电前，维修人员应清理现场，清点工具，撤到安全地点。维修人员向相关人员发出送电开机的命令后，方可送电，经检查三机附近无人员后按规定开机试车。

第 24 条 对常用工具无法或难以拆除的部位和零部件，要使用专用工具，严禁破坏性拆除。

第 25 条 三机电气部分的维修，按电气设备维修操作规程进行。

六、收尾工作

第 26 条 维修完毕后，要清点工具及剩余的材料、备件和更换下来的零部件，清点后运送到指定地点并妥善保管。

第 27 条 维修结束进行全面试机，观察是否有异常。

第 28 条 维修完成后，应在三机运转正常后方可离开现场。

水处理设备维修工

一、适用范围

第 1 条 本规程适用于在煤矿井下从事 KS-RO-06 型水处理设备维修作业的人员。

二、上岗条件

第 2 条 必须经过专业技术培训，考试合格，方可上岗作业。

第 3 条 具备一定的钳工基本操作及液压基础知识，熟知水处理设备的结构、性能、传动系统、水处理原理，掌握故障处理技能，能独立工作。

第 4 条 上岗前必须佩戴齐全职业病个人防护用品，了解并掌握进入产生职业病危害因素场所应采取的防治措施。

三、安全规定

第 5 条 作业前必须进行本岗位危险源辨识，严格执行敲帮问顶制度，严禁空顶作业，并检查确保作业地点通风良好、有害气体不超限，作业时必须严格执行“手指口述”。

第 6 条 水处理设备维修操作时，除执行本规程外还必须认真执行《煤矿安全规程》、作业规程及其他相关法律、法规的规定。

第7条　维修过程中，不做与本职工作无关的事情，严格遵守有关规章制度。

第8条　当工作地点20 m内风流中的甲烷浓度达到1.5%时，必须停止作业，切断电源，撤出人员。

第9条　水处理设备应保持水平稳定。

第10条　维修水处理设备必须停泵挂停电牌，必要时安排专人看守，维修、更换主要过滤器滤芯时，严格按照使用说明书操作。

第11条　日常使用及注意事项。

1. 每天检查水泵、压力表等设备。
2. 确保额定电压与交流电源供电电压相匹配。
3. 系统工作的时候不准用湿手去触摸控制器的按钮。
4. 对系统进行维修时，必须在系统停机3 min后待系统内的水流尽后进行。
5. 维修、更换各个配件前，必须切断电源。

四、操作准备

第12条　水处理设备维修人员首先要向水处理设备司机了解水处理设备的工作情况及存在的问题。

第13条　根据设备维修内容准备好足够的备件、材料及维修工具，凡需专用工具拆装的部件必须使用专用工具。

第14条　需要更换配件时，为防止煤尘颗粒及杂物污染，应提前将工作地点进行冲尘并擦拭干净。

五、正常操作

第15条　启动水处理设备试运转检查故障点。停机处理维修故障。

第16条　在拆卸更换配件时，应确保停机3 min系统内的水流尽后进行。

第17条　在更换较重的部件时，必须采取防坠落、防歪倒的安全措施。

第18条　向工作地点运送的各种过滤器都必须有防污染措施，只允许在安装前打开。

第19条　维修完毕后，必须对新安装部件使用的螺栓进行认真检查，确保齐全紧固。管路连接卡箍牢固无漏水现象，严禁使用铁丝或其他物件代替卡箍。

六、收尾工作

第20条　维修完毕后，要清点工具及剩余的材料、备件和更换下来的零部件，清点后运送到指定地点并妥善保管。

第21条　维修完毕后，必须进行试运转，确认无问题后方可正常使用。

喷雾泵维修工

一、适用范围

第1条　本规程适用于在煤矿井下从事喷雾泵维修作业的人员。

二、上岗条件

第 2 条 必须经过专业技术培训，考试合格，方可上岗作业。

第 3 条 必须熟悉喷雾泵的性能、结构原理，掌握故障处理技能，能独立工作。

第 4 条 上岗前必须佩戴齐全职业病个人防护用品，了解并掌握进入产生职业病危害因素场所应采取的防治措施。

三、安全规定

第 5 条 作业前必须进行本岗位危险源辨识，严格执行敲帮问顶制度，严禁空顶作业，并检查确保作业地点通风良好、有害气体不超限，作业时必须严格执行“手指口述”。

第 6 条 维修操作时，除执行本规程外还必须认真执行《煤矿安全规程》、作业规程及其他相关法律、法规的规定。

第 7 条 维修过程中，不做与本职工作无关的事情，严格遵守有关规章制度。

第 8 条 当工作地点 20 m 内风流中的甲烷浓度达到 1.5%时，必须停止作业，切断电源，撤出人员。

第 9 条 喷雾泵应保持水平稳定。

第 10 条 维修喷雾泵必须停泵挂停电牌，必要时安排专人看守，维修、更换主要液压部件及供液管路前必须进行泄压，在无压的状态下方可操作。

第 11 条 喷雾泵日常维护及保养。

1. 检查各连接运动部件、紧固件是否松动；各连接接头是否渗漏。
2. 检查柱塞与滑块连接处的锁紧螺套是否松动，如有松动及时拧紧。
3. 检查吸液螺堵是否松动，并用力拧紧，此项检查每周不得少于两次。
4. 检查各部位的密封是否可靠，主要是滑块油封和柱塞密封。
5. 维修、更换各个配件前，必须切断电源。

四、操作准备

第 12 条 喷雾泵维修人员首先要向泵站司机了解喷雾泵的工作情况及存在的问题。

第 13 条 根据泵站维修内容准备好足够的备件、材料及维修工具，凡需专用工具拆装的部件必须使用专用工具。

第 14 条 需要更换液压元件及关键的液压管路时，为防止煤尘颗粒及杂物污染，应提前将工作地点进行冲尘并擦拭干净。

五、正常操作

第 15 条 发出开泵信号，启动喷雾泵试运转检查故障点。发出停泵信号，处理维修故障。

第 16 条 在拆卸或更换液压部件及高压胶管时，应确保停泵卸载无压力后进行。

第 17 条 在更换较重的液压部件时，必须采取防坠落、防歪倒的安全措施。

第 18 条 向工作地点运送的各种胶管、液压部件等的进回液接口处，都必须用专用堵头堵塞，只允许在使用地点打开。

第 19 条 液压件装配时，必须冲洗干净，并注意有关零部件相互配合的密封面，防止因碰伤或损坏而影响使用。

第 20 条 组装密封件时，应注意检查密封圈是否完好，液压件上有无锐角或毛刺，并注意密封圈与液压件的安装方向必须正确。

第21条 维修完毕后,必须对液压部件使用的螺栓进行认真检查,确保齐全紧固。管路快速接头的U形销必须插到位,U形销的规格、质量必须合格,严禁单孔使用或其他物件代替。

六、收尾工作

第22条 维修完毕后,要清点工具及剩余的材料、备件和更换下来的零部件,清点后运送到指定地点并妥善保管。

第23条 维修完毕后,必须进行试运转,确认无问题后方可正常使用。

综采维修电工

一、适用范围

第1条 本规程适用于在煤矿综采工作面从事电气维修作业的人员。

二、上岗条件

第2条 必须经过专业技术培训,考试合格,方可上岗作业。

第3条 必须熟悉电气设备的性能、结构和原理,具有熟练的维修保养以及故障处理的工作技能和基础知识。熟悉维修范围内的供电系统、电气设备分布及电缆与设备的运行状况。必须随身携带合格的验电笔和停电牌及便携式瓦斯报警仪。

第4条 上岗前必须佩戴齐全职业病个人防护用品,了解并掌握进入产生职业病危害因素场所应采取的防治措施。

三、安全规定

第5条 作业前必须进行本岗位危险源辨识,严格执行敲帮问顶制度,严禁空顶作业,并检查确保作业地点通风良好、有害气体不超限,作业时必须严格执行“手指口述”。

第6条 维修操作时,除执行本规程外还必须认真执行《煤矿安全规程》、作业规程及其他相关法律、法规的规定。

第7条 维修电气设备过程中,不做与本职工作无关的事情,严格遵守有关规章制度。

第8条 严禁带电维修和搬迁电气设备,停电后闭锁挂牌。进行检修前必须停电,派专人看管,并挂“有人作业,禁止送电”警示牌。经验电、放电、挂接地线,确认已经停电,方可进行工作。

第9条 当工作地点20 m内风流中的甲烷浓度达到1.5%时,必须停止作业,切断电源,撤出人员。

第10条 维修前,用与供电电压等级相符的验电笔进行验电。

第11条 测试仪表使用与验放电必须在甲烷浓度在1%以下时进行。

第12条 停送电操作必须遵守“自停自检自送电”的原则,不得预约停送电,更不能借机作业。

第13条 所有电气设备维修必须停电,严禁带电维修。

第14条 所有电气设备、电缆和电线,不论电压高低,在检修检查或搬移前,必须首先切断设备的电源,严禁带电作业、带电搬运和约时送电。

第 15 条 检修中或检修完成后需要试车时，应保证设备上无人工作，先进行点动试车，确认安全正常后方可进行试车或投入正常运行。

第 16 条 在使用普通型仪表进行测量时，应严格执行下列规定：

1. 测试仪表应每年校验一次，使用时应在校验有效期内。
2. 测试仪表由专人携带和保管，测量时，一人操作，一人监护。
3. 测试地点甲烷浓度必须在 1%以下。
4. 测试仪表的挡位应与被测电器相适应。
5. 测试电子元件设备的绝缘电阻时，应拔下电子插件。
6. 测试设备和电缆的绝缘电阻后，必须将导体放电。

四、操作准备

第 17 条 准备检修、维护用的材料、配件、工具、测试仪表及工作中其他用品。

第 18 条 在工作地点交接班，了解前一班设备运行情况，设备故障的处理及遗留问题，设备检修、维护情况和停送电等方面的情况，安排本班检修、维修工作计划。

五、正常操作

第 19 条 接班后对维护区域内电气设备的运行状况、缆线吊挂及各种保护装置和设施等进行巡检，并做好记录。

第 20 条 巡检中发现漏电保护、报警装置和带式输送机的安全保护装置失灵、设备失爆或漏电、信号不响、电缆损伤等问题时，要及时进行处理。对处理不了的问题，必须采取措施，并向领导汇报。防爆性能遭受破坏的电气设备，必须立即处理或更换。

第 21 条 对使用中的防爆电气设备的防爆性能，每月至少检查一次，每天检查一次设备外部。检查防爆面时不得损伤或污染防爆面，检修完毕后必须涂上防锈油，以防止防爆面锈蚀。

第 22 条 维修电气设备需要打开机盖时，要有防护措施，防止煤矸掉入设备内部。拆卸的零件，要存放在干燥清洁的地方。

第 23 条 电气设备拆开后，应记清所拆的零件和线头的号码，以免装配时混乱和因接线错误而发生事故。

第 24 条 在检修开关时，不准任意改动原设备上的端子位序和标记，所更换的保护组件必须是经矿测试组测试过的。在检修有电气联锁的开关时，必须切断被联锁开关中的隔离开关，实行机械闭锁。装盖前必须检查防爆腔内有无遗留的线头、零部件、工具、材料等。

第 25 条 开关停电时，要记清开关把手的方向，以防所控制设备倒转。

第 26 条 采煤工作面电缆、照明信号线应按《煤矿安全规程》规定悬挂整齐。使用中的电缆不准有鸡爪子、羊尾巴、明接头。加强对电气设备和移动电缆的检查与维护，避免其受到挤压、撞击和炮崩，发现损伤后，应及时处理。

第 27 条 各种电气保护装置必须定期检查维修，按《煤矿安全规程》及有关规定要求进行调整、整定，不准擅自甩掉不用。

第 28 条 电气安全保护装置的维护与检修应遵守以下规定：

1. 不准任意调整电气保护装置的整定值。
2. 每班开始作业前，必须对低压检漏装置进行一次跳闸试验，对综合保护装置进行一次跳闸试验，严禁甩掉漏电保护或综合保护运行。

3. 移动变电站低压检漏装置的试验按有关规定执行。补偿调节装置经一次整定后，不能任意改动。用于检测高压屏蔽电缆监视性能的急停按钮应每天试验一次。

第29条 安装与拆卸设备时应注意下列事项：

1. 电气设备的安装与电缆敷设应在顶板无淋水和底板无积水的地方，不应妨碍人员通行，距轨道和钢丝绳应有足够的距离，并符合规程规定。

2. 直接向采煤机供电的电缆，应使用电缆夹。橡套电缆之间的直接连接，必须采用冷压、冷补工艺。其他电缆的连接按有关规程规定执行。

3. 用人力敷设电缆时，应将电缆顺直，在巷道拐弯处不能过紧，人员应在电缆外侧搬运。

4. 工作面与巷道拐角处的电缆要吊挂牢固，工作面的电缆及开关的更换必须满足设计要求。

5. 搬运电气设备时，要绑扎牢固，禁止越宽超高，要听从负责人指挥，防止伤人和损坏设备。

六、收尾工作

第30条 清点工具、仪器、仪表、材料，填写检修记录。

第31条 现场交接班，将本班维修情况、事故处理情况、遗留的问题向接班人交接清楚。对本班未处理完的事故和停电的开关要重点交接，交接清楚后方可离岗。

放 煤 工

一、适用范围

第1条 本规程适用于在煤矿综放工作面从事放顶煤作业的人员。

二、上岗条件

第2条 必须熟悉液压支架放煤控制系统性能、构造及原理，掌握本规程，能够按完好标准维护保养支架放煤控制系统，懂得放煤方式、方法，必须经过专业技术培训，考试合格，方可上岗作业。

第3条 上岗前必须佩戴齐全职业病个人防护用品，了解并掌握进入产生职业病危害因素场所应采取的防治措施。

三、安全规定

第4条 作业前必须进行本岗位危险源辨识，严格执行敲帮问顶制度，严禁空顶作业，并检查确保作业地点通风良好、有害气体不超限，作业时必须严格执行“手指口述”。

第5条 放煤操作时，除执行本规程外还必须认真执行《煤矿安全规程》、作业规程及其他相关法律、法规的规定。

第6条 在液压系统关闭截止阀的状态下，严禁放煤操作。

第7条 放煤支架应保持完好状态，否则不准操作。放煤工放煤前应首先认真检查各操作系统、管路情况，各操作阀必须灵活可靠，管路齐全，发现问题要及时处理，确认无问题后方可操作。

第 8 条　放煤工要与采煤机司机密切配合。放煤时放煤口与采煤机距离超过“作业规程”规定，应要求放缓采煤机截割速度或停止采煤机运行。

第 9 条　放煤前，应清理好后部输送机前浮煤、矸石及杂物，保证操作人员能看清楚后部放煤情况。

第 10 条　放煤时支架无自动喷雾装置，放煤口打开前需先手动打开喷雾装置。放煤时必须开启放煤喷雾装置。无喷雾装置严禁放煤。

第 11 条　放煤前检查顶板(煤)、煤壁情况。放煤时，要与其他工种配合好，上下 3 组支架后严禁有人进入或工作。

第 12 条　液压支架后方的管线必须吊挂排列整齐，不得有砸、压、挤、埋和扭折现象，否则不准进行放煤操作。

第 13 条　更换胶管和阀组液压件时，只准在“无压”状态下进行，而且不准将高压出口朝向任何人。严禁拆除和调整支架上的安全阀。

第 14 条　大块煤(矸)卡住放煤口时，严禁用爆破的方法处理。

四、操作准备

第 15 条　放煤工必须配齐扳手、钳子、套管、小锤、手把等工具，带齐 U 形销、高低压密封圈、高低压胶管、常用接头、弯管等。

第 16 条　检查支架架间、架后有无掉矸、漏顶的危险。

第 17 条　检查支架后方放煤空间有无杂物、大块煤矸及超过作业规程规定的浮煤碎矸，架间距离是否符合规定，顶梁、掩护梁与尾梁工作状态是否正常，插板是否能够正常伸缩，是否有大块煤矸堵塞放煤口，后方顶煤是否充分破碎等。

第 18 条　检查顶梁、掩护梁、尾梁、插板、侧护板、千斤顶、连接等，是否开焊、断裂、变形，销轴是否有松动、压卡、扭歪等现象。

第 19 条　检查高低压胶管有无损伤、挤压、扭曲、拉紧、破皮断裂，阀组有无滴漏液，操作手把是否齐全、灵活可靠，是否置于中间停止位置，管接头有无断裂，U 形销是否合格。

第 20 条　检查拉移后部刮板输送机千斤顶与支架、后部输送机的连接是否牢固。

第 21 条　检查照明灯、信号闭锁、洒水喷雾装置等是否齐全，灵活可靠。

第 22 条　检查液压支架有无严重漏液、窜液、卸载自降现象，有无千斤顶伸缩受阻使插板不动作现象，有无尾梁自降造成后部运输不安全问题。

五、正常操作

第 23 条　正常放煤操作。

1. 放煤时，放煤量必须掌握均匀。要缓慢开启插板，先将插板收回 1/3～1/2，让顶煤缓慢均匀地流入输送机，根据煤量多少，调节插板收缩量。

2. 插板回收完毕，然后进一步通过尾梁上下摆动、插板来回伸缩放出顶煤，并根据煤量大小，控制尾梁上下摆动速度及角度。

3. 回摆尾梁时，必须先收回插板。放煤完毕，应先上摆、升超尾梁，恢复到原位，再将插板伸出，操作手把打到“零”位置。

第 24 条　拉移后部刮板运输机。

1. 检查支架架间拉移千斤顶与后部输送机间的连接装置，必须牢固可靠，方可操作。

2. 检查架间架后无大块煤、矸石、杂物后方可进行拉移工作。

3. 在拉后部输送机时应单向顺序进行，滞后距离和弯曲段执行作业规程规定。

4. 后部输送机除机头、机尾可停机拉移外，工作面内的后部输送机要在运行中拉移，不准停机拉移。

5. 拉移后的刮板输送机要做到：整机平稳，开动不摇摆，机头、机尾和机身要平直，电动机和减速器的轴的水平度要符合要求。

6. 后部输送机拉移到位后，将各操作手把打到零位。

六、收尾工作

第25条　每组支架放煤结束后，各操作手把全部打到零位。

第26条　经验收员验收合格后方可收工，收工前必须清点工具，放置好备品、配件。

第27条　向接班放煤工交接本班放煤情况及注意事项。

端头及超前维护工

一、适用范围

第1条　本规程适用于在煤矿采煤工作面从事端头及超前维护作业的人员。

二、上岗条件

第2条　应熟悉工作面顶底板特征、作业规程规定的顶板控制方式、端头支护形式和支护参数，掌握支柱与顶梁的特征和使用方法，经过培训、考试合格后，方可上岗操作。

第3条　上岗前必须佩戴齐全职业病个人防护用品，了解并掌握进入产生职业病危害因素场所应采取的防治措施。

三、安全规定

第4条　作业前必须进行本岗位危险源辨识，严格执行敲帮问顶制度，严禁空顶作业，并检查确保作业地点通风良好、有害气体不超限，作业时必须严格执行“手指口述”。

第5条　操作时，除执行本规程外还必须认真执行《煤矿安全规程》、作业规程及其他相关法律、法规的规定。

第6条　随时观察工作面动态，发现异常现象如巨大的震顶声、大量支柱卸荷或钻底严重、顶板来压显现强烈或出现台阶下沉等，必须立即发出警报。撤离所有人员，待顶板稳定后，由班长按规定处理。

第7条　支护时，严禁使用失效和损坏的支柱、顶梁和柱鞋。顶梁和顶板应紧密接触。若顶板不平或局部冒顶时，必须用木料穿实。

第8条　不准将支柱打在浮煤(矸)上，坚硬底板要刨柱窝、见麻面。

第9条　支柱必须支设牢固、迎山有力，严禁在支柱上打重楔，严禁给支柱戴双柱帽。

第10条　必须根据支护高度的变化，选用相应高度的支柱，严禁超高或超低支设。

第11条　不得使用不同类型和不同性能的支柱。

第12条　不准站在输送机上或跨越输送机进行支护。

第13条　调整顶梁、架设支柱时，其下方5 m内不得有人。

第14条　临时支柱的位置应不妨碍架设基本支柱，基本支柱架设好前，不准回撤临时支柱。

第 15 条 平行作业的距离必须符合规定，支柱与回柱间的间距距离不得小于 15 m，其他的符合作业规程规定，当支护工序与其他工序脱节时，支护工有权要求暂停或减缓其他工序，优先进行支护。

第 16 条 切眼内的支护必须符合作业规程规定，支柱初撑力达到规程要求。严禁在切眼内空顶作业。

第 17 条 采用长钢（板）梁支护的，长钢（板）梁要交替前移，不得齐头并进。

第 18 条 端头支护与巷道支护距离不得大于 0.5 m。

四、操作准备

第 19 条 备齐注液枪、卸载手把、高压胶管、锹、镐、锤等工具，并检查工具是否完好、牢固可靠。

第 20 条 检查液压管路是否完好，连接是否牢固。

第 21 条 检查工作地点顶板、煤帮和支护是否符合质量要求，发现问题及时处理。

五、正常操作

第 22 条 两端头三角区支护操作。

1. 端头三角区靠工作面煤壁侧的柱梁，应在采煤机到达前回撤。一次回撤一个截深的距离，顶帮破碎时，不得提前回撤。平巷采用锚网支护时，应提前将金属网及锚杆的金属托盘拆掉。

2. 三角区回撤柱梁作业时，至少 3 人协同作业，两人作业一人监护照明；应先清理好退路，用长把工具将单体支柱放液、拉出；然后再回撤铰接顶梁，人员要站在顶梁下落影响不到的安全地点。

3. 人员进入三角区作业时要将转载机与刮板输送机停机闭锁。

4. 严禁用回柱绞车强行回撤单体柱。

5. 当压力大、两端头三角区顶板严重破碎时，必须增加临时支护。

6. 平巷采用锚网支护的工作面，采煤机距巷帮锚杆 300 mm 时，必须将前部刮板输送机、采煤机停电闭锁后（机头要同时闭锁转载机），按作业规程要求取出锚杆。

7. 错机头、机尾时，采煤机前方 5 m 范围内严禁有人，防止割出的杂物弹出伤人。

8. 在错机头、机尾过程中，机组到两端头网处时及时将语音报警装置开启，不得任何人来回进出，跟班队干、班组长现场监护，专人操作支架。错完刀后及时将报警装置关闭，正常割煤。

第 23 条 端头老塘回柱梁操作。

1. 按照规定的间距和质量要求撤除支柱及金属顶梁。

2. 回撤两端头柱梁作业时，至少需 3 人，两人作业，一人监护，应先清理好退路。

3. 老塘回柱放顶遇到“死柱”时，必须采取拉底和其他有效措施进行处理，禁止爆破崩或用绞车硬拉。

4. 老塘出现悬顶时，应制定强制放顶措施。

第 24 条 超前支护操作。

1. 超前支护的形式和支护质量必须符合作业规程规定。

2. 用回柱绞车回棚时，有专人站在安全地点监护顶板，并且在作业地点两头专人站岗，防止人员进入;操作人员要站在离绞车 5 m 以外的安全地点。

3. 回柱绞车回柱前要仔细检查,回柱绞车的固定方式要符合作业规程规定并确保设备完好、固定可靠。

4. 回撤工字钢棚时,施工顺序为由里向外逐架回棚,一次一棚。要先适当松动棚腿后再进行回棚作业,作业时先拉棚腿再拉棚梁。拉棚腿和棚梁时,钢丝绳绳头应拴在棚梁的里帮端和棚腿的顶端。

5. 回撤棚梁和棚腿时绞车应点动作业,司机集中精力,开车时手不离按钮,并严密注视绞车运行情况,阻力过大时不得强拉硬拽,防止断绳,发现异常及时处理。

6. 在回柱、回棚时,严禁人员正对支柱或站在工字钢歪倒及片帮可能影响的地点,所有人员要躲至安全地点,并要有专人观察顶板。

7. 需要搭架作业时,架必须垫平,保证牢固可靠。

8. 顶板未稳定前,不得进行摘、挂钩头和外运钢梁工作。

9. 回撤完成后回柱绞车要停电闭锁,并将开关按钮放在安全地点。

第 25 条　单体液压支柱操作及注意事项。

1. 操作顺序:量好排、柱距→清理柱位→(放置柱鞋→)竖立点柱→用注液枪冲洗注液阀煤粉→将注液枪卡套卡紧注液阀→给柱戴帽→供液升柱。

2. 注意事项:

(1) 每根柱只准带一个柱帽,严禁戴双柱帽。

(2) 底板松软时必须穿柱鞋。

第 26 条　铰接顶梁操作及其注意事项。

1. 初次挂梁操作顺序:清理和定柱位→(放置柱鞋→)立柱→双人在架上托好铰接顶梁→供液升柱(使用顶网时应先挂网,再按其顺序进行操作)。

2. 操作顺序:挂梁→插水平楔→背顶→清理和定柱位→(放置柱鞋→)立柱→供液升柱(使用顶网时应先挂网,再按其顺序进行操作)。

(1) 挂梁。一人站在支架完整处两手抓住铰接顶梁将之插入已安设好的顶梁两耳中,另一人站在人行道,插顶梁圆销并用锤将圆销打到位。

(2) 插水平楔。将顶梁托起,由下向上插入调角楔,使梁与顶板留有 0.1～0.15 m 的间隙。

(3) 背顶。按规定数量背顶材料交叉背好铰接顶梁,并用锤打紧水平楔。

(4) 清理柱窝。根据作业规程的规定确定柱位,清扫柱位浮煤,凿柱窝或麻面,需穿鞋时,将鞋平放在柱位上。

(5) 立柱与升柱。至少一人扶柱,一人供液,先缓慢供液,待支柱见力后(以不倒柱为限),人员躲到安全地点,实行远距离供液达到规定初撑力,退下柱液枪并且挂在支柱手把上,支柱及时拴防倒绳。

3. 注意事项:

(1) 支护必须符合作业规程的规定。

(2) 挂铰接顶梁时,顶梁应摆平并垂直于巷帮煤壁。

(3) 调角水平楔子必须水平插入顶梁牙口内,不允许垂直插入,正常情况下的插入方向是小头朝人行道方向,禁止用木楔或其他物品代替调角水平楔。

(4) 升柱时,应用手托住调角水平楔并且随升柱而及时插紧,当支柱升紧后,必须用锤将调角楔打紧。

(5) 支护时要注意附近工作人员的安全和各种管线。

第 27 条 工作面两端头连网操作程序。

1. 操作顺序:支护好连网空间→铺网挂网→连网→吊网保证采煤机通行空间。

2. 注意事项:

(1) 连网时停止相关支架操作。

(2) 敲掉不稳定煤帮或临时支护,防止掉顶片帮。

(3) 人员要站在支架与刮板输送机之间操作,严禁站在网与煤壁间或在刮板输送机内挂、连网。

(4) 连网标准和质量要符合作业规程规定。

第 28 条 两端头支架操作。

1. 两端头支架拉移前必须先检查邻近支架和端头支护的支护质量,确认无误后方可拉移端头支架。

2. 两端头支架移架时应先移第 2 架,再移第 3 架,最后移第 1 架,移架操作按照液压支架工技术操作规程有关内容执行。

六、收尾工作

第 29 条 将剩余的支柱、梁或背顶材料等码放在规定位置,将失效和损坏的柱或梁运到指定的地点码放整齐。

第 30 条 经班长或质量验收员验收合格,与下一班端头及超前维护工现场交接班后方可收工。

刮板输送机司机

一、适用范围

第 1 条 本规程适用于在煤矿井下缓倾斜煤层中从事刮板输送机操作作业的人员。

二、上岗条件

第 2 条 必须熟悉并掌握刮板输送机性能、结构和工作原理,掌握输送机的一般维护保养和故障处理技能,经过培训、考试合格,取得操作资格证后,方可持证上岗。

第 3 条 上岗前必须佩戴齐全职业病个人防护用品,了解并掌握进入产生职业病危害因素场所应采取的防治措施。

三、安全规定

第 4 条 听清信号,信号不清不准操作。

第 5 条 注意电动机、减速箱的运转声音,如发现异常响声,应立即停机检查,处理后方准重新开动。

第 6 条 观察链条、连接环、E 形螺栓等状态,发现问题及时处理。

第 7 条 液力偶合器的易熔塞严禁使用其他材料代替或堵死。

四、操作准备

第8条 认真检查刮板输送机各部螺栓是否齐全牢固。

第9条 检查通信信号系统是否畅通,操作按钮是否灵敏可靠。

第10条 检查减速箱油量是否符合规定,液力偶合器水介质及减速箱有无渗漏现象。

第11条 操作输送机前,试运转一圈,细听各部声音是否正常,检查所有链条、刮板连接螺栓有无丢失或松动等现象。

第12条 发出运转信号,确定人员离开机械运转部位后,先点动两次,再启动试运转,检查牵引链紧松程度,是否有跳动、刮底、跑偏、飘链等情况。

第13条 试运转中发现问题应与班长、电钳工共同处理,处理问题时先发出停机信号,将控制开关的手把扳到断电位置并锁好,然后挂上停电牌。

五、正常操作

第14条 发出开机信号,待接到开机信号后,点动两次,再正式启动运转,然后打开喷雾装置喷雾降尘。

第15条 设备运转中,司机要随时注意电动机、减速器等各部运转声音是否正常,是否有剧烈震动,电动机、轴承是否发热(电动机温度不应超过80 ℃,轴承温度不得超过70 ℃),机头链轮有无卡、跳链现象,溜槽内有无过大煤矸、过长物料和火工品等,发现异常立即停机处理。

第16条 发现下列情况应停机,妥善处理后方可继续作业:

1. 超负荷运转,发生闷机时;
2. 刮板链出槽、飘链、掉链、跳齿时;
3. 电气、机械部件温度超限或运转声音不正常时;
4. 液力偶合器的易熔塞熔化或其油(液)质喷出时;
5. 发现大木料、金属支柱、大块煤矸等异物时;
6. 运输巷转载机或下台刮板输送机停止时;
7. 信号不明或发现有人在刮板输送机上时。

六、收尾工作

第17条 本班工作结束后,将机头、机尾附近的浮煤清扫干净,待刮板输送机内的煤全部运出后,按顺序停机,然后关闭喷雾阀门,并向下台刮板输送机发出停机信号,将控制开关手把打到断电位置,并拧紧闭锁螺栓。

第18条 整理好电缆,清点工具,放置好备品、配件,班长、验收员验收合格后方可收工。

第19条 在现场向接班司机详细交代本班设备运转情况及出现的故障、存在的问题。按规定填写刮板输送机工作日志。

转载机、破碎机司机

一、适用范围

第1条 本规程适用于在煤矿采煤工作面从事转载机、破碎机操作的人员和相关人员。

二、上岗条件

第 2 条 必须熟悉并掌握设备的性能、结构和工作原理，善于维护和保养桥式转载机、破碎机，能够处理故障，经过培训、考试合格后，方可上岗操作。

第 3 条 上岗前必须佩戴齐全职业病个人防护用品，了解并掌握进入产生职业病危害因素场所应采取的防治措施。

三、安全规定

第 4 条 桥式转载机、破碎机司机必须与工作面刮板输送机司机、运输巷带式输送机司机密切配合，按顺序开机、停机。

第 5 条 开机前必须发出信号，确定对人员无危险后方可启动。

第 6 条 破碎机的安全防护装置损坏或失效时，严禁开机；工作过程要经常检查，发现有损坏等情况时必须立即停机处理。

第 7 条 桥式转载机的机尾保护等安全装置失效时，必须立即停机。

第 8 条 有大块煤、矸在破碎机的进料口堆积外溢时，应停止工作面刮板输送机运转。

第 9 条 检修、处理桥式转载机、破碎机故障时，必须切断电源，闭锁控制开关，挂上停电牌。

第 10 条 桥式转载机联轴节的易熔塞损坏后，必须立即更换，严禁用木头或其他材料代替。

四、操作准备

第 11 条 备齐扳手、钳子、螺丝刀、小锤等工具，各种必要的链环、螺栓、螺母等备品、配件，以及润滑油等。

第 12 条 检查桥式转载机、破碎机处的巷道支护是否完好、牢固。

第 13 条 检查电动机、减速器、机头、机尾等各部分的连接件是否齐全、完好、紧固，减速器、液压联轴节有无渗油、漏油，油量是否符合要求。

第 14 条 检查电源电缆、操作线是否吊挂整齐、有无受挤压现象，信号是否灵敏可靠，喷雾洒水装置是否完好。

第 15 条 检查刮板链松紧情况、刮板与螺丝齐全紧固情况及桥式转载机机尾与工作面刮板输送机机头搭接情况。

五、正常操作

第 16 条 合上磁力启动器手把，发出开机信号，确定人员离开机械运转部位后，先点动两次，再启动试运转，正常后对桥式转载机、破碎机进行联合试运转。

第 17 条 对试运转中发现的问题要及时处理，处理时要先发出停机信号，将控制开关的手把扳到断电位置锁定，挂好“有人工作、严禁送电”牌。

第 18 条 发出开机信号，待接到开机信号后，打开喷雾装置，然后点动两次，再正式启动运转。

第 19 条 运行中要随时注意机械和电动机有无震动，声音和温度是否正常；桥式转载机的链条松紧是否一致(在满负荷情况下，链条松紧量不允许超过两个链环长度)，有无卡链、跳链等现象。发现问题要立即发出信号停机处理。

第 20 条 工作结束后将磁力启动器开关手把打到停电位置，锁紧闭锁，关闭喷雾阀门，将机头、机尾和机身两侧的煤、矸清理干净。

六、特殊操作

第 21 条　移动桥式转载机前要清理好机尾、机身两侧及过桥下的浮煤、浮矸，保护好电缆、水管、油管并将其吊挂整齐，要检查巷道支护并确保安全的情况下拖移桥式转载机。

第 22 条　拖移桥式转载机时要保持与带式输送机机尾接触良好，拖移后搭接良好，桥式转载机机头、机尾保持平、直、稳，千斤顶活塞杆及时收回。

七、收尾工作

第 23 条　清扫各机械、电气设备上的煤尘。

第 24 条　在现场向接班司机详细交代本班设备运转情况、出现的故障、存在的问题。

乳化液泵站司机

一、适用范围

第 1 条　本规程适用于在煤矿采煤工作面从事乳化液泵站操作作业的人员。

二、上岗条件

第 2 条　必须熟悉乳化液泵的性能、结构和工作原理，具备保养、处理故障的基本技能，经过培训、考试合格，取得操作资格证后，方可上岗操作。

第 3 条　上岗前必须佩戴齐全职业病个人防护用品，了解并掌握进入产生职业病危害因素场所应采取的防治措施。

三、安全规定

第 4 条　上岗的乳化液泵站司机发现乳化液泵和乳化液箱处于非水平稳固状态、乳化液箱位置高出泵体不足 100 mm 或无备用泵时，应立即汇报、调整、处理。

第 5 条　开关、电动机、按钮、接线盒等电气设备无法避开淋水时，必须妥善遮盖。

第 6 条　电动机或者其开关安设地点附近 20 m 以内风流中的甲烷浓度达到 1.5%时，必须停止工作，切断电源，撤出人员，进行处理。

第 7 条　应坚持使用自动配液装置，必须保证乳化液浓度始终符合规定要求，要对水质定期进行化验测定，保证配液用水清洁，符合规定。

第 8 条　必须保证乳化液泵的输出压力，符合作业规程要求。

第 9 条　检修泵站时必须停泵；修理、更换主要供液管路时必须关闭主管路截止阀，不得在井下拆检各种压力控制元件，严禁带压更换液压件。

第 10 条　供液管路要吊挂整齐，保证供液、回液畅通。

第 11 条　按以下要求进行定期检查、检修，并做好记录。

1. 每班检查两次乳化液浓度。
2. 每天检查一次过滤器网芯。
3. 每 10 天清洗一次过滤器。
4. 每月清洗一次乳化液箱。
5. 每季度化验一次水质。

第 12 条　操作时发现有异声异味、温度（泵、液）超过规定、压力表指示压力不正常，乳化液浓度、液面高度不符合规定时应立即停泵。

第 13 条 开泵前必须发出开泵信号；停泵时，必须发出信号，切断电源，断开隔离开关。

四、操作准备

第 14 条 备齐扳手、钳子、温度计、折射仪等工具，铅丝、擦布、油壶、油桶、管接头、U 形销、高低压胶管等必要的备品、备件及润滑油、机械油、乳化油等。

第 15 条 接班后，把控制开关手把扳到切断位置并锁好，按规定要求对如下内容进行检查：

1. 泵站附近巷道安全状况，有无淋水情况。
2. 泵站的各种设备清洁卫生情况。
3. 各部件的连接螺栓是否齐全、牢固，特别要仔细检查泵柱塞盖的螺钉。
4. 减速器的油位和密封是否符合规定。
5. 泵站至工作面的管面接头连接是否牢靠。
6. 各截止阀的手把是否灵活可靠，吸液阀、手动卸载阀及工作面回液阀是否在开启位置，向工作面供液的截止阀是否在关闭位置，各种压力表、控制按钮是否齐全、完整、动作灵敏可靠。
7. 乳化液有无析油、析皂、沉淀、变色、变味等现象。用折射仪检查乳化液配比浓度是否符合规定。液面是否在液箱的 2/3 高度位置以上。
8. 配液用水进水口压力是否在 0.5 MPa 以上。
9. 乳化液箱和减速器上的透气孔是否畅通。
10. 检查电动机、联轴节和泵头是否转动灵活。

第 16 条 拧松乳化液泵吸液腔的放气堵，待把吸液腔内的空气放尽并出液后拧紧。合上控制开关，点动电动机，检查泵的旋转方向是否与其外壳上箭头标记方向一致。

五、正常操作

第 17 条 启动电动机，慢慢关闭手动卸载阀，使泵压逐渐升到额定值。

第 18 条 开泵后要检查以下内容，确定无问题或问题处理后，保持泵的正常运转。

1. 泵运转是否平稳，声音是否正常。
2. 卸载阀、安全阀的开启和关闭压力是否符合规定。
3. 过滤站的脏物指示器是否正常，进、出口压力指示的压力差是否在 1.5～3.0 MPa 之间。
4. 电流表、压力表的指示是否正常、准确。
5. 柱塞润滑是否良好，齿轮箱润滑油压力是否在 0.2 MPa 以上。
6. 各接头和密封是否漏液。
7. 乳化液箱中自动配液的液位开关及低液位保护开关是否灵敏可靠。

第 19 条 接到工作面用液信号后，慢慢打开供液管路上的截止阀，开始向工作面供液。

第 20 条 运转过程中应注意观察各种仪表的显示情况，机器声音、温度是否正常，乳化液箱是否平稳、液位是否保持在规定范围内、液面有无污染物，柱塞是否润滑，密封是否良好。发现问题，应及时与工作面联系，停泵处理。

发现下列情况之一时，应立即停泵：

1. 异声、异味。

2. 温度超过规定。

3. 压力表指示压力不正常。

4. 自动配液装置启动不正常。

5. 控制阀失效、失控。

6. 过滤器损坏或被堵不能过滤。

7. 供液管路破裂、脱开,大量泄液。

第 21 条 当乳化液箱中液面低于规定下限时,泵站自动配液应启动配液。无自动配液装置的泵站,应在专用的容器内进行人工配液。配液时应把乳化油掺倒在水中,禁止把水掺倒在乳化油中。每次配液后,都要用折射仪检验乳化液的浓度,不符合规定时再进行调配,直到合格为止。

第 22 条 因事故停泵和收工停泵时都应首先打开手动卸载阀,使泵空载运行,然后关闭高压供液阀和泵的吸液阀,再按泵的停止按钮,将控制开关手把扳到断电位置,并切断电源。除接触器触头黏住时可用隔离开关停泵外,其他情况下只许用按钮停泵。

六、收尾工作

第 23 条 停泵后要把各控制阀打到非工作位置,清擦开关、电动机、泵体和乳化液箱上的粉尘。

第 24 条 在现场向接班司机详细交代本班设备运转情况、出现的故障、存在的问题。按规定填写乳化液泵站工作日志。

喷雾泵司机

一、适用范围

第 1 条 本规程适用于在煤矿采煤工作面从事喷雾泵操作作业的人员。

二、上岗条件

第 2 条 应当了解设备的结构、性能、原理,具备保养、处理故障的基本技能,必须经过培训,考试合格,持证上岗。

第 3 条 喷雾泵泵站配备两泵一箱,喷雾泵和喷雾泵箱均应水平安装,喷雾泵箱位置应高于泵体 100 mm 以上。在正常情况下一台泵工作、一台备用。

三、安全规定

第 4 条 开关、电动机、按钮、接线盒等电气设备应安装在无淋水的干燥安全地点。如果不能避开淋水时,要妥善遮盖。

第 5 条 电动机或者其开关安设地点附近 20 m 以内风流中的甲烷浓度达到 1.5%时,必须停止工作,切断电源,撤出人员,进行处理。对因甲烷浓度超过规定被切断电源的电气设备,必须在甲烷浓度降到 1.0%以下时,方可通电开动。

第 6 条 水质要定期化验测定,保证用水清洁,符合规定。

第 7 条 供液管路要吊挂整齐、保证供液畅通。

第 8 条 司机要按以下要求配合进行定期检查、检修:

1. 每班擦洗一次油污、脏物。

2. 每月更换一次过滤器网芯。

3. 高低压压力控制装置的性能由专管人员每周检查鉴定一次。

4. 每 10 天清洗一次过滤器。

5. 喷雾泵箱每月清洗一次。

6. 各种保护装置由专管人员每月检查一次。

7. 水质每季度化验一次。

8. 过滤器就按一定方向每班旋转 1～2 次。

四、操作准备

第 9 条 准备。

1. 常用工具:扳手、钳子、温度计等。

2. 必要的备品、备件:铅丝、抹布、油壶、油桶、管接头、U 形卡、高低压胶管等。

3. 油脂:润滑油[N68#(曲轴箱内加)、N46#(柱塞润滑)机械油]。

第 10 条 检查与处理。

司机接班后,把控制开关手把扳到切断位置并锁好,按以下要求进行检查:

1. 喷雾泵及其附近巷道安全情况及有无淋水。

2. 喷雾泵的各种设备清洁卫生情况。

3. 各部件的连接螺栓是否齐全、牢固,特别要仔细检查泵柱塞检查盖的螺钉。

4. 减速器的油位各密封是否符合规定。

5. 喷雾泵至工作面的管路接头连接是否牢靠,有无漏液。

6. 各截止阀的手把是否灵活可靠,吸液阀、手动阀、溢流阀是否在开启位置,向工作面供液的截止阀是否在关闭位置,各种压力表是否齐全、完善、动作灵敏。

7. 喷雾泵箱液面是否在液箱的 2/3 高度以上位置。

8. 喷雾泵箱和减速器上的透气孔盖是否畅通。

9. 用手盘动电动机、联轴节和泵头是否转动灵活。

第 11 条 拧松泵吸液腔的放气堵,待把吸液腔内的空气放尽并出液后拧紧。合上控制开关,点动电动机,检查泵的旋转方向是否与其外壳上箭头标记方向相一致。

第 12 条 启动电动机,慢慢拧紧溢流阀调压螺套,避免带压启动,然后按以下要求进行检查,发现问题,及时处理。

1. 泵运转是否平稳,声音是否正常,泵与设备列车的连接螺栓是否松动。

2. 溢流阀、安全阀的开启和关闭压力是否符合规定。

3. 进、出口压力指示的压力是否符合规定。

4. 油温、水温是否正常(油温不超过 80 ℃,水温不超过 40 ℃)。

5. 柱塞润滑是否良好,柱塞密封处是否漏液。

6. 各接头和密封是否严密、无滴漏。

7. 喷雾泵箱中自动配液的液位开关及低液位保护开关是否灵敏可靠。

8. 控制按钮、信号、通信装置是否是灵敏可靠。

五、正常操作

第 13 条 接到开泵信号后,回应即将开泵,然后启动电动机,慢慢打开向工作面供液管路上的截止阀，开始供液。

第14条　运转过程中应注意以下事项：

1. 各种仪表显示情况。

2. 机器声音是否正常。

3. 机器温度是否超限。

4. 喷雾泵箱中的液位是否保持在规定范围内。

5. 柱塞是否润滑，密封是否良好。

发现问题，应及时与工作面联系，停泵处理。

第15条　发现下列情况之一时，应立即停泵：

1. 泵站有异常响动。

2. 温度超过规定。

3. 压力表指示不正常。

4. 喷雾泵温度超过规定，或喷雾泵箱中的液面低于规定位置。

5. 控制阀失效、失控。

6. 过滤器损坏或被堵不能过滤。

7. 供液管路破裂、脱开，大量泄液。

第16条　事故停泵和收工停泵都应按下列顺序操作：

1. 打开手动卸载阀，使泵空载运行。

2. 关闭供液阀。

3. 按泵的停止按钮，并将控制开关手把扳到断电位置。

第17条　注意事项：

1. 必须确认信号，信号不清不启动。

2. 修理、更换主要供液管路时，应停泵，关闭主管路截止阀，不带压修理或更换各种液压件。

3. 喷雾泵箱中的液位低于规定下限时，应立即给水。

4. 不得擅自打开卸载阀、安全阀、蓄能器等部件的铅封和调整件的动作压力。

5. 除接触器触头黏住时可用隔离开关停泵外，其他情况下只许用按钮停泵。

六、收尾工作

第18条　接到班长收工命令和停泵信号后立即停泵，并把各控制阀打到非工作位置。

第19条　擦拭开关、电动机、泵体和喷雾泵箱上的煤尘。

第20条　在现场向接班司机详细交代本班设备运转情况，出现的故障，存在的问题，填写运转和交班记录。

第21条　非专职司机或检修人员不得擅自开动喷雾泵。

水处理设备操作工

一、适用范围

第1条　本规程适用于在煤矿采煤工作面从事水处理设备操作作业的人员。

二、上岗条件

第 2 条 必须熟悉水处理设备的性能和构造原理，掌握设备的开停操作和正常操作，具备保养、处理故障的基本技能，经过培训、考试合格，方可上岗操作。

第 3 条 上岗前必须佩戴齐全职业病个人防护用品，了解并掌握进入产生职业病危害因素场所应采取的防治措施。

三、安全规定

第 4 条 水处理设备应安装在无淋水的干燥安全地点。如果不能避开淋水时，要妥善遮盖。

第 5 条 电动机或者其开关安设地点附近 20 m 以内风流中的甲烷浓度达到 1.5%时，必须停止工作，切断电源，撤出人员，进行处理。对因甲烷浓度超过规定被切断电源的电气设备，必须在甲烷浓度降到 1.0%以下时，方可通电开动。

第 6 条 水处理设备运行时，要等设备运行正常方可离开。

第 7 条 认真做好水质化验工作，保证设备用水要求，发现参数超标要立即分析原因并积极采取处理措施，严防设备锈蚀、结垢。

第 8 条 对易损、易松部件应经常检查，发现问题及时处理，备用设备要保证状态良好。

第 9 条 发现设备有问题时应及时找有关人员处理，做好设备卫生。

四、操作准备

第 10 条 检查与调试。

司机接班后，按以下要求进行检查：

1. 检查各连接管路的安装是否到位、是否正确。
2. 检查各管路及管件有无开裂和损坏。
3. 各电气设备是否安装到位，紧固螺栓的预紧力是否到位。
4. 各电器线路连接是否正确，接地是否安全、牢靠。
5. 各滤芯是否已安装，是否安装到位、正确。
6. 逐步进行多介质过滤器、精密过滤器、反渗透装置的调试工作。

五、正常操作

第 11 条 接到开机信号后，启动电动机，慢慢打开进水管路上的截止阀，开始供液。

第 12 条 运转过程中应注意以下事项：

1. 各种仪表显示情况。
2. 机器声音是否正常。
3. 机器温度是否超限。
4. 发现问题，应及时与工作面联系，停泵、停机处理。

第 13 条 发现下列情况之一时，应立即停机：

1. 水处理设备有异常响动。
2. 温度超过规定。
3. 压力表指示不正常。
4. 水质变差。
5. 膜前后段压差大。
6. 管路破裂、脱开，大量泄液。

第 14 条 日常使用注意事项：

1. 初次使用时应详细阅读使用说明书。
2. 用户应建立运行记录，并对偶然事件的发生进行填写。
3. 应每天检查水泵、压力表等设备。
4. 确保水处理设备的额定电压与交流电源供电电压相匹配。
5. 在系统工作时严禁用湿手去触摸控制器按钮。
6. 对系统进行检修时，应在系统停机 3 min 后待系统内的水流尽后进行。
7. 检修、更换各个配件前，必须切断电源。

六、收尾工作

第 15 条 接到班长收工命令和停泵信号后立即停机，并把各控制阀打到非工作位置。

第 16 条 擦拭设备上的煤尘。

第 17 条 在现场向接班司机详细交代本班设备运转情况、出现的故障、存在的问题，填写运转和交班记录。

第 18 条 非专职司机或检修人员不得擅自启动水处理设备。

滑板滑轨安撤工

一、适用范围

第 1 条 本规程适用于在煤矿井下从事滑板滑轨安撤作业的人员。

二、上岗条件

第 2 条 必须熟知滑轨、滑板的结构及安装、撤除的基本要求。必须经过培训，考试合格，方能上岗。

第 3 条 上岗前必须佩戴齐全职业病个人防护用品，了解并掌握进入产生职业病危害因素场所应采取的防治措施。

三、安全规定

第 4 条 安撤滑轨、滑板区域禁止同时从事其他工作。

第 5 条 人工搬运工件时，应加强自主保安和互保、联保意识。小件应用手传递，严禁抛掷。两人以上配合作业时，必须设专人负责安全，使用同一侧肩膀抬扛，确保口号一致，同起同放，防止挤手挤脚现象发生。

第 6 条 回柱绞车拖移滑板过程中，要有明确的信号规定，即“一停、二提、三松”，信号必须灵敏清晰可靠，其他信号及模糊信号均视为停点。

第 7 条 回柱绞车在拖移滑板过程中，人员要闪开绳道，躲至回柱绞车防护网内或具有防护网的架箱内远距离观察滑板拖移的状态。

第 8 条 回柱绞车拖移过程中，如果遇到异常阻力，必须停止拖移，待检查和排除原因后，方可继续拖移。拖移过程中，被拖移件两侧严禁站人，并且严禁有人跟随其后。

四、操作准备

第 9 条 安撤滑轨、滑板前必须对施工区域的液压支架、单体支柱进行二次注液，确保安撤区域顶帮支护可靠。

第10条 清理干净安撤区域内的闲置物料。

第11条 准备齐全安撤滑轨、滑板所用到的材料、工具等。

五、正常操作

第12条 滑轨安装顺序：将安装所用的材料（滑轨、轨道、夹板、螺栓等）运输到位→挖道板窝，铺设道板→铺设、固定轨道→将滑轨找平、找直，垫实→清理现场卫生。

第13条 滑板安装顺序：将安装所用的材料（滑板、夹板、螺栓、锚杆等）运输到位→将现场底板进行清理、找平→铺设滑板→固定滑板→将滑板找平、找正、垫实→清理现场卫生。

第14条 滑轨回撤顺序：将滑轨固定螺栓位置的浮煤清理干净→拆除固定螺栓→回撤滑轨、道板、夹板、螺栓→底板平整，清理现场卫生。

第15条 滑板回撤顺序：将滑板固定螺栓位置的浮煤清理干净→拆除固定螺栓→回撤滑板、道板、夹板、螺栓→清理现场卫生。

六、特殊操作

第16条 滑轨外侧的两根轨道，夹板连接螺栓外露丝全部朝轨道外侧。

第17条 滑轨压板采用规格为M16×65 mm六角螺栓固定，压板及螺栓必须齐全、完好，螺栓方向朝下。

第18条 滑轨必须保证平直，所有滑轨铁道板用浮货垫实。

第19条 滑板铺设必须平整、搭茬合理。使用单体液压支柱和打地锚的方式进行固定，锚杆规格为ϕ14 mm×1 700 mm，锚杆深度为1.5 m（每根锚杆使用水泥药卷不低于两块，锚固力不低于70 kN），地锚螺丝上的压板、平垫、弹簧垫及螺帽要齐全，紧固有效，螺丝要高出螺帽1～3丝。

七、收尾工作

第20条 接到班长的收工命令后，停止作业，将提升运输设备、设施停机，并停电闭锁。

第21条 现场使用的工具、小件等归类码放，清理现场卫生。

第22条 现场交接班，说明提升运输设备的运行、运转情况，填写交接班记录。

第2篇　露天采煤

装载机司机

一、适用范围

第1条 本规程适用于在采剥作业中从事装载机操作作业的人员。

二、上岗条件

第2条 必须经过专门的培训，经考试合格后，方能持证上岗。

第3条 必须熟悉装载机的结构原理，除操作机器外，并能处理一般的设备故障，做好日常的检查保养工作。

三、操作准备

第4条 各部件应齐全完好，连接螺栓齐全，紧固可靠。

第5条 各结构件，焊接件应无明显变形，无开焊、断裂等情况。

第6条 左右闸带的固定情况，闸带间隙应调整齐到符合说明书的规定。

第7条 保证燃烧、液压系统的油管、分配闸、连接件、泵、油腔缸及工作的可靠性。

第8条 燃油量要充足，润滑油量、液压油量及冷却液要符合要求。各密封处应无渗漏现象。

第9条 空气滤清器和过滤器，应清洗干净，并无堵塞现象。

第10条 电气系统工作必须安全可靠，灯光要齐全，电线、电气部分操作按钮或手把，连接符合要求，无破损、无松动、无裸露、无短路现象。

第11条 检查机器作各操作手把，并处于零位。

第12条 经检查无误后，合上电源总闸，发出试车信号，按使用说明书的要求启动发动机，然后将行走部、刹车部、装载部及液压系统分别试运转，检查各操作手把是否灵活可靠，观察机器声音是否正常。检查各部位运行情况是否良好，发现问题及时处理，符合完好设备标准后，方可进行工作。

四、正常操作

第13条 操作前应鸣笛发出信号，装载机两侧及前后不准有人。

第14条 作业时，按下操作杆接通四轮驱动，车速应在10 km/h左右。

第15条 铲除时，必须保持动臂下纹点距地面200 mm以上一挡速度向料堆进，在距料堆1 m时下降动臂，使斗齿与底板平行，切进料堆，踏加速板，发动机加速，同时并替操作，使动臂上升和铲上转，装满铲。

第16条 装载机运行时，铲斗应保持在上转极限位置，臂下纹点距地面不小于400 mm，车速根据距离和环境条件选择。

第17条 装铲时，变速器涡轮不得停转，不准强行挖掘。

第18条 铲斗装满后，运行至装载点，铲斗举升到铲斗前翻不到运煤车厢的高度，变速杆挂入空挡，当货物能卸在车厢内，而装载机碰不到汽车时，制动车辆。再推进铲斗操纵杆，使铲斗缓缓前倾卸货。

第19条 卸货时，将铲斗操作杆拉到限位点，使铲斗转退离车厢，动臂下降到规定点。

第20条 装车时严禁装载机的任何部位碰撞汽车，严禁高吊斗急速卸货，使其冲击汽车。

第21条 车辆装满后用鸣笛的方法通知汽车司机运行。

五、收尾工作

第 22 条 按规定位置停放好设备,向接班人、带班班长汇报运转情况、存在问题等。

液压挖掘机司机

一、适用范围

第 1 条 本规程适用于在采剥作业中从事液压挖掘机操作作业的人员。

二、上岗条件

第 2 条 必须经过专业培训,经考试合格后,持证上岗。

第 3 条 必须熟悉液压挖掘机的结构原理,能处理一般的设备故障,并能做好日常维护保养。必须熟悉挖掘机的性能、结构、工作原理,熟练掌握挖掘机操作方法。使用前,必须详细阅读使用说明书和维护保养手册,严格按照随机资料进行操作、维护和保养。

三、操作准备

挖掘机要始终处于良好运行状态,严禁"带病"作业,每班作业前必须对挖掘机进行例行检查。

第 4 条 检查防火设备和安全用具是否齐全完好。

第 5 条 检查设备安全保护装置、灯光、声响信号是否齐全、有效。

第 6 条 检查各部件有无松动、裂纹、开焊。

第 7 条 履带销、挡板和履带板是否完整,履带松紧程度是否合适。

第 8 条 检查各部螺栓是否齐全、紧固。

第 9 条 检查各部润滑是否良好。

第 10 条 驾驶室玻璃、后视镜要保持清洁,确保驾驶员有良好的视线和视野范围。

四、正常操作

第 11 条 启动挖掘机时,要先接通蓄电池开关;发动机运转时,严禁断开蓄电池开关。

第 12 条 启动挖掘机时,一次启动的时间不得超过 30 s,两次启动间隔不应少于 2 min。

第 13 条 挖掘机启动后,在机油压力指示灯熄灭之前,要保持发动机低速运转,如果在 10 s 内机油压力指示灯不熄灭,应停止发动机,查明原因并处理后,方可再次启动发动机。

第 14 条 发动机启动后,要以低怠速运转 5 min 以上,使发动机预热;冬季气温低于 0 ℃时,预热时间应在 30 min 以上,气温越低,预热时间越长。

第 15 条 挖掘机启动前要先发出启动信号,启动预热后,缓慢操纵各控制柄,并仔细观察各仪表和警示灯,确认所有仪表指示值和操纵功能正常,方可开始运转。

第 16 条 挖掘机运行时,发动机冷却液温度和液压油温度要正常,其温度表指示要在温度表的绿色区间。

第 17 条 运转前要发出信号,并缓慢回转,环绕四周,确认周围无其他人员、设备和障碍物后方可开始作业。

第 18 条 挖掘机作业时,动臂、斗杆和铲斗的操作。

1. 将斗杆放置与地面成 70°角,铲斗刀刃置于地面成 120°角(铲斗此时发挥最大破碎力)。

2. 向驾驶室方向移动斗杆并保持铲斗与地面平行，使物料装入铲斗。

3. 遇到较大阻力时，可提升动臂或卷动铲斗，以调整铲切深度，减小阻力，保证物料装入铲斗。

4. 铲斗装满物料后，舀合铲斗并提升动臂，铲斗离开地面后，扳动回转操纵机构，开始回转。

5. 铲斗转到运输设备厢斗上方时，放低铲斗并将斗杆外升，平稳地张开铲斗卸载。

五、安全规定

（一）作业时的安全规定

第 19 条　司机必须遵守下列规定：

1. 不准随意增加附属设备，如音响、信号灯、电热器等。

2. 斗齿不全不准作业。

3. 安全装置（各类抱闸和总切断开关等）不全不准作业。

第 20 条　勺斗容积和物料块度应与汽车载重相适应。

第 21 条　单面装车作业时，只有在挖掘机司机发出进车信号，汽车开到装车位置停稳并发生装车信号后，方可装车。双面装车作业时，正面装车汽车可提前进入装车位置；反面装车汽车应由勺斗引导汽车进入装车位置。装车完毕后，要向车辆发出出车信号（声响信号，一短声）。

第 22 条　装载第一勺斗时，不得装大块；卸料时应尽量放低勺斗，严禁高吊勺斗装车。

第 23 条　装载的物料一般以装入勺斗为准，其纵向长度不得超过 1 m，不得向车辆装载超大块煤、岩等物料。

第 24 条　装入汽车里的物料超出车厢外部、影响安全时，必须妥善处理后，才能发出车信号。

第 25 条　装车时严禁勺斗从设备驾驶室、电缆和人员上方越过。

第 26 条　装入车内的物料要均匀，严禁单侧偏载、超载。

第 27 条　两台以上挖掘机在同一台阶或相邻上、下台阶作业时，必须遵守下列规定：

1. 汽车运输时，两台挖掘机的间距不得小于最大挖掘半径的 2.5 倍，并制定安全措施。

2. 两台挖掘机在相邻的上、下台阶作业时，两者的相对位置影响上、下台阶的设备、设施安全时，必须制定安全措施。

第 28 条　作业时，出现下列情况之一，必须停止作业，退到安全地点，报告值班段长检查处理。

1. 发现台阶崩落或有滑动迹象，危及挖掘机安全。

2. 工作面有伞檐或大块物料，可能砸坏挖掘机。

3. 暴露出未爆炸药包或雷管。

4. 有冒落危险的老空或火区。

5. 遇有松软岩层，可能造成挖掘机下沉或掘沟遇水有可能被淹。

6. 发现不明地下管线或其他不明障碍物。

第 29 条　挖掘机横过高、低压架空线时，最高点距电线的安全距离：

1. 11 000 V 以上的线路，不得小于 2 m。

2. 6 000～1 650 V 线路，不得小于 1 m。

3. 550 V 以下及通信线，不得小于 0.7 m。

第 30 条　根据挖掘机运转情况，都必须发出规定的信号，其音响信号规定如下：

1. 开始运转一长声。

2. 开始行走两短声。

3. 装车完毕一短声。

4. 停止运转一长声、一短声。

第 31 条　无关人员严禁进入作业半径以内。

（二）操作挖掘机安全规定

第 32 条　运转中严禁维护和注油。

第 33 条　勺斗回转时，必须离开采掘工作面。

第 34 条　在回转或挖掘过程中，严禁勺斗突然变换方向。

第 35 条　遇坚硬岩体时，严禁强行挖掘。

第 36 条　严禁在不符合机器性能的纵横坡面上工作。

第 37 条　严禁用勺斗直接救援任何设备。

第 38 条　挖掘机作业时，必须对工作面进行全面检查，严禁将废铁道、废铁管、勺牙、配件等金属物和拒爆的火药、雷管等装入车内。

第 39 条　挖掘机运转时，禁止任何人上、下，必要时通知司机停止运转后，方可上、下挖掘机。

（三）行走和升降段安全规定

第 40 条　行走前应检查行走机构及制动系统。

第 41 条　应根据不同的台阶高度、坡面角，使挖掘机的行走路线与坡底线和坡顶线保持一定的安全距离。

第 42 条　挖掘机应在平整、坚实的台阶上行走，当道路松软或含水有沉陷危险时，必须采取安全措施。

第 43 条　挖掘机升降段或行走距离超过 300 m 时，必须设专人指挥；行走时，主动轴应在后，悬臂对正行走中心，及时调整方向，严禁原地大角度扭车。

第 44 条　挖掘机行走时，靠铁道线路侧的履带边缘距离中心线不得小于 3 m，过高压线和铁道等障碍物时，要有相应的安全措施。

第 45 条　挖掘机进入升降段之前应预先采取防止下滑的措施。爬坡时，不得超过挖掘机规定的最大允许坡度。

第 46 条　挖掘机行走时，应将斗杆内缩，并降低动臂；向陡坡上行驶时，应将动臂尽可能地靠近地面。

第 47 条　上坡或下坡时，应将动臂保持在挖掘机的上坡侧，即司机室朝向上坡侧，并调整好驾驶座位置，系好安全带。

第 48 条　相同坡度上坡或下坡时，应使用相同的行驶速度匀速行驶，不应加、减速。

（四）挖掘机停止作业安全规定

第 49 条　司机离开挖掘机驾驶室时，将铲斗放到地上，关闭液压锁定手把，如较长时间离开挖掘机时，要关闭发动机，并将残余压力释放，将钥匙取下。

第 50 条　挖掘机停止作业时，司机室应位于工作面相反一侧；如较长时间停放，应停在平整处；特殊情况需在坡面上停放时，必须纵向停放，并塞住履带，将铲斗朝向下坡方向放到地面上。

（五）季节性注意事项

第51条　夏季注意事项。

1. 在暴雨期间，注意防汛工作，防止水淹挖掘机，必要时将挖掘机开到安全地带。

2. 经常注意检查电动机和轴承温度，超过允许温度时，停止作业。

第52条　冬季注意事项。

1. 降雪后及时清扫平台和房棚积雪，并采取防滑措施。

2. 在操作前应检查油、气路制动系统作用是否良好。严禁用火烘烤风包和橡胶垫处。

3. 冬季前检查和更换机械各部油箱油脂，并排出积水。

六、收尾工作

第53条　检修挖掘机时要戴安全帽，并要停止发动机运转，严禁在挖掘机运转中维护和注油。挖掘机加油时，要停止发动机运转，周围严禁烟火，加油时不要将油加得太满，如油溢出油箱外，要清理干净。

钻机司机

一、适用范围

第1条　本规程适用于在穿爆作业中从事钻机操作作业的人员。

二、上岗条件

第2条　必须经过特种专业技术培训，考试合格并拿到特种作业操作证后，方可上岗。

第3条　必须了解掌握钻机的结构原理及电气系统，能熟练操作钻机，对钻机能进行日常维护保养，会排除一般故障。

三、操作准备

第4条　操作前按规定穿戴好劳动保护用品。

第5条　接润滑系统的要求进行润滑。接好风管、电源。根据钻机要求，把滑架升至一定角度。到达指定的穿孔地点，稳好钻机。

第6条　准备好安全用具和工具、材料、备件。

四、正常操作

（一）正常穿孔操作

第7条　切断行走电源。

第8条　接通穿孔工作系统电源。

第9条　将电动卷扬开关扳到手动位置。

第10条　稍提钻具，取出钻杆的扳子，然后用撑杆固定住。

第11条　缓慢放下钻具，当钻头接触地面时停止。

第12条　将电动卷扬开关扳到自动位置。

第13条　开动冲击器。

第14条　当冲击器进入岩石100 mm左右时给回转机构以正转。

第 15 条　当钻杆进入孔中，回转机构到达滑架下端终点时，停止回转，接好副钻杆。

第 16 条　孔深达到要求后，提升钻具到卡扳子位置，卸下副钻杆。

第 17 条　停放好主、副杆，清理除尘罩和岩粉。

（二）接副钻杆操作

第 18 条　当回转机构到达滑架下端的终点时，停止供水。

第 19 条　将电动卷扬开关扳到手动位置，将钻具短距离上下提拉，以吹尽孔底岩粉。

第 20 条　提起主钻杆，使主钻杆上扳子口稍高于杆托，将扳子插入，给回转机构的反转以点动，转 90°时回转机构与主钻杆脱开，主钻杆下落架在钎托上。

第 21 条　手动提升回转机构，到回转机构的插头稍高于副钻杆的上端。

第 22 条　把副钻杆送入。

第 23 条　缓慢下降回转机构，等回转机构的插头插入副钻杆插座内为止，给回转机构的正转点动，转 90°时回转机构与副钻杆接好。

第 24 条　升起托杆器，将副钻杆提起到副钻杆的粗段离开上送杆器为止，退回送杆器。

第 25 条　下降副钻杆，使副钻杆插头插入主钻杆插座内，给回转机构的下转以点动，转 90°时主副钻杆接好。

第 26 条　稍提起钻具，取下扳子，退回托杆器，将钻距下降至孔底。

第 27 条　将卷扬电动机开关扳到自动位置，给回转电动机以正转开动冲击器，继续进行钻孔作业。

（三）钻机行走操作程序

第 28 条　给上行开关，按时启动电钮。

第 29 条　按住行走按钮。

第 30 条　转弯时，向左转松开左边行走按钮，向右转松开右边行走按钮。

（四）起架子操作

第 31 条　将车站好，并使车体尾部稍高。

第 32 条　按正转启动按钮。

第 33 条　当架子起到适当位置时，给好架子拉杆及连接螺丝。

第 34 条　按正转启动按钮，架子继续起到终点时，停电并给好撑杆及穿销。

第 35 条　将钻具和附属件放在适当位置。

（五）落架子操作

第 36 条　将车站好，并使车体前部适当仰头。

第 37 条　提出钻具到适当位置并绑好。

第 38 条　卸下拉杆穿销。

第 39 条　按反转启动按钮。

第 40 条　架子落到适当位置时，卸下拉杆及连接螺丝。

第 41 条　按反转启动按钮，继续落架子，安放好撑杆、拉杆。

第 42 条　架子落好停电。

（六）停钻操作

第 43 条　钻孔完毕，将电动卷扬开关扳到手动位置，把钻具短距离上下提拉，以吹尽孔底岩粉，然后再将钻具提到地面。当冲击器提到接近孔口时，应停风，继续把冲击器提出孔口再停钻。

（七）操作注意事项

第 44 条 开孔作业注意事项。

1. 开孔时放下钻具，钻头接触岩石，确保冲击器正常工作。

2. 将推压操作阀手把推到调压位置，进行调压穿孔。

3. 开孔时注意钻具的回转情况，如发现卡钻具或孔偏斜时，应先停止回转，并提起钻具，重新开孔。

第 45 条 行走注意事项。

1. 行走前必须做好机械和地面检查工作。

2. 行走时，司机操作，副司机负责下车指挥。

3. 整理电缆时，要穿戴绝缘用品，其他材料、工具等物，要随车带走。

4. 行走时，履带前后不准站人。

5. 变更行走方向时，必须先按住停车电钮，待电动机停止后，在给反向电钮。

6. 不准拐死弯，地表松软时，垫好枕木。

7. 行走距离超过 500 m 或通过架空线时，必须先落好架子。

8. 落架子行走时，必须将钻具和附件固定好，撑杆要放在适当的位置绑好。

9. 不落架子行走时，钻具必须放在开眼管座内，其他摆设的物件都固定好。

10. 用平板车调动穿孔时，必须落好架子，选好地点，整平场地，在调动过程中，应设专人指挥。

第 46 条 起落架子注意事项。

1. 详细检查场地和障碍物。

2. 检查起架子的传动系统是否良好可靠。

3. 检查起落架子的钢丝绳连接和断丝情况，每捻距断丝超过总数的 7%时，必须更换。

4. 在落架子之前，务必先拔出撑杆上的销子，不起落时，必须将移动式齿轮拔开，紧固好，使电动机与涡轮、减速箱脱离关系。

第 47 条 季节性注意事项。

1. 雷雨天气停送电时，必须加强检查和互相联系。

2. 大风天注意电缆接头的接触情况，绑好固定配件防止摇摆触电。六级以上的大风天，不准上架子作业。

3. 做好电气部分的防潮工作，降雨雪时，加强检查电动机防护罩。冬季作业时，经常检查清理履带的积泥、冰雪。严防火灾。

五、安全规定

第 48 条 穿孔机在运转中禁止维护和注油。

第 49 条 工作中非有关人员不准在机械 5 m 范围以内逗留。

第 50 条 在穿孔作业和行走时，履带边缘与车坡顶线的距离不得小于如下规定：

台阶高度/m	＜4	4～10	＞10
安全距离/m	1～1.5	2～2.5	2.5～3.5

穿凿边行孔时,穿孔机应垂直与台阶坡顶线或掉角布置(最小夹角不小于 45°)。在有顺层滑坡危险区,必须压渣穿孔。

第 51 条 穿孔机在工作时,与高、低压架空线的安全距离最近不得小于如下规定:与架空线,垂直距离 1 m,水平距离 2 m,行走垂直 1 m,水平距离 2 m。

第 52 条 接电缆时必须停电,停送电工作,必须带上绝缘工具,做好互相联系,不准单人作业。

第 53 条 穿孔机的行走坡度不得超过 14°,利用推土机牵引时不得超过 18°,拽拉速度不得超过 1.5 km/h。

第 54 条 上大架子工作时,佩戴好安全用具,必须拉开总电源。

第 55 条 电动机启动后,须达到正常转速放可操作。

第 56 条 穿孔机在运转中,操作人员不得擅离岗位,并注意机械及电动机有无异常声音、异常状态。

第 57 条 经常检查钻机各部有无损坏、变形及开焊之处,螺栓是否齐全紧固。

第 58 条 经常检查各部钢丝绳,并将检查结果及重新更换的钢丝绳型号、更换日期记入设备档案。

第 59 条 注意电缆胶套有无破皮及断裂,严防水浸。

第 60 条 工作面遇有空巷,穿孔机打检查孔时,空巷的顶板至地面的厚度小于 3 m 时,管理空巷人员需亲自指挥。在空巷本身高度大于表层厚度时,严禁检查工作,在采空区的作业严格按采空区作业规程执行。

第 61 条 操作中发生故障时,应立即停机检查处理。

第 62 条 对钻机定期、正确润滑。

六、收尾工作

第 63 条 各操作柄要推到空挡位置。

第 64 条 将钻具从孔底提到适当位置。

第 65 条 将机械开到安全地带,并拉开电源开关,详细检查设备状态,做好设备的维护保养工作。

压缩机司机

一、适用范围

第 1 条 本规程适用于从事压缩机操作作业的人员。

二、上岗条件

第 2 条 必须经过特种专业技术培训,考试合格并拿到特种作业操作证后,方可上岗。

第 3 条 必须了解掌握压缩机的结构原理,能熟练操作压缩机,对压缩机能进行日常维护保养,会排除一般故障。

三、操作准备

第 4 条 机组外部检查,压缩机、电动机等各重要组件是否紧固牢靠,螺栓是否拧紧。

第5条 检查油箱中油面高度是否在规定范围之内，压缩机第一次开车或检查后第一次开车，油冷却器、油过滤器都应加满油，主机内应加约30 kg油(从减荷阀加)。

第6条 打开油箱下部的放油阀，放出积聚在下部的水分，等有油放出时立即关掉。

第7条 每次开机前必须用手盘动风扇叶子数转，检查有无卡住等异常现象，感觉轻松后方可启动。

第8条 点动一下，并注意旋转方向是否和标明的方向一致，如发现反转立即停机，然后把电动机任意两根进线位置进行互换，使电动机的旋转方向与箭头一致，方可连续运转。

四、正常操作

第9条 接通电源，电控柜上指示灯亮。

第10条 按启动按钮，电动机启动。在天气特别寒冷时，先启动加热器，待油稍加热后，方可启动压缩机。

第11条 待电动机启动完毕，运转指示灯亮后，应立即推动减荷阀使之处于开启状态，直至气压能自行推开减荷阀芯为止。

第12条 打开排气管道上的闸阀，使排气压力下降(避免冲坏油气分离器芯子)。

第13条 遇到下列情况时，须紧急停机，按停机按钮，机组停止运转。

1. 电动机有焦味或电流表读数突然增大时。

2. 压缩机发生不正常响声时。

3. 排气温度过高(大于125 ℃)时或油位突然下降时。

4. 压力控制器失灵，排气压力超过自动保护控制范围时。紧急停机时只需按停机按钮，就可立即停止工作。

五、安全规定

第14条 注意倾听压缩机组运转的声音是否正常。

第15条 经常观察排气温度(≤125 ℃)、排气压力、润滑油压力(>0.15 MPa)等指示仪表的读数是否在允许值范围内。

第16条 每班要观察润滑油面高度，如油位下降到低油位时，应立即停机，释放气压把油加到标准高度。

第17条 检查各管道连接部位是否连接牢固、有无漏气、漏油情况，一经发现应立即查明原因，排除故障。

第18条 每隔100 h(钻机作业一星期以上)，清洗油过滤器，清除一级空气过滤器内粉尘。

六、收尾工作

第19条 按停机按钮，机组停止运转。清扫周围环境卫生，做好故障隐患记录并进行检修和维护。

爆 破 工

一、适用范围

第1条 本规程适用于从事爆破作业的人员。

二、上岗条件

第 2 条 必须经过特种作业专业培训，经考试合格并拿到特种作业操作证后，方可上岗。

第 3 条 必须熟悉爆炸器材的性能以及《安全生产法》、《煤矿安全规程》、《爆破安全规程》的规定。

三、正常操作及安全规定

（一）安全注意事项

第 4 条 火工品（炸药、雷管、导爆管等，以下同）在运输、保管、领用、试验、销毁、加工和使用等作业中，必须轻拿轻放，不得撞击、坠落、推拉、搓滚或敲打。

第 5 条 在爆破区内及距火工品 20 m 以内（上风头 50 m 以内）和操作过程中不得有明火，严禁吸烟。10 m 以内不得有无关人逗留。加工起爆药包的地点必须在距放置炸药的地点 5 m 以外；加工好的起爆药包应放置在距炸药 2 m 外处。雷管不允许裸露在起爆药包外。

第 6 条 爆破炸药为铵油炸药、乳化炸药、水胶炸药，如改变炸药品种时，必须经矿总工程师批准后，方可使用。

第 7 条 禁止使用硬化及过期炸药。

第 8 条 所有管理和使用火工品的人员，必须掌握火工品性能及危险性和预防危险的办法。

第 9 条 爆破工作必须在本矿指定范围进行，如超出指定范围进行爆破时，必须按规定格式提出书面报告，报请矿生产技术部、公司安监处审核后，报当地公安部门批准。

第 10 条 在大风、雷雨（大雪）、浓雾等恶劣天气时禁止爆破。

第 11 条 在夜间禁止爆破。

第 12 条 在重要设备、建筑物、构筑物附近进行爆破时，应事先报告有关单位，制定安全技术措施报矿安技科批准。

第 13 条 爆破工作必须在组长或指定爆破区负责人指挥下进行。

第 14 条 影响爆破的障碍物，在爆破前 1～2 天提出处理计划，并报矿安技科。

第 15 条 每次爆破必须记载爆破日志，日志要清晰工整。日志应包括下列内容：

1. 时间、地点、气候、岩种、孔数、爆破次数、每组数量、爆破量及爆岩率。
2. 爆破参数、每孔装药量、孔深及装药长度。
3. 绘制爆破区平面图、炮孔编号、标准炮孔连线方式。
4. 火工品的品种、规格、数量。
5. 人员分工。
6. 爆破施工安全情况。

爆破日志于每月交爆破对存查。

第 16 条 在矿采场内爆破时，严禁使用电雷管起爆。

（二）火工品的运输

第 17 条 运送爆破材料的汽车要专用，不得同其他物品、货物同时载运。驾驶人员应固定专人。

第 18 条 爆破材料的装、运、卸和保管，必须由经过培训考核合格人员持证上岗，运输车辆必须专人押运，人不离车。装、卸、押运人员，在工作中严禁携带火柴、打火机等物品，严禁穿钉子鞋。

第 19 条　严禁炸药、雷管同车装运。

第 20 条　运输爆破材料的专用车辆必须保持良好状态，车厢底部铺设胶皮，车厢上加装后开门式防棚。车辆排气管应符合安全规定。运输爆破材料的车辆，必须有明显的标志，必须按指定安全路线行驶，行驶中不得与其他车辆抢行，严禁随意停车，严禁无关人员搭乘，严禁进入加油站加油，冬季不准在冰雪打滑路面上行驶。

第 21 条　运送火工品时，必须事先检查行车道路的安全情况（路面宽度、平整情况、坡度及道口），发现问题应提前处理。

第 22 条　运送火工品前要检查车体是否牢固、刹车及防滑装置是否齐全可靠，并清除车厢内一切杂物。

第 23 条　汽车装运火工品时，要摆放整齐、平稳，不得高出车厢或超出车厢边缘。

第 24 条　装运火工品的汽车行驶至坡道或公路岔口时，押运人员要下车监护。

第 25 条　装运火工品的汽车，沿平盘行驶时，距边坡不得小于 3 m，押运人员必须做好防护。严禁随意停车，必须停车时，由专人负责，停放到安全地带。

第 26 条　装运火工品的汽车，禁止在空巷危险区通过。

（三）工地火工品的保管

第 27 条　爆破材料领用、保管和使用应账、卡、物一致。

第 28 条　运到工地的火工品必须设专人看管，要按品种、规格点清数目，炸药与雷管分别放置。

第 29 条　卸药前要事先选择平整卸药场地，卸药场地距高电源不得小于 10 m。

第 30 条　雨天及炎热天气堆放在工地的火工品均用苫布盖好。

第 31 条　爆破剩余的火工品，必须当班送回火药库，禁止在工地存放和销毁。

（四）装药与充填

第 32 条　装药前要有明确分工，并将工具准备齐全。

第 33 条　装药前要做好以下几项工作：

1. 爆破区周围插上警戒旗，禁止无关人员进入。
2. 清除爆破区内威胁安全的杂物，检查一切障碍物的处理情况。
3. 准备合格的充填物。
4. 复查炮孔的积水、孔温、堵塞等情况。
5. 清理孔口浮块，并按设计要求垫孔和分配药量。

第 34 条　装药时，每个炮孔同时操作人员不应超过 3 人，装药工不得将头部和身体正对炮孔。

第 35 条　严禁向炮孔内投掷起爆器具和打击易爆炸药，引药应小心装入炮孔，不准磨破连线。

第 36 条　按爆破区设计的装药结构和装药量进行装药，用卷尺控制药柱高度。

第 37 条　装药时只准使用竹制或木质炮杆，杆头应平齐，不准带有金属箍套。

第 38 条　散装药时，应缓缓地流入炮孔。使用铵油炸药车时，必须由专人操作。

第 39 条　禁止将破损的防水袋药包装入有水炮孔。

第 40 条 装药时，禁止使用热炉渣、热焦及冰雪等物充填。充填物粒径不应大于30 mm。

第 41 条 充填时应保护好导爆管，防止破坏或掉入孔内。各孔导爆管必须摆顺，管与管之间严禁交叉、搭接。

第 42 条 充填时应由组长或有经验的爆破员掌握炮杆，道先顺直连线用脚踩住，然后指挥充填。水孔则应先将药包压入孔底后，把充填物装入塑料袋后充填或用小石块充填。

第 43 条 输电线路附近炮孔充填时，掌握炮杆人应面向输电线，并将炮杆绳拉紧或缠绕在炮杆上。当通过输电线路时，必须将炮杆放平通过。

第 44 条 充填时要用炮杆挡护连线，并不断捣固。深孔充填物长度不少于 3～5 m。

第 45 条 卡堵炮孔、导爆管损坏或掉入时应及时处理，采取补救措施。如无法处理，必须插上标志，按瞎炮处理。

第 46 条 装药发生卡堵只准用炮杆处理，严禁使用其他金属工具。处理不了时要及时向爆破区负责人汇报。

第 47 条 装药时连线折断或掉入孔内，经处理难以正常引爆时，可再补装一个适当的引药，然后充填。如处理无效时，则要插上标志按瞎炮处理。

第 48 条 用导爆管起爆，如果充填中发生断管，当充填物上露有索头，就重新放入引药继续充填，如无法补救时，则按瞎炮处理。

（五）起爆作业方法

第 49 条 起爆人员和连线人员必须各设一人，并且由有经验的爆破员担任。

第 50 条 连线人员在爆破区炮孔全部装药充填完毕后方可开始连线，连线时除爆破区负责人外，其他人员必须全部撤离爆破区。

第 51 条 连线完毕后，经爆破区负责人检查后，通知起爆员，方可爆破。

第 52 条 当相邻的裸露药包用明火起爆时，各药包应放置在不被相邻的药包爆炸后崩掉的位置。

第 53 条 起爆时，起爆人要记清自己起爆个数，爆破区负责人要核对起爆数与装炮数，如不符必须等最后一个炮响后 5 min 方准备进入爆破区。

第 54 条 一次点燃数量较多时，应采取插标志的方法。

第 55 条 无论起爆个数多少，包括连线员、警戒负责人及起爆员在内爆破区共设 3 人。

（六）警戒与安全距离

第 56 条 每次爆破都必须有警戒负责人和足够的警戒人员。警戒哨必须由懂警戒安全知识的人员担任。

第 57 条 小于警戒距离的两个地区同时爆破时，应互相联系好，共同警戒、统一指挥。

第 58 条 警戒负责人与警戒哨之间因受地形、地物影响难以直接联系信号时，应增派传递信号的警戒哨，但此警戒哨必须在预备起爆信号发出前撤到安全地点。

第 59 条 警戒负责人布置警戒时必须做到：

1. 根据爆破的安全距离和警戒边界上具体情况必须设置足够的警戒哨。
2. 向警戒哨当面交授警戒旗，同时向警戒哨交代清楚警戒地点、范围及注意事项。

第 60 条 警戒哨必须通告和监视警戒范围内的机械和人员到安全地点。

第61条 警戒哨的位置应符合下列规定：

1. 到达规定的安全警戒距离后站在较高地点。

2. 能看见相邻警戒哨，能够监视通往爆破区的所有通路。

第62条 定点爆破和不定点爆破都应同时采用有声和有色警戒信号。

1. 有声信号：口笛、手持式扩音器等；

2. 有色信号：红、绿旗。旗面0.6 m×0.4 m，旗杆长度不小于0.5 m。

第63条 不定点爆破警戒信号。

1. 警戒负责人必须按下列次序发出警戒信号：

第一次信号：预告警戒信号。爆破准备工作完后，爆破区负责人立即设置警戒哨。派出警戒哨后，抓紧和警戒哨联系，警戒已妥善回答信号，警戒不妥善不准回答信号。只有全部得到回答信号后，方可发出第二次信号。

第二次信号：预备起爆信号。警戒负责人确认警戒妥善后，发出预备起爆信号，此次信号发出后，起爆人即可做好起爆前的一切准备工作。

第三次信号：起爆信号。预备起爆工作完成后警戒负责人发出起爆信号。负责起爆的人员立即进行起爆。

第四次信号：解除警戒信号。在爆破后，按起爆方法规定的时间(3 min)，警戒负责人和负责起爆人进入爆破区详细检查起爆情况，认定已全部爆破，不需再次起爆时，方可发出第四次信号。此次信号发出后，警戒哨即可解除警戒回到爆破区。

2. 警戒信号规定：警戒负责人用红、绿旗和口笛显示信号。预备警戒信号：警戒负责人要信号和警戒哨回答信号时都要高举左右摇动；预备起爆信号：警戒负责人高举交叉的红、绿旗；起爆信号：警戒负责人用绿旗示令；解除警戒信号：警戒负责人用红绿旗画大圆圈，警戒哨用绿旗示令。

第64条 警戒安全距离就是警戒边界与最近孔间的水平距离。

第65条 安全警戒距离规定如下：

1. 深孔松动爆破(孔深大天5 m)：距爆破区边缘软岩不得小于100 m，硬岩不得小于200 m。

2. 深孔大爆堆(沉降)爆破：深孔拉沟(孔深大于5 m)小炮眼爆破200 m。

3. 浅孔爆破(孔深小于5 m)：无充填预裂爆破，警戒距离不得小于300 m。

4. 二次爆破：炮眼法不得小于200 m，裸露爆破法两侧不小于300 m，裸露爆破顺风及投掷方向不得小于400 m。

5. 轰水：不得小于50 m。

6. 遇风天且警戒区为斜坡面，顺风时下坡方向警戒距离应适当放大。

第66条 对各种机械的安全距离规定如下：

机械设备名称	深孔煤破/m	浅孔及小炮眼二次爆破/m	裸露爆破/m
电铲、钻机	30	40	70
推土机、汽车	50	150	200
变压器	30	30	40
高压电缆	40	50	60

1. 司机室背向爆破区，小于表中距离应采取保护措施。

2. 距变压器小于表中距离采取保护措施。

3. 距高压电缆小于表中距离应停电拆除。

第 67 条　机动设备处于警戒范围内且不能撤离时，应采取安全措施；与电杆距离不得小于 5 m，在 5～10 m 时，就应采取减震爆破措施。

第 68 条　在矿坑内爆破危及邻近工矿通信设施、房屋建筑安全时，应提出安全技术措施报矿安监站和总工程师批准。

（七）瞎炮处理

第 69 条　孔内起爆，发现瞎炮后，应汇报矿、段有关领导，并指派有经验爆破员及时处理，暂不能处理的瞎炮应插上标志，必要时设专人看守，通知采装设备禁止采挖。

第 70 条　处理各种瞎炮时，严禁使用穿孔设备投、打、穿凿。

第 71 条　处理小炮眼瞎炮时，可用辅助炮眼法：在距离圆柱孔 0.5 m 处（药壶式孔 0.8 m，）打一与瞎炮眼方向相同、深度相等的辅助孔，再次装填起爆。

第 72 条　处理深孔瞎炮时，准许用下列方法：

1. 再次起爆法：当第一次起爆后，因地面起爆网络问题造成拒爆，而最小抵抗线未变薄时，可再起爆。

2. 清理炮孔围岩法：孔内有雷管的瞎炮孔，应用人工清理炮孔围岩，小心取出雷管炸药；孔内无雷管时，可在爆破负责人或有经验的爆破员指导下用电铲处理炮孔围岩，确定瞎炮内炸药全部清理干净后，电铲可正常采挖。

3. 辅助炮孔法：在距离瞎炮孔 1 m 远处打 1～2 个与瞎炮孔方向相同、深度相等的辅助炮孔，再次装填起爆。

4. 注水浸泡法：如瞎炮孔内装的是非抗水型炸药，可向孔内注水浸泡炸药，使之失效。

（八）导爆管、雷管使用方法及注意事项

第 73 条　塑料导爆管、雷管禁止在有瓦斯、煤尘和易爆炸危险的场合使用。

第 74 条　使用导爆管时，要认清雷管上的段别标志，按布孔方案装药，再用设计的连接方法连接起来。

第 75 条　塑料导爆管在使用过程中要避免将其划破损伤，打死结、烧坏。不允许将砂石、泥块、水、油杂物弄入导爆管孔中，在使用时，不得将导爆管任意切断。

第 76 条　用金属管壳雷管做起爆网络中的传爆雷管时，雷管底部先用胶布包严后再连接导爆管。

第 77 条　网络连接时，将导爆管均匀地排布在雷管外侧，用胶缠绕 5 层以上，缠绕紧，1 发雷管外侧最多捆扎 20 根导爆管，导爆管末端应露出捆扎部位 100 mm 以上。

第 78 条　一次崩放长度太长时，可不用瞬发雷管。

第 79 条　网络连接后要认真检查，经确定完全正确后，方可起爆。

第 80 条　在搬运和使用中必须轻拿轻放，严禁跌、打、砸、撞击或靠近热源。

四、收尾工作

第 81 条　爆破结束后，爆破工要报告班组长，由班组长解除警戒，其他人员方可进入工作面作业。清点剩余电雷管、炸药，当班交回发放地点。

炮孔排水车司机

一、适用范围

第1条　本规程适用于在空爆作业中从事炮孔排水车操作作业的人员。

二、上岗条件

第2条　必须持有交通部门核发的驾驶证并经过特殊工种培训合格后，持证上岗。

第3条　会处理一般的故障，做好日常的维护保养。

三、操作准备

第4条　出车前，必须按例行保养项目保养。

第5条　启动发动机之前，将手制动拉到底，将变速杆置于空挡位置。

第6条　将电门开关拧到“ON”位置，待电热塞指示灯灭后（温暖季节可将电门开关直接拧到启动位置），将离合器踏板和油门踏板踩到底，将电门开关拧到启动位置，启动发动机。

第7条　启动时连续工作不得超过15 s，如一次不能启动，应等待1 min后再次启动。

第8条　车辆开动之前要锁好所有车门。

第9条　如果在行车中指示灯或仪表指示不正常、听到不正常的声音、嗅到不正常的气味时，应立即停车并找出原因。

第10条　应避免发动机超速旋转，避免突然加速和紧急制动。

第11条　行车时不得将脚放在离合器踏板上。

第12条　驶上坡路时，为了避免发动机过载，应在发动机开始加载减速之前，及时将变速杆换到低挡。

第13条　前进、后退变换之前，必须使车辆完全停下来。

第14条　行车中越过浅河或水洼时，应小心不要使水进入空气管道。过水后要检查后桥和变速箱是否进水。应试踏制动是否灵活。

第15条　在行车中绝对不能熄灭发动机。

四、正常操作

第16条　踏下离合器踏板，手动挂入取力箱。在冬季必须使液压油在系统中循环5 min，使液压油温度升高然后作业。

第17条　配合操纵滑臂控制阀与卷筒控制阀，使水泵调在炮孔中部，将水泵放入炮孔。

第18条　水泵降到距离孔底1 m左右，把水泵控制阀手把放在“排水”位置，进行炮孔排水。

第19条　排水时观察排水管的流量，如流量明显减少，则缓慢降低水泵的位置，使其距孔底0.25 m左右，继续进行炮孔排水，残留水深控制在0.25 m左右。

第20条　在将水泵从炮孔中提起的过程中，水泵仍需工作。

第21条　水管在收放过程中应尽量避免与炮孔边缘摩擦。

第22条　油液的装满程度为油箱高度的3/4，夏季用30#液压油，冬季用10#液压油。

第23条　排水工作或一天的工作结束后，将水泵浸没在清水中开动30 s，清洗泵的内部零件。

第 24 条 在冬季，排水车工作完毕，应放尽排水管中的水，停放在暖气库房中。

五、安全规定

第 25 条 炮孔排水车进入爆破区要听从指挥人员的指挥，把排水车停在炮孔旁，并保证炮孔在滑臂可调极限范围之内。

第 26 条 汽车司机与排水操作员要密切配合，在提起放入潜水泵的开始和接近到位时，一定要使发动机低速运转。

第 27 条 取力箱的挂入或分离由排水操作员操作，要听汽车驾驶员的指挥，待排水操作员离开挂挡位置，再放开离合器踏板。

第 28 条 汽车抽完一个孔移动到另一个孔要听从排水操作员的指挥。

第 29 条 在滑臂未收回前，汽车严禁移动。

第 30 条 汽车在移动过程中严禁手抓滑臂或泵体。

第 31 条 车厢内不允许载人。

第 32 条 发动机未熄火前，不得进行维修工作。

第 33 条 工作中要注意压力表读数是否正常。

六、收尾工作

第 34 条 排水作业结束后，按要求清洗擦试车辆，并做检查，为下一班作业做准备。

铵油炸药混装车司机

一、适用范围

第 1 条 本规程适用于在穿爆作业中从事装药车操作的人员。

二、上岗条件

第 2 条 必须持有交通部门核发的驾驶证，并经过特殊工种培训合格后持证上岗。

第 3 条 必须熟悉炸药混装车的结构、性能及维护保养要求。

三、操作准备

第 4 条 检查发动机润滑油位、燃油、助力器油位等要符合技术要求的标准。

第 5 条 将变速杆置于空挡位置，推进熄火拉钮，拉紧制动。在冬季每天启动前，必须将发动机、机油箱预热。

第 6 条 打开电源总开关，按下电动泵按钮，排除油路中的空气(泵油时间，每次不超过 6 s，一般只需 2～3 s 即可)。

第 7 条 踏下离合器，按下启动机按钮，适当踏下加速踏板，启动后应立即放开启动机按钮，每次使用启动时间不得超过 10 s；每次使用启动机间隔时间不得少于 2 min，如 3 次不能启动，应检查排除故障后再继续启动。

第 8 条 发动机启动后，应注意各种仪表的指示数字是否正常，不得猛踏加速踏板，怠速转一段时间后(5～15 min)，待机油压力达到 2～4 kg/cm^2，油温 45～50 ℃，气压达 4.5 kg/cm^2，且没有漏油、漏气及其他异常情况，蜂鸣器停响后即可开始起步。

第 9 条 冬季在－10～－40 ℃时可利用冷启动装置，冬季使用轻柴油 20#。

第 10 条　起步前认真观察车辆周围的情况，关紧车门，踏下离合器踏板，将变速杆移至低速挡位重车挡(空车可二挡)鸣喇叭，放松手制动，慢慢抬起离合器踏板，同时徐徐踩下油门，使车缓慢起步，不得猛放离合器踏板和猛加没门。

第 11 条　启动后试踏脚制动的可靠性。

四、正常操作

(一) 正常行驶

第 12 条　行驶中要经常注意仪表指示及声响和气味是否正常，发动机机油温度应保持在 70～90 ℃；短时可略高，但不得超过 120 ℃。

第 13 条　上坡时，利用车辆的惯性提前换入低挡，避免惯性消失，在坡上起步现象。

第 14 条　下坡时不得将发动机熄火，空挡滑行，坡路路面较长时，可用适当低速挡利用发动机阻力和脚制动来控制速度。

第 15 条　遇到发动机“飞车”或其他特殊情况，需紧急刹车时，立即拉出熄火拉钮切断柴油油路，使喷油泵停止供油。

第 16 条　行驶或作业时，发现发动机温度过高时，应减轻发动机负荷，且不可将发动机立即停止，要减轻发动机负荷和转速，用怠速降温，让发动机冷却。

第 17 条　在松软泥泞或矿采场地段行驶艰难及涉水行驶时，应换上低挡，且不得中途换挡或停车。涉水后，试踏脚制动，如失灵应在行车中间隙地轻踩脚制动，以蒸发掉制动器上的水分。

第 18 条　发动机熄火前应逐渐降低速度，怠速运转 3～5 min，以使冷却均匀，然后再加速运转 2～3 s，使各部得到充分的机油，再行熄火。停车应及时将电源总开关切断。

第 19 条　如果在坡上停车，遇下坡应加挂倒挡，不允许用脚刹车作为主制动。

第 20 条　作业完回库时，应将车停放在车库内(冬季保暖)，车上不自带硝铵炸药或其他易爆物入库。

(二) 正常作业

第 21 条　粒状硝酸铵装入车前应筛选，避免诸如铁钉、木块等杂物混入，油箱的装满程度为 4/5 油箱高。

第 22 条　在较长时间行驶或在台阶上运行时，杆应搁在托架上。

第 23 条　在没有排空垂直螺旋和臂中的物料前，不允许长距离运输硝酸铵。

第 24 条　臂杆螺旋的转动力应控制在 345 kg 的范围内，以免折断油管。

第 25 条　臂杆螺旋举升时，其轴线与水平面的夹角不允许超过 60°。

五、安全规定

(一) 混装车司机安全规定

第 26 条　向炮孔装药前，汽车司机启动发动机，踩下离合器踏板，拉上取力箱手把，慢慢抬起离合器。

第 27 条　在爆破区作业，必须听从爆破区负责人指挥。

第 28 条　混装车移位时，司机应拉下取力箱手把，然后再移车至新的炮孔位置，在移位过程中，不得急起步和急刹车。

(二) 操作工安全规定

第 29 条　加柴油：打开柴油箱进油盖，直接通过油箱上的滤清器加入 35# 柴油，并注意油标，直至加到规定的刻度值。

第 30 条 混装车上料：

1. 将炸药箱两个盖打开，检查药仓清除异物。

2. （车开至装料仓下面）使每个仓内均匀充入粒状硝酸铵，上料完毕后，关闭仓门。

第 31 条 现场混制装填炸药：

1. 检查车体接地链条，链条必须落地。

2. 司机接上取力箱后，操作工操作车辆油门，使发动机转速稳定在 2 100 r/min。

3. 按照操作牌指示，操作多路换向阀手把，使机械转臂举起，再旋转至车体外侧，下降转臂取下堵头，安上输药软管，再将转臂升至水平位置或偏下一些，旋转臂杆，使输药管对准炮孔。

4. 关闭喷油嘴油路开关阀，打开四通回油开关阀，以使柴油系统循环，操作输药螺旋手把，这时打开喷油嘴油路开关阀，关闭四通回油开关阀，重新操作螺旋系统观察输药管出料正常后立即停止。

5. 根据操作标牌，操纵输药机械转臂手把，按每个炮孔规定量装入混制炸药。

6. 装完一个炮孔后，操纵机械转臂手把，把输药管对准另一个炮孔重复装药过程。

7. 需移孔位时，要使机械转臂靠近车体，同时操作工必须使油门恢复原位，以便司机脚踏控制油门，开车定位后重复以上装药过程。

8. 装药完毕后，关闭喷嘴开关，操纵输药螺旋手把，排除仓中残余硝酸铵原料，然后拆下螺旋系统控制阀手把连杆、操纵垂直螺旋和臂杆螺旋，将残余在螺旋中的物料排除干净。

第 32 条 有下列情况之一者，应及时处理：

1. 当发生堵料、溢流阀溢流时，应拆下螺旋系统控制阀的连杆，操纵底螺旋短时反转（10 s 左右），如仍不能排除，及时打开底和垂直螺旋，清除堵料。

2. 经常观察臂杆螺旋管内壁是否凝结了许多炸药，要及时排除。

3. 如发现柴油系统压力表值工作时反常，应及时清洗喷油嘴中的异物。

第 33 条 安全规程：

1. 使用半导体和带电装置的输药软管，禁止使用的绝缘软管输药。

2. 输药软管内导电系统要与车体确保接触良好。

3. 向炮孔中下放起爆药包的过程中，暂停装药。

六、收尾工作

第 34 条 将混装车取力箱手把拉下，检查各处是否安全，清理螺旋中的物料。

炸药车司机

一、适用范围

第 1 条 本操作规程适用于从事炸药车操作作业的人员。

二、上岗条件

第 2 条 必须经过理论知识和实际操作培训，考试合格后，持证上岗。

第 3 条 必须熟悉相关的安全操作规程。

第 4 条 必须熟悉炸药车的结构、性能及设备的维护保养要求。

三、操作准备

第 5 条 检查机油油位是否符合要求。

第 6 条 检查空气子滤器积尘度，清除积灰。

第 7 条 接合电瓶线路开关。

第 8 条 检查照明、信号灯和灭火器。

第 9 条 检查轮胎气压及钢圈螺母松紧度。

四、正常操作

（一）启动发动机

第 10 条 检查发动机润滑油位，燃油、助力器油位等，要符合技术要求的标准。

第 11 条 将变速杆置于空挡位置，拉紧手制动。在冬季每天启动前，必须将发动机、机油箱预热。

第 12 条 打开电源总开关。

第 13 条 踏下离合器，按下启动机按钮，适当踏下加速踏板，启动后应立即放开启动机按钮，每次使用启动时间不得超过 10 s；每次使用启动机间隔时间不得少于 2 min，如 3 次不能启动，应检查排除故障后再继续启动。

第 14 条 发动机启动后，应注意各种仪表的指示数字是否正常，不得猛踏加速踏板，怠速动转一段时间后(5～15 min)，待机油压力、油温达到规定要求，且没有漏油、漏气、漏水及其他异常情况，蜂鸣器停响后，即可开始起步。

（二）起步

第 15 条 起步前认真观察车辆周围的情况，关紧车门，踏下离合器踏板，将变速杆移至低速挡位，鸣喇叭，放松手制动，慢慢抬起离合器踏板，同时徐徐踩下油门，使车缓慢起步，不得猛放离合器踏板和猛加油门。

第 16 条 启动后试踏脚制动的可靠性。

（三）行驶

第 17 条 行驶中要经常注意仪表指示及声响和气味是否正常，发动机机油温度应保持在 70～90 ℃；短时可略高，但不得超过 120 ℃。

第 18 条 上坡时，利用车辆的惯性提前换入低速挡，避免惯性消失，在坡上起步现象。

第 19 条 下坡时不得将发动机熄火、空挡滑行。坡路路面较长时，可用适当低速挡利用发动机阻力和脚制动来控制车速。

第 20 条 遇到发动机“飞车”或其他特殊情况，需紧急刹车时，立即熄火。

第 21 条 行驶或作业时，发现发动机温度过高时，应减轻发动机负荷，且不可将发动机立即停止，要减轻发动机负荷和转速，用怠速降温，让发动机慢慢冷却。

第 22 条 在松软泥泞或采场地段行驶艰难及涉水行驶时，应换入低挡，且不得中途换挡或停车。涉水后，试踏脚制动，如失灵应在行车中间隙地轻踩脚制动，以蒸发掉制动器上的水分。

第 23 条 发动机熄火前应逐渐降低速度，怠速运转 3～5 min，以使冷却均匀，然后再加速空转。

第 24 条 如果在坡上停车,拉紧手制动,遇下坡应加挂倒挡,不允许用脚刹车作为主制动。

第 25 条 作业完回库时,应将车停放在车库内。

五、安全规定

(一) 冬季使用安全规定

第 26 条 发动机底盘总成换成冬季用燃油、润滑油、润滑脂。

第 27 条 储气筒每天排放一次污水。

第 28 条 冬季使用时一定要温缸启动,需将发动机机体温度预热到 50 ℃(冷却系统中灌入热水),怠速运转不得低于 5 min,严禁启动后加冷却水。

第 29 条 逐渐温热发动机,直到水温达到 75 ℃。才能起步行驶。

第 30 条 当汽车露天停放且温度在－30 ℃以下时,应将电瓶拆下,搬入温室保存。

(二) 炸药车运行安全规定

第 31 条 炸药车在矿内各种道路上的行驶速度应严格执行矿内规定,严禁超速行驶,在急转弯、陡坡、危险地段应限速行驶。

第 32 条 在采场行驶时,必须时刻避让所有工程车辆和设备,必须遵守采场道路的限速、限距规定。

第 33 条 雾天和烟尘影响视线时,应打开雾灯或前大灯。前后车距不得小于 50 m,能见度不足 30 m 时应暂时停止行驶。

第 34 条 冬季应及时清理路面积雪,并采取防滑措施。

(三) 炸药车司机必须遵守的安全规定

第 35 条 严格执行国家颁布的《道路交通安全法》和矿内管理规定。

第 36 条 在采场道路上运行时,必须服从现场生产管理人员、安监人员、爆破警戒人员的指挥。

第 37 条 汽车倒车时,必须听从指挥,认真瞭望,确认无人员和障碍时方可后退,同时连续发出声响信号。

第 38 条 禁止溜车发动车辆。

(四) 炸药运输及保管安全规定

第 39 条 运送炸药的汽车要专用,不得同其他物品、货物同时载运。驾驶人员应固定专人。

第 40 条 炸药的装、运、卸和保管,必须由经过培训考核合格人员持证上岗,运输车辆必须专人押运,人不离车。装、卸、押运人员,在工作中严禁携带火柴、打火机等物品,严禁穿钉子鞋。

第 41 条 严禁炸药、雷管同车装运。

第 42 条 炸药车必须保持良好状态,车厢底部铺设胶皮,车厢上加装后开门式防棚。车辆排气管应符合安全规定。炸药车必须有明显的标志,必须按指定安全路线行驶,行驶中不得与其他车辆抢行,严禁随意停车,严禁无关人员搭乘,严禁进入加油站加油,冬季不准在冰雪打滑路面上行驶。

第 43 条 运送炸药时,必须事先检查行车道路的安全情况(路面宽度、平整情况、坡度及道口),发现问题应提前处理。

第 44 条 运送炸药前要检查车体是否牢固,刹车及防滑装置是否齐全可靠,并清除车厢内一切杂物。

第 45 条　汽车装运炸药时，要摆放整齐、平稳，不得高出车厢或超出车厢边缘。

第 46 条　炸药车行驶至坡道或公路岔口时，押运人员要下车监护。

第 47 条　炸药车沿平盘行驶时，距边坡不得小于 3 m，押运人员必须做好防护。严禁随意停车，必须停车时，由专人负责，停放到安全地带。

第 48 条　炸药车禁止在空巷危险区通过。

（五）装卸炸药安全规定

第 49 条　严禁人货混运。

第 50 条　装卸炸药时，司机必须将车制动好，然后开始装卸。

第 51 条　装运炸药必须放置牢靠。

第 52 条　装卸炸药时，装卸人员必须相互配合，司机要现场进行指挥和监护，以防止因配合不协调发生危险。

第 53 条　严禁超载装运炸药。

六、收尾工作

第 54 条　清理周围环境卫生。

第 55 条　将工具摆放整齐。

第 56 条　填写各种记录。

工程车司机

一、适用范围

第 1 条　本规程适用于在采坑内从事剥离汽车操作作业的人员。

二、上岗条件

第 2 条　必须持有交通部门核发的驾驶证，具有 3 年以上驾驶经验，且经矿安监处入坑安全培训考试合格后，才可持证上岗。

第 3 条　所驾车型必须符合驾驶证准驾车型。

第 4 条　除安全驾驶车辆外，负责车辆的一般故障处理及日常维护保养工作。

第 5 条　除遵守交通部门的条文和规定外，还必须严格遵守和执行矿内的有关规定。

三、操作准备

第 6 条　交接班后，应对汽车进行如下检查：

1. 各部件齐全完好，连接螺栓齐全，紧固可靠。

2. 各结构件、焊接应无明显变形，无开焊断裂等情况。

3. 检查燃油系统、液压系统、冷却系统、气压系统的管路分配阀、连接件、泵、油缸的固定位置及工作的可靠性。

4. 冷却液、润滑油、液压油是否符合要求，燃油要充足，各密封处应无渗透现象。

5. 各种滤芯应清理干净，并无堵塞现象。

6. 转向系统、制动系统、传动轴、轮胎等是否正常可靠。

7. 电气系统工作必须安全可靠，灯光要齐全，电线电器操作按钮手把应固定，连接要按要求，无松动、无破损、无裸露、无短路等现象。

8. 经检查无误后合上电源总闸，鸣笛发出试车信号，启动发动机。然后再运行，检查各操作柄是否灵活可靠，机器声音是否正常，各部运行状况是否良好，发现问题及时处理，符合完好设备标准方可入坑作业。

四、正常操作

第 7 条 正常启动操作规程。

1. 踏下离合器踏板，将变速杆挂入空挡。

2. 启动发动机，一次启动时间不得超过 5 s，两次启动时间间隔不能小于 30 s。

3. 启动时，要缓慢温热发动机，待水温升至 70 ℃，机油压力、制动气压正常，电气指针在充电位置，仪表指针均正常后方可启动。

五、安全规定

第 8 条 必须在规定的线路和方向行驶。

第 9 条 要听从挖掘机信号和管理人员的指挥调度。行驶时，严禁与人闲谈。

第 10 条 严格遵守行驶速度规定。

第 11 条 注意力要集中，时刻注意前方，严禁超速行驶，宁停三分，不抢一秒，严禁超抢行驶。拐弯处交叉路口车速不超过 20 m/s，斜坡道、干线、半干线车速不允许超过 30 m/s。

第 12 条 要有良好的灯光照明，两车同向行驶间距不得小于 15 m。

第 13 条 偶尔窝车时，严禁用装载机顶推起步，需用钢绳拉。

第 14 条 在排土场卸货时，要听从排土场管理人员指挥。卸渣汽车在左右方向要停平后，方可起斗卸渣。卸渣后，必须落斗后行驶，严禁不落斗行驶。

六、收尾工作

第 15 条 当班作业结束后，要在指定地点收好车，并对车辆进行检查，发现问题及时处理，以保证下一班的正常运行。

排　土　工

一、适用范围

第 1 条 本规程适用于从事排土作业的人员。

二、上岗条件

第 2 条 必须经矿安监处入坑安全培训考试合格后，方可持证上岗。

第 3 条 除遵守交通部门的条文和规定外，还必须严格遵守和执行矿内的有关规定。

三、操作准备

第 4 条 接班时，应佩戴安全帽，手执指挥话筒或指挥旗，夜班应佩戴矿灯，穿戴夜光服饰的服装进入排土作业现场。

第 5 条 排土工应熟悉本排土地段、剥离车辆的车号、数量及排土状况。

四、正常操作

第6条 根据现场实际情况,随时指挥推土机按要求排土,必须保证排卸车辆之间或车辆与正在排土作业的推土机(装载机)保持至少7 m的安全距离。指挥人员必须站在车侧前方,与车辆保持至少5 m的安全距离,严禁站在车尾指挥。

第7条 排土工在计量时,不得影响正常指挥排土。

第8条 排土工不得擅自离开指挥现场。

第9条 排土工在整个作业过程中。必须保持注意力高度集中,并随时观察作业区域的生产和安全状况,严禁无关设备及人员进入排土场地。

第10条 排土工检查排土现场,照明设备齐全有效,满足排土照明要求。

第11条 观察排土台阶,发现滑坡征兆,及时报告段、矿领导。

五、收尾工作

第12条 每日下班检查照明设备是否齐全,记录好当日的排土数量。

排 水 工

一、适用范围

第1条 本规程适用于从事排水作业的人员。

二、上岗条件

第2条 必须经过专业技术培训,考试合格,持证上岗。

第3条 必须熟悉相关的安全操作规程。

三、安全规定

第4条 经常注意电压、电流的变化,当电流超过额定电流时,当电压异常时应停车检查原因并进行处理。

第5条 检查各部轴承温度,滑动轴承不得超过65 ℃滚动轴承不得超过75 ℃,电动机温度不超过额定温度,填料箱与泵壳不烫手。

第6条 运转平稳、无震动现象。各部声音正常,无异响、杂音。负荷正常,各部指示表指针摆动小。调料完好、滴水不成线。

第7条 注意水井水位变化。水泵不得在泵内无水情况下运行,不得在气蚀和闸阀关闭情况下运行。按时填写运行记录。

四、操作准备

第8条 开泵前检查各零部件螺栓有无松动,是否齐全,紧固联轴节的间隙是否符合规定。

第9条 润滑油质是否符合要求,油量是否适当,油环转动是否灵活可靠。

第10条 填料压盖松紧适当,真空表和压力表上的旋钮要关闭,指针在零位。

第11条 清除水泵设备周围杂物,检查吸水管路是否正常,闸阀没入吸水深度。

第12条 检查闸阀和逆止阀开闭是否灵活,开泵前将闸阀全闭,以降低启动电流。

第13条 电源电压是否正常,接地线是否良好。盘车2～3转,检查水泵转动部分是否正常。

第 14 条 向泵和吸水管灌水,同时打开放气阀,直到放气阀不冒气而完全冒水为止,再关放气阀和放水阀。

五、正常操作

第 15 条 启动后电动机达到正常转数后,再慢慢打开闸阀,同时打开压力表和真空表旋钮,观察仪表读数电流表和真空表读数应逐渐增加,压力表读数应逐渐减小,为了避免水泵发热,在关闭闸阀时运转不能超过 3 min。

第 16 条 水泵运转几分钟后检查水泵及电动机平稳情况,检查轴承、填料箱和电动机的温度,温度或声音不正常要停机检查。

六、收尾工作

第 17 条 停泵时慢慢关闭闸阀,使水泵进入空转状态。关闭真空表与压力表的旋钮。

第 18 条 按停电按钮,切断水泵电源,停止电动机运行。长期停泵应应将水泵内的水排完。

第 19 条 停泵后对设备和周围环境进行一次清扫,做到文明生产。

洒水车司机

一、适用范围

第 1 条 本规程适用于从事洒水车操作作业的人员。

二、上岗条件

第 2 条 必须经过理论知识和实际操作培训,考试合格后,持证上岗。

第 3 条 必须熟悉相关的安全操作规程。

第 4 条 必须熟悉设备的结构、性能及设备的维护保养要求。

三、安全规定

第 5 条 出车前,必须按例行保养项目对车辆进行保养。

第 6 条 启动前要试踏板制动的可靠性,行驶过程中要注意仪表指示及响声和气味是否正常,发动机水温保持在 70~90 ℃。

第 7 条 如果在坡上停车,遇下坡应加挂倒挡,不许用脚制动作为停车制动用。取力箱必须在车停状态挂入,离合器应慢慢接合。

第 8 条 洒水作业时不应换挡,要经常对水泵进行检查,以免水泵及喷嘴被砂堵塞。冬季洒水车作业完成或中途停车时间长要放尽泵、管里面的水,或及时停入保暖车库。

第 9 条 加水管架设工作,上下管要先停泵,人工递送要两人操作,上罐顶要注意防滑,操作泵时手必须干燥。

第 10 条 手动控制洒水控制阀,开关时必须停在平稳处,制动好。洒水作业时要靠右行使,注意周围其他车辆和行人。

四、正常操作

第 11 条 拉紧手制动,变速杆置于空挡位置,踏下离合器踏板,启动发动机。

第 12 条　每次启动时间不得超过 10 s，启动时间间隔不少于 2 min。如启动 3 次不能启动，应查明原因，排除故障后再启动。

第 13 条　发动机启动后，应注意各仪表的指数是否正常，不得猛力加速。怠速运转一段时间，等机器一切正常后，且没有漏油、漏气现象后，开始起步。

第 14 条　起步前认真检查车辆周围的情况，关好车门，踏下离合器踏板，将变速器杆移至低速挡位，鸣喇叭，放开手制动，启动设备。

第 15 条　上坡时要换低速挡，下坡时不得将发动机熄灭、空挡滑行。涉水后，要试踏制动。

第 16 条　行车或洒水作业时，要密切注意附近车辆和机械的方向，防止事故的发生。

五、收尾工作

第 17 条　将机器各手把置于零位并切断电源。

第 18 条　清理周围环境卫生，并进行机器润滑。

第 19 条　将工件标识清楚、码放整齐。

第 20 条　填写各种记录。

平地机司机

一、适用范围

第 1 条　本规程适用于从事平地机操作作业的人员。

二、上岗条件

第 2 条　必须经过理论知识和实际操作培训，考试合格后，持证上岗。

第 3 条　必须熟悉相关的安全操作规程。

第 4 条　必须熟悉设备的结构、性能及设备的维护保养要求。

三、安全规定

第 5 条　检查发动机的燃油、机油和液力变矩器系统等液压系统的油量；检查冷却水位；检查轮胎气压。

第 6 条　应特别注意刹车时要先踏下离合器踏板，切断动力，切记带动力工作。

第 7 条　平地机作业室严禁人员上下。危及人身安全的作业范围内，严禁停车检修。

第 8 条　由于平地机车身长，轴距大，转弯半径较大，司机在转弯时要严加注意。

四、操作准备

第 9 条　准备好作业中所需的工具和附件等。

第 10 条　检查机器各个部位是否正常，开关是否灵敏可靠，并对机器进行润滑。

五、正常操作

第 11 条　清理车辆内部和底盘各部，检查零件有无丢失，检查各连接部位的紧固情况，特别注意车轮、传动轴等处的连接螺栓。

第 12 条　踏下离合器踏板，按下点火开关，同时踏下油门踏板，发动机即开始运转，启动后松开油门踏板，让发动机低速运转。

第 13 条 疏散和平整土壤，在比较平直的场地工作时，铲刀应在较小的入土深度和最大的平整宽度下进行工作。刮起的土壤需侧移时，应使铲刀斜行。

第 14 条 启动后应注意各仪表的读数，操作各油缸完成自己的动作，然后检查泵阀油缸、接头及管道，发现漏油及时排除。将铲刀耙子置于运输状态。

第 15 条 将土壤进行不同方向程度的移送，应操作铲刀回转，改变铲刀方向。对机器侧边较远的地方平整时，应使牵引架侧摆，同时将铲刀引出。

六、收尾工作

第 16 条 将机器各手把置于零位并切断电源。

第 17 条 清理周围环境卫生，并进行机器润滑。

第 18 条 将工件标识清楚、码放整齐。

第 19 条 填写各种记录。

加油车司机

一、适用范围

第 1 条 本规程适用于从事加油车操作作业的人员。

二、上岗条件

第 2 条 必须经过理论知识和实际操作培训，考试合格后，持证上岗。

第 3 条 必须熟悉相关的安全操作规程。

第 4 条 必须熟悉设备的结构、性能及设备的维护保养要求。

三、安全规定

第 5 条 出车前必须按照例行项目对车辆进行检查保养。启动前认真观察周围的情况，关好车门，踏下离合器，将变速器移至低挡位置，鸣喇叭，放松手制动，慢慢将离合器抬起，使车辆缓缓起步，不得猛放离合器和猛踩油门。严禁在坡道上停车，停车时，将挡位换到空挡，拉好手制动，人员方可下车。

第 6 条 车辆必须停靠在平整宽敞的地方，踏下离合器，将取力箱慢慢挂上，将油罐出油阀门打开，接通显示器电脑控制电路，看显示器是否正常。

第 7 条 进入采坑时，车速不得超过 30 km/h。严禁乘坐与加油站无关的人员。

四、操作准备

第 8 条 准备好作业中所需的工具和附件等。

第 9 条 检查机器各个部位是否正常，开关是否灵敏可靠，并对机器进行润滑。

五、正常操作

第 10 条 拉紧手刹，将变速器置于空挡位置，踩下离合器踏板，启动发动机。

第 11 条 发动机启动后，注意观察仪表指示的数字是否正常，怠速运转 3～5 min，机油压力达到 2～4 kg/cm^2，水温在 45～50 ℃，气压达到 4.5 kg/cm^2，且无洒漏现象及其他情况，方可启动行使。

第 12 条 启动后要试踏离合器是否灵敏有效。行驶过程中注意指示、气味、响声有无异常现象,水温保持在70～90 ℃之间。上、下坡时将变速器换上合适的挡位,下坡时严禁将发动机熄灭而空挡滑行。

第13条 慢慢拉出加油枪到合适长度,开始进行加油。加油完毕后,先关闭电源,关好阀门,收回加油枪。

第14条 收车后,将车辆停到指定的地点,拉起手制动,检查有无漏油现象,并锁好车门。

六、收尾工作

第15条 将机器各手把置于零位并切断电源。

第16条 清理周围环境卫生,并进行机器润滑。

第17条 将工件标识清楚、码放整齐。

第18条 填写各种记录。

推土机司机

一、适用范围

第1条 本规程适用于从事推土机操作作业的人员。

二、上岗条件

第2条 必须经过理论知识和实际操作培训,考试合格后,持证上岗。

第3条 必须熟悉相关的安全操作规程。

第4条 必须熟悉设备的结构、性能及设备的维护保养要求。

三、安全规定

第5条 将离合器操作杆推向前方,使主离合器处于分离状态,把变速箱的进退操作杆置于空挡位置。

第6条 变速时由于花键相碰不能挂上所要求的挡位时,应先将变速操作杆放回空挡位置,然后微微拉动主离合器操作杆,使花键相对位置改变,然后再行挂挡,各操作杆扳动位置必须正确、彻底,切勿中止。根据要求负荷大小,控制油门操作位置。

第7条 在陡坡上行驶推土机,角度不能大于30°,横向不能大于25°,推土机在陡坡上前进下坡时,应先选择低速挡,柴油机油门操作杆放在小开度位置上,并注意同时控制两个制动踏板。

第8条 推土机在铲推过程中,遇到过大阻力不能前进时,切不可强行作业,应调整推量,然后继续前进。当履带和行走部分夹入石块等坚硬物质时反正方向行驶,排除硬物再进行作业。

第9条 柴油机、柴油箱等油位应当正常。燃油系统检视或加油时应注意防火。各操作杆位置行程应正常,动作要灵活、可靠,两侧履带张紧合适。

第10条 离开车辆时,必须将推土机铲及松土犁降到地面。推土机作业时必须垂直坡顶线方向。

四、操作准备

第 11 条 准备好作业中所需的工具和附件等。

第 12 条 检查机器各个部位是否正常，开关是否灵敏可靠，并对机器进行润滑。

五、正常操作

第 13 条 检查燃油量、润滑油量、冷却水量、发动机油底壳油位应在油尺两刻度之间。检查清除空气滤清器积尘。检查操作杆及制动踏板的行程范围、间隙。检查铲刀和刀片的磨损情况以及推土机各部位螺栓松紧程度。检查各仪表、电气线路和照明设施情况。

第 14 条 将电源钥匙插入点火开关内，按顺时针方向扭到启动位置。按下启动按钮，柴油机启动后应立即松开，并控制油门，使柴油机低速空转。两次启动之间的时间间隔应不少于 2 min，连续 3 次不能启动时，找出原因排除故障后再启动。

第 15 条 将变速箱操作杆扳到所需要的挡位，将进退操作杆扳到所需要的位置，将油门操作杆拉到合适开度，将主离合器操作杆向后拉，推土机起步，操作时先缓慢起步，再使离合器完全结合。

第 16 条 推土机前进上坡时，柴油机油门操作杆应放到大开度位置上，变速操作杆应放到低速挡位置上。

第 17 条 开动时，司机室内不准放任何物体，在推土机下面排除故障时，柴油机一定要熄火，铲刀片应落地或用可靠物体垫好，切不可用推土机换向阀封闭状态控制铲刀，以防发生人身事故。

六、收尾工作

第 18 条 将机器各手把置于零位并切断电源。

第 19 条 清理周围环境卫生，并进行机器润滑。

第 20 条 将工件标识清楚、码放整齐。

第 21 条 填写各种记录。

第3篇　掘　　进

掘进爆破工

一、适用范围

第1条　本规程适用于在掘进工作面或巷道修复中从事爆破作业的人员。

二、上岗条件

第2条　必须经过专门技术培训，考试合格，获得特种作业人员资格证书后方可上岗。爆破工必须是专职的。

第3条　必须熟悉爆破器材的性能和《煤矿安全规程》中有关条文的规定。

三、安全规定

第4条　作业前必须进行本岗位危险源辨识，严格执行敲帮问顶及围岩观测制度，严禁空顶作业，并检查确保作业地点通风良好、有害气体不超限，作业时必须严格执行“手指口述”。

第5条　作业时，除执行本规程外，还必须认真执行《煤矿安全规程》、《煤矿井下爆破作业安全管理九条规定》、《煤矿井下爆炸材料安全管理六条规定》、作业规程及其他相关法律、法规的规定。

第6条　接触爆破物品的人员应穿棉布或其他抗静电衣服，严禁穿化纤衣服。

第7条　下井前要领取符合规定的发爆器和爆破母线等，不符合规定的发爆器材不准下井使用；下井时必须携带便携式甲烷检测仪和氧气、一氧化碳便携式检测仪；必须严格执行爆破器材领退管理制度。

第8条　在煤与瓦斯（二氧化碳）突出煤层中，专职爆破工的工作必须固定在一个工作面。

第9条　使用爆炸物品的规定。

1. 炸药：井下爆破作业，必须使用有煤矿安全标志的煤矿许用炸药，选用应符合下列规定：

（1）低瓦斯矿井在岩石掘进工作面必须使用安全等级不低于一级的煤矿许用炸药。

（2）低瓦斯矿井的煤层掘进工作面、半煤岩掘进工作面必须使用等级不低于二级的煤矿许用炸药。

（3）高瓦斯矿井，必须使用安全等级不低于三级的煤矿许用炸药。

（4）突出矿井，必须使用安全等级不低于三级的煤矿许用含水炸药。

（5）一次爆破必须使用同一厂家、同一品种的煤矿许用炸药。

2. 雷管：在掘进工作面，必须使用取得产品许可证的煤矿许用瞬发电雷管、煤矿许用毫秒延期电雷管或者煤矿许用数码电雷管。

（1）使用煤矿许用毫秒延期电雷管时，最后一段的延期时间不得超过130 ms。使用煤矿许用数码电雷管时，一次起爆总时间差不得超过130 ms，并应当与专用起爆器配套使用。

（2）一次爆破必须使用同一厂家、同一品种的煤矿许用电雷管。

3. 发爆器：必须统一管理、发放，定期校验发爆器的各项性能参数，并进行防爆性能检查，不符合规定的严禁使用。

第10条　必须严格执行“一炮三检”制度、实行“三人连锁爆破”和“三保险”制度，以及爆破作业报告制度。

“一炮三检”制度：即装药前、爆破前、爆破后必须检查爆破地点附近 20 m 范围内风流中的甲烷浓度，并在起爆前检查起爆地点的甲烷浓度，若甲烷浓度达到或者超过 1%时，严禁装药爆破。

“三人连锁爆破”制度：即爆破前，爆破工将警戒牌交给班组长，由班组长亲自派专人警戒，并将爆破命令牌交给瓦斯检查工，由瓦斯检查工检查瓦斯、煤尘浓度合格后，将爆破牌交给爆破工，爆破工吹哨后爆破，爆破后三牌各归原主。

“三保险”制度：即站岗、设置警标、吹哨。

爆破作业报告制度：由带班队长向矿调度室报告瓦斯、煤尘、支护等情况，经同意后方可进行爆破，严禁擅自爆破。

第 11 条 在有瓦斯或煤尘爆炸危险的掘进工作面，应采用毫秒爆破；并应采用全断面一次起爆，不能全断面一次起爆的必须采取安全措施。

第 12 条 在高瓦斯矿井的掘进工作面采用毫秒爆破时，若采用反向起爆，必须制定安全技术措施。

第 13 条 用爆破方法贯通井巷时，必须严格遵守作业规程有关规定。

第 14 条 严禁放糊炮、明电爆破和短母线爆破。

第 15 条 在高瓦斯或煤(岩)与瓦斯突出及有冲击地压的掘进工作面，必须制定并严格执行特殊安全措施。

第 16 条 不得使用过期或变质的爆炸物品。不能使用的爆炸物品必须交回爆炸物品库。

四、操作准备

第 17 条 爆炸物品的运送。

1. 在井筒内运送爆炸物品时，应当遵守下列规定：

(1) 电雷管和炸药必须分开运送；但在开凿或者延深井筒时，符合《煤矿安全规程》第三百四十五条规定的，不受此限。

(2) 必须事先通知绞车司机和井上、下把钩工。

(3) 运送电雷管时，罐笼内只准放置 1 层爆炸物品箱，不得滑动。运送炸药时，爆炸物品箱堆放的高度不得超过罐笼高度的 2/3。使用吊桶运送爆炸物品时，必须使用专用箱。

(4) 在装有爆炸物品的罐笼或者吊桶内，除爆破工或者护送人员外，不得有其他人员。

(5) 罐笼升降速度，运送电雷管时，不得超过 2 m/s；运送其他类爆炸物品时，不得超过 4 m/s。吊桶升降速度，不论运送何种爆炸物品，都不得超过 1 m/s。司机在启动和停绞车时，应当保证罐笼或者吊桶不震动。

(6) 在交接班、人员上下井的时间内，严禁运送爆炸物品。

(7) 禁止将爆炸物品存放在井口房、井底车场或者其他巷道内。

2. 井下用机车运送爆炸物品时，应当遵守下列规定：

(1) 炸药和电雷管在同一列车内运输时，装有炸药与装有电雷管的车辆之间，以及装有炸药或者电雷管的车辆与机车之间，必须用空车分别隔开，隔开长度不得小于 3 m。

(2) 电雷管必须装在专用的、带盖的、有木质隔板的车厢内,车厢内部应当铺有胶皮或者麻袋等软质垫层,并只准放置1层爆炸物品箱。炸药箱可以装在矿车内,但堆放高度不得超过矿车上缘。运输炸药、电雷管的矿车或者车厢必须有专门的警示标识。

(3) 爆炸物品必须由井下爆炸物品库负责人或者经过专门培训的人员专人护送。跟车工、护送人员和装卸人员应当坐在尾车内,严禁其他人员乘车。

(4) 列车的行驶速度不得超过2 m/s。

(5) 装有爆炸物品的列车不得同时运送其他物品。

井下采用无轨胶轮车运送爆炸物品时,应当按照民用爆炸物品运输管理有关规定执行。

3. 水平巷道和倾斜巷道内有可靠的信号装置时,可以用钢丝绳牵引的车辆运送爆炸物品,炸药和电雷管必须分开运输,运输速度不得超过1 m/s。运输电雷管的车辆必须加盖、加垫,车厢内以软质垫物塞紧,防止震动和撞击。严禁用刮板输送机、带式输送机等运输爆炸物品。

4. 由爆炸物品库直接向工作地点用人力运送爆炸物品时,应当遵守下列规定:

(1) 电雷管必须由爆破工亲自运送,炸药应当由爆破工或者在爆破工监护下运送。

(2) 爆炸物品必须装在耐压和抗撞冲、防震、防静电的非金属容器内,不得将电雷管和炸药混装。严禁将爆炸物品装在衣袋内。领到爆炸物品后,应当直接送到工作地点,严禁中途逗留。

(3) 携带爆炸物品上、下井时,在每层罐笼内搭乘的携带爆炸物品的人员不得超过4人,其他人员不得同罐上下。

(4) 在交接班、人员上下井的时间内,严禁携带爆炸物品人员沿井筒上下。

第18条　爆炸物品的存放。

1. 爆炸物品运送到工作地点后,必须把炸药、电雷管分开存放在专用的爆炸物品箱内,严禁乱扔、乱放。

2. 爆炸物品箱必须放在顶板完好、支护完整,避开机械、电气设备的地点,并应放在挂有电缆、电线巷道的另一侧。

3. 爆炸物品箱要加锁,钥匙由爆破工随身携带。

4. 爆破前必须把爆炸物品箱放到警戒线以外的安全地点。

5. 爆破前需准备好够全断面一次爆破用的引药和炮泥以及装满水的炮泥,并整齐放置在符合规定的地点。

6. 准备好炮棍、岩(煤)粉掏勺及发爆器具等。

7. 检查发爆器与爆破母线。发爆器要完好可靠,电压符合要求;爆破母线长度符合作业规程规定,无断头;明接头和短路,绝缘包皮有破损处时应进行处理。

第19条　装配起爆药卷。

1. 从成束的电雷管中抽取单个电雷管时,应将成束的电雷管顺好,拉住前端脚线将电雷管抽出,不得手拉脚线硬拽管体,也不得手拉管体硬拽脚线。抽出单个电雷管后,必须将起脚线扭结成短路。

2. 装配起爆药卷必须在顶板完好、支架完整,避开电气设备和导电体的爆破工作地点附近进行,严禁坐在爆炸物品箱上装配起爆药卷。装配起爆药卷的数量,以当时当地需要的数量为限。

3. 装配起爆药卷必须防止电雷管受震动、冲击,防止折断脚线和损坏脚线绝缘层。

4. 电雷管必须由药卷的顶部装入，严禁用电雷管代替竹、木棍扎眼。电雷管必须全部插入药卷内，严禁将电雷管斜插在药卷的中部或捆在药卷上。

5. 电雷管插入药卷后，必须用脚线将药卷缠住，并将电雷管脚线扭结成短路。

第 20 条 严禁使用不通电和电阻不合格的电雷管。

第 21 条 在有煤尘爆炸危险的煤层中，掘进工作面爆破前后，附近 20 m 的巷道内必须洒水降尘。

五、正常操作

第 22 条 操作流程。

1. 装配引药。
2. 检查瓦斯。
3. 装药前警戒。
4. 装药。
5. 封泥。
6. 爆破前警戒。
7. 检查瓦斯。
8. 敷设爆破母线、洒水降尘。
9. 爆破。
10. 爆破后检查瓦斯、爆破情况、洒水降尘、找顶支护。
11. 处理拒爆、残爆。

第 23 条 装药前检查。

1. 必须对工作地点附近 20 m 范围内进行瓦斯检查，严格执行“一炮三检”制度。

2. 必须对爆破地点附近 10 m 内支架进行加固，保证支架齐全、完好。

3. 用压风或掏勺将炮眼内的煤(岩)粉清除干净。

4. 对掘进工作面进行全面检查，发现问题应及时处理。有下列情况之一时，不准装药：

(1) 掘进工作面空顶距离超过作业规程规定，支架损坏，架设不牢，支护不齐全时；

(2) 爆破地点 20 m 以内，矿车、未清除的煤、矸或其他物体阻塞巷道断面 1/3 以上时；

(3) 装药地点 20 m 以内煤尘堆积飞扬时；

(4) 装药地点 20 m 范围内风流中甲烷浓度达到 1%时；

(5) 炮眼内发现异状、温度骤高骤低，炮眼出现塌陷、裂缝，有压力水，瓦斯突增等；

(6) 工作面风量不足或局部通风机停止运转时；

(7) 炮眼内煤(岩)粉末清除干净时；

(8) 炮眼深度、角度、位置等不符合作业规程规定时；

(9) 装药地点有片帮、冒顶危险时；

(10) 发现瞎炮未处理时。

第 24 条 装药前警戒。

1. 装药前，必须由班组长亲自布置专人按照作业规程要求的范围设置装药警戒，与装药无关的人员不得随意进入装药警戒线以内，严禁从事其他与装药无关的工作。

2. 警戒线必须设在顶板完好、支架完整的安全地点，并设置警戒牌和栏杆(或拉绳)。

第 25 条 装药。

1. 必须按照作业规程爆破说明书规定的各号炮眼装药量、起爆方式进行装药。各炮眼的雷管段号要与爆破说明书规定的起爆顺序相符合。

2. 装药时要一手拉脚线，一手拿木制炮棍将药卷轻轻推入眼底，用力要均匀，使药卷紧密相接。药包装完后要将两脚线末端扭结。

3. 根据现场实际采用不同的起爆方式。正向起爆的引药最后装，引药聚能穴朝向眼底；反方向起爆是先装引药，引药的聚能穴朝向眼外。

4. 无论采用何种起爆方式，引药都应装在全部药卷的一端，不得将引药夹在两药卷中间。

5. 硬化的硝酸铵类炸药，在使用前应用手揉松，使其不成块状。但不得将药包纸或防潮剂损坏。禁止使用硬化到不能用手揉松的硝酸铵类炸药，并须交回爆炸物品库。

第 26 条　封泥。

炮眼封泥应用水炮泥，水炮泥外剩余的炮眼部分应用黏土炮泥或用不燃性的、可塑性松散材料制成的炮泥封实。严禁用煤粉、块状材料或其他可燃性材料作炮眼封泥。无封泥、封泥不足或不实的炮眼严禁爆破。

1. 装填炮泥时，一手拉脚线，一手拿炮棍推填炮泥，用力轻轻捣实。

2. 封泥的装填顺序是：先紧靠药卷填上 30～40 mm 炮泥，然后装填水炮泥一至数个，在水炮泥的外端再填塞炮泥。

3. 装填水炮泥用力不要过大，以防止将其压破。装填水炮泥外端的炮泥时，先将炮泥贴紧在眼壁上，然后轻轻捣实。

第 27 条　炮眼深度和炮眼的封泥长度应当符合下列要求：

1. 炮眼深度小于 0.6 m 时，不得装药、爆破；在特殊条件下，如挖底、刷帮、挑顶确需进行炮眼深度小于 0.6 m 的浅孔爆破时，必须制定安全措施并封满炮泥。

2. 炮眼深度为 0.6～1 m 时，封泥长度不得小于炮眼深度的 1/2。

3. 炮眼深度超过 1 m 时，封泥长度不得小于 0.5 m。

4. 炮眼深度超过 2.5 m 时，封泥长度不得小于 1 m。

5. 深孔爆破时，封泥长度不得小于孔深的 1/3。

6. 光面爆破时，周边光爆炮眼应当用炮泥封实，且封泥长度不得小于 0.3 m。

7. 工作面有 2 个及以上自由面时，在煤层中最小抵抗线不得小于 0.5 m，在岩层中最小抵抗线不得小于0.3 m。浅孔装药爆破大块岩石时，最小抵抗线和封泥长度都不得小于 0.3 m。

第 28 条　爆破前警戒。

1. 爆破前，必须由班组长亲自布置专人在可能进入爆破地点的所有通路上按照作业规程规定的警戒线处担任警戒，并将警戒情况向班组长反馈。

2. 警戒线必须设在顶板完好、支架完整的安全地点，并设置警戒牌和栏杆(或拉绳)。

3. 爆破时，所有人员都应在警戒线之外。

4. 工作面与其他地点(采掘工作面、作业地点或巷道)相距在 20 m 以内时，必须在其他地点以外处设置警戒，并在爆破前检查瓦斯。

第 29 条　敷设爆破母线。

1. 爆破母线必须使用符合标准的绝缘双线。

2. 严禁用轨道、金属管、金属网、水或大地等当作回路。

3. 爆破母线与电缆、电线、信号线应分别悬挂在巷道两侧。如果必须挂在同一侧，爆破母线必须挂在电缆等线的下方，并应保持 0.3 m 以上的距离。

4. 爆破母线必须由里向外敷设。其两端头在与脚线、发爆器连接前必须扭结成短路。

5. 爆破母线的敷设长度要符合作业规程的有关规定。

6. 巷道掘进时，爆破母线必须随用随悬挂，以免发生误接；不得使用固定爆破母线，特殊情况下，在采取安全措施后，可不受此限。

第 30 条 连线方式与接线。

1. 各炮眼电雷管脚线的连接方式应按照作业规程爆破说明书的规定采用串联、并联或串并联方式，脚线的连接工作可由经过专门训练的班组长协助爆破工进行。爆破母线连接脚线、检查线路和通电工作，只准爆破工一人操作。

2. 电雷管脚线和连接线、脚线和脚线之间的接头必须相互扭紧并悬空，不得与轨道、金属管、金属网、钢丝绳、刮板输送机等导电体相接触。

第 31 条 在连线爆破前，必须在距工作面 20 m 范围内进行第二次瓦斯检查。在瓦斯含量符合规定时，方准连线爆破。否则必须采取处理措施。

第 32 条 爆破。

1. 母线与脚线连接后，爆破工必须最后退出工作面，并沿途检查爆破母线是否符合要求。

2. 爆破作业前，爆破工必须做电爆网路全电阻检查。严禁用发爆器打火放电检测电爆网路是否导通。

3. 爆破工撤至发爆地点后，随即发出第一次爆破信号。

4. 爆破工接到班组长的爆破命令后，将母线与发爆器相接，并将发爆器钥匙插入发爆器，转至充电位置。

5. 第二次发出爆破信号，至少再过 5 s，发爆器指示灯亮稳定后，将发爆器手把转回放电位置，电雷管起爆。

6. 电雷管起爆后，必须立即拔出钥匙将母线从发爆器接线柱上摘下，并扭结成短路。

7. 爆破母线不得有明线头。

8. 爆破时使用爆破喷雾，爆破后对爆破地点附近 20 m 范围内洒水降尘。

第 33 条 验炮：爆破后，经通风除尘排烟确认井下空气合格、等待时间超过 15 min 后，方准许检查人员进入爆破作业地点，爆破工、瓦斯检查工和班组长必须首先巡视爆破地点，检查通风、瓦斯、煤尘、顶板、支架、拒爆、残爆等情况。发现危险情况，必须立即处理；确无危险后，方可由班组长解除警戒，其他人员方可进入工作面作业。

六、特殊操作

第 34 条 处理卡在溜煤(矸)眼中的煤、矸时，如果确无爆破以外的其他方法，可采用爆破处理，但必须遵守下列规定：

1. 爆破前检查溜煤(矸)眼内堵塞部位的上部和下部空间的甲烷浓度。

2. 爆破前必须洒水。

3. 使用用于溜煤(矸)眼的煤矿许用刚性被筒炸药，或者不低于该安全等级的煤矿许用炸药。

4. 每次爆破只准使用1个煤矿许用电雷管，最大装药量不得超过450 g。

第35条 通电以后拒爆时，爆破工必须先取下把手或者钥匙，并将爆破母线从电源上摘下，扭结成短路；再等待一定时间（使用瞬发电雷管，至少等待5 min；使用延期电雷管，至少等待15 min），才可沿线路检查，找出拒爆的原因。

第36条 处理拒爆、残爆时，应当在班组长指导下进行，并在当班处理完毕。如果当班未能完成处理工作，当班爆破工必须在现场向下一班爆破工交接清楚。

处理拒爆时，必须遵守下列规定：

1. 由于连线不良造成的拒爆，可重新连线起爆。

2. 在距拒爆炮眼0.3 m以外另打与爆破炮眼平行的新炮眼，重新装药起爆。

3. 严禁用镐刨或从炮眼中取出原放置的起爆药卷，或者从起爆药卷中拉出电雷管。不论有无残余炸药，严禁将炮眼残底继续加深；严禁用打孔的方法往外掏药；严禁使用压风吹拒爆、残爆炮眼。

4. 处理拒爆的炮眼爆炸后，爆破工必须详细检查炸落的煤、矸，收集未爆的电雷管及炸药。

5. 在拒爆处理完毕以前，严禁在该地点进行与处理拒爆无关的工作。

七、收尾工作

第37条 爆破结束后，爆破工要报告班组长，由班组长解除警戒岗哨后，其他人员方可进入工作面作业。

第38条 装药的炮眼必须当班放完，遇有特殊情况时，爆破工必须在现场向下班爆破工交接清楚。

第39条 爆破结束后，应将爆破母线、发爆器等收拾整理好。

第40条 清点剩余电雷管、炸药，填好消退单，在核清领取数量与使用及剩余的数量相符后，经班组长签字，当班剩余材料要交回爆炸物品库。严禁私藏爆炸物品。

第41条 完工后，要将发爆器、便携式甲烷检测仪或四用仪等交回规定的存放处。

人力装载工

一、适用范围

第1条 本规程适用于在煤矿井下从事人工装载作业的人员。

二、上岗条件

第2条 必须经过专门技术培训、考试合格后，方可上岗。必须熟悉作业规程，掌握现场情况。

三、安全规定

第3条 作业前必须进行本岗位危险源辨识，严格执行敲帮问顶及围岩观测制度，严禁空顶作业，并检查确保作业地点通风良好、有害气体不超限，作业时必须严格执行“手指口述”。

第4条 作业时，除执行本规程外，还必须认真执行《煤矿安全规程》、作业规程及其他相关法律、法规的规定。

第5条 装载工装载时应佩戴手套，并且有专人监护顶帮情况。

第6条 装载中发现拒爆、残爆，应立即停止作业，立即汇报并按有关规定进行处理；发现未爆炸的雷管、炸药要及时拣出，并交给爆破工。

第7条 装载工作必须在临时支护下进行（顶板不设支护的除外），严禁空顶作业；空顶距离超过作业规程规定时，应及时进行支护，否则不得进行装载作业。

1. 在棚架支护的巷道内，要先扒两侧的煤、矸，然后扒中间。每扒够一个棚距要及时进行棚架支护。

2. 在锚杆支护巷道中扒装，每扒够一个支护排距，必须及时进行支护。

第8条 由上向下掘进斜巷时，必须设有防止跑车的安全装置。上端应设置阻车器，下端（掘进工作面）上方必须设置坚固的遮栏（挡车栏），遮挡至工作面的距离应符合作业规程规定；采用倒拉绞车由下向上掘进斜巷时，绞车上方及斜巷下端必须设有坚固的遮挡，掘进工作面装车地点要设阻车装置，其至装车地点和工作面的距离要符合作业规程规定。

第9条 由下向上掘进装载时，矿车下方不得有人；人员要靠巷道两帮站，并注意上方煤矸滚动，以免煤矸滚动或装车不慎煤矸伤人。

第10条 由下向上掘进25°以上的倾斜巷道时，必须将溜煤（矸）道与人行道分开，防止煤（矸）滑落伤人。人行道应设扶手、梯子和信号装置。爆破前应先在溜放口和人行道设好挡矸（煤）卡，以防煤矸窜堵下部巷道伤人。

第11条 装车时，要注意工作地点周围的电缆、风筒、风管、水管等物，以防碰坏。

第12条 向矿车装煤（矸）时，不要装得太满，煤矸不得超出车帮及车上沿。

第13条 提升期间，装载人员必须进入躲避硐，或退至安全地点，并把工具放好，运输车道内严禁站人。

四、操作准备

第14条 准备好装载工具，锨、镐安装要牢固。

第15条 装车前，平巷内要用木楔或堰车器堰稳矿车，禁止用煤、岩块稳车；在使用绞车提升的斜巷内不准摘钩装车，装车时绞车司机不得离岗，工作前要检查阻车器和遮挡装置是否齐全、可靠。

五、正常操作

第16条 爆破后，炮烟排净后，先由瓦斯检查工检查瓦斯，再进行敲帮问顶、检查顶帮及支护、排除悬矸危岩，确定无安全问题后，方可进入工作面工作。

第17条 装载前必须洒水降尘，以防粉尘飞扬。

第18条 装车时应站在矿车两侧，斜巷装车不得站在矿车下方，作业人员要互相照应，尤其在四角装车时，更应注意自身与他人安全。

第19条 采用背式装车法时，人站在矿车侧前方，两腿前后叉开，手握锨把向前用力插入岩堆底部，满锨后再用力向上绕过肩膀装入矿车内。

第20条 人力装车应铺设铁板，铁板应在爆破前铺好，并用矸石（煤）掩盖，以免爆破掀起。前移铁板时，要先清理好底板，再用撬棍协调前移。

第21条 不得挖空道心、棚腿柱窝和滑轮固定橛子底部，要清扫两帮及水沟浮矸杂物。

六、特殊操作

第 22 条　装车时遇到大块煤矸必须破碎。用大锤或手镐破大块时，周围禁止站人，以防掉锤或碎石飞溅伤人。

第 23 条　用手搬大块岩石时，要注意防止岩块破裂砸脚；严禁两人共同抬运大块岩石装车。

第 24 条　使用刮板机输送机运煤(矸)时，应在输送机运转时装煤(矸)，以防压住刮板输送机导致其启动困难。任何人不得站在输送机上或乘坐输送机。利用刮板输送机和带式输送机装运煤时，必须注意自身安全，所用工具不得与运输刮板和带式输送机托辊等运转部分接触，防止出现意外情况。

七、收尾工作

第 25 条　收拾好锨、镐等装载工具，做好交接班记录。

架棚支护工

一、适用范围

第 1 条　本规程适用于在掘进工作面从事架棚支护作业的人员。

二、上岗条件

第 2 条　必须经过专业技术培训、考试合格后，方可上岗。

第 3 条　必须认真学习作业规程，掌握规定的支护形式、支护技术参数、质量标准要求等情况。

三、安全规定

第 4 条　作业前必须进行本岗位危险源辨识，严格执行敲帮问顶及围岩观测制度，严禁空顶作业，并检查确保作业地点通风良好、有害气体不超限，作业时必须严格执行“手指口述”。

第 5 条　作业时，除执行本规程外，还必须认真执行《煤矿安全规程》、作业规程及其他相关法律、法规的规定。

第 6 条　施工中不得使用下列支护材料及支架：

1. 不符合作业规程规定的支护材料。
2. 腐朽、劈裂、折断、过度弯曲的坑木。
3. 露筋、折断、缺损的混凝土棚。
4. 严重锈蚀或变形的金属支架。

第 7 条　施工时，必须按照作业规程规定采用前探梁支护或其他临时支护形式，严禁空顶作业。支护材料、结构形式、质量应符合作业规程规定。

第 8 条　支护过程中，必须对工作地点的电缆、风筒、风管、水管及机电设备妥善加以保护，不得损坏。

第 9 条　严禁将棚腿架设在浮煤浮矸上。

第 10 条　爆破后以及施工过程中，要经常检查工作范围内的巷道支护，如发现爆破崩倒、崩坏的支架，必须立即进行修复或更换。修复支架前，应先找掉危石、活矸，做好临时支护；修复、更换巷道支护时，应严格遵守由外向里，先支后回，逐棚进行的原则。

第 11 条 在倾斜巷道内架棚，必须有一定的迎山角，迎山角值应符合作业规程的规定，一般每 6°～8°迎山 1°。支架必须迎山有力，严禁支架退山。架设下山棚时，必须有防止棚向下倾斜的可靠措施。超过 25°的上山，除设中柱、挡板外，应设好扶手、梯子或台阶，钉好拉杆及中柱。

第 12 条 架棚巷道支架之间必须安设牢固的拉杆或撑木。工作面 10 m 内应敷设防倒器或采取其他防止爆破崩倒支架的措施。爆破前应加固爆破地点 10 m 范围内的棚梁。

第 13 条 架棚时手不得扶摸接口处，以免挤伤。立好的棚腿要由专人扶住。

第 14 条 对工程质量必须坚持班检和抽检制度，隐蔽工程要填写“隐蔽工程记录单”。

第 15 条 在压力大的巷道架设对棚时，对棚应一次施工，不准采用补棚的方法，以免对棚高低不平，受力不均。

第 16 条 巷道支护高度超过 2 m，或在倾角大于 30°的上山进行支护施工，应有脚手架或搭设工作平台。

第 17 条 架棚后应对以下项目进行检查，不合格时应进行处理。

1. 梁和柱腿接口处是否严密吻合。
2. 混凝土支架是否按要求放置木垫板。
3. 梁、腿接口处及棚腿两端至中线的距离。
4. 腰线至棚梁及轨面的距离。
5. 支架有无歪扭迈步，前倾后仰现象。
6. 支架帮、顶是否按规定背紧、背牢。

第 18 条 背帮背顶材料要紧贴围岩，不得松动或空帮空顶。顶部和两帮的背板应与巷道中线或腰线平行，其数量和位置应符合作业规程规定。梁腿接口处的两肩必须加楔打紧，背板两头必须超过梁(柱)中心。

第 19 条 底板是软岩(煤)时，要采取防止柱腿钻底的措施。在柱腿下加垫块时，其规格、材质必须符合作业规程要求。

第 20 条 采用人工上梁时，必须手托棚梁，稳抬稳放，不得将手伸入柱梁接口处；采用机械上梁时，棚梁在机具上应放置平稳，操作人员不得站在吊升梁的下方作业。

第 21 条 架设梯形金属棚时应遵守下列规定：

1. 严禁混用不同规格、型号的金属支架，棚腿无钢板底座的不得使用。
2. 严格按中、腰线施工，要做到高矮一致、两帮整齐。
3. 柱腿要靠紧梁上的挡块，不准打砸梁上焊接的扁钢或矿工钢挡块。
4. 梁、腿接口处不吻合时，应调整梁腿倾斜度和方向，严禁在缝口处打入木楔。
5. 按作业规程规定背帮背顶，并用木楔刹紧，前后棚之间必须上紧拉钩并打上撑木。
6. 固定好前探梁及防倒器。

第 22 条 在井下加工梯形木棚时，应遵守下列规定：

1. 用量具准确度量棚梁和柱腿的尺寸。

(1) 柱腿用料时，要将料的粗端在上，超长的坑木只准截去细端。

(2) 按作业规程中规定的接口方式和规格量、画好勒口线，柱口梁和梁口的深度不得大于料径的 1/4。

(3) 用弯料时，必须保证料的弓背朝向巷道顶帮。

2. 锯砍棚料时注意事项。

(1) 锯砍棚料时，应将木料放平稳，不许发生滚动。

(2) 砍料时，要注意附近人员和行人的安全，斧头和斧把不能碰在障碍物上。

(3) 砍料人不得将脚伸到砍料处近旁。

(4) 及时清除粘连在斧头上的木屑，注意木料上的木节、钉子，避免砍滑伤人。

(5) 锯砍棚料的地点，应避开风、水管路和电缆。

第 23 条　架设混凝土棚时必须遵守下列规定：

1. 混凝土支架接口处，要垫经防腐处理木板或可塑性材料。

2. 找正支架时，不准用大锤直接敲打支架；必须敲打时，应垫上木块等可塑性材料，保护支架不被损坏。

3. 混凝土支架巷道一般应采用预制水泥板背顶背帮，梁柱不准直接与顶、帮接触。

4. 在煤层和软岩巷道中，混凝土支架紧跟工作面时，必须采取防炮崩的加固措施，确保不崩倒、崩坏混凝土支架。

第 24 条　架设拱形棚应遵守下列规定：

1. 拱梁两端与柱腿搭设吻合后，可先在两侧各上一只卡缆，然后背紧帮、顶，再用中、腰线检查支架支护质量，合格后即可将卡缆上齐。卡缆拧紧扭矩不得小于 150 N·m。

2. U 型钢搭接处严禁使用单卡缆。其搭接长度、卡缆中心距均要符合作业规程规定，误差不得超过 10%。

第 25 条　架设无腿拱形支架时，应先根据设计要求打好生根梁孔，再安设生根梁柱，并浇注混凝土稳固，7 d 后才可上梁。

第 26 条　当遇顶板破碎、巷道压力大、过老巷等特殊情况时应采取缩小棚距和控顶距等措施。

第 27 条　揭露老空、巷道贯通及处理冒顶要制定并严格执行专项措施。

四、操作准备

第 28 条　作业环境安全检查。

1. 由外向里依次逐棚检查巷道的永久支护、临时支护和各种安全设施，发现不符合要求的，必须进行处理。

2. 严格执行敲帮问顶制度，在作业过程中用长柄工具及时找掉顶帮的危岩、活石。

3. 检查有害气体浓度是否超过规定。

4. 上、下山架棚时，必须先停止车辆运行。架棚地点下方不得有人行走或逗留，上山架棚地点下方设好挡矸卡子。

5. 施工前，要掩护好风、水、电等管线设施；施工设备要安放到规定地点。

第 29 条　工具、设备及材料检查。

1. 施工前，要备齐支护材料和施工工具以及用于临时支护的前探梁和处理冒顶的应急材料。

2. 检查支护材料材质是否合格，施工工具是否完好。检查支架质量，严禁混用不同规格、不同型号的金属支架，不得使用中间焊接的棚头，棚头与棚腿之间必须有防错位装置。

第30条 支护前,应按中、腰线检查巷道毛断面的规格质量,处理好不合格部位。

五、正常操作

第31条 架棚支护应按下列顺序操作:

1. 备齐工具和支护材料。

2. 排除隐患,检查处理毛断面规格质量。

3. 移前探梁、架棚梁、接顶。

4. 将中腰线延长至架棚位置。

5. 挖柱窝。

6. 立棚腿。

7. 背顶背帮。

8. 使好撑木、拉杆、连棚器等稳固装置。

9. 检查架棚质量,清理现场。

第32条 梯形棚架设。

1. 安全检查,排除安全隐患:

(1) 爆破前加固工作面10 m之内的支架。

(2) 爆破后由外向里逐棚检查、整修。

2. 临时支护(上前探梁):

(1) 将前探梁卡子按作业规程要求放置在适当位置,上紧螺丝。

(2) 将前探梁按作业规程要求安设到合适位置,并和前探梁卡子、永久支护棚刹实刹紧,连成一体。

3. 上棚梁:

(1) 将棚梁人工放置到前探梁上,在新架设棚梁上铺网或竹笆,按设计要求在网或竹笆下布置背板。

(2) 调整好棚距,并在新棚梁与前探梁间加木垫板(对向楔),并用撑木在新棚梁与永久棚梁间撑住,校核调整新架棚梁的中线、腰线、扭矩、棚梁水平等,使其达到质量标准要求。

(3) 用拉钩(拉杆、撑杆、抗棚器)将新架棚梁与永久棚梁连在一起。

4. 接顶:用背板、道木、木楔等将棚梁与顶板临时接实刹紧,做到接顶有力。

5. 挖柱窝:出净煤(矸)后找净帮部活矸、危岩,量好柱窝位置(先量取棚距,按中线和下宽定柱窝位置),挖柱窝,按腰线确定其深度。柱窝必须挖到实底,若柱窝超深应加垫板。挖柱窝时,需由专人监护顶帮安全状况。

6. 栽腿合棚:人工将棚腿栽入柱窝,专人扶腿,去掉前探梁与新架棚梁间的垫板(木楔),使棚梁压在棚腿上,棚头与棚腿合口时,先合一头,再合另一头,要通过调整棚腿的迎山、扎角或中线使之符合规程要求,使棚腿棚梁亲口严密。合口后将支架找正,压肩初步固定,然后打上撑木。

7. 背帮:按设计规定用背板(道木)将棚腿与煤(岩)壁间背好。

8. 检查支架的架设质量:符合质量标准后,再用木楔刹实顶帮,按设计位置设好撑木、拉杆、连棚器等稳固装置。

第33条 可缩支架的架设。

1. 临时支护：安全检查、敲帮问顶彻底后，支设临时点柱或使用前探梁护顶。

2. 上棚梁：在前探梁下先挂好棚梁并背好顶板，多节梁搭接处用卡子卡紧。

3. 挖柱窝、栽腿：检查中腰线，确定腿窝位置，挖腿窝，栽腿、上拉杆，按中腰线检查质量，调整棚腿及棚梁质量，未安装好的，现场按设计搭接长度进行搭接，安上卡兰，拧紧螺母，立入腿窝，扶正，临时固定。

4. 全面检查支架架设质量，适当调整搭接长度，符合质量标准要求后，用专用扳手逐个拧紧螺母并达到设计规定的扭矩值。

5. 背帮背顶：按作业规程要求，铺网、连网，拱形可缩支架由两侧对称穿背至拱顶，楔紧打牢。梯形可缩支架有让压间隙的，应按设计留出间隙。

第 34 条 在顶板完整、压力不大的梯形棚支护巷道架设抬棚时，应按下列顺序施工：

1. 在老棚梁下先打好临时点柱，点柱的位置不得有碍抬棚的架设。

2. 摘掉原支架的柱腿，根据中、腰线找好抬棚柱窝的位置，并挖至设计深度。

3. 按架设梯形棚的要求立棚腿、上抬棚梁。

4. 将原支架依次换成插梁，最靠边的两根锚梁应插在抬棚梁、腿接口处。更换插梁不准从中间向两翼进行。

5. 背好顶、帮，打进木楔。

6. 上好抬棚卡子。

7. 采取可靠措施，使抬棚腿生根。

第 35 条 在顶板不完整、压力大的梯形棚支护巷道架设抬棚。

1. 将原支架逐棚换成插梁，在插梁下打好托棚。所有插梁都应保持在同一水平上。

2. 架设主抬棚，抬住已替好的插梁。

3. 撤除托棚。

4. 逐架拆除原支架并调整插梁，背实顶帮。

5. 架设辅助抬棚。

6. 上好抬棚卡子。

7. 采取可靠措施，使抬棚腿生根。

六、收尾工作

第 36 条 整改并验收架棚质量，清理支护材料，做好交接班记录。

巷道找顶巡查工

一、适用范围

第 1 条 本规程适用于在掘进工作面巷道找顶作业的人员。

二、上岗条件

第 2 条 要有 3 年以上采掘专业的现场施工经验，熟悉巷道支护的基本性能。

第 3 条 熟悉入井人员的有关安全规定。

第 4 条 掌握矿井防灾的一般知识。

第5条 了解井下各种有害气体超限的危害及预防知识。

三、安全规定

第6条 作业前必须进行本岗位危险源辨识，严格执行敲帮问顶及围岩观测制度，严禁空顶作业，并检查确保作业地点通风良好、有害气体不超限，作业时必须严格执行“手指口述”。

第7条 作业时，除执行本规程外，还必须认真执行《煤矿安全规程》、作业规程及其他相关法律、法规的规定。

第8条 主要轨道、运输大巷找顶时，必须向调度申请审批找顶时间或与管理部门取得联系，并确保运输设备停运后，方可进行作业。

第9条 进入气体状况不明的特殊回风巷道找顶时，必须在救护队或通防专职气体检查人员的监护下进行。

第10条 进入变电所、炸药库等特殊地点施工时，必须提前与管理部门联系，并遵守现场有关管理规定，在现场专业人员的监护下进行作业。

第11条 找顶时，要两人一组按从上向下、由外及里的原则进行施工，并确保后路安全畅通。

第12条 遇有顶帮开裂的危岩悬矸难以找掉时必须采取临时支护措施，不能现场处理的，必须及时向调度或单位汇报处理。

四、操作准备

第13条 带齐专用找顶工具，并检查找顶工具是否完好。

第14条 检查找顶地点安全状况，检查是否有安全站位空间及后路安全畅通的操作条件。

五、正常操作

第15条 在找顶前，检查顶板及后路情况，首先将后路处理使其安全畅通。

第16条 操作必须使用长度1.5 m以上的专用长把找顶工具。

第17条 找顶工作两人一组进行，一人找顶，一人观察，观察人员要站在找顶人员的侧后方，观察好顶板变化情况。

第18条 找顶时，找顶人员及观察人员要站在支护完好的安全地点。

第19条 找顶时，找顶巡查工要避开矸石掉落方向，工具使用得当，防止矸石顺矸而下伤人。

第20条 找顶要从有完好支护的巷道一端从外向里逐步进行。

第21条 斜巷找顶要按照由上向下的顺序逐步进行找顶，找顶时，找顶巡查工要站在矸石掉落地点的上方位置。

六、特殊操作

第22条 遇有大块悬矸或开裂浆体难以找掉时，要采取打带帽点柱或戗柱等临时支护措施后，再进行处理。

第23条 打点柱或戗柱时，有缝隙处要加楔处理，必须打实打牢。易失脚或歪倒造成设备或人员伤害地点的点柱，还要进行拉条连锁或栓系防倒绳并生根在牢固地点。

第24条 若找顶地点有电缆、开关等易掉矸造成设备损伤时，要先采取保护措施。

第 25 条 若找顶地点发生水灾、火灾、煤尘瓦斯事故以及较大顶板事故时，及时进行避险，严格按照避灾路线和避险常识进行避险，按照避灾路线进行撤离（当出现火灾及有害气体事故时，处在事故地点回风侧人员应先迅速佩戴好自救器再进行撤离），直至安全地点，并向有关人员和部门进行汇报。

七、收尾工作

第 26 条 施工完毕回收的物料要按规定支设或码放整齐；应急或备用材料如有丢失、损坏，应如实汇报具体编号，以便及时补充。

第 27 条 将找顶回收出的折梁断箅子、圆木码放整齐，将运输及行人巷道找顶矸石及时清理。

第 28 条 填写好现场找顶巡查记录，并按管理规定及时上报。

铲斗式装载机司机

一、适用范围

第 1 条 本规程适用于在掘进工作面从事铲斗式装载机装载作业的人员。

二、上岗条件

第 2 条 必须经过专门技术培训、考试合格后，方可持证上岗。

第 3 条 应熟悉所用设备的性能、构造、原理，掌握一般性的维修保养和故障处理技能。

三、安全规定

第 4 条 作业前必须进行本岗位危险源辨识，严格执行敲帮问顶及围岩观测制度，严禁空顶作业，并检查确保作业地点通风良好、有害气体不超限，作业时必须严格执行“手指口述”。

第 5 条 作业时，除执行本规程外，还必须认真执行《煤矿安全规程》、作业规程及其他相关法律、法规的规定。

第 6 条 必须坚持使用铲斗式装载机上所有的安全保护装置和设施，不得擅自改动或甩掉不用。

第 7 条 严格执行交接班制度，并做好交接班记录。

第 8 条 在淋水条件下工作时，电气系统要有防水措施。

第 9 条 检修或检查时，必须将开关闭锁，并悬挂“有人工作，严禁送电”牌。

第 10 条 铲斗式装载机在施工过程中，大小臂旋转半径内严禁站人。

四、操作准备

第 11 条 接班后司机应进行如下安全检查：

1. 检查工作地点安全环境情况，进行敲帮问顶及围岩观测，发现顶帮悬矸、危岩必须及时找净，确认顶帮安全，检查通风、气体情况等符合作业规程要求。

2. 检查装载机的电源开关、操作箱、照明灯、远距离停车紧急按钮等是否齐全、完整、灵敏可靠。

3. 检查各零部件和机械部位是否齐全、完好。如连接螺栓是否紧固，链子有无裂纹及损坏，钢丝绳磨损是否在合格要求范围内，大小弹簧有无断裂，脚踏板、保护罩是否完整牢固等。

4. 检查各润滑点的油量是否符合规定要求。

5. 检查电缆护套有无破损，设备有无失爆，电缆有无充足余量及悬挂是否符合要求。

6. 检查轨道及其与两帮的距离，是否符合装载机操作运行要求。操作箱距帮不足 0.8 m、装载机最大工作高度与巷道顶部的安全距离不足 0.2 m，以及周围有其他障碍物时，不准开机。

第 12 条　经检查确定机器完好后，开空车检查下列情况：

1. 各操作按钮是否灵活可靠。

2. 装载机前进、后退、提升、下放、回转等各传动系统是否正常。

3. 远距离紧急停机按钮是否灵敏可靠。

五、正常操作

第 13 条　装岩操作按下列顺序进行：

1. 检查和准备。

2. 空机试运转。

3. 开机装载。

4. 停机收尾。

第 14 条　开机前，应通知周围人员撤到机械活动范围以外安全地点，并发出开机信号。不准带负荷启动。

第 15 条　开机时，必须注意随机电缆，防止压坏或挤伤。

第 16 条　装载前，应把电缆挂在电缆钩上或设专人拉电缆，司机必须站在踏板上操作。同时必须在矸石或煤堆上洒水和冲洗顶帮。

第 17 条　装载时，应先清道后装载，待铲斗落地再推进装载。前进、提升、后退、回转等动作应连贯进行，铲斗扬起后，应根据装载程度，适时切断电源，以防撞头断链或断弹簧。

第 18 条　遇有较大矸石块，不能硬性铲装，须经人工破碎后再进行装载，不准用装载机的铲斗砸撞大块矸石。

第 19 条　装载机前进遇阻时，不得硬性前进，应退出处理后再前进。

第 20 条　铲斗不能装得过满，推进和提落铲斗要稳慢均匀。装载扣斗时，应随时注意铲斗与巷道顶部的安全距离，扣斗不得过猛。

第 21 条　使用装载机作脚手架架棚刹顶时，必须将铲斗落地，并切断电源，拔下铲斗链的固定销。严禁用铲斗抬举棚梁。

第 22 条　装载完毕正常停机时，应按下列顺序操作：

1. 将装载机铲斗放下。

2. 将装载机退出掘进工作面，保持一定的距离以防爆破时损坏设备。

3. 按动装载机远距离操作按钮，切断装载机电源，停机。

六、特殊操作

第 23 条　处理装载机脱轨时，应用爬道器或用木楔垫好再开机复轨，也可使用起道机、千斤顶复轨，不能用铲斗硬磕轨道迫使装载机复轨。

第 24 条 遇到下列情况应停机处理：

1. 随机电缆损坏或挤伤时。
2. 装载机提升、下放、回转等部位有异响时。
3. 装载机掉道时。
4. 装载机前方、两侧过人时。
5. 装载机照明灯损坏、突然熄灭时。
6. 操作箱按钮失灵时。

七、收尾工作

第 25 条 装载结束后，应将装载机退到安全距离外，同时将铲斗落地，切断电源加锁，悬挂好电缆。清扫装载机上的矸石块、粉尘。

第 26 条 对本班装载机运行情况以及出现的故障和处理情况，向接班人员交代清楚，并填好运行记录。

铲斗式装载机安装工

一、适用范围

第 1 条 本规程适用于从事铲斗式装载机安装作业的人员。

二、上岗条件

第 2 条 必须经过专门技术培训，并考试合格后，方可上岗。

第 3 条 必须熟悉机器的结构、性能及工作原理，具备一定的机械、电气基础知识，掌握设备的完好标准及安装技术。

三、安全规定

第 4 条 作业前必须进行本岗位危险源辨识，严格执行敲帮问顶及围岩观测制度，严禁空顶作业，并检查确保作业地点通风良好、有害气体不超限，作业时必须严格执行“手指口述”。

第 5 条 作业时，除执行本规程外，还必须认真执行《煤矿安全规程》、作业规程及其他相关法律、法规的规定。

第 6 条 工作面安装铲斗式装载机前，认真检查现场的安全状况，条件具备后方可进行安装。

第 7 条 安装前，应根据工作面设计和现场具体情况，提前编制安装措施，经矿技术业务部门和分管副总工程师审批后，及时向全体施工人员、管理人员详细传达、组织实施。

第 8 条 安装工与井下电钳工、铲斗式装载机维修工、铲斗式装载机撤除工、铲斗式装载机司机密切合作，按照铲斗式装载机装配图安装。

第 9 条 严禁在起吊设备下、起吊设备脱落波及区域工作。

第 10 条 安装施工前，在施工区域外悬挂“正在施工，严禁入内”警示牌。

第 11 条 安装顺序与技术要求必须按随机使用说明书中的要求执行，铲斗式装载机安装工应根据技术文件熟悉机器的结构，详细了解各重要连接部位，确保安装正确、安全。

四、操作准备

第 12 条 作业环境安全检查。

1. 进入作业地点，检查工作地点安全环境情况，手拿长把工具敲帮问顶，发现顶帮悬矸、危岩必须及时找净，确认顶帮安全。

2. 施工前，检查现场的专用起吊生根的数量是否齐全，安装是否牢固。

3. 安装地点应设在巷道平缓处，并将轨道铺至安装地点。

4. 将安装装载机周围的杂物清理干净，保证装载机在安装后能够放置平稳。

第 13 条 工具资料准备：检查是否带齐安装工具、配件及有关安装资料。

五、正常操作

第 14 条 安装行走机构：包括左右履带与行走架的连接，左右行走架间的连接。紧固螺钉（栓）必须按照规定程序进行，并按规定力矩拧紧。采用防松胶防松时，必须严格清洗螺钉及螺钉孔。在起吊零部件时，对接合面、接口、螺口等要严加保护。安装行走履带时，确保履带上方区悬垂量符合要求，否则进行调整。

第 15 条 安装运输机构：安装刮板输送机前节、中节、后节。确保刮板和各连接螺栓螺母完好，刮板输送机尾部刮板链下垂量不得超过规定值，否则进行调整。

第 16 条 安装工作机构：起吊安装龙门架和大臂、小臂和挖斗。

第 17 条 安装操作台、油箱和开关等：起吊操作台至机身位置，安装紧固螺栓；起吊油箱至机身安装位置，安装紧固螺栓，油箱顶部用油布或风带盖好，防止淋水进入。

第 18 条 对铲斗式装载机的胶管总成进行安装：连接各液压管路，保证液压系统完好；凡与装载机硬件及钝角接触操作时反复磨损处，先用软胶对胶管总成磨损处进行包裹，避免磨破胶管外层橡胶和钢丝；液压系统的零部件必须放在洁净且有防尘措施的场所。装配前的油管、接头、阀接口、泵接口等必须加有防尘帽。装配时，液压元件的通路必须清洗干净。接口不能损坏和进入杂物。

第 19 条 安装转载机：安装中间架、电滚筒、跑车。先将电滚筒与中间架安装，起吊中间架至刮板输送机尾并连接紧固，再起吊跑车至机尾滑靴与转载机连接并安装紧固。

第 20 条 安装铲斗式装载机控制开关的电源线、负荷线，保证电控系统完好。安装过程中设备的防爆面要严加保护，不得损伤或上漆，应涂一层薄油，以防腐蚀。各电气元器件、接头、插接件连接部分接触要良好。

第 21 条 对铲斗式装载机控制开关进行整定。

第 22 条 在开机启动前，必须先加液压油，油箱油面保持在油标 2/3 位置。

第 23 条 液压系统、喷雾系统、安全阀、溢流阀、节流阀等必须按照安装说明规定的程序进行并将其调整到规定的压力值。

第 24 条 各操作手把处于停止位，对铲斗式装载机进行试运转。

六、收尾工作

第 25 条 铲斗式装载机安装工现场交接班，班中注意事项及安全隐患向下班交接清楚。

第 26 条 安装工作结束后，必须清理工作环境，清理好机器表面，并将工具及技术资料整理好放在专用工具箱内，妥善保管。现场剩余的螺栓、平垫、弹簧垫、螺帽、U形卡收回。

第27条 安装工作结束后，应对设备进行全面检查并试车，符合运行要求后，方可交付司机使用。

铲斗式装载机撤除工

一、适用范围

第1条 本规程适用于煤矿从事铲斗式装载机撤除作业的人员。

二、上岗条件

第2条 必须经专门培训、考试合格后，方可上岗。

第3条 必须熟悉机器的结构，能熟练、安全地对铲斗式装载机进行拆卸。

三、安全规定

第4条 作业前必须进行本岗位危险源辨识，严格执行敲帮问顶及围岩观测制度，严禁空顶作业，并检查确保作业地点通风良好、有害气体不超限，作业时必须严格执行“手指口述”。

第5条 作业时，除执行本规程外，还必须认真执行《煤矿安全规程》、作业规程及其他相关法律、法规的规定。

第6条 工作面撤除铲斗式装载机前，认真检查现场的安全状况，条件具备后方可进行撤除。

第7条 撤除装载机工作面应根据工作面设计和现场具体情况，提前编制施工作业规程。经矿技术业务部门和分管领导审批后，及时向全体施工人员、管理人员详细传达、组织实施。

第8条 拆除液压系统。拆除液压系统前，必须先释放残压后方可拆除，拆除的油管必须用塑料膜包裹好油嘴、油管，油管要集中摆放。

第9条 起吊物件重量采用相应导链进行吊装，吊装作业人员下放时掌握好物体的重心，做到平、稳、牢，人员应在安全地点进行起吊和观察起吊情况。

四、操作准备

第10条 作业环境安全检查。

1. 检查撤除岗点通风、支护、甲烷等情况，发现问题及时处理。
2. 检查现场的专用起吊生根的数量是否齐全，安装是否牢固。
3. 准备好各种通用及专用工具、封车用具和起吊工具。
4. 准备所需的各类车辆，并检修达到完好。
5. 准备并检修好临时泵站。
6. 敷设各种所需电缆管线，完善后路运输系统。
7. 在规定地点设置起吊硐室，并将轨道铺至硐室处。
8. 将撤除铲斗式装载机周围的杂物清理干净，保证装载机在撤除后各组件能够放置平稳。

第 11 条 工具资料准备:检查是否带齐撤除工具、配件及铲斗式装载机相关资料。

五、正常操作

第 12 条 将铲斗式装载机接通电源开机移动到起吊硐室处,然后停机停电闭锁并拆除电源电缆。

第 13 条 拆除操作台、油箱、液压管路:

1. 把油箱底部固定螺栓拧掉,用起吊用具牢固地挂在巷道顶部起吊点上,并用钢丝绳套与油箱起吊鼻连接将油箱拉起放置在巷道底部。将油箱抬到平板车上。用单股钢丝绳绳套将其固定在平板车上。采用同样的方法拆除散热器、电动机、操作台、开关和阀组。

2. 将各盖板类、油箱、铲斗及铲臂、龙门架、输送带、输送槽、液压油缸、驾驶舱及底盘、油箱舱和底盘拆解。

3. 将各盖板的连接螺栓拆下后,取下零碎盖板,然后使用 5 t 导链将剩余大型盖板进行起吊。

4. 盖板拆下后,先将油箱内的液压油完全放出至干净的油桶内。然后拆解油箱舱内油箱,在拆解下油箱后,在油箱的各个油嘴上和相应的连接管上做好标记,保证其在组装时能够完好地组装起来。接着使用生胶带和尼龙扎带,将油管头和油嘴用干净的白布进行包扎,防止杂物污染油管和油嘴。

第 14 条 拆除工作机构:铲臂和铲斗拆解前先将铲斗臂恢复完全蜷缩状态,在进行铲斗和铲斗臂的拆解时,使用 10 t 导链对铲斗和铲臂进行起吊,以铲臂不离开地面且起吊绳环张紧为宜,然后由电修工拆除龙门架和大臂的连接销、螺栓,然后使用 10 t 导链完全起吊至附近开阔地方,放倒后再进行大臂和小臂的连接销的拆卸。大臂油缸和小臂油缸不单独拆卸,跟随大臂、小臂同时拆卸装车。

第 15 条 拆除运输机构。

1. 龙门架和输送槽采用螺栓连接,为了防止在拆卸过程中龙门架倾倒,使用 10 t 导链将龙门架起吊,以龙门架不离开地面且起吊绳环刚刚张紧为宜,随后再进行螺栓的拆卸。

2. 输送槽的尾槽部位,先将输送带调节松弛,然后利用扳手等工具拆开输送带的插销口,再利用大锤等工具,将输送带的连接销拆下,最后将预先准备好的绳环将输送带拽离输送槽。

3. 拆解输送槽时,先要将输送槽前槽和中槽进行拆解,然后用 10 t 导链将中槽的尾部进行起吊,中槽起吊以中槽在原有的离地高度不变,且绳环张紧为宜,然后将中槽升降油缸拆解下来,并将中槽的前端与底盘的连接部位使用大锤等工具进行拆解。在中槽的前端挂上绳环,使用 10 t 导链将中槽缓缓起吊,并吊放至不影响拆卸的地点,最后进行尾槽的拆除。

六、收尾工作

第 16 条 拆除后的各部件严格按标准进行封车,运输至指定地点。

第 17 条 对易损、怕碰的设备或部件的接合面要采取保护措施,如绳索或铁丝要捆扎在不易损坏的部位或在捆扎部位加垫块等。

第 18 条 撤除工作完成后,清理好现场卫生并回收起吊锁具、工具。现场交接班时,班中注意事项及安全隐患向下班交接清楚。

铲斗式装载机维修工

一、适用范围

第1条　本规程适用于从事铲斗式装载机维修作业的人员。

二、上岗条件

第2条　必须经过专业技术培训，并考试合格后，方可持证上岗。

第3条　必须熟悉机器的结构、性能、工作原理和操作方法，熟记各按钮和各操纵杆的位置和功能，并掌握一定的机械、电气基础知识，熟悉机械设备的完好标准、油脂管理标准、安全技术标准、维修保养标准及规定。

三、安全规定

第4条　作业前必须进行本岗位危险源辨识，严格执行敲帮问顶及围岩观测制度，严禁空顶作业，并检查确保作业地点通风良好、有害气体不超限，作业时必须严格执行“手指口述”。

第5条　铲斗式装载机操作时，除执行本规程外，还必须认真执行《煤矿安全规程》、作业规程及其他相关法律、法规的规定。

第6条　必须先切断机器电源、闭锁开关，然后进行维修工作，并挂好“有人工作，不准送电”牌。

第7条　机器应定期进行维修。

1. 日常维修：每日维修。
2. 定期维修：每周或每月维修。
3. 中期维修：半年一次。
4. 年终维修：一年一次。
5. 中期、年终维修必须在地面由专业部门进行检查和维修。

第8条　维修时必须将装载机铲斗靠地，并断开铲斗式装载机上的电源开关和磁力启动器的隔离开关。

第9条　在移动铲斗式装载机前首先应查看周围区域是否安全，铲斗式装载机两侧有无人员。电动机运转期间，操作人员不能在无人照看的情况下远离机器，确需离开须关机停电。

第10条　铲斗式装载机在维修过程中，大小臂旋转半径内严禁站人；在维修或加注润滑油脂时，油缸受力点必须有保护支撑。

第11条　检修中需要两人配合的要听从维修负责人的命令进行维修，严禁多项工序平行作业维修。

第12条　应保持机器的完整和清洁，特别是在巷道淋水区，做好油箱及其他关键部位的防水措施。

第13条　需用专用工具拆装维修的零部件，必须使用专用工具。严禁强拉硬扳，不准拆卸不熟悉的零部件。

第14条　在起吊和拆、装零部件时，对接合面、接口、螺口等要严加保护。

第15条　设备外观要保持完好，螺栓和垫圈应完整、齐全、紧固，入线口密封良好。

四、操作准备

第 16 条 工具资料准备:检查是否带齐维修工具、配件及铲斗式装载机相关资料。

第 17 条 作业环境安全检查。

1. 进入检修地点后,跟班区长、班长要把通风、防尘、提升运输系统所涉及的设备以及行走所经过的巷道的支护情况认真检查一遍,确认安全后方准人员进入。

2. 进入工作地点,要认真检查岗点的通风、支护、瓦斯等情况,发现隐患问题及时处理。

3. 要认真检查设备的外观、电缆悬挂等情况,确保符合要求。

4. 检查设备开关,确认已停电闭锁。

五、正常操作

第 18 条 检查外喷雾、转载点的喷雾装置,确保雾化良好。

第 19 条 试运转。

1. 撤出人员,关闭栅栏门,合上隔离开关,发出报警信号。

2. 启动铲斗式装载机试运行,切断电源,铲斗落地,停电闭锁。

第 20 条 机械维修保养。

1. 检查并拧紧机器各部位的螺栓、螺钉和螺母,着重拧紧履带板的连接螺栓以及液压马达和各防转销的固定螺栓。

2. 紧固螺钉(栓)必须按规定程序进行,并应按规定力矩拧紧。采用防松胶防松时,必须严格清洗螺钉及螺钉孔。

3. 在安装有相对运动的部件时,使用润滑油润滑。凡有油杯部位须每周加润滑脂一次,工作机构连接销轴每天要加润滑脂一次。

4. 检查并调整刮板链条的松紧度;检查各销轴的开口销、弹性挡圈、油杯、弹性销轴;检查脚踏阀、手动先导阀的自由行程;根据需要进行必要的调整。

5. 应经常检查支重轮、托链轮、引导履带链节的磨损情况,当单面磨损大于规定值时,应及时更换。

6. 履带上方区悬垂量大于规定值时,必须及时调整;应经常检查履带板连接螺栓及行星减速液压马达连接螺栓有无脱落及松动现象;对卡在履带链中的硬质石块及其他坚硬物应及时清除,否则会崩断履带板螺栓,严重会导致履带板断裂。

7. 检查铲斗斗齿磨损情况,斗齿磨损后要及时更换,以免损坏斗齿座;斗齿座损坏后要用气割切除,磨平后用焊条焊上新的斗齿座。

第 21 条 电气系统维修保养。

1. 电气箱、主令控制器应随铲斗式装载机进行定期检查和清理,各电气元器件、触头、接插件连接部分,接触要良好。

2. 隔爆面要严加保护,不得损伤和上漆,应涂一层薄油,以防锈蚀。

3. 电气系统防爆性能必须良好,杜绝失爆。

4. 电动机的运转和温度、闭锁信号装置、安全保护装置均应正常和完好。

第 22 条 液压系统维修保养。

1. 润滑油、齿轮油、液压油牌号必须符合规定,油量合适,并应有可靠的防水、防尘措施。

2. 液压系统、喷雾系统、安全阀、溢流阀、节流阀等必须按照使用维修说明规定的程序进行维修并将其调整到规定的压力值。

3. 机器要在井下安全地点加油，油口干净，严禁用棉纱、破布擦洗，并应通过过滤器加油，禁止开盖加油。

4. 油管破损、接头渗漏应及时更换和处理。更换油管时应先卸压，以防压力油伤人和油管打人。

5. 所有液压元件的进出油口必须带防尘帽（盖），接口不能损坏和进入杂物。

6. 更换液压元件应保证接口清洁。螺纹连接时应注意使用合适的拧紧力矩。

7. 液压泵、阀的检修和装配工作应在无尘场所进行，油管用压风吹净，元部件上实验台实验合格后戴好防尘盖（帽）。

8. 在机器下进行检修时，保证机器操作阀在正确位置锁定。

六、收尾工作

第 23 条　维修工作结束后，应对铲斗式装载机进行全面检查，并参照出厂验收要求试车，符合要求后，方可交付司机使用。

第 24 条　清理工作环境，并将工具、材料、备品、配件等整理好，放置在专用工具箱内，妥善保管。

第 25 条　维修人员应将机器存在问题及维修情况向司机和有关人员交代清楚，并做好维修及交接班记录，存档备查。

耙斗式装载机司机

一、适用范围

第 1 条　本规程适用于在煤矿掘进工作面从事耙斗装岩作业的人员。

二、上岗条件

第 2 条　必须经过专门技术培训、考试合格后，方可持证上岗。

第 3 条　应熟悉所用设备的性能、构造、原理，掌握一般性的维修保养和故障处理技能。

三、安全规定

第 4 条　作业前必须进行本岗位危险源辨识，严格执行敲帮问顶及围岩观测制度，严禁空顶作业，并检查确保作业地点通风良好、有害气体不超限，作业时必须严格执行“手指口述”。

第 5 条　作业时，除执行本规程外，还必须认真执行《煤矿安全规程》、作业规程及其他相关法律、法规的规定。

第 6 条　必须使用耙斗式装载机上所有的安全保护装置和设施，不得擅自改动或甩掉不用。

第 7 条　严格执行交接班制度。

第 8 条　在淋水条件下工作时，电气系统要有防水措施。

第 9 条　检修或检查耙装机时，必须将开关停电闭锁，并悬挂“有人工作，严禁送电”牌。

四、操作准备

第 10 条　司机接班后，要闭锁开关，并检查以下情况：

1. 顶板完好，支护牢固；固定牵引绳滑轮的锚桩及其孔深与牢固程度，符合作业规程要求；导向轮、尾轮悬挂正确，安全牢固，滑轮转动灵活；严禁将尾轮挂在棚梁和支护的锚杆及其他支护体上。

2. 机器各部位清洁，无煤、矸压埋，保持通风，散热良好；电气设备上方有淋水时，应在顶棚上妥善遮盖。

3. 耙装机必须装有封闭式金属挡绳栏和防耙斗出槽的护栏；在拐弯巷道装岩(煤)时，必须使用可靠的双向辅助导向轮，清理好机道，并有专人指挥和信号联系。

4. 牵引绳应在滚筒上排列整齐，其磨损、断丝不得超过规定；耙装机绞车刹车装置必须完整、可靠，闸带间隙松紧适当。

5. 在装岩(煤)前，必须将机身和尾轮固定牢靠，司机操作一侧至巷壁的距离必须保持在 700 mm 以上。严禁在耙斗运行范围内进行其他工作和行人。在倾斜巷道移动耙装机时，下方不得有人。上山施工倾角大于 20°时，在司机前方必须打护身柱或设挡板，并在耙装机前方增设固定装置。倾斜井巷使用耙装机时，必须有防止机身下滑的措施。

6. 信号灵敏、清晰；耙装机照明良好。

7. 机器各部位连接可靠，连接件齐全、紧固；各焊接件应无变形、开焊、裂纹等情况；各润滑部位油量适当，无渗漏现象。

8. 耙装机作业时，其与掘进工作面的最大和最小允许距离必须符合作业规程规定。

9. 供电系统正常，电缆悬挂整齐，无埋压、折损、被挤等情况。

10. 耙装前，必须在矸石、煤堆上洒水和冲刷巷道顶帮。

第 11 条 经检查确定作业环境安全、机器完好后，进行试车，试车前应发出信号，严禁耙斗机两侧及耙斗运行区域有人。启动耙装机，在空载状态下运转应检查以下各项：

1. 控制按钮、操作机构是否灵活可靠。
2. 各部运转声音是否正常，有无强烈震动。
3. 牵引绳松紧是否适当，运行是否正常。

五、正常操作

第 12 条 装岩操作按下列顺序进行：

1. 检查和准备。
2. 试运转。
3. 开机装岩。
4. 停机。

第 13 条 合上耙装机控制开关，按动耙装机的启动按钮，开动耙装绞车。

第 14 条 操作绞车的离合器把手，使耙斗沿确定方向移动。

第 15 条 操作耙装机时，耙斗主、尾绳牵引速度要均匀、协调，以免牵引绳摆动跳出滚筒或被滑轮卡住。

第 16 条 机器装矸时，不准将两个手同时拉紧，以防耙斗飞起。

第 17 条 遇有大块岩石或耙斗受阻时，不得强行牵引耙斗，应将耙斗退回 1～2 m 重新耙取或来回耙装，以防断绳或烧毁电动机。

第 18 条 不准在过渡槽上存矸，以防矸石被耙斗挤出或被钢丝绳甩出伤人。

第 19 条　当耙斗出绳方向或耙装的夹角过大时，司机应站在出绳的相对侧操作，以防耙斗窜出溜槽伤人。

第 20 条　耙装机带电期间，司机不得脱岗。迎头调换尾轮位置时，耙装机要停电闭锁。耙斗倒反时，必须停电处理。

第 21 条　严禁用手或工具碰撞运行中的牵引绳，以防伤人。

第 22 条　在拐弯巷道耙装时，若司机看不到工作面情况，应派专人站在安全地点指挥。

第 23 条　耙岩距离应在作业规程中规定，不宜太远或太近。耙斗不准触及两帮和顶部的支架或碹体。

第 24 条　耙装机在使用中发生故障时，必须停车，切断电源后进行处理。

第 25 条　工作面装药前，应将耙斗拉到机嘴处，切断电源，用木板挡好电缆、操作按钮等。爆破后将耙装机上面及周围岩石清理干净后，方可开车。

第 26 条　在耙装过程中，司机时刻注意机器各部的运转情况，当发现电气或机械部件温度超限、运转声音异常或有强烈震动时，应立即停车，进行检查和处理。

第 27 条　耙装完毕时或接到停机信号时，司机应立即松开离合器把手，使耙斗停止运行。

第 28 条　正常停机，应将耙斗拉出工作面一定距离，打开离合器，按动停止按钮，切断耙装机电源。

六、特殊操作

第 29 条　耙装机固定措施必须在作业规程中明确规定，并严格执行。

第 30 条　耙装机移动前，应先清理耙装机周围的岩石，铺好轨道（自带滑靴装置除外），将耙装机簸箕口抬起用钩鼻挂住，两侧小门向内关闭；移动时必须有可靠的防止耙装机歪倒的安全措施。

第 31 条　在平巷中移动耙装机时，应先松开卡轨器，整理电缆，然后自身牵引移动，牵引速度要均匀，不宜过快。若用小绞车牵引移动时，要有信号装置，并指定专人发信号。耙装机移到预定位置后，应将机器固定好。

第 32 条　在上、下山移动耙装机时应遵循以下规定：

1. 必须采用小绞车牵移耙装机，并应设专职信号工和小绞车司机。

2. 移动耙装机前，有关人员应对小绞车的固定、钢丝绳及其连接装置、信号、滑轮和轨道铺设质量（自带滑靴装置不要钉道）等进行一次全面检查，发现问题及时处理。

3. 小绞车将耙装机牵引住之后，才允许拆掉卡轨器。

4. 移动耙装机过程中，在机器下方及两侧禁止有人。

5. 耙装机移到预定位置后，须先固定好卡轨器及辅助加固设备，方准松开绞车钢丝绳。

6. 上山移动耙装机时，必须有可靠的防止耙装机下滑的措施。

七、收尾工作

第 33 条　耙装工作结束后，应将耙斗开到耙装机前，操纵手把放在松闸的位置，关闭耙装机，切断电源，锁好开关，卸下操纵手把。

第 34 条　清除耙装机传动部和开关上的岩石、粉尘，保持机械及环境卫生。

第 35 条　司机交接班，应将本班设备运转情况、发现的故障、存在的问题向下班司机交接清楚。

耙斗式装载机维修工

一、适用范围

第 1 条 本规程适用于从事耙斗式装载机维修作业的人员。

二、上岗条件

第 2 条 必须经过专门技术培训，方可上岗。

第 3 条 必须遵守电钳工的一般规定，熟悉耙斗式装载机的各部结构和工作面的供电系统，掌握机械设备的完好标准、油脂管理标准、安全技术标准、维修保养标准及规定。

三、安全规定

第 4 条 作业前必须进行本岗位危险源辨识，严格执行敲帮问顶及围岩观测制度，严禁空顶作业，并检查确保作业地点通风良好、有害气体不超限，作业时必须严格执行“手指口述”。

第 5 条 耙斗式装载机维修时，除执行本规程外，还必须认真执行《煤矿安全规程》、作业规程及其他相关法律、法规的规定。

第 6 条 必须先切断机器电源、闭锁开关，并挂好“有人工作，不准送电”牌，然后进行维修工作。

第 7 条 机器应每日进行维修。

四、操作准备

第 8 条 作业环境安全检查。

1. 进入检修地点后，跟班区长、班长要认真将通风、防尘、提升运输系统所涉及的设备以及行走所经过巷道的支护情况检查一遍，确认安全后方准人员进入。

2. 进入工作地点，要认真检查岗点的通风、支护、瓦斯等情况，发现隐患问题及时处理。

3. 要认真检查设备的外观、电缆悬挂等情况，确保符合要求。

4. 检查设备开关，确认已停电闭锁。

第 9 条 检修前应认真听取上一班人员的介绍。

第 10 条 备足工作器具、常用材料、备品、备件及施工防护用品。

五、耙斗装载机维修

第 11 条 维修工作必须严格执行机器出厂时制定的各项维修质量标准。检查、拆装和维修必须按维修操作标准进行。

第 12 条 打开需要维修的减速器、滚筒、风动推车器时，要采取严密的防尘及遮盖措施，严防掉入煤、矸、杂物以及淋水等。

第 13 条 维修工作中必须注意保护设备的防爆面不受损伤。

第 14 条 拆装零部件时，应注意保管好小零件，严禁将其丢失和掉入机器内部。

第 15 条 对需要维修或更换的齿轮、轴承、风管、阀等，必须选用同型号规格的元件。

第 16 条 液压系统的零部件必须放在洁净且有防尘措施的场所。装配前的油管、接头、阀接口、泵接口等必须加有防尘帽或堵塞。装配时，液压元件的通路必须清洗干净。

第17条　电气系统的维修必须符合《煤矿安全规程》等有关电气设备维修的规定。

第18条　经维修的耙斗或装岩机必须达到质量完好标准，交当班司机试运转，确认无问题后，方可交付使用。

六、收尾工作

第19条　维修工作结束后，必须清理工作环境，清点工具及所剩各种材料、备品、备件等。

耙斗式装载机安装工

一、适用范围

第1条　本规程适用于煤矿从事耙斗式装载机安装作业的人员。

二、上岗条件

第2条　必须经过技术培训，方可上岗。

第3条　必须具备一定的钳工、起重工基本操作及机械、液压基础知识。

第4条　必须熟悉《煤矿安全规程》有关内容、《煤矿矿井机电设备完好标准》、《煤矿机电设备维修质量标准》及有关煤矿机电设备安装方面的标准、规定和要求。

第5条　熟悉耙斗式装载机的技术性能、安装说明书和安装质量标准。

第6条　身体状况适应耙斗式装载机安装工作。

三、安全规定

第7条　作业前必须进行本岗位危险源辨识，严格执行敲帮问顶及围岩观测制度，严禁空顶作业，并检查确保作业地点通风良好、有害气体不超限，作业时必须严格执行“手指口述”。

第8条　耙斗式装载机维修时，除执行本规程外，还必须认真执行《煤矿安全规程》、作业规程及其他相关法律、法规的规定。

第9条　施工前先检查施工地点的顶板是否完好、支护是否牢固，找掉施工地点前后5 m范围内顶帮的危岩悬矸。

第10条　工作时应集中精力，上班时不得做与本职工作无关的事情。

第11条　进行安装作业时，应设施工负责人、安全负责人，并随时注意检查周围环境有无异常现象，严禁在不安全的情况下作业。

第12条　起吊安装部件时，必须打设专用的锚杆或预埋件作为起吊生根，严禁使用支护锚杆、棚梁或其他支护体作为起吊生根。吊装设备时，严禁任何人在设备下面及受力索具附近通行、停留或作业。吊装时，必须由两人以上参与，一人指挥、安全监护，一人操作，严禁一人吊装。

第13条　在斜巷进行安装作业时，起吊人员应站在起吊物的上山方向，且严禁站在起吊物上拉动起重链。在倾角大于15°的工作场所进行安装作业时，下方不得有人同时工作；如因特殊情况需平行作业时，应制定严密的安全防护措施。

第14条　当安装现场20 m以内风流中的甲烷浓度超过1%时，严禁送电试车；当甲烷浓度大于1.5%时,必须停止作业,切断电源,撤出人员。

第15条 安装工应正确使用安装工具,活扳手、管钳等不得加长套管、加长力臂,不得代替手锤使用。

四、操作准备

第16条 熟悉安装工作环境、进出路线。

第17条 下井前由施工负责人向有关工作人员传达施工安全技术措施,讲清工作内容、步骤、人员分工和安全注意事项。

第18条 按工作需要和分工情况选择合适的起重用具、安装工具、器械等,检查绳套、吊具等起重设施和起重用具是否符合安全要求,确认安全后方可使用。

五、正常操作

第19条 在安装地点铺设完好无损、正规的钢轨,不准使用锈蚀、变形的钢轨。装载机要安装在钢轨上,钢轨不能露出前料槽,以防止耙装时耙斗推拉钢轨发生事故。

第20条 耙斗式装载机的安装步骤。

1. 将中间槽运至吊装锚杆下部,将中间槽吊起。

2. 将耙装机台车运至中间槽下方,将中间槽落下,并连接中间槽与台车。

3. 将卸料槽运至中间槽后方,吊起后与中间槽对齐并连接。

4. 连接前料槽与中间槽。

5. 耙装机组装完成后,要及时安装卡轨器、吊点、安装支撑腿等对耙装机进行固定,如果装载机后搭接带式输送机运输,装载机支撑腿不能正常使用,必须在卸料槽上方顶板上打设一组锚杆生根,配 ϕ18.5 mm 及以上的钢丝绳固定卸料槽。

6. 安装好耙装机防护栏、防尘喷雾设施及探照灯。

第21条 安装装载机空、重绳。耙斗与牵引绳的连接,应注意区分主绳和尾绳、区分工作滚筒和空载滚筒。钢丝绳要排列整齐。

第22条 耙装机组装后的搭火,必须由专职井下电钳工进行,且要执行好停送电制度。

第23条 设备安装后,试车之前应按施工要求的安装质量标准逐项认真检查。

1. 机器各部位应连接可靠,连接件齐全、紧固;各焊接件应无变形、开焊、裂纹等情况。

2. 各润滑部位油量适当,无渗漏现象。

3. 通信、信号应灵敏、清晰,耙装机照明良好。

第24条 试车前,必须先检查电源电压与电动机额定电压是否相符,若不相符时禁止使用。

第25条 通知所有安装人员及相关人员远离设备转动部位,发出试车信号,按试车程序送电试车。试车时应认真检查以下各项:

1. 控制按钮、操作机构是否灵活可靠。

2. 各部运转声音是否正常,有无强烈震动。

3. 钢丝绳松紧是否适当,行走是否正常。

六、收尾工作

第26条 安装完毕后,要认真清点工具及剩余的材料、备件,清理现场卫生。

耙斗式装载机撤除工

一、适用范围

第 1 条　本规程适用于从事耙斗式装载机撤除作业的人员。

二、上岗条件

第 2 条　必须经过技术培训，方可上岗。

第 3 条　必须具备一定的钳工、起重工基本操作及机械、液压基础知识。

第 4 条　必须熟悉《煤矿安全规程》有关内容、《煤矿矿井机电设备完好标准》、《煤矿机电设备维修质量标准》及有关煤矿机电设备撤除方面的标准、规定和要求。

第 5 条　熟悉耙斗式装载机的技术性能、构造原理。

第 6 条　身体状况适应耙斗式装载机撤除工作。

三、安全规定

第 7 条　作业前必须进行本岗位危险源辨识，严格执行敲帮问顶及围岩观测制度，严禁空顶作业，并检查确保作业地点通风良好、有害气体不超限，作业时必须严格执行“手指口述”。

第 8 条　铲斗式装载机操作时，除执行本规程外，还必须认真执行《煤矿安全规程》、作业规程及其他相关法律、法规的规定。

第 9 条　施工前先检查施工地点的顶板是否完好、支护是否牢固，找掉施工地点前后 5 m范围内顶帮的危岩悬矸。

第 10 条　工作时应集中精力，上班时不得做与本职工作无关的事情。

第 11 条　进行撤除作业时，应设施工负责人、安全负责人，并随时注意检查周围环境有无异常现象，严禁在不安全的情况下作业。

第 12 条　吊装部件时，必须打设专用的锚杆或预埋件作为起吊生根，严禁使用支护锚杆、棚梁或其他支护体作为起吊生根。吊装设备时，严禁任何人在设备下面及受力索具附近通行、停留或作业。吊装时必须由两人以上参与，一人指挥、安全监护，一人操作，严禁一人单独吊装。重物下严禁有人，拉链(操作)人员必须站在重物一侧，距离不得小于 2 m，防止重物突然掉下砸伤人员。

第 13 条　在斜巷进行撤除作业时，起吊人员应站在起吊物的上山方向，且严禁站在起吊物上拉动起重链。在倾角大于 15°的工作场所进行安装作业时，下方不得有人同时工作；如因特殊情况需用平行作业时，应制定严密的安全防护措施。

第 14 条　当撤除现场 20 m 以内风流中的甲烷浓度超过 1.5％时，必须停止作业，切断电源，撤出人员。

第 15 条　撤除工应正确使用拆除工具，活扳手、管钳等不得加长套管、加长力臂，不得代替手锤使用。

四、操作准备

第 16 条　熟悉撤除工作环境、进出路线。

第 17 条　下井前由施工负责人向有关工作人员传达施工撤除技术措施，讲清工作内容、步骤、人员分工和安全注意事项。

第 18 条 按工作需要和分工情况选择合适的起重用具、拆除工具、器械等，检查绳套、吊具等起重设施和起重用具及封连车工具是否符合安全要求，确认安全后方可使用。

五、正常操作

第 19 条 清理干净耙装机传动部及机身上的岩石、粉尘，为撤除创造条件。

1. 由专职井下电钳工拆除耙装机电源。施工时，严格执行停送电制度。电动机、开关拆除后，其喇叭口必须使用标准挡板进行封堵。

2. 拆除耙装机的各类安全保护装置和设施、喷雾设施。

3. 拆除卸料槽、中间槽（如巷道高度满足可不拆除）、进料槽、台车部分及耙斗，并依次装车，并按标准封连车。

4. 各类销轴、螺栓及易损易丢失的小件应由专人妥善保管好，以防丢失、损坏。

第 20 条 耙装机台车部分、中间槽及卸料槽进入大巷前必须用水将其冲洗干净。

六、收尾工作

第 21 条 撤除完毕后，要认真清点工具及剩余的材料、备件，清理现场卫生。

掘进钻眼工

一、适用范围

第 1 条 本规程适用于在煤矿掘进工作面从事掘进钻眼作业的人员。

二、上岗条件

第 2 条 必须经过专门技术培训、考试合格后，方可上岗。

第 3 条 必须认真学习作业规程，熟悉工作面的炮眼布置、爆破说明书、支护方式等有关技术规定；掌握钻眼机具的结构、性能和使用方法；钻眼机具在工作中出现故障时，应能立即检修或更换。

三、安全规定

第 4 条 作业前必须进行本岗位危险源辨识，严格执行敲帮问顶及围岩观测制度，严禁空顶作业，并检查确保作业地点通风良好、有害气体不超限，作业时必须严格执行“手指口述”。

第 5 条 钻眼操作时，除执行本规程外，还必须认真执行《煤矿安全规程》、作业规程及其他相关法律、法规的规定。

第 6 条 必须坚持湿式钻眼。在遇水膨胀的岩层中掘进不能采用湿式钻眼时，可采用干式钻眼，并采取除尘器除尘等措施。

第 7 条 严禁钻眼与装药平行作业及在残眼内钻眼。

第 8 条 钻眼过程中，必须有专人监护顶帮安全，并注意观察钻进情况。

第 9 条 安全操作注意事项。

1. 发现有煤岩变松、片帮、来压或钻孔中有压力水、水量突然增大，或出现有害气体涌出等异常现象时，必须停止钻眼，钻杆不要拔出，并向有关部门及时汇报，听候处理。工作人员应立即撤至安全地点。

2. 操作过程中，发现有钻头合金片脱落、钻杆弯曲或中心孔不导水时，必须及时更换钻头或钻杆。

3. 在倾角较大的上山钻眼时，应设置牢固可靠的脚手架或工作台，必要时工作人员要佩戴保险带。巷道中须设置挡板，防止人员滑下和煤岩滚动伤人，并将电缆及风、水管固定好。

4. 严格桉标定的眼位和爆破说明书规定的炮眼角度、深度、个数进行钻眼。凡出现掏槽眼相互钻透或不合格的炮眼，必须重新钻眼。

5. 钻眼时要随时注意煤岩帮、顶板，发现有片帮、冒顶危险时，必须立即停钻处理。

6. 钻眼中，出现粉尘飞扬时要停止钻进，检查水管是否有水，钻头、钻杆中心孔是否畅通，处理后再钻眼。

7. 在钻眼过程中，发现钻眼机具的零部件、设施等出现异常情况时，必须停钻处理。

8. 钻眼时，钻杆不要上下、左右摆动，以保持钻进方向；钻杆下方不要站人，以免钻杆折断伤人。

9. 在向下掘进的倾斜巷道钻底眼时，钻杆拔出后，应及时用物体把眼口堵好，防止煤岩粉把炮眼堵塞。

10. 大断面巷道施工，必须搭设牢固可靠的工作台，或者采用台阶工作面施工、蹬渣钻眼等措施。

11. 掘进工作面接近采空区、旧巷及巷道贯通等特殊地段时，必须按作业规程中规定的特殊措施进行钻眼。

四、操作准备

第10条 检查工作地点安全环境情况，进行敲帮问顶及围岩观测，发现顶帮悬矸、危岩必须及时找净，确认顶帮安全，检查通风、气体情况等符合作业规程要求；钻眼必须在临时支护掩护下或在支护完整条件下进行。

第11条 钻眼前应准备好所使用的钻具，如风钻、钻杆、钻头等。钻杆要直，水针孔要正，钻头应锋利，并要完整无损。

第12条 压风管、供水管须接送至掘进工作面附近，以保证风、水使用方便、正常和安全。

第13条 打眼前要做到“三紧”、“两不要”：即袖口、领口、衣角紧；不要戴手套，不要把毛巾露在衣领外。

第14条 钻眼前对风钻要进行如下检查：

1. 风钻接风、水管前，检查管口内是否有脏、杂物；如有，则要用风、水吹冲干净。检查风、水管路是否完好畅通，接头是否接牢固。

2. 零部件是否齐全，螺钉是否紧固，水针是否合格。

3. 注油器内要装满油脂，油脂要清洁，并调节好油阀进行试运转。

4. 钻杆是否平直，钻头安装是否牢固，钻杆中心孔和钻头出水孔等是否畅通，钎尾是否合格。

5. 运转声音是否正常，各操作把手是否灵活可靠，有无漏风、漏水现象，钻架的升降是否灵活。

6. 打深眼时，要配齐长短套钎及相应钻头。

以上情况都达到完好要求时，才准许钻眼。

五、正常操作

第 15 条 掘进钻眼工必须按下列顺序进行操作。

1. 检查施工地点安全。

2. 准备钻眼设备、工具，试运转，并标定眼位。

3. 钻眼。

4. 撤出设备和工具。

（一）风钻打眼

第 16 条 标定眼位，划分区块。

1. 按中、腰线和炮眼布置图的要求，标出眼位。

2. 多台风钻打眼时，要划分好区块，做到定人、定钻、定眼、定位、定责，不准交叉作业。

3. 按照爆破图表的要求，确定打眼深度，并在钻杆上做好标记，确保眼底（除陶槽眼）落在同一个平面上。

第 17 条 试运转：按照先开水、后开风的顺序进行试运转。

第 18 条 定眼：钻眼工站在风钻后侧面，手握把手，调整钻架（气腿）到适当高度；扶钻人员站在一侧，避开钻眼工视线，手握钎杆，把钎头放在用镐刨出的眼窝上。定眼时，钻眼工和扶钻人员要相互协调，密切配合。

第 19 条 开眼：把风钻操纵阀开到轻运转位置，待眼位稳固并钻进 20～30 mm 以后，再把操纵把手扳到中运转位置钻进，直至钻头不易脱离眼口时，再全速钻进。

第 20 条 正常钻眼。

1. 钻眼工一手扶住风钻的把柄，一手根据钻进情况，调节操纵阀和钻架调节阀。

2. 开钻时要先给水，后给风；钻眼过程中，给水量不宜过大或过小，要均匀适当。当换钻杆时，要先关风，后关水。

3. 扶钻时，要躲开眼口的方向，站在风钻侧面，两腿前后错开，脚蹬实底，禁止踩空或骑在气腿上钻眼，以防钻杆折断时风钻扑倒或断钎伤人。

4. 钻眼时，风钻、钻杆与钻眼方向要保持方向一致，推力要均匀适当，钻架升降要稳，以防折断钻杆、夹钻杆或拐丢钻头。

5. 钻眼应与煤岩层理、节理方向成一定的夹角，尽量避免沿层理、节理方向钻眼。

6. 遇有突然停风、停水时，应将风钻取下，拔出钻杆，停止钻眼。

7. 更换钻眼位置或移动调整钻架时，必须将风钻停止运转。

8. 按时向风钻注油器内注油，不得无润滑油作业。

9. 钻深眼时，必须采用不同长度的钻杆，开始时使用短钻杆。

第 21 条 停钻：钻完眼后，应先关水阀，使风钻进行空运转，以吹净其内部残存的水滴，防止零件锈蚀。

（二）风煤钻钻眼

第 22 条 标定眼位。

1. 按中、腰线和炮眼布置图的要求，标出眼位。

2. 两台或多台风煤钻打眼时，要划分好区块，并试运转。

第23条 试运转:开水、送风、试运转。

第24条 点眼:用手镐点眼定位,并刨出眼窝,钻头轻轻接触煤壁,启动手把开关。

第25条 钻进。

1. 点眼后,按规定的角度、方向均匀有力向前推进,直至达到要求深度。

2. 打眼工要站稳,并握紧钻把,切忌左右晃动。

3. 开眼或钻眼过程中,不准用手直接扶、托钻杆或用手掏眼口的煤粉。

4. 钻眼应与煤岩层理、节理方向成一定的夹角,尽量避免沿层理、节理方向钻眼。

5. 风煤钻转动后要注意钻杆的进度,每钻进一段距离要来回抽动几次钻杆,排除煤粉,减少阻力,以防卡住钻杆。

6. 当风煤钻发生转动困难或发出不正常的声响时,必须停止钻进,查出原因,及时处理。

7. 在煤壁上钻眼时,要尽量避开硬夹石层和硫化铁结核。

第26条 停钻:钻眼完毕,应先关水、再停风,最后抽出钻杆。

六、特殊操作

第27条 有下列情况之一时不得钻眼,处理后方可作业。

1. 掘进工作面附近20 m范围内甲烷浓度达到1%或体积大于0.5 m^3的空间内积聚的甲烷浓度达到2%时,以及其他有害气体超过《煤矿安全规程》规定时。

2. 局部通风机停止运转,工作面风量达不到作业规程规定或风筒口距离工作面超过作业规程的规定时。

3. 供水管内无水,防尘设施不齐全或防尘设施损坏、失效时。

4. 工作面拒爆、残爆没有处理完毕时(处理瞎炮时除外)。

5. 有煤和瓦斯突出征兆时。

6. 工作面有透水预兆(挂红、挂汗、空气变冷、发生雾气、水叫、顶板淋水加大、顶板来压、底板鼓起或产生裂隙涌水、水色发浑有臭味等异状)时。

7. 在冲击地压的煤层中打眼时,如发现炮眼内煤岩粉量增大,正常供水状态下,煤岩粉排不出来,卡钎、爆孔、钝钻、煤炮频繁、支架变形、底鼓等严重冲击地压预兆时。

8. 掘进工作面应清理的浮煤、浮矸没清理干净或积水没有排除时。

9. 钻孔突然与采空区或旧巷相透时。

10. 其他安全隐患未排除时。

七、收尾工作

第28条 使用风动钻具钻完眼后,先将风、水管阀门关闭,然后从风动钻具上拔下钻杆,再将钻眼工具、设施撤出工作面,存放在安全地点,最后将风水软管盘放整齐。

锚杆支护工

一、适用范围

第1条 本规程适用于在煤矿掘进工作面从事锚杆支护作业的人员。

第 2 条　锚杆支护基本支护形式是指巷道单独锚杆支护、锚网支护、锚网带(梯、梁)支护。其他支护形式参照基本支护形式执行。

二、上岗条件

第 3 条　必须经过专门培训、考试合格后,方可上岗。

第 4 条　必须掌握作业规程中规定的巷道断面、支护形式、支护技术参数和质量标准等;能够排除施工过程中的一般故障,熟练使用作业工具,并能进行检查和保养。

三、安全规定

第 5 条　作业前必须进行本岗位危险源辨识,严格执行敲帮问顶及围岩观测制度,严禁空顶作业,并检查确保作业地点通风良好、有害气体不超限,作业时必须严格执行"手指口述"。

第 6 条　锚杆支护工操作时,除执行本规程外,还必须认真执行《煤矿安全规程》、作业规程及其他相关法律、法规的规定。

第 7 条　在支护前和支护过程中要坚持敲帮问顶及围岩观测制度,及时找掉顶帮危岩悬矸。

1. 应由两名有经验的人员担任这项工作,一人敲帮问顶,一人观察顶板和退路。找顶人员应站在安全地点,观察人员应站在找顶人员的侧后面,并保证退路畅通。

2. 敲帮问顶应从有完好支护的地点开始,由外向里,先顶部后两帮依次进行,敲帮问顶范围内严禁其他人员进入。

3. 找顶工作人员应戴手套,用长把工具敲帮问顶时,应防止煤矸顺杆而下伤人。

4. 顶帮遇到大块断裂煤矸或煤矸离层时,应首先设置临时支护,保证安全后,再顺着裂隙、层理敲帮问顶,不得强挖硬刨。

第 8 条　严禁空顶作业,临时支护要紧跟工作面,其支护形式、规格、数量、使用方法必须在作业规程中规定。掘进前最大空顶距不大于锚杆排距,掘进后最大空顶距不大于锚杆排距+循环进度。

第 9 条　煤巷两帮打锚杆前用手镐刷至硬煤,并保持煤帮平整。

使用风镐时应遵循以下安全操作规范:

1. 将高压胶管与主干风管接好,慢慢开启风门向无人处吹风,排除高压胶管内杂物,然后再接上风镐,并拧紧接头。

2. 在较软弱的煤岩分层或层理、节理较发育处掏煤岩槽。

3. 破煤岩时一只手握镐柄,一只手托住镐体,用力向煤岩壁推压。推压时不要硬顶强冲,不要与煤岩壁成 90°角。

4. 水平或向上作业时,握镐体的手臂应靠近身体以增加力量。

5. 操作时应站稳,注意风镐顶部弹簧、滤风网、横销及接头的松紧,防止脱落。

6. 高压胶管不得绕成锐角或折曲,使用时必须放直或形成慢弯;镐尖卡住时,可往复摇动风镐或处理镐尖周围煤岩,松动后再拔出。

7. 剥落下的大煤、岩块,应及时破碎。

8. 收尾工作:关闭干线风管上的阀门,卸下供风高压胶管,拆下风镐和钎子,堵好进风口、卡套孔,盘好高压胶管,将工具运送到指定地点。

第 10 条　严禁使用以下不符合规定的支护材料:

1. 不符合作业规程规定的锚杆和配套材料及严重锈蚀、变形、弯曲、径缩的锚杆杆体。

2. 过期失效、凝结的锚固剂。

3. 网格偏大、强度偏低、变形严重的金属网。

第11条　锚杆眼的直径、间距、排距、深度、方向(与岩面的夹角)等,必须符合作业规程规定。

1. 使用全螺纹钢等强、高强等锚杆支护时,锚孔深度应保证符合规程要求。

2. 巷帮使用管缝式锚杆时,锚杆眼深度与锚杆长度相同。

3. 对于角度不符合要求的锚杆眼,严禁安装锚杆。

第12条　安装锚杆时,必须使托盘(或托梁、钢带)紧贴岩面,未接触部分必须楔紧垫实,不得松动。

第13条　锚杆支护巷道必须配备锚杆检测工具。锚杆安装后,对每根锚杆进行预紧力检测,不合格的锚杆要立即上紧;对锚杆锚固力进行抽查,不合格的锚杆必须重新补打。

第14条　当工作面遇断层、破碎带等地质构造时,必须根据现场情况补充专项措施,加强支护。

第15条　要随打眼随安装锚杆。

第16条　锚杆的安装顺序:应从顶部向两帮进行,两帮锚杆先安装上部、后安装下部。铺设、连接金属网时,铺设顺序、搭接及连接长度要符合作业规程的规定。铺网时要把网张紧。

第17条　锚杆必须按规定作拉力试验。煤巷必须进行顶板离层监测,并用记录牌板显示。

第18条　巷道支护高度超过2.5 m,或在倾角较大的上下山进行支护施工,应有工作台或安全梯。

四、操作准备

第19条　操作前须做好以下准备工作:

1. 备齐锚杆、网、钢带等支护材料和施工机具。

2. 检查施工所需风、水、电、液压系统。

3. 执行掘进钻眼工第10～14条规定。

4. 检查锚杆、锚固剂等支护材料是否合格。

5. 按中、腰线检查巷道荒断面的规格、质量,处理好不合格的部位。

第20条　操作流程。

1. 敲帮问顶,处理危岩悬矸。

2. 进行临时支护。

3. 钻具试运转。

4. 标定需施工锚杆的眼位。

5. 开眼,打锚杆眼。

6. 安装锚杆、网、钢带(梁)。

7. 检查、检测、整改支护质量,清理施工现场。

五、正常操作

第21条　敲帮问顶,处理危岩悬矸。

第 22 条　及时按照作业规程规定进行临时支护，清理浮矸、浮煤，平整施工场地，确保具备安全施工条件。

第 23 条　打锚杆眼。

1. 敲帮问顶，检查工作面围岩和临时支护情况。

2. 确定眼位，做出标志。

3. 在钎杆上做好眼深标记。

4. 用风煤钻、风动凿岩机（风钻）或风动、液压锚杆钻机打眼。

(1) 使用风钻打眼时，按掘进钻眼工第 16～21 条执行。

(2) 使用风煤钻打眼时，按掘进钻眼工第 22～26 条执行。

(3) 使用风动、液压锚杆钻机打眼时，按锚索支护工第 22 条执行。

5. 打锚杆眼时，应从外向里进行；同排锚杆先打顶眼，后打帮眼。断面小的巷道打锚杆眼时要使用长短套钎。

第 24 条　锚杆（网、钢带等）安装。

1. 清扫锚杆眼。

2. 检查钻孔质量及锚杆眼深度，其深度应保证锚杆露出螺母长度符合作业规程要求，不合格的必须处理或补打。

3. 检查树脂药卷，破裂、失效的药卷不准使用。

4. 按所使用锚杆的正规操作程序及时打锚杆：将树脂药卷按照安装顺序轻送入眼底，用锚杆顶住药卷，利用快速搅拌器开始搅拌，直到感觉负载时，停止锚杆旋转。树脂完全凝固后，开动快速搅拌器，带动螺母拧断剪力销，上紧螺母。在树脂药卷没有固化前，严禁移动或晃动锚杆体。

5. 全螺纹钢锚杆要采用左旋搅拌方式。

6. 压好锚盘、托板并用专用工具上紧螺母，预紧力要符合要求。

第 25 条　水泥锚杆安装。

1. 清扫锚杆眼。

2. 检查锚杆眼深度、锚杆杆体及附件、锚固剂是否符合要求。

3. 将螺母及托盘安装在锚杆上，组装好备用。

4. 将水泥锚固剂浸入清洁的水中，时间符合产品说明书要求。

5. 把浸泡好的锚固剂，从水中拿出，用木块逐块轻轻推送到锚杆眼中（顶部孔每送一块轻轻捣一下）。

6. 用风钻、连接套将锚杆推入锚杆孔内，直至托盘紧贴煤岩面。

7. 安装后紧固螺母，使扭矩达到设计要求。

第 26 条　管缝式锚杆安装。

1. 清扫锚杆眼。

2. 检查锚杆眼深度和直径是否合格。

3. 安装锚杆前，先装上托盘。

4. 使用风钻安装，将冲击锤一端装入锚杆尾部，另一端装入风钻钎尾套，开动风钻，开始风力要小，锚杆进入孔内 500 mm 后，再增加推力；在推进锚杆过程中，要始终保持锚孔和锚杆呈直线。直到托盘贴紧岩面为止。

5. 打紧倒楔。

第 27 条　水力膨胀锚杆的安装。

1. 检查注液器内密封圈是否良好，若有异常立即替换。

2. 将钻孔周围围岩找平。

3. 将锚杆插入注液器内后，转动一个角度使其机械闭锁。

4. 用安装棒将锚杆送入钻孔中，使下端托盘紧贴岩面。

5. 操纵水泵阀门，使锚杆充满膨胀，直至调压阀自动卸压。

6. 锚杆锚固后，关闭操纵阀门，撤下安装棒。

六、收尾工作

第 28 条　支护完毕后，检查所有锚杆的预紧力，不合格的及时上紧。

第 29 条　将钻具放置在合适位置，风水软管悬挂整齐。

第 30 条　对本班钻具运行情况以及出现的故障和处理情况，向接班人员交代清楚，并在交接班记录上填好。

锚索支护工

一、适用范围

第 1 条　本规程适用于在煤矿掘进工作面从事锚索支护作业的人员。

二、上岗条件

第 2 条　必须经过专门技术培训、考试合格后，方可持证上岗。

第 3 条　必须掌握作业规程中规定的巷道断面、支护形式、支护参数和质量标准等；熟练使用作业工具，并能进行检查和保养。

三、安全规定

第 4 条　作业前必须进行本岗位危险源辨识，严格执行敲帮问顶及围岩观测制度，严禁空顶作业，并检查确保作业地点通风良好、有害气体不超限，作业时必须严格执行“手指口述”。

第 5 条　锚索支护工进行操作时，除执行本规程外，还必须认真执行《煤矿安全规程》、作业规程及其他相关法律、法规的规定。

第 6 条　锚索支护工要熟悉锚索支护原理，锚索结构及主要技术参数；熟悉作业地点环境，能够熟练使用支护工具，熟悉锚杆钻机性能、结构和工作原理，并能排除一般故障，做好使用前后的检查和保养。

第 7 条　锚索支护材料要符合施工措施的规定。

第 8 条　采用树脂锚固时，最小锚固长度不小于 1.5 m。

第 9 条　单根锚索设计锚固力应大于 200 kN。

第 10 条　检查施工地点支护状况，严防片帮、冒顶伤人。在有架空线的巷道内作业时，要先停电。

第 11 条　打锚索眼时，要注意观察钻进情况，有异常时，必须迅速闪开，防止断钎伤人，钻机 5 m 范围内不得有无关人员。

第 12 条　锚索张拉预紧力应控制在 80～100 kN，锚索安装 48 h 后，如发现预紧力下降，必须及时补拉。张拉时如发现锚固不合格，必须补打合格的锚索。

第 13 条　服务年限 10 年以上锚索需注浆防锈。采用 425 号普通硅酸盐水泥，注纯水泥浆，水灰比为 0.45～0.5。注浆压力 0.5～1 MPa。如钻孔漏浆，需反复注浆，每次注浆间隔约 6 h，也可隔天注浆。

第 14 条　巷道支护高度超过 3 m，或在倾角较大的上下山进行支护施工，必须有脚手架或搭设工作平台。

第 15 条　钢绞线旋向应与搅拌工具旋转方向相反。

第 16 条　使用的锚索搅拌器必须与锚索规格匹配，严禁使用变形或者与锚索规格不匹配的搅拌器。

四、操作准备

第 17 条　施工前，要备齐钢绞线、锚固剂、托盘、锚具等支护材料和锚杆钻机、泵站、套钎、锚索专用驱动头、张拉油缸、高压油泵、液压剪、注浆泵等专用机具以及常用工具。

第 18 条　准备好施工所需风、水、电、液压系统。

第 19 条　使用锚杆钻机打眼前进行以下检查：

1. 检查所有操作控制开关，所有开关都应处在“关闭”位置(液压锚杆钻机主机的操作开关均应处于中间位置)。
2. 检查油雾器工作状态，确保油雾器充满良好的润滑油。
3. 清洁风、水(液压油)软管，检查其长度及其与锚杆钻机连接情况。
4. 检查锚杆钻机是否完好。
5. 检查是否漏水，及时更换水密封。
6. 安装钻杆前检查钻头是否锋利，检查钻杆中孔是否畅通，严禁使用弯曲的钻杆打眼。

第 20 条　张拉锚索前，检查张拉油缸、油泵各油路接头是否松动。

第 21 条　锚索支护工必须按以下顺序进行操作：

1. 备齐机具及有关材料。
2. 检查并处理工作地点的隐患。
3. 检查施工所需风、水、电、液压系统。
4. 打锚索钻孔及注浆孔。
5. 组装锚索。
6. 安装、锚固锚索。
7. 张拉锚索。
8. 注水泥浆(服务年限 10 年以上的锚索或其有他特殊要求的情况)。
9. 清理现场。

五、正常操作

第 22 条　打锚索眼。

1. 敲帮问顶及围岩观测，检查施工地点围岩和支护情况。
2. 根据锚索孔设计位置要求，确定眼位，并做出标志。

3. 检查和准备好锚杆钻机、钻具、电缆及风水(液压油)管路。

4. 必须采用湿式打眼。

5. 竖起钻机把初始钻杆插到钻杆接头内,观察围岩,定好眼位,使锚杆钻机和钻杆处于正确位置。钻机开眼时,要扶稳钻机,先升气腿(油缸),使钻头顶住岩面,确保开眼位置正确。

6. 开钻。操作者站立在操作臂长度以外,分腿站立保持平衡。先开水,后开风(液压回转及推进机构)。开始钻眼时,用低转速,随着钻孔深度的增加,调整到合适转速,直到初始锚孔钻进到位。

(1) 在软岩条件下,锚杆钻机用高转速钻进,要调整支腿推力,防止糊眼。

(2) 在硬岩条件下,锚杆钻机用低转速钻进,要缓慢增加支腿推力。

7. 退钻机,接钻杆,完成最终钻孔。

8. 锚索眼必须与巷道面垂直,眼深误差为±50 mm,偏差为±150 mm。

9. 锚索打眼完成后,先关水,再停风(液压推进及回转机构)。

10. 按要求打注浆孔。

第 23 条 组装锚索。按设计长度截取钢绞线,用钢刷除去钢绞线表面浮锈,锚索不注浆时在自由段涂防锈油脂。

第 24 条 安装、锚固锚索。

1. 检查锚索眼及注浆孔质量,不合格的及时处理。

2. 把锚索末端套上专用驱动头、拧上导向管并卡牢。

3. 将树脂药卷用钢绞线送入锚索孔底,使用两块以上树脂药卷时,按超快、快、中速顺序自上而下排列。

4. 用锚杆钻机进行搅拌,将专用驱动头尾部六方插入锚杆钻机上,一人扶住机头,一人操作锚杆钻机;边推进边搅拌,前半程用慢速后半程用快速,旋转约 40 s。

5. 停止搅拌,但继续保持锚杆钻机的推力约 1 min 后,缩下锚杆钻机。

第 25 条 树脂锚固剂凝固 1 h 后进行张拉和顶紧及安装托盘工作。

1. 卸下专用驱动头和导向管,装上托盘、锚具,并将其托至紧贴顶板的位置,把张拉油缸套在锚索上,使张拉油缸和锚索同轴,挂好安全链,人员撤至安全地点,张拉油缸前不得有人。

2. 开泵进行张拉并注意观察压力表读数,分级张拉,分级方式为 0→30 kN→60 kN→90 kN→130 kN。达到设计预紧力或油缸行程结束时,迅速换向回程。

3. 卸下张拉油缸,用液压剪截下锚索露出锁具超过规定的部分。

第 26 条 锚索注浆防锈。从注浆孔用排气注浆法,把锚索孔剩余段一次灌注。

六、收尾工作

第 27 条 工作结束后,清理现场,把锚杆钻机、锚索张拉机等机具分别放置在合适位置、摆放整齐。

第 28 条 对本班锚杆钻机运行、锚索支护状况以及出现的故障和处理情况,向接班人员交代清楚。

锚喷支护工

一、适用范围

第 1 条 本规程适用于在煤矿掘进工作面从事锚喷支护作业的人员。

二、上岗条件

第 2 条 必须经过专门培训、考试合格后，方可上岗。

第 3 条 必须掌握作业规程中规定的巷道断面、支护形式和技术参数和质量标准等；熟练使用作业工具，并能进行检查和保养。

第 4 条 要掌握喷浆机和拌料机的构造、性能原理，并懂得一般性的故障处理及维修、保养方面的常识，熟练掌握喷浆技术。

三、安全规定

第 5 条 作业前必须进行本岗位危险源辨识，严格执行敲帮问顶及围岩观测制度，严禁空顶作业，并检查确保作业地点通风良好、有害气体不超限，作业时必须严格执行"手指口述"。

第 6 条 钻具、喷浆机、上料机操作时，除执行本规程外，还必须认真执行《煤矿安全规程》、作业规程及其他相关法律、法规的规定。

第 7 条 不得使用凝结、失效的水泥及速凝剂，以及含泥量超过规定的砂子、石硝和石子。

第 8 条 支护过程中必须对支护地点的电缆、风水管线、风筒及机电设备进行保护。

第 9 条 喷射混凝土前，必须对锚杆、金属网质量进行检查，确保达到作业规程要求。

第 10 条 巷道过断层、破碎带及老空等特殊地段时，必须加强临时支护，并派专人负责观察顶板。

第 11 条 喷浆机、上料机运转时，严禁手或工具进入喷浆机、上料机内。

第 12 条 安全操作注意事项。

1. 执行锚杆支护工第 5、6、7、9、10、11、12、14、15 条规定。
2. 喷浆时严格执行除尘及降尘措施，喷射人员要佩戴防尘口罩、乳胶手套和眼镜。
3. 一次喷射混凝土厚度达不到设计要求时，应分次喷射，但复喷间隔时间不得超过 2 h，否则应用高压水冲洗受喷面。
4. 遇有超挖或裂缝低凹处，应先喷补平整，然后再正常喷射。
5. 严禁将喷头对向其他人员。
6. 喷射工作结束后，喷层在 7 d 以内，每班洒水一次，7 d 以后，每天洒水一次，持续养护 28 d。

第 13 条 质量标准化规定。

1. 所有支护材料的材质、规格、质量必须符合行业标准及作业规程要求。
2. 锚杆角度：与巷道轮廓线或煤岩层夹角≥75°。
3. 锚杆安装质量：确保安装牢固，托盘紧贴煤岩面，不得调斜，锚杆的预应力及抗拉拔力必须满足作业规程规定，不应小于设计值的 90%。
4. 锚杆露出螺母长度 10～40 mm。

5. 锚杆间排距：误差±100 mm，锚杆前后成排、上下成行，不得错位。

6. 挂网质量：网及扎丝规格、连网方式、连接点间距、压茬符合作业规程规定。

7. 喷射混凝土的配比及强度要符合作业规程规定，喷射前必须掺拌均匀。

8. 喷浆厚度：符合作业规程要求，不低于设计值的 90%，基础深度不小于设计值的 90%。

9. 表面质量：喷浆表面平整密实无裸露，无穿裙、赤脚现象，表面平整度 1 m 范围内≤50 mm。

10. 炮掘巷道要求初喷跟迎头，移耙装机前做到机前复喷成巷，要杜绝先移机、机后成巷。

11. 喷浆保护：喷浆前需对管线、电缆、风袋、开关等进行保护，确保设备、设施、管线清洁无回弹料。

12. 定期进行混凝土强度检测，对不合格的地段必须进行补强支护。

四、操作准备

第 14 条　锚喷支护前必须做好以下准备工作：

1. 备齐锚杆、网、钢带等支护材料和施工机具。

2. 检查施工所需风、水、电。

3. 执行掘进钻眼工第 20～25 条的规定。

4. 检查锚杆、锚固剂、水泥等支护材料是否合格。

5. 检查临时支护，清理浮煤矸，平整施工场地。

6. 按中、腰线检查巷道荒断面的规格、质量，处理好不合格的部位。

7. 根据中、腰线确定锚杆眼的眼位，作出明确标记。

第 15 条　喷浆前的准备工作：

1. 检查锚杆安装和金属网铺设是否符合设计要求。

2. 检查风水管、电缆是否完好，有无漏风、漏水、漏电现象。

3. 输料管路要平直，不得有急弯，接头必须严紧，不得漏槽，并安设喷厚标志。

4. 有明显涌水点时，打孔埋设导管导水。

5. 检查喷浆机、上料机是否完好，紧固好摩擦板，防止漏风。

6. 经检查确定作业环境安全、机器完好后，试运转并检查喷浆机、上料机是否运转正常，开关是否灵敏。

五、操作顺序

第 16 条　锚(网)喷支护操作顺序。

1. 备齐施工机具、材料。

2. 安全质量检查，处理危岩悬矸。

3. 打锚杆眼。

4. 安装锚杆、压网、连网。

5. 初喷。

6. 复喷。

7. 检查、整改支护质量，清理施工现场。

六、正常操作

第 17 条 爆破后处理工作面危岩悬矸后立即进行初喷等临时支护。过断层破碎带时，应使用金属前探梁作临时支护。

第 18 条 打锚杆眼执行锚杆支护工第 21 条的规定。

第 19 条 安装锚杆分别执行锚杆支护工第 22、23、24、25 条的规定。

第 20 条 喷射混凝土。

1. 配料、上料。

(1) 利用筛子、斗检查粗、细骨料配比是否符合要求。

(2) 检查骨料含水率是否合格。

(3) 根据喷浆强度要求调整上料机进料口调节闸门。

(4) 将矿车中砂石、水泥、速干剂按照相关比例要求分别均匀加入上料机的规定的三个料斗中，送电开动上料机、喷射机，上料加入量要始终淹没砂石螺旋、水泥螺旋和速干剂螺旋。

(5) 搅拌后的料直接进入喷射机进料口。

(6) 根据现场实际相对应调整砂石、水泥、速凝剂的上料量。

2. 喷射。

(1) 开风，调整水量、风量，保持风压不得低于 0.4 MPa。

(2) 喷射手操作喷头，自上而下冲洗岩面。

(3) 送电，开喷浆机、拌料机、除尘风机和其他防尘设施，上料喷浆。

(4) 根据上料情况再次调整风、水量，保证喷面无干斑，无流淌。

(5) 喷射手分段按自下而上、先墙后拱的顺序进行喷射。

(6) 喷射时喷头尽可能垂直受喷面，夹角不得小于 70°。

(7) 喷头与受喷面保持 0.6～1 m 的距离。

(8) 喷射时，喷头运行轨迹应呈螺旋形，按直径 200～300 mm，一圆压半圆的方法均匀缓慢移动。

(9) 应两人配合作业，一人持喷头喷射，一人辅助照明并负责联络，观察顶帮安全和喷射质量。

3. 停机。

喷浆结束，停机作业时先停止上料，让机器继续运转，将料斗、发射缸及输送管路中剩余的物料先吹出来，然后停电，最后停风。

七、特殊操作

第 21 条 遇到下列情况时必须停机处理：

1. 喷射过程中，如发生堵塞、停风或停电等故障时，应立即关闭水门，将喷头向下放置，以防水流入输料管内；处理堵管时，采用敲击法疏通料管，喷枪口前方及其附近严禁有人。

2. 在喷射过程中，喷浆机压力表突然上升或下降、摆动异常时，应立即停机检查。

3. 钻眼中，发现有钻头合金片损坏、钻杆弯曲或中心孔不通水时，必须立即更换。

4. 钻眼过程中随时注意顶帮变化，发现有片帮、冒顶危险，必须立即停钻处理。

5. 钻眼中，出现卡钻现象时要停止钻进，检查水管是否畅通，处理后再钻眼。

八、收尾工作

第 22 条　喷射工作结束后，卸开喷头，清理水环和上料机、喷射机外部的灰浆或材料，盘好风水管。

第 23 条　清理、收集回弹物，并将当班拌料用净或用作浇筑水沟的骨料。

第 24 条　喷射混凝土 2 h 后开始洒水养护，28 d 后取芯检测强度。

第 25 条　每班喷完浆后，将控制开关手把置于零位并闭锁，拆开喷浆机、上料机，清理内部卫生，做好交接班准备工作。

掘进机司机

一、适用范围

第 1 条　本规程适用于从事巷道掘进机操作作业的人员。

二、上岗条件

第 2 条　必须经过专门培训、考试合格后，方可持证上岗。

第 3 条　必须熟悉机器的结构、性能、动作原理，能熟练、准确地操作机器，并懂得一般性维护保养和故障处理知识。

三、安全规定

第 4 条　作业前必须进行本岗位危险源辨识，严格执行敲帮问顶及围岩观测制度，严禁空顶作业，并检查确保作业地点通风良好、有害气体不超限，作业时必须严格执行"手指口述"。

第 5 条　掘进机司机操作时，除执行本规程外，还必须认真执行《煤矿安全规程》、作业规程及其他相关法律、法规的规定。

第 6 条　必须坚持使用掘进机上所有的安全闭锁和保护装置，不得擅自改动或甩掉不用，不能随意调整液压系统、雾化系统各部的压力。

第 7 条　掘进机必须装有只准以专用工具开、闭的电气控制开关，专用工具必须由专职司机保管。司机离开操作台时，必须断开掘进机上的电源开关。

第 8 条　在掘进机非操作侧，必须装有能紧急停止运转的按钮。

第 9 条　掘进机必须装有前照明灯和尾灯。

第 10 条　开机前，在确认铲板前方和截割臂附近无人时，方可启动。采用遥控操作时，司机必须位于安全位置。开机、退机、调机时，必须发出报警信号。

第 11 条　掘进机作业时，应当使用内、外喷雾装置，内喷雾装置的工作压力不得小于 2 MPa，外喷雾装置的工作压力不得小于 4 MPa。

第 12 条　掘进机停止工作和交班时，必须将掘进机切割头落地，并断开掘进机上的电源开关和磁力启动器的隔离开关。

第 13 条　检修掘进机时，严禁其他人员在截割臂和转载桥下方停留或作业。

第 14 条　各种电气设备控制开关的操作手把、按钮、指示仪表等要妥善保护，防止损坏、丢失。

第 15 条　机器必须配备正、副两名司机，正司机负责操作，副司机负责监护。司机必须精力集中，不得擅自离开工作岗位，不得委托无证人员操作。

第 16 条　司机必须严格执行现场交接班制度，填写交接班日志，对机器运转情况和存在问题要向接班司机交代清楚。

第 17 条　切割头变速时，应首先切割截割电动机电源，当其转速几乎为零时方可操作变速器手把进行变速。严禁在高速运转时变速。

第 18 条　司机工作时精神要集中，开机要平稳，看好方向线，并听从工作面人员指挥。前进时将铲板落下，后退时将铲板抬起。发现有冒顶预兆或危及人员安全时，应立即停车，切断电源。

四、操作准备

第 19 条　接班后，司机应配合班组长认真检查工作面围岩和支护、通风、瓦斯及掘进机周围情况，保证工作区域安全、整洁和无障碍物。

第 20 条　开机前，必须对机器进行以下检查：

1. 各操纵手把和按钮应齐全、灵活、可靠。

2. 机械、电气、液压系统，安全保护装置应正常可靠，零部件应完整无缺，各部连接螺丝应齐全、紧固。

3. 电气系统各连接装置的电缆卡子应齐全牢固，电缆吊挂整齐，无破损、挤压。

4. 液压管路、雾化系统管路的管接头应无破损、泄漏，防护装置应齐全可靠。将所用延长的电缆、水管沿工作面准备好，悬吊整齐，拖拉在掘进机后方的电缆和水管长度不得超过 10 m。

5. 减速器液压油箱的油位、油量应适当，无渗漏现象，并按技术要求给机器注油、润滑。

6. 输送带转载机应确保完好，托辊齐全。

7. 切割头截齿、齿座应完好，发现有掉齿或严重磨损不能使用时，必须断开掘进机电气控制回路开关，打开隔离开关，切断掘进机供电电源，并在平巷开关箱上挂停电牌后再进行更换。

8. 装载爬爪、链轮要完好。刮板链垂度应合适，无断裂丢销现象，刮板齐全无损，应拧紧防松螺帽，防止刮板松动。转载机的输送带和接口无破裂，输送带松紧程度适当。

9. 履带、履带板、销轮、链轮保持完好，按规定调整好履带的松紧度。

10. 水雾化(喷雾)装置系统、冷却装置、照明应良好。水质、水压、流量应符合规定，喷水管路、喷嘴应畅通。

第 21 条　经检查确认机器正常并在作业人员撤至安全地点后，方准合上电源总开关，按操作程序进行空载试运转，禁止带负荷启动。

五、正常操作

第 22 条　开机前必须发出报警信号，合上隔离开关，按机器技术操作规定顺序启动。一般启动顺序是：液压泵→输送带转载机→刮板输送机(装载机)→截割部。

第 23 条　按作业规程要求进行切割工作，根据不同性质的煤岩，确定最佳的切割方式。

第 24 条　岩石易破碎的，应在巷道断面顶部开始掘进；断面为半煤岩，应在煤岩结合处的煤层开始掘进。司机要按正确的截割循环方式操作，并注意下列事项：

1. 掘进半煤岩巷道时，应先截割煤，后截割岩石，即按先软后硬的程序。

2. 一般情况下，应从工作面下部开始截割，首先切底掏槽。

3. 切割必须考虑煤岩的层理，切割头应沿层理方向移动，不应横断层理。

4. 切割全煤，应先四面刷帮，再破碎中间部分。

5. 对于硬煤，采取自上而下的截割程序。

6. 对于较破碎的顶板，应采取留顶煤或截割断面周围的方法。

第 25 条 截割过程中的注意事项：

1. 岩石硬度大于掘进切割能力时，应停止使用掘进机，并采取其他措施。

2. 根据煤岩的软硬程度掌握好机器推进速度，避免发生截割电动机过载和压刮板输送机等现象，切割时应放下铲板。如果落煤量大而造成过载时，司机必须立即停车，将掘进机退出，进行处理。严禁点动开车处理，以免烧毁电动机或损坏液压马达。

3. 切割头必须在旋转状况下，才能截割煤岩。切割头不许带负荷启动，推进速度不宜太大，禁止超负荷运转。

4. 切割头在最低工作位置时，禁止将铲板抬起。截割部与铲板间距不得小于 300 mm，严禁切割头与铲板相碰。截割煤岩时应防止截齿触网、触棚。

5. 司机应经常注意清底及清理机体两侧的浮煤(岩)，扫底时应一刀压一刀，以免出现硬坎，防止履带前进时越垫越高。

6. 煤岩块度超过机器龙门的宽度和高度时，必须先行破碎后方可装运。

7. 当油缸行至终止时，应立即放开手把，避免溢流阀长时溢流，造成系统发热。

8. 掘进机向前掏槽时，不准使截割臂处于左、右极限位置。

9. 装载机、转载机及后配套运输设备不准超负荷运转。

10. 注意机械各部、减速器和电动机声响以及压力变化情况，压力表的指示出现问题时应立即停机检查。

11. 风量不足、除尘设施不齐不准作业。

12. 截割电动机长期工作后，不要立即停冷却水，应等电动机冷却数分钟后再关闭水路。

13. 发现危急情况，必须用紧急停止开关切断电源，待查明事故原因、排除故障后方可继续开机。

六、收尾工作

第 26 条 按规定操作顺序停机后，应将掘进机退到安全地点，并将装载铲板放在底板上，切割头缩回，截割臂放于底板上，关闭水阀，吊挂好电缆和水管。

第 27 条 清除机器上的煤块和粉尘，不许有浮煤留在铲板上。

第 28 条 在淋水大的工作面，应将机器垫高，确保电动机不被淹没。在角度大的上、下山工作面停机时应采取防滑措施。

第 29 条 将所有操作阀、按钮置于零位，放松离合器，切断电源，关好供水开关。

第 30 条 全面检查掘进机各部件及各种安全保护装置，有问题时应记录在册。

掘进机维修工

一、适用范围

第 1 条 本规程适用于从事巷道掘进机维修作业的人员。

二、上岗条件

第 2 条 必须经过专业技术培训,并考试合格后,方可持证上岗。

第 3 条 必须熟悉机器的结构、性能、工作原理,具有一定的机械、电气基础知识、掌握维修技术。

三、安全规定

第 4 条 作业前必须进行本岗位危险源辨识,严格执行敲帮问顶及围岩观测制度,严禁空顶作业,并检查确保作业地点通风良好、有害气体不超限,作业时必须严格执行“手指口述”。

第 5 条 掘进机维修操作时,除执行本规程外,还必须认真执行《煤矿安全规程》、作业规程及其他相关法律、法规的规定。

第 6 条 维修时必须将掘进机切割头落地,并断开掘进机上的电源开关和磁力启动器的隔离开关;严禁其他人员在截割臂和转载桥下方停留或作业。

第 7 条 要严格按照技术要求,对机器进行润滑、维护保养,不得改变注油规定和换油周期。

四、操作准备

第 8 条 带齐维修工具、备品、备件及有关维修资料和图纸。

第 9 条 维修前必须认真检查掘进机周围的顶板、支护、通风、瓦斯情况,以确保工作区域安全。切断机器电源,将开关闭锁并挂停电牌。

五、正常操作

第 10 条 严格按规定对机器进行“四检”(班检、日检、旬检、月检)和维护保养工作。

第 11 条 润滑油、齿轮油、液压油牌号必须符合规定,油量合适,并有可靠的防水、防尘措施。

第 12 条 液压系统、喷雾系统、安全阀、溢流阀、节流阀、减压器等必须按照使用维修说明规定的程序进行维修并将其调整到规定的压力值。

第 13 条 机器要在井下安全地点加油,油口干净,严禁用棉纱、破布擦洗,并应通过过滤器加油,禁止开盖加油。

第 14 条 需用专用工具拆装维修的零部件,必须使用专用工具。严禁强拉硬扳,不准拆卸不熟悉的零部件。

第 15 条 油管破损、接头渗漏应及时更换和处理。更换油管时应先卸压,以防压力油伤人和油管打人。

第 16 条 所有液压元件的进出油口必须戴防尘帽(盖),接口不能损坏和进入杂物。

第 17 条 更换液压元件应保证接口清洁。螺纹连接时应注意使用合适的拧紧力矩。

第 18 条 液压泵、马达、阀的检修和装配工作应在无尘场所进行,油管用压风吹净,元部件上试验合格后戴好防尘盖(帽),再造册登记入库保管。

第19条 紧固螺钉(栓)必须按规定程序进行,并应按规定力矩拧紧。采用防松胶防松时,必须严格清洗螺钉及螺钉孔。

第20条 在起吊和拆、装零部件时,对接合面、接口、螺口等要严加保护。

第21条 电气箱、主令箱和低压配电箱应随掘进机进行定期检查和清理,各电气器件、触头、接插件连接部分,接触要良好。

第22条 隔爆面要严加保护,不得损伤或上漆,应涂一层薄油,以防腐蚀。

第23条 电气系统防爆性能必须良好,杜绝失爆。

第24条 电动机的运转和温度、闭锁信号装置、安全保护装置均应正常和完好。

第25条 在机器下进行检修时,除保证机器操作阀在正确位置锁定外,还应有至少一种机械防尘装置。

第26条 机器在中修、大修时,应按规定更换轴承、密封、油管等。

第27条 设备外观要保持完好,螺丝和垫圈应完整、齐全、紧固,入线口密封良好。

第28条 严格按规定的内容对掘进机进行日常和每周的检查及维护工作,特别是对关键部件须经常进行维护与保养。

第29条 应经常检查和试验各系统的保护和监控元件,确保正常工作。

六、收尾工作

第30条 维修工作结束后,应对掘进机进行全面检查,并参照出厂验收要求试车,符合要求后,方可交付司机使用。

第31条 清理好机器表面,并将工具及技术资料整理好,放置在专用工具箱内,妥善保管。

第32条 维修人员应将机器存取透明性问题及维修情况向司机和有关人员交代清楚,并做好维修记录,存档备查。

掘进机安装工

一、适用范围

第1条 本规程适用于在煤矿掘进工作面从事掘进机安装作业的人员。

二、上岗条件

第2条 必须经过专业技术培训,并考试合格后,方可上岗。

第3条 必须熟悉机器的结构、性能及工作原理,具备一定的机械、电气基础知识,掌握设备的完好标准及安装技术。

三、安全规定

第4条 作业前必须进行本岗位危险源辨识,严格执行敲帮问顶及围岩观测制度,严禁空顶作业,并检查确保作业地点通风良好、有害气体不超限,作业时必须严格执行“手指口述”。

第5条 掘进机安装操作时,除执行本规程外,还必须认真执行《煤矿安全规程》、作业规程及其他相关法律、法规的规定。

第 6 条 起吊部件期间的安全注意事项。

1. 起吊必须选择在顶板完整，周围支护状况良好的地点。

2. 严禁使用巷道支护锚杆作为起吊生根点。

3. 所用起吊用具及起吊连接装置的起吊能力，要大于被起吊设备的重量，部件连接要牢固可靠，严禁使用不合格的起吊用具。使用起吊用具时严禁返单链使用。

4. 起吊时，人员必须站在安全的地点，发现隐患及时采取相应措施。

5. 各部件在起吊前必须先进行试吊，确认无误后，方可准备起吊。

6. 起吊时要找准起吊设备重心，被起吊设备要捆绑牢固稳妥，操作要用力均匀。

7. 起吊时必须垂直起吊，需要进行斜拉时，措施中必须明确。

第 7 条 运输部件期间的安全注意事项。

1. 运输轨道铺设扣件齐全、牢固并与轨型相符，轨道接头间隙、高低差、内外错符合规程要求。

2. 装车必须保证前后、左右的平衡，严禁车辆超重、超高、超宽或偏载。

3. 运输掘进机部件时，每次只准推一辆重车。

4. 严格执行“行车不行人，行人不行车”制度。

第 8 条 安装期间的安全注意事项。

1. 严格按照掘进机说明书安装顺序及要求组装。

2. 不准随意甩掉任何机构和保护装置。

3. 组装没有完成以前，严禁接电进行试运转。

4. 液压管路系统必须采取防护措施，严防脏物进入。

5. 严禁带电作业，要遵守“谁停电，谁送电”的停送电制度。

第 9 条 安装工应能正确使用安装工具，活扳手、管钳等不得加长套管、加长力臂，不得代替手锤使用。

四、操作准备

第 10 条 操作流程：

1. 部件解体运输、卸车。

2. 部件顺序到位、起吊组装。

3. 加注液压油，完善液压系统。

4. 完善供电系统，开机调试。

5. 停机，办理交接使用手续。

第 11 条 带齐安装工具、备品、备件及有关掘进机安装资料和图纸。

第 12 条 准备好大平板车、大花架车、小平板车、矿车以及起吊用具、绳套等。

第 13 条 安装人员到达现场后进行如下安全检查：

1. 检查工作地点安全环境情况，进行敲帮问顶及围岩观测，发现顶帮悬矸、危岩必须及时找净，确认顶帮安全，检查通风、气体情况等符合作业规程要求。

2. 检查吊梁、吊具、绳套、滑轮、千斤顶等起重设施和用具是否符合安全要求，确认安全可靠后方可使用。

3. 检查部件运输前封车是否牢靠，检查巷道断面、轨道铺设质量是否符合运输要求，检查提升运输设备是否完好，各按钮、手把是否灵活、可靠；特种作业人员是否持证上岗，经确认安全后方可进行提升运输作业。

4. 检查起吊用具是否满足起吊吨位要求，在使用起吊用具之前，检查大小轮、逆止装置是否齐全完好，检查无误后再进行使用。

5. 检查设备安装部件卸车顺序、位置、数量及安装空间、连接螺栓等是否符合安装措施要求，确认无误后再进行作业。

第14条　经检查确定作业环境安全、安装设备工具完好后，开始进行安装前检查下列情况：

1. 安装前是否将巷道浮煤、浮矸、杂物清理干净。

2. 是否设专人按施工图纸及有关技术文件要求，逐件清点安装部件数量、检查质量、校核尺寸。

3. 对部件接合面是否用软质材料妥善保护。

五、正常操作

第15条　掘进机在地面或回撤地点解体后，按照截割部→侧铲板→铲板本体→行走部→本体部→后支撑部→第一运输机→电控箱→液压系统→油箱→泵站→操纵台→各类盖板的顺序运至安装地点。

第16条　按照以下顺序进行掘进部件组装，各部件连接使用专用的螺栓或销子进行组装：

1. 用道木或木墩将本体部垫起，使其底板距履带部的安装面为500 mm左右。

2. 用钢丝绳绑住行走部一侧的履带部将其吊起，与本体部相连接，紧固力矩为1 500 N·m。用同样的方法安装另一侧的履带。

3. 吊起铲板与本体的机架相连接，安装铲板升降油缸。

4. 吊起截割部与回转台连接，安装截割部升降油缸。

5. 吊起操作台与本体连接，使用螺栓固定好。

6. 吊起电控箱与本体连接，使用螺栓固定好。

7. 吊起油箱与本体连接，使用螺栓固定好。

8. 吊起泵站与本体连接，使用螺栓固定好。

9. 吊起刮板运输机传入本体，机尾与主铲板连接，机头段侧与本体固定好后，将机头部分使用螺栓固定好，然后串链紧固。

10. 后支撑吊起与本体连接，使用销子固定。

11. 根据安装图纸进行液压管路连接，使整个液压系统形成一体。

12. 对掘进机电控系统进行通电，进行各种整定值的调试。

13. 加注液压油、齿轮油，紧固各部连接点。

14. 安装桥式转载机，穿输送带及销子，固定张紧。

15. 开机调试运转，液压系统、喷雾系统、安全阀、溢流阀、节流阀、减压器等必须按照使用说明规定的程序调整到规定的压力值。

第17条　设备安装后，试车之前应按施工要求的安装质量标准逐项认真检查。

1. 各运转部位应无异响。

2. 润滑油路应畅通。

3. 各部轴承温升应符合规定值。

4. 各仪表指示应灵敏、准确。

5. 设备整体震动情况。

6. 其他应检查的部位。

六、特殊操作

第 18 条 重物起吊后，若人员必须进入下方安装时，要用方木打好木垛，经检查确认无问题后，人员方可入内进行工作。

第 19 条 安装完成后，当出现下列情况时，必须立即停机处理：

1. 液压管线接头或部件串漏油，液压力不足时；

2. 运转部位上面块状物卷入铲板、履带下方时；

3. 电气设备电流过大或出现异常声响时；

4. 各组件连接螺栓松动，有声响时。

七、收尾工作

第 20 条 安装工作结束后，要认真清点工具及剩余材料、备件，清理现场卫生。

第 21 条 当班安装完工后，负责人应对现场再检查一遍，有无安装质量不合格的零部件，以便交于下班处理。

第 22 条 保存好安装时的技术资料详细记录，以备整理上报、验收，按规定存档。

掘进机撤除工

一、适用范围

第 1 条 本规程适用于在煤矿掘进工作面从事掘进机撤除作业的人员。

二、上岗条件

第 2 条 必须经过专业技术培训，并考试合格后，方可上岗。

第 3 条 必须熟悉机器的结构、性能、工作原理、技术参数，能熟练、安全地对掘进机进行拆卸。

三、安全规定

第 4 条 作业前必须进行本岗位危险源辨识，严格执行敲帮问顶及围岩观测制度，严禁空顶作业，并检查确保作业地点通风良好、有害气体不超限，作业时必须严格执行“手指口述”。

第 5 条 掘进机撤除操作时，除执行本规程外，还必须认真执行《煤矿安全规程》、作业规程及其他相关法律、法规的规定。

第 6 条 起吊部件期间的安全注意事项。

1. 起吊必须选择在顶板完整、周围支护状况良好的地点。

2. 严禁使用巷道支护锚杆作为起吊生根点。

3. 所用起吊用具及起吊连接装置的起吊能力，要大于被起吊设备的重量，部件连接要牢固可靠，严禁使用不合格起吊用具。使用起吊用具时严禁返单链使用。

4. 起吊时，人员必须站在安全的地点，发现隐患及时采取相应措施。

5. 各部件在起吊前必须先进行试吊，确认无误后，方可准备起吊。

6. 起吊时要找准起吊设备重心，被起吊设备要捆绑牢固稳妥，操作要用力均匀。

7. 起吊时必须垂直起吊，需要进行斜拉时，措施中必须明确。

第7条　运输部件期间的安全注意事项。

1. 运输轨道铺设扣件齐全、牢固并与轨型相符，轨道接头间隙、高低差、内外错符合规程要求。

2. 装车必须保证前后、左右的平衡，严禁车辆超重、超高、超宽或偏载。

3. 运输掘进机部件时，每次只准推一辆重车。

4. 严格坚持“行车不行人，行人不行车”制度。

第8条　拆除期间的安全注意事项。

1. 拆解时，要有专人负责指挥工作，按照使用维护说明书规定，拆解各部件。从事分解工作的人员应熟悉机器的结构，详细了解各重要连接部位，准备好起重用具，以保证拆卸安全。

2. 在装载部和支撑油缸的作用下，将掘进机抬起，在主机架下垫上枕木以支撑整个掘进机。在液压系统的作用下，收起支撑油缸，放下铲板落地，并使截割部落地。

3. 将油箱内的油放入干净的容器里。

4. 拆除液压系统前，必须先释放残压后方可进行拆除作业，拆除的油管必须用塑料膜包裹好油嘴、油管，油管要集中摆放。

5. 严禁带电作业。

四、操作准备

第9条　操作流程：

1. 将掘进机开至回撤地点。

2. 检查和准备。

3. 拆除各部件。

4. 装车外运。

第10条　根据拆除计划及要求，带齐各类施工工具，准备好大平板车、大花架车、小平板车、矿车以及起吊用具等。

第11条　接班后撤除工进行如下安全检查：

1. 检查工作地点安全环境情况，进行敲帮问顶及围岩观测，发现顶帮悬矸、危岩必须及时找净，确认顶帮安全，检查通风、气体情况等符合作业规程要求。

2. 掘进机电源是否挑火断电，各类起吊装置是否牢固、可靠，符合作业规程措施规定。

3. 检查轨道、单轨吊及其各类安全设施，是否符合安全运输要求。安全设施不齐全、不完好，不得运输。

第12条　经检查确认作业环境安全、起吊装置完好、各类安全设施齐全可靠后，方可进行掘进机拆除工作。

第13条　拆除地点应清理平整、清洁，不影响掘进机解体。

第14条　提前对设备经过的巷道高度、宽度，轨道、管路、电缆、其他设备等认真检查，保证设备所经过的巷道畅通无阻。

五、正常操作

第 15 条 掘进机开至回撤地点用道木或木墩将本体部垫起，将掘进机电源挑火断电。按照先撤各类盖板→截割部→第一运输机→侧铲板→铲板本体→泵站→油箱→操纵台→液压系统→电控箱→后支撑部→行走部→本体部的顺序进行拆除。

第 16 条 截割部的拆解方法。

1. 在截割头落地的情况下，先用拔销轴的专用工具，拆除升降油缸与截割臂连接的一端。

2. 在电动机后部的螺纹孔内，拧入两个吊环螺钉作为后部吊装孔，截割座孔可作为前部吊装孔，用起吊用具将截割部吊起后，用上述同样方法拆除升降油缸与回转台连接的一端，最后将截割臂与回转台连接的销轴拆除。

3. 在起吊用具的起吊下，将截割部装在事先准备好的大平板车上。

第 17 条 第一运输机的拆解方法。

1. 用油枪通过张紧油缸将链条张紧，抽出卡板，使油缸卸载。从合适的连接环处将链条拆开，从溜槽后部取出。

2. 分别将张紧装置、驱动装置和溜槽连接的螺栓卸开，拆除张紧装置和驱动装置。

3. 将运输机两节溜槽的连接部螺栓卸开，用钢丝绳将运输机溜槽吊起后从掘进机后方抽出，与本体部机架分离，在起吊用具的起吊下，将其装在事先准备好的大平板车上。

第 18 条 铲板部的拆除方法。

1. 在铲板的前端与地面或垫木充分接触的情况下，用拔销轴的专用工具拆除铲板升降用的油缸。

2. 在铲板前部两侧的螺纹孔内拧入两个吊环螺钉作为前部吊装孔，油缸连接孔加装衬垫后作为后部的连接孔，用钢丝绳将铲板吊起后，将铲板与本体部的机架相连接的销轴拆除。

3. 在起吊用具的起吊下，将铲板装在事先准备好的大花架车上。

第 19 条 行走部的拆解方法。

1. 先拆解一侧的行走部，再拆解另一侧的行走部。

2. 在履带下面用道木或木墩垫牢，防止拆解时偏倒。卸开行走部与本体部连接的螺栓，用钢丝绳绑住行走部的两端进行起吊（直接吊履带板即可），在起吊用具的起吊下，将行走部装在事先准备好的大平板车上。

3. 用同样的方法拆除另一侧的行走部。

第 20 条 用起吊用具将操作台吊起，拆除与本体连接的螺栓。

第 21 条 用起吊用具将电控箱吊起，拆除与本体连接的螺栓。

第 22 条 用起吊用具将油箱吊起，拆除与本体连接的螺栓。

第 23 条 用起吊用具将泵站吊起，拆除与本体连接的螺栓。

第 24 条 用起吊用具将后支撑吊起，拆除与本体连接的销子。

第 25 条 解体时，各油管、接头等应用堵头封闭或用干净的布包扎好，以防脏物进入。

第 26 条 所有未涂油漆的零件表面，尤其是连接表面，拆解后须用润滑油脂覆盖。

第 27 条 电气设备必须用防潮材料覆盖，以防进水。

第 28 条　拆卸下来的小件和各连接处的螺栓、垫圈等易丢失件要放在一个特定的容器里防止丢失。

六、收尾工作

第 29 条　交接班时，要认真清点各类工具及拆除的部件，清理现场卫生。

第 30 条　拆卸部件并装上车后，运输至指定地点。负责人应对现场再检查一遍，有无丢失的零部件。

第 31 条　保存好技术资料，损坏的部件要详细记录，以备整理上报、验收，按规定存档。

侧卸式装载机司机

一、适用范围

第 1 条　本规程适用于在煤矿掘进工作面从事侧卸式装载机装载作业的人员。

二、上岗条件

第 2 条　必须经过专门技术培训、考试合格后，方可持证上岗。

第 3 条　应熟悉所用设备的性能、构造、原理，掌握一般性的维修保养和故障处理技能。

三、安全规定

第 4 条　作业前必须进行本岗位危险源辨识，严格执行敲帮问顶及围岩观测制度，严禁空顶作业，并检查确保作业地点通风良好、有害气体不超限，作业时必须严格执行“手指口述”。

第 5 条　侧卸式装载机操作时，除执行本规程外，还必须认真执行《煤矿安全规程》、作业规程及其他相关法律、法规的规定。

第 6 条　必须坚持使用侧卸式装载机上所有的安全保护装置和设施，不得擅自改动或甩掉不用。

第 7 条　严格执行交接班制度，并做好交接班记录。

第 8 条　在淋水条件下工作时，电气系统要有防水措施。

第 9 条　检修或检查侧卸式装载机时，必须将开关闭锁，并悬挂有“有人工作，严禁送电”牌。

四、准备工作

第 10 条　操作流程：

1. 检查和准备。

2. 空机试运转。

3. 开机装载。

4. 停机收尾。

第 11 条　根据生产计划及要求，带齐施工工具、备品、备件。

第 12 条　接班后，司机应对机器进行如下检查：

1. 检查工作地点安全环境情况，进行敲帮问顶及围岩观测，发现顶帮悬矸、危岩必须及时找净，确认顶帮安全，检查通风、气体情况等符合作业规程要求。

2. 机器各部件有无松动、损坏，电缆线有无破损，油箱的液压面是否符合要求，照明灯是否良好。

3. 接通电源后，需试验油泵电动机的转向，试验电源是否反相。油泵的压力不得随便调整。

4. 电缆线是否悬挂可靠，机器工作时电缆应始终保持松弛下垂状态，电缆不得承受附加拉力。

5. 管外皮是否与铲斗臂、机架擦挤。

6. 脚闸和行程开关的动作是否灵敏，如有卡阻现象应立即清除岩渣和障碍物，并注入机油。

7. 检查履带的张紧程度，不得太松或太紧。履带在链轮与引导轮之间的下垂量在15～30 mm。

8. 主令开关手把闭锁机构是否有效。

第 13 条 经检查确定作业环境安全、机器完好后，开空车检查下列情况：

1. 各操作按钮是否灵活可靠。

2. 装载机前进、后退等各传动系统是否正常。

3. 远距离紧急停机按钮是否灵敏可靠。

五、正常操作

第 14 条 操作要领。

1. 司机坐姿要正确，注意力要集中，用左右手分别握住两侧操作手把。根据机器不同的作业过程，照看好前、后方人员、配套设备、电缆等。

2. 司机在确认前后两侧无人和其他机具后，给予副司机明确示警方可操作移动机器。

3. 装载时首先将铲斗放平，清除障碍物；遇底板上未爆破的突出岩石，应用爆破方法或风镐清除。

4. 装载时，侧卸油缸一定要复位，通过举铲油缸、拉斗油缸调整铲斗铲装角度。

5. 铲斗铲入的同时应适度翻转铲斗以提高铲斗的装满系数，降低机器装载时的负荷。

6. 装岩时，必须有专人监护电缆，人员位于机器 5 m 以外，带有口哨，发现问题立即发出停机信号。

7. 操作时前推、后拉手把力量要柔和，方向平顺，时机恰当。操作中注意积累经验。

8. 通过多路换向阀操作各个油缸的动作。多路换向阀上有三个手把，内侧手把控制两个升降油缸，手把向后拉，升降油缸外伸，铲斗随铲斗臂的抬起而升高；松开手把，手把自动复零位，铲斗停止在随意高度上，向前推手把，升降油缸收缩，铲斗下降。中间手把控制拉斗油缸，手把向后拉，拉斗油缸收缩，铲斗口向操作者方向转动，松手，手把复零位，铲斗停在一个随意角度；手把向前推，铲斗口向前方向转动。外侧的手把控制侧卸油缸，手把向后拉，侧卸油缸外伸，铲斗向左侧翻(机器出厂时，铲斗动作以向左侧翻为正，若用户需右翻，应调换侧卸主销的位置)。手把向后拉，铲斗复位。

9. 多路阀操作动作要轻、稳、准，当铲斗到位时松开手把，使阀复零位，油缸外伸(收缩)到最大(最小)位置时，要及时松开手把，防止产生冲击和液压系统溢流发热。

第 15 条 装载时的循环过程：铲斗落下→插入岩堆→装满举斗→机器后退→铲斗倾斜→铲斗复位→斗臂下降落斗→机器继续前进。在铲斗落下时，应注意使整机尽可能与地面保持水平，避免机身前部支起。

第16条　注意事项：

1. 司机上机时严禁横向拽拉多路阀操作手把，严禁踩踏液压油管。

2. 操作时动作要平稳、准确，并应首先用铲斗清除前进道路上的散落矸石。

3. 机器行走中遇大块散落岩石，应停机，将其挪开；严禁履带辗压大块岩石。

4. 铲装作业受阻时，应迅速将操作手把复至中位，以避免系统溢流发热。

5. 操作要连续，不可前后快速猛拉手把，以避免压力冲击。机器启动、停车要缓、准、稳。

6. 注意避免机器与矿车等设备碰撞。

7. 司机应熟练掌握装载、卸载操作，做到三准确、四注意、五严禁、六不装。

三准确：铲斗落地、退车卸载（必须尽量降低铲斗高度，卸载后铲斗一定要复位）和拉动油缸动作要平稳、准确。

四注意：注意周围人员；注意不碰撞支架；注意机器不压电缆；注意岩堆中未爆的炸药雷管。

五严禁：严禁用铲斗挖水沟；严禁铲斗侧立后从事前推或拉拽重物、矿车；严禁用铲斗冲撞未爆破的大块岩石；严禁在无矿车时，用侧卸式装载机频繁倒岩；当铲斗举起无可靠支撑时，严禁在铲斗下作业。

六不装：大于80 cm的矸石不装；机器带病不装；卸载距离大于10 m不装；无照明时不装；无人监护电缆时不装；顶帮及支护不安全不装。

8. 司机在特殊情况（如操作阀不能复位）须紧急停车时，一定要冷静。司机正前方操作面板上设有油泵电动机启停按钮，按其停止按钮停油泵电动机。

六、特殊操作

第17条　遇到下列情况应停机处理：

1. 随机电缆损坏或挤伤时；

2. 装载机提升、下放、回转等部位有异响时；

3. 装载机前方、两侧过人时；

4. 装载机照明灯损坏、突然熄灭时；

5. 操作箱按钮失灵时。

七、收尾工作

第18条　装载结束后，机器退出工作面至安全处停放，铲斗落地，停油泵电动机，各手把复零位，停总电源，停放在安全地点，掩护好铲斗及照明灯。清扫装载机上的矸石块、粉尘。

第19条　将主令开关操纵杆打到停止位置，并用保险锁好。

第20条　检查机器各部件，清理（冲洗）电动机外表面、多路阀、履带架处、油缸活塞杆以及散热器上的泥沙污物。

第21条　对本班装载机运行情况以及出现的故障和处理情况，向接班人员交代清楚，并填好运行记录。

侧卸式装载机维修工

一、适用范围

第 1 条 本规程适用于在煤矿掘进工作面从事侧卸式装载机维修作业的人员。

二、上岗条件

第 2 条 必须经过专门技术培训、考试合格后,方可上岗。

第 3 条 必须遵守电钳工的一般规定,熟悉装载机的各部结构和工作面的供电系统,掌握机械设备的完好标准、油脂管理标准、安全技术标准、维护保养标准及规定。

三、安全规定

第 4 条 作业前必须进行本岗位危险源辨识,严格执行敲帮问顶及围岩观测制度,严禁空顶作业,并检查确保作业地点通风良好、有害气体不超限,作业时必须严格执行“手指口述”。

第 5 条 侧卸式装载机维修时,除执行本规程外,还必须认真执行《煤矿安全规程》、作业规程及其他相关法律、法规的规定。

第 6 条 必须先切断机器电源、闭锁开关,然后进行维修工作,并挂好“有人工作,不准送电”牌。

第 7 条 机器应定期进行维修。

1. 日常维修:每日维修。
2. 定期维修:每周或每月维修。
3. 中期维修:半年维修一次。
4. 年终维修:一年维修一次。

四、操作准备

第 8 条 下井前必须查阅侧卸式装载机的运行情况记录,认真听取上一班人员的介绍。

第 9 条 备足工作器具、常用材料、备品、备件及施工防护用品。

第 10 条 必须按维修操作标准进行检查、拆装和维修。

第 11 条 凡使用真空接触器和固态继电器的用户,使用前要与厂方取得联系,并派专人接受正规的培训。

第 12 条 使用真空接触器时,应每月检查阻容保护是否失效和三相同步问题,以免烧坏电动机。

第 13 条 机器下井前,各防爆面和全部防爆按钮盒内皆应涂凡士林油。

第 14 条 调整系统工作压力时,要注意观察压力表的读数,若压力不对时,应松开安全溢流阀的锁定螺母,并进行顺时针或逆时针调整,直到压力表达到要求的 16 MPa 时为止。

第 15 条 正常工作时,必须将压力表关闭,以免冲坏压力表。

第 16 条 加液压油时,应先清洗加油口,再通过 100 目滤网加油。

第 17 条 油缸活塞杆的镀铬部分、多路换向阀和油泵表面应经常擦拭,保持干净。

第 18 条 液压系统遇有油泵工作、压力表不动,抬不起斗,一般是由安全溢流阀的阻尼孔堵塞所致,此时应将安全溢流阀周围清理干净,将阀芯抽出,用干净布按住,再用细针通透中心阻尼孔,并在清洗干净后装入阀腔,重新调整系统压力。

第 19 条 维修后的侧卸式装载机必须达到质量完好标准，交当班司机试运转，确定无问题后，方可交付使用。

五、收尾工作

第 20 条 维修工作结束后，必须清理工作环境，清点工具及所剩各种材料、备品、备件等。

第 21 条 机器维修情况填入交班记录。

侧卸式装载机安装工

一、适用范围

第 1 条 本规程适用于在煤矿掘进工作面从事侧卸式装载机安装作业的人员。

二、上岗条件

第 2 条 必须经过专门技术培训、考试合格后，方可上岗。

第 3 条 必须熟悉所用设备的性能、构造、原理，能熟练、准确地对装载机各部件进行安装调试。

三、安全规定

第 4 条 作业前必须进行本岗位危险源辨识，严格执行敲帮问顶及围岩观测制度，严禁空顶作业，并检查确保作业地点通风良好、有害气体不超限，作业时必须严格执行“手指口述”。

第 5 条 侧卸式装载机安装时，除执行本规程外，还必须认真执行《煤矿安全规程》、作业规程及其他相关法律、法规的规定。

第 6 条 所有车辆在每次运输前均要进行彻底全面检查，所有封车件必须牢固，装车宽度、高度一律不允许超过规定，发现问题应及时处理，否则严禁运输。

第 7 条 装卸车时，人员要相互协调一致，不得乱扔乱放，现场码放的物件要牢稳可靠，安全间隙要达到 0.5 m 以上，防止挤手碰脚事故的发生。在井下装卸、搬运、安装过程中应避免强烈震动，严禁翻滚，必须轻放。

第 8 条 需抬架的部件，人员要统一指挥，看好后路，并起落呼应一致，防止挤手碰脚。

第 9 条 起吊前，所有锁具及起吊用具应认真检查，同时应时刻注意观察起吊锚杆和所用锁具的情况，发现问题及时处理。

第 10 条 各部件在起吊前必须先进行试吊，确认无误后，方可准备起吊。

第 11 条 各种起吊锁具必须达到完好，确保安全，起吊锁具与起吊物件之间必须连接牢固。

第 12 条 起吊前要通知周围的人，并有专人监护安全，防止其他人进入起吊 5 m 范围内，避免出现意外。

第 13 条 起吊重物时应掌握好重心，在起吊物将要离开地面时，人员要躲开物体可能摆动的方向，防止起吊物晃动伤人或出现意外。

第 14 条 在斜巷进行安装作业时，上部车场各出口处，应设警示标志。

第 15 条 在倾角大于 15°的工作场所进行安装作业时，下方不得有人同时作业。如因特殊需要平行作业时，应制定严密的安全防护措施。

四、操作准备

第 16 条 了解所需侧卸式装载机的技术性能、安装说明书和安装质量标准，熟悉安装工作环境、进出路线及相关环节的配合关系。

第 17 条 按当日工作需要和分工情况选择合适的起重用具、安装工具、器械等，检查吊梁、吊具、绳套、滑轮、千斤顶等起重设施和用具是否符合安全要求，确认安全可靠后方可使用。

第 18 条 侧卸式装载机及配件在下井前及运到安装位置后，均应设专人按施工图纸及有关技术文件要求，逐件清点数量、检查质量、校核尺寸。对需要分部件运输的设备，应由专人做上明显标记、编号装车，对部件接合面要用软质材料妥善保护。

五、正常操作

第 19 条 安装顺序与技术要求必须按“随机使用说明书”中的要求执行，施工人员应根据技术文件熟悉机器的结构，详细了解各重要连接部位，并准备好起吊运输设备和工具，确保拆卸及安装安全。

第 20 条 严格执行“停送电”制度，所有电工必须持证上岗，非专职电工不得擅自操作电气设备。停电时，必须设专人看管，同时悬挂“有人工作，禁止送电”标志牌，并坚持“谁停电，谁送电”制度。

第 21 条 搭火、甩火之前必须切断电源，并检查有害气体浓度，确认有害气体浓度在 1%以下时，方可用同电源相适应的验电笔验电，检验无电后，方可进行导体对地放电。

第 22 条 操作千伏级电气高压回路时，操作人员必须戴绝缘手套和穿电工绝缘靴，并站在绝缘台上。

第 23 条 各油管、接头等必须用专用塑料帽封闭，以防脏物进入，螺纹处要进行包扎，避免运输途中挤坏。

第 24 条 小零件(销子、垫圈、螺母、螺栓、U 形卡等)应由专人负责管理并集中存放，以免丢失。

第 25 条 现场摆放的物件一定要牢固可靠，防止歪倒或滑倒伤人。

第 26 条 侧卸式装载机安装后，试运行之前应按施工要求的安装质量标准逐项认真检查：

1. 各部螺栓应齐全、坚固。
2. 减速器、油箱的油质应符合要求，油量应适当，无渗漏油。
3. 联轴节间隙应符合要求。
4. 各转动部位的防护罩应完好、牢固。
5. 各仪表应齐全、完整。
6. 焊接部位应牢固，无开焊、裂缝等缺陷。
7. 设备周围，特别是转动部位周围，应无影响试车的杂物。
8. 其他应检查的部位。

第 27 条 检查相关设备和环节的配合情况。

第 28 条 通知所有安装人员及相关人员远离侧卸式装载机的运行范围，发出试车信号，按试车程序送电试车。在试运行车时认真检查：

1. 各运转部位应无异响。

2. 润滑油路应畅通。

3. 各部轴承温升应符合规定值。

4. 各仪表指示应灵敏、准确。

5. 设备整体震动情况。

6. 其他应检查的部位。

六、收尾工作

第29条 安装竣工后，要认真清点工具及剩余材料、备件，清理现场卫生。

第30条 保存好安装时的技术资料详细记录，以备整理上报、验收，按规定存档。

侧卸式装载机撤除工

一、适用范围

第1条 本规程适用于在煤矿掘进工作面从事侧卸式装载机撤除作业的人员。

二、上岗条件

第2条 必须经过专门技术培训、考试合格后，方可上岗。

第3条 必须熟悉机器的结构，能熟练、安全地对装载机进行拆卸。

三、安全规定

第4条 作业前必须进行本岗位危险源辨识，严格执行敲帮问顶及围岩观测制度，严禁空顶作业，并检查确保作业地点通风良好、有害气体不超限，作业时必须严格执行“手指口述”。

第5条 侧卸式装载机撤除时，除执行本规程外，还必须认真执行《煤矿安全规程》、作业规程及其他相关法律、法规的规定。

第6条 拆除液压系统前，必须先释放残压后方可拆除，拆除的油管必须用塑料膜包裹好油嘴、油管，油管要集中摆放。

第7条 起吊物件重量采用相应导链进行吊装，吊装作业人员下放时掌握好物体的重心，做到平、稳、牢，人员应在安全地点进行起吊和观察起吊情况。

第8条 进行撤除作业时，应设施工负责人、安全检查员，必要时应配瓦斯检查工。施工地点应支护安全，起吊架固定牢固。在吊、运物件时，应随时注意检查周围环境有无异常现象，禁止在不安全的情况下作业。

第9条 在斜巷进行撤除作业时，上部车场各出口处，应设警示标志。

第10条 在倾角大于15°的工作场所进行撤除作业时，下方不得有人同时作业。如因特殊需要平行作业时，应制定严密的安全防护措施。

第11条 撤除工应能正确使用安装工具，活扳手、管钳等不得加长套管、加长力臂，不得代替手锤使用。

四、操作准备

第 12 条 了解侧卸式装载机的技术性能、安装说明书和安装质量标准，熟悉撤除工作环境、进出路线及相关环节的配合关系。

第 13 条 将装载机周围的杂物清理干净，保证装载机在拆卸后能够放置平稳。了解现场情况，准备好所有施工材料、施工器具以及运输所需的车辆。

第 14 条 按当日工作需要和分工情况选择合适的起重用具、拆卸工具、器械等，检查吊梁、吊具、绳套、滑轮、千斤顶等起重设施和用具是否符合安全要求，确认安全可靠后方可使用。

五、正常操作

第 15 条 拆卸设备前，应将侧卸式装载机停在合适的位置。拆卸设备时，应严格执行停送电制度，要先将本机停电、闭锁、挂停电牌，对相关的设备也应停电、闭锁并挂停电牌，并通知相关设备的司机及相关环节的工作人员，按事先确定的顺序进行拆卸。

第 16 条 甩火之前必须切断电源，并检查有害气体浓度，确认有害气体浓度在 1%以下时，方可用同电源相适应的验电笔验电，检验无电后，方可进行导体对地放电。

第 17 条 操作千伏级电气高压回路时，操作人员必须戴绝缘手套和穿电工绝缘靴，并站在绝缘台上。

第 18 条 拆卸时，各小型零部件尽量不要拆下，以免丢失，但拆卸程度要尽量保证各部件装车后不超宽、不超高、不超量；必须拆下的易损件及小零件，要由专人妥善保管好，以免损坏、丢失。

第 19 条 对设备的接合面、防爆面及易碰坏的零部件，在拆卸时要注意不要损坏。

第 20 条 各油管、接头等必须用专用塑料帽封闭，以防脏物进入，螺纹处要进行包扎，避免运输途中挤坏。

第 21 条 小零件（销子、垫圈、螺母、螺栓、U 形卡等）应由专人负责管理并集中存放，以免丢失。

第 22 条 在卸车、搬运、安装过程中应避免强烈震动，严禁翻滚，必须轻放。

第 23 条 拆卸重型部件时，必须使用安全性能可靠的起重工具、设施。所有人员要精力集中，互相配合，听从负责人的统一指挥。

1. 起吊前必须进行试吊，并指定专人观察起吊安全，确认安全后方可准备起吊。

2. 起吊重物时，必须掌握好重心，当起吊物将要离开地面时，人员要及时躲开物体可能摆动侧滑的方向，防止起吊物晃动伤人或出现意外。

3. 起吊过程中，人员要躲开起吊物掉落时可能倾倒的方向，要有专人监护，任何人不得将手、脚伸于其下方或在其下方探头张望；起吊操作人员不得站在起吊件与巷帮之间，要站在起吊件上方。

4. 起吊时必须有专人观察顶板及生根，工作人员必须躲开起吊件及起吊生根 2 m 以外的安全地点。

5. 起吊后任何人不得将手、脚伸于其下或在其下方探头张望。

6. 起吊、装（卸）车时，施工人员必须处在安全位置。

第 24 条 需抬架的部件，人员要统一指挥，看好后路，并起落呼应一致，防止挤手碰脚。

第 25 条 现场摆放的物件一定要牢固可靠，防止歪倒或滑倒伤人。

六、收尾工作

第26条 拆除后的各部件严格按标准进行封车，运输至指定地点。负责人应对现场再检查一遍，有无丢下的零部件。

第27条 对易损、怕碰的设备或部件的接合面要采取保护措施，如绳索或铁丝要捆扎在不易损坏的部位或在捆扎部位加垫块等。

第28条 撤除结束后，要认真清点工具及剩余材料、备件，清理现场卫生。

挖掘式装载机司机

一、适用范围

第1条 本规程适用于在煤矿掘进工作面从事挖掘式装载机装载作业的人员。

二、上岗条件

第2条 必须经专门技术培训、考试合格后，方可持证上岗。

第3条 应熟悉所用设备的性能、构造、原理，掌握一般性的维护保养和故障处理技能。

三、安全规定

第4条 作业前必须进行本岗位危险源辨识，严格执行敲帮问顶及围岩观测制度，严禁空顶作业，并检查确保作业地点通风良好、有害气体不超限，作业时必须严格执行“手指口述”。

第5条 挖掘式装载机操作时，除执行本规程外，还必须认真执行《煤矿安全规程》、作业规程及其他相关法律、法规的规定。

第6条 必须坚持使用挖掘式装载机上所有的安全保护装置和设施，不得擅自改动或甩掉不用。

第7条 严格执行交接班制度，并做好交接班记录。

第8条 在淋水条件下工作，电气系统要有防水措施。

第9条 检修或检查时，必须将开关闭锁，并悬挂有“有人工作，严禁送电”牌。

第10条 挖掘式装载机在施工过程中，挖斗前方和工作臂附近严禁站人。

第11条 挖斗装渣工作机构和行走机构不能同时使用。

四、操作准备

第12条 操作流程：

1. 检查和准备。

2. 空机试运转。

3. 开机装载。

4. 停机收尾。

第13条 根据生产计划及要求，带齐施工工具、备品、备件。

第14条 接班后司机进行如下安全检查：

1. 检查工作地点安全环境情况，进行敲帮问顶及围岩观测，发现顶帮悬矸、危岩必须及时找净，确认顶帮安全，检查通风、气体情况等符合作业规程要求。

2. 装载机的电源开关、操作箱、照明灯等是否齐全、完整、灵敏可靠。

3. 各零部件和机械部位是否齐全、完好，如连接螺栓是否紧固。检查各处销轴、紧固件、电气元件、电缆、液压元件、液压管路是否正常；各部件应完好无缺，连接螺丝应齐全、紧固。

4. 各润滑点加注润滑油，检查油位，正常的油位应在油标的上、下限之间，如果油量不足应及时加油补充，油箱油位保持在油标 2/3 位置。液压油和容器必须保持清洁，并无渗漏现象。

5. 检查电缆护套有无破损，设备有无失爆，电缆有无充足余量及悬挂是否符合要求。

6. 检查轨道及其与两帮的距离，是否符合装载机操作运行要求。操作箱距帮不足 0.8 m、装载机最大工作高度与巷道顶部的安全距离不足 0.2 m，以及周围有其他障碍物时，不准开机。

第 15 条 经检查确定作业环境安全、机器完好后，开空车检查下列情况：

1. 各操作按钮是否灵活可靠。

2. 装载机前进、后退、回转等各传动系统是否正常。

五、正常操作

第 16 条 开机前，应通知周围人员撤到机械活动范围以外安全地点，并发出开机信号。不准带负荷启动。

第 17 条 开机时，必须注意随机电缆，防止压坏或挤伤。

第 18 条 装载前，应把电缆挂在电缆钩上或设专人拉电缆，司机必须在操作台内操作。同时必须在矸石或煤堆上洒水和冲洗顶帮。

第 19 条 启动操作。

1. 接通上级电源总开关，操作启动开关的手把，照明灯亮，再点动启动按钮和停止按钮，观察变量泵电动机或散热器电动机的转向，如果不正确，可将启动开关的手把扳到另一个位置，再次启动变量泵。

2. 变量泵电动机启动 3～5 min 后方可进行工作。在冬季启动变量泵时，开始需点动 2～3次，让油慢慢流动起来，然后再一次启动。否则变量泵起动时有可能吸不上油，容易使变量泵损坏。

3. 将手动换向阀手把置于工作位置，将运输槽头部铲板慢慢降落至地面，让运输槽进入工作位置。

4. 机器向前推进，将渣石聚拢，同时把地面推平。

5. 启动刮板链，让刮板链正向空转 1～2 min。

6. 主要操作方法：大臂起、大臂落、臂右转、臂左转、小臂起、小臂落；用挖斗、小臂、大臂把渣石扒到运输槽内，再由转载机将渣石运送到带式输送机或其他运输设备上。

第 20 条 装载作业。

1. 操作运输槽升降操作手把，将运输槽铲板降至地面。

2. 操作行走部踏板，机器向前推进，将矸渣聚拢，同时把地面推平。

3. 确认转载输送带在本机的卸载部位后启动运输槽。

4. 操纵先导阀依次让大臂抬起、小臂伸出、把挖斗放至与小臂约成一条直线的位置，然后将大臂放下、小臂收回(同时使大臂上下微动)，即可将矸渣扒进运输槽。转动回转臂可在较大的范围内扒取，根据矸渣的远近不同适当收放挖斗将有利于扒取。

第 21 条　遇有较大矸石块，不能硬性铲装，须经人工破碎或使用破碎锤后再进行装载，不准用装载机的挖斗砸撞大块矸石。

第 22 条　破碎作业。

1. 操作破碎锤操作手把，将其由停止位置推至伸出位置，将破碎锤伸出。

2. 确认破碎锤伸出后，将破碎锤对准目标，脚踩破碎锤打击踏板，破碎锤即可进行破碎作业。

3. 确认将石块破碎后，操作破碎锤操作手把至收回位置，将破碎锤收回，收回后将手把推至停止位置。

第 23 条　装载完毕正常停机时，应按下列顺序操作：

1. 将装载机挖斗放下。

2. 将装载机退出掘进工作面，保持一定的距离以防爆破时损坏设备。

3. 机器停止工作时，挖斗和小臂伸出、大臂放下至斗齿刚好碰到地面，运输槽降至最低位置，手动换向阀置于停止位。

六、特殊操作

第 24 条　当刮板链卡链时要及时停止输送。具体操作为：

1. 把输送正转操纵杆扳至中位。

2. 来回扳动输送操纵杆，使刮板链快速正反冲击，即可解除卡链。

第 25 条　遇到下列情况应停机处理：

1. 随机电缆损坏或挤伤时；

2. 装载机前进、后退、回转等部位有异响时；

3. 装载机掉道时；

4. 装载机前方、两侧过人时；

5. 装载机照明灯损坏、突然熄灭时；

6. 操作箱按钮失灵时。

七、收尾工作

第 26 条　装载结束后，应将装载机退到安全距离外，同时将挖斗落地，将所有操作阀按钮置于中位，按下电动机“停止”按钮，并断开电源总开关，悬挂好电缆。清扫装载机上的矸石块、粉尘。

第 27 条　对本班装载机运行情况以及出现的故障和处理情况，向接班人员交代清楚，并填好运行记录。

挖掘式装载机维修工

一、适用范围

第 1 条　本规程适用于在煤矿掘进工作面从事挖掘式装载机维修作业的人员。

二、上岗条件

第2条 必须经过专门技术培训、考试合格后,方可上岗。

第3条 必须遵守电钳工的一般规定,熟悉装载机的各部结构和工作面的供电系统,掌握机械设备的完好标准、油脂管理标准、安全技术标准、维护保养标准及规定。

三、安全规定

第4条 作业前必须进行本岗位危险源辨识,严格执行敲帮问顶及围岩观测制度,严禁空顶作业,并检查确保作业地点通风良好、有害气体不超限,作业时必须严格执行"手指口述"。

第5条 挖掘式装载机维修时,除执行本规程外,还必须认真执行《煤矿安全规程》、作业规程及其他相关法律、法规的规定。

第6条 必须先切断机器电源、闭锁开关,然后进行维修工作,并挂好"有人工作,不准送电"牌。

第7条 机器应定期进行维修。

1. 日常维修:每日维修。
2. 定期维修:每周或每月维修。
3. 中期维修:半年维修一次。
4. 年终维修:一年维修一次。

四、操作准备

第8条 下井前必须查阅侧卸式装载机的运行情况记录,认真听取上一班作业人员的介绍。

第9条 备足工作器具、常用材料、备品、备件及施工防护用品。

五、正常操作

第10条 必须按维修操作标准进行检查、拆装和维修。

第11条 维修时必须将挖斗和小臂伸出、大臂放下至斗齿刚好碰到地面,运输槽降至最低位置,并断开装载机上的电源开关;严禁其他人员在工作臂和转载桥下方停留或作业。

第12条 要严格按照技术要求,对机器进行润滑、维护保养,不得改变注油规定和换油周期。

第13条 经常保持机器的完整和清洁。设备维修时,严禁水及脏物污染油路系统。

第14条 经常检查并拧紧各部位的螺栓、螺母,链条销脱落后应及时补上再投入使用。

第15条 经常检查各液压元件及管路连接处,消除渗漏;检查高压软管是否有破损,如损坏要及时更换。

第16条 经常检查油箱油面高度及油温,油面若低于油标应及时补充液压油,油箱油温的最佳使用温度为30～60 ℃,油箱油温若超过65 ℃应停机冷却;系统温度不应超过80 ℃。

第17条 凡有油杯部位须每周加润滑脂一次,工作机构连接销轴每天要加润滑脂一次。

第18条 每月一次或在察觉液压系统工作压力异常时,检查并调整各油路工作压力。

第19条 发现履带上方区悬垂量大于30 mm时,须及时调整。

第20条 经常检查履带板连接螺栓及行星减速液压马达连接螺栓有无脱落及松动现

象,如有问题要及时处理。

第21条 发现运输槽尾部刮板链的下垂量大于150 mm时,须及时调整;链条过松容易产生卡链,过紧运转阻力大、零件容易磨损。

第22条 定期检查电气设备的接地装置和防爆性能,防爆面保证有油防止生锈。

第23条 凡装配有易损钢套、铜套的关节旋转处部件,每天上班前要检查磨损状况,发现有松动要及时更换,严禁继续使用。

六、收尾工作

第24条 维修工作结束后,应对装载机进行全面检查,并参照出厂验收要求试车,符合要求后,方可交付司机使用。

第25条 清理好机器表面,并将工具及技术资料整理好,放置在专用工具箱内,妥善保管。

第26条 维修人员应将机器存在问题及维修情况向司机和有关人员交代清楚,并做好维修记录,存档备查。

挖掘式装载机安装工

一、适用范围

第1条 本规程适用于在煤矿掘进工作面从事挖掘式装载机安装作业的人员。

二、上岗条件

第2条 必须经过专门技术培训、考试合格后,方可上岗。

第3条 必须熟悉所用设备的性能、构造、原理,能熟练、准确地对装载机各部件进行安装调试。

三、安全规定

第4条 作业前必须进行本岗位危险源辨识,严格执行敲帮问顶及围岩观测制度,严禁空顶作业,并检查确保作业地点通风良好、有害气体不超限,作业时必须严格执行"手指口述"。

第5条 挖掘式装载机安装时,除执行本规程外,还必须认真执行《煤矿安全规程》、作业规程及其他相关法律、法规的规定。

第6条 所有车辆在每次运输前均要进行彻底全面检查,所有封车件必须牢固,装车宽度、高度一律不允许超过规定,发现问题应及时处理,否则严禁运输。

第7条 装卸车时,人员要相互协调一致,不得乱扔乱放,现场码放的物件要牢稳可靠,安全间隙要达到0.5 m以上,要防止挤手碰脚事故的发生。在井下装卸、搬运、安装过程中应避免强烈震动,严禁翻滚,必须轻放。

第8条 需抬架的部件,人员要统一指挥,看好后路,并起落呼应一致,防止挤手碰脚。

第9条 起吊前,所有锁具及起吊用具应认真检查,同时应时刻注意观察起吊锚杆和所用锁具的情况,发现问题及时处理。

第10条 各部件在起吊前必须先进行试吊,确认无误后,方可准备起吊。

第 11 条 各种起吊锁具必须达到完好标准，确保安全，起吊锁具与起吊物件之间必须连接牢固。

第 12 条 起吊前要通知周围的人，并有专人监护安全，防止其他人进入起吊 5 m 范围内，避免出现意外。

第 13 条 起吊重物时应掌握好重心，在起吊物将要离开地面时，人员要躲开物体可能摆动的方向，防止起吊物晃动伤人或出现意外。

四、操作准备

第 14 条 根据安装需要，带齐安装工具、备品、备件。

第 15 条 各油管、接头等必须用专用塑料帽封闭，以防脏物进入，螺纹处要进行包扎，避免运输途中挤坏。

第 16 条 小零件（销子、垫圈、螺母、螺栓、U 形卡等）应由专人负责管理并集中存放，以免丢失。

第 17 条 检查各连接螺栓的防松垫圈是否齐全以及松紧程度是否符合要求。

第 18 条 液压系统的接头部分必须擦拭干净，不得有灰尘和杂质进入。同时检查密封圈是否齐全或损坏。

第 19 条 在分体拆卸或修理装配时，都必须严格对各液压系统的油路、油箱的管口或液压阀和液压马达的进、出油口，用同一口径的塑料盖堵塞好，并用帆布盖牢，以免液压系统进杂物而损坏液压阀和液压马达。

第 20 条 在分体拆卸或修理装配时，将油缸拆下来，并将各油缸的活塞杆缩进油缸体内；在分体拆卸运输时，还必须用麻布捆紧扎好，才能运输，严禁碰撞油缸体和活塞杆。

五、正常操作

第 21 条 安装行走机构：左右履带与行走架的连接，左右行走架间的连接。

第 22 条 安装运输机构：刮板输送机前节、中节、后节。

第 23 条 安装工作机构：龙门架和大臂、小臂和挖斗。

第 24 条 连接各液压管路。

第 25 条 安装操作台、油箱和开关等。

第 26 条 电气部件安装要由专人担任。进入接线盒的电缆直径要与橡皮垫的孔径相符，压紧接线头应保证橡皮垫与电缆间和橡皮垫与接线盒无间隙，否则将失去隔爆性能。

第 27 条 供电。

第 28 条 安装转载机。

1. 安装挖掘式装载机的连接部件。

2. 安装中间架。

3. 安装电滚筒、跑车。

4. 供电。

第 29 条 调试。

1. 试运行前的准备工作：确认电路已接通，电缆松紧适度；确认油箱已按规定加注液压油；对连接部位的销轴、油缸部位接合面相互摩擦的地方涂上润滑脂；经检查确定作业环境安全。

2. 试运行：首先启动行走系统查看机器行驶是否正常，转向系统是否灵活；再启动输送系统运转观察其是否正常;其次启动挖掘部分,查看伸展臂是否正常,伸展臂转动是否灵活。

3. 调整好液压系统工作压力。

六、收尾工作

第30条 安装竣工后,要认真清点工具及剩余材料、备件,清理现场卫生。

第31条 保存好安装时的技术资料详细记录,以备整理上报、验收,按规定存档。

挖掘式装载机撤除工

一、适用范围

第1条 本规程适用于在煤矿掘进工作面从事挖掘式装载机撤除作业的人员。

二、上岗条件

第2条 必须经过专门技术培训、考试合格后,方可上岗。

第3条 必须熟悉机器的结构,能熟练、安全地对装载机进行拆卸。

三、安全规定

第4条 作业前必须进行本岗位危险源辨识,严格执行敲帮问顶及围岩观测制度,严禁空顶作业,并检查确保作业地点通风良好、有害气体不超限,作业时必须严格执行"手指口述"。

第5条 挖掘式装载机撤除时,除执行本规程外,还必须认真执行《煤矿安全规程》、作业规程及其他相关法律、法规的规定。

第6条 拆除液压系统前,必须先释放残压后方可拆除,拆除的油管必须用塑料膜包裹好油嘴、油管,油管要集中摆放。

第7条 起吊物件重量采用相应导链进行吊装,吊装作业人员下放时掌握好物体的重心,做到平、稳、牢,人员应在安全地点进行起吊和观察起吊情况。

四、操作准备

第8条 首先要将装载机周围的杂物清理干净,保证装载机在拆卸后能够放置平稳。了解现场情况,准备好所有施工材料、施工器具以及运输所需的车辆。

第9条 按当日工作需要和分工情况选择合适的起重用具、拆卸工具、器械等,检查吊梁、吊具、绳套、滑轮、千斤顶等起重设施和用具是否符合安全要求,确认安全可靠后方可使用。

五、正常操作

第10条 拆解顺序:依次拆解各盖板类、油箱、挖斗及铲臂、龙门架、输送带、输送槽、液压油缸、驾驶舱及底盘、油箱舱和底盘。

第11条 将各盖板的连接螺丝拆下后,并取下零碎盖板,然后使用5 t导链将剩余大型盖板进行起吊。

第12条 盖板拆下后,先将油箱内的液压油完全放出至干净的油桶内,然后拆解油箱舱内油箱,在拆解下油箱后,在油箱的各个油嘴上和相应的连接管上做好标记,保证在组装时能够完好地组装起来。最后使用密封塑料袋和尼龙扎带，将油管头和油嘴用干净的白布进行包扎，防治杂物污染油管和油嘴。

第 13 条　铲臂和挖斗拆解前应该先将挖斗臂恢复完全蜷缩状态，在进行挖斗和挖斗臂的拆解时，先使用 10 t 导链将挖斗和铲臂进行起吊，以铲臂不离开地面且起吊绳环张紧为宜，然后由电修工拆除龙门架和大臂的连接销、螺丝，然后使用 10 t 导链完全起吊至附近开阔地方，放倒后再进行大臂和小臂连接销的拆卸。大臂油缸和小臂油缸不单独拆卸，跟随大臂、小臂同时拆卸装车。

第 14 条　龙门架和输送槽的连接是使用螺丝连接的，但是为了防止在拆卸过程中龙门架倾倒，所以依然使用 10 t 导链将龙门架起吊，以龙门架不离开地面且起吊绳环刚刚张紧为宜，随后再进行螺丝的拆卸。

第 15 条　输送槽的尾槽部位，先将输送带调松弛，然后利用扳手等工具拆开输送带的插销口，利用大锤等工具将输送带的连接销拆下，再使用预先准备好的绳环将输送带拽离输送槽。

第 16 条　拆解输送槽时，先要将输送槽前槽和中槽进行拆解，然后用 10 t 导链将中槽的尾部进行起吊。中槽起吊以中槽在原有的离地高度不变，且绳环张紧为宜，然后将中槽升降油缸拆解下来，并将中槽的前端与底盘的连接部位使用大锤等工具进行拆解。在中槽的前端挂上绳环，使用 10 t 导链将中槽缓缓起吊，并吊放至不影响拆卸的地点，最后再进行尾槽的拆除。

六、收尾工作

第 17 条　拆除后的各部件严格按标准进行封车，运输至指定地点。负责人应对现场再检查一遍，有无丢下的零部件。

第 18 条　对易损、怕碰的设备或部件的接合面要采取保护措施，如绳索或铁丝要捆扎在不易损坏的部位或在捆扎部位加垫块等。

第 19 条　撤除结束后，要认真清点工具及剩余材料、备件，清理现场卫生。

掘进质量验收工

一、适用范围

第 1 条　本规程适用于在煤矿掘进工作面从事质量验收作业的人员。

二、上岗条件

第 2 条　上岗前必须经过专业技术培训、考试合格后，方可上岗。

第 3 条　认真学习《煤矿安全规程》、作业规程的有关内容，熟练掌握掘进施工质量验收标准和有关计量器具的使用、操作与维护，熟悉掘进施工工艺，具有一定的现场施工经验。

三、安全规定

第 4 条　作业前必须进行本岗位危险源辨识，严格执行敲帮问顶及围岩观测制度，严禁空顶作业，并检查确保作业地点通风良好、有害气体不超限，作业时必须严格执行

“手指口述”。

第5条 验收时，除执行本规程外，还必须认真执行《煤矿安全规程》、作业规程及其他相关法律、法规的规定。

第6条 质量验收工要有高度的工作责任心，严格遵循“检查上道工序，保证本道工序，服务下道工序”的工序管理原则，认真做好施工过程中每道工序的质量监督、检查。

第7条 质量验收工对各种检测数据要认真记录，及时整理，对质量不合格的及时安排整改，并做好复查工作。

第8条 质量验收工作应与现场负责人一起进行，以便确认和安排整改。

第9条 严格执行现场交接班制度。交接班时对现场安全状况、施工质量、施工进度和现场材料、工具、设备的使用状况以及其他重要事项，要交代清楚。

四、操作准备

第10条 作业环境安全检查。

1. 按照“由外向里、先顶后帮”的原则，认真检查工作范围内的支护状况，用长柄工具找掉顶帮及迎头的活矸、危岩。

2. 通风状况良好，各种安全设施齐全，设备灵敏、可靠。

3. 用于登高作业的梯子或脚手架敷设，必须牢固可靠。

4. 检查机电设备、安全设施完好等。

第11条 工具材料及中、腰线检查准备。

1. 备齐各种计量器具及其他工具材料，对计量器具进行校核，保证计量准确且能满足使用要求。一般验收工要随身携带钢尺、软尺、工程线、喷漆、验收记录本、记录用笔和必要的施工图纸，主要工程还要携带专用检测用具、仪表、仪器。专用检测用具可以在现场安置保管使用，如：力矩扳手、锚杆拉力器、坡度规。

2. 对施工地点的中、腰线标志点进行校核、延线。使用激光指向的施工地点，要对激光指向仪的工作状态进行检查，发现问题及时处理。

五、正常操作

第12条 一般步骤。

1. 确定验收基准线：根据设计要求及现场情况，按照巷道中心线与施工中心线、拱基线与腰线的关系，确定验收基准线并做好标记。

2. 画巷道轮廓线：根据巷道断面图及施工大样图画好施工巷道轮廓线。

3. 验收：根据验收基准线和巷道轮廓线，按照作业规程和工程质量验收标准，逐项进行检查、验收，对不合格项目安排整改，并做好记录。

第13条 验收基准线确定方法。

1. 采用激光指向的掘进工作面：根据施工巷道的中、腰线与激光点中心位置关系确定。

2. 无激光指向的掘进工作面：

(1) 采用人工看线确定巷道施工中心线，根据施工中心线与巷道中心线的位置关系确定巷道基准线。

(2) 采用坡度规(或其他量测工具)的，分别由两帮腰线标志点，按设计坡度向迎头延接腰线，根据施工腰线与验收基准腰线的关系，确定验收基准腰线并做好标记。坡度规延腰线时线要拉紧，取正反两次标志点的中间位置。

3. 半圆拱巷道工作面积矸过多无法找出半圆拱中心位置时，可采用平弦法确定积矸上部半圆拱轮廓线。

(1) 巷道中心线可按第 10 条的有关要求确定。

(2) 将原腰线或拱基线，换算提高到超过矸石堆积高度作为施工腰线并延到迎头，以确定半圆拱拱顶高度并做好记录。

(3) 结合(1)、(2)项确定拱顶中心位置。

(4) 根据施工大样图中各弦线位置与弦长的数据关系，从拱顶向下依次确定弦线的端点位置并做好记录。

(5) 将确定的弦线端点用平滑曲线进行连接，画出拱部巷道轮廓线。

第 14 条 质量验收(根据支护形式、类型不同分别执行矿统一制定的质量标准)。

1. 支护材料的规格、质量、数量、位置、顺序等是否符合要求。

2. 掘进毛断面质量：光爆眼痕率、超挖和欠挖尺寸、迎头断面平整度、循环进尺、最大控顶距是否符合要求。

3. 临时支护质量：临时支护的数量、规格、位置、背帮接顶质量及迎头空顶距是否符合要求。

4. 巷道支护质量：净宽、净高及中腰线，架棚巷道的前倾后仰、迎山角、撑木和垫板的位置与数量、背帮接顶质量、柱窝深度、棚距、支架梁水平、棚梁接口等是否符合要求。

5. 锚喷质量：锚杆(索)间排距、角度、位置、外露长度、预紧力、拉拔力，托盘压网质量、金属网铺设搭接、混凝土厚度、表面平整度、基础深度等是否符合要求。

6. 炮眼角度、深度、位置等是否符合要求。

7. 水沟、轨道质量是否符合要求。

8. 风水管路、电缆吊挂、卫生清理、材料码放是否符合要求。

9. 其他验收项目是否符合要求。

第 15 条 注意事项。

1. 测量巷道几何尺寸时，必须垂直巷道中、腰线。

2. 使用坡度规测量坡度或角度时，必须将坡度规正反方向测量 2 次取其平均数值。使用坡度规延腰线和测量角度仪使用于一般巷道，主要巷道延测必须使用经纬仪。

3. 测量架棚巷道的三角线时，其测量基准点必须在巷道中心线位置上。

4. 现场测试锚杆(或锚索)的拉拔力时，必须由专人扶住与锚杆(或锚索)连接的张拉装置，张拉时人员应躲至安全地点，张拉后先卸压，人员再靠近，然后撤除与锚杆连接的张拉装置并将锚杆重新紧固。

5. 质量检测时，必须在完好支护的空间内进行操作，严禁在空顶下作业。

6. 为简化工作，施工中延腰线可使用水平专用胶管，但必须正确使用。

六、收尾工作

第 16 条 根据现场验收记录表的内容要求，如实填写各种测量数据，不得遗漏或弄虚作假。

第 17 条 质量验收工上井后，必须将各种验收记录及时进行统计处理，对存在的质量和安全问题及时汇报并记录。

第 18 条 各种验收记录必须妥善保管，以便作为奖惩和质量评定的依据。

卸压钻孔工

一、适用范围

第1条 本规程适用于在冲击地压煤矿井下从事防冲卸压钻孔作业的人员。

二、上岗条件

第2条 必须经技术培训，掌握防冲及卸压钻孔施工有关规定要求，考试合格后，方可上岗。

第3条 应熟悉所用设备的性能、构造、原理，掌握一般性的维修保养和故障处理技能，熟悉冲击地压发生征兆，能够基本判定卸压钻孔施工过程中应力集中程度。

三、安全规定

第4条 作业前必须进行本岗位危险源辨识，严格执行敲帮问顶及围岩观测制度，严禁空顶作业，并检查确保作业地点通风良好、有害气体不超限，作业时必须严格执行“手指口述”。

第5条 卸压钻孔操作时，除执行本规程外，还必须认真执行《煤矿安全规程》、作业规程及其他相关法律、法规的规定。

第6条 钻眼过程中，必须有专人监护顶帮安全，并注意观察钻进情况。

第7条 有下列情况之一时不得钻眼，处理后方可作业。

1. 供水管内无水，防尘设施不齐全或防尘设施损坏、失效时；
2. 施工区域支护薄弱或失效时；
3. 有煤和瓦斯突出征兆时；
4. 工作面有透水预兆（挂红、挂汗、空气变冷、发生雾气、水叫、顶板淋水加大、顶板来压、底板鼓起或产生裂隙涌水、水色发浑有臭味等异状）时；
5. 钻眼过程中，如发现孔内煤岩粉量增大、钻屑颗粒明显增大，或者煤岩粉排不出来，卡钻、抱钻、顶钻、煤炮频繁、支架变形、底鼓等严重冲击地压预兆时；
6. 工作面应清理的浮煤、浮矸没清理干净或积水没有排除时；
7. 钻孔突然与采空区或旧巷相透时；
8. 其他安全隐患未排除时。

第8条 发现有煤岩变松、片帮、来压或钻孔中有压力水、水量突然增大，或出现有害气体涌出等异常现象时，必须停止钻眼，切断动力源，但钻杆不要拔出，工作人员应立即撤至安全地点，并迅速向矿调度室等有关部门汇报，等待处理。

第9条 打眼前要做到“三紧”、“两不要”，即：袖口、领口、衣角紧，不要戴布、线手套，不要把毛巾露在外面。

第10条 打眼过程中，人员严禁正对钻机，禁止用手托扶钻杆。

第11条 有下列情况之一时，应立即停止打眼，经查明原因处理好后，方可继续打眼。

1. 钻杆卡住、钻杆弯曲、钻头磨损合金片脱落时；
2. 钻机声音突然不正常时；
3. 钻杆严重震动，顶钻、吸钻、卡钻等冲击地压预兆显现时。

第12条 接近采空区、旧巷及巷道贯通等特殊地段，必须制定安全措施进行钻眼。

第 13 条 使用设备必须有“MA”标志。履带式坑道钻机入井前应由防爆电气设备检查工检查其防爆性能，确认防爆性能良好，方准入井使用。

第 14 条 巷道坡度大的地点，应设置挡板，防止人员滑下和煤岩滚动伤人，并将电缆及风水管固定好。

第 15 条 严格按照措施规定的眼位、角度、深度、个数施工，不合格的必须重新钻眼。

四、操作准备

第 16 条 操作前所有操作开关、操作平台手把均处于“关闭”位置。

第 17 条 对风水管路进行放风放水，排出管路内杂物，按标志牌所示连接管路。

第 18 条 兼作煤粉量观测孔的钻孔打眼时必须按措施在规定位置安装防尘喷雾装置，打眼前打开装置进行喷雾降尘。

第 19 条 备齐拔轴器、涨簧销、套节麻花钻杆、钻头等所需工具。检查钻具是否完好，风管是否有漏风现象。

第 20 条 打眼前，先敲帮问顶，找掉危岩悬矸，对安全隐患及时进行处理，将工作地点的浮煤及脏杂物清理干净。

第 21 条 按要求把钻机稳压固定，架柱支撑牢固并拴防倒绳，防止钻机倾翻。

第 22 条 经检查确定作业环境安全、机器完好后，开空车检查下列情况：

1. 各操作按钮是否灵活可靠。

2. 钻机正转、反转、前进、后退等各传动系统是否正常。

五、正常操作

（一）ZQJC 系列气动架柱式钻机

第 23 条 开车前检查钻机是否安装平稳，固定牢固，打眼由 3 个人操作，具体分工：一人控制钻机的操作台，一人负责观察顶板，一人负责观察钻屑变化及加装钻杆。操作台位置距离钻孔 3～5 m。

第 24 条 操作者与钻机要保持适当的安全距离，以防钻杆折断时发生意外，严禁用手触摸旋转的钻杆。

第 25 条 钻进时操作。

1. 开机前要认真检查油杯中的油量，若发现油量不足应及时加注机油。

2. 将钻机各部分组装好，连接处要接牢靠，打开气阀、水阀，将管路中的脏物吹干净。

3. 检查供气系统，确定控制开关处于关闭位置后，连接钻机进气管。

4. 将钻孔处铁丝网剪开 200 mm×200 mm 的网口，防止金属网缠绕钻杆，工作完毕再将铁丝网连接好。

5. 试运转：操作司机启动控制台操作手把向前或向后让钻车前进或后退，操作旋转控制手把向前或向后，钻机正转或反转。

第 26 条 先用手镐刨点定位，定位后，使钻头顶紧定位点。间断地送风 2～3 次，使钻头缓慢钻进煤体 100～200 mm。

第 27 条 钻头钻进煤体 100～200 mm 后，及时开启防尘喷雾，然后送风钻进，推进时要均匀用力，直到钻进至设计深度。打眼过程中注意观察钻机运转情况，发现问题及时停钻处理。

第 28 条 当钻机突然卡钻时，可能会产生较大的反扭矩，操作者应小心操作，以防扭伤。

（二）ZLJ 系列液压钻机

第 29 条 开车前检查钻机是否安装平稳，压柱固定牢固，油箱中应加满 31# 或 46# 抗磨液压油，标准是油箱容积的 80%，打眼由两人操作，一人控制钻机操作台，一人负责观察顶帮压力变化并负责夹持钻杆。

第 30 条 接上电源，点动开关，检查电动机转向是否正确。钻机拆搭火必须由电工操作，严格执行停送电制度，坚持“谁停电，谁送电”，停电必须挂停电牌。停电后，开关先放电后验电，确认停电后方准拆搭火。

第 31 条 松开紧固回转器上 4 个螺母，将回转器旋转至钻进位置后锁紧松开的螺母，固定好回转器。

第 32 条 将离合手把推至离开位置，按下开关，操作卡紧手把，检查压力表压力应在 5～7 MPa之间。

第 33 条 液压卡盘手把放置在松开位置，松开卡爪，放入钻杆，并接牢钻头及提水器(水接头)，接上压力水源(1.5 MPa)并夹紧卡爪方可开钻。

第 34 条 合上离合器，开始钻孔，并严格按钻孔有关参数工作。

第 35 条 钻完一个行程(400 mm)后，将离合器手把(注意：因离合器为液压结合、弹簧松开，在分离时有短暂的卸压时间，在分离离合器时将控制手把置于松开位置并保持 3～5 s，确保离合器油缸彻底回位)，松开卡爪，并操作给进油缸手把退回油缸，再次卡紧卡牢，合上离合器手把开始下一次钻进。

第 36 条 加退钻杆时至少 2 人配合操作，1 人控制操纵手把，1 人加退钻杆，加退钻杆时要注意拆卸接手专用工具朝向，人员合理站位，避免飞出伤人。

第 37 条 当一根钻杆用完后，接上一根新钻杆后重复以上动作，达到连续钻孔的目的。

第 38 条 移动钻机时要注意观察运行路线，保证钻机移动空间，不得强行爬坡。

六、特殊操作

第 39 条 在工作面施工卸压钻孔时，工作面刮板输送机开关必须停电闭锁，施工地点上下 10 m 范围内打开液压支架的护帮板，以防止煤壁出现折帮；且施工地点上下 5 架液压支架进液截止阀必须关闭，施工区域内严禁其他作业及无关人员通行。

第 40 条 钻机工作过程中，应随时注意各运动部件的温度变化。轴承、油泵、油马达、电动机等处的温升不得超过规定，否则应停机检查并加以处理。

第 41 条 钻机工作时，注意液压系统的元件、胶管及管接头是否有漏油现象，如有故障应及时处理。

第 42 条 钻机工作时，除了因钻进负荷变化而引起的供油压力、旋转和推进速度的相应变化，系统压力突然大幅度升降引起旋转、推进速度巨变，应立即停机，找出原因，处理故障。

第 43 条 退钻杆过程中，取杆人员和钻机司机必须密切配合，相互照应，精力集中，防止误操作而发生意外。

第 44 条 操作人员位置不得正对钻杆，防止钻孔中钻杆滑出伤人。

第 45 条 钻机工作时出现轻微卡钻、顶钻等动力显现时要采取慢推进多拉钻的方式排出孔内煤粉。

七、收尾工作

第 46 条 当钻机停止工作时，所有操作手把应处于“停止”位置。

第 47 条 施工结束后，施工区域下风流 20 m 范围内全方位冲尘，对钻孔煤粉进行湿润后清理回收。

第 48 条 对钻机、钻杆及附属物进行清理，拆开的管口封堵，按照防冲击地压措施的要求对钻机、钻杆、管路码放整理、防冲生根。

第 49 条 认真填写施工记录，记录施工中出现的动力现象，对卸压钻孔进行挂牌管理，并及时向工区汇报。

第 50 条 对本班卸压钻机运行情况以及出现的故障和处理情况向工区汇报清楚。

煤粉监测工

一、适用范围

第 1 条 本规程适用于在冲击地压煤矿井下从事钻屑法监测钻孔作业的人员。

二、上岗条件

第 2 条 必须经技术培训，掌握防冲及钻屑法有关规定要求，考试合格后，方可上岗。

第 3 条 应熟悉所用设备的性能、构造、原理，掌握一般性的维修保养和故障处理技能，熟悉冲击地压发生征兆，能够基本判定卸压钻孔施工过程中应力集中程度。

三、安全规定

第 4 条 作业前必须进行本岗位危险源辨识，严格执行敲帮问顶及围岩观测制度，严禁空顶作业，并检查确保作业地点通风良好、有害气体不超限，作业时必须严格执行“手指口述”。

第 5 条 煤粉监测作业时，除执行本规程外，还必须认真执行《煤矿安全规程》、作业规程及其他相关法律、法规的规定。

第 6 条 钻眼过程中，必须有专人监护顶帮安全，并注意观察钻进情况。

第 7 条 有下列情况之一时不得钻眼，处理后方可作业。

1. 供水管内无水，防尘设施不齐全或防尘设施损坏、失效时；

2. 施工区域支护薄弱或失效时；

3. 有煤和瓦斯突出征兆时；

4. 工作面有透水预兆（挂红、挂汗、空气变冷、发生雾气、水叫、顶板淋水加大、顶板来压、底板鼓起或产生裂隙涌水、水色发浑有臭味等异状）时；

5. 钻眼过程中，如发现孔内煤岩粉量增大、钻屑颗粒明显增加增大，或者煤岩粉排不出来，卡钻、吸钻、顶钻、煤炮频繁、支架变形、底鼓等严重冲击地压预兆时；

6. 工作面应清理的浮煤、浮矸没清理干净或积水没有排除时；

7. 钻孔突然与采空区或旧巷相透时；

8. 其他安全隐患未排除时。

第 8 条 发现有煤岩变松、片帮、来压或钻孔中有压力水、水量突然增大，或出现有害气体涌出等异常现象时，必须停止钻眼，切断动力源，但钻杆不要拔出，工作人员应立即撤至安全地点，并迅速向矿调度室等有关部门汇报，等待处理。

第9条 打眼前要做到“三紧”、“两不要”，即：袖口、领口、衣角紧，不要戴布、线手套，不要把毛巾露在外面，灯带、灯线、裤管要扎紧。

第10条 非特殊情况下禁止在旧眼、残眼内或煤(岩)裂缝中打眼，打眼过程中，人员严禁正对钻机，禁止用手托扶钻杆。

第11条 使用设备必须有“MA”标志。

第12条 巷道坡度大的地点，应设置挡板，防止人员滑下和煤岩滚动伤人，并将风水管固定好。

第13条 严格按照措施规定的眼位、角度、深度、个数施工，不合格的必须重新钻眼。

四、操作准备

第14条 操作前所有操作开关、手把均处于“关闭”位置。

第15条 对供风管路进行放风排出管路内杂物，按标志牌所示连接管路。

第16条 钻机支腿生根位置必须见硬底，或用板梁等搭架生根。

第17条 施工地点下风口10～20 m位置设置一道防尘喷雾装置，打眼前必须首先打开进行正常喷雾降尘。

第18条 注油器中加足够的润滑油，无油雾喷出时，不准开钻。

第19条 备齐ZQSJ系列钻机一台，以及米尺、弹簧秤、足够数量麻花钻杆、直径41～50 mm钻头、拔轴器、涨簧销、编织袋及风水管路、接头、喷雾嘴等所需工具。检查钻具是否完好，风管是否有漏风现象。

第20条 经检查确定作业环境安全、机器完好后，开空车检查下列情况：

1. 各操作按钮是否灵活可靠。

2. 钻机正转、反转、前进、后退等各传动系统是否正常。

五、正常操作

第21条 打眼由3人操作，两人分别站在钻机的两侧握住钻机的手把使钻机保持平衡，并指定一人作为主司机，控制钻机的启动手把和钻机支腿的升降，一人观察顶帮及钻屑变化。

第22条 选择顶板无淋水地点，依次按标定眼位，剪开200 mm×200 mm的网口，先用手镐刨点定位，定位后，平整清理钻孔地点的浮煤。

第23条 慢慢开动钻机，使钻头顶紧定位点。间断地送风2～3次，使钻头缓慢钻进煤体100～200 mm。

第24条 钻头钻进煤体100～200 mm后，用米尺从煤壁向外在钻杆上量取1 m，用粉笔标记，并在底板上铺好收集煤粉的编织袋，然后送风钻进。推进时要均匀用力，钻进1 m的时间控制在1～2 min，每钻进1 m拉钻3次，钻杆上的标记与煤壁平齐后停钻，收集并称量煤粉量，观察钻屑颗粒变化，接钻杆，进行第2 m的钻进，施工方法同前，直到钻进至设计深度。

第25条 打眼过程中及时记录每米煤粉量、颗粒变化及动力显现等相关数据，打眼结束时，应及时填写记录单。

第26条 当巷道或工作面风速过大时，应采取措施在钻孔进风流侧作一掩体，防止排出的煤粉被吹掉。

第27条 打眼工作结束后，用专用工具将套节钻杆分节卸开，并卸下钻头，切断风源，释放风压。

六、特殊操作

第28条 在工作面施工钻孔检测煤粉时，工作面刮板输送机开关必须停电闭锁，施工地点上下10 m范围内打开液压支架的护帮板，以防止煤壁出现折帮；且施工地点上下5架液压支架进液截止阀必须关闭，施工区域内严禁其他作业。

第29条 有下列情况之一时，应立即停止打眼，经查明原因处理好后，方可继续打眼。

1. 出现卡住钻杆、钻杆弯曲、钻头磨损合金片脱落时；
2. 钻机声音突然不正常时；
3. 钻杆严重震动，出现顶钻、吸钻、卡钻冲击地压预兆显现时。

第30条 接近采空区、旧巷及巷道贯通等特殊地段，必须制定安全措施进行钻眼。

七、收尾工作

第31条 施工结束后，施工区域下风流20 m范围内进行全方位冲尘，对采集的煤粉进行湿润后清理回收，关闭防尘喷雾装置。

第32条 对钻机、钻杆及附属物进行清理，拆开的管口封堵，将钻机、套节麻花钻杆运至指定地点按照防冲击地压措施的要求对钻机、钻杆码放整理、防冲生根。

第33条 认真填写煤粉监测记录，并及时向工区汇报。

第34条 对本班煤粉监测情况以及出现的故障和处理情况向工区汇报清楚。

第4篇　机电运输

缠绕式主井主提升机司机

一、适用范围

第1条　本规程适用于地面主井2JK-4/20型主提升机司机的操作作业，工艺优化、设备改造后按新要求执行。其他缠绕式主井提升机操作时应根据现场情况参照本规程制定适合其操作性能的操作规程。

二、上岗条件

第2条　必须经过培训，并经考试取得合格证后，持证上岗，能独立操作。

第3条　有一定的机电基础知识，熟悉《煤矿安全规程》的有关规定。

第4条　熟悉设备的结构、性能、技术特征、动作原理、提升信号系统和各种保护装置，能排除一般性故障。能够进行计算机设备的一般操作。

第5条　没有妨碍本职工作的病症。

三、安全规定

第6条　上班前严禁喝酒，接班后严禁睡觉、看书和打闹。坚守工作岗位，上班时不做与本职工作无关的事情，严格遵守本操作规程及《煤矿安全规程》的有关规定。

第7条　提升机司机按照矿井实际情况及《煤矿安全规程》要求进行人员配置，并遵守以下安全守则：

1. 严格执行交接班制度，接班后应进行一次空负荷试车(连续作业除外)，每班应进行安全保护装置试验，并做好交接班记录。

2. 禁止超负荷运行(电流不超限)。

3. 不得随意变更各项保护整定值，严禁短接保护装置。

4. 检修后必须试车，并按规定做过卷、松绳保护等保护试验。

5. 操作高压电器时，应戴绝缘手套、穿绝缘靴或站在绝缘台上，一人操作，一人监护(合闸方式为按钮启动时可不使用绝缘用具)。

6. 维修人员进入滚筒工作前，应采用地锁，锁住绞车滚筒，切断电源，并悬挂“严禁动车”的警示牌;工作完毕后，摘除警示牌，并应缓慢启动。

7. 操作滚筒离合时，应严格遵守离合的分、合操作规定及安全注意事项。

8. 停车期间，司机离开操作位置时必须做到：

(1) 将工作闸手把移至施闸位置。

(2) 主令控制器手把置于中间零位。

(3) 切断安全阀电源。

第8条　司机应熟悉各种信号，操作时必须严格按信号执行。

1. 严禁无信号动车。

2. 当所收信号不清或有疑问时，应立即用电话与井口信号工联系，重发信号，再进行操作。

3. 接到信号因故未能执行时，应通知井口信号工，原信号作废，重发信号，再进行操作。

4. 司机不得擅自动车，若因故需要动车时，应与信号工联系，按信号执行。

5. 若因检修需要动车时，应事先通知信号工，并经信号工同意后再通知施工。

6. 打点信号次数。运行信号分别是：一下为停车信号，两下为正常开车信号。检修(对钩)信号分别是：两下为慢提升信号，三下为慢下降信号。每次打点时间长度不小于 0.3 s，连续打点时间间隔不大于 0.3 s。

第 9 条 提升机司机应遵守以下操作纪律：

1. 司机操作时应精神集中，手不准离开手把，严禁与他人闲谈，开车后不得打电话。司机不允许连班顶岗。

2. 操作期间禁止做其他与操作无关的事，操作台上不得放置与操作无关的物品。

3. 司机应轮换操作，每人连续操作时间一般不超过 1 h，在操作未结束前，禁止换人。因身体骤感不适，不能坚持操作时，可中途停车，并与井口信号工联系，由另一名司机代替。

4. 对监护司机的示警性喊话，禁止对答。

5. 司机持证操作，必须精力集中，监护司机负责绞车运行时的监护、巡检。

四、操作准备

第 10 条 司机接班后应做下列检查：

1. 各紧固螺栓不得松动，连接件应齐全、牢固。

2. 联轴器防护罩应牢固可靠。

3. 轴承润滑油油质应符合要求，油量适当，油环转动灵活、平稳；强迫润滑系统的泵站、管路完好可靠，无渗油和漏油现象。

4. 各种保护装置及电气闭锁必须完整无损；试验过卷、松绳、脚踏紧急制动、闸瓦磨损、油压系统欠压保护，声光信号和警铃都必须灵敏可靠。

5. 制动系统中，闸瓦表面应清洁无油污，液压站油泵运转应正常，各电磁阀动作灵活可靠，位置正确；油压系统运行正常，液压站油量油质正常。

6. 离合器油缸和盘式制动器不漏油。

7. 离合器位置正常，闭锁到位。

8. 各种仪表指示应准确，信号系统应正常。

9. 检查计算机是否工作正常，数字及模拟深度指示器显示应正确。

10. 检查钢丝绳的排列情况及衬板、绳槽的磨损情况。

11. 冬季室外结冰期间，要检查钢丝绳、绳槽等部位，防止结冰引起钢丝绳打滑、脱槽。

12. 检查中发现的问题，必须及时处理并向当班领导汇报。处理符合要求后，方可正常开车。

第 11 条 操作方法选择。

1. 变频运行。

(1) 按照操作规程将高压进线柜高压停电。

(2) 打开高压切换柜前面的柜门，把 QS2 刀开关合在下面的触头上，确认接触良好并且辅助触点也接触良好。

(3) 切换柜前面左侧隔离开关拉到下部，确认合到位置定位销正确。

(4) 将切换柜内—SA1 至—SA4 转换开关转换到变频位置(转换开关在 1 位)，关好柜门确认安全。

(5) 切换柜内柜外确认合闸到位后，面板定子变频和转子变频指示灯亮，此时转子电阻已经短接。

(6) 送上控制变频柜高压开关柜的电源，变频柜有指示，确认变频柜正常后可以运行。

2. 工频运行。

(1) 按照操作规程将变频高压进线柜和与其相关的高压停电。

(2) 打开高压切换柜前面下部的柜门，把 QS2 刀开关合到上部，确认接触良好并且辅助触点也接触良好。

(3) 切换柜前面左侧隔离开关推到上部，确认合到位置定位销正确。

(4) 将切换柜内—SA1 至—SA4 转换开关转换到工频位置(转换开关在 0 位)，关好柜门确认安全。

(5) 切换柜内柜外确认合闸到位后，面板定子工频和转子工频指示灯亮，此时转子电阻 1～8 级恢复。

(6) 送上控制工频高压进线柜的电源，确认工频系统正常后可以运行。

第 12 条　提升机启动前应做以下工作：开车前准备工作：将各转换开关放在正常状态，主令控制器、工作闸手把在零位，安全条件具备指示灯亮，按一下制动泵启动按钮，安全继电器指示灯亮，制动泵开指示灯亮；提前将润滑泵开关顺时针旋转 45°或逆时针旋转 45°，开车时只需推动工作闸时，润滑泵会自动开启，润滑泵开指示灯亮。注意：顺时针旋转 45°开 1 号润滑泵，逆时针旋转 45°开 2 号润滑泵。

五、操作顺序

第 13 条　在一般情况下按以下操作顺序进行：

1. 启动：开动辅助设备→收到开车信号，确定提升方向→松开工作闸→操作主令控制器→开始启动→均速加速→达到正常速度，进入正常运行。

2. 工频停机：根据负荷情况选定减速方式。

(1) 正力减速：到达减速位置→操作主令控制器→开始减速→施闸制动→停车。

(2) 负力减速：到达减速位置→主令控制器和工作闸手把不动→自动减速→低频制动→施闸停车。

3. 变频停机：到达减速位置→主令控制器和工作闸手把不动→自动减速→低频制动→施闸停车。

六、正常操作

第 14 条　提升机的启动与运行。

1. 启动顺序：

(1) 接到开车信号后，将工作闸移至松开位置，开启润滑泵，指示灯亮。

(2) 根据信号及深度指示器所显示的容器位置，确定提升方向，操作工作闸至松开位置，同时将主令控制器推出，开始启动。

(3) 正力开车根据绞车启动电流变化情况，操作主令控制器，使提升机均匀加速至规定速度，达到正常运转。

(4) 低频负力开车，待绞车启动后，将主令控制器手把置于顶部，工作闸全部敞开，绞车根据设定程序自行达到正常运行速度。

(5) 变频开车，将工作闸推到全松闸位置，然后把主令控制器根据信号向前推或向后拉底，绞车会自动加速进入全速运行状态。

(6) 变频手动井车，待绞车启动后，将主令控制器手把置于顶部，工作闸全部敞开，绞车速度加至速度为 0.5 m/s,保持速度运行。

(7) 变频半速开车,将正力开关顺时针旋转 90°,将工作闸推到全松闸位置,然后把主令控制器根据信号向前推或向后拉底,绞车会自动加速进入变频半速开车方式,速度控制在 1.8 m/s。

2. 提升机在启动和运行过程中,应随时注意观察以下情况:

(1) 电流、电压、油压等各指示仪表的读数应符合规定。

(2) 深度指示器指针位置和移动速度应正确。

(3) 信号盘上的各信号变化情况。

(4) 各运转部位的声响应正常,无异常震动。

(5) 各种保护装置的声光显示应正常。

(6) 钢丝绳有无异常跳动,电流表指针有无异常摆动。

第 15 条 提升机正常减速与停车。

1. 工频开车。

(1) 根据深度指示器指示位置或警铃示警及时减速。

① 正力减速:工作闸手把在全松闸位置,司机根据绞车运行速度在电动机转子回路加入电阻,使绞车速度逐渐降低,到达终点后拉回工作闸手把绞车抱闸停车。

② 负力减速:绞车运行到减速点后,绞车根据设定速度原则减速。当电动机的反电势低于 600 V 后,主控台发出控制信号,低频电源加到主电动机上低频制动,最终使实际速度按给定的速度运行,自动平衡地过渡到爬行段,低频制动结束,开始爬行后,电动机处于电动运行状态,一直到终点。

(2) 根据终点信号,及时用工作闸准确停车,防止过卷。

2. 变频开车。

当绞车全速运行到减速点后会自动减速、爬行、运行到停车位后自动停车,停车后司机将主令和工作闸拉到零位即可。

第 16 条 提升机司机应进行班中巡回检查。

1. 巡回检查一般为每小时一次。

2. 巡回检查要按检查路线图和检查内容依次逐项检查,不得遗漏。巡回检查的重点是安全保护系统。

3. 在巡回检查中发现的问题要及时处理。

(1) 司机能处理的应立即处理。

(2) 司机不能处理的,应及时上报,并通知维修工处理。

(3) 对不会立即产生危害的问题,要进行连续跟踪观察,监视其发展情况。

(4) 所有发现的问题及其处理经过,必须认真填入运行日志。

七、特殊操作

特殊操作时必须制订专项措施,并严格执行如下规定:

第 17 条 进行特殊吊运时,井筒信号工必须将吊运物件的名称、尺寸和重量通知提升机值班司机,提升机的速度应符合下列规定:

1. 用罐笼运送硝化甘油类炸药或雷管时,运行速度不得超过 2 m/s,运送其他爆炸材料时,不得超过 4 m/s。

2. 进行以上一项运送，在启运和停止提升机时，不得使罐笼发生震动。

3. 吊运特殊大型设备(物品)及长材料时，其运行速度一般不应超过 1 m/s。

4. 人工验绳的速度，一般不大于 0.3 m/s。

5. 因检修井筒装备或处理事故，人员需站在提升容器顶上工作时，其提升容器的运行速度一般为 0.3～0.5 m/s。

第 18 条　提升机运行过程中的事故停车。

1. 运行中出现下列现象之一时，应立即断电，用工作闸制动进行中途停车。

(1) 电流过大，加速太慢，启动不起来，或电流变化异常时；

(2) 运转部位发出异响时；

(3) 出现情况不明的意外信号时；

(4) 过减速点不能正常减速时；

(5) 保护装置不起作用，不得不中途停车时；

(6) 出现其他必须立即停车的不正常现象时。

2. 运行中出现下列情况之一时，应立即断电，使用工作闸进行紧急停车。

(1) 接到紧急停车信号时；

(2) 接近正常停车位置，不能正常减速时；

(3) 绞车主要部件失灵，或出现严重故障必须紧急停车时；

(4) 保护装置失效，可能发生重大事故时；

(5) 出现其他必须紧急停车的故障时。

3. 在运行中出现松绳现象时应及时减速，如继续松绳时，应立即停车后反转，将已松出的绳缠紧后停车。

4. 事故停车后的注意事项：

(1) 出现上述 1、2、3 款情况之一停车后，应立即上报矿调度或有关部门，通知维修工处理，事后将故障及处理情况认真填入运行日志。

(2) 运行中发生事故，在故障原因未查清和消除前，禁止动车。原因查清后，故障未能全部处理完毕，但已能暂时恢复运行，经矿调度同意并采取安全措施后可以恢复运行，将提升容器升降至终点位置，完成本钩提升行程后，再停车继续处理。

(3) 钢丝绳如遭受卡罐或紧急停车等原因引起猛烈拉力时，必须立即停车，对钢丝绳和提升机的有关部位进行检查，确认无误后，方可恢复运行。否则应按规定进行处理后，方可重新恢复运行。

(4) 因电源停电停车时，应立即断开总开关，将主令控制器手把放至零位。工作闸手把置于施闸位置。

(5) 过卷停车时，如未发生故障，经与井口信号工联系，维修电工将过卷开关复位后，可返回提升容器，恢复提升，但应及时向领导汇报，填写运行日志。

(6) 在设备检修及处理事故期间，司机应严守岗位，不得擅自离开提升机房，检修需要动车时，须由专人指挥。

第 19 条　双滚筒提升机的对绳操作。

1. 工频操作：

(1) 对绳前，必须将两钩提升容器空载。

(2) 对绳时，必须先将活滚筒采用地锁锁好，方可打开离合器。

(3) 每次对绳时，应向活滚筒铜套注油后再进行对绳。

(4) 按以下有关步骤调绳：调绳开关打至正确的调绳位置，同时打开深度指标离合器。

① 在专职维修工监护指挥下，停止制动泵，关闭液压站固定卷筒、游动卷筒制动器控制球阀，将调绳控制 1HK 右转 45°，将安全阀开关控制 3HK 开关打到中间位置，检查调绳安全联锁输入信号 JXK7.＜X41＞是否有输入信号，启动制动泵，将 G1 阀控制开关 5AK 左转 90°，向前推工作闸手把，离合器开始分离，当离合器打开后，调绳开始指示灯灭，调绳开始。

② 将安全阀控制开关 3HK 左旋 45°，1AK 控制开关左转 45°，G4 安全阀通电吸合，G3、G5、G6 为断电状态，打开液压站固定滚筒制动器管路控制球阀。此时，司机按正常开车方式，开动绞车（绞车速度 0.2～0.5 m/s）使固定滚筒转动，直到容器到达所需位置，抱闸停车，同时在调绳过程中往铜套及尼龙套内加注适量黄油。

③ 调绳完毕后看一下离合器齿牙是否对正，如对正将 G1 阀控制开关 5AK 复位、G2 阀控制开关 6AK 左转 90°，安全阀控制开关 3HK 打到中间位置，关闭固定卷筒制动器管路球阀，向上推工作闸手把离合器开始往里进，当离合器进到位后，调绳到位灯灭，停止制动泵运行，将所有开关恢复正常位置，按压 G1、G2、G3、G4 换向阀是否复位，调绳完毕。

(5) 检查离合器联锁阀，必须可靠闭锁。

(6) 开通通往活滚筒的制动器油路，并关闭通往离合器油路。

(7) 拆除地锁，重新调整深指指针，关闭恢复深指离合器。

(8) 对绳期间，严禁单钩提升或下放。

(9) 对绳结束后检查液压系统，各电磁阀和离合油缸位置应准确，并进行空载运行，确认无误时方能正常提升。

2. 变频操作：

(1) 首先将活滚筒的地锁锁好。

(2) 把活滚筒的闸盘阀门关住，并将液压站上调绳管路的两个阀门打开。

(3) 将调绳开关逆时针方向旋转 45°，此时安全回路掉电。

(4) 将切除自动换向开关顺时针旋转 90°。

(5) 将安全阀开关旋转到中间位置，G1 阀开关顺时针旋转 90°。

(6) 随便打个开车点，停点灯亮离合器打不开。

(7) 开启制动泵，推上工作闸，离合器开始往外出，离合器出的过程中要求人员现场观察。

(8) 跳绳开关与 G1 阀开关复位，将安全阀顺时针旋转 45°。

(9) 让信号工发信号开车，应先将手闸推离零位（由于在调绳时单罐提升，为防止溜车不能全松闸），待主令控制器推出，使电动机处于带电状态，再适当将手闸推到合适位置。调绳开车时司机一定要注意绞车运行情况。

(10) 将提升容器开到合适位置后准备合离合器。

(11) 将安全阀开关旋转到中间位置，G2 阀开关顺时针旋转 90°。

(12) 随便打个开车点，停点灯亮离合器打不进去。

(13) 开启制动泵，推上工作闸，离合器开始往里进，离合到位后调绳结束。

(14) 将活滚筒的闸盘阀门打开。

(15) 将液压站上调绳管路的两个阀门关上。

(16) 将各个开关恢复正常位置,然后把地锁打开,整个调绳结束。

(17) 调绳后要求第一个循环低速开车,观察行程是否准确,有误差时要及时校正行程。

第 20 条 在进行下列特殊提升任务时,必须由正司机进行操作、副司机负责监护。

1. 在交接班升降人员时;

2. 运送雷管、炸药等危险品时;

3. 吊运特殊大型设备及器材时;

4. 在井筒内进行检修任务时。

第 21 条 监护司机的职责。

1. 监护操作司机按提升人员和下放重物的规定速度操作。

2. 必要时及时提醒操作司机进行减速、制动和停车。

3. 出现应紧急停车而操作司机未操作时,监护司机可直接操作工作闸手把或紧急停车按钮执行紧急停车。

八、收尾工作

第 22 条 在检修及处理事故后,司机会同检修工认真检查验收,并做好记录,发现问题应及时处理。

第 23 条 做好设备及机房内外环境卫生,将工具、备品排列整齐并清点。

第 24 条 按有关规定,认真填好各种记录。

九、说明

第 25 条 几点说明如下:

1. 任意操作按钮。

(1) 按下此按钮,可以切除加速电流继电器,但时间不得过长。

(2) 当总行程有误差时,可以校正总行程的误差量。校正方法如下:使绞车准确停在停车位,到位有显示,可编程控制器的输入端 X006 亮,容器到位显示零;将 1AK(解除语言)开关左旋 90°,打开车信号,使绞车向下运行到位,在液晶显示到位的状态时,先按一下任意操作按钮,然后将 1AK(解除语言)开关复位即可,这时的容器位置应显示 197 m。

(3) 钩数需要清零时,与 2AK(正力开关)配合,即将此开关左旋 90°,按一下该按钮,提升钩数被清零。

2. 慢上、慢下按钮。这两个按钮主要用于对 KT 电压大小的调整。方法如下:

(1) 先将 1AK、2AK、3AK 三个旋钮开关全部左旋 90°,停止制动泵,打上信号,推开工作闸,按一下慢上按钮,KT 线圈控制电压表有所上升,按一下慢下按钮,KT 线圈控制电压表有所下降。调整完毕,应将 1AK、2AK、3AK 复位。

(2) 应急时控制高压正反向接触器的吸合。

(3) 若过卷后提升机还需要继续上提,在切除过卷后,安全回路恢复正常,按下慢上按钮,提升机可以继续上提 20 s。

注:1AK 为解除语言开关;2AK 为正力开车;3AK 为切除自动换向。

3. 制动泵启动,安全继电器按钮。此按钮有两个功能:第一,安全条件具备,指示灯亮后,按一下此按钮,安全继电器工作,制动泵启动。第二,单独启动制动泵。

4. 过卷切换开关。此开关左旋 45°切除反向过卷,提升机只能正向开;右旋 45°,切除正向过卷,提升机只能反向开。

5. 安全阀开关。此开关在中间位置,G3、G4 阀不通电,左旋 45°G3、G4 阀通电;右转 45°,G3 阀通电。

6. 切除语言报警开关。此旋钮开关左旋 90°,语言报警停止。当故障解除后,应将该开关复位,另外在调绳时应该将此开关左旋 90°。

7. 正力开关。此开关左旋 90°,提升机运行过减速点后,低频制动不投入,减速过程完全由司机控制。

8. 切除自动换向开关。正常开车时,程序内有方向记忆,绞车运行不到位,则不能换向另一方向开车,若要向另一方向开,则必须将此开关左旋 90°,解除方向记忆。

9. 切除程序保护按钮。按下此按钮切除防反转、轴编码器损坏、内过卷、钢丝绳松、卡箕斗、深指失效等保护;亦用作恢复安全回路,但不允许长时切除运行。

10. 自动、常规、手动开关。该开关用作开车方式设定自动位置时左旋 45°绞车能够进行自动化运行。开关在中间位置为常规开车。右旋 45°手动开车为低频开车。

11. 润滑泵的转换开关。此开关右转 45°,进入润滑泵开启状态,左转 45°进入另一台备用润滑泵开启状态。(转换前,机工调整好润滑泵站的转换阀,无误后方可转换。)

12. 制动泵的转换。制动泵开关 K1(操作台内)旋转 180°,切换到另一台备用制动泵工作。(转换前,调整好液压站的转换阀,无误后方可转换。)

13. 制动系统的转换。由专职的机工、电工共同操作,完成对系统的转换工作,并做好相应记录。

14. 设备运行注意事项:司机和维修工经常检查轴编码器软连接的运转情况,发现问题立即处理,如果后备保护的轴编码器损坏则临时将主控台端子排的 028(ZCOM)和 074(N)短接,短接后两台 PLC 全部用主机上的轴编码器数据运行。如果主控机的轴编码器损坏则临时将端子排上的 142(ZCOM)和 144(O)短接,短接后两台 PLC 全部用后备保护轴编码器的数据运行。但是一定要尽快把损坏的物品换下,避免长时间用一个轴编码器出现事故。

落地摩擦式主井主提升机司机

一、适用范围

第 1 条 本规程适用于地面主井 JKMD-3.5×4(I)E 型落地摩擦式主提升机司机的操作作业,工艺优化、设备改造后按新要求执行。其他落地摩擦式主井提升机操作时应根据现场情况参照本规程制定适合其操作性能的操作规程。

二、上岗条件

第 2 条 必须经过培训,并经考试取得合格证后,持证上岗,能独立操作。

第 3 条 有一定的机电基础知识,熟悉《煤矿安全规程》的有关规定。

第 4 条 熟悉设备的结构、性能、技术特征、动作原理,提升信号系统和各种保护装置,能排除一般性故障,主提升机司机还应能够进行计算机设备的一般操作。

第 5 条 必须具备应急抢险和逃生知识,且能熟练使用应急抢险和逃生用具。

第6条 没有妨碍本职工作的病症。

三、安全规定

第7条 班中必须佩戴齐全和穿戴好规定的劳保用具。

第8条 严格按照主提升机司机岗位流程描述的要求进行操作。

第9条 上班前严禁喝酒,接班后严禁睡觉、看书和打闹。坚守工作岗位,上班时不做与本职工作无关的事情,严格遵守《煤矿安全规程》的有关规定。

第10条 实习司机应经主管部门批准,并指定专人进行监护,方准进行操作。

第11条 提升机司机按照矿井实际情况及《煤矿安全规程》要求进行人员配置,并遵守以下安全守则:

1. 严格执行交接班制度,接班后应进行一次空负荷试车(连续作业除外)和每班应进行的安全保护装置试验,并做好交接班记录。

2. 禁止超负荷运行(电流不超限)。

3. 非紧急情况运行中不得使用保险闸(按急停按钮)。

4. 不得擅自调整制动闸。

5. 不得随意变更各种整定值。

6. 检修后必须试车,并按规定做过卷、超速保护等试验。

7. 操作高压电器时,应戴绝缘手套,穿绝缘靴或站在绝缘台上,一人操作、一人监护。

8. 维修人员进入滚筒工作前,应落下保险闸,锁住提升机滚筒,切断电源,悬挂“有人工作,严禁动车”警示牌,与维修工开好检修工作票。工作完毕后,及时消除工作票,试车时应缓慢起动。

9. 停车期间,司机离开操作位置时必须做到:

(1) 将安全闸手把移至施闸位置;

(2) 主令控制器手把置于中间零位;

(3) 切断控制回路电源;

(4) 操作台上摆放警示牌。

第12条 司机应熟悉各种信号,操作时必须严格按信号执行。做到:

1. 不得无信号动车。

2. 当所收到信号不清或有疑问时,应立即用电话与上井口信号工联系,重发信号,再进行操作。

3. 接到信号因故未能执行时,应通知上井口信号工,原信号作废,重发信号,再进行操作。

4. 司机不得擅自动车,若因故需要动车时,应与上井口信号工联系后,按信号执行。

5. 若因检修需要动车时,应事先通知上、下井口信号工,经上、下井口信号工及检修负责人同意后,再经上井口信号工发点开车。

第13条 提升机司机应遵守以下操作纪律:

1. 司机操作时应精神集中,手不准离开手把,严禁与他人闲谈,开车后不得再接打电话。司机不允许连班顶岗。

2. 操作期间禁止吸烟,不得离开操作台及做其他与操作无关的事,操作台上不得放置与操作无关的物品,严禁放置水杯。

3. 司机应轮换操作，每人连续操作时间一般不超过 1 h，在操作未结束前，禁止换人。因身体突感不适、不能坚持操作时，可中途停车，并与信号工联系，由另一名司机代替操作。

4. 对监护司机的示警性喊话，禁止对答。

5. 进行巡检时必须戴好安全帽。

第 14 条 司机应随时注意检查钢丝绳有无滑动现象，保证滑绳保护装置安全可靠运行。

第 15 条 司机接班后应作下列检查：

1. 各紧固螺栓不得松动，连接件应齐全、牢固。

2. 联轴器间隙应符合规定，防护罩应牢固可靠。

3. 轴承润滑油油脂应符合要求，油量适当，油环转动灵活、平稳；强迫润滑系统的泵站、管路完好可靠，无渗油和漏油现象。

4. 各种保护装置及电气闭锁，必须完整无损；试验过卷、紧急制动、闸瓦磨损、超速、滑绳等保护，声光信号和警铃都必须灵敏可靠。

5. 制动系统中，闸瓦、闸路表面应清洁无油污，液压站油泵运转应正常，各电磁阀动作灵敏可靠，位置正确；油压系统运行正常，冗余回油管路及闸阀完好，液压站油量油质正常。

6. 制动器不漏油，特别是不能污染闸路表面。

7. 各种仪表指示应准确，信号系统应正常。

8. 司机应检查计算机是否工作正常，操作台、数字深度指示器显示应正确。

9. 冬季室外结冰期间，要检查钢丝绳、绳槽等部位，防止结冰引起钢丝绳打滑、脱槽。

四、操作准备

第 16 条 提升机启动前应做以下工作：

1. 启动辅助设备：① 低压送电；② 高压送电；③ 励磁送电；④ 合直流调速装置电源，观察使用的是新装置还是老装置；⑤ "安全回路"复位，如不能复位，根据监视器上的故障指示查找有关部位；⑥ 启动主电动机风机，启动液压站，启动润滑泵站；⑦ 待主电动机磁场建立后操作台"允许开车"灯亮，等待开车信号。

2. 观察电压表、油压表、电流表等指示是否准确、正常。

3. 操作台各手把、旋钮置于正常位置。

五、正常操作

第 17 条 手动开车按以下顺序进行操作：

1. 启动：收到开车信号→确定提升信号→操作主令开关→敞开工作闸→开始启动→均匀加速→达到正常速度，进入正常运行。

2. 停车：达到减速位置→开始减速→操作主令开关，施闸制动→停车。

第 18 条 自动开车按以下顺序进行操作：

1. 司机接到开车信号后，正常开车方式转换开关由"其他"转换到"自动"位置。

2. 自动开车方式："方式选择"开关打到"全自动"位，将速度给定手把和制动给定手把放在零位，转换"运行闭锁"开关到"自动"位，接到开车信号后，可调闸以预设电流打开制动闸，待主电动机电枢电流建立后全敞闸，提升机开始加速、等速运行至减速、爬行、停车，整个过程全自动。此方式下，受信号系统控制，如有紧急情况，司机可随时按停车按钮，提升机自动减速，速度降到 0.5 m/s 后，至停车点自动停车；司机也可以按下操作台上的急停按钮。

第19条 提升机司机应进行班中巡回检查：

1. 巡回检查一般为每小时一次。

2. 巡回检查要按主管部门规定的路线和检查内容依次逐项检查，不得遗漏。巡回检查的重点是安全保护系统。

3. 在巡回检查中发现的问题要及时处理，并遵循以下原则：

(1) 司机能处理的应立即处理；

(2) 司机不能处理的，应及时上报，并通知维修工处理；

(3) 对不会立即产生危害的问题，要进行连续跟踪观察，监视其发展情况；

(4) 所有发现的问题及其处理经过，必须认真填入运行日志。

六、特殊操作

第20条 试验过卷(以东钩为例)。

1. 以正常方式将东钩上提到位。

2. 通知上井口准备试验东钩过卷，让其发“4”点。

3. 主提升机以慢速上提(系统设定停车点以上，最大速度只能是0.5 m/s)，行程超0.5 m后应紧急制动，此时软过和硬过都会起作用。工控上位机会报出：“东钩过卷(PLC内部逻辑)”和“东钩过卷”。

第21条 过卷恢复(以东钩为例)。

1. 将提升方式转换开关打到零位。

2. 旁通开关打到“东钩过卷旁通”位。

3. 通知上井口发信号“3”。

4. 下放东钩至正常停车点将车停下。

5. 将东钩过卷旁通开关打到原位。

6. 以后主提升机可以正常方式开车。

第22条 检修时的操作步骤。

1. 人工验绳的速度，一般不大于0.3 m/s。

2. 因检修井筒装备或处理事故，人员需站在提升容器顶上工作时，其提升容器的运行速度一般为0.3～0.5 m/s，最大速度不能超过2.5 m/s。

第23条 提升机运行过程中的事故停车。

1. 运行中出现下列现象之一时，应立即断电，用工作闸制动进行中途停车：

(1) 电流过大，加速太慢，启动不起来，或电流变化异常时；

(2) 运转部位发出异响时；

(3) 出现情况不明的意外信号时；

(4) 过减速点不能正常减速时；

(5) 保护装置不起作用，不得不中途停车时；

(6) 出现其他必须立即停车的不正常现象时。

2. 运行中出现下列情况之一时，应立即断电，使用保险闸进行紧急停车：

(1) 工作闸操作失灵时；

(2) 接到紧急停车信号时；

(3) 接近正常停车位置,不能正常减速时;

(4) 提升机主要部件失灵,或出现严重故障必须紧急停车时;

(5) 保护装置失效,可能发生重大事故时;

(6) 出现其他必须紧急停车的故障时。

3. 事故停车后的注意事项:

(1) 出现上述1、2项情况之一停车后,应立即上报矿调度或有关部门,通知维修工处理,事后将故障及处理情况认真填入运行日志。

(2) 运行中发生事故,在故障原因未查清或消除前,禁止动车。原因查清后,故障未能全部处理完毕,但已能暂时恢复运行,经矿调度或有关部门同意并采取安全措施后可以恢复运行,将提升容器升降至终点位置,完成本钩提升行程后,再停车继续处理。

(3) 钢丝绳如遭受卡箕斗或紧急停车等原因引起的猛烈拉力时,必须立即停车,对钢丝绳和提升机有关部位进行检查,确认无误后,方可恢复运行。否则应按规定进行处理后,方可重新恢复运行。

(4) 因电源停电停车时,应立即断开总开关,将主令控制器手把放至零位。常用闸、保险闸手把置于施闸位置。

(5) 过卷停车时,如未发生故障,经与信号工联系,维修电工将过卷开关复位后,恢复提升,但应及时向领导汇报,填写运行日志。

(6) 在设备检修及处理事故期间,司机应严守岗位,不得擅自离开提升机房,检修需要动车时,须由专人指挥。

第 24 条 在进行下列特殊提升任务时,必须由正司机进行操作、副司机负责监护。

1. 在升降人员时;

2. 在井筒内进行检修任务时。

第 25 条 监护司机的职责。

1. 监护司机按提升人员和提煤的规定速度操作。

2. 必要时及时提醒操作司机进行减速、制动和停车。

3. 出现应紧急停车而操作司机未操作时,监护司机可直接操作保险闸把或紧急停车按钮执行紧急停车。

第 26 条 主井每台液压站都增设了一条冗余回油通道,若出现正常操作时不能制动时,司机必须拍下操作台上的急停按钮,确保盘形闸正常泄油,紧急制动。

第 27 条 主井主提升机主、备两套整流装置切换、交替使用操作步骤。

1. 由老装置切换至新装置。

(1) 操作前须确认主提升机已停车,老装置处于待机状态,由主提升机司机在操作台分断高压或者由穿戴绝缘用具的维修电工就地在高压柜分断高压。

(2) 维修电工拉出隔离小车,在高压开关柜门悬挂“有人工作,禁止送电”警示牌。

(3) 维修电工将老装置操作电源、老装置风机、老装置排气扇风机电源关掉。

(4) 维修电工在整流变压器上验电、放电后,在变压器电源侧接上地线,防止误送电造成危险。

(5) 维修电工操作切换柜C5,将上切换开关分断转换到新装置位置,再将下切换开关切换到新装置位置,并观察确认刀开关合到位。

(6) 维修电工操作切换柜C6,将上切换开关转换到新装置位置,再将下快开的老装置快开开关切断,合上新装置快开开关。

(7) 维修电工将励磁转换开关转向新装置位置。

(8) 维修电工检查所有开关合到位后,确认C3柜内KA7.2继电器是否吸合,检查C3柜门上装置控制开关是否转换到"远程",使能开关是否在使能位置。

(9) 维修电工移除变压器接地线,将隔离小车推到位,合上高压开关。

(10) 按照主提升机司机操作规程启动设备后可以运行使用。

2. 由新装置切换至老装置。

(1) 操作前须确认主提升机已停车,新装置处于待机状态,由主提升机司机在操作台分断高压或者由穿戴绝缘用具的维修电工就地在高压柜分断高压。

(2) 维修电工拉出隔离小车,在高压开关柜门悬挂"有人工作,禁止送电"警示牌。

(3) 维修电工分断新装置电源,将老装置操作电源、老装置风机、老装置排气扇风机电源合上。

(4) 维修电工在整流变压器上验电、放电后,在变压器电源侧接上地线,防止误送电造成危险。

(5) 维修电工操作切换柜C5,将上切换开关分断转换到老装置位置,再将下切换开关切换到老装置位置,并观察确认刀开关合到位。

(6) 维修电工操作切换柜C6,将上切换开关转换到老装置位置,再将下快开的新装置快开开关切断,合上老装置快开开关。

(7) 维修电工将励磁转换开关转向老装置位置

(8) 检查所有开关合到位后,确认C3柜内KA7.1继电器是否吸合。

(9) 维修电工移除变压器接地线,将隔离小车推到位,合上高压开关。

(10) 按照主提升机司机操作规程启动设备后可以运行使用。

七、收尾工作

第28条　在检修及处理事故后,司机会同检修工认真检查验收,并做好记录,发现问题应及时处理。

第29条　做好设备及机房内外环境卫生,将工具、备品排列整齐并清点。

第30条　按有关规定,认真填好点检记录、运行日志、巡回检查记录等各种记录。

八、其他说明

第31条　提升方式说明。

本系统的提升方式有"自动"、"手动"、"提人"、"检修"和"故障"开车5种,其中前4种受信号系统控制,故障开车方式不受信号系统控制。

1. "自动"或"手动"方式最高速度为12.74 m/s,在－109 m和－345.5 m处自动减速,到停车点后能自动消点停车。

2. "提人"方式最高速度为5 m/s,在－32 m和－423 m自动减速,接到停车点信号后能自动停车。

3. "检修"方式最高速度为2.0 m/s,接到停车点信号后能自动停车。

4. "故障"开车方式时,PLC内大部分的安全保护被旁路,最高速度为1.0 m/s,此方式不需要开车信号,开车方向由主令手把选择,但速度不可调,提升机不会自动停车。本方式只作为应急时用，非紧急情况下不得用此方式开车，用此方式时需有工区领导或维修工监护。

注意：开车过程中严禁改变运行方式选择开关。由故障开车方式恢复到正常开车模式时，一定要将转换开关打回到正常位置。

第32条 开车方式选择。

1. 接到开车信号后，操作台开车信号灯亮，主提升机司机根据工作方式选择运行方式："手动"、"自动"、"检修"、"提人"和"故障"开车。

2. "手动"开车方式：接到开车信号后，将制动手把拉至适当位置，依据提升方向向前推或后拉速度给定手把（上提拉手把，下放推手把，以东钩为准）。待建立了适当的启动力矩后，液压站油压建立，制动闸打开，提升机启动，速度按手把给定的速度运行，到减速点时，减速铃响，减速灯亮，提升机开始减速直到爬行速度，到停车位置自动停车。司机将速度给定手把和可调手把均拉到零位，等待下次开车。此方式下不仅受提升信号控制，主提升机司机可随时控制主提升机速度，如有紧急情况，副司机可随时按急停按钮，提升机能自动减速后停车。

3. "检修"开车方式：检修方式下提升机最大速度为2.0 m/s，加减速度与手动、自动相同，操作方法与手动方式相同。

4. "提人"开车方式：提人方式下提升机最大速度为5.0 m/s，操作方法与手动方式相同。

5. "故障"开车方式：在操作台上选择故障开车方式，启动液压站、润滑泵站，用主令手把选择运行方向，提升机以<1 m/s速度运行，注意起车时制动手把不要打到全开位，主提升机动起来后才可完全敞闸以防坠车。此开车方式不受信号系统控制，但要求必须接到信号后才能动车。本方式提升机不会自动停车，此方式只作为应急使用。

说明：利用主井提人时，应选择"提人"方式；非提人时，若信号系统出现故障时，可选择"故障"开车方式，即将转换开关打到"故障"开车位。启动过程中应注意观察电枢电流、磁场电流、速度、制动油压、润滑泵站油压等指示仪表，主提升机各部位有无异常响声和其他不正常现象，发现问题应立即停车检查。

第33条 注意事项。

1. "故障"开车方式为非正常开车方式，要谨慎操作，必须在有工区领导和机工、电工人员监护的情况下才可开车，并与装载工或上井口操作人员联系好。

2. "自动"开车时，两手把必须拉回零位。其他开车方式，箕斗到位后，两手把必须拉回零位。

3. 检修设备时，要认真填写好工作票，并向司机说明有关事项，司机要严格按照工作票执行。

4. 主提升机运行中如安全回路出现故障造成紧急制动，待事故处理完毕后，必须开车空运行一个循环后，方可正常运行。

5. 测试过卷保护时，必须利用日检时间来试验，事先与上、下井口和维护人员联系好，两箕斗内都不得有重物。

6. 在对检修液压站时，如果需要对其冲压，主提升机司机必须让维修工把液压系统的A管、B管的闸阀全部关闭，机车司机确认完全关闭后，才能对其冲压。

7. 若需要调整闸间隙或对某个盘形闸维修时，必须在主提升机停车时关掉不少于6副闸（共8副）的情况下，才能用“闸试验”方式敞闸对其维修，但不能扳动主令手把。

井塔摩擦式主井主提升机司机

一、适用范围

第1条　本规程适用于地面主井JKM3.25×4（Ⅱ）型井塔摩擦式主井主提升机司机的操作作业，工艺优化、设备改造后按新要求执行。其他井塔摩擦式主井提升机操作时应根据现场情况参照本规程制定适合其操作性能的操作规程。

二、上岗条件

第2条　必须经过培训，并经考试合格，取得有效证件后，方可持证上岗。

第3条　必须熟悉主井绞车设备结构、性能、技术特征、工作原理，掌握电控系统的具体要求，了解《煤矿安全规程》有关规定，能独立操作。

第4条　没有妨碍本职工作的病症。

三、安全规定

第5条　按规定配备耳麦、耳塞等噪声防护劳动保护用品。

第6条　上班前严禁喝酒，接班后严禁睡觉、看书和打闹。坚守工作岗位，上班时不做与本职工作无关的事情，严格遵守本规程及《煤矿安全规程》的有关规定。

第7条　实习司机操作必须经主管部门批准并指定专人监护指导，方可操作。

第8条　提升机司机按照矿井实际情况及《煤矿安全规程》要求进行人员配置，并遵守以下安全守则：

1. 必须执行交接班制度和工种岗位责任制。接班后应进行一次空负荷试车（连续作业除外）和每班应进行的安全保护装置试验，并做好交接班记录。

2. 禁止超负荷运行（电流不能超限）。

3. 司机不得擅自调整制动闸，不得随意变更继电器整定值和安全保护装置整定值。

4. 检修后必须试车，并在电工的协助下，按规定做过卷、过负荷和欠电压、深度指示器失效、闸间隙、满仓和减速功能等保护项试验。

5. 操作高压电器时，应戴绝缘手套、穿绝缘靴或站在绝缘台上，一人操作、一人监护。

6. 维修人员进入滚筒工作前，应关闭制动闸，机械锁住主提升机滚筒，切断绞车电源，并在闸把上悬挂“滚筒内有人工作，禁止动车”警示牌，工作完毕后摘下警示牌，缓慢启动主提升机。

7. 停车期间，司机离开操作位置时必须将工作闸手把移至施闸位置、主令控制器手把置于中间零位，并切断控制回路电源。

第9条　主井提升机司机应遵守以下操作纪律：

1. 司机操作时，必须精神集中，手不准离开操作手把，严禁与他人闲谈，开车期间不得接打电话，司机不得联勤。

2. 操作期间不得离开操作台及做其他与操作无关的事，操作台上不得放与操作无关的物品。

3. 司机应轮换操作,每人连续操作时间一般不超过 1 h。提升期间,禁止换人。

4. 对监护司机的警示性喊话,主司机应及时采取措施。

四、操作准备

(一) 工频操作

第 10 条 检查电动机和机械(包括主轴、滚筒、联轴节等),应处于完好状态,检查盘形闸是否正常,间隙是否均匀,且不大于 2 mm。

第 11 条 检查制动油泵、润滑油泵运转是否正常,油温、油量是否正常,制动油压为 5.2 MPa,润滑油压为 0.1～0.2 MPa,油温不超过 60 ℃。

第 12 条 检查深度指示器、传动轴、调零电动机是否正常,检查深度指示器与显示屏数据是否一致。

第 13 条 检查紧急制动、过卷开关、自动减速、闸瓦磨损开关是否正常。

第 14 条 检查电气系统有无异常,电压波动不超过电动机额定电压的±5%,检查低频制动系统是否可靠正常。

第 15 条 检查模拟柜系统是否正常,检查主控机与监控机运行是否正常,检查显示屏各数据与现场是否相符。

第 16 条 将制动手把置于全制动位置,主令控制手把置于中间零位,为开车做好准备。

第 17 条 各转换开关位置:过卷转换开关 FW 处于中间位置;调闸开关 HK 处于正常位置;切语言开关 1AK 处于正常位置;正力开关 2AK 处于正常位置;切自动换向开关 3AK 处于正常位置;切程序按钮处于正常位置;低频验绳开关处于正常位置。

第 18 条 合上高压开关柜隔离开关,再合上真空断路器接通高压电源。

第 19 条 合上低压电源开关,送上 UPS 电源,送上控制电源,送上低频电源,送上安全回路,开启润滑和制动油泵。

(二) 变频操作

第 20 条 检查电动机和机械(包括主轴、滚筒、联轴节等),应处于完好状态,检查盘形闸是否正常,间隙是否均匀,且不大于 2 mm。

第 21 条 检查制动油泵、润滑油泵运转是否正常,油温、油量是否正常,制动油压为 5.2 MPa,润滑油压为 0.1～0.2 MPa,油温不超过 60 ℃。

第 22 条 检查深度指示器、传动轴、调零电动机是否正常,检查深度指示器与显示屏数据是否一致。

第 23 条 检查紧急制动、过卷开关、自动减速、闸瓦磨损开关是否正常。

第 24 条 检查电气系统有无异常,电压波动不超过电动机额定电压的±5%,检查低频制动系统是否可靠正常。

第 25 条 检查变频电源柜是否正常,检查单元柜运行是否正常,检查切换柜各指示灯与现场是否相符。

第 26 条 将制动手把置于全制动位置,主令控制手把置于中间零位,为开车做好准备。

第 27 条 送上高压柜电源。

第 28 条 开启润滑泵和制动油泵。

五、正常操作

（一）工频操作

第29条 司机必须听清、看清声光信号，且观察显示屏与模拟柜状态。显示信号不清严禁开车。接到信号后根据指示的方向，先推（拉）主令，然后推出制动手把，使绞车送电运行。

第30条 操作中司机必须精力集中，双手不离操作手把，副司机不得脱离工作岗位，做到一人操作、一人监护。

第31条 运行过程中，操作司机必须密切观察显示屏上的数据变化和深度指示器的位置变化，随时注意信号变化与各运转部位声响。

第32条 若检修开车，则在箕斗不装煤炭的情况下，将2AK与3AK向右转过90°，根据信号点数开车。若检修井筒，容器运行速度一般为0.3～0.5 m/s。

第33条 验绳时合上DPY开关，则提升机在低速下爬行，下放重物时，踏下脚踏开关，通过踏板角度调节速度。

第34条 出现下列情况，必须立即停止刹车：

1. 电流太大或突然增大；
2. 提升机声音不正常；
3. 出现不明信号或停车信号；
4. 速度超过规定值而过速保护不起作用；
5. 主要部件失灵；
6. 接近井口时未减速；
7. 其他严重意外事故。

第35条 减速与停车必须做到平稳准确。

第36条 如长时间停车，必须停掉UPS电源，切断电源。

第37条 听到减速警铃后，必须开始减速，必要时使用机械闸，使绞车慢慢准确地停在需要的位置上，停车后停止制动油泵。

第38条 箕斗到位后，如深度指示器指示位置未到零，可手动调零。

（二）变频操作

第39条 操作人员必须听清、看清声光信号，且观察显示屏与模拟柜状态。显示信号不清严禁开车。接到信号后根据指示的方向，先将工作闸推到全松闸位置，然后将主令控制器慢慢向前推或向后拉，让电动机得电后，再将主令手把向前慢慢推到底或向后慢慢拉到底，使绞车送电运行。

第40条 运行过程中，操作人员必须密切观察显示屏上的数据变化和深度指示器的位置变化，随时注意信号变化与各运转部位声响。

第41条 若检修开车，则在箕斗不装煤炭的情况下，将自动、常规、手动开关逆时针旋转45°为低速开车，最快速度为0.5 m/s。

第42条 检修或换钢丝绳时过卷开车：在检修或更换钢丝绳时需要向过卷方向开车时先将过卷开关切除过卷，用低速开车方式可以直接开车。

第43条 出现下列情况，必须立即停止刹车：

1. 电流太大或突然增大；
2. 提升机声音不正常；

3. 出现不明信号或停车信号；

4. 速度超过规定值而过速保护不起作用；

5. 主要部件失灵；

6. 接近井口时未减速；

7. 其他严重意外事故。

第 44 条 听到减速警铃后，必须开始减速；如遇到紧急情况司机可用右脚踩下脚踏开关，会断掉变频柜供电电源，再停止制动油泵。

第 45 条 箕斗到位后，如深度指示器指示位置未到零，可手动调零。

六、收尾工作

第 46 条 在检修及处理事故后，司机会同检修工认真验收，并做好记录，发现问题应及时处理。

第 47 条 做好设备及机房内外卫生，将工具、备品排列整齐并清点。

第 48 条 按记录填写有关规定，认真填好各种记录，记录填写的字体应工整清晰。

缠绕式副井主提升机司机

一、适用范围

第 1 条 本规程适用于地面副井 2JK-3.5/20 型主提升机司机的操作作业，工艺优化、设备改造后按新要求执行。其他缠绕式副井提升机操作时应根据现场情况参照本规程制定适合其操作性能的操作规程。

二、上岗条件

第 2 条 必须经过培训，并经考试取得合格证后，持证上岗，能独立操作。

第 3 条 有一定的机电基础知识，熟悉《煤矿安全规程》的有关规定。

第 4 条 熟悉设备的结构、性能、技术特征、动作原理、提升信号系统和各种保护装置，能排除一般性故障。能够进行计算机设备的一般操作。

第 5 条 没有妨碍本职工作的病症。

三、安全规定

第 6 条 上班前严禁喝酒，接班后严禁睡觉、看书和打闹。坚守工作岗位，上班时不做与本职工作无关的事情，严格遵守本操作规程及《煤矿安全规程》的有关规定。

第 7 条 提升机司机按照矿井实际情况及《煤矿安全规程》要求进行人员配置，并遵守以下安全守则：

1. 严格执行交接班制度，接班后应进行一次空负荷试车（连续作业除外）和每班应进行的安全保护装置试验，并做好交接班记录。

2. 禁止超负荷运行（电流不超限）。

3. 司机不得随意变更继电器整定值和安全装置整定值。

4. 检修后必须试车，并按规定做过卷、松绳保护等项试验。

5. 操作高压电器时，应戴绝缘手套、穿绝缘靴或站在绝缘台上，一人操作、一人监护（合闸方式为按钮启动时可不使用绝缘用具)。

6. 维修人员进入滚筒工作前,应采用地锁锁住绞车滚筒,切断电源,并悬挂“滚筒内有人,严禁动车”的警示牌;工作完毕后,摘除警示牌,并应缓慢启动。

7. 操作滚筒离合时,应严格遵守离合的分、合操作规定及安全注意事项。

8. 停车期间,司机离开操作位置时必须做到:

(1) 将工作闸手把移至施闸位置;

(2) 主令控制器手把置于中间零位;

(3) 切断安全阀电源。

第8条 司机应熟悉各种信号,操作时必须严格按信号执行,并做到:

1. 不得无信号动车。

2. 当所收信号不清或有疑问时,应立即用电话与井口信号工联系,重发信号,再进行操作。

3. 接到信号因故未能执行时,应通知井口信号工,原信号作废,重发信号,再进行操作。

4. 司机不得擅自动车,若因故需要动车时,应与信号工联系,按信号执行。

5. 若因检修需要动车时,应事先通知信号工,并经信号工同意,完毕后再通知施工。

6. 打点信号次数规定:运行信号分别是:一下为停车信号,四下为正常开车信号;检修(对钩)信号分别是:两下为慢提升信号,三下为慢下降信号。每次打点时间长度不小于0.3 s,连续打点时间间隔不大于0.3 s。

第9条 司机应遵守以下操作纪律:

1. 司机操作时应精神集中,手不准离开手把,严禁与他人闲谈,开车后不得打电话。司机不允许连班顶岗。

2. 操作期间禁止吸烟,不得离开操作台及做其他与操作无关的事,操作台上不得放与操作无关的物品。

3. 司机应轮换操作,每人连续操作时间一般不超过1 h,在操作未结束前,禁止换人。因身体骤感不适,不能坚持操作时,可中途停车,并与井口信号工联系,由另一名司机代替。

4. 对监护司机的示警性喊话,禁止对答。

5. 司机持证操作,必须精力集中,监护司机负责绞车运行时的监护、巡检。

四、操作准备

第10条 司机接班后应做下列检查:

1. 各紧固螺栓不得松动,连接件应齐全、牢固。

2. 联轴器防护罩应牢固可靠。

3. 轴承润滑油油质应符合要求,油量适当,油环转动灵活、平稳;强迫润滑系统的泵站、管路完好可靠,无渗油和漏油现象。

4. 各种保护装置及电气闭锁必须完整无损;试验过卷、松绳、脚踏紧急制动、闸瓦磨损、油压系统欠压保护,声光信号和警铃都必须灵敏可靠。

5. 制动系统中,闸瓦表面应清洁无油污,液压站油泵运转应正常,各电磁阀动作灵活可靠,位置正确;油压系统运行正常,液压站油量、油质正常。

6. 离合器油缸和盘式制动器不漏油。

7. 离合器位置正常,闭锁到位。

8. 各种仪表指示应准确，信号系统应正常。

9. 司机检查计算机是否工作正常，数字及模拟深度指示器显示应正确。

10. 检查钢丝绳的排列情况及衬板、绳槽的磨损情况。

11. 冬季室外结冰期间，要检查钢丝绳、绳槽等部位，防止结冰引起钢丝绳打滑、脱槽。

12. 检查中发现的问题，必须及时处理并向当班领导汇报。处理符合要求后，方可正常开车。

第 11 条　操作方法选择。

1. 变频运行：

(1) 按照操作规程将高压进线柜高压停电。

(2) 打开高压切换柜前面的柜门，把 QS2 刀开关合在下面的触头上，确认接触良好并且辅助触点也接触良好。

(3) 将切换柜前面左侧隔离开关拉到下部，确认合到位置定位销正确。

(4) 将切换柜内—SA1 至—SA4 转换开关转换到变频位置(转换开关在 1 位)，关好柜门确认安全。

(5) 切换柜内柜外确认合闸到位后，面板定子变频和转子变频指示灯亮，此时转子电阻已经短接。

(6) 送上控制变频柜高压开关柜的电源，变频柜有指示，确认变频柜正常后可以运行。

2. 工频运行：

(1) 按照操作规程将变频高压进线柜和与其相关的高压停电。

(2) 打开高压切换柜前面下部的柜门，把 QS2 刀开关合到上部，确认接触良好并且辅助触点也接触良好。

(3) 将切换柜前面左侧隔离开关推到上部，确认合到位置定位销正确。

(4) 将切换柜内—SA1 至—SA4 转换开关转换到工频位置(转换开关在零位)，关好柜门确认安全。

(5) 切换柜内柜外确认合闸到位后，面板定子工频和转子工频指示灯亮，此时转子电阻 1～8 级恢复。

(6) 送上控制工频高压进线柜的电源，确认工频系统正常后可以运行。

第 12 条　提升机启动前应做以下工作：将各转换开关放在正常状态，主令控制器、工作闸手把在零位，安全条件具备指示灯亮，按一下制动泵启动按钮，安全继电器指示灯亮，制动泵开指示灯亮；提前将润滑泵开关顺时针旋转 45°或逆时针旋转 45°，开车时只需推动工作闸，润滑泵会自动开启，润滑泵开指示灯亮。注意：顺时针旋转 45°开 1 号润滑泵，逆时针旋转 45°开 2 号润滑泵。

五、操作顺序

第 13 条　在一般情况下按以下操作顺序进行：

1. 启动：开动辅助设备→收到开车信号，确定提升方向→松开工作闸→操作主令控制器→开始启动→均速加速→达到正常速度，进入正常运行。

2. 工频停机：根据负荷情况选定减速方式。

(1) 正力减速：到达减速位置→操作主令控制器→开始减速→施闸制动→停车。

(2) 负力减速：到达减速位置→主令控制器和工作闸手把不动→自动减速→低频制

动→施闸停车。

3. 变频停机：到达减速位置→主令控制器和工作闸手把不动→自动减速→低频制动→施闸停车。

六、正常操作

第14条　提升机的启动与运行。

1. 启动顺序：

(1) 接到开车信号后，将工作闸移至松开位置，开启润滑泵，指示灯亮。

(2) 根据信号及深度指示器所显示的容器位置，确定提升方向，操作工作闸至松开位置，同时将主令控制器推出，开始启动。

(3) 正力开车根据绞车启动电流变化情况，操作主令控制器，使提升机均匀加速至规定速度，达到正常运转。

(4) 低频负力开车，待绞车启动后，将主令控制器手把置于顶部，工作闸全部敞开，绞车根据设定程序自行达到正常运行速度。

(5) 变频开车将工作闸推到全松闸位置，然后将主令控制器根据信号向前推或向后拉底，绞车会自动加速进入全速运行状态。

(6) 变频手动开车，待绞车启动后，将主令控制器手把置于顶部，工作闸全部敞开，绞车速度加至速度为0.5 m/s，保持该速度运行。

(7) 变频半速开车，将正力开关顺时针旋转90°，将工作闸推到全松闸位置，然后将主令控制器根据信号向前推或向后拉底，绞车会自动加速进入变频半速开车方式，速度控制在1.8 m/s。

2. 提升机在启动和运行过程中，应随时注意观察以下情况：

(1) 电流、电压、油压等各指示仪表的读数应符合规定。

(2) 深度指示器指针位置和移动速度应正确。

(3) 信号盘上的各信号变化情况。

(4) 各运转部位的声响应正常，无异常震动。

(5) 各种保护装置的声光显示应正常。

(6) 钢丝绳有无异常跳动，电流表指针有无异常摆动。

第15条　提升机正常减速与停车。

1. 工频开车：

(1) 根据深度指示器指示位置或警铃示警及时减速。

① 正力减速：工作闸手把在全松闸位置，司机根据绞车运行速度在电动机转子回路加入电阻，使绞车速度逐渐降低，到达终点后拉回工作闸手把绞车抱闸停车。

② 负力减速：绞车运行到减速点后，绞车根据设定速度原则减速，当电动机的反电势低于600 V后，主控台发出控制信号，低频电源加到主电动机上低频制动，最终使实际速度按给定的速度运行，自动平衡地过渡到爬行段，低频制动结束，开始爬行后，电动机处于电动运行状态，一直到终点。

(2) 根据终点信号，及时用工作闸准确停车，防止过卷。

2. 变频开车：

当绞车全速运行到减速点后会自动减速、爬行、运行到停车位后自动停车，停车后司机将主令和工作闸拉到零位即可。

第 16 条 提升机司机应进行班中巡回检查。

1. 巡回检查一般为每小时一次。

2. 巡回检查要按检查路线图和检查内容依次逐项检查，不得遗漏。巡回检查的重点是安全保护系统。

3. 在巡回检查中发现的问题要及时处理。

(1) 司机能处理的应立即处理。

(2) 司机不能处理的，应及时上报，并通知维修工处理。

(3) 对不会立即产生危害的问题，要进行连续跟踪观察，监视其发展情况。

(4) 所有发现的问题及其处理经过，必须认真填入运行日志。

七、特殊操作

特殊操作时必须制订专项措施，并严格执行如下规定：

第 17 条 进行特殊吊运时，井筒信号工必须将吊运物件的名称、尺寸和重量通知提升机值班司机，提升机的速度应符合下列规定：

1. 用罐笼运送硝化甘油类炸药或雷管时，运行速度不得超过 2 m/s，运送其他爆炸材料时，不得超过 4 m/s。

2. 进行以上任一项运送，在启运和停止提升机时，不得使罐笼发生震动。

3. 吊运特殊大型设备(物品)及长材料时，其运行速度一般不应超过 1 m/s。

4. 人工验绳的速度，一般不大于 0.3 m/s。

5. 因检修井筒装备或处理事故，人员需站在提升容器顶上工作时，其提升容器的运行速度一般为 0.3～0.5 m/s。

第 18 条 提升机运行过程中的事故停车。

1. 运行中出现下列现象之一时，应立即断电，用工作闸制动进行中途停车。

(1) 电流过大，加速太慢，启动不起来，或电流变化异常时。

(2) 运转部位发出异响时。

(3) 出现情况不明的意外信号时。

(4) 过减速点不能正常减速时。

(5) 保护装置不起作用，不得不中途停车时。

(6) 出现其他必须立即停车的不正常现象时。

2. 运行中出现下列情况之一时，应立即断电，使用工作闸进行紧急停车。

(1) 接到紧急停车信号时。

(2) 接近正常停车位置，不能正常减速时。

(3) 绞车主要部件失灵，或出现严重故障必须紧急停车时。

(4) 保护装置失效，可能发生重大事故时。

(5) 出现其他必须紧急停车的故障时。

3. 在运行中出现松绳现象时应及时减速，如继续松绳时，应立即停车后反转，将已松出的绳缠紧后停车。

4. 事故停车后的注意事项：

(1) 出现上述 1、2、3 款情况之一停车后，应立即上报矿调度或有关部门，通知维修工处理，事后将故障及处理情况认真填入运行日志。

(2) 运行中发生事故，在故障原因未查清和消除前，禁止动车。原因查清后，故障未能全部处理完毕，但已能暂时恢复运行，经矿调度同意并采取安全措施后可以恢复运行，将提升容器升降至终点位置，完成本钩提升行程后，再停车继续处理。

(3) 钢丝绳如遭受卡罐或紧急停车等原因引起猛烈拉力时，必须立即停车，对钢丝绳和提升机的有关部位进行检查，确认无误后，方可恢复运行。否则应按规定进行处理后，方可重新恢复运行。

(4) 因电源停电停车时，应立即断开总开关，将主令控制器手把放至零位。工作闸手把置于施闸位置。

(5) 过卷停车时，如未发生故障，经与井口信号工联系，维修电工将过卷开关复位后，可返回提升容器，恢复提升，但应及时向领导汇报，填写运行日志。

(6) 在设备检修及处理事故期间，司机应严守岗位，不得擅自离开提升机房，检修需要动车时，须由专人指挥。

第19条　双滚筒提升机的对绳操作。

1. 工频操作：

(1) 对绳前，必须将两钩提升容器空载。

(2) 对绳时，必须先将活滚筒采用地锁锁好，方可打开离合器。

(3) 每次对绳时，应向活滚筒铜套注油后再进行对绳。

(4) 按以下有关步骤调绳，调绳开关打至正确的调绳位置，同时打开深指离合器。

① 在专职维修工监护指挥下，停止制动泵，关闭液压站固定卷筒、游动卷筒制动器控制球阀，将调绳控制1HK右转45°，将安全阀开关控制3HK开关打到中间位置，检查调绳安全联锁输入信号JXK7.＜X41＞是否有输入信号，启动制动泵，将G1阀控制开关5AK左转90°，向前推工作闸手把，离合器开始分离，当离合器打开后，调绳开始指示灯灭，调绳开始。

② 将安全阀控制开关3HK左旋45°，1AK控制开关左转45°，G4安全阀通电吸合，G3、G5、G6为断电状态，打开液压站固定滚筒制动器管路控制球阀。此时，司机按正常开车方式，开动绞车(绞车速度0.2～0.5 m/s)使固定滚筒转动，直到容器到达所需位置，抱闸停车，同时在调绳过程中往铜套及尼龙套内加注适量黄油。

③ 调绳完毕后看一下离合器齿牙是否对正，如对正将G1阀控制开关5AK复位、G2阀控制开关6AK左转90°，安全阀控制开关3HK打到中间位置，关闭固定卷筒制动器管路球阀，向上推工作闸手把离合器开始往里进，当离合器进到位后，调绳到位灯灭，停止制动泵运行，将所有开关恢复正常位置，按压G1、G2、G3、G4换向阀是否复位，调绳完毕。

(5) 检查离合器联锁阀，必须可靠闭锁。

(6) 开通通往活滚筒的制动器油路，并关闭通往离合器油路。

(7) 拆除地锁，重新调整深指指针，关闭恢复深指离合器。

(8) 对绳期间，严禁单钩提升或下放。

(9) 对绳结束后检查液压系统，各电磁阀和离合油缸位置应准确，并进行空载运行，确认无误时方能正常提升。

2. 变频操作：

（1）首先要将活滚筒的地锁锁好。

（2）把活滚筒的闸盘阀门关住，并将液压站上调绳管路的两个阀门打开。

（3）将调绳开关逆时针方向旋转45°，此时安全回路掉电。

（4）将切除自动换向开关顺时针旋转90°。

（5）将安全阀开关旋转到中间位置，G1阀开关顺时针旋转90°。

（6）随便打个开车点，停点灯亮离合器打不开。

（7）开启制动泵，推上工作闸，离合器开始往外出，离合器出的过程中要求人员现场观察。

（8）跳绳开关与G1阀开关复位，将安全阀顺时针旋转45°。

（9）让信号工发信号开车，应先将手闸推离零位（由于在调绳时单罐提升，为防止溜车不能全松闸），待主令控制器推出，使电动机处于带电状态，再适当将手闸推到合适位置。调绳开车时司机一定要注意绞车运行情况。

（10）将提升容器开到合适位置后准备合离合器。

（11）将安全阀开关旋转到中间位置，G2阀开关顺时针旋转90°。

（12）随便打个开车点，停点灯亮离合器打不进去。

（13）开启制动泵，推上工作闸，离合器开始往里进，离合到位后调绳结束。

（14）将活滚筒的闸盘阀门打开。

（15）将液压站上调绳管路的两个阀门关上。

（16）将各个开关恢复正常位置，然后把地锁打开，整个调绳结束。

（17）调绳后要求第一个循环低速开车，观察行程是否准确，有误差时要及时校正行程。

第20条 在进行下列特殊提升任务时，必须由正司机进行操作、副司机负责监护。

1. 在交接班升降人员时；

2. 运送雷管、炸药等危险品时；

3. 吊运特殊大型设备及器材等时；

4. 在井筒内进行检修任务时。

第21条 监护司机的职责。

1. 监护操作司机按提升人员和下放重物的规定速度操作。

2. 必要时及时提醒操作司机进行减速、制动和停车。

3. 出现应紧急停车而操作司机未操作时，监护司机可直接操作工作闸手把或紧急停车按钮执行紧急停车。

八、收尾工作

第22条 在检修及处理事故后，司机会同检修工认真检查验收，并做好记录，发现问题应及时处理。

第23条 做好设备及机房内外环境卫生，将工具、备品排列整齐并清点。

第24条 按有关规定，认真填好各种记录。

九、说明

第25条 几点说明如下：

1. 任意操作按钮。

（1）按下此按钮，可以切除加速电流继电器，但时间不得过长。

(2) 当总行程有误差时，可以校正总行程的误差量。校正方法如下：使绞车准确停在停车位，到位有显示，可编程控制器的输入端 X006 亮，容器到位显示零；将 1AK(解除语言)开关左旋 90°，打开车信号，使绞车向下运行到位，在液晶显示到位的状态时，先按一下任意操作按钮，然后将 1AK(解除语言)开关复位即可，这时的容器位置应显示 151.7 m。

(3) 钩数需要清零时，与 2AK(正力开关)配合，即将此开关左旋 90°，按一下该按钮，提升钩数被清零。

2. 慢上、慢下按钮。这两个按钮主要用于对 KT 线圈电压大小的调整。方法如下：

(1) 先将 1AK、2AK、3AK 三个旋钮开关全部左旋 90°，但不要开制动泵，打上信号，推开工作闸，按一下慢上按钮，KT 电压有所上升，按一下慢下按钮，KT 电压有所下降。调整完毕，应将 1AK、2AK、3AK 复位。

(2) 应急时控制高压正反向接触器的吸合。

(3) 若过卷后提升机还需要继续上提，在切除过卷后，安全回路恢复正常，按下慢上按钮，提升机可以继续上提 20 s。

注：1AK 为解除语言开关；2AK 为正力开车；3AK 为切除自动换向。

3. 制动泵启动，安全继电器按钮。此按钮有两个功能：第一，安全条件具备，指示灯亮后，按一下此按钮，安全继电器工作，制动泵启动。第二，单独启动制动泵。

4. 过卷切换开关。此开关左旋 45°切除反向过卷，提升机只能正向开；右旋 45°，切除正向过卷，提升机只能反向开。

5. 安全阀开关。此开关在中间位置，G3 阀不通电；右旋 45°，G3 阀通电；左转 45°，G3 阀通电。

6. 切除语言报警开关。此旋钮开关左旋 90°，语言报警停止。当故障解除后，应将该开关复位，另外在调绳时应该将此开关左旋 90°。

7. 正力开关。此开关左旋 90°，提升机运行过减速点后，低频制动不投入，减速过程完全由司机控制。

8. 切除自动换向开关。正常开车时，程序内有方向记忆，绞车运行不到位，则不能换向另一方向开车，若要向另一方向开，则必须将此开关左旋 90°，解除方向记忆。

9. 切除程序保护按钮。按下此按钮切除防反转、轴编码器损坏、内过卷、钢丝绳松、深指失效等保护；亦用作恢复安全回路，但不允许长时切除运行。

10. 自动、常规、手动开关。该开关用作开车方式设定自动位置时左旋 45°绞车能够进行自动化运行。开关在中间位置为常规开车。右旋 45°手动开车为低频开车。

11. G1 阀控制开关 5AK、G2 阀控制开关 6AK。打离合时，G1 左转 45°时推工作闸离合器往外出，进离合器时 G1 复位、G2 左转 45°推工作闸离合器往里进。

12. 调绳切换开关。此开关右转 45°时，进入调绳状态，调绳时 G3 阀不吸合。

13. 润滑泵的转换开关。此开关右转 45°，进入润滑泵开启状态，左转 45°进入另一台备用润滑泵开启状态。(注：转换前，调整好润滑泵站的转换阀，无误后方可转换。)

14. 制动泵的转换。制动泵开关 K1(操作台内)旋转 180°，切换到另一台备用制动泵工作。

15. 设备运行注意事项：司机和维修工经常检查轴编码器软连接的运转情况，发现问题立即处理，如果后备保护的轴编码器损坏则临时将主控台端子排的 142(ZCOM)

和 143(N)短接,短接后两台 PLC 全部用主机上的轴编码器数据运行。如果主控机的轴编码器损坏则临时将端子排上的 142(ZCOM)和 144(O)短接,短接后两台 PLC 全部用后备保护轴编码器的数据运行。但是一定要尽快把损坏的物品换下,避免长时间用一个轴编码器出现事故。

落地摩擦式副井主提升机司机

一、适用范围

第 1 条 本规程适用于地面副井 JKMD-4×4(Z)型落地摩擦式主提升机司机的操作作业,工艺优化、设备改造后按新要求执行。其他落地摩擦式副井提升机操作时应根据现场情况参照本规程制定适合其操作性能的操作规程。

二、上岗条件

第 2 条 必须经过培训,并经考试合格,取得有效证件后,方可持证上岗。

第 3 条 有一定的机电基础知识,熟悉《煤矿安全规程》中的有关规定。

第 4 条 熟悉设备的结构、性能、技术特征、工作原理、提升信号系统和各种安全保护装置,能排除一般性故障。

第 5 条 没有妨碍本职工作的病症。

三、安全规定

第 6 条 按规定配备耳麦、耳塞等噪声防护劳动保护用品。

第 7 条 上班前严禁喝酒,接班后严禁睡觉、看书和打闹。坚守工作岗位,上班时不做与本职工作无关的事情,严格遵守本规程及《煤矿安全规程》的有关规定。

第 8 条 实习司机应经工区批准,并指定专人进行监护,方准进行操作。

第 9 条 提升机司机按照矿井实际情况及《煤矿安全规程》要求进行人员配置,并遵守以下安全守则:

1. 严格执行交接班制度,接班后应进行一次空负荷试车(连续作业除外)和每班应进行的安全保护装置试验,并做好交接班记录。

2. 禁止超负荷运行(电流不能超限)。

3. 司机不得擅自调整制动闸,不得随意变更继电器整定值和安全保护装置整定值。

4. 检修后必须试车,并在电工的协助下,按规定做过卷、过负荷和欠电压、深度指示器失效、闸间隙、满仓和减速功能等保护项试验。

5. 操作高压电器时,应戴绝缘手套、穿绝缘靴或站在绝缘台上,一人操作、一人监护。

6. 维修人员进入滚筒工作前,应关闭制动闸,机械锁住主提升机滚筒,切断绞车电源,并在闸把上悬挂“滚筒内有人工作,禁止动车”警示牌,工作完毕后摘下警示牌,缓慢启动主提升机。

7. 停车期间,司机离开操作位置时必须将工作闸手把移至施闸位置、主令控制器手把置于中间零位,并切断控制回路电源。

第 10 条 司机必须熟悉各种信号,操作时必须严格按信号执行:

1. 副井提升信号规定：1 点停车、2 点提物、3 点落罐、4 点提人、5 点撑罐。

2. 严禁无信号动车。

3. 当所收信号不清或有疑问时，应立即用生产电话或直通电话与井口信号工联系，重发信号，再进行操作。

4. 接到信号因故未能执行时，应通知井口信号工，原信号作废，重发信号，再进行操作。

5. 司机不得擅自动车，若因故需要动车时，应与信号工联系，按信号执行。

6. 若因检修需要动车时，应事先通知信号工，并经检修负责人同意，完毕后再通知信号工。

第 11 条 副井提升机司机应遵守以下操作纪律：

1. 操作时，必须精神集中，手不准离开操作手把，严禁与他人闲谈，开车期间不得接打电话、司机不得联勤。

2. 操作期间不得离开操作台及做其他与操作无关的事，操作台上不得放与操作无关的物品。

3. 司机应轮换操作，每人连续操作时间一般不超过 1 h。提升期间，禁止换人。

4. 对监护司机的警示性喊话，主司机应及时采取措施。

四、操作准备

第 12 条 上岗前，副井提升机司机首先应进行岗位安全确认。

1. 人员的安全确认：首先对主提升机司机的精神状态、有效证件、着装进行检查，明确工人上岗一人操作、一人监护，确认合格后方可允许其上岗操作。

2. 设施的安全确认：

(1) 试验脚踏开关、深指过卷、二级制动等保护，并确认各种保护灵敏可靠。

(2) 检查副井操作台的各种仪表、主令、制动手把等关键部位设施，确认其处于完好状态。

(3) 按照司机巡回检查路线，对本岗位的主电动机、减速机、联轴节、主滚筒、主提升绳、提升容器等设施进行仔细检查，并确认无安全隐患。

(4) 通过以上检查，确认本岗设备处于安全状态，方可开车操作。

第 13 条 副井提升司机接班后应做下列检查：

1. 各紧固螺丝不得松动，连接件应齐全、牢靠。

2. 联轴器无异响，防护罩应牢固可靠。

3. 轴承润滑油量适当，油环转动灵活、平稳。

4. 润滑系统的泵站、管路完好可靠，无渗油和漏油现象。

5. 各种保护装置及电气闭锁，必须完好无损；试验过卷、急停开关、闸瓦磨损、油压系统的过压和欠压保护，信号和警铃都必须灵敏可靠。

6. 制动系统中，闸瓦、制动盘表面应清洁无油污，液压站油泵运转正常，各电磁阀动作灵活可靠，位置正确；油压系统运行正常，液压站油质、油位正常。

7. 各种仪表指示应准确，信号系统应正常。

第 14 条 开车前准备工作。

1. 主控台各转换开关放在正常状态，主令控制器、工作闸手把必须在零位。

2. 闭合调速柜主回路电源。按一下主控台控制电源启动按钮，按下空气开关，启动

UPS 电源。

3. 按一下主控台的切除程序按钮或任意操作按钮，送上安全回路。

4. 按一下制动泵启动按钮，安全继电器、制动泵开指示灯亮，制动泵启动。

第 15 条 检查制动系统是否正常，液压站各电磁阀动作及仪表指示是否正确，盘形闸是否完好，闸瓦间隙是否均匀，其间隙不得大于 2 mm。

第 16 条 检查润滑系统是否正常，润滑油压为 0.1～0.2 MPa，油温不超过 60 ℃，管路各阀门是否在正常工作位置。

第 17 条 检查变频器的显示屏显示的各数值是否正常，变频器的高压电源是否正常。

第 18 条 检查电控系统是否正常，各传感器是否正常；显示屏数据与实际状况是否相符，电压波动不大于规定值(高压在 6 000 V±5%之间，低压在 380 V±10%之间)。

第 19 条 检查信号系统是否正常。

第 20 条 每次交接班前都要根据“安全保护装置试验记录”的内容在电工的协助下对各安全保护试验一遍，发现异常情况要及时向工区值班员汇报，安排维修工处理，并做好记录。

第 21 条 操作台各手把、旋钮置于正常位置。

1. 将制动手把置于全自动位置，主令控制器手把置于零位。

2. 各转换开关位置：

(1) 过卷旁通开关置于中间位置(OFF)，过卷允许开关置于中间位置(OFF)；

(2) 根据提升要求选择正常、检修及半速运行方式转换开关。

五、正常操作

第 22 条 开车。

当信号工发出正确的开车信号后，显示屏显示打点的次数，启动制动泵，将工作闸手把向前推，二点信号主令控制器向前推；三点信号主令控制器向后拉。提升司机必须看清打点次数，并且信号已发指示灯亮了以后，才能进行操作。

1. 反向开车：当信号工发出二点信号后，启动制动泵，将工作闸手把向前推，主令控制器手把慢慢向前推拉，在反向加速过程中，司机必须仔细观察显示屏显示的各种参数。听到停车信号后，司机可先将主令控制器手把回到零位，然后收工作闸，使车平稳地停下来，完成整个提升过程。

2. 正向开车：当信号工发出三点工作信号后，启动制动泵，将工作闸手把向前推，主令控制器手把慢慢向后拉，在正向加速过程中，司机必须仔细观察显示屏显示的各种参数。听到停车信号后，司机可先将主令控制器手把回到零位，然后收工作闸，使车平稳地停下来，完成整个提升过程。

3. 检修开车：当信号工选择检修提升时，将功能选择开关选在低速开车位置，启动制动泵，将工作闸手把向前推，三点主令控制器手把慢向后拉，二点主令控制器手把慢慢向前推，绞车运行速度为 0.8 m/s，收到停车信号时，绞车自动抱闸停车，司机将主令控制器手把和手闸回到零位。

第 23 条 紧急停车。

当司机发现紧急情况需要紧急停车时，用脚踏下右下角的紧急开关，安全回路断电，调速器主回路电源断电，调速器立即停止输出。

第 24 条 安全回路断电后的恢复开车。

如果安全回路断电，查清故障原因后，按一下切除程序保护按钮或任意操作按钮，安全条件具备指示灯亮了以后，按一下安全继电器启动按钮，使安全继电器指示灯亮，方可进入开车状态。

第 25 条 主提升机司机应进行班中巡回检查：

1. 巡回检查每小时一次。

2. 巡回检查要按主管部门规定的检查路线和检查内容依次逐项检查，不得遗漏。巡回检查的重点是安全保护系统。

3. 在巡回检查中发现的问题要及时处理：

(1) 司机能处理的应立即处理。

(2) 司机不能处理的，应及时上报，并通知维修工处理。

(3) 对不会立即产生危害的问题，要进行连续跟踪观察，监视其发展情况。

(4) 所有发现的问题及其处理经过，必须认真填入运行日志。

六、特殊操作

第 26 条 副井进行雷管、炸药、超长、超重等特殊提升时，必须由正司机进行操作、副司机负责监护；信号工必须将提升物件的名称、尺寸和重量通知主提升机司机，主提升机的提升速度应符合下列规定：

1. 使用罐笼运送物件时，运行速度不得超过 2 m/s；在启动和停止主提升机时，不得使罐笼发生震动。

2. 提升特殊大型设备(物品)及长材料时，其运行速度一般不应超过 2 m/s，并执行专用安全技术措施。

3. 人工验绳的速度，一般不大于 0.3 m/s。因检查井筒装备或处理事故，人员需要站在箕斗或罐笼顶上工作时，其运行速度一般为 0.3～0.5 m/s。

第 27 条 运行过程中出现下列现象时，应立即断电，用工作闸制动进行中途停车：

1. 电流过大，加速太慢，启动不起来，或电流变化异常时；

2. 运转部位发出异响时；

3. 出现情况不明的意外信号时；

4. 过减速点不能正常减速时；

5. 保护装置不起作用，不得不中途停车时；

6. 出现其他必须立即停车的不正常现象时；

第 28 条 事故停车后的注意事项：

1. 出现上述情况之一停车后，应立即上报矿调度及工区值班员，通知维修工处理，事后将故障及处理情况认真填入运行日志。

2. 运行中发生事故，在故障原因未查清和消除前，禁止动车。原因查清后，故障未能全部处理完毕，但已能暂时恢复运行，经调度或有关部门同意并采取安全措施后可以恢复运行。

3. 钢丝绳如遭受卡罐或紧急停车等原因引起的猛烈拉力时，必须立即停车，对钢丝绳和主提升机的有关受力部位进行检查，确认无误后，方可恢复运行。否则应按规定进行处理后，方可重新恢复运行。

4. 因电源停电停车时，应立即断开总开关，将主令控制器手把放至零位。工作闸手把置于施闸位置。

5. 在设备检修及处理事故期间，司机应严守岗位，不得擅自离开主提升机机房，检修需要动车时，须由专人指挥。

七、收尾工作

第 29 条 在检修及处理事故后，司机会同检修工认真验收，并做好记录，发现问题应及时处理。

第 30 条 做好设备及机房内外卫生，将工具、备品排列整齐并清点。

第 31 条 按规定填写有关记录，认真填好各种记录。

井塔摩擦式副井主提升机司机

一、适用范围

第 1 条 本规程适用于地面副井 JKM3.25×4 型井塔摩擦式主提升机司机的操作作业，工艺优化、设备改造后按新要求执行。其他井塔摩擦式副井提升机操作时应根据现场情况参照本规程制定适合其操作性能的操作规程。

二、上岗条件

第 2 条 必须经过培训，并经考试合格，取得有效证件后，方可持证上岗。

第 3 条 有一定的机电基础知识，熟悉《煤矿安全规程》中的有关规定。

第 4 条 熟悉设备的结构、性能、技术特征、工作原理、提升信号系统和各种安全保护装置，能排除一般性故障。

第 5 条 没有妨碍本职工作的病症。

三、安全规定

第 6 条 按规定配备耳麦、耳塞等噪声防护劳动保护用品。

第 7 条 上班前严禁喝酒，接班后严禁睡觉、看书和打闹。坚守工作岗位，上班时不做与本职工作无关的事情，严格遵守本规程及《煤矿安全规程》的有关规定。

第 8 条 实习司机应经工区批准，并指定专人进行监护，方准进行操作。

第 9 条 提升机司机按照矿井实际情况及《煤矿安全规程》要求进行人员配置，并遵守以下安全守则：

1. 严格执行交接班制度，接班后应进行一次空负荷试车（连续作业除外）和每班应进行的安全保护装置试验，并做好交接班记录。

2. 禁止超负荷运行（电流不能超限）。

3. 司机不得擅自调整制动闸，不得随意变更继电器整定值和安全保护装置整定值。

4. 检修后必须试车，并在电工的协助下，按规定做过卷、过负荷和欠电压、深度指示器失效、闸间隙、满仓和减速功能等保护项试验。

5. 操作高压电器时，应戴绝缘手套、穿绝缘靴或站在绝缘台上，一人操作、一人监护。

6. 维修人员进入滚筒工作前，应关闭制动闸，机械锁住主提升机滚筒，切断绞车电源，并在闸把上悬挂“滚筒内有人工作，禁止动车”警示牌，工作完毕后摘下警示牌，缓慢启动主提升机。

7. 停车期间，司机离开操作位置时必须将工作闸手把移至施闸位置、主令控制器手把置于中间零位，并切断控制回路电源。

第10条　司机必须熟悉各种信号，操作时必须严格按信号执行。

1. 副井提升信号规定：1点停车、2点提物、3点落罐、4点提人、5点撑罐。

2. 严禁无信号动车。

3. 当所收信号不清或有疑问时，应立即用生产电话或直通电话与井口信号工联系，重发信号，再进行操作。

4. 接到信号因故未能执行时，应通知井口信号工，原信号作废，重发信号，再进行操作。

5. 司机不得擅自动车，若因故需要动车时，应与信号工联系，按信号执行。

6. 若因检修需要动车时，应事先通知信号工，并经检修负责人同意，完毕后再通知信号工。

第11条　副井提升机司机应遵守以下操作纪律：

1. 操作时，必须精神集中，手不准离开操作手把，严禁与他人闲谈，开车期间不得接打电话，司机不得联勤。

2. 操作期间不得离开操作台及做其他与操作无关的事，操作台上不得放与操作无关的物品。

3. 司机应轮换操作，每人连续操作时间一般不超过1 h。提升期间，禁止换人。

4. 对监护司机的警示性喊话，主司机应及时采取措施。

四、操作准备

第12条　上岗前，副井提升机司机首先应进行岗位安全确认。

1. 人员的安全确认：首先对主提升机司机的精神状态、有效证件、着装进行检查，明确工人上岗一人操作一人监护，确认合格后方可允许其上岗操作。

2. 设施的安全确认：

(1) 试验脚踏开关、深指过卷、二级制动等保护，并确认各种保护灵敏可靠。

(2) 检查副井操作台的各种仪表、主令、制动手把等关键部位设施，确认处于完好状态。

(3) 按照司机巡回检查路线，对本岗位的主电动机、减速机、联轴节、主滚筒、主提升绳、提升容器等设施进行仔细检查，并确认无安全隐患。

(4) 通过以上检查，确认本岗设备处于安全状态，方可开车操作。

第13条　副井提升机司机接班后应做下列检查：

1. 各紧固螺丝不得松动，连接件应齐全、牢靠。

2. 联轴器无异响，防护罩应牢固可靠。

3. 轴承润滑油量适当，油环转动灵活、平稳。

4. 润滑系统的泵站、管路完好可靠，无渗油和漏油现象。

5. 各种保护装置及电气闭锁，必须完好无损；试验过卷、急停开关、闸瓦磨损、油压系统的过压和欠压保护，信号和警铃都必须灵敏可靠。

6. 制动系统中，闸瓦、制动盘表面应清洁无油污，液压站油泵运转正常，各电磁阀动作灵活可靠，位置正确；油压系统运行正常，液压站油质、油位正常。

7. 各种仪表指示应准确，信号系统应正常。

第 14 条 开车前准备工作：

1. 主控台各转换开关放在正常状态，主令控制器、工作闸手把必须在零位。

2. 闭合调速柜主回路电源。按一下主控台控制电源启动按钮，按下空气开关，启动 UPS 电源。

3. 按一下主控台的切除程序按钮或任意操作按钮，送上安全回路。

4. 按一下制动泵启动按钮，安全继电器、制动泵开指示灯亮，制动泵启动。

第 15 条 检查制动系统是否正常，液压站各电磁阀动作及仪表指示是否正确，盘形闸是否完好，闸瓦间隙是否均匀，其间隙不得大于 2 mm。

第 16 条 检查润滑系统是否正常，润滑油压为 0.1～0.2 MPa，油温不超过 60 ℃，管路各阀门是否在正常工作位置。

第 17 条 检查变频器的显示屏显示的各数值是否正常，变频器的高压电源是否正常。

第 18 条 检查电控系统是否正常，各传感器是否正常；显示屏数据与实际状况是否相符，电压波动不大于规定值(高压在 6 000 V±5%之间，低压在 380 V±10%之间)。

第 19 条 检查信号系统是否正常。

第 20 条 每次交接班前都要根据“安全保护装置试验记录”的内容在电工的协助下对各安全保护试验一遍，发现异常情况要及时向工区值班员汇报，安排维修工处理，并做好记录。

第 21 条 操作台各手把、旋钮置于正常位置。

1. 将制动手把置于全自动位置，主令控制器手把置于零位。

2. 各转换开关位置：

(1) 过卷旁通开关置中间位置(OFF)，过卷允许开关置于中间位置(OFF)；

(2) 根据提升要求选择正常、检修及半速运行方式转换开关。

五、正常操作

第 22 条 开车。

当信号工发出正确的开车信号后，显示屏显示打点的次数，启动制动泵，将工作闸手把向前推，二点信号主令控制器向前推；三点信号主令控制器向后拉。提升司机必须看清打点次数，并且信号已发指示灯亮了以后，才能进行操作。

1. 反向开车：当信号工发出二点信号后，启动制动泵，将工作闸手把向前推，主令控制器手把慢慢向前推拉，在反向加速过程中，司机必须仔细观察显示屏显示的各种参数。听到停车信号后，司机可先将主令控制器手把回到零位，然后收工作闸，使车平稳地停下来，完成整个提升过程。

2. 正向开车：当信号工发出三点工作信号后，启动制动泵，将工作闸手把向前推，主令控制器手把慢慢向后拉，在正向加速过程中，司机必须仔细观察显示屏显示的各种参数。听到停车信号后，司机可先将主令控制器手把回到零位，然后收工作闸，使车平稳地停下来，完成整个提升过程。

3. 检修开车：当信号工选择检修提升时，将功能选择开关选在低速开车位置，启动制动泵，将工作闸手把向前推，三点主令控制器手把慢慢向后拉，二点主令控制器手把慢慢向前推，绞车运行速度为 0.8 m/s，收到停车信号时，绞车自动抱闸停车，司机将主令控制器手把和手闸回到零位。

第 23 条　紧急停车。

当司机发现紧急情况需要紧急停车时，用脚踏下右下角的紧急开关，安全回路断电，调速器主回路电源断电，调速器立即停止输出。

第 24 条　安全回路断电后的恢复开车。

如果安全回路断电，查清故障原因后，按一下切除程序保护按钮或任意操作按钮，安全条件具备指示灯亮了以后，按一下安全继电器启动按钮，使安全继电器指示灯亮，方可进入开车状态。

第 25 条　主提升机司机应进行班中巡回检查：

1. 巡回检查每小时一次。

2. 巡回检查要按主管部门规定的检查路线和检查内容依次逐项检查，不得遗漏。巡回检查的重点是安全保护系统。

3. 在巡回检查中发现的问题要及时处理：

（1）司机能处理的应立即处理。

（2）司机不能处理的，应及时上报，并通知维修工处理。

（3）对不会立即产生危害的问题，要进行连续跟踪观察，监视其发展情况。

（4）所有发现的问题及其处理经过，必须认真填入运行日志。

六、特殊操作

第 26 条　副井进行雷管、炸药、超长、超重等特殊提升时，必须由正司机进行操作、副司机负责监护；信号工必须将提升物件的名称、尺寸和重量通知主提升机司机，主提升机的提升速度应符合下列规定：

1. 使用罐笼运送物件时，运行速度不得超过 2 m/s；在启动和停止主提升时，不得使罐笼发生震动。

2. 提升特殊大型设备（物品）及长材料时，其运行速度一般不应超过 2 m/s，并执行专用安全技术措施。

3. 人工验绳的速度，一般不大于 0.3 m/s。因检查井筒装备或处理事故，人员需要站在箕斗或罐笼顶上工作时，其运行速度一般为 0.3～0.5 m/s。

第 27 条　运行过程中出现下列现象时，应立即断电，用工作闸制动进行中途停车：

1. 电流过大，加速太慢，启动不起来，或电流变化异常时；

2. 运转部位发出异响时；

3. 出现情况不明的意外信号时；

4. 过减速点不能正常减速时；

5. 保护装置不起作用，不得不中途停车时；

6. 出现其他必须立即停车的不正常现象时。

第 28 条　事故停车后的注意事项：

1. 出现上述情况之一停车后，应立即上报矿调度及工区值班员，通知维修工处理，事后将故障及处理情况认真填入运行日志。

2. 运行中发生事故，在故障原因未查清和消除前，禁止动车。原因查清后，故障未能全部处理完毕，但已能暂时恢复运行，经调度或有关部门同意并采取安全措施后可以恢复运行。

3. 钢丝绳如遭受卡罐或紧急停车等原因引起的猛烈拉力时，必须立即停车，对钢丝绳和主提升机的有关受力部位进行检查，确认无误后，方可恢复运行。否则应按规定进行处理后，方可重新恢复运行。

4. 因电源停电停车时，应立即断开总开关，将主令控制器手把放至零位。工作闸手把置于施闸位置。

5. 在设备检修及处理事故期间，司机应严守岗位，不得擅自离开主提升机机房，检修需要动车时，须由专人指挥。

七、收尾工作

第 29 条 在检修及处理事故后，司机会同检修工认真验收，并做好记录，发现问题应及时处理。

第 30 条 做好设备及机房内外卫生，将工具、备品排列整齐并清点。

第 31 条 按规定填写有关记录，认真填好各种记录。

斜巷主提升机司机

一、适用范围

第 1 条 本规程适用于井下斜巷 JDB-2×1.8/30 型主提升机司机的操作作业，工艺优化、设备改造后按新要求执行。其他斜巷主提升机操作时应根据现场情况参照本规程制定适合其操作性能的操作规程。

二、上岗条件

第 2 条 必须经过培训，并经考试取得合格证后，持证上岗，能独立操作。

第 3 条 有一定的机电基础知识，熟悉《煤矿安全规程》的有关规定。

第 4 条 熟悉设备的结构、性能、技术特征、动作原理、提升信号系统和各种保护装置，能排除一般性故障。

第 5 条 没有妨碍本职工作的病症。

三、安全规定

第 6 条 上班前严禁喝酒，接班后严禁睡觉、看书和打闹。坚守工作岗位，上班时不做与本职工作无关的事情，严格遵守本规程及《煤矿安全规程》的有关规定。

第 7 条 生产和凿井用斜巷主要提升机必须配有正、副司机，每班不得少于 2 人(不包括实习期内的司机)。实习司机应经主管部门批准，并指定专人进行监护，方准进行操作。

第 8 条 提升机司机按照矿井实际情况及《煤矿安全规程》要求进行人员配置，并遵守以下安全守则：

1. 严格执行交接班制度，接班后应进行一次空负荷试车(连续作业除外)和每班应进行的安全装置试验，并做好交接班记录。

2. 禁止超负荷运行(电流不超限)。

3. 矿车脱轨时，禁止用绞车牵引复轨。

4. 司机不得擅自调整制动闸。

5. 司机不得随意变更继电器整定值和安全装置整定值。

6. 检修后必须试车，并在电工的协助下，按规定做过卷、限速、闸磨等保护项试验。

7. 操作电气设备时，必须戴绝缘手套、穿绝缘靴或站在绝缘台上，一人操作、一人监护。

8. 维修人员进入滚筒工作前，应落下保险闸，锁住提升机滚筒，切断电源，并在闸把上挂上“滚筒内有人工作，禁止动车”警示牌。工作完毕后，摘除警示牌，并应缓慢启动。

9. 停车期间，司机离开操作位置时必须做到：

(1) 将安全闸手把移至施闸位置；

(2) 将主令控制器手把置于中间零位；

(3) 切断控制回路电源。

第9条　司机应熟悉各种信号，操作时必须严格按照信号操作。

1. 严禁无信号动车。

2. 当所收信号不清或有疑问时，应立即用电话与井口信号工联系，重发信号，进行操作。

3. 接到信号因故未能执行时，应通知井口信号工，原信号作废，重发信号，再进行操作。

4. 司机不得擅自动车，若需要动车时，应与信号工联系，按信号执行。

5. 若因检修需要动车时，应事先通知信号工，并经信号工同意，方可动车，完毕后再通知信号工。

第10条　提升机司机应遵守以下操作纪律：

1. 操作时应精神集中，手不准离开操作手把，严禁与他人闲谈，开车后不得再接打电话，司机不允许连班顶岗。

2. 操作期间不得离开操作台及做其他与操作无关的事，操作台上不得放与操作无关的物品。

3. 司机应轮换操作，每人连续操作时间一般不超过1 h，在操作未结束前，禁止换人。因身体骤感不适，不能坚持操作时，可中途停车，并与信号工联系，由另一名司机代替。

四、操作准备

第11条　司机接班后应做下列检查：

1. 认真检查机械、电气设备(包括电动机、减速机、滚筒、液压站、盘形制动闸、联轴器防护罩、轴编码器)等各部位紧固螺栓、螺帽有无松动。

2. 轴承润滑油油质应符合要求，油量适当，轴承转动灵活、平稳；强迫润滑系统的泵站、管路完好可靠，无渗油和漏油现象。

3. 各种保护装置及电气闭锁，必须完好可靠；试验过卷、松绳、急停、闸瓦磨损等保护，必须灵敏可靠。

4. 制动系统中，闸瓦、闸路表面应清洁无油污，液压站油泵运转应正常，各电磁阀动作灵活可靠，位置正确；油压系统运行正常，液压站(或蓄能器)油量油质正常。

5. 操作台各种仪表指示应准确，信号系统应显示正常。

6. 检查钢丝绳的排列情况及衬板、绳槽的磨损情况。

7. 检查中发现的问题，必须及时处理并向当班领导汇报。处理符合要求后，方可正常开车。

第12条 提升机启动前应做以下工作：

1. 启动辅助设备：

(1) 启动液压站制动油泵；

(2) 启动润滑站油泵。

2. 观察电压表、电流表等指示是否准确、正常。

3. 检查信号系统显示是否正常。

4. 司机台各手把、旋钮置于正常位置。

五、正常操作

第13条 斜巷主提升机的启动与运行。

1. 启动顺序：

(1) 接到开车信号后根据信号及深度指示器所显示的容器位置，确定提升方向，操作工作闸至松开位置，同时将主令控制器缓慢推开或拉开，绞车开始启动。

(2) 操作主令控制器，使提升机均匀加速至规定速度，达到正常运转。

2. 提升机在启动和运行过程中，应随时注意观察以下情况：

(1) 电流、电压、制动油压等各指示仪表的指示应符合规定。

(2) 深度指示器指针位置和移动速度应正确。

(3) 信号箱上的各信号变化情况应正确。

(4) 各运转部位的声响应正常，无异常震动。

(5) 运行过程中钢丝绳跳动幅度应在正常范围内。

第14条 提升机正常减速与停车。

1. 根据深度指示器指示位置(警铃示警)或操作台显示屏行程指示位置及时减速。

2. 根据终点信号，及时停车。

(1) 将主令控制器拉(或推)至零位。

(2) 将工作闸拉至合闸位置，按要求及时准确停车。

第15条 提升机司机应进行班中巡回检查。

1. 巡回检查一般为每小时一次。

2. 巡回检查要按规定的检查路线和检查内容依次逐项检查，不得遗漏。巡回检查的重点是安全保护系统。

3. 在巡回检查中发现的问题要及时处理。

(1) 司机能处理的应立即处理。

(2) 司机不能处理的，应及时上报，并通知维修工处理。

(3) 对不会立即产生危害的问题，要进行连续跟踪观察，监视其发展情况。

(4) 所有发现的问题及其处理经过，必须认真填入运行日志。

六、特殊操作

第16条 进行特殊吊运时，信号工必须将吊运物件的名称、尺寸和重量通知提升机司机，提升机的速度符合下列规定：

1. 吊运特殊大型设备(物品)及长材料时，其运行速度一般不应超过1 m/s。

2. 人工验绳的速度，一般不大于0.3 m/s。

第17条 提升机运行过程中的事故停车。

1. 运行中出现下列现象之一时，应立即断电，用工作闸制动进行中途停车：

(1) 电流过大，加速太慢，启动不起来，或电流变化异常时；

(2) 运转部位发出异响时；

(3) 出现情况不明的意外信号时；

(4) 过减速点不能正常减速时；

(5) 保护装置不起作用，不得不中途停车时；

(6) 出现其他必须立即停车的不正常现象时。

2. 运行中出现下列情况之一时，应立即断电，使用保险闸进行紧急停车：

(1) 工作闸操作失灵时；

(2) 接到紧急停车信号时；

(3) 接近正常停车位置，不能正常减速时；

(4) 绞车主要部件失灵，或出现严重故障必须紧急停车时；

(5) 保护装置失效，可能发生重大事故时；

(6) 出现其他必须紧急停车的故障时。

3. 事故停车后的注意事项：

(1) 出现上述1、2款情况之一停车后，应立即上报矿调度或有关部门，通知维修工处理，事后将故障及处理情况认真填入运行日志。

(2) 运行中发生事故，在故障原因未查清和消除前，禁止动车。原因查清后，故障未能全部处理完毕，但已能暂时恢复运行，经矿调度或有关部门同意并采取安全措施可以恢复运行，将绞车升降至终点位置，完成本钩提升行程后，再停车继续处理。

(3) 钢丝绳如遭受紧急停车等原因引起的猛烈拉力时，必须立即停车，对钢丝绳和提升机有关部位进行检查，确认无误后，方可恢复运行。否则应按规定进行处理后，方可重新恢复运行。

(4) 设备检修及处理事故期间，司机应严守岗位，不得擅自离开提升机房，检修需要动车时，须由专人指挥。

4. 变频调速装置断电后10 min内禁止对变频器防爆主腔内的任何电路进行操作，且必须用仪表确认腔内电容组已放电完毕，方可实施腔内的操作。

5. 变频调速装置停电后，在1 min内禁止再次送电。

6. 变频调速装置在运行过程中尽量不要切断供电电源。

7. 严禁对变频调速装置的主回路和控制回路进行耐压试验和绝缘检验，以免损坏箱体内的元器件。如对与变频调速装置相连的设备进行耐压试验和绝缘检验时，必须切断与变频调速装置相连的电路。

七、收尾工作

第18条　在检修及处理事故后，司机会同检修工认真检查验收，并做好记录，发现问题应及时处理。

第19条　做好设备及机房内环境卫生，并将工具、备品排列整齐。

第20条　按有关规定，认真填好各种记录。

高压串电阻调速斜井提升机司机

一、适用范围

第 1 条 本规程适用于井下高压串电阻调速斜井 2JK-3.5/20 型主提升机司机的操作作业，工艺优化、设备改造后按新要求执行。其他高压串电阻调速斜井提升机操作时应根据现场情况参照本规程制定适合其操作性能的操作规程。

二、上岗条件

第 2 条 必须经过培训，并经考试取得合格证后，持证上岗，能独立操作。

第 3 条 有一定的机电基础知识，熟悉《煤矿安全规程》的有关规定。

第 4 条 熟悉设备的结构、性能、技术特征、动作原理、提升信号系统和各种保护装置，能排除一般性故障。

第 5 条 没有妨碍本职工作的病症。

三、安全规定

第 6 条 上班前严禁喝酒，接班后严禁睡觉、看书和打闹。坚守工作岗位，上班时不做与本职工作无关的事情，严格遵守本规程及《煤矿安全规程》的有关规定。

第 7 条 提升机司机按照矿井实际情况及《煤矿安全规程》要求进行人员配置，并遵守以下安全守则：

1. 严格执行交接班制度，接班后应进行一次空负荷试车（连续作业除外）和每班应进行的安全保护装置试验，并做好交接班记录。

2. 禁止超负荷运行（电流不超限）。

3. 司机不得随意变更继电器整定值和安全装置整定值。

4. 检修后必须试车，并按规定做过卷、松绳保护等项试验。

5. 操作高压电器时，应戴绝缘手套，穿绝缘靴或站在绝缘台上，一人操作，一人监护（合闸方式为按钮启动时可不使用绝缘用具）。

6. 维修人员进入滚筒工作前，关闭液压站制动器 A 管、B 管控制球阀，切断主控台电源，并悬挂“滚筒内有人，严禁动车”的警示牌；工作完毕后，摘除警示牌，并应缓慢启动。

7. 操作滚筒离合时，应严格遵守离合的分、合操作规定及安全注意事项。

8. 停车期间，司机离开操作位置时必须做到：

（1）将工作闸手把移至施闸位置；

（2）主令控制器手把置于中间零位；

（3）切断安全阀电源。

第 8 条 司机应熟悉各种信号，操作时必须严格按信号执行。并且做到：

1. 不得无信号动车。

2. 当所收信号不清或有疑问时，应立即用电话与井口信号工联系，重发信号，再进行操作。

3. 接到信号因故未能执行时，应通知井口信号工，原信号作废，重发信号，再进行操作。

4. 司机不得擅自动车，若因故需要动车时，应与信号工联系，按信号执行。

5. 若因检修需要动车时，应事先通知信号工，并经信号工同意，完毕后再通知施工。

6. 打点信号规定：一下为停车信号，两下为提物开车信号；检修(对钩)信号分别是，两下为慢提升信号，三下为慢下降信号。每次打点时间长度不小于 0.3 s，连续打点时间间隔不大于 0.3 s。

第 9 条　提升机司机应遵守以下操作纪律：

1. 司机操作时应精神集中，手不准离开手把，严禁与他人闲谈，开车后不得再打电话。司机不允许连班顶岗。

2. 操作期间不得离开操作台及做其他与操作无关的事，操作台上不得放与操作无关的物品。

3. 司机应轮换操作，每人连续操作时间一般不超过 1 h，在操作未结束前，禁止换人。因身体骤感不适，不能坚持操作时，可中途停车，并与井口信号工联系，由另一名司机代替。

4. 对监护司机的示警性喊话，禁止对答。

5. 司机持证操作，必须精力集中，不准做与工作无关的事，监护司机负责绞车运行时的监护、巡检。

四、操作准备

第 10 条　司机接班后应做下列检查：

1. 各紧固螺栓不得松动，连接件应齐全、牢固。

2. 联轴器防护罩应牢固可靠。

3. 轴承润滑油油质应符合要求，油量适当，油压保持在 0.15～0.25 MPa，油环转动灵活、平稳；强迫润滑系统的泵站、管路完好可靠，无渗油和漏油现象。

4. 各种保护装置及电气闭锁，必须完整无损；试验过卷、松绳、脚踏紧急制动、闸瓦磨损、油压系统欠压保护，声光信号和警铃都必须灵敏可靠。

5. 制动系统中，闸瓦、闸路表面应清洁无油污，液压站油泵运转应正常，各电磁阀动作灵活可靠，位置正确；油压系统运行正常，液压站油量油质正常。

6. 离合器油缸和盘式制动器不漏油。

7. 离合器位置正常，闭锁到位。

8. 各种仪表指示应准确，信号系统应正常。

9. 检查钢丝绳的排列情况及衬板、绳槽的磨损情况。

10. 检查中发现的问题，必须及时处理并向当班领导汇报。处理符合要求后，方可正常开车。

第 11 条　提升机启动前应做以下工作：

1. 启动辅助设备：

(1) 启动液压站，残压小于 0.5 MPa，最大工作压力 4 MPa，振动幅度不大于于 0.2 MPa；

(2) 制动电源柜，低频电源电压不小于 600 V。

2. 观察电压表、油压表、电流表等指示是否准确、正常，高压指示仪表 6 000 V±5%，低压指示仪表 220 V±10%。

3. 司机将操作台各手把、旋钮置于正常位置。

五、操作顺序

第 12 条　在一般情况下按以下操作顺序进行：

1. 启动:开动辅助设备→收到开车信号,确定提升方向→松开工作闸→操作主令控制器→开始启动→均速加速→达到正常速度,进入正常运行。

2. 停机:根据负荷情况选定减速方式。

(1) 正力减速:

到达减速位置→操作主令控制器→开始减速→施闸制动→停车。

(2) 负力减速:

到达减速位置→主令控制器和工作闸手把不动→自动减速→低频制动→施闸停车。

六、正常操作

第13条 提升机的启动与运行。

1. 启动顺序:

(1) 接到开车信号后,将工作闸移至松开位置(指工作闸施闸时)。

(2) 根据信号及深度指示器所显示的容器位置,确定提升方向,操作工作闸至松开位置,同时将主令控制器推出,开始启动。

(3) 正力开车,根据绞车启动电流变化情况,操作主令控制器,使提升机均匀加速至规定速度,达到正常运转。

(4) 低频制动负力开车,待绞车启动后,将主令控制器手把置于顶部,工作闸全部敞开,绞车根据设定自行达到正常运行速度。

2. 提升机在启动和运行过程中,应随时注意观察以下情况:

(1) 电流、电压、油压等各指示仪表的读数应符合规定。

(2) 深度指示器指针位置和移动速度应正确。

(3) 信号盘上的各信号变化情况。

(4) 各运转部位的声响应正常,无异常震动。

(5) 各种保护装置的声光显示应正常。

(6) 钢丝绳有无异常跳动,电流表指针有无异常摆动。

第14条 提升机正常减速与停车。

1. 根据深度指示器指示位置或警铃示警及时减速。

(1) 正力减速:

① 将主令控制器拉(或推)至零位。

② 用工作闸点动施闸,按要求及时准确减速。

③ 要注意观察转子回路电阻的投入,确保提升机正确减速。

④ 拉回主令控制手把和工作闸手把停车。

(2) 负力减速:

① 主令控制器和工作闸手把不动。

② 绞车运行到减速点后自动切除高压电源。

③ 投入低频制动,绞车根据设定运行速度自动减速到达终点。

④ 拉回主令控制器手把和工作闸手把停车。

2. 根据终点信号,及时用工作闸准确停车,防止过卷。

第15条 提升机司机应进行班中巡回检查。

1. 巡回检查一般为每小时一次。

2. 巡回检查要按检查路线和检查内容依次逐项检查，不得遗漏。巡回检查的重点是安全保护系统。

3. 在巡回检查中发现的问题要及时处理。

(1) 司机能处理的应立即处理。

(2) 司机不能处理的，应及时上报，并通知维修工处理。

(3) 对不会立即产生危害的问题，要进行连续跟踪观察，监视其发展情况。

(4) 所有发现的问题及其处理经过，必须认真填入运行日志。

七、特殊操作

第16条　进行特殊物件运输时，信号工必须将运输物件的名称、尺寸和重量通知提升机值班司机，提升机的速度应符合下列规定：

1. 使用矿车运送硝化甘油类炸药或雷管时，运行速度不得超过2 m/s，运送其他爆炸材料时，不得超过4 m/s。

2. 使用矿车运送任何爆炸材料时，其速度不得超过1 m/s。

3. 进行以上两项运送，在启运和停止提升机时，不得使矿车发生震动。

4. 运送特殊大型设备(物品)及长材料时，其运行速度一般不应超过1 m/s。

5. 人工验绳的速度，一般不大于0.3 m/s。

第17条　提升机运行过程中的事故停车。

1. 运行中出现下列现象之一时，应立即断电，用工作闸制动进行中途停车：

(1) 电流过大，加速太慢，启动不起来，或电流变化异常时；

(2) 运转部位发出异响时；

(3) 出现情况不明的意外信号时；

(4) 过减速点不能正常减速时；

(5) 保护装置不起作用，不得不中途停车时；

(6) 出现其他必须立即停车的不正常现象时。

2. 运行中出现下列情况之一时，应立即断电，使用工作闸进行紧急停车；

(1) 接到紧急停车信号时；

(2) 接近正常停车位置，不能正常减速时；

(3) 绞车主要部件失灵，或出现严重故障必须紧急停车时；

(4) 保护装置失效，可能发生重大事故时；

(5) 出现其他必须紧急停车的故障时。

3. 在运行中出现松绳现象时应及时减速，如继续松绳时，应及时停车后反转，将已松出的绳缠紧后停车。

4. 事故停车后的注意事项：

(1) 出现上述1、2、3款情况之一停车后，应立即上报矿调度或有关部门，通知维修工处理，事后将故障及处理情况认真填入运行日志。

(2) 运行中发生事故，在故障原因未查清和消除前，禁止动车。原因查清后，故障未能全部处理完毕，但已能暂时恢复运行，经矿调度同意并采取安全措施后可以恢复运行，将提升容器升降至终点位置，完成本钩提升行程后，再停车继续处理。

(3) 如遇紧急停车等原因引起钢丝绳猛烈拉力时，必须立即停车，对钢丝绳和提升机的有关部位进行检查，确认无误后，方可恢复运行。否则应按规定进行处理后，方可重新恢复运行。

(4) 因电源停电停车时，应立即断开总开关，将主令控制器手把放至零位。工作闸手把置于施闸位置。

(5) 过卷停车时，如未发生故障，经与信号工联系，维修电工将过卷开关复位后，可返回提升容器，恢复提升，但应及时向领导汇报，填写运行日志。

(6) 在设备检修及处理事故期间，司机应严守岗位，不得擅自离开提升机机房，检修需要动车时，须由专人指挥。

第 18 条 双滚筒提升机的对绳操作。

1. 对绳前，必须将两钩提升容器空载。

2. 对绳时，必须先将两钩提升钩头放于正常停车位置摘除提升容器后，方可打开离合器。

3. 每次对绳时，应向活滚筒铜套注油后再进行对绳。

4. 按以下有关步骤调绳：调绳控制开关 1HK 开关打至正确的调绳位置，同时打开深指离合器。

(1) 在专职维修工监护指挥下，停止制动泵运行，关闭液压站制动器管路 A 管、B 管控制球阀，将安全阀开关 3HK 打到中间位置，G5、G6 电磁阀通电吸合，G1、G2、G3、G4 电磁阀为断电状态，启动制动泵，打开液压站调绳管路截阀，将 G7 阀控制开关 5AK 左转 90°，向上推工作闸手把离合器开始分离，当离合器打开后，调绳开始指示灯灭，调绳开始。

(2) 将 G7 阀控制开关复位，打开液压站制动器 A 管控制球阀，1AK 控制开关右旋 90°，安全阀开关 3HK 右旋 45°，安全阀电磁铁 G3、G5、G6 通电吸合，此时，司机按正常开车方式，开动绞车(绞车速度 1 m/s)使固定滚筒转动，直到容器到达所需位置，抱闸停车，同时在调绳过程中往铜套及尼龙套内加注适量黄油。

(3) 调绳完毕后，调整对齐离合器齿牙，关闭液压站 A 管制动器控制球阀，将 1AK 控制开关复位，安全阀控制开关 3HK 打到中间位置，将 G8 阀控制开关 6AK 控制左转 90°，向上推工作闸手把离合开始往里进，当离合器进到位后，调绳到位灯灭，将所有开关恢复正常位置，调绳完毕，关闭控制阀门。

5. 检查离合器联锁阀，必须可靠闭锁。

6. 开通通往活滚筒的制动器油路，关闭通往离合器油路。

7. 重新调整深指指针，并恢复深指离合器。

8. 对绳期间，严禁单钩提升或下放。

9. 对绳结束后检查液压系统，各电磁阀和离合油缸截止阀位置应正确，并要进行空载运行，确认无误时方能正常提升。

第 19 条 在进行下列特殊提升任务时，必须由正司机进行操作、副司机负责监护。

1. 在交接班升降人员时；

2. 运送雷管、炸药等危险品时；

3. 运送特殊大型设备及器材时；

4. 在进行井筒内检修任务时。

第 20 条　监护司机的职责。

1. 监护操作司机按提升人员和下放重物的规定速度操作。

2. 必要时及时提醒操作司机进行减速、制动和停车。

3. 出现应紧急停车而操作司机未操作时，监护司机可直接操作工作闸手把或紧急停车按钮执行紧急停车。

八、收尾工作

第 21 条　在检修及处理事故后，司机会同检修工认真检查验收，并做好记录，发现问题应及时处理。

第 22 条　做好设备及机房内外环境卫生，将工具、备品排列整齐并清点。

第 23 条　按有关规定，认真填好各种记录。

九、说明

第 24 条　几点说明。

1. 任意操作按钮。

(1) 按下此按钮，可以切除加速电流继电器，但时间不得过长。

(2) 当总行程有误差时，可以校正总行程的误差量。校正方法如下：使绞车准确停在停车位，到位有显示，可编程控制器的输入端 X006 亮，容器到位显示零；将 1AK(解除语言)开关左旋 90°，打开车信号，使绞车运行到位，在液晶显示到位的状态下，先按一下任意操作按钮，然后将 1AK(解除语言)开关复位即可。

(3) 钩数需要清零时，与 2AK(正力开关)配合，即将此开关左旋 90°，按一下该按钮，提升钩数被清零。

2. 慢上慢下按钮：这两个按钮在这里主要用于 KT 线圈电压大小的调整。方法如下：

(1) 先将 1AK、2AK、3AK 三个按钮开关全部左旋 90°，但不要开制动泵，打上信号，推开工作闸，按一下慢上按钮，KT 电压有所上升，按一下慢下按钮，KT 电压有所下降，调整完毕，应将 1AK、2AK、3AK 复位。

(2) 应急时控制高压正反向接触器的吸合。

注：1AK 为解除语言开关；2AK 为正力开车；3AK 为切除自动换向。

3. 制动泵启动，安全继电器按钮：此按钮有两个功能：第一，安全条件具备指示灯亮后，按一下此按钮，安全继电器工作，制动泵启动。第二，单独启动制动泵。

4. 过卷切换开关：此开关左旋 45°切除反向过卷，提升机只能正向开；右旋 45°，切除正向过卷，提升机只能反向开。

5. 安全阀开关：此开关在中间位置，G1、G2、G3 阀都不通电，调绳操作右旋 45°，G3、G5、G6 阀通电，正常工作左转 45°G1、G2、G3、G6、G4 阀通电。

6. 切除语言报警开关：此按钮开关左旋 90°，语言报警停止，当故障解除后，应将该开关复位，另外在调绳时应该将此开关左旋 90°。

7. 正力开关：此开关左旋 90°，提升机运行过减速点后，低频制动不投入，减速过程完全由司机控制。

8. 切除自动换向开关：正常开车时，程序内有方向记忆，绞车运行不到位，则不能换向向另一方向开车，若要向另一方向开，则必须将此开关左旋 90°，解除方向记忆。

9. 切除程序保护按钮：按下此按钮切除防反转、轴编码器损坏、内过卷、钢丝绳松、深指失效等保护；亦用作恢复安全回路；但不允许长时切除运行。

10. 自动、常规、手动开关：该开关用作开车方式设定自动位置时左旋45°绞车能够进行自动化运行，开关在中间位置为常规开车。右旋45°手动开车为低频开车。

11. 5AK、6AK开关：打离合时，5AK左转45°时推工作闸离合器往外出，进离合器时5AK复位、6AK左45°推工作闸离合器往里进，调绳对绳时5AK、6AK控制开关全部在复位状态。

12. 调绳切换开关：此开关右转45°时，进入调绳状态，调绳时G1、G2、G3阀不吸合。

13. 润滑泵的转换开关：此开关右转45°，进入润滑泵开启状态，左转45°进入另一台备用润滑泵开启状态。（注：转换前，机工调整好润滑泵站的转换阀，无误后方可转换。）

14. 制动泵的转换：制动泵开关K1（操作台内）旋转180°，切换到另一台备用制动泵工作。

主要通风机司机

一、适用范围

第1条 本规程适用于煤矿FBCDZ№26/2×250型主要通风机司机的操作作业，工艺优化、设备改造后按新要求执行。其他主要通风机操作时应根据现场情况参照本规程制定适合其操作性能的操作规程。

二、上岗条件

第2条 必须经过培训，考试合格，持证上岗操作。

第3条 应熟知《煤矿安全规程》的有关规定，熟悉通风机的一般构造、工作原理、技术特征、各部性能、供电系统和控制回路，以及地面风道系统和各风门的用途，以及矿井通风负压情况，能独立操作。

第4条 司机应没有妨碍本职工作的病症。

三、安全规定

第5条 上班前禁止喝酒，上班时不得睡觉，不得做与本职工作无关的事情。严格执行交接班制度和工种岗位责任制，遵守本规程及《煤矿安全规程》的有关规定。

第6条 当主要通风机发生故障停机时，备用通风机必须在10 min内开动，并转入正常运转。

第7条 当矿井需要反风时，必须在10 min内完成反风操作。

第8条 主要通风机司机按照矿井实际情况及《煤矿安全规程》要求进行人员配置，并遵守以下安全守则：

1. 不得随意变更保护装置的整定值。
2. 操作高压电器时应用绝缘工具，并按规定的操作顺序进行。
3. 协助维修工检查维修设备工作，做好设备日常维护保养工作。
4. 地面风道进风门要锁牢。

5. 除故障紧急停机外，严禁无请示停机。

6. 通风机房及其附近 20 m 范围内严禁烟火，不得有明火炉。

7. 开、闭风闸门，如设置机动、手动两套装置时，须将手动摇把取下以免伤人。

8. 及时如实填写各种记录，不得丢失。

9. 工具、备件等要摆放整齐，做好设备及室内外卫生。

10. 严格按照上级命令进行通风机的启动、停机和反风操作。

四、操作准备

第9条 通风机的开动，必须取得主管上级的准许开车命令。

第10条 通风机启动前应进行下列各项检查：

1. 轴承润滑油油量合适，油质符合规定，油圈完整灵活。

2. 各紧固件齐全、紧固。

3. 继电器整定合格，各保险装置灵活可靠。

4. 电气设备接地良好。

5. 各指示仪表、保护装置齐全可靠。

6. 各启动开关手把都处于断开位置。

7. 电源电压符合电动机启动要求。

8. 风门完好，风道内无杂物。

五、正常操作

第11条 主要通风机在正常情况下按以下操作顺序进行：

1. 启动：接到启动主要通风机命令→检查各风门是否处于正确状态→操作启动设备→启动通风机电动机→完成电动机启动→缓缓打开通往井下的风门，使各风门处于正常通风状态→完成通风机启动→报告矿调度或有关部门。

2. 停机：接到停机命令→断电停机→通风机电动机停转后，按规定操作有关风门→报告矿调度或有关部门。

第12条 启动操作。

1. 正确开启和关闭风门，将通往井下的进风门关闭，同时将地面进风门打开，并要支撑牢靠，以防吸地面风时自动吸合关闭。

2. 采用磁力站自动、半自动启动装置时，应按设计说明书操作。

3. 绕线式异步电动机采用变阻器手动启动时，电动机滑环手把应在启动位置，将电阻全部接入，启动器手把在“停止”位置，待启动电流开始回落时，逐步扳动手把缓缓切除电阻，直至全部切除，将转子短路，电动机进入正常转速运行状态。

4. 鼠笼式异步电动机采用电抗器启动时，启动前电动机定子应接入全部电抗。启动后，待启动电流回落后，立即手动（或自动）切除全部电抗，使电动机进入正常运行。

5. 同步电动机异步启动后，应及时励磁牵入同步，不宜过早。励磁调至过激时，直流电压、电流要符合所用励磁装置工作曲线。同步电动机允许连续启动两次。如需进行第三次启动，必须查明前两次未能启动的原因及设备状况后，再决定是否启动。

第13条 通风机启动后风门操作：打开通往井下的风门，同时关闭地面进风门。

第14条 主要通风机的正常停机操作。

1. 接到主管上级的停机命令。

2. 断电停机。

3. 根据停机命令决定是否开动备用通风机，如需开动备用通风机，则按上述正常操作要求进行。

4. 不开备用通风机时，应打开井口防爆门和有关风门，以充分利用自然通风。

第 15 条 主要通风机应进行班中巡回检查。

1. 巡回检查的时间一般为每小时一次。

2. 巡回检查主要内容为：

(1) 各转动部位应无异响和异常震动；

(2) 轴承温度不得超限；

(3) 电动机温升不超过规定要求；

(4) 各仪表指示正常；

(5) 电动机电流不超过额定值，严禁超载运行；

(6) 电压应符合电动机正常运行要求，否则应报告矿主管技术人员，确定是否继续运行。

3. 随时注意检查负压变化情况，发现异常情况应及时向矿调度部门汇报。

4. 巡回检查中发现的问题及处理经过，必须及时填入运行日志。

第 16 条 主要通风机司机的日常维护内容。

1. 轴承润滑：

(1) 滑动轴承应按规定要求定期换油，日常运行中要及时加油，日常保持所需油位。

(2) 滚动轴承应用规定的油脂润滑，油量符合规定要求。

(3) 禁止不同油号混杂使用。

2. 备用通风机必须经常保持完好状态：

(1) 每 1～3 个月进行一次轮换运行，最长不超过半年。

(2) 轮换超过一个月的备用通风机应每月空运转 1 次，每次不少于 1 h，以保证备用通风机正常完好，可在 10 min 内投入运行。

六、特殊操作

第 17 条 主要通风机紧急停机的操作。

1. 直接断电停机(高压先停断路器)。

2. 立即报告矿井调度室和主管部门。

3. 按矿主管技术人员决定，关闭和开启有关风门。

4. 电源失压自动停机时，先拉掉断路器，后拉开隔离开关，并立即报告矿井调度室和主管部门，待排除故障或恢复正常供电后，再行开机。

第 18 条 主要通风机有以下情况之一时，允许先停机后汇报：

1. 各主要传动部件有严重异响或非正常震动。

2. 电动机单相运转或冒烟冒火。

3. 进风闸门掉落关闭，无法立即恢复。

4. 突然停电或电源故障停电造成停机，先拉下机房电源开关后汇报。

5. 其他紧急事故或故障。

第 19 条 主要通风机的反风操作。

1. 反风应在矿长或总工程师直接指挥下进行。

2. 用反风道反风时：

(1) 保持通风机正常运转；

(2) 用地锁将防爆门或防爆盖固定牢固；

(3) 根据现场指挥的指令操作各风门，改变风流方向。

3. 用反转电动机反风时：

(1) 停止当前通风机运转；

(2) 用地锁将防爆门(盖)固定牢固，各风门保持原状不变；

(3) 待电动机停稳后，用换向装置反转启动电动机；

(4) 对于导翼固定的通风机直接反转启动通风机；对于导翼可调角度的通风机，则先调整导翼调整器，改变导翼角度，然后反转启动电动机。

4. 其他形式通风机按说明书要求进行。

第 20 条　在更换备用通风机做空转试验时，需按现场指挥的正确指令进行。

七、收尾工作

第 21 条　做好当班通风机运行记录和工作日志。

第 22 条　将存在的问题向接班司机认真交代清楚。

地面压风机司机

一、适用范围

第 1 条　本规程适用于井上 SA-375W-6K 型固定式螺杆压风机司机的操作作业，工艺优化、设备改造后按新要求执行。其他压风机操作时应根据现场情况参照本规程制定适合其操作性能的操作规程。

二、上岗条件

第 2 条　必须经过培训，考试合格，取得合格证后，方可上岗操作。实习司机操作应经有关部门批准，并指定专人指导监护。

第 3 条　熟知《煤矿安全规程》的有关规定，熟悉压风机的结构、性能、工作原理、技术特征和各种安全保护装置，能独立操作。

第 4 条　掌握现场机械、电气事故处理方法。

第 5 条　必须具备应急抢险和逃生知识，且能熟练使用应急抢险和逃生用具。

第 6 条　没有妨碍本职工作的病症。

三、安全规定

第 7 条　班中必须佩戴齐全和穿戴好规定的劳保用具。

第 8 条　严格按照压风机司机岗位流程描述的要求进行操作。

第 9 条　上班前严禁喝酒，严格执行交接班制度和工种岗位责任制，坚守工作岗位，班中不得睡觉，遵守《煤矿安全规程》的有关规定。

第 10 条　压风机司机按照矿井实际情况及《煤矿安全规程》要求进行人员配置，并遵守以下安全守则：

1. 操作高压电器时，要一人操作，一人监护。操作时要戴绝缘手套，穿绝缘靴，站在绝缘台上。

2. 不得随意变更保护装置的整定值。

3. 下列情况禁止操作：

(1) 在安全保护装置失灵情况下，禁止开机或运行；

(2) 在电动机、电气设备接地不良情况下，禁止开机或运行；

(3) 在指示仪表损坏，不安全情况下，禁止开机或运行；

(4) 在设备运行中，禁止紧固螺栓；

(5) 气缸、风包有压情况下，禁止敲击和碰撞。

第 11 条 安全保护和温升应达到以下要求：

1. 安全阀必须动作可靠，安全阀的动作压力不得超过额定压力的 1.1 倍。

2. 断水、断油保护装置和温度保护装置应动作可靠。

3. 压风机的排气温度不得超过 120 ℃，必须装设温度保护装置，在超温时能自动切断电源并报警。

4. 储气罐内的温度应当保持在 120 ℃以下，并装有超温保护装置，在超温时能自动切断电源并报警。

四、操作准备

第 12 条 启动前应进行检查，主要应做到：

1. 各紧固螺栓无松动。

2. 护罩安装牢固，电气设备接地良好。

3. 各润滑油腔的油脂油量合适，油质洁净，各润滑系统油路畅通。

4. 冷却水畅通，水量充足。水质洁净，水压符合规定。

5. 超温、超压、断油、断水保护装置灵敏可靠。

6. 各指示仪表齐全可靠，指示正常。

7. 电动机运行良好无卡阻，无烧伤。

8. 隔离开关、断路器等启动设备应在断开位置。

第 13 条 排空储气罐的油污等。

第 14 条 检查油位，油气桶内的油位低于警戒线时，应补加，加油前确认系统内无压力。

五、正常操作

第 15 条 压风机在一般正常情况下按以下顺序进行操作：

1. 启动：启动辅助设施开启冷却水按要求操作有关闸阀，人为卸荷点击“启动”按钮启动电动机。电动机达到正常转速后，解除人为卸荷，先后打开相对应的储气罐进、出气口闸阀进入正常工作状态。

2. 停机：关闭相对应的储气罐的进、出口闸阀，人为卸荷断电停止电动机运转，解除人为卸荷，关闭冷却水和辅助设施。

第 16 条 压风机启动运行。

1. 压风机必须无负荷启动。

2. 启动(或操作)辅助设施:启动冷却水泵向压风机供冷却水,水量应充足,水压应保持稳定。

3. 将高压真空磁力启动柜储能后,首次运行,更换电动机或供电线路改变时,启动方法采用点动,按“启动”按钮后立即按“停止”按钮,检查电动机转向是否正确,正确转向见压风机上红色箭头所示。如发现反转,须将电源进线任意两相对调。注意,点动时间为 1～2 s,禁止超过数秒。

4. 正常启动,确认手动阀处于卸载状态。按下压风机机体上的“启动”按钮即正式运转,空载运行 3～5 min 后,巡检设备是否漏油、缺水、异响,无异常后再将手动阀打到“加载”位置,压力逐渐上升至额定压力。

第 17 条　当压风机正常运行后,司机应定期进行巡回检查(一般为每小时一次)。如发现异常现象,应及时处理汇报,巡回检查主要内容如下:

1. 各发热部位温升情况。

2. 检查并记录各检测点风压、油压、水压、电压、电流等数值,经常观察各仪表读数是否正常。排气压力:额定排气压力 0.8 MPa;润滑油压力:低于额定排气压力 0.25 MPa;排气温度:75～100 ℃,最佳温度区 75～85 ℃,冷却水出水温度不应超过 40 ℃。

3. 电动机、压风机运行情况,各部位有无异响、异常震动。

4. 冷却系统、供油系统、排气系统工作情况,应无严重的漏水、漏油、漏气现象,各安全保护和自动控制装置动作灵敏可靠。

5. 检查油气桶内油位是否在油位计两条刻线之间(油位以停机 10 min 之后观察为准,在运转中油位可能较停机时稍低)。

6. 电源电压值应符合铭牌规定,其波动值不大于额定值的±5%。

7. 检查电动机、高压柜、磁力启动器等电器是否正常。

8. 运行期间制压阀(压力调节器)必须保证到达 0.8 MPa 时动作,可靠卸荷。当压力下降,比额定压力低 0.15 MPa 时制压阀须动作加荷打压,调荷范围最大不得超过 0.15 MPa。

9. 在运转中如发现油位计上看不到油位,应立即停机,10 min 后再观察油位,如不足,需待系统内无压力时再补充。

第 18 条　压风机正常停机(必须无负荷停机)。

1. 停机步骤:先关闭对应储气罐的进出、口闸阀,然后将压风机的手动阀拨至“卸载”位置,压风机卸载,20 s 后,再按下“停止”按钮,电动机停止运转。停机后,如果较长时间不开机,应将真空磁力启动器的隔离换向开关置于零位。

2. 停机后,待气缸温度降至室温后,关闭冷却水。如周围温度低于 0 ℃时,停机应放尽机体内残存冷却水,以防冻裂设备。

第 19 条　在下列情况下压风机必须停机检查:

1. 出现异常响声或震动时;

2. 冷却水突然中断或水量减少,出水温度超过 40 ℃时;

3. 排气压力超过安全阀设定压力而安全阀未打开,其他保护装置或仪表失灵时;

4. 电压电流有异常变化时,电气设备有冒烟或异常时;

5. 排气温度超过 120 ℃时未自动停机时;

6. 润滑油中断或压力出现异常时；

7. 其他严重意外情况时。

第 20 条 压风机的日常维修保养：

1. 每班把风包内的油(水)放 1～2 次。

2. 每班试验安全阀和断水保护一次。

3. 每周试油压和超温保护装置。

4. 每运行 100～150 h 对进气口空滤检查一次，必要时加以更换。

5. 协助维修工进行定期维修试验工作，做好设备日常维护保养工作。

6. 运行中司机要勤看、勤听、勤摸，随时掌握设备运行情况。

7. 润滑油量要充足，油压、油量按设备出厂说明书规定使用(必须使用复盛螺杆压风机专用油，严禁不同牌号的油品混用)。

8. 微微打开油气桶底部的排水阀，排出润滑油下部积存的冷凝物和污物，见到有油流出即关上，以防润滑油混水而过早乳化变质。

9. 检修压风机时，须将高压磁力启动器手车拉出，并在隔离小车操作手把上悬挂“有人工作，严禁送电”的警示牌。

10. 严格执行压风系统检修工作票制度；电器检修必须将上级电源停电，并在该开关操作手把上悬挂“有人工作，严禁送电”的警示牌。

11. 非专职电工不得进行电器检修工作。

六、特殊操作

第 21 条 压风机紧急停机。

1. 当出现下列情况之一时，应紧急停机：

(1) 压风机或电动机有故障性异响、异震时；

(2) 冷却水不正常，出口水温超过规定时；

(3) 电动机单相运转或冒烟、冒火时；

(4) 油泵压力不够，润滑油中断或压力出现异常时；

(5) 保护装置或仪表失灵时；

(6) 突然停电或电源回路故障停电造成停机时；

(7) 其他严重意外情况时。

2. 紧急停机按以下程序进行：

(1) 若发生故障，可直接断电停机(情况允许可卸荷停机)；

(2) 因电源断电自动停机时，应断开电源开关；

(3) 上报矿主管部门；

(4) 在冬季停机时，关闭冷却水，同时放掉机体内全部冷却水。

七、收尾工作

第 22 条 在检修及处理事故后，司机会同检修工认真检查验收，并做好记录，发现问题应及时处理。

第 23 条 做好设备及机房内外环境卫生，并将工具、备品排列整齐和清点。

第 24 条 按有关规定，认真填好点检记录、运行日志、巡回检查记录等各种记录。

钢带机司机

一、适用范围

第1条　本规程适用于从事钢带机操作作业的人员。

二、上岗条件

第2条　必须经专业培训考试合格，取得资格证，持证上岗。

第3条　必须熟悉所使用设备结构、性能工作原理、保护原理和检查试验方法，以及各控制信号系统的用途和使用方法，会维护保养输送机，熟悉生产过程和《煤矿安全规程》有关规定，能正确处理一般性故障。

第4条　钢带机司机按照矿井实际情况及《煤矿安全规程》要求进行人员配置。实习司机进行实习操作时，必须经上级领导批准，并指定专人负责指导和监护。

三、安全规定

第5条　信号规定如下：一声响打点为停止信号，二声响打点为电话联系信号，三声响打点为正常运煤信号，四声打点为减少给煤量，其他信号使用泄露通信联系为主。

第6条　检修期间，运送检修人员时，最大速度不得超过 1.8 m/s（电枢电压不得超过 450 V），非检修人员或在运煤期间严禁乘坐钢带机。

第7条　运煤速度最大不得超过 2.5 m/s（电枢电压不得超过 880 V）。

第8条　在特殊运行时（如检修、换绳、处理故障等）必须执行“一人操作，一人监护”的规定。监护人必须及时提示和协助操作司机按规定操作。

第9条　不得超负荷运行，必须视负荷情况适当调整给煤量。

第10条　认真执行岗位责任制、交接班制，不得擅离岗位。

四、操作准备

第11条　检查信号、控制系统和各项保护应灵敏可靠，励磁电压在 130 V 左右，电流 10 A 左右。

第12条　检查各润滑部位的油量、稀油站的油位情况。

第13条　检查制动装置及转动部位的护罩栅栏，应齐全、完整、可靠。

第14条　了解卸载煤仓存煤情况，且畅通无阻。

五、正常操作

第15条　合上 3#、4# 高防开关。

1. 使用 1# 调压器运行时要把 Z_1 柜，1DK 打到“旧”位置。
2. 把 Z_7 柜中的 DK 开关打到“旧”位置。
3. 把 Z_3 柜中的控制转换开关打在 1# 位置。
4. 使用 2# 调压器运行时要把 Z_1 柜，1DK 打到“新”位置。
5. 把 Z_7 柜中的 DK 开关打到“新”位置。
6. 把 Z_3 柜中的控制转换开关打在 2# 位置。
7. 按动开车预告按钮，向机尾、机头及各信号点发出开车预告信号，待回铃响、信号灯亮后，准备启动。

第16条　启动时，必须按下列规定执行：

1. 首先开启稀油站，轴瓦润滑泵站，调压器在零位。

2. 按下启动按钮，高压接触器合闸，使钢带机运行。

(1) 将 6LW 转换开关转到左 45°，调压器按运煤方式进行升压至 880 V。

(2) 将 6LW 转换开关转到右 45°，调压器按运人方式进行升压至 450 V。

(3) 降压时直接按下降压按钮即可降压。

(4) 若用手动升压可直接按下调压器升压按钮，升到所需用的速度。

(5) 带载启动必须按住二级制动按钮启动，待速度转起后方可松手正常运行。

3. 在启动过程中应注意以下几点：

(1) 各机械部位运转正常无异响，仪表指示灯无异常显示。

(2) 检查各润滑部位的润滑情况。

(3) 若接到紧急停车信号必须立即停机，待查明原因后，方可重新按信号进行启动。

(4) 除发生故障处理外，不准带负荷启动。

4. 对所接信号没有辨别清楚，有怀疑或口头联系与信号不符时不准开车，必须重新与各信号点联系好，待接到正常信号后，方准开机。

5. 接到开机信号后，因故不能及时开机时，必须与各信号点联系，说明理由，申请信号作废。

第 17 条 停机期间不得随意开动，因故必须开机时，应与各信号点联系好，待同意并发出开机信号后，方准开机。

第 18 条 各点信号指示灯应正常显示，若发现异常现象应停机检查，进行处理后，再按信号进行开机。

第 19 条 正常停机必须按以下方法步骤进行：

1. 停机前应先通知机尾给煤机，停止给煤，然后将输送带上的煤拉净后，方可停机。

2. 把 5LW 转换开关转到 45°，钢带机自动减速到 50 V 左右，按下停车按钮，钢带机停机。

3. 停机后应将各控制开关和手把按顺序返回零位，恢复正常。

六、特殊操作

第 20 条 有下列情况之一时必须紧急停车：

1. 高防开关跳闸，交直流控制系统断电、主电动机失磁时；

2. 遇到危害人身安全、机械和电气故障时；

3. 接到紧急停机信号或不明信号时；

4. 在加速或减速过程中出现意外情况时；

5. 其他意外严重情况时；

6. 在维修人员乘输送带检修时，接到停车信号，立即按下停车按钮；

7. 紧急停车后，必须查明原因，处理完毕后，方可按信号重新进行操作。

第 21 条 需要倒车运行时，必须将励磁柜内总低压开关停掉，然后将 1QF 停掉，合上 2QF 电源开关，然后再合总低压开关。

七、收尾工作

第 22 条 每班工作结束后，清点工具、备品，清理机尾卫生。

第 23 条 向接班司机详细交代本班设备运转情况、出现的故障和存在的问题，按规定填写好各种记录，对存在问题要及时向值班领导汇报。

中央泵房司机

一、适用范围

第1条　本规程适用于煤矿井下中央泵房、各水平主排水泵房DKM500-57×9型主排水泵司机的操作作业，工艺优化、设备改造后按新要求执行。其他型号的水泵司机参照执行。

二、上岗条件

第2条　必须经过培训、考试合格、取得合格证后，持证上岗操作。实习司机应经有关部门批准，并指定专人指导监护。

第3条　应熟知《煤矿安全规程》有关规定，了解排水系统，熟悉掌握排水设备和启动控制电气设备的构造、性能、技术特点、工作原理，并要做到会使用、会保养、会排除一般性故障，能独立操作。

第4条　没有妨碍本职工作的病症。

三、安全规定

第5条　上班前禁止喝酒，严格执行交接班制度，接班后不得睡觉，不得做与本职工作无关的事情，坚守岗位，遵守本规程及《煤矿安全规程》的有关规定。

第6条　中央泵房司机按矿井实际和《煤矿安全规程》要求设置。

第7条　中央泵房提升机司机按照矿井实际情况及《煤矿安全规程》要求进行人员配置，并遵守以下安全守则和操作纪律：

1. 不得随意变更保护装置的整定值。

2. 操作高压电器时：

(1) 一人操作，一人监护；

(2) 操作者必须戴绝缘手套，穿绝缘靴或站在绝缘台上；

(3) 电器、电动机必须接地良好。

3. 在以下情况下，水泵不得投入运行：

(1) 电动机故障没有排除，电控设备、电压表、电流表、压力表、真空表、传感器不能正常工作；

(2) 水泵或管路漏水；

(3) 电压降太大，电压超过额定电压±7%；

(4) 水泵不能正常工作；

(5) 吸、排水管路及进出水闸阀不能正常工作。

4. 在发生和处理事故期间，司机应坚守岗位，不得离开泵房。

第8条　井筒与水泵房之间的斜巷内(安全出口)，必须保持畅通，不得堆放杂乱脏物。

第9条　应定期检查防水门，关闭应符合要求。

第10条　按规定配备相应劳动防护用品。

四、操作准备

第 11 条 水泵启动前应对下列部位进行检查：

1. 设备各部件螺栓坚固，不得松动。

2. 联轴器间隙应符合规定，防护罩应可靠。

3. 轴承润滑油油质合格，油量适当、油环转动平稳、灵活；强迫润滑系统的油泵、站、管路完好可靠。

4. 辅助上水系统、吸水管道应正常，吸水高度应符合规定，吸水井内无影响吸水的杂物。

5. 接地系统没有损坏，应符合规定。

6. 电控设备各开关手把应在停车位置。

7. 电压、电流、压力、真空等各种仪表指示正常，电源电压符合电动机启动要求。

第 12 条 按照待开水泵在管道上连接的位置和规定，一般情况下应选择阻力最小的水流方向，开(关)管道上有关的分水阀门(水泵出口阀门关闭不动)。

第 13 条 盘车 2～3 转，泵组转动灵活无卡阻现象。但停止运转时间不超过 8 h 不受此限。

第 14 条 对检查发现的问题必须及时处理，值班司机处理不了的问题应向当班领导汇报，待处理完毕符合要求后，方可启动该水泵。对纳入矿井电力负荷调度和大功率水泵应向地面变电所或有关管理部门请示开泵，经同意后，方准开泵。

五、正常操作

第 15 条 水泵在一般正常情况下按以下操作顺序进行：

1. 有底阀水泵操作顺序。

(1) 启动：报告地面变电所或机电调度同意→向水泵充水→泵体内充满水后，操作启动设备，启动水泵电动机→水泵电动机达到正常转速后，打开水泵排水阀门→完成水泵启动→正常排水。

(2) 停机：关闭水泵出水口阀门→断电停机→向地面变电所或调度室汇报。

2. 无底阀水泵操作顺序。

(1) 启动：报告地面变电所或机电调度同意→启动充水设备向水泵充水→泵体内充满水后，操作启动设备，启动水泵电动机→水泵电动机达到正常转速后，关闭充水设备，打开水泵排水阀门→正常排水。

(2) 停机：关闭水泵出水口阀门→断电停机→向地面变电所或调度室汇报。

第 16 条 就地手动控制开停泵一般按以下步骤进行：

1. 泵体充水。

(1) 排水泵有底阀时，应先打开灌水阀和放气阀，向泵体内灌水，直至泵体内空气全部排出(放气阀不冒气)，然后关闭以上各阀，立即启动水泵电动机。

(2) 采用无底阀排水泵时：当用真空泵时，先关闭水泵压力表阀门，打开水泵的真空阀门，开动真空泵，将泵体、吸水管抽真空，当真空表指数稳定在相应负压的读数后，关闭真空泵上的真空表阀门，立即启动水泵电动机。

当采用射流泵时，先关闭水泵压力表阀门，开启水泵通往喷射泵的排气阀门，再开启高压水管通往喷射泵的水门，观察水气喷射嘴，直到喷射的水柱中没有空气泡为止。关上喷射泵两阀，立即启动水泵电动机。

2. 启动水泵电动机。

(1) 启动高压电气设备前，必须戴好绝缘手套，穿好绝缘靴。

(2) 电动机直接启动时，合上电源开关，直接启动电动机。

3. 待水泵电动机电流达到正常时，关闭充水设备及真空表，启动电动(液动)装置，打开阀门或人工缓慢打开水泵出水口阀门，待水泵出水阀门完全打开后，缓慢打开压力表阀，排水泵投入正常运行。

4. 其他类型按说明书进行操作。

5. 工作泵和备用泵应交替运行，保证备用泵随时可投入使用。对于不经常运行的水泵(或水泵升井大修)的电动机，应每隔 10 天空转 2～3 h，以防潮湿。

6. 水泵的正常停机。

(1) 关闭压力表阀，启动电动(液动)装置或人工缓慢关闭水泵的出水阀门。

(2) 切断电动机的电源，电动机停止运行。

(3) 向地面变电所或机电调度汇报。

第 17 条　就地自动控制开停泵一般按以下步骤进行：

1. 水泵控制设备根据自动化系统要求设置好就地自动控制开停泵模式，并选择抽真空方式“射流抽真空”或“真空泵抽真空”。

2. 启动水泵：泵房司机按下自动化系统中“启动”按钮，系统依次自动开启相关设备，直至水泵正常开启。启动期间，操作人员检查设备状态是否正常。

3. 停止水泵：泵房司机按下自动化系统中“停止”按钮，系统自动停止相关设备，直至水泵正常停止。停泵期间，操作人员检查设备状态是否正常。

第 18 条　地面集控中心遥控开停泵一般按以下步骤进行：

1. 水泵控制设备根据自动化系统要求设置好地面遥控开停泵模式，地面集控中心值班员选择抽真空方式“射流抽真空”或“真空泵抽真空”。

2. 启动水泵：地面集控中心值班员点击自动化系统中“启动”按钮，系统依次自动开启相关设备，直至水泵正常开启。启动期间，操作人员观察设备状态是否正常。

3. 停止水泵：地面集控中心值班员点击自动化系统中“停止”按钮，系统自动停止相关设备，直至水泵正常停止。停泵期间，操作人员观察设备状态是否正常。

第 19 条　全自动开停泵一般按以下步骤进行：

1. 水泵控制设备根据自动化系统要求设置好地面遥控开停泵模式。

2. 地面集控中心值班员将根据吸水井水位、供电峰、谷、平段时间及水泵运行均时等控制条件自动控制排水泵启停，并即时监测水泵及其电动机的工作参数，出现异常情况立即报警并及时停机。

第 20 条　水泵司机班中应进行巡回检查。

1. 巡回检查的时间一般为每小时一次。

2. 巡回检查的主要内容为：

(1) 各紧固件及防松装置应齐全，无松动。

(2) 滑动轴承、滚动轴承、电动机等各发热部位的温度不超限，强迫润滑油泵站系统工作应正常。

(3) 水泵密封松紧应适度，不进气、滴水不成线。

(4) 电动机、水泵运转正常，无异响或异震。

(5) 电流不超过规定值；电压符合电动机正常运行要求。

(6) 压力表、真空表指示应正常。

(7) 吸水井水面深度指示器工作正常，并在正常范围内，吸水井积泥面距笼头底面距离不小于 0.5 m。

3. 巡回检查中发现的问题及处理经过，应及时填入运行日志。

4. 认真填写泵组开、停的时间、日期、累计的运行时间。

第 21 条 水泵司机的日常维护内容。

1. 轴承润滑：

(1) 滑动轴承按规定时间(每运行 2 000～2 500 h)要求换油，滚动轴承大修时换油，运行中不必换油。

(2) 油质符合规定，禁止不同牌号的油混杂使用。

(3) 滑动轴承在运行中要经常检查，当油位低于规定时，应及时加油，经常保持所需油位。

2. 更换盘根：

(1) 盘根老化和磨损后不能保证正常密封时应及时更换。

(2) 新盘根的安装要求：接口互错 120°，接口两端间隙愈小愈好，盘根盖压紧到最大限度后，拧回 0.5～2.5 扣，至盘根有水滴滴出时为止。

(3) 更换盘根应在停泵时进行，但松紧程度可在开泵后做最后调整。

3. 定期清刷吸水笼头罩，清除吸水井杂物。

六、特殊操作

第 22 条 排水泵运行中的故障停机。

1. 水泵运行中出现下列情况之一时，应紧急停机：

(1) 水泵异常震动或有故障性异响；

(2) 水泵不吸水；

(3) 泵体漏水或闸阀、法兰漏水；

(4) 启动时间过长，电流不返回；

(5) 电动机冒烟、冒火；

(6) 电源断电；

(7) 电压降严重超标，水泵电动机变声，电流值明显超限；

(8) 其他紧急事故。

2. 紧急停机按以下程序进行：

(1) 在时间允许时，先关闭水泵出水阀门，否则在停机后应立即关闭出水阀门；

(2) 停掉电动机电源，停止电动机运行；

(3) 电源断电停机时，要拉出电源断路器小车；

(4) 上报矿主管部门，听取处理意见，并报告调度和地面变电所，做好记录。

七、收尾工作

第 23 条 检查设备，清理和擦净水泵上的油水和污物，保持设备清洁完好，清扫泵房的环境卫生，整理水泵运行记录和工作日志。

第24条　将存在的问题向接班司机认真交代清楚，并填写好交接班记录。

采区泵房司机

一、适用范围

第1条　本规程适用于煤矿井下采区泵房MD450-60×6型水泵司机的操作作业，工艺优化、设备改造后按新要求执行。其他型号的水泵司机参照执行。

二、上岗条件

第2条　司机必须经过培训、考试合格、取得合格证后，持证上岗操作。实习司机应经有关部门批准，并指定专人指导监护。

第3条　应熟知《煤矿安全规程》有关规定，了解排水系统，熟悉掌握排水设备和启动控制电气设备的构造、性能、技术特点、工作原理，并要做到会使用、会保养、会排除一般性故障，能独立操作。

第4条　水泵司机按照矿井实际情况及《煤矿安全规程》要求进行人员配置，没有妨碍本职工作的病症。

三、安全规定

第5条　上班前禁止喝酒，严格执行交接班制度，接班后不得睡觉，不得做与本职工作无关的事情，坚守岗位，遵守本规程及《煤矿安全规程》的有关规定。

第6条　上岗前要确认顶板完好，无危岩悬矸及片帮现象。

第7条　交接班时要确认消防器材及救生衣齐全完好。

四、操作准备

第8条　启动前的检查。

1. 检查设备各部件螺栓是否紧固。

2. 检查联轴器间隙是否符合规定，防护罩是否可靠。

3. 检查轴承润滑油油质是否合格，油量是否适当，转动是否平稳、灵活。

4. 检查射流、吸水管及配水闸门是否正常，吸水高度是否符合规定，吸水井内有无影响吸水的杂物。

5. 检查接地系统是否完好，符合规定。

6. 检查电控系统是否正常。

7. 检查电压、电流、压力、真空等各仪表指示是否正常，电源电压是否符合电动机启动要求。

第9条　按照待开水泵在管道上连接的位置和规定，确定有关阀门是否打开。

第10条　盘车2～3转，泵组转动灵活无卡阻现象。

对检查发现的问题必须及时处理，当班司机无法处理的问题应向值班领导汇报，待处理完毕符合要求后，才能启动该水泵。

五、正常操作

第 11 条 打开真空闸门和射流喷射闸门，让高压水排出泵内空气，使之达到真空，关闭真空闸门及射流闸门。

第 12 条 按下开关启动按钮启动水泵，缓慢打开泵体上方的主闸门，使水泵全速、负荷运行。

第 13 条 运转中检查电动机电流、电压及其泵体与电动机机械及轴承的各部温度及变化情况，检查是否符合规定。

第 14 条 水泵正常运转中，工作电压不得超过额定电压±5%，工作电流不得超过额定电流，电动机温度不得超过 80 ℃，轴承温度不得超过 75 ℃。

第 15 条 停泵时，要先关闭泵上方的闸门，再按下停止按钮停泵。

第 16 条 如需操作高压开关时，必须按规定戴绝缘手套，穿绝缘鞋或站在绝缘台上。

六、收尾工作

第 17 条 检查设备，保持设备清洁完好，清扫泵房的环境卫生。

第 18 条 将存在的问题向接班司机认真交代清楚，并填写好交接班记录。

主井装载信号工

一、适用范围

第 1 条 本规程适用于立井 KXJ-1/127 型主井装载信号系统司机的操作作业，工艺优化、设备改造后按新要求执行。其他主井装载信号系统操作时应根据现场情况参照本规程制定适合其操作性能的操作规程。

二、上岗条件

第 2 条 必须经过培训，并经考试取得合格证后，持证上岗，能独立操作。

第 3 条 有一定的机电基础知识，熟悉《煤矿安全规程》的有关规定。

第 4 条 熟悉设备的结构、性能、技术特征、动作原理、提升信号系统和各种保护装置，能排除一般性故障。

第 5 条 没有妨碍本职工作的病症。

三、安全规定

第 6 条 上班前严禁喝酒，接班后严禁睡觉、看书和打闹。坚守工作岗位，上班时不做与本职工作无关的事情，严格遵守本规程及《煤矿安全规程》的有关规定。

第 7 条 装载信号工每班不得少于 2 人，必须经培训并考试合格，持证上岗，能独立工作。实习信号工应经主管部门批准，并指定专人进行监护，方准进行操作。

第 8 条 主井装载信号工按照矿井实际情况及《煤矿安全规程》要求进行人员配置，并遵守以下安全守则：

1. 装载信号工操作时应精神集中，严禁与他人闲谈，操作时不得接打电话，不允许连班顶岗。

2. 操作期间不得离开操作台及做其他与操作无关的事，操作台上不得放与操作无关的物品。

3. 装载信号把钩工应轮换操作，每人连续操作时间一般不超过 1 h，在操作未结束前，禁止换人。

第 9 条　主井装载信号工应遵守以下安全守则：

1. 严格执行交接班制度，接班后应进行试车（连续作业除外）和每班应进行的打点信号装置试验，并做好交接班记录。

2. 信号工应熟悉各种信号，操作时一定要先联系清楚后方可发信号。

3. 禁止装煤超载。

4. 不得随意变更设备保护整定值和安全装置整定值。

5. 检修后必须试车，并在电工的协助下，按规定做急停、超温洒水、烟雾、跑偏、堆煤等保护试验。

四、操作准备

第 10 条　检查信号系统正常。

第 11 条　检查操作台各指示灯正常。

第 12 条　检查各开关、电动机等电气设备，符合防爆要求。

第 13 条　检查各零、部件，输送带、减速器、给煤机、带式输送机以及装载气动装置等各机构完好，无漏油、漏气现象。

第 14 条　检查中发现的问题，必须及时处理并向值班领导汇报，处理符合要求后，方可正常运转。

五、正常操作

第 15 条　装载操作台有“信号 1”、“信号 2”、“信号 3”三个按钮；按“信号 1”按钮发一下点，按“信号 2”发两下点，按“信号 3”发三下点。工作方式开关在“自动”位置时，只有“信号 1”按钮能发点，其他两按钮不起作用。

第 16 条　装载操作台工作方式转换开关在“检修”位置时，把所要启动的装载设备的转换开关打到“检修”位置启动该设备，打到中间位置停止该设备。使用“检修”工作方式，各项安全保护装置将不起作用。

第 17 条　装载操作台工作方式转换开关在“手动”位置时，把所要启动的装载设备的转换开关打到“手动”位置启动该设备，打到中间位置停止该设备。

第 18 条　在确认两箕斗空，并且两定量斗闸门关闭的情况下，把工作方式转换开关打到“自动”位置，执行全自动装载及发信号操作。

第 19 条　装载操作台“装载急停”按钮，按下“装载急停”按钮，在“手动”状态下，停掉给煤机和带式输送机，在“自动”状态下停掉所有装载设备。

第 20 条　每班装载前必须用“手动”方式做一次空载运行，确定无误后才能用“自动”方式正式装载运行。

第 21 条　自动装载系统分主、备两个 PLC 运行。两个 PLC 设置运行方式为定量仓装满时，系统只停止给煤机，带式输送机连续运转方式。

第 22 条　主控、备控两个 PLC 切换时，需将箕斗运行到正常到位位置后，旋转装载操作台“主控”、“备控”旋钮，选择运行方式。

六、特殊操作

第 23 条 装载出现故障或卡分配器等影响正常装载的现象时，必须将控制方式打到“手动”或“检修”，只有故障现象消除才能自动运行。

第 24 条 由于装煤过多，分配器不能正常打到另一侧时，进行如下操作：

1. 将控制方式打到“手动”，进行手动卸煤（卸至一半时关闭定量仓门），电话联系主井提升机司机，告之装煤量，以便主井提升机司机进行手动提升操作。

2. 如装煤过程不能控制，导致将煤全部装入箕斗，电话联系主井提升机司机，告之装煤量，以便主井提升机司机进行手动提升操作。

3. 如箕斗仍在运行中，将运行方式打到“手动”，本钩不进行装煤，联系主井提升机司机，进行一个空钩提升循环后，再执行前两种操作方式。

4. 二次装载现象，出现二次装载现象后，装载司机必须立即电话联系主井提升机司机，告之装煤量及二次装载实际情况，以便主井提升机司机进行相应手动提升操作。

第 25 条 急停按钮的使用：如出现不能判别的故障或装卸载过程异常时，必须立即按下系统急停按钮，再向工区汇报，由维修人员排除故障后才能进行正常装载操作。

第 26 条 有下列情况之一者，可发出“1 点”停车信号或按装载急停按钮进行紧急停车，由维修人员排除故障后才能进行正常装载操作。

1. 井筒中有异响；

2. 钢丝绳有异常摆动；

3. 箕斗到位后仍继续下行；

4. 出现其他不安全情况。

七、收尾工作

第 27 条 每班工作结束后，清理设备及场所环境卫生，如实填写各种记录，履行完交接班手续后方可离开岗位。

甲带给煤机司机

一、适用范围

第 1 条 本规程适用于煤矿井下煤仓甲带给煤机司机的操作作业，工艺优化、设备改造后按新要求执行。

二、上岗条件

第 2 条 操作人员必须身体健康，无癫痫、心脑血管、高血压等疾病。

第 3 条 司机按照矿井实际情况及《煤矿安全规程》要求进行人员配置，必须经过专业培训考试，方可上岗作业。

第 4 条 必须熟悉给煤机的结构、性能、原理和《煤矿安全规程》的相关规定，并懂得一般性的故障处理及维修保养。

三、安全规定

第 5 条 必须进行现场安全环境确认及手指口述工作，严格执行信号联系制度，信号不清或无联系信号时，不准操作给煤机。

第6条 溜煤口堵塞时，要停机（带式输送机、给煤机）处理，处理时要有人监护，严禁单人操作。

第7条 发现大块物料、矸石、铁件等，必须立即停车处理。

第8条 作业时必须穿戴规定的劳动保护用品。

第9条 认真执行岗位责任制和交接班制度。

四、操作准备

第10条 检查电气设备是否完好，试验信号、通信是否正常。

第11条 检查箱板、闸门、托辊、甲带及连接螺栓等应无变形损坏，紧固可靠，转动部位润滑良好。

第12条 检查电动机、无级变速器是否紧固，减速机内油位是否正常。

五、正常操作

第13条 按照收到的开机信号，待带式输送机达到正常运煤速度后再开给煤机，如需调节给煤量，必须在给煤机运行时调节变速机变速手把，并经跟班人员同意后实施。

第14条 运转中应随时注意各部声音是否正常，润滑是否良好，紧固螺栓是否松动，给煤机输送带是否跑偏，传动链条是否损坏。

第15条 运行中接到停机信号，应及时停机，问清情况。

第16条 停机后应告知其机头、煤仓上口带式输送机司机。

六、特殊操作

第17条 发现输送带突然停止运行，应立即停给煤机；正常停机时，仓内应留有一定余煤，防止风流短路、落煤砸坏给煤机。

第18条 如有水煤时，应点动给煤机给煤，适当调节给煤机给煤量，人员不得站在出煤口前方。

第19条 运行中出现矸石、煤块、杂物堵塞时，应先停止给煤机，然后联系机头司机，将输送带拉空后停止带式输送机，处理时，给煤机电源开关必须停电闭锁，人员应站在出口侧面，手握工具应在人的侧面，不准正对人身，处理后按程序开启给煤机，处理时要有人监护。

七、收尾工作

第20条 每班工作结束后，清理设备及岗点环境卫生，履行完交接手续后方可离开岗位。

矸石山提升机司机

一、适用范围

第1条 本规程适用于JTP-1.2型矸石山提升机司机的操作作业，工艺优化、设备改造后按新要求执行。其他型号矸石山提升机司机参照执行。

二、上岗条件

第 2 条 必须经专业培训考试合格，取得操作资格证，持证上岗。

第 3 条 有一定的机电基础知识，熟悉《煤矿安全规程》的有关规定。

第 4 条 熟悉设备的结构、性能、技术特征、动作原理、提升信号系统和各种保护装置，能排除一般性故障。

第 5 条 没有妨碍本职工作的病症。实习司机应经主管部门批准，并指定专人进行监护，方准进行操作。

三、安全规定

第 6 条 作业时必须佩戴规定的劳动保护用品。

第 7 条 认真执行岗位责任制和交接班制度。

第 8 条 提升机司机按照矿井实际情况及《煤矿安全规程》要求进行人员配置，并遵守以下安全守则：

1. 严格执行交接班制度，接班后应进行一次空负荷试车（连续作业除外）和每班应进行的安全装置试验，并做好交接班记录。

2. 禁止超负荷运行（电流不超限）。

3. 非紧急情况运行中不得紧急制动。

4. 司机不得擅自调整制动闸。

5. 司机不得随意变更继电器整定值和安全装置整定值。

6. 检修后必须试车，并按规定做过卷、松绳保护等项试验。

7. 操作高压电器时，应戴绝缘手套，穿绝缘靴或站在绝缘台上，一人操作，一人监护。

8. 维修人员进入滚筒工作前，应落下制动闸，锁住提升机滚筒，切断电源，并在闸把上挂上“滚筒内有人工作，禁止动车”警示牌。工作完毕后，摘除警示牌，并应缓慢启动。

9. 停车期间，司机离开操作位置时必须做到：

(1) 将制动闸手把移至施闸位置；

(2) 主令控制器手把置于中间零位；

(3) 切断控制回路电源；

(4) 取下控制器钥匙并挂警示牌。

第 9 条 司机熟悉各种信号，操作时必须严格按信号执行，做到：

1. 不得无信号动车。

2. 当所收信号不清或有疑问时，应立即用电话与漏斗信号工联系，重发信号，进行操作。

3. 接到信号因故未能执行时，应通知漏斗信号工，原信号作废，重发信号，再进行操作。

4. 司机不得擅自动车，若因需要动车时，应与漏斗信号工联系，按信号执行。

5. 若因检修需要动车时，应事先通知漏斗信号工，并经漏斗信号工同意，完毕后再通知漏斗信号工。

第 10 条 提升机司机应遵守以下操作纪律：

1. 司机操作时应精神集中，手不准离开操作手把，严禁与他人闲谈，开车后不得再打电话。司机不允许连班顶岗。

2. 操作期间禁止吸烟,不得离开操作台及做其他与操作无关的事,操作台上不得放与操作无关的物品。

第11条　提升机司机应进行班中巡回检查。

1. 巡回检查一般为每小时一次。

2. 巡回检查要按规定的检查路线和检查内容依次逐项检查,不得遗漏。巡回检查的重点为安全保护系统。

3. 在巡回检查中发现的问题要及时处理。

(1) 司机能处理的应立即处理。

(2) 司机不能处理的,应及时上报,并通知维修工处理。

(3) 对不会立即产生危害的问题,要进行连续跟踪观察,监视其发展情况。

(4) 所有发现的问题及其处理经过,必须认真填入运行日志。

四、操作准备

第12条　上岗前,必须进行岗位安全确认。确认现场环境安全后方可工作。

第13条　司机接班后应做下列检查:

1. 各紧固螺栓不得松动,连接件应齐全、牢固。

2. 联轴器间隙应符合规定,防护罩应牢固可靠。

3. 轴承润滑油油质应符合要求,油量适当,油环转动灵活、平稳;强迫润滑系统的泵站、管路完好可靠,无渗油和漏油现象。

4. 各种保护装置及电气闭锁,必须完整无损;试验过卷、松绳、闸瓦磨损、油压系统的过压和欠压保护,声光信号和警铃都必须灵敏可靠。

5. 制动系统中,闸瓦、闸路表面应清洁无油污,液压站油泵运转应正常,各电磁阀动作灵活可靠,位置正确;油压系统运行正常。液压站(或蓄能器)油量、油质正常。

6. 盘式制动器不漏油,特别是不能污染闸路表面。

7. 各种仪表指示应准确,信号系统应正常。

8. 数控提升机司机应检查计算机是否工作正常,数字及模拟深度指示器显示应正确。

9. 检查钢丝绳的排列情况及衬板、绳槽的磨损情况。

10. 冬季室外结冰期间,要检查钢丝绳、绳槽等部位,防止结冰引起钢丝绳打滑、脱槽。

检查中发现的问题,必须及时处理并向当班值班领导汇报。处理符合要求后,方可正常开车。

第14条　提升机启动前应做以下工作:

1. 启动辅助设备。

(1) 启动液压站或制动油泵;

(2) 启动冷却水泵或风机;

(3) 启动润滑油泵;

(4) 给可控硅柜送电(直流提升机);

(5) 做好动力制动直流电源的供电准备(对动力制动系统);

(6) 启动低频机组或给可控硅柜送电(对低频制动系统)。

2. 观察电压表、油压表、电流等指示是否准确、正常。

3. 司机台各手把、旋钮置于正常位置。

五、正常操作

第 15 条 在正常情况下，按以下顺序进行操作：

1. 开动辅助设备→收到开车信号→确定提升方向→操作主令开关→打开制动闸→开始启动→均匀加速→达到正常速度，进入正常运行。

2. 提升：

(1) 接到开车信号后，根据信号及深度指示器所显示的容器位置，确定提升方向，缓慢推/拉主令开关。

(2) 待电流表偏离零位后，缓慢推动制动闸把敞闸，同时进一步推/拉主令控制器，开始启动。

(3) 根据提升机启动电流变化情况，操作主令控制器，使提升机均匀加速至规定速度，达到正常运转。

3. 提升机在启动和运行过程中，应随时注意观察以下情况：

(1) 电流、电压、油压等各指示仪表的读数应符合规定。

(2) 位置指示和移动速度应正确。

(3) 信号盘上的各信号变化情况。

(4) 各运转部位的声响应正常，无异常震动。

(5) 各种保护装置的声光显示应正常。

(6) 钢丝绳有无异常跳动，电流表指针有无异常摆动。

第 16 条 提升机正常减速与停车。

1. 操作顺序：到达减速位置→操作主令开关→开始减速→施闸制动→停车。

数控提升机自动运行按其说明书规定执行。

2. 根据深度指示器指示位置或警铃示警及时减速。

(1) 将主令控制器缓慢拉/推至零位。

(2) 用工作闸缓慢施闸，按要求及时准确减速。

(3) 对有动力制动或低频制动的提升机要注意观察，使制动电源正常投入，确保提升机正确减速。

3. 根据终点信号，及时用工作闸准确停车，防止过卷。

六、特殊操作

第 17 条 人工验绳的速度，一般不大于 0.3 m/s。

第 18 条 提升机运行过程中的事故停车。

1. 运行中出现下列现象之一时，应立即断电，用工作闸制动进行中途停车：

(1) 电流过大，加速太慢，启动不起来，或电流变化异常时；

(2) 运转部位发出异响时；

(3) 出现情况不明的意外信号时；

(4) 过减速点不能正常减速时；

(5) 保护装置不起作用，不得不中途停车时；

(6) 出现其他必须立即停车的不正常现象时。

2. 运行中出现下列情况之一时，应立即断电，使用保险闸进行紧急停车：

(1) 工作闸操作失灵时；

(2) 接到紧急停车信号时；

(3) 接近正常停车位置，不能正常减速时；

(4) 提升机主要部件失灵，或出现严重故障必须紧急停车时；

(5) 保护装置失效，可能发生重大事故时；

(6) 出现其他必须紧急停车的故障时。

3. 在运行中出现松绳现象时应及时减速，如继续松绳时，应及时停车后反转，将已松出的绳缠紧后停车。

4. 事故停车后的注意事项。

(1) 出现上述1、2、3款情况之一停车后，应立即上报单位值班人员，通知维修工处理，事后将故障及处理情况认真填入运行日志。

(2) 运行中发生事故，在故障原因未查清和消除前，禁止动车。原因查清后，故障未能全部处理完毕，但已能暂时恢复运行时，采取安全措施可以恢复运行，将提升容器升降至终点位置，完成本钩提升行程后，再停车继续处理。

(3) 钢丝绳如遭受碰、卡或紧急停车等原因引起的猛烈拉力时，必须立即停车，对钢丝绳和提升机有关部位进行检查，确认无误后，方可恢复运行。否则应按规定进行处理后，方可重新恢复运行。

(4) 因电源停电停车时，应立即断开总开关，将主令控制器手把放至零位。工作闸手把置于施闸位置。

(5) 过卷停车时，如未发生故障，经与漏斗信号工联系，维修电工将过卷开关复位后，可返回提升容器，恢复提升，但应及时向单位值班人员汇报，填写运行日志。

(6) 设备检修及处理事故期间，司机应严守岗位，不得擅自离开提升机房，检修需要动车时，须由专人指挥。

七、收尾工作

第19条　在检修及处理事故后，司机会同检修工认真检查验收，并做好记录；每班工作结束后，清理设备及场所环境卫生，如实填写各种记录，履行完交接班手续后方可离开岗位。

变(配)电工

一、适用范围

第1条　本规程适用于煤矿地面变(配)电所专职变配电工(值班员)的操作作业。

二、上岗条件

第2条　应经培训合格，持证上岗，无证不得上岗工作。

第3条　有一定的电工基础知识，熟知变电所运行有关规程及标准，熟悉《煤矿安全规程》有关规定。

第4条　必须熟悉变电所供电系统图和设备分布，了解系统电源情况和各配出开关的负荷性质、容量和运行方式。熟知变电所变配电设备的特性、一般构造及工作原理，并掌握操作方法。

第 5 条 掌握触电急救法及人工呼吸法，并具备电气设备防、灭火知识。

第 6 条 没有妨碍本职工作的病症。

三、安全规定

第 7 条 班前严禁喝酒，严格执行交接班制度，坚守工作岗位，上班时不做与本职工作无关的事情，严格遵守本规程及有关规程规章的规定。

第 8 条 严格遵守岗位责任制、工作票和操作票制度、工作许可制度、工作监护制度及工作终结制度等有关制度。

第 9 条 倒闸操作必须执行唱票监护制，一人操作，一人监护。重要的或复杂的倒闸操作，由值班长监护，由熟练的值班员操作。

第 10 条 操作时必须执行监护复诵制，按操作顺序操作。每操作完一项做一个"√"记号，全部操作完后进行复查，无误后向调度室或有关上级汇报。

第 11 条 进行送电操作时要确认该线路上所有的工作人员已全部撤离，接地设施全部拆除，方可按规定程序送电。

第 12 条 操作中有疑问时，不准擅自更改操作记录和操作票，必须向当班调度或值班长报告，弄清楚后再进行操作。

第 13 条 操作高压电气主回路时，操作人员必须戴绝缘手套，穿绝缘靴或站在绝缘台上。

第 14 条 严禁带负荷停送刀闸（或隔离开关、开关手车），停送刀闸（或隔离开关）要果断迅速，并注意刀闸是否断开或接触良好（开关手车是否到位）。

第 15 条 电气设备停电后（包括事故停电），在未拉开开关和做好安全措施之前，不得触及设备或进入遮栏，以防突然来电。

第 16 条 凡有可能返送电的开关必须加锁，开关上悬挂"小心返电"警示牌。

第 17 条 变（配）电所内不得存放易燃易爆物品，不得有鼠患，变（配）电室无漏雨现象，电缆孔按规定封堵。

四、操作准备

第 18 条 进入工作现场首先进行安全确认，确认工作环境安全后方可进行工作。

第 19 条 接班后应了解电气设备运行情况。

1. 检查电气设备上一班的运行方式、倒闸操作情况、供配电线路和变电所设备发生的异常情况。

2. 了解上一班发生的事故、不安全情况和处理经过，以及因事故停止运行不准送电的开关。

3. 阅读上级指示、操作命令和有关记录。

4. 了解上一班内未完的工作及注意事项，特别是上一班中停电检修的线路、有关设备的情况。

5. 检查各线路的运行状态、负荷情况、设备状况和仪器仪表指示、保护装置是否正常。

6. 检查仪器仪表、保护装置是否正常，检查通信设备是否正常。

7. 清点检查工具、备件、消防器材和有关资料。

8. 倒闸操作和事故处理期间不准交接班，接班人员应在上一班完成倒闸或事故处理、并在交接班记录簿上签字后方可接班。

五、正常操作

第 20 条　停电倒闸操作按照先停断路器(开关)、后拉隔离小车的顺序依次操作。送电顺序与此相反。

第 21 条　变(配)电工负责监视变(配)电所内电气设备的安全运行,重点监视以下内容:

1. 电气设备的主绝缘如瓷套管、支持瓷瓶应清洁、无破损裂纹、异响及放电痕迹。

2. 电气设备的运行状态正常,无异响及过热现象。

3. 变压器温度应正常。

4. 仪表和信号指示、继电保护指示应正确。

5. 井上下供电、排水集控系统显示及通信正常。

6. 直流屏、蓄电池装置应正常。

7. 照明设施应正常。

8. 集控室、高低压配电室、电容器(动态无功补偿)室等设备运行正常。

9. 室内应整洁,消防器材应齐全。

10. 电气设备接地应良好,高压接地保护装置和低压漏电保护装置工作正常,严禁甩掉不用。

第 22 条　变(配)电工负责变(配)电所内高、低压电气设备停、送电操作。

1. 停电操作。值班人员接到停电指令或持有停电操作票的作业人员及检查人员的停电要求后,做如下操作:

(1) 停高压开关时,应核实要停电的开关,填写倒闸操作票,确认无误后方进行停电操作。停电操作必须戴绝缘手套、穿绝缘靴或站在绝缘台上,操作高压断路器手把或停止按钮,切断真空断路器,拉开隔离(开关)小车并闭锁,挂“有人工作,禁止合闸”的警示牌。

(2) 低压馈电开关停电时,在切断开关后,实行闭锁,并在开关手把上挂上“有人工作,禁止合闸”的警示牌。

2. 送电操作。当值班人员接到送电指示或作业人员已工作完毕,原联系人要求送电时,应核实好要送电的开关,确认送电线路上无人工作,接地线全部拆除后方可送电,严禁约定时间送电。送电操作如下:

(1) 高压开关合闸送电:填写倒闸操作票,取下停电作业牌,戴好绝缘手套,穿绝缘靴或站在绝缘台上,推入隔离小车并闭锁(闭合隔离开关),操作断路器手把或按钮进行合闸送电。

开关合闸后,要检查送电的有关电气设备有无异常现象,如有异常现象,立即切断断路器,并向调度及有关人员汇报。

(2) 低压馈电开关送电操作如下:取下开关手把上的“有人工作,禁止合闸”牌后解除闭锁,操作手把合上开关。同时,查看检漏继电器绝缘指示,当指针低于规定值时,必须立即切断开关,责令作业人员进行处理或向调度室及有关人员汇报,严禁甩掉漏电继电器强行送电。

第 23 条　值班人员必须随时注意各开关继电保护、漏电保护的工作状态,当发生故障时应及时处理,并向有关部门汇报,做好记录。

六、特殊操作

第 24 条 发生人身触电及设备事故时,可不经许可立即断开有关设备的电源,但事后应立即向调度及有关领导汇报。

第 25 条 在供电系统正常供电时,若开关突然跳闸,不准送电,必须向调度室和有关人员汇报,查找原因进行处理,只有当故障排除后,才能送电。

第 26 条 值班人员必须随时注意各开关的继电保护、漏电保护的工作状态,当发生故障和报警时应及时处理,并向有关部门汇报,做好记录。

第 27 条 发生事故时,可先采取措施做应急处理,后进行报告。

第 28 条 倒换受入电源。

1. 备用电源开关操作机构及跳闸机构应处于完好状态。
2. 推入备用开关手车(合上备用电源的隔离开关)及断路器。
3. 拉开原受入电源的断路器及开关手车(隔离开关)。

第 29 条 变压器并列。

1. 参加并列运行的变压器应完好,并列变压器参数应符合并列运行条件。
2. 一、二次开关及跳闸机构应处于完好状态。
3. 合上一次的隔离开关及断路器。
4. 合上二次的隔离开关及断路器。
5. 并列后观察每台变压器负荷分配情况是否正常。

第 30 条 变压器解列。

1. 检查联络开关是否在合闸位置,注意负荷情况能否适合单台运行,如不行,应先调整负荷。
2. 拉开变压器二次断路器及隔离开关。
3. 拉开变压器一次断路器及隔离开关。
4. 变压器需解列运行时必须先拉开二次断路器及隔离开关,再拉开一次断路器及隔离开关。
5. 观察负荷分配及仪表指示是否正常。

七、收尾工作

第 31 条 按要求及时、清晰、完整、正确地填好各种记录,并将工具、记录及其他用品摆放整齐。

第 32 条 巡视室内外,对未完成的工作做详细记录,并向接班人交代清楚。

变(配)电所值班员

一、适用范围

第 1 条 本规程适用于煤矿地面变(配)电所、井下中央变(配)电所、水平变电所及采区变电所值班员的操作作业。

二、上岗条件

第 2 条　应经培训合格，持证上岗，无证不得上岗工作。

第 3 条　有一定的电工基础知识，熟知变电所运行有关规程及标准，熟悉《煤矿安全规程》有关规定。

第 4 条　必须熟悉变电所供电系统图和设备分布，了解系统电源情况和各配出开关的负荷性质、容量和运行方式。熟知变电所变配电设备的特性、一般构造及工作原理，并掌握操作方法，能独立工作。

第 5 条　熟悉在灾害情况下的停电顺序及人员撤离路线，掌握触电急救法及人工呼吸法，并具备电气设备防、灭火知识。

第 6 条　没有妨碍本职工作的病症。

三、安全规定

第 7 条　班前严禁喝酒，严格执行交接班制度，坚守工作岗位，上班时不做与本职工作无关的事情，严格遵守本规程及有关规程规章的规定。

第 8 条　严格遵守岗位责任制、工作票和操作票制度、工作许可制度、工作监护制度及工作终结制度等有关制度。

第 9 条　倒闸操作必须执行唱票监护制，一人操作，一人监护。重要的或复杂的倒闸操作，由值班长监护，由熟练的值班员操作。

第 10 条　操作时必须执行监护复诵制，按操作顺序操作。每操作完一项做一个"√"记号，全部操作完后进行复查，无误后向调度室或有关上级汇报。

第 11 条　进行送电操作时要确认该线路上所有的工作人员已全部撤离，方可按规定程序送电。

第 12 条　操作中有疑问时，不准擅自更改操作记录和操作票，必须向当班调度或值班长报告，弄清楚后再进行操作。

第 13 条　操作高压电气主回路时，操作人员必须戴绝缘手套，穿绝缘靴或站在绝缘台上。

第 14 条　严禁带负荷停送刀闸（或开关手车），停送刀闸（或开关手车）要果断迅速，并注意刀闸是否断开或接触良好。

第 15 条　装卸高压熔断器时，应戴护目眼镜和绝缘手套，必要时可用绝缘夹钳，并站在绝缘垫或绝缘台上。

第 16 条　电气设备停电后（包括事故停电），在未拉开开关和做好安全措施之前，不得触及设备或进入遮栏，以防突然来电。

第 17 条　凡有可能返送电的开关必须加锁，开关上悬挂"小心返电"警示牌。

第 18 条　严禁使蓄电池过充、过放电。

第 19 条　变（配）电所内不得存放易燃易爆物品，不得有鼠患，变（配）电室无漏雨现象。

四、操作准备

第 20 条　进入工作现场首先进行安全确认，确认工作环境安全后方可进行工作。

第 21 条　值班员上岗后应按照以下内容进行交接班，并做好记录：

1. 检查电气设备上一班的运行方式、倒闸操作情况、供配电线路和变电所设备发生的异常情况。

2. 了解上一班发生的事故、不安全情况和处理经过，以及因事故停止运行不准送电的开关。

3. 了解上一班内未完成的工作及注意事项，特别是上一班中停电检修的线路、有关设备情况，尚未结束的工作，仍有人从事电气作业的开关、线路及作业联系人。

4. 阅读上级指示、操作命令和有关记录。

5. 检查各线路的运行状态、负荷情况、设备状况、电话通信及远程通信是否正常。

6. 检查仪器仪表、保护装置是否正常。

7. 清点工具、备件、消防器材和有关技术资料。

8. 接班人员应在上一班完成倒闸操作或事故处理，并在交接班记录簿上签字后方可接班。

五、正常操作

第 22 条 值班员负责监视变(配)电所内外电气设备的安全运行情况，重点监视以下内容：

1. 电气设备的主绝缘如瓷套管、支持瓷瓶应清洁、有无破损裂纹、异响及放电痕迹。

2. 电气设备的运行状态正常，无异响及过热现象。

3. 电气设备及电缆、导电排的接头应无发热、变色、打火现象。

4. 变压器温度应正常，无异响。

5. 仪表和信号指示、继电保护指示应正确。

6. 电气设备接地系统、高压接地保护装置和低压漏电保护装置工作正常。

第 23 条 值班期间应做好以下工作：

1. 接受调度指令，做好录音和记录。

2. 观察负荷变化、仪表指示，定时抄表并填好记录。

3. 巡视设备运行情况，并按规定做好记录。

第 24 条 倒闸操作。

1. 倒闸操作必须根据调度和值班负责人的命令倒闸，受令人复诵无误后执行。

2. 倒闸操作时操作人要填写操作票。每张操作票只准填写一个操作任务。操作票应用钢笔或圆珠笔填写，且字迹工整清晰。

第 25 条 操作票应包括下列内容：

1. 应分、合的断路器和隔离开关(开关手车)。

2. 应切换的保护回路。

3. 应装拆的控制回路或电压互感器的熔断器。

4. 应装拆(分合)的接地线(接地开关)。

5. 操作开始时间与结束时间。

6. 操作票应编号，按顺序使用。作废的操作票要盖“作废”印章，已操作的操作票盖“已执行”印章。

第 26 条 进行倒闸操作前后应检查下列内容：

1. 分、合的断路器和隔离开关(开关手车)是否处在正确位置。

2. 各仪表、保护装置是否工作正常。

3. 解列操作时应检查负荷分配情况。

4. 检验电压，验明有无电压。

第27条　维护人员从事电气作业或处理事故时，值班员在值班长的领导下做如下工作：

1. 停电：将检修设备的高低压侧全部断开，且有明显的断开点，开关的把手必须锁住。

2. 验电：必须使用相应电压等级的验电笔在有电的设备上验电并确认验电笔正常后，再对检修设备的两侧分别验电。

3. 放电：验明检修的设备确无电压后，装设地线，先接接地端，后将地线的另一端对检修停电的设备进行放电，直至放尽电荷为止。

4. 装设接地线：使用符合规定的导线，先接接地端，后接导体端。拆除地线时顺序与此相反。

(1) 装拆地线均应使用绝缘棒或戴绝缘手套。

(2) 接地线接触必须良好。

(3) 接地线必须使用专用线夹挂接在导体上，使用专用线鼻子固定在接地端子上。严禁用缠绕的方法进行接地或短路。

5. 悬挂标志牌和装设遮栏。

(1) 在合闸即可将电送到工作地点的开关操作把手上，必须悬挂“有人工作，禁止合闸”的警示牌，必要时应加锁。

(2) 部分停电时，安全距离小于规定距离的停电设备，必须装设临时遮栏，并挂“高压危险”的警示牌。

第28条　准备受电。

1. 断路器操作机构及跳闸机构应处于完好状态。

2. 隔离开关(开关手车)及母线应无异常。

3. 变压器瓷瓶应无裂纹，接地应完好，端子接线应紧固，油色、油标正常。

第29条　受电。

1. 合上电源的隔离开关(开关手车)及断路器。

2. 合上变压器一次的隔离开关(开关手车)及断路器，观察变压器空载运行应正常。

3. 合上变压器二次隔离开关(开关手车)及断路器。

第30条　送电。

1. 馈出线开关操作机构及跳闸机构应处完好状态。

2. 合上馈出线的隔离开关(开关手车)及断路器。

第31条　停电。

1. 断开配出线的断路器及隔离开关(开关手车)。

2. 断开变压器二次断路器及隔离开关(开关手车)

3. 断开变压器一次的断路器及隔离开关(开关手车)。

4. 断开断路器及隔离开关(开关手车)的电源。

第32条　低压馈电开关操作如下：

1. 低压馈电开关停电时，切断开关后，实行闭锁，并在开关手把上挂上“有人工作，禁止合闸”警示牌。

2. 低压馈电开关送电时，取下开关手把上的“有人工作，禁止合闸”牌后解除闭锁，操作手把，合上开关。同时，观看检漏继电器绝缘指示，当指针指示低于规定值时，必须立即切断开关，责令作业人员进行处理或向调度室及有关人员汇报，严禁甩掉漏电继电器强行送电。

六、特殊操作

第 33 条 发生人身触电及设备事故时，可不经许可立即断开有关设备的电源，但事后应立即向调度及有关领导汇报。

第 34 条 在供电系统正常供电时，若开关突然跳闸，不准送电，必须向调度室和有关人员汇报，查找原因进行处理，只有当故障排除后，才能送电。

第 35 条 值班人员必须随时注意各开关的继电保护、漏电保护的工作状态，当发生故障时应及时处理，并向有关部门汇报，做好记录。

第 36 条 发生事故时，可采取措施做应急处理后再进行报告。

第 37 条 倒换受入电源。

1. 备用电源开关操作机构及跳闸机构应处于完好状态。
2. 合上备用电源的隔离开关(开关手车)及断路器。
3. 拉开原受入电源的断路器及隔离开关(开关手车)。

第 38 条 变压器并列。

1. 参加并列运行的变压器应完好，并列变压器参数应符合并列运行条件。
2. 一、二次开关及跳闸机构应处于完好状态。
3. 合上一次的隔离开关(开关手车)及断路器。
4. 合上二次的隔离开关(开关手车)及断路器。

第 39 条 变压器解列。

1. 检查联络开关是否在合闸位置，注意负荷情况能否适合单台运行，如不行，应先调整负荷。
2. 拉开变压器二次断路器及隔离开关(开关手车)。
3. 拉开变压器一次断路器及隔离开关(开关手车)。
4. 变压器需解列运行时必须先拉开二次断路器及隔离开关，再拉开一次断路器及隔离开关。
5. 观察负荷分配及仪表指示是否正常。

七、收尾工作

第 40 条 按要求及时、清晰、完整、正确地填好各种记录，并将工具、记录及其他用品摆放整齐。

第 41 条 巡视室内外，对未完成的工作做详细记录，并向接班人交代清楚。

变(配)电所检查工

一、适用范围

第 1 条 本规程适用于煤矿地面变(配)电所、井下中央变(配)电所、采区变电所的检查工的操作作业。

二、上岗条件

第2条 应经培训合格，持证上岗，无证不得上岗工作。

第3条 熟知《煤矿安全规程》、《煤矿机电设备完好标准》、《煤矿机电设备检修质量标准》和电气设备防爆的有关内容和规定。

第4条 应具有一定的电气理论知识的电工基础知识，掌握检修技术、检修工艺、质量标准和安全技术要求，熟悉所维修范围内的供电系统、电气设备和电缆线路的主要技术特征，以及电缆的分布情况。

第5条 了解所负责维修的设备性能原理和保护装置的运行状况，有维修及故障处理等方面的技能和基础理论知识。

第6条 熟悉矿井巷道布置，了解作业地点的瓦斯浓度，熟悉在灾害情况下的停电顺序及人员撤离路线，掌握触电急救法和人工呼吸法及电气设备防、灭火知识。

第7条 没有妨碍本职工作的病症。

三、安全规定

第8条 上班前不喝酒，遵守劳动纪律，上班时不做与本职工作无关的事情，遵守本操作规程及各项规章制度。

第9条 主要变电所内高压电气设备停送电操作，必须填写工作票。

第10条 检修、安装、挪移机电设备、电缆时，禁止带电作业。检查工在距离带电体较近或在危险地点工作时，应采取可靠的隔离措施，并设专人监护，否则工作人员有权拒绝执行工作命令。

第11条 井下电气设备在检查、修理、搬移时必须由两人以上人员协同工作，相互监护。检修前必须首先切断电源(瓦斯浓度在1%以下时方准进行)，经验电确认已停电后再放电、操作手把上挂“有人工作，禁止合闸”警示牌后，才允许触及电气设备。

第12条 操作高压电气设备主回路时，操作人员必须戴绝缘手套，并穿电工绝缘靴或站在绝缘台上操作；手持式电气设备的操作手把和工作中必须接触的部分必须有良好的绝缘。

第13条 严禁在他人检修和线路上擅自进行作业，在同一线路上进行两个以上检修项目作业时，必须分别办理停电手续。

第14条 在双回路设备上工作时，必须切断一切可以返送电的电源，严禁带电作业。

第15条 检查工工作期间，应携带电工常用工具、与电压等级相符的验电笔和便携式瓦斯检测仪。

第16条 井下使用普通型仪表进行测量时，应严格执行以下规定：

1. 普通型携带式电气测量仪表，只准在甲烷浓度为1%以下的地点使用。
2. 在测定设备或电缆绝缘电阻后，必须将导体完全放电。
3. 被测设备中有电子插件时，在测量绝缘电阻之前，必须拔下电子插件。

四、操作准备

第17条 进入工作现场首先进行安全确认，确认工作环境安全后方可进行工作。

第18条 电气作业前，要对所使用的工具、仪表、仪器和材料配件进行清点，同时要对所使用的各种安全保护用品进行认真的检查，以确保安全可靠。

第19条 在进行定期检修或大修设备前,应按照作业计划,做好相应的准备工作。

第20条 需进行停电检查检修工作时,根据工作任务填写工作票和停电申请单,经有关分管部门领导签字后,分别送到矿调度及变电所执行好停送电手续。

五、正常操作

第21条 井下中央变电所(含水平变电所)、有值班员值班的采区变电所的高压开关设备的操作,必须由值班员根据电气工作票、倒闸操作票进行停送电操作。单人值班的由维修工监护,无人值班的采区变电所、配电点,或移动变电站的操作,由检修负责人安排熟悉供电系统的专人操作,由检修负责人监护。

第22条 对维修职责范围内设备的维修质量,应达到《煤矿矿井机电设备完好标准》的要求,高低压电缆的悬挂应符合《煤矿安全规程》中的有关要求。设备检修或更换零部件后,应达到检修标准要求。电缆接线盒的制作应符合有关工艺要求。

第23条 馈电开关的短路、过负荷、漏电保护装置应保持完好,整定值正确,动作可靠。

第24条 移动变电站的安装、运行、维修和管理必须按照要求执行,其漏电保护主、辅接地极的安装、维护必须符合要求。

第25条 各类电气保护装置应按装置的技术要求和负载的有关参数正确整定和定期校验。

第26条 电流互感器二次回路不得开路,二次侧接地线接地良好。在电压互感器二次回路进行通电实验时,应采取措施防止由二次向一次返送电。

第27条 在检查和维修过程中,发现电气设备失爆时,应立即停电进行处理。对在现场无法恢复的防爆设备,必须停止运行,并向有关领导汇报。

第28条 电气设备检修时,不得任意改变原有端子序号、接线方式,不得甩掉原有的保护装置,整定值不得任意修改。

第29条 检漏继电器跳闸后,应查明跳闸原因和故障性质,及时排除后才能送电,禁止在甩掉检漏继电器的情况下,对供电系统强行送电。

第30条 电气设备的局部接地螺栓与接地引线的连接必须接触可靠,不准锈蚀,连接的螺母、垫片应镀有防锈层,并有防松弹垫加以紧固。局部接地极和接地引线的截面尺寸、材质均应符合有关规程细则规定。

第31条 连接屏蔽电缆时,其半导体屏蔽层应用汽油或三氯乙烯清洗剂(阻燃清洗剂)将导电颗粒洗干净。对于金属屏蔽层,不允许金属丝刺破芯线绝缘层。屏蔽层剥离长度应大于国家标准规定的耐泄痕性d级绝缘的最小爬电距离的1.5～2倍。

第32条 对所规定的日、周、月检等周期性检查检修内容按时进行维护检修,不得漏检,认真填写检查检修记录及保护试验记录等。

第33条 执行停产检修、电气设备安装等特殊任务时,严格执行停送电操作规程、电气作业及专项安全技术措施。

六、特殊操作

第34条 凡有可能返送电的开关必须加锁,开关上悬挂"小心返电"警示牌。如需返送电时,应采取可靠的安全措施,防止触电事故和损坏设备。

第35条 在同一馈电开关控制的系统中,有两个及以上多点同时作业时,要分别悬挂

"有人工作，严禁送电"的标志牌，并应有一个总负责人负责联络、协调各相关环节的工作进度。工作结束后、恢复送电前，必须由专人巡点检查，全部完工并各自摘掉自己的停电标志牌后，方可送电。严禁约定时间停、送电。

第 36 条　当发现有人触电时，应迅速切断电源或使触电者迅速脱离带电体，然后就地进行人工呼吸抢救，同时向地面调度室汇报。触电者未完全恢复，医生未到达之前不得中断抢救。

第 37 条　当发现电气设备或电缆着火时，必须迅速切断电源，使用电气灭火器材或沙子灭火，并及时向调度室汇报。

七、收尾工作

第 38 条　工作完毕后，工作负责人对检修工作进行检查验收，拆除临时接地线和摘掉停电牌，清点工具，确认无误后，恢复正常供电，并对检修设备进行试运转。

第 39 条　每班工作结束后，必须向有关领导汇报工作情况，并认真填写检查检修记录。

电　焊　工

一、适用范围

第 1 条　本规程适用于在煤矿地面从事 BX3-500-5 交流弧焊机操作作业的人员。其余型号交流弧焊机电焊操作工参照执行。

二、上岗条件

第 2 条　必须经过专业技术培训，并取得专业技术资格证书，工作时要持证上岗。

第 3 条　熟悉岗位环境、施工条件和施工对象，包括岗位危险因素及相关处置措施。

第 4 条　熟悉《煤矿安全规程》和本规程的有关规定。

第 5 条　必须具备一定消防安全知识，能熟练使用消防灭火器材。

三、安全规定

第 6 条　在焊接工作场所内，不得存在煤油、汽油或其他易燃易爆物品，否则，不得进行电焊工作。

第 7 条　下雨天不得在露天场所进行电焊工作，不要把电焊把子乱丢在工作台上，要放在安全地点。

第 8 条　电焊机要放置于易散热的地方，其温度不得超过 70 ℃，电焊机每台需装一个开关，不能混用。

第 9 条　多台电焊机在一起集中施焊时，焊接平台或焊件必须接地，并应有隔光板。

第 10 条　电焊把子手把必须完整无破损，并有可靠的绝缘，必要时另加防护措施，更换焊条时，一定要戴好绝缘手套，对空载电压和工作电压较高的焊接操作，还应在工作件附近，地面铺上绝缘胶皮和其他绝缘材料。

第 11 条　把线、地线禁止与钢丝绳接触，更不得用钢丝绳索或机电设备代替零线，所有地线接头，必须连接牢固。

第 12 条 检查电焊机的一次、二次线路，其必须完整且易于辨认，绝缘必须良好，设备及线路不得有漏电现象。

第 13 条 电焊机二次线组一端接地或接零时，焊件本身不应接地，也不应接零。

第 14 条 搬运、修理、改接二次回路等工作时，需先切断电源。

第 15 条 在金属容器内进行焊接时，严格执行容器焊接技术规定。外面必须有专人监护，并有足够通风，如有较大量的烟尘，必须戴口罩。

第 16 条 不准焊接和切割受力构件和内有压力的容器，如焊割装过易燃、易燃易爆物品或油类的容器时，应先清洗干净，并将所有盖口打开，口朝向上方，经检查合格后，方可进行工作。

第 17 条 登高作业，应穿戴好安全帽带。

第 18 条 身体出汗、衣服潮湿时，切勿靠在带电的工件上。

第 19 条 在带电的情况下，不要将焊钳夹在腋下搬弄焊件或将电缆挂在脖颈上。

第 20 条 严禁在带电和带压力的容器或管道上施焊，焊接带电的设备必须先切断电源。

第 21 条 焊接预热工件时，应有石棉布或挡板等隔热设施。

四、操作准备

第 22 条 工作人员应戴好专用电焊手套，穿好绝缘鞋和工作服及其他防护用品。

第 23 条 工作前，应检查设备、工具的绝缘层是否有破损现象，焊机接地、接零和焊机各接点是否完好。

第 24 条 准备好焊接材料、工具及其他需要使用的工具。

第 25 条 根据要求，选择合适的焊接电流。根据材质，选择相应的电焊条。

五、正常操作

第 26 条 根据图纸要求，选择合适的焊接电流，合上开关，打开电焊机的电源。

第 27 条 根据材质，选择相应的电焊条。

焊条直径的选择

单位：mm

工件厚度	2	3	4～7	8～12	≥13
焊条直径	1.6～2	2.5～3.2	3.2～4.0	4.0～5.0	5.0～5.8

焊接电流和焊条直径的关系可由下列经验公式确定：$I=(30\sim60)d$ ，式中 I 为焊接电流(A)，d 为焊条直径(mm)。

第 28 条 高空作业时，必须使用安全带等保险措施。高空安设电焊机时，必须用棕绳生根牢靠。

第 29 条 电焊工“十不准”：禁火区没有动火证不焊；密闭容器不焊；进入储罐无人监护不焊；搭铁线路不畅通不焊；焊件来路不明不焊；带压设备不焊；有毒物和易燃物未清除不焊；火星飞溅物去向不明不焊；防爆车间无可靠措施不焊；回火防止器有问题不焊。

第 30 条 换焊条时应戴好手套，身体不要靠在铁板或其他导电物件上。敲渣时应戴上防护眼镜。

第 31 条 施焊时焊工和配合人员要采取安全措施，防止触电、高空坠落、火灾和烫伤等事故。电焊工和配合人员施焊时工作服上衣口袋不准装火柴或火机。

六、特殊操作

第 32 条　焊接有色金属器件时,应加强通风排毒,必要时使用过滤式防毒面具。

第 33 条　在容器内作业,或在潮湿、狭窄部位作业,以及夏天身上出汗或阴雨天等情况下,应穿干燥衣物,必要时要铺设橡胶绝缘垫。在任何情况下,都不得使操作者自身成为焊接回路的一部分。

七、收尾工作

第 34 条　工作完毕后,清点各工具,切断电源,并将剩余的电焊条妥善放好,清扫作业场所卫生。

第 35 条　检查工作地点,确认无起火危险后,方可离开。

气焊(割)工

一、适用范围

第 1 条　本规程适用于在煤矿地面从事 40 L 瓶装氧气、乙炔气焊(割)作业的人员。其余规格氧气、乙炔气焊(割)作业的操作工参照执行。

二、上岗条件

第 2 条　必须经过专业技术培训,并取得专业技术资格证书,工作时要持证上岗。

第 3 条　熟悉岗位环境、施工条件和施工对象,包括岗位危险因素及相关处置措施。

第 4 条　熟悉《煤矿安全规程》和本规程的有关规定。

第 5 条　必须具备一定消防安全知识,能熟练使用消防灭火器材。

三、安全规定

第 6 条　在靠近易燃物品的仓库、井下等特殊环境从事焊接(割)作业时,必须编制专项施工安全措施,并严格执行。

四、操作准备

第 7 条　进行气焊(割)作业前要检查所用的工具、材料、量具和保护用具,气瓶安全装置齐全可靠,设备及附件是否有漏气等不安全因素。

氧气瓶不能与乙炔瓶放在一起,氧气瓶及气管不得接触油类,同时不准用戴着有油渍的手套去触摸氧气瓶,并将气瓶垂直放置,有防倒措施,两者最少相距 5 m,距离加工件、热源、明火不少于 10 m。

第 8 条　戴护目镜、穿工作服及其他防护用品。

五、正常操作

第 9 条　氧气瓶安全注意事项。

1. 搬运氧气瓶时应轻拿轻放,严禁滚动等不合理运输,注意并防止碰坏瓶头瓶口。

2. 夏季露天作业时,应将氧气瓶放在阴凉处,不得烈日下室外存放。

3. 将压力调节器与氧气瓶连接前,应检查管接头的螺纹瓶阀,减压器是否完好,同时必须看上面是否有油脂,当吹泄气门时,操作者应站在气门的侧面,慢慢开启,严禁开气太快,每转一下约四分之一周，以防在必要时，立即关闭阀门。

4. 使用氧气瓶，不能全部把气用完，压力至少保留 0.1～0.2 MPa。

5. 压力调节器的压力表不正常，无铅封或安全阀不可靠时，禁止使用。

6. 气瓶与电焊设备在同一地点使用时，要防止气瓶带电。

7. 冬季使用时，瓶阀如有结冰，可以用热水和水蒸气解冻，严禁烘烤或铁器猛击瓶阀，严禁猛拧减压器的调节螺丝。

8. 氧气瓶着火时，应迅速关闭阀门，停止供氧，并存放在安全地点。

9. 气瓶要封闭良好，严禁泄漏或瓶阀毁坏，不得混入其他可燃性气体，同时应注意操作，防止产生静电火花。

第 10 条 乙炔瓶安全注意事项。

1. 严禁震动或撞击，必须直立，严禁卧置使用。

2. 瓶内气体不得用完，高压表读数为 0，低压表读数为 0.01～0.03 MPa 时，不可继续使用。

3. 禁止持明火，燃着的烟卷或炽热的物体靠近气瓶，瓶体表面温度不应超过 40 ℃。

4. 应配有专用乙炔压力表，压力应符合规定。将减压器各接口处的油污和灰尘擦拭干净，拧紧各个接头。

5. 安装减压器之前需略打开气瓶口阀，吹除污物，以免灰尘、水分带入减压器。将减压器装到气瓶上后，缓缓打开气瓶阀门，以免减压器受高压气体的冲击而损坏。

6. 经检查无漏气现象，压力表指示正常方可接上胶管。

7. 在冬天时，应注意防止压力调节器冻结，在发生冻结的情况下，应用热水或蒸汽加温，绝对禁止用明火烘烤。

第 11 条 输气胶管安全注意事项。

1. 使用胶管时，应先确定胶管原来是输送什么气体，禁止借用、乱用。

2. 当使用新的胶管时，必须选用压缩空气吹净管内的滑石粉或灰尘再用，氧气胶管不得沾有油脂。

3. 不允许使用已损坏的胶管，也不允许捆扎或修补再使用。

4. 在将胶管与焊枪及割炬结合时，严禁接错接头。

5. 胶管应当用卡子固定在压力调节器或焊枪上，不允许用铁丝或绳子捆扎。

6. 如遇胶管着火，应将着火处上方的胶管弯折，并迅速关闭有关的各气门。

第 12 条 焊枪与割炬安全注意事项。

1. 在点燃时，应先开氧气门 2～3 s 后，再开乙炔气门，在熄火时顺序相反。

2. 焊枪割炬点火前，必须进行检查，严禁使用不合格或漏气的焊枪及割炬。

3. 当发生回火，应立即关闭乙炔门，然后关闭氧气门。

4. 燃着的焊枪或割炬不准离手，焊割炬等各气体通道不得沾有油脂、不得漏气。

5. 当焊嘴堵塞时，应用黄铜丝疏通，不准用其他的金属丝。

第 13 条 气焊(割)工操作时，必须戴好专用防护眼镜。

第 14 条 不准在带电设备、有压力(液体或气体)和装有易燃易爆物品的容器上焊接或气割，也不能在存有易燃易爆物品的室内焊接或气割。

第 15 条 登高作业时，乙炔瓶应远离操作人员，防止火花溅到乙炔瓶上发生爆炸，并将乙炔瓶放在上风口处，工作时应有其他可靠的防护措施。立体施工时，上下层要交叉开，上层作业应把工具等物件放置平稳，防止坠落伤人。不得向下抛掷物件，必要时下面要设监护人。

第16条　在水泥地板上切割材料时，应加金属垫板，防止铁水与水泥接触发生爆炸。

第17条　焊接过程中，焊毕过热或堵塞而发生回火或鸣爆时，应立即关闭焊割炬上的乙炔阀，再关氧气阀；稍停后再开氧气吹掉管内烟灰，恢复正常后再使用。

第18条　氧气、乙炔瓶要由劳动部门定期检查，未经检查的不得使用。

六、特殊操作

第19条　对装过爆炸、易燃品的容器，在焊接或切割时，应用适当的溶剂洗净后再用蒸汽或溶有苏打的热水冲洗。

第20条　在狭窄和通风不良的地方进行气焊、气割工作时，应在地面上先进行调试焊枪和割炬混合气，并点好火，禁止在工作地点调试和点火，焊枪和割炬都应随人进出。

七、收尾工作

第21条　工作完毕后应关闭各阀门并检查和清理工作现场，熄灭余火，把焊枪、皮管收回，放在规定的位置。

第22条　检查工作地点，确认无起火危险后，方可离开。

车　　工

一、适用范围

第1条　本规程适用于在煤矿地面从事CD6140车床作业的人员。其余型号车床作业的操作工参照执行。

二、上岗条件

第2条　必须懂得机械技术知识及加工工艺，经过技术培训考试合格后，方能上岗操作。新学员必须在师傅的监护下进行操作。

第3条　必须熟悉所用车床的性能、结构、工作原理，会使用、会保养、会检查、会处理一般性故障。

三、安全规定

第4条　工作时必须精力集中，不允许在开车时擅自离开机床或做与车床无关的事，机床开动后，要站在干燥的木踏板上，不准靠在车床上，以避开机床运动部位和铁屑飞溅。

第5条　凡两人或两人以上在同一机床工作时，必须一人负责安全，统一指挥，严禁其他人员进入危险区域内，防止事故发生。

第6条　不准使用无柄锉刀，使用锉刀时应右手在前，左手在后，胳膊远离卡盘，禁止用砂布裹住抛光。不准隔机床传递工具、工件和其他物品。

四、操作准备

第7条　操作人员应身穿工作服，扣好领扣，戴套袖。女同志应戴工作帽，并把发辫塞入帽内，不准戴手套操作，切屑脆性材料应戴好防护眼镜。严禁戴围巾和穿凉鞋操作。

第 8 条　开车前，先把各手把闸把打到空挡位置，以手搬动卡盘头，查看是否有障碍物，并清洁各润滑部位，加上润滑油，然后进行低速运转试车。

五、正常操作

第 9 条　开车后应立即观看油窗是否上油，发现不上油，立即停车，加以排除。

第 10 条　车床导轨面、刀架上不准存放工件、工具、刀具等物件。

第 11 条　变换转速、测量物件和改变进刀量时必须停车。

第 12 条　装卸卡具和较大工件时，必须在床面上垫木板，以防卡具和工件掉落而损坏床面。

第 13 条　自动走刀时，必须将刀架推至与底座一样齐，以防刀刃未到，而刀架底碰到卡盘上。

第 14 条　切削时，必须夹紧工件与车刀，紧固好刀架。

第 15 条　机床运转时，欲打反车，必须停止后，方能打反车，严禁用反向制动停车，更不准用手扶卡盘帮助刹车。

第 16 条　在机床运转加工过程中，不准用棉纱擦拭工件，不准使用卡尺测量尺寸，不准用手直接清理切屑，并严防身体的任何部位触及转动部分。

第 17 条　经常注意避免切屑掉在丝杆、光杠上，并随时注意清除床面切屑，长的切屑要及时处理，以免伤人。

第 18 条　装卸卡盘、花盘及较大的夹具时，床面应垫木板，不准开车装卸卡盘，装卸完工件应取下扳手，防止事故发生，加力可用套管，不得用手锤敲击。

第 19 条　车床地面上放置的脚踏板，须坚实、平衡，并随时清理其上的切屑，以免滑倒，发生事故。

第 20 条　严禁超负荷使用车床，以免损坏机床零部件。

第 21 条　电器发生故障，要及时找专业电工排除，不得擅自处理和接通电源，以免处理不当烧坏电动机、电器和触电，并应有电工时常进行检查，严防设备漏电。

第 22 条　装卡物件应注意力集中，以免产生误操作，装卡的工具应及时取下。

第 23 条　维修、保养机床必须切断电源。

六、特殊操作

第 24 条　在车床卡大型工作物时，应采取防范措施，卡中心空的工作物，可以穿上管子、铁棒，以免坠落。

第 25 条　切断大料时，中心应留有余量，卸下后再砸断，以免切断掉下伤人。

第 26 条　加工长、大工件时，吃刀不要过猛，刹车不能过急，伸出过长时，一定要有安全措施。

第 27 条　加工有碎片火星飞溅之金属(如青铜、黄铜、淬火钢、生铁等)时要设挡板。

第 28 条　加工偏心工件时，必须加平衡块，并固定牢固，低速切削，开刹车不能过猛。

七、收尾工作

第 29 条　工作完毕后，将各操纵手把打到空挡位置，拉下电闸。

第 30 条　将机床上的切屑、灰尘等脏物清除干净，并加润滑油于滑动面上。

第31条 整理工件,清理周围环境的卫生。

钻床操作工

一、适用范围

第1条 本规程适用于Z3040钻床操作工的操作作业。其余型号钻床操作工参照执行。

二、上岗条件

第2条 必须会机械制图知识,懂得机械加工工艺,方能上岗操作。

第3条 必须熟悉钻床的结构、性能、工作原理,会使用、会保养、会检查、会处理一般性故障。

三、安全规定

第4条 上班前不准喝酒,工作时精神集中,不得做与本职无关的事情。

四、操作准备

第5条 熟悉图纸和工艺,明确工作内容。

第6条 穿好工作服、防砸鞋,扎紧袖口,戴好防护眼镜。长发应盘好放在安全帽内。严禁戴手套。

第7条 准备工具。检查钻床摇臂活动范围内是否有妨碍物,并清理作业现场。

第8条 操作前,检查钻床各部位是否正常,并对规定注油部位注油。

第9条 夹具完好可靠,压紧螺栓不得滑扣,压板不得有变形、裂纹或接触面凹凸不平现象。

五、正常操作

第10条 加工小件必须用平口钳或台虎钳夹牢,加工较大工件必须用压板螺丝固定,且压板螺丝要拧紧。

第11条 钻孔时,钻头、钻夹必须安装牢固。严禁手持工件钻孔。

第12条 紧固用的扳手要完好,用力不要过猛。

第13条 在超长工件上钻孔时,要用支架垫平、垫实。

第14条 装卸工件,更换钻头、夹具,测量尺寸或调换转速、润滑擦拭机床等时,必须停止钻床转动。

第15条 钻孔切削时,冷却液的喷嘴、管子不得靠近钻头,应有足够的空隙。

第16条 清除铁屑时,必须用刷子或钩子,不准用手拉铁屑,严禁用嘴吹。不准手摸正在旋转的钻头。

第17条 钻床不得超负荷运转。运转中发生故障时应及时切断电源,检查处理后才能继续使用。

六、收尾工作

第18条 工作完毕后,将工作台上的铁屑消除干净,并加润滑油保养钻床。

第19条 将各手把打到空挡位置,切断电源开关,整理工件,清理卫生。

行 车 司 机

一、适用范围

第 1 条 本规范适用于 MDG20/5 门式行车司机的操作作业。其余型号行车司机参照执行。

二、上岗条件

第 2 条 必须具备一定的机械、电气和力学知识，经过安全培训，取得特种作业人员操作证，方可持证上岗作业。

第 3 条 行车司机必须熟悉操作行车的构造、性能和工作原理，掌握起重机的安全技术操作规程，做到会使用、会保养、会检查、会处理一般性故障。

第 4 条 必须具备应急抢险和逃生知识，且能熟练使用应急抢险和逃生用具。

三、安全规定

第 5 条 班中必须佩戴齐全和穿戴好规定的劳保用具。

第 6 条 严格按照行车司机岗位流程描述的要求进行操作。

第 7 条 上班前不准喝酒，工作时精力集中精心操作，上班时不得做与本职工作无关的事情。

第 8 条 行车司机必须听从挂钩起重人员（专人）的指挥。正常吊运时不准多人指挥，但对任何人发出的紧急停车信号，都应立即停车。

第 9 条 起重机的机械机构及其吊钩、绳索，连接用绳套、链条等部件要按规定进行定期检查试验，每次使用前应由施工负责人进行一次认真检查，不合格的严禁使用。

第 10 条 凡是进入起重作业范围内的作业人员必须戴安全帽。

第 11 条 起吊的设备（物件）离地面高度一般不超过 0.5 m。运行中，严禁有人员在行车下方及附近逗留。当吊物必须通过地面作业人员的上空时，司机须连续发出警示信号，待人员躲开后方可开车通过。对任何不符合吊运规定的要求，行车司机应一律拒绝操作。

第 12 条 司机必须在弄清指挥信号后方能操作，行车起吊运行时应先鸣铃。操作控制器手把时，应先从零位扳到第一挡，然后逐级增（减）速度。需要反方向运行时，必须先将控制器手把回到零位，车体停止后，再反方向开车。

第 13 条 当钩头接近上升限位器，大、小车临近终端或与邻近行车相遇时，速度要缓慢。不准用倒车代替制动，限位代替停车，紧急开关代替普通开关。

第 14 条 司机应在规定的安全走道、专用站台或扶梯上行走和上下。大车轨道两侧除检修外不准行走。小车轨道上严禁行走。不准从一台行车跨越到另一台行车。

第 15 条 工作停歇时，严禁将起重物悬在空中停留，严禁用行车吊着工件进行加工。

第 16 条 一道两车的，运行时，行车与行车之间要保持一定的距离，严防撞车。

第 17 条 重载起吊时，应先稍离地面试吊，确认吊挂平稳，制动良好，然后升高，缓慢运行。不准同时操作三个控制手把。

第 18 条 行车运行时，严禁有人上下，严禁电器检修和机件调整。

第 19 条 夜间作业必须有充足的照明。

第 20 条　在操作门式行车行驶时，要注意轨道上有无障碍物，吊运高大物件妨碍视线时，两侧安全位置应设专人监视，并及时传递信号。

第 21 条　较大工件要双钩挂牢并锁死，严禁单钩多件起吊作业；物件吊运到位后，应待物件降落着地放稳后，摘钩人员方可靠近摘钩。

第 22 条　起吊组装设备时，在零部件未连接紧固螺栓前，严禁松绳摘钩；拆卸设备时，应先用行车吊住部件后，再拆除紧固螺栓。

第 23 条　行车司机必须做到“十不吊”：

1. 指挥信号不明确或违章指挥不吊。
2. 超负荷不吊。
3. 吊物捆绑不牢不吊。
4. 吊物上站人不吊。
5. 安全装置不齐全或动作不灵敏、失效者不吊。
6. 工件埋在地下、与地面建筑物或设备有钩挂不吊。
7. 光线阴暗视线不清不吊。
8. 棱角物件无防切割措施不吊。
9. 斜拉斜拽不吊。
10. 氧气瓶、乙炔瓶等有爆炸危险的不吊。

第 24 条　在输电线路附近起重作业时，应保持一定的安全距离。雨雾天工作时，安全距离应适当放大。雷雨天气时，不得进行起吊作业。

第 25 条　起重作业场的风力达到 6 级以上或其他恶劣天气不能保证安全作业时，起重机应停止作业；风力在 4 级以上时，不得吊运兜风大件。

第 26 条　检修行车应停靠在安全地点，切断电源挂“正在检修，禁止合闸”的警示牌，并在地面设置警戒绳，禁止人员通行。

第 27 条　检修行车时，司机要配合检修人员先停电，后检修；行车运行中禁止检查、加油及擦拭部件，不准打开电阻器、控制器等。

四、操作准备

第 28 条　全面检查行车机械、电气部分和保护装置是否完好、灵敏可靠，重点检查钢丝绳、吊钩和各机构制动器、控制器、限位器、紧急开关、警铃等重要装置，不完好严禁吊运。

第 29 条　清理干净吊运线路及运行轨道上的阻碍物。

五、正常操作

第 30 条　司机接到信号后先鸣铃，然后开始操作。将起吊绳逐渐张紧，使物体稍离地面，进行试吊。检查被吊物体应平衡，捆绑应无松动，吊运工具、机械应无异常。如有异常应立即停止吊运，将物体放回地面后进行处理。

第 31 条　试吊 1～2 次，确认可靠后再正式起吊，将物体吊至指定位置(或车辆内)卸下。

第 32 条　工作完毕，行车应停在合适位置，升起吊钩，小车开到轨道一端，并将控制手把放置零位，切断电源。

六、特殊操作

第 33 条 运行中发生突然停电,必须将开关手把打到零位。在起吊件未放下或索具未脱钩时,不准离开驾驶室。同时必须在吊物可能坠落影响的范围外设警戒绳,禁止人员入内。

第 34 条 露天行车遇有暴风、雷击或 6 级以上大风时应停止工作,夹轨器应夹紧可靠,然后切断行车总电源,并在车轮前后塞木楔块卡牢。

七、收尾工作

第 35 条 在行车停止使用时,不得吊挂重物。必须将重物卸下后,并将吊钩升到适当高度,控制手把恢复零位,才能切断电源停用。

第 36 条 将行车夹轨器锁死,填写运行日志。

小绞车司机

一、适用范围

第 1 条 本规程适用于从事滚筒直径小于 1.2 m 的各种内齿轮绞车操作作业的人员。其他形式的绞车司机参照执行。

二、上岗条件

第 2 条 必须经专业培训考试合格,取得操作资格证,持证上岗。

第 3 条 必须熟悉所使用绞车的结构、性能、原理、主要技术参数、完好标准和《煤矿安全规程》的相关规定,能进行一般性检查、维修、润滑保养及故障处理,按照本规程要求进行操作。

第 4 条 必须掌握使用该绞车巷道的基本情况,如巷道长度、坡度、变坡地段、中间水平车场(甩车场)、支护方式、轨道状况、安全设施配置、信号联系方法、牵引长度及规定牵引车数等。

三、安全规定

第 5 条 小绞车硐室(或安装地点)应挂有司机岗位责任制和小绞车管理牌板(标明:绞车型号、功率、配用绳径、牵引长度、牵引车数及最大载荷、斜巷长度和坡度等)。

第 6 条 与其他运输设备同巷布置时,必须设置电气闭锁,两种设备不得同时运行。

第 7 条 严格执行“六不开”规定:绞车不完好不开;钢丝绳打结、磨损断丝超限、缠绕排列不整齐不开;超载、超挂车不开;安全设施不齐全可靠不开;信号不清不开;无运行许可证不开。

第 8 条 必须严格执行“行人不行车,行车不行人、不作业”的规定。

第 9 条 严禁蹬钩、扒车。

第 10 条 矿车掉道时禁止用小绞车硬拉复位。

第 11 条 在斜巷中施工或运送支架、超长、超大物件时,应按专项措施执行。

第 12 条 正常停车后(指较长时间停止运行),应闸死滚筒;需离开岗位时,必须切断电源并闭锁。

第 13 条　作业时必须穿戴规定的劳动保护用品，工作服必须扎紧袖口，精力集中，严格按信号指令操作，不得在绞车运行时离开操作位置。

第 14 条　认真执行岗位责任制和交接班制度。

四、操作准备

第 15 条　上岗前，必须进行岗位安全确认。检查小绞车安装地点（硐室），顶、帮支护必须安全可靠，无杂乱异物，便于操作和瞭望。

第 16 条　检查小绞车的安装固定情况：应平稳牢固，四压两戗接顶要实，无松动和腐朽现象；用地锚或混凝土基础的要检查地锚基础螺栓是否松动、变位，目视查看滚筒中线是否与斜巷轨道中线（提升中线）一致，安装在巷道一边的绞车，其最突出部位距轨道外侧不得小于 500 mm。

第 17 条　检查小绞车滚筒，不得有开焊、裂纹和变形；检查小绞车制动闸和工作闸（离合闸）。闸带与闸轮的接触面积不少于闸带面积的 70%，闸带必须完整无断裂，磨损余厚不得小于 4 mm，铆钉不得磨闸轮，闸轮磨损不得大于 2 mm，表面光洁平滑，无明显沟痕，无油泥；各部螺栓、销、轴、拉杆螺栓及背帽、限位螺栓等完整齐全，无弯曲、变形。施闸后，闸把位置在水平线以上 30°～ 40°时应闸死，闸把位置严禁低于水平线（小绞车闸的工作行程不得超过全行程的 2/3～4/5，此位应闸死）。

第 18 条　检查钢丝绳：要求无弯折、硬伤、打结、严重锈蚀，断丝不超限，在滚筒上绳端固定要牢固，不准剁股穿绳，在滚筒上的排列应整齐，无严重咬绳、爬绳现象。缠绕绳长不得超过绞车规定允许容绳量，绳径符合要求。松绳至终点，滚筒上余绳不得少于 3 圈。保险绳应与主绳直径相同，并连接牢固。绳端连接装置应符合《煤矿安全规程》规定。有可靠的护绳板。

第 19 条　检查绞车导绳轮状态是否完好、导绳轮固定基础是否牢固可靠。

第 20 条　检查小绞车控制开关、操纵按钮、电动机、电铃等应无失爆现象。信号必须声光兼备，声音清晰，准确可靠。

第 21 条　空载试运转：松开离合闸，压紧制动闸，启动绞车空转，应无异常响声和震动，无甩油现象。

第 22 条　通过以上检查，发现问题必须向上级汇报，处理好后方可开车。

五、正常操作

第 23 条　听到清晰、准确的信号后，闸紧制动闸，松开离合闸，按信号指令方向启动绞车空转。缓缓压紧离合闸把，同时缓缓松开制动闸把，使滚筒慢转，平稳启动加速，最后压紧离合闸，松开制动闸，达到正常运行速度。

第 24 条　禁止两个闸把同时压紧，以防烧坏电动机。

第 25 条　启动困难时应查明原因，不准强行启动。

第 26 条　必须在护绳板后操作，严禁在绞车侧面或滚筒前面（出绳侧）操作；严禁一手开车，一手处理爬绳。

第 27 条　下放矿车时，应与把钩工配合好，随推车随放绳，禁止留有余绳，以免车过变坡点时突然加速绷断钢丝绳。

第 28 条　上提矿车时，车过变坡点后应停车准确，严禁过卷或停车不到位。

第 29 条　应根据提放煤、矸、设备、材料等载荷不同和斜巷的变化起伏，酌情掌握速度。

严禁不带电放飞车。

第 30 条　绞车运行中，应集中精力，注意观察，手不离闸把，收到不明信号应立即停车查明原因。

第 31 条　注意绞车各部运行情况，发现下列情况时必须立即停车，采取措施，待处理好后方可运行：

1. 有异常响声、异味、异状。
2. 钢丝绳有异常跳动，负载增大或突然松弛。
3. 稳固支柱有松动现象。
4. 有严重咬绳、爬绳现象。
5. 电动机有异常。
6. 突然断电或有其他险情时。

第 32 条　接近停车位置时，应先慢慢闸紧制动闸，同时逐渐松开离合闸，使绞车减速。听到停车信号后，闸紧制动闸，松开离合闸，停车停电。

六、收尾工作

第 33 条　每班工作结束后，必须闸死滚筒、切断电源并闭锁，清理现场卫生，填写有关记录并履行交接班手续后，方可离开岗位。

斜井及斜巷信号工

一、适用范围

第 1 条　本规程适用于斜井及斜巷上、下和中部车场绞车提升运输信号工的操作作业。其他提升运输信号操作工参照执行。

二、上岗条件

第 2 条　必须经专业培训、考试合格，取得操作资格证，持证上岗。

第 3 条　必须熟悉斜井(斜巷)提升设备及信号设施等情况和《煤矿安全规程》的相关规定，集中精力，按照规定的信号种类，准确无误地发送信号。能正确处理一般故障和突发情况。

三、安全规定

第 4 条　在运输巷道内各车场必须设有信号硐室。运输信号装置必须声光俱备，清晰、可靠。兼作行人的运输斜巷，要设置红灯信号，行车时红灯亮。斜井(斜巷)提升上、下山的起始点、中间巷、通道和甩车场的道口必须悬挂“行车严禁行人”的警示牌和声光报警装置。严格执行“行人不行车，行车不行人、不作业”的规定。

第 5 条　提升设备停运超过 6 h 以上或因事故检修后，开车前必须对所有信号和通信设备进行检查试验(试验前必须与各信号点及绞车司机联系明确后再进行)，确认正确、灵活、畅通后，方可作业。

第 6 条　不同形式的运输设备同巷布置时，必须设置电气闭锁，两种设备不得同时运行。

第7条　收到的信号不明确时不得发送开车信号，应用电话或其他方式查明原因，并且废除本次信号，重新发送。钩头在哪个位置，哪个位置信号工方可发送信号至上车场。

第8条　发出信号后，发现提升容器的运行方向与所发信号规定的方向不一致时，应立即发出停车信号，待查明原因后，再重新发出信号。

第9条　必须集中精力、细心操作，在岗位上不准做与工作无关的事情，不得在联系工作中（如用电话或口头与他人联系时）发送信号。

第10条　不得擅离工作岗位，严禁私自找他人代替上岗；确须离岗时，必须请示领导，待批准后方可离岗。

第11条　作业时必须穿戴规定的劳动保护用品。

第12条　认真执行岗位责任制和交接班制度。严禁在提升运行过程中交接班。交接班时双方均应履行正规交接手续。

四、操作准备

第13条　上岗前，必须进行岗位安全确认。检查信号操作硐室，顶、帮支护必须安全可靠，无杂乱异物，以便于操作和瞭望。

第14条　接班后应仔细检查试验有关信号设备、设施是否正常，待一切安全可靠后方可正式操作。

五、正常操作

第15条　工作中必须与把钩工密切配合，联系信号要清晰、准确。当把钩工允许发信号时，应确认安全可靠后方可发出信号。

第16条　信号发出后，不得离开信号机旁，并认真观察提升中的运行情况，监视运行中的信号系统，需要正常停车时，发送"停车"信号停车，如有紧急情况，必须立即发出停车信号。

第17条　绞车上提时：下车场信号工按照把钩工的指示发信号，并经上车场（中间及上车场）信号工将"上提"信号转发至车房（绞车硐室）司机操作处，提升到位后，相应车场信号工发停车点予以停车。

第18条　绞车下放时：上车场信号工按照把钩工的指示向下水平（下车场）要"下放"信号，待下水平（下车场）将"下放"信号转发至上车场后，再由上车场信号工将"下放"信号转发至车房（绞车硐室）司机操作处，下放到位后，信号工发停车点予以停车。

第19条　使用推车机推车时：

1. 向下松车时，上把钩信号工应在发出松车信号后，关闭后阻车器防止其他车辆误入，打开前阻车器、插管及不倒翁，缓慢操作推车机推动矿车前进至变坡点。推动过程密切注意提升钢丝绳受力情况，严禁将钢丝绳拉紧继续推车作业，待矿车列进入变坡点自身重力能使车列自行下行时，停止操作推车机并将推头后移至初推车地点。

2. 向上提升车辆时，在车辆即将到达上变坡点时打开阻车器、插管及不倒翁，应在矿车列全部通过变坡点阻车器后打定点，关闭前阻车器、插管及不倒翁，待把钩工将钩头及保险绳完全摘掉且允许操作后，缓慢操作推车机推动矿车前进至摘挂钩区域外连车位置，推动过程密切注意矿车列前进情况。操作过程中听从把钩工约定哨声，严防车辆碾压、剐蹭钢丝绳、钩头及保险绳。

第20条　使用人行车升降人员时，操作必须符合下列规定：

1. 每班挂人车时或通道检修后，必须与绞车房联系，进行一次空人车试道运行。

2. 发出人车发车信号后，严禁上、下人员，也不准废除本次信号再上、下人员。

第 21 条 多水平提升时，操作应符合下列规定：

1. 不同水平所发出的信号必须有区别。

2. 在中部车场操作信号时，必须做到弯道处严禁站人。

第 22 条 矸石山信号工操作时，除参照执行本规程外还要遵守下列规定：

1. 接班后进行信号试验。

2. 开车前，应认真检查并确认矸石山上翻矸架、轨道、装载点没有人员时，方可发出开车信号。

3. 需要中途人工卸矸时，必须与绞车司机联系后操作停车信号，同时监护好信号机，停止信号至卸矸完毕后废除。

第 23 条 各信号工与绞车司机必须用统一规定的信号指令含义进行工作联系，不得私自改变，也不得任意临时规定信号。

第 24 条 运输大件、通道检修、处理事故、运送火药等特殊运行，应提前与绞车司机联系明确，以便按措施要求及《煤矿安全规程》的有关规定进行操作。

六、收尾工作

第 25 条 每班工作结束后，清理现场卫生，填写有关记录并现场履行完交接班手续后，方可离开岗位。

斜井及斜巷把钩工

一、适用范围

第 1 条 本规程适用于斜井及斜巷上、下和中部车场绞车提升运输把钩工的操作作业。矸石山绞车等其他提升运输把钩工参照执行。

二、上岗条件

第 2 条 必须经专业培训考试合格，取得操作资格证，持证上岗。

第 3 条 必须熟悉所使用车辆、防跑车及跑车防护装置、工具等设备、设施的结构和使用性能以及《煤矿安全规程》中的相关规定，能正确处理一般故障和突发情况，按照本规程要求进行操作。

三、安全规定

第 4 条 在运行车辆的倾斜井巷，负责监督并严格执行“行人不行车，行车不行人、不作业”的规定。

第 5 条 斜井及斜巷上部车场（或井口）的阻车器必须经常处于关闭状态，放车时方准打开。

第 6 条 必须正确、正常使用安全设施，严禁不使用安全设施提升。

第 7 条 认真监督并检查矿车之间的连接、矿车与钢丝绳之间的连接，必须使用不能自行脱落的连接装置，并加装保险绳。

第8条　对检查出不合格的连接装置必须单独放置，交班时交代清楚，并做明显标志，消除隐患。

第9条　作业时必须穿戴规定的劳动保护用品，扎紧袖口和腰带，做好自身安全保护。

第10条　忠于职守，对于不符合提升规定以及违反操作规程的，严禁提升。

第11条　必须严格遵守岗位责任制和交接班制度，严格执行斜井（斜巷）运输的有关安全规定。

第12条　倾斜井巷在轨道维护、掉道处理、检修等工作之后，提升之前必须对轨道线路、巷道环境、防跑车和跑车防护装置等进行详细检查，并且进行一次空车试运行，证实巷道、轨道和各种安全装置没有问题后，方准提升。

第13条　提升时，发现牵引车数超过规定、连接不良或装载物料超负荷时，都不得发送开车信号。

四、操作准备

第14条　上岗前，必须进行岗位安全确认。检查操作地点，信号联系通畅，顶、帮支护安全可靠，无杂乱异物，便于操作和瞭望。

第15条　上岗后，必须详细检查防跑车和跑车防护装置、连接装置、保险绳、钩头以及各种使用工具是否完好、齐全、灵敏可靠，并查看钩头15 m以内的钢丝绳是否有打结、压伤、锐角弯等安全隐患。不符合提升要求时严禁提升。

第16条　详细检查斜巷内有无影响安全提升的安全隐患、有无人员工作，如有以上情况，必须待消除隐患和撤离人员后，方可提升。

五、正常操作

第17条　认真检查运输的设备或材料的装载情况，必须捆绑固定牢靠，重心稳定，否则不准提升。

第18条　运送超重、超高、超长、超宽的设备、材料等物件，必须有安全提升措施，并严格按照措施规定进行操作。

第19条　运送爆炸材料应符合下列要求：

1. 检查信号装置是否可靠。如果信号不清晰或不完好、不可靠，严禁运送。
2. 炸药和电雷管必须分开运送。
3. 运送电雷管的车辆必须加盖、加垫，车厢内用软质垫物塞紧，防止震动和撞击。
4. 必须在提升前通知绞车司机和各水平把钩工注意，车辆运行速度不得超过1 m/s。
5. 不得同时运送人员和其他设备、材料或工具等。

第20条　把钩工在信号工操作推车机及阻车器、插管、不倒翁时，必须密切注意操作是否有其他隐患，检查阻车器是否开闭到位、钢丝绳钩头及保险绳是否处于危险状态，发现隐患和危险及时用约定哨声信号通知信号工停止作业。

第21条　摘挂钩时，待车停稳后方可摘挂钩，严禁车未停稳就摘挂钩，严禁蹬车摘挂钩。

第22条　串车提升时，按规定的提升串车个数将运输车辆放入把钩点连车区，并将阻车装置及时关闭，阻止其他车辆进入把钩地点。逐一连接车辆，连接钩头，连接保险绳。将保险绳放置好，防止中途掉落。

第23条　每次挂钩完毕，必须对车辆各部位、保险绳、连接装置等再详细检查一遍，确保完好正确、牢固可靠，然后瞭望车辆运行方向有无障碍和隐患，确认安全后打开车场变坡点处挡车器，指示信号工按需发“提升/下放”信号。待车辆即将到达斜巷挡车栏前，上、下车场信号工在躲避硐(信号硐室)或安全地带将其打开，在车辆过后及时恢复。

第 24 条 车辆到位时，及时联系停车，停车后，关闭车场挡车器，摘除保险绳，逐一摘除车辆连接装置，最后摘除钩头。摘除完毕后，将车辆推至摘挂钩区域外连车位置。

第 25 条 摘挂钩操作时站立的位置应符合下列要求：

1. 严禁站在道心内，头部和身体严禁伸入两车之间进行操作，以防车辆滑动碰伤身体。

2. 必须站立在轨道外侧，距外侧钢轨 200 mm 左右进行摘挂钩。

3. 单道操作时，一般应站在信号位置同一侧或巷道较宽一侧。

4. 双道操作时，应站在双道之间，如果双道之间安全间隙达不到《煤矿安全规程》的要求时，则应站在人行道一侧。

5. 摘挂完毕确需串车时，严禁从两车辆之间或车辆运行下方越过。

第 26 条 摘挂钩时如遇到摘不开、挂不上的情况，严禁蹬绳操作，必须采用专用工具操作，以防车辆移动使身体倾斜摔倒，造成事故。

第 27 条 挂人车时，首先应详细检查人车各部位(特别是人车所带的防附器)、保险绳、连接装置，确认完好、灵活可靠，然后挂好钢丝绳进行试车。试车时除跟车工外，其他人员禁止乘车，确认安全可靠后方可运送人员。

第 28 条 特殊设备、材料及长、大物件，要严格按照批准的安全技术措施提升作业，采用专用的连接装置，并由专人指挥进行提升。

第 29 条 车辆运行时，要严密注视车辆运行状况，发现异常或事故，及时与信号工联系发送紧急停车信号，立即赶赴现场详细检查，确定异常或事故性质，拿出处理意见，进行处理。

第 30 条 串车进出车场，应做到目接目送，与信号工配合默契，以便做好随时发出停车信号的准备。

六、收尾工作

第 31 条 每班工作结束后，必须清理现场，将钢丝绳、保险绳、工具和多余不用的连接环、插销等连接装置放置在轨道以外的安全可靠地带，还应检查挡车器或挡车栏是否处于关闭状态，确认无误并履行交接班手续后，方可离开现场。

蓄电池机车充电工

一、适用范围

第 1 条 本规程适用于煤矿蓄电池机车充电工的操作作业。

二、上岗条件

第 2 条 必须经专业培训考试合格后，方可上岗作业。

第 3 条 必须熟悉本岗位的机电设备性能、供电系统及《煤矿安全规程》的相关规定；掌握有关设备、仪器、仪表、工具和消防器材的正确使用方法，按本规程要求进行充电作业，并能正确处理一般故障。

三、安全规定

第4条 蓄电池动力装置必须符合下列要求：

1. 机车等移动设备充电必须在充电硐室内或地面进行。

2. 充电硐室内的电气设备必须采用矿用防爆型。

3. 检修应当在车库内进行，测定电压时必须在揭开电池盖10 min后测试。

第5条　井下充电硐室风流中以及局部积聚处的氢气浓度，不得超过0.5%。

第6条　充电设备与蓄电池匹配，禁止在充电硐室以外地点对电池（组）进行更换和维护，本安设备中电池（组）和限流器件通过浇封或者密闭封装构成一个整体替换的组件除外。

第7条　对于防爆特殊型蓄电池极柱的焊接必须由经过专业培训并通过主管部门考核，取得允许操作证的人员担任。

第8条　作业时必须穿着规定的劳动保护用品。配制电解液时必须穿戴胶靴、橡胶围裙、橡胶手套、护目眼镜和口罩等防护用品。

第9条　配制硫酸电解液时必须用纯水或蒸馏水。

第10条　在调和电解液时必须将硫酸徐徐倒入水中，严禁向硫酸内倒水（以免硫酸飞溅，烫伤作业人员）。

第11条　配制酸性电解液，遇有电解液烫伤时，应先用5%的硫酸钠溶液清洗，然后再用清水冲洗。

第12条　配制碱性电解液，如果皮肤沾有碱液时，应先用3%的硼酸水清洗，然后再用清水冲洗。

第13条　禁止在充电过程中紧固连接线及螺帽等。禁止将扳手等工具放在电池上。

第14条　碱性蓄电池使用300～350个循环、酸性蓄电池使用6个月应全部更换一次电解液并进行清洗，然后按初充电方式进行充电。

第15条　每组电瓶使用达30个循环时，要进行一次全面检查，并均衡充电一次。

第16条　每周应测量一次泄漏电流，清洗一次特殊工作栓。

第17条　每周必须检查和调整每只蓄电池电解液的密度。

第18条　严禁占用机车充电。

第19条　妥善保管好防火工具及消防器材，确保其完好有效。

第20条　认真执行岗位责任制和交接班制度。

四、操作准备

第21条　上岗前，必须进行岗位安全确认。检查操作地点，顶、帮支护必须安全可靠，无杂乱异物，以便操作和瞭望。

第22条　认真检查电压表、点温计、密度计及温度计等检测仪表，确保其灵敏可靠。

第23条　充电前必须先进行整体检查。

1. 电池装置外部应完好，铭牌和防爆标志齐全。

2. 检查电池装置的型号、额定工作电压。

第24条　换电瓶箱时，必须把电动机车控制器手把拉回零位，取下手把，抽出电动机车上的插销。

第 25 条 用推移方法换电瓶时，机车应与充电架对中，抽出电瓶箱与机车上的 4 个固定串销，再平行推移到充电架上。

第 26 条 用吊车换电瓶时，应先检查吊车起重钩环、钢丝绳、制动闸与电动按钮，确认无误后再进行起吊。吊车升起后，严禁人员在起重物下行走或站立。

第 27 条 充电工作开始前应先检查充电动机及充电动机上的仪表，确认指示准确后再进行送电。

第 28 条 擦净电池箱盖上的灰尘、积水后，打开电池箱清洗干净。

第 29 条 每次充电前都应对电源装置进行检查，发现问题及时处理。

第 30 条 检查各电池间连接极柱应正确，接线端子的连接应牢固。

第 31 条 充电动机电源的两极不得接反(电源的正极接电池的正极、电源的负极接电池负极)。

第 32 条 整流设备充电插销必须采用电源装置的专用插销，不得用其他物品代用。

第 33 条 清除放在电瓶上的任何工具、物品与脏物，打开全部电池旋塞。

五、正常操作

第 34 条 充电前应再检查一次电源连接是否正确，观察电压表的指示值，并做好记录。然后启动整流器开始充电。

第 35 条 注意观察电池在充电过程中发生的变化(其中包括电解液的密度和温度、电池的端电压、充电电流的变化)，如有异常情况应停电处理，不准电池带故障充电。

第 36 条 各种型号的电瓶及充电动机，其充电方式、充电电流、充电时间、常规充电或快速充电，应按该产品说明书及有关技术文件执行。

第 37 条 在有 80%的单体电池电压升至 2.4 V 时，方可改用第二阶段充电。当电解液冒出细密强烈气泡，且电压达到 2.5 V 以上，电压、比重稳定 3 h 不变，即为充电完毕。

第 38 条 停止充电前各电池槽的比重：酸性为 1.26±0.01，否则，可用蒸馏水(当大于 1.270 时)或比重为 1.300 的稀硫酸(当小于 1.250 时)调整；碱性为 1.17～1.220。液面高出极板高度：酸性为 10～20 mm，碱性为 15～30 mm。

第 39 条 充电时电解液的温度不得超过下列规定：合成碱电解液 43 ℃；苛性钠电解液 35 ℃；硫酸电解液 45 ℃。温度超过时应立即停充或降低电流充电，待冷却后再充。测量温度时应不少于 3 块电池。

第 40 条 注意连接线与极柱不得有过热或松动现象。

第 41 条 电池中电解液溢出时，应及时吸出、擦净。

第 42 条 监视充电设备的运行情况，遇有不正常现象立即停充，待处理后再充电。

第 43 条 在充电过程中，每小时必须检查一次电池电压、电流、液面、比重和温度，并做好记录。

第 44 条 充电完毕必须停止 1～1.5 h，待冷却后方可盖上电池旋塞。擦净注液口的酸碱迹，用清水冲刷后盖上电池箱盖，锁上螺栓。

六、收尾工作

第 45 条 每班工作结束后，须填写有关记录并打扫环境卫生、整理工具和仪表后，方可交接班。

蓄电池电动机车司机

一、适用范围

第1条　本规程适用于煤矿井上、下蓄电池电动机车司机的操作作业。

二、上岗条件

第2条　必须经专业培训考试合格，取得操作资格证，持证上岗。

第3条　必须熟悉所使用电动机车的结构、性能、工作原理和各种保护的原理及检查试验方法，会按完好标准进行日常的维护和保养，按照本规程要求进行操作，能正确处理一般故障。

三、安全规定

第4条　作业时必须穿戴规定的劳动保护用品。

第5条　必须按信号指令行车，在开车前必须发出开车信号；须进入使用架线电动机车的区段运行时，必须事先征得调度站许可。机车运行中应将车门关闭，严禁将头或身体其他部位探出车外。严禁司机在车外开车。严禁不松闸就开车。

第6条　每班开车前必须对蓄电池电动机车的各种保护进行检查、试验；机车的闸、灯、警铃（喇叭）、连接装置和撒砂装置，任何一项不正常或防爆电器失去防爆性能时，都不得使用该机车。

第7条　严禁甩掉保护装置或擅自调大整定值；严禁用非专用金属丝代替专用保险丝（片）。

第8条　不得擅自离开工作岗位，严禁在机车行驶中或尚未停稳前离开驾驶室。暂时离开岗位时，必须切断电动机电源，将控制器手把转至零位，将控制器手把取下保管好，严禁将控制手把遗留在控制器上；扳紧车闸，但不得关闭车灯。

第9条　不得在能自动滑行的坡道上停放机车和车辆，确需停放时，必须用可靠的制动器将车辆稳住。

第10条　严禁使用“逆电流”（即“打倒车”）的方法制动电动机车。

第11条　使用蓄电池电动机车，应按时充电补液，不得使蓄电池过放电。

第12条　使用蓄电池电动机车对掉道的车辆复轨时，应借助复轨器或采取其他可靠的措施进行复轨，严禁生拉硬拽。

第13条　车场调车确需用机车顶车时，严禁异轨道顶车；严禁不连环顶车。严禁运输无碰头的车辆。

第14条　列车占线停留，应符合下列规定：

1. 在道岔警冲标位置以外停车。
2. 不应在主要运输线路往返单线上停车。
3. 应停在巷道较宽、无淋水或其他指定停靠的安全区段。

第15条　两辆机车或者两列列车在同一轨道同一方向行驶时，必须保持不少于100 m的距离。双道运行会车时，要提前发出警示信号。

第16条　正常运行时，机车必须在列车前端（调车和处理事故时不受此限）。如果用机车推行车辆，必须听从调车人的指挥，速度要慢。列车组列时，要随时注意插挂销链人员的安全。

第 17 条 认真执行岗位责任制和交接班制度。

四、操作准备

第 18 条 上岗前，必须进行岗位安全确认，确定工作环境安全。

第 19 条 接班司机必须向交班司机详细了解列车运行、信号、线路状况（交班司机要主动交代清楚），并对电动机车认真进行如下检查：

1. 司机室的顶棚和门是否完好。
2. 连接器是否完好。
3. 手闸（风闸）及撒砂装置是否灵活有效，砂箱是否有砂。
4. 照明灯及红尾灯是否明亮。喇叭或警铃音响是否清晰、洪亮。
5. 蓄电池电压是否符合规定，防爆部分是否有失爆现象。
6. 蓄电池箱安放是否稳妥，锁紧装置是否可靠。
7. 在切断电源的情况下，控制器换向手把是否灵活，闭锁是否可靠。

检查中发现问题，必须及时处理或向当班领导汇报，检查情况应记入交接班记录簿中。

第 20 条 机车各注油点应按注油表的规定加适量的合格润滑油；砂箱内应装满规定粒度的干燥细砂。

第 21 条 开车前必须认真检查车辆组列、装载等情况，有下列情况之一时，不得开车。

1. 车的连接不正常。
2. 牵引车数超过规定。
3. 矿车上装载的物料的轮廓超过牵引机车的轮廓尺寸。
4. 运送物料的机车或车辆上有搭乘人员。
5. 运送人员的列车附挂料车、乘车人员不遵守乘车规定或车上有爆炸性、易燃性、腐蚀性的物品等。
6. 运送有易爆、易燃或有腐蚀性物品时，车辆的组列、装载或使用等不符合规定。
7. 存在其他影响安全行车的隐患。

五、正常操作

第 22 条 按顺序接通有关电（气）路，点亮红尾灯。

第 23 条 正常操作时应保持的姿势是：坐在座位上，目视前方，左手握控制器操作手把，右手握制动手轮（手拉杆）或右脚踏刹闸阀。

制动手轮停放位置：应当保证手轮紧圈数在 2～3 圈的范围内。

第 24 条 接到发车信号后（运送人员时，先向跟车工回信号，再次接到跟车工开车信号后），鸣笛（敲铃）示警，然后将控制器换向手把扳到相应位置，松开车闸，顺时针方向转动控制器操作手把，使车速逐渐增加到运行速度。

第 25 条 控制器操作手把由零位转到第一位置时，若列车不动，允许转到第二位置（脉冲调速操作手把允许转至 60°），若列车仍然不动，一般不应继续下转手把，而应将手把转回零位，查明原因。如车轮打滑，可倒退机车，放松连接链环，然后重新撒砂启动。

第 26 条 严禁长时间强行拖拽空转；严禁为防止车轮打滑而施闸启动。

第 27 条 控制器操作手把由一个位置转到另一个位置，一般应有 3 s 左右的时间间隔（初起动时可稍长）。不得过快越挡；不得停留在两个位置之间（脉冲调速操作手把应连续缓慢转动）。

第28条　运行中，控制器操作手把只允许在规定的正常运行位置上长时间停留。如必须在其他位置稍长时间停留时，应轮流停留在这些位置，避免过久固定在某一位置，防止过热。

第29条　调整车速时，应将控制器操作手把往复转至正常运行及零位位置停留，尽量避免利用手闸（风闸）控制车速。

第30条　行驶中，要按信号指令行车，严禁闯红灯。要注意观察前方人员、车辆、道岔位置、线路上的障碍物等，注意观察各种信号、仪表、仪器的显示。

第31条　列车行驶的速度：运送人员时不得超过4 m/s；运送爆炸材料或大型设备、材料时，不得超过2 m/s；车场调车时不得超过1.5 m/s。

第32条　需要减速时，应将控制器操作手把按逆时针方向逐渐转动，直至返回零位。大幅度减速时操作手把应迅速回零。如果车速仍然较快，可适当施加手闸（风闸），并酌情辅以撒砂。

第33条　需要停车时，因按上述操作顺序使列车缓慢驶至预定地点，再以手闸（风闸）停止机车。

六、特殊操作

第34条　接近风口、巷道口、硐室出口、弯道、道岔、坡度较大或噪声较大处，机车会车前以及前面有人或视线内有障碍物时，都必须降低速度，并发出警号。

第35条　机车通过施工区段时，必须服从现场施工人员的指挥，准许运行时方可慢速通过。

第36条　需要司机扳道岔时，必须停稳机车，刹紧车闸后下车扳动道岔，严禁在车上扳动道岔，严禁挤岔强行通过。

第37条　不论任何原因造成电源中断，都应将控制器手把转回零位，然后重新启动。若仍然断电，应视为故障现象。机车运行中集电器脱落时，必须将操作手把转回零位，刹紧车闸，确认无误后方可处理。

第38条　列车出现故障或发生不正常现象时，都必须减速停车；有发生事故的危险或接到紧急停车信号时，都必须立即紧急停车。

第39条　需要紧急停车时，必须迅速将控制手把转至零位，电闸与手闸（风闸）并用，并连续均匀地撒砂。

第40条　制动时，不可施闸过急过猛，否则易出现闸瓦与车轮抱死致使车轮在轨道上滑行和弯道车辆掉道的现象。出现这种现象时，应迅速松闸，缓解后重新施闸。

第41条　制动结束后，必须及时将控制器手把转至零位。

第42条　途中因故障停车后，必须向值班调度员汇报。在设有闭塞信号的区段，必须在机车（列车）前后设置可靠的防护后，方可检查机车（列车），但不准对蓄电池电动机车的电气设备打开检修。

七、收尾工作

第43条　每班工作结束后，须填写有关记录并履行交接班手续后，方可离开岗位。

架线电动机车司机

一、适用范围

第 1 条 本规程适用于煤矿井上、井下架线电动机车司机的操作作业。

二、上岗条件

第 2 条 必须经专业培训考试合格，取得操作资格证，持证上岗。

第 3 条 必须熟悉所使用电动机车的结构、性能、工作原理和各种保护的原理及检查试验方法，会按完好标准进行日常的维护和保养，按照本规程要求进行操作，能正确处理一般故障。

三、安全规定

第 4 条 作业时必须穿戴规定的劳动保护用品。

第 5 条 严格按照架线电动机车司机的岗位流程描述要求进行操作。

第 6 条 必须按信号指令行车，在开车前必须发出开车信号。机车运行前应将车门关闭，严禁将头或身体其他部位探出车外。严禁司机在车外开车。严禁不松闸就开车。

第 7 条 每班开车前必须对电动机车的各种保护进行检查、试验；机车的闸、灯、警铃（喇叭）、连接装置和撒砂装置，任何一项不正常或防爆部分失去防爆性能时，都不得使用该机车。

第 8 条 严禁甩掉保护装置或擅自调大整定值；严禁用非熔金属代替保险丝（片）。

第 9 条 不得擅自离开工作岗位，严禁在机车行驶中或尚未停稳前离开司机室。暂时离开岗位时，必须切断电动机电源，将控制器手把转至零位，将控制器手把取下保管好，扳紧车闸，但不得关闭车灯。

第 10 条 不得在能自动滑行的坡道上停放机车或车辆，确需停放时，必须用可靠的制动器将车辆稳住。

第 11 条 严禁使用“逆电流”（即“打倒车”）的方法制动电动机车。

第 12 条 使用架线电动机车对掉道的车辆复轨时，应借助复轨器或采取其他可靠的措施进行复轨，严禁生拉硬拽。

第 13 条 车场调车需用机车顶车时，严禁异轨道顶车，严禁不连环顶车，严禁运输无碰头的车辆。

第 14 条 列车占线停留，一般情况下应符合下列规定：

1. 在道岔警冲标位置以外停车。

2. 不应在主要运输线路往返单线上停车。

3. 应停在巷道较宽、无淋水或其他指定停靠的安全区段。

第 15 条 两辆机车或者两列列车在同一轨道同一方向行驶时，必须保持不少于 100 m 的距离。双道运行会车时，要提前发出警示信号。

第 16 条 正常运行时，机车必须在列车前端（调车和处理事故时不受此限）。如果用机车推行车辆，必须听从调车人的指挥，速度要慢。列车组列时，要随时注意插挂销链人员的安全。

第17条　认真执行岗位责任制和交接班制度。

四、操作准备

第18条　上岗前，必须进行岗位安全确认，确定工作环境安全。

第19条　接班司机必须向交班司机详细了解列车运行、信号、线路状况(交班司机要主动交代清楚)，并对电动机车认真进行如下检查：

1. 司机室的顶棚和门是否完好。

2. 连接器是否完好。

3. 手闸(风闸)及撒砂装置是否灵活有效，砂箱是否有砂。

4. 照明灯及红尾灯是否明亮。喇叭或警铃音响是否清晰、洪亮。

5. 在切断电源的情况下，控制器换向手把是否灵活，闭锁是否可靠。

6. 集电弓起落是否灵活。

检查中发现问题，必须及时处理或向当班领导汇报，检查情况应记入交接班记录簿中。

第20条　机车各注油点应按注油表的规定加适量的合格润滑油；砂箱内应装满规定粒度的干燥细砂。

第21条　开车前必须认真检查车辆组列、装载等情况，有下列情况之一时，不得开车。

1. 车的连接不正常。

2. 牵引车数超过规定。

3. 矿车上装载的物料的轮廓超过牵引机车的轮廓尺寸。

4. 运送物料的机车或车辆上有搭乘人员。

5. 运送人员的列车附挂料车、乘车人员不遵守乘车规定或车上有爆炸性、易燃性、腐蚀性的物品等。

6. 运送有易爆、易燃或有腐蚀性物品时，车辆的组列、装载或使用等不符合规定。

7. 存在其他影响安全行车的隐患。

五、正常操作

第22条　按顺序接通有关电(气)路，点亮红尾灯。

第23条　正常操作时应保持的姿势是：坐在座位上，目视前方，左手握控制器操作手把，右手握制动手轮(手拉杆)或右脚踏刹闸阀。

制动手轮停放位置：应当保证手轮紧圈数在2～3圈的范围内。

第24条　接到发车信号后(运送人员时，先向跟车工回信号，再次接到跟车工开车信号后)，鸣笛(敲铃)示警，然后将控制器换向手把扳到相应位置，松开车闸，顺时针方向转动控制器操作手把，使车速逐渐增加到运行速度。

第25条　控制器操作手把由零位转到第一位置时，若列车不动，允许转到第二位置(脉冲调速操作手把允许转至60°)，若列车仍然不动，一般不应继续下转手把，而应将手把转回零位，查明原因。如车轮打滑，可倒退机车，放松连接链环，然后重新撒砂启动。

第26条　严禁长时间强行拖拽空转；严禁为防止车轮打滑而施闸启动。

第27条　控制器操作手把由一个位置转到另一个位置，一般应有3 s左右的时间间隔(初启动时可稍长)。不得过快越挡；不得停留在两个位置之间(脉冲调速操作手把应连续缓慢转动）。

第 28 条　运行中，控制器操作手把只允许在规定的正常运行位置上长时间停留。如必须在其他位置稍长时间停留时，应轮流停留在这些位置，避免过久固定在某一位置，防止过热。

第 29 条　调整车速时，应将控制器操作手把往复转至正常运行及零位位置停留，尽量避免利用手闸（风闸）控制车速。

第 30 条　行驶中，要按信号指令行车，严禁闯红灯。要注意观察前方人员、车辆、道岔位置、线路上的障碍物等，注意观察各种信号、仪表、仪器的显示。

第 31 条　列车行驶的速度：运送人员时不得超过 4 m/s；运送爆炸材料或大型设备、材料时，不得超过 2 m/s；车场调车时不得超过 1.5 m/s。

第 32 条　需要减速时，应将控制器操作手把按逆时针方向逐渐转动，直至返回零位。大幅度减速时操作手把应迅速回零。如果车速仍然较快，可适当施加手闸（风闸），并酌情辅以撒砂。

第 33 条　禁止拉下集电弓减速；禁止在操作手把未回零位时施闸。

第 34 条　需要停车时，因按上述操作顺序使列车缓慢驶至预定地点，再以手闸（风闸）停止机车。

六、特殊操作

第 35 条　接近风口、巷道口、硐室出口、弯道、道岔、坡度较大或噪声较大处，机车会车前以及前面有人或视线内有障碍物时，都必须降低速度，并发出警号。

第 36 条　机车通过施工区段时，必须服从现场施工人员的指挥，准许运行时方可慢速通过。

第 37 条　需要司机扳道岔时，必须停稳机车、刹紧车闸后，下车扳动道岔，严禁在车上扳动道岔，严禁挤岔强行通过。

第 38 条　不论任何原因造成电源中断，都应将控制器手把转回零位，然后重新启动。若仍然断电，应视为故障现象。机车运行中集电器脱落时，必须将操作手把转回零位，刹紧车闸，确认无误后方可处理。

第 39 条　列车出现故障或发生不正常现象时，都必须减速停车；有发生事故的危险或接到紧急停车信号时，都必须立即紧急停车。

第 40 条　需要紧急停车时，必须迅速将控制手把转至零位，电闸与手闸（风闸）并用，并连续均匀地撒砂。

第 41 条　制动时，不可施闸过急过猛，否则易出现闸瓦与车轮抱死致使车轮在轨道上滑行和弯道车辆掉道的现象。出现这种现象时，应迅速松闸，缓解后重新施闸。

第 42 条　制动结束后，必须及时将控制器手把转至零位。

第 43 条　途中因故障停车后，必须向值班调度员汇报。在设有闭塞信号的区段，必须在机车（列车）前后设置可靠的防护后，方可检查机车（列车）。

七、收尾工作

第 44 条　每班工作结束后，须填写有关记录并履行交接班手续后，方可离开岗位。

人车跟车工

一、适用范围

第1条 本规程适用于斜井人车和平巷人车跟车工的操作作业。

二、上岗条件

第2条 必须经专业培训考试合格，取得操作资格证，持证上岗。

第3条 必须熟悉人车的基本构造和保护装置的原理以及《煤矿安全规程》的相关规定，掌握各种信号和信号设施的正确使用方法，按照本规程要求进行操作，并能正确处理人车运行中出现的一般故障和突发情况。

三、安全规定

第4条 作业时必须穿戴规定的劳动保护用品。

第5条 严格按照人车跟车工的岗位流程描述要求进行操作。

第6条 交接班应做好下列工作：

1. 交代上一班人车完好情况和运行情况。

2. 交代当班应注意的事项、存在的问题及处理情况，并向值班领导如实汇报。

3. 交代运行线路、道岔、信号、路灯、路标等情况。

4. 填好交接班记录。

第7条 斜井人车跟车工负责每班做一次人车手动落闸试验，填写手动落闸试验记录，并协助人车专职维修工做好人车检查和试验工作。

第8条 平巷人车跟车工负责摘挂红尾灯。对暂时不运行的人车车厢要用稳车器可靠稳车。

第9条 严禁头部和身体进入两车之间摘挂车。严禁站在两车碰头上进行操作。

第10条 严禁人车同时运送易燃易爆或腐蚀性的物品，严禁附挂物料车。

第11条 在平巷人车上带软链(如手拉葫芦等)件时，必须使用袋子装好，软链不得散落在外。尖钎子、镐、斧子等尖锐物品及刃口锋利的物件必须加护套或保护好刃口，采取防护措施后方可乘坐人车。

第12条 认真执行岗位责任制和交接班制度。

四、操作准备

第13条 上岗前，必须进行岗位安全确认，确认工作环境安全。

第14条 斜井人车运行前应做下列检查：

1. 接班后检查人车的钩头、连接装置、连接链环、安全门等装置是否齐全完好，检查制动装置是否灵敏可靠。

2. 检查试验专用人车信号发射机，确保发送信号准确。

3. 检查乘车秩序，乘员应坐好并不得超员；人车连接处严禁站人，人车的安全防护门必须关好(防护链须挂好)。严禁乘员身体露出车外。

4. 检查乘员是否携带超长、超宽的工具，是否将有爆炸性、易燃性、腐蚀性等违禁物品带入车内，发现有违禁物品时必须清理出车，一切检查合格无误后方可运行。

第15条 平巷人车运行前应做下列检查：

1. 接班后检查连接插销、链环、人车连接装置、碰头等各部件是否齐全完好。

2. 检查乘车秩序，乘员应坐好并不得超员，人车连接处严禁站人，人车的安全防护门须关好(防护链须挂好)。严禁乘员身体露出车外。

3. 检查乘员不准随身携带超长、超宽的工具，不准将有爆炸性、易燃性、腐蚀性等违禁物品带入车内，发现有违禁物品时必须清理出车，一切检查合格无误后方可运行。

五、正常操作

第 16 条 摘、挂人车时，跟车工双脚站在轨道外大于 200 mm 的地方，严禁站在道心内。

第 17 条 斜井人车跟车工按下列要求操作：

1. 每班运送人员前必须先放一次空车，证实巷道和轨道确无引起掉道危险后，方可运行。

2. 必须随身携带专用人车信号发射机，发送准确的信号信息。

3. 行车时必须坐在人车运行方向的第一节车的第一个座位上(严禁其他人员乘坐)，目视运行方向，左手握人车信号发射机，右手握制动手把，随时做好正常停车和紧急手动落闸停车的准备。

4. 严格执行“谁打停车点，再由谁打开车点”的制度；因绞车故障造成停车时，必须与绞车司机联系，查明原因，并通知乘车人员不准下车，待绞车故障消除后，按规定发送信号。

5. 遇有下列情况之一时，必须果断地扳动手闸停车：

(1) 线路或巷道遇有障碍物，或有其他危险情况时；

(2) 已发出停车信号绞车没有停车或来不及通知绞车司机时；

(3) 绞车失控，人车下行速度超过正常速度时(即带绳跑车)。

第 18 条 平巷人车跟车工按下列要求操作：

1. 必须随身携带口哨，用鸣哨作为同电动机车司机的联络信号。待全面检查工作完毕并合格后，向司机发出开车信号。需停车时，向司机发出停车信号。发送信号要清晰、准确，严禁用手势或口头喊话代替信号。

2. 行车时必须坐在列车尾车的最后一排座位上，注意瞭望，发现特殊情况及时向司机发出紧急停车信号。

3. 运行中发现同一线路后面有列车开来，应摇动红灯向后面列车司机发出警号，防止追尾。

4. 中途停车后，人车跟车工监督上下车人员情况。开车前，重新检查乘车人员关门(防护链悬挂)情况，确认无误后，用口哨发出开车信号。

第 19 条 双钩运行会车时，要提前发出警示信号。

第 20 条 人车运行中发现特殊声响、剧烈震动或车轮运转不正常情况，要立即发信号停车，进行检查处理。

第 21 条 人车运行中发现列车行驶速度过快，要向司机发信号降低速度。

六、收尾工作

第 22 条 下班时将列车红尾灯和人车信号发射机交送充电室及时充电，并将车厢清扫干净；认真填写交接班记录。

行车调度工

一、适用范围

第1条　本规程适用于运输调度监控室行车调度工的操作作业。

二、上岗条件

第2条　必须经专业培训考试合格，取得操作资格证，持证上岗。

第3条　必须熟悉本矿运输系统和《煤矿安全规程》的相关规定，填写行车记录，具有一定的组织协调能力，认真履行职责。

第4条　必须掌握运输系统各个环节的车场、巷道、各巷道的长短、行车时间、轨道、道岔、行车信号、通信设备、机车、矿车和提升主副井的情况，还要掌握各机车司机的情况，掌握各采掘区队本班生产情况及辅助单位需用车辆情况，按照本规程要求进行调度作业。

第5条　必须坚守岗位，认真调度，严格执行岗位责任制。如有特殊情况确需离岗时，必须由其他行车调度工或熟悉调度工作的运输队、组领导人员顶岗，并向顶岗人员交代清楚注意事项。

三、安全规定

第6条　严格按照调车工岗位流程描述要求进行操作。

第7条　对运输系统的信号集中闭塞装置或通信、信号等设施要严格管理、正规操作、合理使用，使其充分发挥作用，在确保安全的情况下努力提高经济效益。

第8条　必须在现场进行交接班。交接班时要交代清楚下列情况：

1. 行车信号、安全设施情况，有无事故及事故处理进展情况。
2. 上一班运输任务完成情况。
3. 线路上有无施工人员及施工的地点、时间、内容、负责人等情况。
4. 机车和矿车的数量及分布情况。
5. 各级领导的指示和上级调度部门的通知等。

第9条　运送特殊设备、材料及大型物件时，必须严格按批准的安全技术措施进行调度。

第10条　运输工作中设备或行车信号等发生故障时，要及时通知维修人员处理，不准甩掉保护装置或带病运行。

第11条　运输工作中发生较大事故时，要及时向有关领导汇报，组织力量进行处理。

第12条　运输工作中发生人身事故或其他重大事故时，要立即向领导和上级调度部门汇报，并采取应急措施，调动人力、物力、车辆进行抢救。

第13条　在运输线路上施工或维修时，应按下列情况办理：

1. 工作量不大又不危及行车安全的施工或维修，可利用行车间隔时间进行，并明确告诉电动机车司机前段有人工作，应注意观察。
2. 凡有碍行车安全的施工，须持有施工任务书和安全措施，并在施工地点可能来车方向前 60 m 处设置停车防护信号，方准施工。
3. 要根据施工或维修现场情况，通知电动机车司机在经过该施工区段前停车或慢速通过。

第14条　作业时必须穿戴规定的劳动保护用品。

第15条　认真执行岗位责任制和交接班制度。

四、操作准备

第 16 条　上岗前,必须进行岗位安全确认。对妨碍或影响施工的物料必须清理干净。

五、正常操作

第 17 条　根据领导的指示或上级调度部门的调度和上一班的遗留问题,结合本班的运输任务,统筹安排,及时调配车辆运送,努力提高电动机车运输效率和矿车周转率。

第 18 条　随时掌握各掘进区(队)用车及存车情况,以便及时调配车辆。

第 19 条　信、集、闭系统的操作,应注意以下事项:

1. 行车调度工不得随便离开行车调车室,随时等待司机的联系。行车调度工操作时应精神集中,不得与他人闲谈、打闹,注意监视井下运输视频监视系统,结合现场实际指挥生产。

2. 行车调度工听到司机联系后,如果接受司机的任务,必须通过泄漏通信先重复一遍司机的申请,等司机再次回应后,才能为其开通道岔或进路。以防止语言对讲不清晰及其他原因带来的误操作。在没有司机申请时,调度员不得随意解锁道岔并且不得操作道岔。

3. 调度员做好记录,随时观察信号传感器、信号灯和道岔转辙机的使用情况,发现问题及时与维修工联系维修。

4. 司机必须随身携带泄漏通信手机,以便和调度员保持相互之间的联系。

5. 司机一定要看信号行车,不得随意闯红灯,当发现红灯信号时应及时减速停车,或申请调度员询问前方区间情况,等待调度员的批示。

第 20 条　在交叉道口或单轨区段的行车调度,按下列要求进行:

1. 利用信号集中闭塞系统或通信、信号等手段及时掌握空、重车进出情况。

2. 如有两个方向列车要同时经过一个交叉道口或单轨区段时,要密切监视信号、集中闭塞装置的自动闭塞情况。

3. 无自动控制装置的,要提前发出信号,合理安排会车地点,一般情况要停空车、让重车。

第 21 条　在运输工作中,如遇到列车中有损坏的矿车或运煤列车中有装设备、矸石、杂物的车辆时,要及时通知有关人员进行处理。

第 22 条　根据本班的实际运输情况(包括运输任务、车辆周转、事故情况等),按时准确地填写有关记录,并按要求及时上报。

六、收尾工作

第 23 条　每班工作结束后,须填写有关记录并履行交接班手续后,方可离开岗位。

副井信号工

一、适用范围

第 1 条　本规程适用于副立井上下井口信号工的操作作业。具体每部副立井信号操作时应根据现场情况参照本规程制定适合其操作性能的操作规程。

二、上岗条件

第 2 条　必须经专业培训考试合格，取得操作资格证，持证上岗。

第 3 条　必须熟悉本立井提升设备及设施等情况和《煤矿安全规程》的相关规定，集中精力，按照本规程要求和公司统一规定的信号种类、标志等有关规定，准确无误地发送信号。

三、安全规定

第 4 条　严禁用口令、敲管子等非标准信号。

第 5 条　在井筒内运送爆炸材料时，必须严格按《煤矿安全规程》规定操作，并事先通知提升机司机按相应的升降速度提升运输。严禁在交接班及人员上下井时间内发送运送爆炸材料的信号。

第 6 条　交接班时，应现场交代清楚以下内容：

1. 主、备用信号及专用联络电话等通信信号的完好状况。
2. 有关设备、设施的完好状况。
3. 上一班运行工作情况。
4. 当班有关注意事项。

第 7 条　严禁在罐笼运行中交接班，须等罐笼到位停稳并打定点信号后方可交接班。

第 8 条　发现以下情况时须立即汇报有关领导，妥善解决后方可交接班。

1. 接班人有不正常精神状态。
2. 交班人交代不清当班情况。

第 9 条　上岗期间不得撤离工作岗位，确实需要离开时，应先打好定点闭锁信号，并向有关领导请假，等批准后方可离岗。

第 10 条　作业时必须穿戴规定的劳动保护用品。

第 11 条　认真执行岗位责任制和交接班制度。

四、操作准备

第 12 条　上岗前，必须进行岗位安全确认，确认工作环境安全。接班后应首先与其他信号工联系好，仔细检查试验有关信号设备、设施是否正常，待一切安全可靠后方可正式操作。

五、正常操作

第 13 条　应在便于观察瞭望及收发信号的信号工房(室)内工作。

第 14 条　应主动与把钩工密切配合，当把钩工向信号工发出信号指令后，要监视乘人和装罐等情况，在确认一切正常后方可发送信号。

第 15 条　信号发出后，不得离开信号工房(室)，并应密切监视罐笼、钢丝绳、悬挂装置及信号显示系统的运行情况，如发现异常现象，应立即发出停车信号，查明原因处理后，方可重新发送信号。对于事故隐患，必须立即上报相关领导并协同处理。

第 16 条　发出开车信号后，一般不得随意废除本信号，特殊情况需要更改信号时，必须先发送停车信号，然后再发送其他种类信号。

第 17 条　正常情况下，只准使用主用信号系统，只有当主用信号系统发生故障时，方可使用备用信号系统，同时应立即上报相关领导并通知有关人员修复，修复后立即恢复使用主用信号系统。

第 18 条　当绞车连续停运 6 h 及以上时，必须按有关规定对所属信号通信系统进行全面检查试运，确认一切正常后方可发送提升信号。

第 19 条 当班期间，应认真填写必要的信号发送故障等记录，以备检查维修与事故追查处理。

六、收尾工作

第 20 条 每班工作结束后，清理岗点卫生，清点岗位工具、填写有关记录并现场履行交接班手续后，方可离开岗位。

副井把钩工

一、适用范围

第 1 条 本规程适用于副立井把钩工的操作作业。具体每部副立井把钩操作时应根据现场情况参照本规程制定适合其操作性能的操作规程。

二、上岗条件

第 2 条 必须经专业培训考试合格，取得操作资格证，持证上岗。

第 3 条 必须熟悉《煤矿安全规程》中的相关规定，掌握所使用设备的正确操作方法，按照本规程要求进行操作，并能正确处理工作中遇到的突发情况。

三、安全规定

第 4 条 在绞车运行期间必须精力集中，随时注视指示信号、罐笼、连接装置、安全门、罐门、钢丝绳等设施的情况，发现异常及时采取措施。

第 5 条 不准非工作人员在井口房内逗留，严禁任何人在井口往井下扒瞧。严禁任何人从罐内通过。

第 6 条 人员不得与有爆炸性、易燃性或腐蚀性的物品同乘一罐。

第 7 条 在交接班及人员上下井的时间内，严禁运送爆炸材料。

第 8 条 电雷管和炸药必须分开运送，装有爆炸材料的罐笼内，除护送人员外，不得有其他人员。

第 9 条 严禁在井口和井底附近存放爆炸材料。

第 10 条 升降人员时严禁使用罐座；乘罐人数不得超过定员；严禁在同一层罐笼内人员和物料混合提升。

第 11 条 升降人员时，进车侧的阻车器必须闭合，一切车辆停止往井筒方向运动。

第 12 条 升降人员上下罐时，必须是一侧进罐、另一侧出罐，不准两侧同时上下。

第 13 条 作业时必须穿戴规定的劳动保护用品。

第 14 条 认真执行岗位责任制和交接班制度，交班时要交代清楚本班安全情况和设备运转情况；接班后要检查所有安全设施的完好情况，确认一切正常后方可开始工作。

四、操作准备

第 15 条 上岗前，必须进行岗位安全确认。确认工作环境安全。

第 16 条 接班后要检查所有安全设施的完好状况，确认一切正常后方可开始工作。

五、正常操作

第17条　升降物料时，要认真检查装车数量和重量是否符合规定。

第18条　升降物料时，按下列程序操作：

1. 罐笼停稳后，落下摇台，打开安全门和罐门。

2. 打开罐侧阻车器，使用推车机向罐内推车装罐。

3. 车进罐后，退出推车机，检查车辆是否到位，车辆到位后，抬起摇台，关闭安全门。

4. 经检查无误，向信号工发出提升信号。

第19条　推车时，把装罐的车放过挡车器后立即扳回挡车器；任何时候不得把车辆提前放过挡车器。

第20条　推车机前方道心有人时，严禁操作推车机。

第21条　使用平板车或特殊型专用车提升物料时，必须遵守下列规定：

1. 不准超重、超长、超高和超宽。

2. 装车物料必须稳固，不偏载，捆绑牢靠。

3. 车辆在罐内位置适当，稳固、牢靠，并用堰车器将车辆堰实。

第22条　升降管子、轨道等长料时严格执行专项安全措施。

第23条　遇到罐内卡车或车在罐内掉道时，应先与信号工联系，然后使用绳索系牢的长柄工具处理。

第24条　提升人员时，当罐停稳后，必须由把钩工打开罐门，下完人后方可上人。任何人不得私自打开罐门抢上抢下。

第25条　提升人员时，执行好人员检身、清点制度，维护好乘罐人员秩序。

第26条　提升人员时，开车信号未发之前，必须检查乘罐人员肢体或携带工具有无伸出罐外的情况，如有以上情况，必须纠正后方可发出开车信号。

第27条　携带工具、材料影响他人安全者，需妥善安排，乘专罐上下。

六、收尾工作

第28条　每班工作结束后，清理岗点卫生，清点岗位工具，填写有关记录并现场履行交接班手续后，方可离开岗位。

带式输送机司机

一、适用范围

第1条　本规程适用于矿井除钢丝绳牵引带式输送机以外的滚筒驱动带式输送机就地操作司机的作业。当带式输送机采用集中控制或使用智能控制器操作控制时，参照本规程执行。

二、上岗条件

第2条　必须经专业培训考试合格，取得操作资格证书，持证上岗。

第3条　必须熟悉所使用带式输送机的结构、性能、工作原理、各种保护的原理和检查试验方法，会维护保养带式输送机，掌握消防器材的使用方法，熟悉生产过程和《煤矿安全规程》的有关规定，按本规程要求进行操作，能正确处理一般性故障。

第 4 条　实习司机实习操作期间必须指定专人负责指导和监护，签订师徒合同，实习期间禁止独立操作。

三、安全规定

第 5 条　带式输送机严禁乘坐人员，不准用带式输送机运送设备、重物。

第 6 条　当带式输送机的电动机及其开关附近 20 m 内风流中瓦斯浓度达到 1%时，必须停止运行，切断电源，撤出人员，进行处理。

第 7 条　带式输送机运行时严禁进行清理作业。不许拉动输送带的清扫器。

第 8 条　在检修煤仓上口的机头卸载滚筒部分时，必须将煤仓上口挡严。

第 9 条　处理输送带跑偏时严禁用手、脚及身体的其他部位直接接触输送带。严禁在设备运转情况下清扫、紧固和调试设备。

第 10 条　拆卸液力偶合器的注油塞、易熔塞、防爆片时，应戴手套，面部躲开喷油方向，轻轻拧松几扣后停一会，待放气后再慢慢拧下。禁止使用不合格的易熔塞、防爆片或用代用品。

第 11 条　在带式输送机上检修、处理故障或做其他工作时，必须停电闭锁输送机的控制开关，挂上“有人工作，严禁送电”的停电牌。除处理故障外，不许开倒车运转。严禁站在输送机上点动开车。

第 12 条　除控制开关的接触器触头黏住外，禁止用控制开关的手把直接切断电动机电源。

第 13 条　必须经常检查输送机巷道内的消防及喷雾降尘设施，并保持完好有效。

第 14 条　作业时必须穿戴规定的劳动保护用品。

第 15 条　认真执行岗位责任制和交接班制度，不得擅离岗位。

四、操作准备

第 16 条　上岗前，必须进行岗位安全确认。检查输送机机头范围的支护是否牢固可靠，有无障碍物或浮煤、杂物等安全隐患。

第 17 条　将输送机的控制开关手把扳到断电位置闭锁好，然后对下列部位进行检查：

1. 机头及储带装置所用连接件和紧固件应齐全、牢靠，防护罩齐全完整，各滚筒、轴承应转动灵活。

2. 液力偶合器的工作介质液量适当，易熔塞和防爆片应合格。

3. 制动器的闸带和闸轮接触严密，制动有效。

4. 电源电压正常，各开关置于正常位置，软启装置正常。动力、信号、通信电缆吊挂整齐，无挤压、刮碰。

5. 减速器无漏油现象。

6. 托辊齐全、转动灵活，托架吊挂装置完整可靠，托梁平直。

7. 承载部梁架平直，承载托辊齐全、转动灵活、无脱胶。

8. 输送机的前后搭接符合规定。

9. 机尾滚筒转动灵活，轴承润滑良好。

10. 输送带接头完好，卡子无折断、松动，输送带无撕裂、伤痕。

11. 输送带中心与前后各机的中心保持一致，无跑偏，松紧合适，挡煤板齐全完好。

12. 动力、信号、通信电缆吊挂整齐，无挤压、刮碰。

13. 煤仓上口的栅栏、箅子应完整牢固，防护装置齐全可靠。

14. 防火灭尘设施齐全有效。

15. 卸煤点或煤仓应有一定的空间。

第 18 条 开机时，合上控制开关，将手把打在正确的位置，发出开机信号并喊话，让人员离开输送机转动部位，先点动 2 次，再转动 1 周以上，并检查下列各项：

1. 各部位运转声音是否正常，输送带有无跑偏、打滑、跳动或刮、卡现象，输送带松紧是否合适，张紧拉力表指示是否正确。

2. 控制按钮、信号、通信等设施是否灵敏可靠。

3. 检查试验各种保护是否灵敏可靠。

上述各项经检查与处理合格后，方可正式操作运行。

五、正常操作

第 19 条 必须按规定的信号开、停输送机。多台带式输送机联合运转时，应按逆煤流方向逐台启动。

第 20 条 首先利用信号、通信装置与各放煤点进行联系，待收到相应的信号后再启动带式输送机。

第 21 条 开动带式输送机时，先点动再正式启动。

第 22 条 要使用好降尘喷雾装置，保证正常的雾化效果。

第 23 条 要随时注意运行状况；经常检查电动机、减速器、轴承的温度；倾听各部位运转声音，发现问题要及时处理。

第 24 条 能够显示电流、电压等数据的带式输送机，要监视电流表、电压表、油压表等各种仪表的指示情况，数据符合规定。

第 25 条 收到正常停机信号后，待带式输送机上负荷全部卸空后再停机。收到紧急停机信号时，必须立即停机。

第 26 条 设备正常运行时，不得满负荷停机。

第 27 条 不准超负荷强行启动。发现闷车时，先启动 2 次(每次不超过 15 s)，仍不能启动时，必须卸掉输送带上的煤，待正常运转后，再将煤装上输送带运出。

第 28 条 发现下列情况之一时，必须停机，妥善处理后，方可继续运行。

1. 输送带跑偏、撕裂、接头卡子断裂时；

2. 输送带打滑或闷车时；

3. 电气、机械部件温升超限或运转声音不正常时；

4. 液力偶合器的易熔塞熔化或偶合器内的工作介质喷出时；

5. 输送带上有大块煤(矸石)、铁器、超长材料等时；

6. 危及人身安全时；

7. 收到不明信号或前部搭茬带式输送机突然停机时；

8. 带式输送机信号不清或有紧急停车信号时；

9. 带式输送机保护失灵时；

10. 距卸载煤仓内积煤面的深度不足 3 m 时；

11. 停止雾化洒水时。

第 29 条　接到停机信号后，按“停止”按钮停机，如“停止”按钮失灵，可按“紧急停止”按钮或断开操作台的电源开关。

六、收尾工作

第 30 条　接到收工信号，将带式输送机上的煤完全拉净。上一台输送机停机后，将控制开关手把扳到断电位置。

第 31 条　关闭喷雾降尘水的阀门，清扫电动机、开关、液力偶合器、减速器等部位的煤尘，清理好岗位上的卫生。

第 32 条　在现场向接班司机交代清本班带式输送机的运转情况、出现的故障和存在的问题，按规定填好有关的记录。对存在的问题要及时向值班领导汇报。

架空乘人装置司机

一、适用范围

第 1 条　本规程适用于煤矿井下架空乘人装置司机的操作作业。具体每部架空乘人装置操作时应根据现场情况参照本规程制定适合其操作性能的操作规程。

二、上岗条件

第 2 条　必须经专业培训考试合格，取得操作资格证，持证上岗。

第 3 条　必须熟悉所使用的架空乘人装置的结构、性能、工作原理和各种保护的使用及检查试验方法，熟悉《煤矿安全规程》的有关规定，熟悉设备完好标准，会按照完好标准进行日常的维修和保养，按照本规程要求进行操作，能正确处理一般故障。

三、安全规定

第 4 条　作业时必须穿戴规定的劳动保护用品。

第 5 条　必须按照规定的运行时间和信号指令开车，开车前先发预警信号，确认沿线安全后，方可开车。

第 6 条　运行期间，司机要随时观察上位机或操作台显示的运行参数和相关数据，监控架空乘人装置运行状态，出现故障报警时，及时停车，正确处理，无法处理的联系维修人员进行处理。

第 7 条　架空乘人装置运行期间严禁离开岗位。在无人乘坐情况下暂时离开岗位时，必须切断电动机电源，并将电源开关打在闭锁位置。

第 8 条　存在影响安全行车的隐患时不得开车。

第 9 条　上下人员的地点必须有醒目的标志。

第 10 条　严格遵守以下安全守则和操作纪律：

1. 不得随意变更、调整各项保护整定值。
2. 设备运行期间严禁用手触摸绳轮、牵引钢丝绳和驱动装置等。
3. 在安全保护装置失灵情况下，禁止开车或运行。
4. 在设备运行期间，严禁更换、调整吊椅和托绳轮。
5. 认真观察设备运行状态，发现问题及时汇报处理，严禁设备带隐患运行。

第11条　架空乘人装置与轨道绞车和输送机不得同时运行，两者之间须有可靠的电气闭锁。架空乘人装置运行时，其运行区间内不得停放任何车辆。

第12条　架空乘人装置运行应符合《煤矿安全规程》第三百八十三条的规定。

第13条　牵引钢丝绳应符合《煤矿安全规程》第四百零八条至四百一十四条的规定。

第14条　监督乘车人员到达下车地点时必须及时下车，下车后严禁在停车点处逗留。

第15条　查找故障或检修时，必须悬挂禁止运行警示牌，禁止无关人员随意开启。

第16条　除配备的专用货物吊篮外，严禁使用架空乘人装置的吊椅吊挂运送物品。

第17条　乘车人员必须一人一座，不得超员。

第18条　严禁同时运送携带爆炸物品的人员。

第19条　严禁乘坐人员携带超长、超重物品。

第20条　当通过视频监控发现违规乘坐架空乘人装置时，通过语音对讲系统进行喊话警告，同时按停车步骤操作停车，问清其原因，进行劝阻后，在无任何安全隐患前提下可以再次开车运行；若乘坐人员违规、不听劝阻强行乘车时，立即停车并向领导汇报。

第21条　严格执行交接班制度和岗位责任制。

四、操作准备

第22条　上岗前，必须进行岗位安全确认，确认工作环境安全。

第23条　试验上下车场联系信号，信号系统应灵敏可靠。

第24条　确认旋转按钮的位置，对架空乘人装置的操作系统进行全面检查，确认正常后方可准备操作。

第25条　检查架空乘人装置保护装置是否灵敏可靠；检查各紧固件是否紧固；检查钢丝绳是否符合要求；检查机械运转部位转动是否灵活，各润滑点润滑效果是否正常。禁止甩保护或在机械设施润滑不好、设备失爆、绳松、制动系统不完好等情况下运行。

第26条　按规定对齿轮或减速箱等润滑点加注合格的润滑油，且油位符合规定。

第27条　确认运行区间内无任何影响乘人装置正常运行的不安全因素，如无行人或其他障碍物等。

五、正常操作

第28条　接到开车信号，按下"开车预警"按钮，预警一定时间后，再按"启动"按钮启动。

第29条　架空乘人装置启动运行后，先空转一圈，方可乘人，应尽量避免带人启动。

第30条　乘人装置在启动和运行过程中，应注意随时观察以下情况：

1. 机头驱动装置、机尾尾轮张紧装置、牵引钢丝绳有无异常摆动。
2. 各运转部位的声响应正常，无异常震动。
3. 操作系统各信号、各参数显示正常。

第31条　遇到下列情况之一时，不准开车：

1. 信号不清时；
2. 制动系统不灵活时；
3. 任何一项保护装置失灵时；
4. 润滑系统、液压系统油量不足，油温超限，油脂不清时；
5. 设备转动部位温度超限时；

6. 乘车人员不按乘车顺序乘车，不听从乘车指挥时。

第 32 条 维持上下车场乘车秩序，使乘车人员依次乘车，不准蜂拥挤抢座位。指导、监督乘坐人员按正确的方式乘坐架空乘人装置，保持好乘坐间距。

第 33 条 接到停机信号后，按“停止”按钮停机。正常停机时，架空乘人装置上应无乘坐人员。

六、特殊操作

第 34 条 运行中出现下列现象之一时，必须紧急停车：

1. 牵引钢丝绳摆动剧烈或牵引钢丝绳脱槽时；
2. 乘车人员到达正常下车位置不能及时下车，超过越位开关时；
3. 保护装置失效，可能发生重大事故时；
4. 接到紧急停车信号或不明信号时；
5. 遇到威胁人身安全、机械和电气故障时；
6. 其他意外严重情况时。

第 35 条 紧急停机后，必须查明原因，处理完毕后方可按信号重新进行操作。

第 36 条 接到停机信号后，如“停止”按钮失灵，可按“紧急停止”按钮或断开操作台的电源开关。

七、收尾工作

第 37 条 每班工作结束后，须清理岗点卫生，清点岗位工具，填写有关记录并履行交接班手续后，方可离开岗位。

无极绳绞车司机

一、适用范围

第 1 条 本规程适用于无极绳绞车司机的操作作业。

二、上岗条件

第 2 条 必须经专业培训考试合格，取得操作资格证，方可持证上岗。

第 3 条 必须熟悉无极绳绞车的结构、原理、性能、主要技术参数、完好标准和《煤矿安全规程》的相关规定，熟悉无极绳绞车视频监控系统的组成、性能、主要技术参数和完好标准。能够进行一般性的检查、维修、保养和故障处理，能够按照本规程规定进行操作。

第 4 条 必须熟悉无极绳绞车运行区段巷道的基本情况，如总长度、支护方式、巷道起伏变化情况、联络巷及拐点位置、巷道内其他设备(设施)布置、安全设施、车场布置等情况。

三、安全规定

第 5 条 无极绳绞车硐室内应挂有“无极绳绞车司机操作规程”和“无极绳绞车司机岗位责任制”牌板。

第 6 条 运行范围内的照明装置、视频监控装置、信号装置、通信装置、警示装置、安全设施、过卷保护等必须齐全、完好。

第 7 条 视频监控系统的供电电源安全、可靠；监视系统可靠、监视图像清晰。严禁用水冲刷视频监控设备。

第8条 严格执行“行人不行车，行车不行人、不作业”的管理规定，无极绳绞车运行区域有人员进入时，绞车严禁运行。

第9条 司机操作时必须精力集中，谨慎操作，及时了解运输车辆情况，不得擅自离开岗位，不得做与本职工作无关的事情。离开工作岗位时，必须切断梭车上的移动电源并将绞车电源停电闭锁并挂牌。

第10条 车辆和梭车出现掉道时，严禁使用无极绳绞车硬拉复位。

第11条 在绞车运行时，严禁快、慢挡切换。

第12条 作业时必须穿戴规定的劳动保护用品。

第13条 严格执行岗位责任制和交接班制度，熟知当班运输任务和沿途注意事项。

第14条 严禁与同一巷道内其他运输设备同时运行。

四、操作准备

第15条 上岗前，必须进行安全确认，确认工作环境安全。

第16条 检查无极绳绞车安装地点（硐室），顶、帮支护必须安全可靠，无杂乱异物，便于操作和瞭望。

第17条 检查主机和张紧器安装固定牢固，基础螺栓无松动；检查压绳轮、导绳轮、拐弯轮转动灵活、安全可靠。

第18条 检查制动闸：闸带必须完整、无断裂，磨损余厚不小于4 mm，铆钉不磨闸轮，闸轮表面光洁平滑，无明显沟槽痕迹，无油污；各部位螺栓、销、轴、拉杆螺栓及背帽等完整齐全，无变形、弯曲；手动制动闸闭锁可靠；电液制动闸应在全行程2/3～4/5处将闸轮闸死。

第19条 检查减速箱挡位是否切换到需要挡位，确保满足运行需要。

第20条 检查视频监视系统应完好、监视图像应清晰完整、图像无迟滞、卡停等现象。

第21条 检查信号通信系统、语言报警器完好可靠；信号、通信手机必须声音清晰、准确可靠。

第22条 检查钢丝绳无磨损、断丝超限、弯折、锈蚀严重、打结等现象。

第23条 检查过卷保护、张紧力下降保护装置应灵敏可靠；检查速度传感器应完好；检查车场安全设施应安全可靠；检查张紧装置应完好可靠。

第24条 检查无问题后方可与信号工联系进行空车试运行。绞车运行时，要注意观察绞车运转情况、张紧器工作状态和钢丝绳运行情况，绞车电动机、减速箱、滚筒、张紧器运转应无异常响声和震动，发现异常时立即停车检查并处理，处理不了向领导汇报，处理好后方可开车，严禁绞车带病运行。

五、正常操作

第25条 听清信号，辨明开车方向，按信号指令方向启动无极绳绞车。无极绳绞车运行后必须再次确认运行方向与信号指令方向是否一致。

第26条 无极绳绞车运行中要密切观察绞车运行情况，出现异常要及时停车。

第27条 无极绳绞车运行中如出现下列情况之一时，必须立即停车，采取措施进行处理，故障处理完毕后方可运行。

1. 电动机出现异常时；

2. 钢丝绳有异常大幅跳动、松弛现象时；

3. 钢丝绳打滑或出现爬绳、咬绳现象,钢丝绳有破股或断丝超限现象时;

4. 张紧器有异常现象时;

5. 有异常响声、异味时;

6. 视频监视系统监视图像中断,不能正常显示时;

7. 突然停车或有其他险情时。

第 28 条 无极绳绞车运行中停车,必须及时问明原因,严禁擅自启动绞车,再次得到明确的开机信号联系无误后,方可继续启动绞车运行。

第 29 条 正常运转时禁止采用手动制动闸施闸;每到拐弯点和变坡点时要注意绞车的运行情况。

第 30 条 车辆在运行过程中出现掉道时,应立即停车,处理安全后方可再次启动绞车。处理掉道的过程中,绞车司机必须坚守岗位,严禁离岗。

第 31 条 车辆在中途停车装卸物资时,司机必须坚守岗位,无现场信号工发启车信号,严禁启动绞车。

第 32 条 当接收到停车信号时,及时按下停车按钮停止绞车运行,当班运输任务结束后必须将梭车开至车场存放,严禁随意停放梭车。

六、收尾工作

第 33 条 工作结束后,必须闸死制动闸,停断控制台开关,停断电源开关,填写有关记录履行交接班手续后,方可离开岗位。

无极绳绞车信号把钩工

一、适用范围

第 1 条 本规程适用于无极绳绞车信号把钩工的操作作业。

二、上岗条件

第 2 条 必须经专业培训考试合格,取得操作资格证,持证上岗。

第 3 条 必须熟悉无极绳绞车的结构及工作原理,熟悉运输巷道的基本情况,如运输距离、巷道坡度、变坡拐弯地段、中间水平车场、支护方式、轨道状况、安全设施配置、牵引最大载荷及规定牵引车数等。

第 4 条 必须熟悉所使用车辆、安全防护装置、车辆连接装置等设备、设施的结构和使用性能以及《煤矿安全规程》的相关规定,熟悉无极绳绞车视频监控系统的组成、性能、主要技术参数和完好标准。能正确处理一般故障和突发情况。

三、安全规定

第 5 条 作业时必须穿戴规定的劳动保护用品。

第 6 条 无极绳绞车信号硐室内应挂有"无极绳绞车信号把钩工操作规程"、"无极绳绞车信号把钩工岗位责任制"牌板。

第 7 条 无极绳绞车摘挂钩车场范围内的照明装置、运行区域的视频监控装置、信号装置、通信装置、警示装置、安全设施、过卷保护等必须齐全、完好。

第8条 梭车视频监控系统的供电电源安全、可靠。离开工作岗位时，必须切断梭车上的移动电源，严禁用水冲刷视频监控设备。

第9条 严格执行“行人不行车，行车不行人、不作业”的管理规定，绞车运行时，严禁人员进入无极绳绞车运行区域。

第10条 料车之间的连接、料车与梭车之间的连接，必须使用不能自行脱落的连接装置，并加装保险绳。连接装置必须完好、可靠。

第11条 对检查出不合格的连接装置必须单独放置，交班时交代清楚，并做明显标志，严禁使用。

第12条 严格按核定的运输能力挂车，挂好保险绳，严禁超载、超挂车辆，严格执行“六不挂”的管理规定。

第13条 运行区域内有其他运输设备时，严禁同时运行。

第14条 运送超重、超高、超长、超宽的设备、材料等物件，必须有经批准的专项安全技术措施，并严格按照措施操作。

第15条 摘挂钩操作时，应遵守以下规定：

1. 严禁站在道心内，头部和身体严禁伸入两车之间进行操作，以防车辆滑动碰伤身体。
2. 必须站立在轨道外侧进行安全操作。
3. 摘挂完毕确需越过串车时，严禁从两车辆之间或车辆运行前方越过。

第16条 待车停稳后方可摘挂钩，严禁车未停稳就摘挂钩，严禁蹬车摘挂钩。

第17条 严格执行岗位责任制和交接班制度。

四、操作准备

第18条 上岗前，必须进行安全确认，确认现场环境安全后方可工作。

第19条 检查信号装置、通信手机、连接装置、保险绳、梭头的压绳以及掩车装置是否完好，检查各种保护和安全设施是否完好、齐全、灵敏可靠，检查主副托轮、压绳轮、钢丝绳、轨道、道岔等是否完好。

第20条 详细检查斜巷内有无影响安全提升的安全隐患，有无人员工作、行走或逗留等。

第21条 检查梭车上移动电源电量是否充足，天线及馈线是否完好，快速接头连接是否可靠，移动摄像仪固定位置是否正确、固定是否牢固。

第22条 认真检查运输设备或材料的装载情况，有无超载现象，装车重心是否稳定，封车是否牢固可靠、符合规定，车辆是否完好。

上述各项经检查与处理合格后，方可正式操作运行。

五、正常操作

第23条 清理运行区域内人员。车场入口15 m外悬挂“车辆运行，禁止入内”警戒牌。

第24条 连接梭车与运输车辆，挂好保险绳。

第25条 挂钩完毕，对车辆各部位、保险绳、连接装置等再详细检查一遍，确保完好正确、牢固可靠后，瞭望车辆运行方向有无障碍和隐患，确认安全后进入躲避硐室(信号硐室)，打开安全设施，发出开车指令。

第26条 车辆运行时，要严密注视车辆运行状况，发现下列现象要立即发送停车信号进行停车：

1. 钢丝绳异常跳动、打滑或松弛时；

2. 钢丝绳断丝超限或打结、弯曲、变形时；

3. 有人员闯入时；

4. 其他不正常现象时。

第27条 车辆到位及时发出停车信号。车辆停稳、恢复好安全设施后，方可摘掉钩头及保险绳转运车辆。

第28条 出现车辆掉道时，严禁使用无极绳绞车硬拉复位，严格按照有关规定进行处理。

六、收尾工作

第29条 当班运输任务结束后，将梭车运至车场停放。

第30条 工作完毕，必须清理现场，将钢丝绳、保险绳、工具和多余不用的连接环、插销等连接装置放置在轨道以外的规定地点存放，还应检查挡车器或挡车栏是否处于关闭状态，确认无误并填写好运行日志履行交接班手续后，方可离开现场。

柴油机单轨吊司机

一、适用范围

第1条 本规程适用于DLZ210F型柴油机单轨吊司机的操作作业。其他型号单轨吊机司机参照执行。

二、上岗条件

第2条 必须经专业培训考试合格，取得操作资格证，持证上岗。

第3条 必须熟悉所使用单轨吊机车的结构、原理、性能、主要技术参数、完好标准和《煤矿安全规程》的相关规定，准确使用信号、通信设施；能够进行一般性的检查、维修、保养和故障处理，能够按照本规程规定进行操作。

第4条 必须熟悉单轨吊机车运行区段巷道的基本情况，如总长度、支护方式、巷道起伏变化情况、联络巷及拐点位置、巷道内其他设备（设施）布置、安全设施、车场布置等情况。

三、安全规定

第5条 单轨吊司机在运行中要仔细观察仪表，检查各部压力、温度是否正常，各类保护指标应符合说明书要求。

第6条 单轨吊机车运行巷道最大坡度不得大于25°。轨道线路终点必须装设阻车器、警示牌板等装置，防止司机越位停车。在同一巷道有其他运输设备时，两种设备不得同时运行。

第7条 单轨吊司机每次作业前必须检查起吊链、起吊锁具，禁止使用不完好或超期使用的起吊链、起吊锁具。

第8条 严禁在设备不完好、制动装置不可靠、吊挂不牢固、驱动轮不完好、超负荷等情况下运行，严禁在驾驶室外开车。

第9条 运行过程中，单轨吊司机发现机车吊挂情况、制动装置、液压系统、灯、铃等部件出现异常，应立即停车处理。

第10条　单轨吊机车运行中，如遇行人必须提前减速或停车，待人员通过后或躲避到安全地点方可向前运行，严禁机车运行时人员从机车下通过。

第11条　单轨吊机车必须配备完好的便携式瓦斯检测器；机车驾驶室内必须设有灭火器，并定期检查更换。

第12条　单轨吊司机必须监控机车发动机、液压油、燃料分配器的安全运作。发生异常，单轨吊司机必须将机车制动并将故障报告给值班人员。

第13条　严禁轨道线路不合格时开车。新安装的单轨吊，须经验收并试运行合格后，方可投入使用。

第14条　单轨吊机车严禁甩掉任何保护和传感器运行；机车在运行中非紧急情况严禁使用紧急制动停车。

第15条　单轨吊司机必须集中精力，谨慎操作。单轨吊司机不得擅自离开工作岗位，严禁在机车行驶中或尚未停稳前离开驾驶室。过道岔时，注意道岔闭合情况，防止机车脱轨造成事故。单轨吊司机离开岗位时，应拔下机车驾驶室内闭锁手把或钥匙。

第16条　单轨吊轨道线路顶板有淋水时，必须加遮挡设施，防止淋水滴在轨道上；轨道淋水地点未加遮挡设施或遮挡效果不好，不得运行单轨吊机车。

第17条　单轨吊车场调车时必须减速(速度不大于0.5 m/s)。

第18条　单轨吊机车在输送机道运行时，机车及装载物最突出部位距巷帮的安全间隙应符合《煤矿安全规程》的规定。

第19条　在安全间隙不足、高度不够的地点严禁运行单轨吊机车。严禁在巷道支护不好的巷道内运行。瓦斯超限、有害气体超限的区域严禁运行单轨吊机车。

第20条　严禁带压拆卸管路、管件。在液压系统上进行任何作业之前，必须关闭液压设备，并检查液压设备是否已经解压。必须释放液压蓄能器中的压力。

第21条　单轨吊机车在巷道中不工作时(怠速20 min)，应关闭发动机。

第22条　起吊物料时，必须吊稳、吊平衡，货载不得超过规定，否则拒绝开车。

第23条　停车时，机车不得在道岔前后5 m范围内停车或吊装物料。

第24条　在机车运行时，若起吊梁吊钩不起吊物料时，必须将吊钩固定，以防机车运行时摆动撞击巷道内设施造成事故或拖地运行。

第25条　严禁在两个驾驶室对机车同时进行控制(紧急停车除外)。当从一个驾驶室到另外一个驾驶室中去时，驾驶员必须将喷油泵控制踏板固定(软钢索控制)或将球形阀关闭(液压变量)。机车停止运动时，驾驶员必须将两个驾驶室中的踏板固定，关闭燃料箱下的阀门以切断燃料供应路线。在出现故障时，驾驶员用座位边上的手动液压制动闸将机车制动。

第26条　当气温低于0 ℃时，停车后必须放掉水箱内水，以防冻坏柴油机。

第27条　运送人员时必须使用人车车厢；两端必须设置制动装置，两侧必须设置防护装置。

第28条　作业时必须穿戴规定的劳动保护用品。

第29条　严格执行岗位责任制和交接班制度。

四、操作准备

第 30 条 上岗前，必须进行安全确认，确认施工环境安全后方可工作。

第 31 条 单轨吊机车在运行前，必须疏通单轨吊运行线路。信号必须声光兼备，声音清晰、准确可靠；通信设施要清晰、可靠。

第 32 条 检查柴油油位、液压油油位、发动机冷却水液位、尾气水液位等是否正常，否则严禁开车。

第 33 条 检查各部位润滑油及机械连接情况应正常，各承载轮、导向轮无损坏，否则严禁开车。

第 34 条 检查各驱动轮、制动闸的磨损情况，磨损超限的必须及时更换，否则不得开车。

第 35 条 检查单轨吊各种指示仪表和电气设备应正常，否则不得开车。

第 36 条 检查各液压管路和控制线路无损伤、无变形、接头不漏液，否则不得开车。

五、正常操作

第 37 条 将钥匙打开，然后按住启动按钮(10 s)启动机车。

第 38 条 一次启动不成功，需用手压泵给机车储能，待储能器压力达到规定压力后，可重复上述启车步骤。

第 39 条 启动机车后，严禁再给储能器手动储能。

第 40 条 启动后对机车进行检查，发动机怠速运转时，检查机车工作压力。

第 41 条 检查油温、水温是否正常以及各处接头有无跑、冒、滴、漏现象。

第 42 条 查看发动机废气颜色及工作声响是否正常。严禁发动机在运转状态时用手触摸检查运转部位。

第 43 条 检查通信、照明灯及制动闸应灵敏可靠，否则严禁开车。

第 44 条 检查各承载梁配套设备、液压起吊马达各操作阀的工作情况，空载反复升降几次，查看马达链轮是否灵活。

第 45 条 接到跟车工使用手持信号机发出的行车信号后，单轨吊司机使用手持信号机先向跟车工回复行车信号，跟车工再次发出开车信号后，单轨吊司机打开机车前照明灯和尾灯，鸣笛(敲铃)示警。操作时，单轨吊司机右手控制操作手把，敞闸并将控制手把扳到相应位置，右脚踏油门踏板，使机车缓慢加速逐渐增加到相应速度。单轨吊司机保持正常的自然姿势，坐在座位上，目视前方，注意观察轨道道岔及轨道连接情况，严禁将头或身体探出车外。

第 46 条 单轨吊机车运行时，应集中精力，注意观察，遇到不明情况或收到不明信号时，应立即停车查明原因。

第 47 条 运行中，操作手把只许用手推，严禁用脚蹬，更不准用绳索捆绑牵拉。

第 48 条 机车运行到车场、道岔、维修硐室、弯道、上下坡起点处、硐室口、风门、装卸载点等处时应提前 30 m 减速鸣笛示警，速度应控制在 1 m/s 以内匀速通过。

第 49 条 机车在运行途中出现故障时，必须立即停车处理，处理不了时向领导汇报，待故障消除后方可开车运行。出现下列情况之一时，不得开车：

1. 信号不清时；

2. 排气口温度超过 77 ℃，其表面温度超过 150 ℃时；

3. 冷却水温度超过 95 ℃时；

4. 尾气排放超限时；

5. 传感器检测数据异常，任何一项保护装置失灵时；

6. 制动系统不灵活时；

7. 机车运行不稳，电气、机械部件转动部位温度超限或运转声音不正常时；

8. 运输线路或区域出现异常时；

9. 有异常响声、异味时；

10. 润滑系统、液压系统油量不足，油温超限，油脂不清时。

第 50 条　空车停车时，接近停车位置，单轨吊司机减速慢行，接到停车信号后，将控制器手把打到停止位置，并操作制动装置，使机车处于制动状态，机车怠速 1 min 后方可停车熄火。

第 51 条　重车停车时，接到跟车工发出停车信号后，单轨吊司机返回停车信号，机车缓慢停车，并将机车控制器手把打到停止位置，并操作制动装置，使机车处于制动状态，跟车工发出起吊梁信号时，单轨吊司机返回信号，将机车处于起吊状态，跟车工操作起吊梁操作阀进行起、落重物，起落完成后跟车工发出行车准备状态信号，机车怠速 1 min 后方可停车熄火。

六、特殊操作

第 52 条　运行中出现下列现象之一时，必须紧急停车：

1. 瓦斯检测仪报警时；

2. 到达停车位置不能及时停车时；

3. 保护装置失效，可能发生重大事故时；

4. 接到紧急停车信号或不明信号时；

5. 遇到威胁人身安全、机械和电气故障时；

6. 运输中摆动较大、打滑、闷车时；

7. 其他意外严重情况时。

第 53 条　途中因故障停车，司机严禁离岗，必须刹车、闭锁，正确处理。无法处理时，联系维修人员进行处理，处理完毕后方可按信号重新进行操作。故障处理期间，严禁无关人员进入。

七、收尾工作

第 54 条　当班运输任务结束后，将机车开至车场停放，清理卫生，清点工具并填写好运行日志履行交接班手续后，方可离开现场。

柴油机单轨吊跟车工

一、适用范围

第 1 条　本规程适用于 DLZ210F 型柴油机单轨吊机车跟车工的操作作业。其他型号单轨吊机车跟车工参照执行。

二、上岗条件

第 2 条 必须经专业培训考试合格，方可上岗。

第 3 条 必须熟悉所使用单轨吊机车的结构、原理、性能、主要技术参数、完好标准和《煤矿安全规程》的相关规定，准确使用信号、通信设施，能够进行一般性的检查、维修、保养和故障处理，熟练掌握重物捆绑起吊的相关知识，熟悉单轨吊起吊的工作流程。能够按照本规程规定进行操作。

第 4 条 必须熟悉单轨吊机车运行区段巷道的基本情况，如总长度、支护方式、巷道起伏变化情况、联络巷及拐点位置、巷道内其他设备（设施）布置、安全设施、车场布置等情况。

三、安全规定

第 5 条 单轨吊跟车工每次作业前必须检查起吊链、起吊锁具，禁止使用不完好或超期使用的起吊链、起吊锁具，严禁用其他物品代替专用起吊装置和连接装置。

第 6 条 单轨吊跟车工在非维修硐室的其他地方处理故障时，必须先用阻车器将单轨吊机车固定在轨道上，按规定设置警戒牌、警戒绳。

第 7 条 作业时必须穿戴规定的劳动保护用品。扎紧领口和腰带，做好自身安全保护。

第 8 条 必须随身携带手持通信装置，用以与机车司机联系，发送信号时必须准确、清晰、洪亮。严禁用手势或口头喊话代替信号。

第 9 条 单轨吊运行巷道有其他运输设备时，两种设备不得同时运行。

第 10 条 起吊物料时，必须吊稳、吊平衡，货载不得超过规定，否则严禁发出开车信号。

第 11 条 乘坐单轨吊人车时严禁扒、跳车。

第 12 条 严禁他人代替发送开、停信号。

第 13 条 运输超长、超宽、超高、超重以及特殊物料的车辆时，必须有经批准的特殊安全措施，并严格按措施操作。

第 14 条 对检查出不合格的用具（包括起吊装置和连接装置）必须单独放置，交班时交代清楚，并做好标志，消除隐患。

第 15 条 不得在能自行滑动的坡道上随意停放车辆。

第 16 条 单轨吊车运物时禁止乘人，运人时禁止运输物料。人员不遵守乘车秩序，不听从指挥，乘车不规范，禁止运行。

第 17 条 起吊重物时应符合以下要求：

1. 确认机车停稳、闭锁。起吊或者下放设备、材料时，人员严禁在起吊梁两侧，位置应留有操作人员躲闪重物突然下落或歪倒方向的间隙。

2. 起吊重物时，必须先试吊，试吊高度 100 mm；经试吊无误后，方可起吊。操作人员应注意观察起吊链（连接螺栓）等情况，防止断链伤人。

3. 装卸物料时，无关人员严禁进入施工地点。

4. 起吊物料时，必须保持物料重心平衡，不得出现歪斜。

5. 起吊物料重量要符合起吊梁、起吊工具的吨位要求，严禁超负荷起吊。起吊大型设备必须悬挂专用起吊梁。

6. 起吊物料必须使起吊梁载荷均匀，并且高低水平一致，高低水平一致严禁拖拉物料。

7. 使用专用集装箱起吊时，集装箱专用挂钩应挂牢固。长形物料应使用专用吊装链或绳套吊装，捆绑物料必须牢靠，平稳起吊，起吊物料距地面 200 mm 以上。

8. 卸放物料时，必须平稳可靠，防止倾倒伤人。

第 18 条　运送爆炸材料应符合下列要求：

1. 检查信号装置是否可靠。如果信号不清晰或不完好、不可靠，严禁运送。

2. 炸药和电雷管必须分开运送。

3. 运送电雷管的车辆必须加盖、加垫，车厢内用软质垫物塞紧，防止震动和撞击。

4. 必须在运输前通知司机注意，车辆运行速度不得超过 1 m/s。

5. 不得同时运送人员和其他设备、材料或工具等。

第 19 条　运送人员时必须使用人车车厢，按照顺序依次乘车，人员未坐稳、两侧防护装置未固定严禁起吊、严禁发出开车信号。

第 20 条　严格执行岗位责任制和交接班制度。

四、操作准备

第 21 条　上岗前，必须进行安全确认，确认现场环境安全后方可施工。

第 22 条　详细检查运输线路内有无影响安全运输的安全隐患、有无人员工作，如有以上情况，必须待消除隐患和撤离人员后，方可运行。

第 23 条　检查单轨吊机车起吊装置，每班运行前要仔细检查起吊链、吊钩、限位板、制动装置、人车车厢（运输人员时）是否安全可靠，确认合格后方可使用。

第 24 条　信号应声光兼备，声音清晰、准确可靠，通信设施应正常、可靠。

五、正常操作

第 25 条　认真检查运输的设备或材料的装载情况，必须捆绑固定牢靠，重心稳定，否则不准提升。起吊重物时，跟车工使用手持信号机发出起吊信号，机车司机将机车转换至起吊状态，起吊人员将重物系紧牢固与起吊梁钩头连接后，一人操作起吊梁操作阀进行试吊，待重物重心平稳后方可正式起吊，起吊重物距地面高度不低于 200 mm，起吊完毕后使用手持信号机发出行车转换信号，机车处于行车准备状态。

第 26 条　认真检查核对所挂车辆的重量和数量是否符合规定。

第 27 条　确定各项合格后，跟车工配备手持信号机发送开车信号，接到司机反馈信号后，再次发送开车信号。运行时保持与机车司机联络，手持信号机能保证在运行途中任何地点都能向机车司机发送紧急停车信号。

第 28 条　机车上行时，跟车工在机车前方行走；机车下行时，跟车工在机车后方行走。行走时必须在无单轨吊跑道运行的一侧，与机车保持 20 m 距离。

第 29 条　时刻注意观察前方有无障碍物或人员以及车辆运行情况，防止因物件摆动造成碰坏帮部电缆、风水管路等。发现异常或事故，及时发送紧急停车信号。停车后，详细检查，确定异常或事故性质，进行处理，处理不了的要及时向值班领导汇报。

第 30 条　单轨吊机车遇到道岔、风门、弯道时，跟车工要提前发出预警信号，观察道岔开口方向或风门是否打开、弯道是否安全，确认安全后方可发出通过信号，机车要减速慢行，匀速通过。

第 31 条　在运输过程中，跟车工发现吊运物件重心不稳或偏移，要及时通知单轨吊司机停车处理后，方可继续运行。

第 32 条　机车运行过程中，如遇行人，跟车工要发出停车信号，机车缓慢停车，待人员通过后或躲避到安全地点方可向前运行，严禁机车运行时人员从机车下通过。

第 33 条 机车运行过程中，吊运的物件跨越设备、物料运行时，跟车工要提前通知单轨吊司机减速慢行，其间距必须大于 200 mm，否则不得通过。

第 34 条 重车停车时，接到跟车工发出停车信号后，单轨吊司机返回停车信号，机车缓慢停车，并将机车控制器手把打到停止位置，并操作制动装置，使机车处于制动状态，跟车工发出起吊梁信号时，单轨吊司机返回信号，将机车处于起吊状态，跟车工操作起吊梁操作阀进行起、落重物，起落完成后跟车工发出行车准备状态信号，机车怠速 1 min 后方可停车熄火。

六、特殊操作

第 35 条 当需紧急停车时，跟车工应立即发送停车信号。

第 36 条 运送人员注意事项。

1. 乘人车每次发车前，应检查人车两端的制动装置、两侧的防护装置等，无异常时方准运行；运人时严禁同时运送有爆炸性、易燃性和腐蚀性的物品。

2. 每节车厢按照核定人数乘载，不得超载，进入车厢后抓紧防护扶手，车厢损坏不得进入，开车前必须关上两侧防护装置。

3. 单轨吊机车运行时，人体及所携带的工具和零件严禁露出车外。

4. 单轨吊机车行驶中和尚未停稳时，严禁上、下车，严禁在车厢内嬉戏打闹。

5. 严禁在单轨吊机车上或人车车厢外搭乘。

6. 运送人员必须在指定地点上下车，严禁中途停车上下人。

七、收尾工作

第 37 条 每班工作结束后须将机车运至车场停放，清理岗点和设备卫生，清点岗位工具，对安全设备和安全设施进行检查，填写有关记录并履行交接班手续后，方可离开岗位。

绳式单轨吊司机

一、适用范围

第 1 条 本规程适用于 DS80/75B 型绳式单轨吊司机的操作作业。其他型号绳式单轨吊司机参照执行。

二、上岗条件

第 2 条 必须经专业培训考试合格，取得操作资格证，方可持证上岗。

第 3 条 必须熟悉掌握所使用单轨吊机车的结构、性能、工作原理和各类保护的检查试验方法，熟悉《煤矿安全规程》的有关规定，熟悉设备完好标准，会按照完好标准进行日常的维修和保养，按照本规程要求进行操作，能正确处理一般故障。

三、安全规定

第 4 条 新安装的单轨吊，须经验收并试运行合格后，方可投入使用。

第 5 条 每班使用前与信号把钩工配合，对单轨吊的绞车、张紧装置、压绳轮组、托绳轮组、牵引板、牵引车、储绳筒、悬吊轨道、起吊梁、连接装置、行走小车制动装置、运人车、货箱、回绳轮、钢丝绳、控制台和启动装置等进行检查，空载试车，确认合格后方可使用。严禁在设备不完好、制动装置不可靠、吊挂不牢固、驱动轮不完好、超负荷等情况下运行。

第6条　绳式单轨吊机头硐室（或安装地点）应挂有“司机岗位责任制”牌板和“无极绳单轨吊管理”牌板（标明无极绳单轨吊型号、功率、配用绳径、牵引长度、牵引车数及最大载荷、斜巷长度和坡度等）。

第7条　与其他运输设备同巷布置时，必须设置电气闭锁，两种设备不得同时运行。

第8条　严格执行“行人不行车，行车不行人、不作业”的规定，单轨吊运行期间严禁无关人员进入运行巷道。

第9条　司机必须集中精力，谨慎操作，不得擅自离岗，行车时不得与他人交谈。

第10条　单轨吊运行巷道最大坡度不得大于18°。

第11条　严禁超载运行；严禁超速运行；严禁溜放。

第12条　运物时禁止乘人。严禁蹬钩、扒车。

第13条　运送支架、超长、超大物件时，应按专项措施执行。

第14条　轨道线路终点必须装设阻车器、警示牌板等装置，以提醒司机准确停车。

第15条　严禁轨道线路不合格时开车。轨道线路顶板有淋水时，必须加遮挡设施，防止淋水滴在轨道上；轨道淋水地点未加遮挡设施或遮挡效果不好，不得运行单轨吊机车。

第16条　机车严禁甩掉保护和传感器运行。不得在能自行滑动的坡道上停放车辆。

第17条　牵引钢丝绳应符合《煤矿安全规程》第四百零八至四百一十四条的规定。运物时列车组连接装置安全系数不小于10。

第18条　钢丝绳牵引单轨吊车在运转状态下严禁进行手动调速，重载运行时应使用慢速运行模式，空载运行时允许使用快速运行模式。

第19条　起吊物料时，必须吊稳、吊平衡，货载不得超过规定，否则拒绝开车。

第20条　正常停车后（指较长时间停止运行），应闸死滚筒；需离开岗位时，必须切断电源。

第21条　作业时必须穿戴规定的劳动保护用品。操作时，工作服必须扎紧袖口，精力集中，严格按信号指令操作，不得在绞车运行时离开操作位置。

第22条　机车在输送机道运行时，机车及装载物最突出部位距巷帮的间隙应符合《煤矿安全规程》的规定。

第23条　在安全间隙不足、高度不够的地点严禁运行单轨吊机车。严禁在巷道支护不好的巷道内运行。瓦斯超限、有害气体超限的区域严禁运行单轨吊机车。

第24条　严格执行岗位责任制和交接班制度。

四、操作准备

第25条　上岗前，必须进行岗位安全确认，确定绞车安装地点巷道支护安全可靠，无杂物，便于操作和瞭望。

第26条　检查绞车和张紧器的安装固定应平稳牢固，基础螺丝无松动，张紧器坠砣张紧适当。

第27条　检查绞车电动抱闸，确定动作灵敏可靠，油缸不漏油。

第28条　检查钢丝绳无弯折，无严重锈蚀，断丝不超限，钢丝绳插接处不露丝，钢丝绳与牵引车连接牢固，余绳盘紧在储绳滚筒上，机尾回绳轮固定钢丝绳紧固。

第 29 条　检查绞车电动机、电铃、操纵按钮等电气设备无失爆；信号必须声光兼备，声音清晰、准确可靠；通信设施正常、可靠。

第 30 条　通过以上检查，发现问题必须向上级汇报，处理好后方可开车。

五、正常操作

第 31 条　接到开车信号后，按照信号规定方向启动绞车，慢慢开动电动机进行空运转；检查电液制动器无异常，绞车无异声后加载负荷。

第 32 条　启动困难时应查明原因，不准强行启动。

第 33 条　运行过程中，司机要集中精力，时刻注意绞车、配套设备的工作情况，手不离闸把，收到不明信号应立即停车查明原因。

第 34 条　手闸的使用必须在关闭电动机电源后方可进行，一般不允许在电动机通电期间进行刹车，以免损坏绞车机件和电动机。

第 35 条　机车在运行中非紧急情况下，严禁使用紧急制动停车；严禁在运转情况下换挡操作。

第 36 条　接近停车位置时，应先慢慢闸紧制动闸，进行减速。接到停车信号后，立即操纵停车按钮停车，同时拉动手闸刹车。严禁过卷或停车不到位。

第 37 条　遇到下列情况之一时，不准开车：

1. 信号不清时；
2. 制动系统不灵活时；
3. 任何一项保护装置失灵时；
4. 润滑系统、液压系统油量不足，油温超限，油脂不清时；
5. 电气、机械部件转动部位温度超限或运转声音不正常时。

第 38 条　应根据提放煤、矸、设备、材料等载荷不同和斜巷的变化起伏，酌情掌握速度。严禁不带电放飞车。

六、特殊操作

第 39 条　运行中出现下列现象之一时，必须紧急停车：

1. 牵引钢丝绳摆动剧烈、断绳或牵引钢丝绳脱槽时；
2. 到达停车位置不能及时停车，超过越位开关时；
3. 保护装置失效，可能发生重大事故时；
4. 接到紧急停车信号或不明信号时；
5. 遇到威胁人身安全、机械和电气故障时；
6. 运输中摆动较大、打滑、闷车时；
7. 其他意外严重情况时。

第 40 条　途中因故障停车，司机严禁离岗，必须刹紧车闸，将绞车开关停电闭锁，正确处理，无法处理时联系维修人员进行处理，处理完毕后方可按信号重新进行操作。故障处理期间，严禁无关人员进入。

七、收尾工作

第 41 条　每班工作结束后须将机车运至车场停放，将设备开关停电闭锁，清理岗点和设备卫生，清点岗位工具，填写有关记录并履行交接班手续后，方可离开岗位。

绳式单轨吊信号把钩工

一、适用范围

第1条　本规程适用于DS80/75B型绳式单轨吊信号把钩工的操作作业。其他型号绳式单轨吊信号把钩工参照执行。

二、上岗条件

第2条　必须经专业培训考试合格，取得操作资格证，持证上岗。

第3条　必须熟悉掌握所使用单轨吊机车的结构、性能、工作原理和各类保护的检查试验方法，熟悉《煤矿安全规程》的有关规定，熟悉设备完好标准，会按照完好标准进行日常的维修和保养，按照本规程要求进行操作，能正确处理一般故障。

三、安全规定

第4条　绳式单轨吊车应设两名信号把钩工，一名信号把钩工在机尾回绳轮处专职检查回绳轮的固定情况，发现问题及时发信号停车处理，一名信号把钩工跟车查看车辆运行情况。

第5条　作业时必须穿戴规定的劳动保护用品，扎紧领口和腰带，做好自身安全保护。

第6条　新安装的单轨吊，须经验收并试运行合格后，方可投入使用。

第7条　每班使用前与司机配合，对单轨吊的绞车、张紧装置、压绳轮组、托绳轮组、牵引板、牵引车、储绳筒、悬吊轨道、起吊梁、连接装置、行走小车制动装置、运人车、货箱、回绳轮、钢丝绳、控制台和启动装置等进行检查，空载试车，确认合格后方可使用。

第8条　严格执行"行人不行车，行车不行人、不作业"的规定，单轨吊运行期间严禁无关人员进入运行巷道。与其他运输设备同巷布置时，两种设备不得同时运行。

第9条　起吊物料时，必须吊稳、吊平衡，货载不得超过规定，否则拒绝开车。

第10条　单轨吊运行巷道最大坡度不得大于18°。运物时列车组连接装置安全系数不小于10。

第11条　跟车信号工在非维修硐室的其他地方处理故障时，必须先用阻车器将单轨吊机车固定在轨道上，挂警戒牌，拉警戒绳。

第12条　运物时禁止乘人；严禁扒、蹬车。

第13条　严禁他人代替发送信号。

第14条　严禁用其他物品代替起吊装置和连接装置。

第15条　运输超长、超宽、超高、超重以及特殊物料的车辆时，必须有经批准的特殊安全措施，并严格按措施操作。

第16条　对检查出不合格的用具(包括起吊装置和连接装置)必须单独放置，交班时交代清楚，并做好标志，消除隐患。

第17条　不得在能自行滑动的坡道上停放车辆。

第18条　设有跟车工时，除执行本规程外，还需严格执行《煤矿安全规程》第三百九十条规定；有经批准的跟车工跟车安全技术措施，并严格按措施执行。

第19条　严格执行岗位责任制和交接班制度。

四、操作准备

第 20 条 上岗前，必须进行岗位安全确认，确定工作地点巷道支护安全可靠，无杂物，便于操作和瞭望。

第 21 条 详细检查斜巷内有无影响安全提升的安全隐患、有无人员工作，如有以上情况，必须待消除隐患和撤离人员后，方可提升。

第 22 条 单轨吊运行前，在巷道各个入口处拉警戒绳，严禁无关人员进入。

第 23 条 检查无极绳绞车及张紧器的安装固定应平稳牢固，基础螺丝无松动，张紧器坠砣张紧适当。

第 24 条 检查钢丝绳无弯折，无严重锈蚀，断丝不超限，钢丝绳插接处不露丝，钢丝绳与牵引车连接牢固，余绳盘紧在储绳滚筒上，机尾回绳轮固定钢丝绳紧固。

第 25 条 检查悬吊轨道吊挂牢固可靠，起吊梁、起重用具合格。

第 26 条 检查信号声光兼备，声音清晰、准确可靠；通信设施正常、可靠。

五、正常操作

第 27 条 在机车运行前，若起吊梁吊钩不起吊物料时，必须将吊钩固定，以防机车运行时摆动撞击巷道内设施造成事故或拖地运行。

第 28 条 起吊重物时应符合以下要求：

1. 确认机车停车，停电闭锁。起吊位置应留有操作人员躲闪重物突然下落或歪倒方向的间隙。

2. 起吊重物时，必须先试吊，试吊高度 100 mm；经试吊无误后，方可起吊。操作人员应注意观察起吊链(连接螺栓)等情况，防止断链伤人。

3. 装卸物料时，无关人员严禁进入施工地点。

4. 起吊物料时，必须保持物料重心平衡，不得出现歪斜。

5. 起吊物料重量要符合起吊梁、起吊工具的吨位要求，严禁超负荷起吊。起吊大型设备必须悬挂专用起吊梁。

6. 起吊物料必须使起吊梁两钩载荷均匀，并且高低水平一致，严禁拖拉物料。

7. 使用专用集装箱起吊时，集装箱专用挂钩应挂牢固。长形物料使用专用吊装链或绳套吊装，捆绑物料必须牢靠，平稳起吊。

8. 卸放物料时，必须平稳可靠，防止倾倒伤人。

第 29 条 运送爆炸材料应符合下列要求：

1. 检查信号装置是否可靠。如果信号不清晰或不完好、不可靠，严禁运送。

2. 炸药和电雷管必须分开运送。

3. 运送电雷管的车辆必须加盖、加垫，车厢内用软质垫物塞紧，防止震动和撞击。

4. 必须在运输前通知司机注意，车辆运行速度不得超过 1 m/s。

5. 不得同时运送人员和其他设备、材料或工具等。

第 30 条 认真检查运输的设备或材料的装载情况，必须捆绑固定牢靠，重心稳定；认真检查核对所挂车辆的重量和数量应符合规定。

第 31 条 确定各项合格后，跟车工配备手持信号机发送开车信号，运行时保持与绞车司机联络，手持信号机能保证在运行途中任何地点都能向绞车司机发送紧急停车信号。

第 32 条 机车上行时，跟车信号把钩工在机车前方行走；机车下行时，跟车信号把钩工在机车后方行走。行走时必须在无单轨吊跑道运行的一侧，与机车保持 10 m 距离。

第 33 条　时刻注意观察前方有无障碍物或人员以及车辆运行情况，防止因物件摆动碰坏帮部电缆、风水管路等。发现异常或事故，及时发送紧急停车信号。停车后，详细检查，确定异常或事故性质，拿出处理意见，进行处理，处理不了向领导汇报。

第 34 条　发现吊运物件重心不稳或偏移，要及时通知单轨吊司机停车处理后，方可继续运行。

第 35 条　机车运行过程中，如遇行人，跟车工要发出停车信号，机车缓慢停车，待人员通过或躲避到安全地点后方可向前运行，严禁机车运行时人员从机车下通过。

第 36 条　机车运行过程中，吊运的物件跨越设备、物料运行时，跟车工要提前通知单轨吊司机减速慢行，其间距必须大于 200 mm，否则不得通过。

第 37 条　跟车信号把钩工待车辆即将运行到位时发送停车信号，也可以利用信号发射机的紧急停车按钮遥控停车(信号具备遥控功能时)。

六、特殊操作

第 38 条　当需紧急停车时，跟车信号把钩工发送停车信号，绞车司机接到停车信号后马上操纵停车按钮同时拉动手闸刹车，跟车信号把钩工再手拉行走小车制动装置操纵绳进行制动。

七、收尾工作

第 39 条　每班工作结束后须将机车运至车场停放，清理岗点和设备卫生，清点岗位工具，对安全设备和安全设施进行检查，填写有关记录并履行交接班手续后，方可离开岗位。

翻罐笼司机

一、适用范围

第 1 条　本规程适用于煤矿用 1 t 矿车翻罐笼司机的操作作业。具体每部翻罐笼操作时应根据现场情况参照本规程制定适合其操作性能的操作规程。

二、上岗条件

第 2 条　必须经专业培训考试合格后，方可上岗作业。

第 3 条　必须熟悉本岗位机械设备的结构、性能、工作原理、供电系统、信号联络方式和《煤矿安全规程》的相关规定，会维护和保养翻罐笼，能正确处理一般故障，按照本规程要求进行操作。

三、安全规定

第 4 条　检查各部机件和注油时，必须切断电源，停止运转，并悬挂“有人工作，严禁送电”警示牌。

第 5 条　翻罐笼转动时或矿车在运行中，禁止任何人进入翻罐笼与车辆之间。

第 6 条　翻罐笼摘挂链时必须待车停稳后方可操作。

第 7 条　严禁用电动机车直接顶车进入翻车机。

第 8 条　矿车在翻罐笼内掉道或出现其他故障确需处理时，必须切断电源，闭锁开关，悬挂“有人工作，严禁送电”警示牌，关闭挡车器，确认安全后方可进行处理。

第 9 条　进入翻罐笼或溜矸眼内处理故障时必须系好安全带，在专人监护下进行处理。进入翻罐笼或溜矸眼前必须将翻罐笼或溜矸眼内的矸石、杂物等清理干净。

第 10 条　作业时必须正确佩戴规定的劳动保护用品。

第 11 条　认真执行岗位责任制和交接班制度。

四、操作准备

第 12 条　翻罐笼开动前应检查电动机、减速器、制动装置、内外阻车器、滚圈、滚轮、开关及信号装置等是否完好。

第 13 条　每班开机前检查各部轴承、回转等部位润滑情况，定期注油，并检查减速机油位是否符合标准。

第 14 条　检查各回转部位的保护罩及危险部位的防护栏是否齐全完好。

第 15 条　检查并试验洒水除尘装置。

上述各项经检查与处理合格后，方可正式操作运行。

第 16 条　每班运行前，应先开空车试运转，认真观察各部机构运转情况，确认无误再进行翻车。

五、正常操作

第 17 条　翻车前必须与仓下口岗位人员联系，接到运行信号后，确认翻罐笼下口设备符合运行条件后方可翻车。

第 18 条　翻罐笼进出车时，须等翻罐笼停稳、翻罐笼内外轨道对齐，打开阻车器后再推进重车；推进速度不得大于 1 m/s，并确认车辆到位后方可运行翻罐笼。

第 19 条　当翻罐笼转至接近一周时，按动停止按钮，利用惯性使翻罐笼回到正常位置，最后由闸块定位停车。

第 20 条　设备运转时不得离开操作台，要监视其运行状态，发现异常现象，立即停机。

第 21 条　每翻完一列重车后，如需电瓶车将后面的重车向前推进时，必须先关闭阻车器，再给电瓶车司机发信号，并告知电瓶车司机顶车速度要慢。

第 22 条　矿车翻完后挂链时，须待车停稳后方可操作。

六、收尾工作

第 23 条　每班工作结束后，切断电源，整理工具，打扫环境卫生，填写工作日志，履行交接班手续后方可离开岗位。

第5篇　通风防尘

爆 破 工

一、适用范围

第1条 本规程适用于在井下从事爆破作业的人员。

二、任务职责

第2条 爆破工应完成下列工作：

1. 负责所辖范围内爆炸物品的押、运工作。

2. 负责所辖范围内爆炸物品的管理工作。

3. 负责所辖范围内的爆破工作。

三、上岗条件

第3条 爆破工必须经过专业技术培训，考试合格后，持证上岗。

第4条 爆破工必须由专职爆破工担任。所有爆破、送药、装药人员，必须熟悉爆炸器材的性能和《安全生产法》、《民用爆炸物品管理条例》、《煤矿安全规程》、《爆破安全规程》及作业规程中的有关规定。

第5条 爆破工需要掌握以下知识：

1. 掌握爆炸物品、爆破操作的有关规定。

2. 熟悉采掘工作面通风、瓦斯和爆炸物品管理规定、爆炸物品性能与作业规程规定。

3. 了解有关煤矿瓦斯、煤尘爆炸的知识。

4. 了解井下各种气体超限的危害及预防知识。

5. 掌握入井须知等有关安全规定。

第6条 作业时应穿棉布或抗静电衣服，严禁穿化纤衣服。

第7条 下井前领取符合规定的发爆器和爆破母线，并携带便携式三用仪。发爆器要完好可靠，电压符合要求。爆破母线长度符合作业规程的规定，爆破母线保持完好。

第8条 准备好木质炮棍、岩(煤)粉掏勺或吹眼器等爆破器具。

四、安全规定

第9条 石门揭煤、巷道贯通等重点环节爆破作业必须有经矿总工程师审批的专项安全措施和矿长批准的爆破作业申请，且有矿领导现场监督实施，严禁无申请批准私自爆破。

第10条 跟班区队长必须认真检查作业现场瓦斯、煤尘、支护情况，必须向调度汇报爆破准备情况，严禁擅自爆破。

第11条 必须熟悉爆炸物品的性能和《煤矿安全规程》、《爆破安全规程》中有关条文的规定。

第12条 必须严格按照《煤矿安全规程》、《爆破安全规程》、工作面作业规程及其爆破说明书的规定进行操作，不得擅自改变。

第13条 必须严格执行爆炸物品和发爆器领、用、退等管理制度，领退时要有记录、签字。

第14条 爆破作业必须执行“一炮三检”和“三人连锁爆破”制。

第15条 不同厂家生产的或不同品种的雷管、不同种类的炸药不得混用。

第 16 条 必须使用煤矿许用毫秒延期电雷管。使用煤矿许用毫秒延期电雷管时，最后一段的延期时间不得超过 130 ms。在有瓦斯或煤尘爆炸危险的采掘工作面，应采用毫秒爆破。在掘进工作面应全断面一次起爆，不能全断面一次起爆的，必须采取安全措施。在采煤工作面可分组装药，但一组装药必须一次起爆。

第 17 条 凡有下列情况之一时，不准装药和爆破：

1. 采掘工作面的控顶距离不符合作业规程的规定，支架或锚杆等有损坏，架设不牢，支护不齐全，支护失效或者伞檐超过规定时；

2. 爆破地点 20 m 以内，有未清除的煤、矸石或者有未撤出的矿车、机电设备，以及其他物体堵塞巷道断面 1/3 以上时；

3. 爆破地点 20 m 以内，煤尘堆集、飞扬，风流中甲烷浓度达到 1%，炮眼内发现异状、温度骤高骤低，炮眼出现塌陷、裂缝，有压力水，有显著瓦斯涌出，煤岩松散，透老空等情况时；

4. 工作面风量不足或局部通风机停止运转时；

5. 炮眼内煤（岩）粉末未清除干净时；

6. 炮眼深度、角度、位置等不符合作业规程的规定时；

7. 装药地点有片帮、冒顶危险时；

8. 发现拖延爆破未处理时。

第 18 条 装药的炮眼应当班爆破完毕。遇特殊情况时，当班留有尚未爆破的装药炮眼，爆破工必须在现场亲自向下一班爆破工交接清楚。

第 19 条 严禁用刮板输送机或带式输送机运送爆炸物品。

第 20 条 班组长必须亲自安排有责任心的人在作业规程规定的各警戒岗点执行警戒工作。各警戒岗点除警戒人员外，还要设置警示牌、栏杆或拉绳等明显标志。起爆前工作面所有人员都要撤至警戒岗点以外的安全地点，并由班组长负责清点核实人数。

第 21 条 爆破前，爆破工必须最后离开爆破地点，并沿途检查爆破母线是否符合要求。严禁用发爆器打火放电的方法来检测电爆网路是否导通。爆破前，检查线路和通电工作只准爆破工一人完成。爆破工接到班组长的爆破命令后，按作业规程的规定进入爆破操作位置，在物体掩护下进行爆破。

第 22 条 处理拒爆、残爆必须执行以下规定：

1. 连线不良造成的拒爆，可重新连线起爆。

2. 在距拒爆炮眼 0.3 m 以外另打与拒爆炮眼平行的新炮眼，重新装药起爆。

3. 严禁用镐刨或从炮眼中取出原放置的起爆药卷或从起爆药卷中拉出电雷管。不论有无残余炸药严禁将炮眼残底继续加深，严禁用打眼的方法往外掏药，严禁用压风吹拒爆（残爆）炮眼。

4. 处理拒爆的炮眼爆炸后，爆破工必须详细检查炸落的煤、矸石，收集未爆的电雷管。

5. 在拒爆处理完毕以前，严禁在该地点进行与处理拒爆无关的工作。

第 23 条 爆炸物品库和爆炸物品发放硐室附近 30 m 范围内，严禁爆破。

第 24 条 处理卡在溜煤（矸）眼中的煤、矸石时，如果确无爆破以外的办法，可爆破处理，但必须遵守下列规定：

1. 必须采用取得煤矿矿用产品安全标志的，用于溜煤(矸)眼的煤矿许用刚性被筒炸药或不低于该安全等级的煤矿许用炸药。

2. 每次爆破只准使用1个煤矿许用电雷管，最大装药量不得超过450 g。

3. 爆破前必须检查溜煤(矸)眼内堵塞部位的上部和下部空间的瓦斯。

4. 爆破前必须对爆破地点至少30 m范围内进行洒水降尘，并采取爆破高压喷雾等综合防尘措施。

五、操作准备

第25条　确定当班使用炸药、雷管数量，领取合格的便携式甲烷、一氧化碳、氧气检测三用仪。

第26条　领取并检查防爆发爆器。

1. 将发爆器钥匙扭到充电位置，指示灯要发亮。

2. 禁止用短路方法检查发爆器。

3. 发爆器完好，电池有电。

第27条　领取并检查电爆网路检测仪表。

第28条　检查爆破母线。

1. 必须使用橡胶铜芯双线电缆。

2. 对爆破母线接头进行除锈、扭结并用绝缘带包好。

六、操作顺序

第29条　本工种操作应遵照下列顺序：领取工具→领取爆炸物品→运送爆炸物品→存放爆炸物品→汇报爆破地点现场情况→装配起爆药卷→检查炮眼、瓦斯→进行处理→撤离人员，设装药前警戒→装药→撤离人员，设爆破前警戒→检查瓦斯→连线→做电爆网路全电阻检查→发出信号→起爆→爆破后检查瓦斯→撤警戒→收尾工作。

七、正常操作

(一) 爆炸物品的运送与存放

第30条　凭爆炸物品领用单，核实电雷管和炸药的需用量；凭爆破证到爆炸物品库领取所需爆炸物品。

第31条　爆破作业必须使用水炮泥、成品炮泥，水炮泥袋必须从地面领取，并有领取记录。

第32条　由爆炸物品库直接向工作地点用人力运送爆炸物品时，应遵守以下规定：

1. 电雷管必须由爆破工亲自运送；炸药可由爆破工或在爆破工监护下，由其他人员运送。

2. 爆炸物品必须放在耐压和抗冲击、防震、防静电的非金属容器内。严禁将电雷管和炸药放在同一容器内，严禁将爆炸物品装在衣袋内。领到爆炸物品后，应直接送到工作地点，严禁中途逗留。

3. 携带爆炸物品上、下井时，在每层罐笼内搭乘的携带爆炸物品的人员不得超过4人，其他人员不得同罐上下。

4. 在交接班、人员上下井时间内，严禁携带爆炸物品的人员上下井筒。

5. 人工行走运送炸药时，在巷道内行走，两人相距并保持10 m以上的距离，不得在途中嬉戏和逗留；大巷行走时要注意来往车辆，坚持走人行道，不要随意横穿轨道。

6. 禁止将爆炸物品乱丢乱放，防止其发生冲撞、摩擦，避免其与电缆、电线及金属导体接触。

7. 不得提前班次领取爆炸物品，不得携带爆炸物品在人群聚集的地方停留。

8. 在运送爆炸物品过程中，严禁将自救器等物品装入爆炸物品容器内。

第 33 条 一人一次运送的爆炸物品量不得超过以下规定：

1. 同时搬运炸药、起爆材料不得超过 13 kg。

2. 拆箱(袋)搬运炸药不得超过 20 kg。

3. 背运原包装炸药不得超过一箱(24 kg)。

4. 挑运原包装炸药不得超过两箱(48 kg)。

第 34 条 爆炸物品运送到工作地点后，炸药、雷管仍应分别存放在木制或其他绝缘材料制成的专用的爆炸物品箱内。

1. 爆炸物品箱必须放置在爆破警戒线之外的顶板完好、支护完整、避开机械和电气设备的地点。

2. 炸药和雷管要分别存放在专用箱内并加锁，严禁炸药和雷管混放，钥匙由爆破工随身携带。

3. 任何人不准在存放爆炸物品箱的地点休息，更不准坐在爆炸物品箱上。

4. 防爆型发爆器要悬挂在干燥地点。发爆器钥匙由爆破工随身携带。

第 35 条 准备好够全断面一次爆破用的炸药和炮泥以及装满水的水炮泥，并整齐放置在符合规定的地点。

(二) 起爆药卷的装配

第 36 条 只准由爆破工装配起爆药卷，不得由其他人代替。

第 37 条 装配起爆药卷时必须遵守以下规定：

1. 必须在顶板完好、支护完整、避开导电体和电气设备地点进行。严禁坐在爆炸物品箱上装配起爆药卷。装配起爆药卷数量，必须严格按照作业规程中爆破图表的要求。

2. 装配起爆药卷必须防止电雷管受震动、冲击，避免折断脚线和损坏脚线绝缘层。装配时应将脚线扭结处与雷管同时握在手中，不得让脚线随意甩动。

3. 将成束的电雷管脚线顺好，拉住电雷管前端脚线将电雷管抽出。抽出单个电雷管后，必须将其脚线末端裸露部分扭结成短路。从成束的电雷管中抽取单个电雷管时，不得手拉脚线，硬拽管体，也不得手拉管体、硬拽脚线。

4. 电雷管必须由药卷的顶部装入。用木或竹制的炮针在药卷顶端中心扎略大于雷管直径的孔眼，然后检查取用的电雷管脚线是否已扭结短路，确认扭结可靠后方可将电雷管全部插入孔眼内，并将脚线在药卷上套一个扣。剩余脚线应全部缠绕在药卷上，同时将脚线末端扭结成短路。严禁将电雷管斜插在药卷的中部或捆绑在药卷上。

5. 装配好的起爆药卷要整齐摆放在爆炸物品箱内或其附近符合规定要求的安全地点，要点清数量并掩盖好，不得丢失，不准随地乱放。

(三) 装药操作

第 38 条 装药前，验孔、检查瓦斯及支护必须遵守以下规定：

1. 爆破作业必须执行“一炮三检”制。

2. 爆破工在装药前，应用炮棍插入炮眼，检验每一个炮眼的角度、深度、方向及眼内的情况，不符合作业规程规定的炮眼必须废掉，重新钻眼。

3. 督促瓦斯检查工对装药地点附近 20 m 范围内风流进行瓦斯检查，瓦斯含量超过规定时，不得装药。

4. 爆破前必须对爆破地点至少 30 m 范围内进行洒水降尘，并采取爆破高压喷雾等综合防尘措施。

5. 采掘工作面的控顶距离及支护质量应符合作业规程的规定。爆破前必须对爆破地点附近 10 m 范围内的支护进行加固，否则不得爆破。架棚巷道迎头 10 m 范围内支架齐全完好，架设质量符合作业规程要求，且要进行联锁加固。锚杆支护巷道要对锚杆螺母进行二次紧固，锚固力不低于 100 N·m。

6. 在爆破地点 20 m 以内，矿车、未清除的煤、矸石或其他物体堵塞巷道断面 1/3 以上时，不得装药。

7. 炮眼内发现异状、温度骤高骤低、有显著瓦斯涌出、煤岩松散、透老空等情况时，不得装药。

8. 采掘工作面风量不足时，不得装药。

9. 爆破工、班组长及瓦斯检查工对工作面瓦斯、通风和支护情况进行全面检查，发现问题及时处理。

第 39 条　装药程序必须遵守以下规定：

1. 爆破工必须依照作业规程中爆破说明书规定的各炮眼装药量、起爆方式进行操作。

2. 反向起爆的起爆药卷应先装，正向起爆的起爆药卷应后装。

3. 装药时要一手轻拉脚线，一手拿木制或竹制的炮棍将药卷轻轻推入眼底，不得冲撞或捣实，用力要均匀，使药卷彼此密接。药包装完后要将两脚线末端扭结。

第 40 条　爆破工按照作业规程中的爆破说明书规定的各炮眼装药量、起爆方式进行装药。各炮眼的雷管段号要与爆破说明书规定的起爆顺序相符合。

第 41 条　起爆方式分正向起爆与反向起爆；正向起爆的起爆药卷最后装，起爆药卷及所有药卷的聚能穴都朝向眼底。反向起爆的起爆药卷先装，起爆药卷及所有药卷的聚能穴都朝向眼外。无论采用何种起爆方式，起爆药卷都应装在全部药卷的一端，不得将起爆药卷夹在两药卷中间。

（四）封泥

第 42 条　封泥应用水炮泥，水炮泥外剩余的炮眼部分应用黏土炮泥或用不燃性的、可塑性松散材料制成的炮泥封实。严禁用煤粉、块状材料或其他可燃性材料做炮眼封泥。无封泥、封泥不足或不实的炮眼严禁爆破。在有瓦斯突出的掘进工作面中，所有未装药的炮眼都应用封泥充满填实。装填炮泥要遵守下列规定：

1. 装填封泥时，一手拉脚线，一手拿炮棍推填封泥，用力轻轻捣实。

2. 封泥的装填结构：先紧靠药卷填上 30～40 mm 的炮泥，然后按规定的数量装填水炮泥，在水炮泥的外端再填塞炮泥，达到封泥长度的要求标准。

3. 装填水炮泥不要用力过大，以防压破。装填水炮泥外端的炮泥时，先将炮泥贴紧在眼壁上，然后轻轻捣实。

第 43 条　炮眼深度和炮眼的封泥长度应符合下列要求：

1. 炮眼深度小于 0.6 m 时，不得装药、爆破。在特殊条件下，如挖底、刷帮、挑顶确需浅眼爆破时，必须制定安全措施，炮眼深度可以小于 0.6 m，但必须封满炮泥。

2. 炮眼深度为 0.6～1.0 m 时，封泥长度不得小于炮眼深度的 1/2。

3. 炮眼深度超过 1 m 时，封泥长度不得小于 0.5 m。

4. 炮眼深度超过 2.5 m 时，封泥长度不得小于 1 m。

5. 光面爆破时，周边光爆炮眼应用炮泥封实，且封泥长度不得小于 0.3 m。

6. 工作面有两个或两个以上的自由面时，在煤层中最小抵抗线不得小于 0.5 m。在岩层中最小抵抗线不得小于 0.3 m。浅眼装药爆破大岩块时，最小抵抗线和封泥长度都不得小于 0.3 m。

（五）连线

第 44 条 连线方式与接线要求。

1. 各炮眼雷管脚线的连接方式应按照作业规程爆破说明书的规定采用串联、并联或串并联方式，雷管脚线与母线的连接由爆破工一人操作。

2. 电雷管脚线和连接线、脚线与脚线之间的接头，都必须悬空，不得与任何物体接触。

第 45 条 爆破母线和连接线敷设。

1. 爆破母线的规格质量、长度必须符合作业规程的规定。

2. 爆破母线、连接线和电雷管脚线之间的接头必须相互扭紧并悬挂，不得与轨道、金属管、金属网、钢丝绳、刮板输送机等导电体相接触。

3. 巷道掘进时，爆破母线必须随用随挂、用后盘收，严禁使用固定爆破母线。特殊情况下，在采取安全措施后，可不受此限。

4. 爆破母线与电缆、电线、信号线应分别挂在巷道的两侧。如果必须挂在同一侧时，爆破母线必须挂在电缆等线的下方，并应保持 0.3 m 以上的距离。

5. 只准采用绝缘母线单回路爆破，严禁用轨道、金属管、金属网、水或大地等当作回路。

6. 爆破前，爆破母线必须由里向外敷设，其两端头在与脚线、发爆器连接前必须扭结成短路。

7. 严格按照作业规程中爆破说明书规定的连线方式进行连线。脚线的连接工作可由经过专门训练的班组长协助爆破工进行。雷管脚线与母线的连接必须由爆破工亲自操作。

（六）爆破作业

第 46 条 在连线爆破前，必须对距爆破地点附近 20 m 范围内的风流进行瓦斯检查。瓦斯含量符合《煤矿安全规程》规定后方准连线爆破，否则必须采取措施处理达到规定要求。

第 47 条 爆破前应做好警戒工作。

1. 班组长也须亲自指定专人在警戒线和可能进入爆破地点的所有通路上执行警戒工作。

2. 各警戒地点除设置站岗人员外，还要设警戒线，警戒线处应设置警示牌、栏杆或拉绳等醒目标志。

3. 爆破前工作面人员都要撤至作业规程规定的安全距离外的安全地点。

第 48 条 母线与脚线连接后，爆破工必须最后退出迎头，并沿途检查爆破母线是否符合要求。

第 49 条 每次爆破作业前，爆破工必须做电爆网路全电阻检查。严禁用发爆器打火放电检测电爆网路是否导通。用具有检测电阻值功能的发爆器或专用爆破欧姆表进行电爆网路测试。

1. 将待测电爆网路导线端头接在接线柱上，指针摆动则说明电路是通的；当电阻值很大甚至为无穷大时，说明网路断路不通；当电阻值很小甚至趋近于零时，说明脚线短路。

2. 读出表上的读数，并与设计时的计算值相比较，以判断网路连接质量是否合乎要求。

3. 发现断路或短路及电阻值超过允许范围时，应立即找出原因，排除故障。

4. 检测不合格的网路，未消除故障前，禁止起爆。

第 50 条　整个电爆网路经过导通检测确认合格后，才准将母线与发爆器电源开关连接，准备起爆。

第 51 条　爆破工接到班组长下达的起爆命令，确认爆破警戒范围内无滞留或误人人员后，必须先发出爆破警号（喊话三声或吹急促口哨三次），再将爆破母线与发爆器上的两根接线柱相接，并将发爆器钥匙插入发爆器，转至充电位置。发爆器指示灯稳定后，将发爆器手把转至爆破位置爆破，至少再等 5 s，方可起爆。严禁发出爆破警号与起爆同步进行。

第 52 条　电雷管起爆后，必须立即将起爆钥匙拔出，摘掉爆破母线并扭结成短路。发爆器的把手、钥匙或电力起爆器接线盒的钥匙，必须由爆破工随身携带，严禁转交他人。不到爆破通电时，不得将把手或钥匙插入发爆器或电力起爆器接线盒内。

（七）爆破后检查及处理

第 53 条　爆破后，经通风除尘排烟、确认炮烟吹过警戒地点空气合格、等待时间超过 15 min 后，区队长带领爆破工、瓦斯检查工和班组长巡视爆破地点，由外向里检查通风、瓦斯、煤尘、顶板、支架、拒爆、残爆等情况。如有危险情况，必须立即处理。无特殊情况下由班组长解除警戒岗哨后，其他人员方可进入工作面作业。

第 54 条　检查工作面爆破情况。通电以后拒爆时，爆破工必须先取下把手或钥匙，并将爆破母线从电源上摘下，扭结成短路，再等一定时间（使用瞬发电雷管时，至少等 5 min；使用延期电雷管时，至少等 15 min），才可沿线路检查，找出拒爆的原因。

第 55 条　爆破后清点剩余电雷管、炸药，填好消耗单，核实查清当班领取、使用及剩余的爆炸物品数量相符，并经班组长现场验证签字。当班剩余的爆炸物品必须当班交回爆炸物品库，严禁私藏爆炸物品。

第 56 条　爆破工作结束，应将爆破母线、发爆器、便携式甲烷检测报警仪等整理好。升井后，要将发爆器、便携式甲烷检测报警仪等交回规定的发放处。

八、特殊操作

第 57 条　处理拒爆、残爆时，爆破工必须在班组长指导下进行作业，并遵守下列规定：

1. 由于连线不良造成的拒爆，重新连线起爆。

2. 在距拒爆眼 0.3 m 以外另打与拒爆炮眼平行的新炮眼，重新装药起爆。

3. 严禁用镐刨或炮眼中取出原放置的起爆药卷或从起爆药卷中拉出电雷管。不论有无残余炸药严禁将炮眼残底继续加深，严禁用打眼方法往外掏药，严禁用压风吹拒爆（残爆）炮眼。

4. 处理拒爆的炮眼爆炸后，爆破工必须详细检查炸落的煤、矸石，收集未爆的电雷管。

5. 在拒爆处理完毕以前，严禁在该地点进行与处理拒爆无关的工作。

第 58 条 处理卡在溜煤(矸)眼中的煤、矸石时，如果确无爆破以外的办法，可爆破处理，但必须遵守下列规定：

1. 必须采用取得煤矿矿用产品安全标志的用于溜煤(矸)眼中的煤矿许用刚性被筒炸药或不低于该安全等级的煤矿许用炸药。

2. 每次爆破只准使用 1 个煤矿许用电雷管，最大装药量不得超过 450 g。

3. 爆破前必须检查溜煤(矸)眼内堵塞部位的上部和下部空间的瓦斯。

4. 爆破前必须洒水。

九、收尾工作

第 59 条 爆破后，待工作面的炮烟吹过警戒地点后，区队长带领爆破工、瓦斯检查工和班组长必须首先巡视爆破地点，由外向里检查通风、瓦斯、煤尘、顶板、支架、拒爆、残爆等情况。如有危险情况，必须立即处理。无特殊情况下由班组长解除警戒岗哨后，其他人员方可进入工作面作业。

第 60 条 装药的炮眼必须满足当天爆破工作任务，未爆破完，遇有特殊情况时，爆破工必须在现场向下一班爆破工交接清楚。

第 61 条 将爆破母线、发爆器、便携式甲烷检测报警仪、全电阻网路检测仪等收拾整理好。

第 62 条 清点剩余电雷管、炸药，当班交回发放地点。

第 63 条 升井后将便携式甲烷检测报警仪交回仪器发放室。

十、手指口述

第 64 条 手指口述安全确认。

1. 问：是否设立警戒？

答：警戒已经设立，确认完毕。

2. 问：便携式瓦斯检测仪是否完好？

答：仪器完好，确认完毕。

3. 问：胆药数量是否够数、箱锁是否完好？

答：胆药数量准确，箱锁完好，确认完毕。

4. 问：劳保用品是否佩戴齐全？

答：劳保用品穿戴齐全，确认完毕。

5. 问：作业环境是否良好？

答：环境良好，确认完毕。

6. 问：工具仪表是否齐全完好？

答：工具齐全，仪表完好，确认完毕。

7. 问：瓦斯是否正常？

答：瓦斯正常，可以装药，确认完毕。

8. 问：装药是否完好？

答：泥已封好，装药正常，确认完毕。

9. 问：连线是否完好，瓦斯是否正常？

答：连线完好，瓦斯正常，确认完毕。

10. 问:人员是否拦截。

答:人已截好,确认完毕。

11. 问:导线是否正常?

答:导线连通正常,确认完毕。

12. 问:是否可以起爆?

答:可以起爆(大喊三声)。爆破了,确认完毕。

13. 问:爆烟是否散尽?

答:炮烟已散尽,确认完毕。

14. 问:验炮是否正常?

答:现场验炮正常,确认完毕。

15. 问:是否有拒爆、残爆?

答:没有拒爆、残爆,确认完毕。(若有,答:有拒爆、残爆,确认完毕。)

16. 问:是否按规定处理拒爆、残爆?

答:已按规定处理拒爆、残爆,确认完毕。

17. 问:残余炸药是否收集?

答:残余炸药已收集,确认完毕。

18. 问:残余炸药是否清理交回?

答:残余炸药已清理交回,确认完毕。

发爆器检修工

一、适用范围

第1条　本规程适用于从事用于井下爆破作业的发爆器检修、收发作业的人员。

二、任务职责

第2条　发爆器检修工应负责矿井发爆器的检查、维修、收发工作。

三、上岗条件

第3条　熟悉爆破作业相关知识,经过专业技术培训,经考核合格后,持证上岗。

第4条　掌握发爆器、爆炸材料性能和《煤矿安全规程》有关规定。

四、安全规定

第5条　遵守《煤矿安全规程》和其他有关规定。

第6条　必须定期校验发爆器的各项性能参数,并进行防爆性能检查,不符合要求的严禁发放。对正常使用的发爆器必须每天检查一次,备用发爆器每两天检查一次,不合格者应作报废处理,并做好记录。

第7条　检查和维修瓦斯闭锁、网路闭锁等新型发爆器时,应严格按厂家技术标准进行操作。

第8条　发爆器必须上架管理,每台发爆器只准配备一把钥匙,并统一编号管理。

五、操作准备

第 9 条 发爆器维修工作应在专用维修间内进行，并配备本质安全型发爆器测量仪、导通表、万用表等常用仪器和工具。

第 10 条 检查发爆器外观是否完整，发爆器固定螺丝接线柱、防尘小盖是否完好，毫秒开关是否灵活。

第 11 条 对发爆器氖气灯泡做试验检查，如果在规定的充电时间内，氖气灯泡闪亮，表示正常；如充电时间大于规定时间，应更换电池。

第 12 条 对上井的发爆器每天用发爆器测量仪进行检测，检查发爆器爆破冲量是否小于 8.7 平方安培毫秒，检查发爆器能否在 3～6 ms 内输出足够的电能并自动切断电源，停止供电。否则，必须进行检查、维修。

第 13 条 用新电池作电源，测量发爆器输出电流及其主电容器充电时间以及充电电压，若测量的数值低于额定值，必须对发爆器进行检查、维修。

六、操作顺序

第 14 条 本工种操作应遵照下列顺序进行：

维修：仪器检查→故障排除→修理→登记。

发放：仪器检查→按规定发放→登记→回收→检查→存放登记。

七、正常操作

第 15 条 打开发爆器外壳时，应注意保护其防爆面，切莫碰、划，以免影响防爆性能。

第 16 条 发爆器维修步骤如下：

1. 打开开关，如无声音，则检查电池是否连接好，有无断线的地方；如无上述情况再用万用表测有无压降，如电压降至零，需更换二极管；如电压降不到零，则需要更换变压器。

2. 打开开关，如有声音，但爆破冲量小，则检测电容是否击穿，毫秒是否缩短，然后根据测试结果更换电容。

3. 若氖气灯不亮，先检查选配的电阻是否合适，分压电阻是否变质或被短路，氖气灯本身起辉电压是否改变，然后根据检查结果确定更换电阻。

4. 若导通指示灯不亮，应检查导通指示板上发光二极管或电阻是否损坏。

5. 把开关拧到爆破位置，测试仪上仍有数字显示，应更换泄放电阻。

6. 维修完毕后，安装好防爆外壳，用发爆器测量仪重新检测一次。只有当更换新电池后，爆破冲量达到 20 平方安培毫秒以上，发爆器才能使用。

第 17 条 收发发爆器步骤如下：

1. 发放前必须进行电压检查。如显示欠压或电池电压不足，要重新充电（或更换电池）。发爆器电压不足时，不准投入使用。

2. 只准对符合《煤矿安全规程》规定的爆破工发放仪器。按牌发仪器，进行登记，发完后将仪器牌挂到相应位置。

3. 收回发爆器时，发放人员应将其仪器牌还给使用人。

4. 对收回的发爆器，应检查、维护，使其符合要求。确保仪器干净，外观完好、结构完整、附件齐全。各调节旋钮能正常调节，电源开关应灵活，显示部分应有相应显示，动作部件应能正常动作。

5. 对交回的发爆器,要及时充电。

6. 对当班使用并交回的发爆器,因故未检查完的、未维修完的,在交班时要交代清楚,以使下一班检查、维修。

7. 对当班使用、交回的发爆器进行登记。

8. 对当班使用未交回的发爆器,要及时汇报,查清原因,提出处理意见。

八、特殊操作

第 18 条　维修过程中,如发现异常现象应立即停止维修,待处理正常后,再进行工作。

第 19 条　外观及通电检查,仪器外观完好,结构完整,附件齐全,连接可靠,电源电压应符合发爆器的工作要求。

九、收尾工作

第 20 条　维修好的发爆器必须记入发爆器维修台账,对每台发爆器的维修管理情况要清楚。

第 21 条　做好交接班工作,发爆器收发台账要清楚。

十、手指口述

第 22 条　手指口述安全确认。

1. 问:现场灭火器是否完好、安全通道是否畅通、各电气设备是否有漏电现象、现场有无其他安全隐患?

答:现场灭火器完好、安全通道畅通、各电气设备无漏电现象、无安全隐患,确认完毕,可以进行工作。

2. 问:打开校验仪,检查发爆器检测数据是否合格?

答:发爆器检测数据合格,确认完毕。

3. 问:打开发爆器,检查是否有故障?

答:发爆器无故障,确认完毕。

4. 发放发爆器时。

问:发爆器是否完好、是否失爆?发爆器发放记录台账是否填写?

答:发爆器完好无失爆,可以发放,确认完毕。发爆器发放记录台账填写完毕,确认完毕。

5. 收回发爆器时。

问:发爆器是否完好?是否做好记录?

答:收回发爆器,发爆器完好,已做好记录,确认完毕。

火工品管理工

一、适用范围

第 1 条　本规程适用于在井下爆炸物品库从事爆炸物品管理工作的人员。

二、任务职责

第 2 条　完成下列工作:

1. 负责爆炸物品库的现场环境、设备的安全检查及安全设备设施的使用管理工作，发现异常问题及时向上级汇报。

2. 负责矿井使用爆炸物品的领退工作，并严格按照规程标准填写各类记录台账。

3. 负责电雷管(包括清退入库的电雷管)在发给爆破工前的导通测试工作。

4. 负责应急情况(矿井安全事故)期间炸药库的现场处置安全防护工作的执行。

三、上岗条件

第 3 条 必须政治可靠、忠于职守、责任心强、遵守有关法律法规。

第 4 条 必须掌握爆炸材料性能和《煤矿安全规程》中的有关规定，掌握炸药、雷管的存放知识，并经培训考试合格，持证上岗。

四、安全规定

第 5 条 井上、下接触爆炸物品的人员，必须穿棉布或者抗静电衣服。

第 6 条 各种爆炸物品的每一品种都应当专库储存；当条件限制时，按国家有关同库储存的规定储存。存放爆炸物品的木架每格只准放一层爆炸物品箱。

第 7 条 井下爆炸物品库必须采用砌碹或者用非金属不燃性材料支护，不得渗漏水，并采取防潮措施。爆炸物品库出口两侧的巷道，必须采用砌碹或者用不燃性材料支护，支护长度不得小于 5 m。库房必须备有足够数量的消防器材。

第 8 条 井下爆炸物品库的最大储存量，不得超过矿井 3 天的炸药需要量和 10 天的电雷管需要量。

第 9 条 井下爆炸物品库的炸药和电雷管必须分开储存。

第 10 条 每个硐室储存的炸药量不得超过 2 t，电雷管不得超过 10 天的需要量；每个壁槽储存的炸药量不得超过 400 kg，电雷管不得超过 2 天的需要量。

第 11 条 库房的发放爆炸物品硐室允许存放当班待发的炸药，最大存放量不得超过 3 箱。

第 12 条 任何人员不得携带矿灯进入井下爆炸物品库房内。库内照明设备或者线路发生故障时，检修人员可以在库房管理人员的监护下使用带绝缘套的矿灯进入库内工作。

第 13 条 电雷管(包括清退入库的电雷管)在发给爆破工前，必须用电雷管检测仪逐个测试电阻值，并将脚线扭结成短路。

第 14 条 发放的爆炸物品必须是有效期内的合格产品，并且雷管应当严格按同一厂家和同一品种进行发放。

第 15 条 爆炸物品的销毁，必须遵守《民用爆炸物品安全管理条例》。

五、操作准备

第 16 条 检查电话、消防器材、电气设备、照明线路是否完好灵敏可靠。

第 17 条 检查手持机、雷管导通仪是否完好。

第 18 条 检查防爆门、栅栏门、木地板、顶板支护是否完好。

第 19 条 炸药检查：检查药卷外观是否完整，防潮剂是否剥落，封口是否严密等，否则不得发放。

第 20 条 雷管检查：检查其金属壳是否有裂缝、砂眼和锈蚀；对于纸壳雷管，应查看纸壳是否松裂，管底起爆药是否碎裂，脚线是否良好，有无生锈。

第21条 电雷管发放前必须逐个做全电阻检查并进行编号;电雷管箱必须在存放硐室外开启,一次开启一箱。并清点数量,每次最多取100发进入硐室做电雷管全电阻检查、编号。未做全电阻检查、编号的,不得发放。

第22条 电雷管全电阻检查必须在专用的硐室内进行,严格按规定操作,并定期检验和校正全电阻检查仪。检查不合格、交回的废雷管要单独存放在库内,并建立台账。更换电雷管全电阻检查仪电池时,应在井上或井下安全地点进行。

第23条 检验电雷管用的电流不得超过50 mA。

第24条 电雷管全电阻检查合格后,要将电雷管脚线理顺成束。理顺成束时不准手拉脚线硬拽管体,更不准手拉管体硬拽脚线,应轻轻理顺、伸展整齐,每10发为一组卷绕脚线,将其脚线扭结成短路,编号待发。

六、操作顺序

第25条 本工种操作应遵照下列顺序进行:待发爆炸物品检查→分类放置待发物品→核对领用人员信息→发放爆炸物品→填写发放记录。

七、正常操作

第26条 火工品管理工发放爆炸材料,必须先检查爆破工的证件及标准药箱、雷管盒是否合格齐全,再根据领料单如数发放,并登记入账。

第27条 有下列情况之一,不得发放爆炸材料。

1. 未持有合格证件的爆破工。

2. 凡未经领导签发、印章不齐全或涂改的领料单。

3. 药箱、雷管盒不合格(如破烂、无盖板),或有箱无锁。

第28条 硬化、水分超过0.5%的硝铵炸药不许发放;其检查方法是从外观看药卷是否受潮、渗水,或出现浆状物,用于轻轻揉搓有无硬块。

第29条 爆破工将当班剩余的炸药、电雷管退库时,应持有当班班组长的签字,火工品管理工要认真查对、验收,确认领退数量相符,方可办理退库手续。退库的炸药、电雷管发放前必须重新检查,合格后方准发放。

第30条 对在领退手续上作弊以及有意损坏、偷盗、私藏炸药和雷管人员,火工品管理工发现后要立即向上级主管部门汇报。

第31条 必须有专用硐室并上架存放爆破工的药箱、雷管盒,存放的药箱、雷管盒内不准有剩余火药、雷管。

八、特殊操作

第32条 发生水灾事故时:

1. 首先打开排水泵进行排水,使用防洪袋等物质对库房入口进行加高封堵。

2. 判明灾情,及时向调度室汇报,等待工作安排。

3. 若水势较大不能控制时,接到撤人指令后,立即关闭库房2个通道的防爆门,沿避灾路线撤离。

第33条 发生火灾事故时:

1. 首先根据火灾大小迅速采取措施进行灭火。

2. 及时向调度室汇报,判明火灾地点及原因,等待工作安排。

3. 若灾情较大不能控制时,接到撤人指令后,立即关闭库房2个通道的防爆门,沿避灾路线撤离。

九、收尾工作

第 34 条 爆炸材料管理和发放中发现的问题要立即向矿调度室汇报，并记录在值班簿中。

十、手指口述

第 35 条 手指口述安全确认。

1. 问：是否按规定到岗上岗？

答：按时到达药库，账、卡、物、手持机信息相符，按规定接班。

2. 问：库房内安全、消防设施、设备、工具是否齐全、完好、可靠？

答：库房内消防器材、电气设备、照明线路、电话、导通仪、手持机、防爆门、栅栏门齐全、完好、可靠。

3. 问：发放炸药前是否已检查爆破工、押运员证件和领料单？

答：已检查爆破工、押运员证件且齐全有效，领料单按规定签字盖章，确认无误。

4. 问：是否按规定发放炸药？

答：已按照料单内容输入手持机，并登记台账，双方签字发放。

5. 问：发放雷管前是否按规定进行导通？

答：发放前电雷管已按规定进行导通。

6. 问：是否按规定清退炸药、雷管？

答：已核实料单，炸药、雷管清退数量相符，登记台账，双方签字后分别放入清退硐室。

7. 问：是否按规定离岗？

答：已做好当班报废雷管的回交、登记工作，按规定交班，可以离岗。

管路安装工

一、适用范围

第 1 条 本规程适用于在井下从事防尘、防灭火管路的安装、维修、拆卸作业的人员。

二、任务职责

第 2 条 管路安装工应完成下列工作：防尘管路、防灭火灌浆、注浆、注惰性气体管路的运输、安装、拆卸、检查和维修等工作。

三、上岗条件

第 3 条 必须经过培训，考试合格后，方可上岗。

第 4 条 需要掌握以下知识：

1. 有关防尘管路的安装、维护规定。

2. 有关防灭火灌浆、注浆管路规定。

3.《煤矿安全规程》中对防尘供水、防灭火灌浆、注浆的有关规定。

4. 熟悉入井人员的有关安全规定。

5. 了解有关煤矿瓦斯、煤尘爆炸的知识。

6．了解井下各种气体超限的危害及预防知识。

四、安全规定

第5条 防尘和防灭火的有关管路安装要符合《煤矿安全生产质量标准化基本要求及评分办法》“第四部分 通风”中有关粉尘防治、防灭火的要求。

第6条 严禁在无风或风量不足的地点从事管路安装、拆除、维护、检查等工作。

第7条 在进行正常操作时，要仔细检查操作环境的安全状况，不安全不准操作。

第8条 敷设管路时，要严格按设计施工。管路与其他设施和设备的安全间隙必须满足《煤矿安全规程》有关规定。

第9条 在运输巷道中敷设管路时，严格遵守有关安全规定，采取设置警戒、行车不行人等相关的安全措施。

五、操作准备

第10条 工作前应把需用工具、材料准备齐全。

第11条 安装前应详细检查管材、闸阀质量，进行试压试验，应无堵塞物、无漏洞，软管应盘好。

第12条 下井进行管路敷设和维修时，要交运所需的材料。

第13条 软质管或较短管材、配件可装矿车运送。凡矿车装不下的管材均装平板车运送。管材的装载高度不准超出矿车或平板车两帮高度，并要捆绑牢固。

第14条 在电动机车运输巷道运送时，应事先与运输部门取得联系，并严格执行电动机车运输的有关规定。

第15条 严格执行斜巷运输管理规定，并有防止管材脱落、刮帮和影响行人、通风设施的措施。严禁用输送带、溜子运输管路。

第16条 管材、物料运到现场后，应放在预定地点，堆放整齐、牢稳，不得妨碍行人、运输和通风。

六、操作顺序

第17条 本工种操作应遵照下列顺序进行：施工地点安全检查→验收物料→管路的安装与拆卸（管路维护）→检查质量。

七、正常操作

第18条 接管路时，应按照从外向里的顺序操作，逐节接入，具体如下：

1．管道的接头接口要拧紧，用法兰盘连接的管道必须加垫圈，做到不漏气、不漏水。

2．管路要托挂或垫起，吊挂要平直，拐弯处设弯头，不拐急弯。

3．拆卸管道时，要两人托住管道、一人拧下螺钉。

4．接防尘管道时，应根据质量标准要求安设三通和阀门，以便冲刷巷道。所有采煤工作面平巷、掘进工作面、带式输送机巷、刮板输送机机道、运输大巷、回风大巷等都必须安装防尘管路，所有装载点、转载点、溜煤眼均应安装喷雾装置，且位置适当。

5．机械触动式、电磁阀式、光电式、声控式等自动洒水喷雾装置的安装要按专门设计施工。

6．在较高的位置施工时，要有牢固的脚手架，防止摔伤或被管道砸伤。

7．当管路通过风门、风桥等设施时，应事先与通巷工区联系好，管路要从墙的一角打孔通过，接好后用灰浆堵严。管路不得影响风门的开关。

8. 在有电缆的巷道内敷设管路时，应尽量敷设在另一侧。如条件不允许，必须与电缆敷设在同一侧时，管路距离电缆至少 300 mm；防尘、注浆管路应在电缆线下方。

9. 用法兰盘连接管道时，严禁手指插入两个法兰盘间隙及螺栓眼之间，以防错动挤手。

10. 接胶管或塑料管时，接头应用铁丝捆紧、连好、砸平。每隔 3～4 m 要有一吊挂点，保持平、直、稳。井下不准使用非抗静电的塑料管。

11. 新安装或更换的管路要进行漏气和漏水实验，做到通畅、不漏水、不漏气。不合标准的要拆除旧管，安装新管。

12. 连接瓦斯管路时必须加胶垫、上全法兰盘螺栓并拧紧，以确保不漏气。安装流量计时，必须严格按质量标准施工。

13. 拆卸的管道要及时清点、运走，不能及时运走的应在指定地点堆放整齐，把接头、三通、阀门、螺栓等全部回收妥善保管。

八、特殊操作

第 19 条　接管路时，如遇特殊情况，具体操作如下：

1. 在竖井内接管道时，应按照管道规格，先打好工字梁。操作时，必须安装工作盘和保护盘。由上往下接时，第一节管子用双卡卡在横梁上，运一节接一节，螺栓上齐拧紧，每遇横梁都要用卡子卡牢。由下往上接时，第一节管道要与平巷管道连接牢固，同样运一节接一节，遇横梁用卡子卡牢。

2. 在倾斜和水平巷道中安装管径为 108 mm 或更大管径的管道时，必须先安装管托。管托间距不大于 10 m。

3. 在斜巷内接直径为 108 mm 或更大管径的管道时，要接好一节运一节，并把接好的管道用卡子或 8～10 号铁丝卡在或绑在预先打好的管道托架上。

4. 在倾角较大的小井、联络巷中拆接管道时，必须佩戴保险带，并有专用工具袋，用完的工具或拆下的部件随时装入袋内。严防坠落伤人。拆接管道前，应先用绳子将准备拆接的管道捆住，绳子另一头牢固地拴在支架或其他支撑物上，以防止管道掉下。

5. 正在使用的管路需要部分拆除或更换时，必须首先与有关部门联系好。

6. 在巷道中敷设管路时，如果巷道顶部没有足够的空间，可以在保证安全间隙以及不影响行人等情况下，敷设在巷道底部，但必须在巷道底部加设牢固的水泥墩，间隔要均匀，符合设计要求。

7. 拆除或更换防尘、灌浆、注浆、注氮管路时，要等管路内的流体等全部流净后，方可拆除或更换。需要拆除的带有水、浆的管路，首先必须关闭大阀门，打开三通阀门进行泄压时作业人员必须闪开管子口，避免压力过大伤人。

8. 发现管路损坏或漏水、漏气，要立即汇报并及时处理。

九、收尾工作

第 20 条　检查安装质量，保证管路符合要求。

第 21 条　清理现场，保持整洁、安全。

第 22 条　运走拆除的管路和配件，带齐工具上井。

十、手指口述

第 23 条　安装管路手指口述安全确认。

1. 问：检查现场，隐患是否排除，是否可以准备安装管路？

答:顶帮支护完好,气体情况正常,无安全隐患,可以准备安装管路,确认完毕。

2. 问:工具、螺丝和胶垫是否到位,是否可以接管?

答:工具、螺丝和胶垫已准备到位,可以接管,确认完毕。

3. 问:管路是否对接完毕,管钩是否备好,是否可以开始吊挂?

答:管路已对接完毕,管钩已备好,可以开始吊挂,确认完毕。

4. 问:吊挂是否完毕,管钩吊挂是否符合规定?

答:管路吊挂完毕,管钩吊挂符合规定,确认完毕。

5. 问:管路安装是否符合规定?

答:管路安装符合规定,确认完毕。

6. 问:现场是否整理,是否开始下一组?

答:现场已整理完毕,可以开始下一组,确认完毕。

第24条　拆除管路手指口述安全确定。

1. 问:检查现场,隐患是否排除,是否可以准备拆除管路?

答:现场确认顶帮支护完好,气体情况正常,无安全隐患,可以准备拆除管路,确认完毕。

2. 问:总阀门是否关闭,管内余水是否放尽?

答:总阀门已关闭,管内余水已放尽,确认完毕。

3. 问:水管是否托住,螺丝是否拧下,是否可以将管放下?

答:水管已托住,螺丝已拧下,可以将管放下,确认完毕。

4. 问:拆除的管路及水管配件是否堆放整齐?

答:拆除的管路及水管配件已堆放整齐,确认完毕。

5. 问:现场是否整理,是否开始下一组?

答:现场已整理完毕,可以开始下一组,确认完毕。

矿井测尘工

一、适用范围

第1条　本规程适用于从事矿井粉尘测定作业的人员。

二、任务职责

第2条　矿井测尘工应完成下列工作:

1. 测定粉尘浓度。
2. 提出控制粉尘的措施意见。
3. 负责仪器的送检、标校以及游离二氧化硅、粉尘分散度的送检工作。

三、上岗条件

第3条　必须经过培训,取得安全技术工种操作资格证后,持证上岗。

第4条　需要掌握以下知识:

1. 熟悉下井人员的有关安全规定。
2. 熟悉测尘仪器的工作原理。

3. 掌握《煤矿安全规程》有关防尘的规定。

4. 掌握本矿的粉尘源以及防治重点。

5. 了解煤尘爆炸的有关知识。

6. 了解有关尘肺病的知识。

7. 了解井下各种气体超限的危害及预防知识。

四、安全规定

第 5 条 注意观察采样地点顶帮、运输等情况，以保证工作中的安全，如有隐患必须首先处理。

第 6 条 井下作业场所的总粉尘浓度要每月测定 2 次，呼吸性粉尘每月测定 1 次。

第 7 条 个体呼吸性粉尘，采掘工作面每 3 个月测定 1 次，其他地点每 6 个月测定 1 次。

第 8 条 粉尘中的游离二氧化硅的含量，每 6 个月测定 1 次，变更工作地点时要测定 1 次。

五、操作准备

第 9 条 认真检查测尘仪器，做到外表清洁、附件齐全、按键或旋转按钮灵敏可靠。

第 10 条 根据测尘地点和采样数量准备好仪器、仪表、工具及其附件。

第 11 条 使用粉尘采样器测尘时，要事先认真称量采样滤膜。测量时用塑料镊子取下滤膜两面的夹衬纸，然后将滤膜轻放在分析天平上进行称重，并记下重量值、编号号码，再放入滤膜盒内。要求滤膜不得有折皱，滤膜盒盖要拧紧，并置于干燥皿内。

六、操作顺序

第 12 条 本工种操作应遵照下列顺序进行：检查仪器→准备滤膜→现场采样→分析采样→填写数据报表→整理仪表。

七、正常操作

第 13 条 下井时应带全仪器、仪表、工具和记录本等。仪器要随身携带，严禁碰撞、挤压，不得让他人代拿或摆弄。

第 14 条 选择测尘位置时应注意以下问题：

1. 采样地点设在回风侧。

2. 采样高度，在人的呼吸带高度，一般为 1.5 m 左右。

3. 在采煤机司机操作采煤机、打眼、人工落煤及攉煤时，应在采煤机司机作业地点进行。

4. 采煤工作面多工序同时作业时，应在回风巷距工作面 10～15 m 处进行。

5. 在掘进工作面掘进机司机操作掘进机、打眼、装岩(煤)、锚喷支护时，应在巷道未安装风筒的一侧距装岩(煤)、打眼或喷浆等工人作业地点处进行。

6. 掘进工作面多工序同时作业时，应在距掘进头工作面 10～15 m 回风侧进行。

7. 在转载点采样时，应在其回风侧距转载点 3 m 处进行。

8. 在其他产尘场所采样时，在不妨碍工人操作的条件下，采样地点应尽量靠近工人作业的呼吸带。

第 15 条 测尘时，仪器的采样口必须迎向风流。

第 16 条 对测尘开始时间的要求：

1. 对于连接性产尘作业，应在生产达到正常状态 5 min 后再进行采样。

2. 对于间断性产尘作业，应在工人作业时采样。

第 17 条　采样时首先调节好所需流量(一般为 20 L/min),并检查保证无漏气,然后取出准备好的滤膜夹,固定在采样器上。

第 18 条　采样后,将滤膜固定圈取出,迅速放入采样盒内,要求受尘面向上、不要摇晃震动,然后带回实验室称重、分析。

第 19 条　采样后,应将滤膜放在干燥器内干燥 1 h,然后再进行称重;如采样现场有水雾或发现滤膜表面有水珠、湿度过大时,要先将滤膜放在 60～65 ℃的烘干箱内烘干 2 h,然后再放入干燥器内干燥 30 min,最后再将其置于分析天平上称重 1 次,直至恒重为止。并记录所称重量。

第 20 条　时间加权平均浓度的计算,分以下两个步骤:

1. 测尘地点的粉尘浓度按下式计算:

$$C=(W_2-W_1)\times 1\,000/QT$$

式中　C——空气中粉尘浓度,mg/m^3;

W_2——采样后滤膜重量,mg;

W_1——采样前滤膜重量,mg;

Q——采样时流量,L/min;

T——采样持续时间,min。

分别计算每个时段接触的粉尘浓度,按采样的先后顺序分别以 C_1, C_2,…,C_n 表示。

2. 按下式计算 8 h 的时间加权平均浓度:

$$TWA=(C_1T_1+C_2T_2+\cdots+C_nT_n)/8$$

式中　TWA——8 h 时间加权平均浓度, mg/m^3;

8——一个工作日的工作时间,h;

C_1, C_2,…,C_n——T_1,T_2,…,T_n 时间段接触的相应浓度,mg/m^3;

T_1,T_2,…,T_n——C_1,C_2,…,C_n 浓度下的相应接尘持续时间,h。

八、特殊操作

第 21 条　使用粉尘采样器测尘时,若采样后的滤膜被污染或粉尘失落应作废、重新采样。

第 22 条　由于滤膜不耐高温,因此在 55 ℃以上的采样现场不宜采用。

九、收尾工作

第 23 条　要及时将每次的测尘记录填入台账。

第 24 条　测尘完毕后,要填写粉尘测定结果报告表,月底做好本月粉尘浓度测定报告表,并及时上报。

第 25 条　检查仪器、仪表并擦拭干净。

十、手指口述

第 26 条　手指口述安全确认。

1. 问:测尘滤膜是否准备?

答:滤膜已称量好并在测尘实记手册上记录好滤膜的初始质量,确认完毕。

2. 问:下井用工具、材料是否齐全?

答:所用镊子、滤膜、滤膜盒、记录本、笔等准备齐全,确认完毕。

3. 问:采样器是否正常?

答:采样器启动正常,电量充足,流量稳定,采样头正常,确认完毕。

4. 问:下井前所佩带物品是否齐全?

答:矿灯、自救器和定位卡正常,安全帽和劳动防护用品齐全,其他工具及材料齐全,确认完毕。

5. 问:工作地点是否安全?

答:工作地点顶板及两帮支护完好,无车辆运行,无安全隐患,可以进行采样,确认完毕。

6. 问:采样地点是否符合要求?

答:采样地点设在产尘点回风侧、距离符合测定要求,采样高度距底板 1.5 m,确认完毕。

7. 问:仪器操作是否正确?

答:固定采样头在采样器上,把滤膜放入采样头内,确认完毕。

8. 问:采样时间、流量是否符合要求?

答:根据现场粉尘浓度情况设定采样时间,调节好采样器流量为 20 L/min,确认完毕。

9. 问:滤膜取出是否放入采样盒内?

答:采样完毕后,把滤膜从采样头内取出放入采样盒内,确认完毕。

10. 问:现场数据记录是否正常?

答:记录好采样地点、工序、样品号、流量、采样时间等数据,确认完毕。

11. 问:滤膜是否经过干燥处理?

答:上井后把滤膜放入干燥皿内干燥 1 h 后进行称重,记下滤膜增重,确认完毕。

12. 问:粉尘浓度测定结果是否计入手册?

答:根据公式计算出现场粉尘浓度,记入测尘实记手册,确认完毕。

矿井防尘工

一、适用范围

第 1 条 本规程适用于在井下从事防尘作业的人员。

二、任务职责

第 2 条 矿井防尘工应完成的工作。

1. 防尘管路的运输、安装、拆卸、检查和维修等。
2. 安装、维护、拆除防尘设施、隔爆设施。
3. 负责采区回风巷、矿井总回风巷等地点除尘。
4. 负责大巷的刷白工作。

三、上岗条件

第 3 条 必须经过培训,考试合格后,方可上岗。

第 4 条 需要掌握以下知识:

1. 熟悉入井人员的有关安全规定。
2. 熟悉防尘管路、防尘设施、隔爆设施的工作原理。

3. 掌握《煤矿安全规程》对防尘管路、防尘设施、隔爆设施以及防尘的有关规定。

4. 了解有关防尘管路、防尘设施的安装要求和质量要求。

5. 了解有关煤矿瓦斯、煤尘爆炸的知识。

6. 了解井下各种气体超限的危害及预防知识。

四、安全规定

第5条 防尘管路、防尘设施、隔爆设施的安装，要符合《煤矿安全生产质量标准化基本要求及评分办法》“第四部分 通风”中有关粉尘防治之设施设备的要求。

第6条 严禁在无风或风量不足的地点从事管路、防尘设施、隔爆设施的安装、拆除、维护、检查及巷道冲刷等工作。

第7条 在进行正常操作时，要仔细检查操作环境的安全状况，不安全不操作。

第8条 敷设管路时，要严格按设计施工。管路与其他设施和设备的安全间隙必须满足《煤矿安全规程》有关规定。

第9条 在运输巷道中敷设管路、防尘设施、隔爆设施、巷道冲刷时，要严格遵守有关安全规定，采取设置警戒、行车不行人等措施，不得冒险操作。

第10条 巷道冲刷时要保证防尘管路、设施齐全、灵敏可靠，确保防尘水源充足，水质符合要求。

第11条 矿井防尘工要按规定使用防尘管路、设施。

第12条 在下列地点必须安设主要隔爆棚：

1. 矿井两翼与井筒相连通的主要运输大巷和回风大巷。

2. 相邻采区之间的集中运输巷道和回风巷道。

3. 相邻煤层之间的运输石门和回风石门。

第13条 在下列地点必须安设辅助隔爆棚：

1. 采煤工作面进风、回风巷道。

2. 采区内的煤层掘进巷道。

3. 采用独立通风，并有煤尘爆炸危险的其他巷道。

4. 与煤仓相通的巷道。

第14条 水棚的水量：水棚组的用水量按巷道断面计算，主要水棚不低于 400 L/m^2，辅助水棚不低于 200 L/m^2。

第15条 水棚的间距为 1.2～3.0 m，主要水棚的棚区的长度不小于 30 m，辅助水棚的棚区长度不小于 20 m，分散式布置棚区的长度不小于 120 m。

第16条 水棚距顶梁、两帮的间隙不小于 100 mm。水棚距巷道轨面向上不小于 1.8 m。水棚应保持统一高度，需要挑顶时，水棚区的巷道断面应与前后各 20 m 长的巷道断面一致。

第17条 吊挂水棚的挂钩，应采用 60°±5°斜钩，相向吊挂。

第18条 水棚应设置在巷道的直线段内，与巷道的交叉口、转弯处之间的距离不得小于 50 m。

第19条 每处水袋棚必须使用同一规格的水袋，不得混用。

第20条 采煤工作面进、回风巷和掘进巷道长度小于 300 m 时设一个棚区，以后每 200 m 设置一个棚区。

第 21 条 在有支护的巷道中进行吊挂水棚的操作时，不得破坏原有支护。确需改变的，要制定专门措施，按措施施工。

五、操作准备

第 22 条 工作前应把需用工具、材料准备齐全。

第 23 条 安装前应详细检查管材、闸阀质量，进行试压试验，应无堵塞物，无漏洞。

第 24 条 下井进行管路敷设和维修时，要准备好所需的材料及物品。

第 25 条 软质管或较短管材、配件可装矿车运送。凡矿车装不下的管材均装平板车运送，装车严禁超高，并要捆绑牢固。

第 26 条 在电动机车运输巷道运送时，应事先与运输部门取得联系，并严格执行电动机车运输的有关规定。

第 27 条 严格执行斜巷运输管理规定，并有防止管材脱落、刮帮和影响行人、通风的措施。

第 28 条 管材、物料运到现场后，应放在预定地点，堆放整齐、牢稳，不得妨碍行人、运输和通风。

第 29 条 检查所安设管路、水袋(槽)地点的顶帮是否完好，发现问题要及时处理。

第 30 条 刷白巷道前，应遮盖好附近的机电设备、管线和风筒。

六、操作顺序

第 31 条 管路安设、撤除应遵照下列顺序进行：施工地点安全检查→验收物料→管路、设施的安装、撤除→检查质量。

七、正常操作

第 32 条 安设管路时，应按照从外向里的顺序操作，逐节接入。

第 33 条 管道的接头接口要拧紧，用法兰盘连接的管道必须加垫圈，做到不漏气、不漏水。

第 34 条 管路要托挂或垫起，吊挂要平直，拐弯处设弯头，不拐急弯。

第 35 条 拆卸管道时，要两人托住管子，一人拧下螺栓。

第 36 条 接防尘管道时，应根据质量标准要求安设三通和阀门，以便冲刷巷道。所有采煤工作面两巷、掘进工作面、带式输送机巷、刮板输送机机道、运输大巷、回风大巷等都必须安装防尘管路。

第 37 条 管路安装要按专门设计进行施工。

第 38 条 在较高的位置施工时，要有牢固的脚手架，防止摔伤、管道砸伤或人员跌落。

第 39 条 当管路通过风门、风墙等设施时，应事先与通风工区联系好，管路要从墙的一角打孔通过，接好后用灰浆堵严。管路不得影响风门的开关。

第 40 条 在有电缆的巷道内敷设管路时，应尽量敷设在另一侧。如条件不允许，必须与电缆敷设在同一侧时，管路应离开电缆 300 mm 以上。

第 41 条 用法兰盘连接管道时，严禁手指插入 2 个法兰盘间隙及螺栓眼之间，以防错动挤手。

第 42 条 接胶管或塑料管时，接头应用铁丝捆紧、连好、砸平。每隔 3～4 m 要有一吊挂点，保持平、直、稳、顺。井下不准使用非抗静电的塑料管。

第 43 条 新安装或更换的管路要进行漏气和漏水试验，做到通畅、不漏水、不漏气，不合标准的要进行整改。

第 44 条 安装流量计时，必须严格按质量标准施工。

第 45 条 拆卸的管道要及时清点、运走，不能及时运走的应在指定地点堆放整齐，把接头、三通、阀门、螺栓等全部回收妥善保管。

第 46 条 对巷道的积尘情况进行检查，如果需要清理，要采取措施进行清理(按照冲刷巷道积尘和刷白巷道的操作方法进行操作)。

第 47 条 对各作业地点的防尘设施(水幕、爆破喷雾等)以及使用情况进行检查，发现问题及时处理。

第 48 条 冲刷巷道积尘和刷白巷道操作如下：

1. 冲刷、刷白巷道的人员，要穿雨衣、戴口罩、戴防护眼镜和绝缘手套、靴等进行工作。

2. 巷道刷白前，应先将巷道积尘冲刷干净。

3. 冲刷或刷白运输巷道时，应事先与机电调度联系，并在冲刷地点里外分别设岗，严禁行车。

4. 冲刷或刷白架线电动机车巷道时，应切断架线电源，并挂上“有人工作，禁止送电”的停电牌，然后再开始工作。

5. 冲刷和刷白工作要顺着风流方向进行。

第 49 条 安装及回撤水槽时，要两人配合好，一人观察顶板，一人吊挂或回撤。

第 50 条 吊挂要按照具体规定，依次安设挂杆、吊钩、水袋(槽)，吊挂要整齐。

第 51 条 向水袋(槽)中注入清水，保证水量充足。

第 52 条 查验安装的水袋(槽)的质量，保证不漏水、不歪斜，否则要及时进行调整。

第 53 条 在架线电动机车巷道中施工前，应事先与运搬工区联系，切断架空线电源，并挂上“有人工作，禁止送电”的停电牌，并执行停送电制度。

第 54 条 在运输巷道中施工，要有人监护、指挥运行车辆，确保安全施工。

八、特殊操作

第 55 条 在竖井内接管道时，应按照管道规格，先打好工字梁。操作时，必须安装工作盘和保护盘。由上往下接时，第一节管道用双卡卡在横梁上，运一节接一节，螺栓上齐拧紧，每遇横梁都要用卡子卡牢。由下往上接时，第一节管道要与平巷管道连接牢固，同时运一节接一节，遇横梁用卡子卡牢。

第 56 条 在倾斜和水平巷道中安装管径为 108 mm 或更大管径的管道时，必须先安管道托，管托间距不大于 10 m。

第 57 条 在斜巷内接管径为 108 mm 或更大管径的管道时，要接好一节运一节，并把接好的管子用 U 形卡子或卡箍卡在或绑在预先打好的管道托架上或吊挂架上。

第 58 条 在倾角较大的巷道、联络巷中拆接管子时，必须佩戴保险带，并有专门工具袋，用完的工具或拆下的部件随时装入袋内，严防坠落伤人。拆接管道前，应先用绳子将准备拆接的管道捆住，绳子另一头牢固地拴在支架或其他支撑物上，以防止管道掉下。

第 59 条 正在使用的管路需要部分拆除或更换时，必须首先与有关部门联系好。

第 60 条 在巷道中敷设管路时，如果巷道顶部没有足够的空间，可以在保证安全间隙以及不影响行人等情况下，敷设在巷道底部，但必须在巷道底部加设牢固的水泥墩，间隔要均匀，符合设计要求。

第 61 条 拆除或更换防尘管路时，要等管路内的流体等全部流净后，方可拆除或更换。

第 62 条 发现管路损坏或漏水、漏气，要立即汇报并及时处理。

第 63 条 发现作业地点的粉尘浓度超标时，必须停止作业，采取措施后方可恢复生产。

第 64 条 在顶板及附近巷道的支护有隐患时，应首先处理，处理完后方可进行下一步操作。

第 65 条 安装及回撤时，顶板、支护发生变化时，应停止操作。

九、收尾工作

第 66 条 检查安装质量，保证管路、设施符合要求。

第 67 条 清理现场，保持整洁、安全。

第 68 条 运走剩余的物品和配件，带齐工具上井。

第 69 条 交接班时，对存在的问题要当面交接清楚。

第 70 条 及时通知有关人员，将新安设(拆除)的隔爆设施标注在图纸上，并建立档案。

十、手指口述

第 71 条 手指口述安全确认。

1. 问：下井前携带的劳动防护用品、工具、材料是否符合要求？

答：矿灯、自救器、定位卡、安全帽和劳动防护用品，以及工具及材料齐全完好，确认完毕。

2. 问：作业现场是否进行安全检查？

答：工作地点顶板及两帮的支护情况完好，无悬矸危岩，两帮无片帮现象，无运输车辆，确认无安全隐患，可以进行施工，确认完毕。

3. 问：管路是否平直？

答：管路平直，确认完毕。

4. 问：垫子、卡栏是否安装好？

答：垫子、卡栏已安装到位，螺栓已拧紧，水管已连接好，确认完毕。

5. 问：是否设置三通阀门。

答：三通阀门按标准规定已设置，确认完毕。

6. 问：管路是否吊挂？

答：管路已吊挂好，确认完毕。

7. 问：阀门是否开启？

答：阀门已打开，确认完毕。

8. 问：接头是否漏水？

答：接头不漏水，确认完毕。

9. 问：是否穿好防护服？

答：防护服已穿戴好，确认完毕。

10. 问：是否接好冲尘水管？

答：冲尘水管已连接好，确认完毕。

11. 问：是否可以冲尘？

答：阀门已打开，可以冲尘，确认完毕。

12. 问:冲尘顺序是什么?

答:顺着风流方向冲,先冲巷道上部再冲下部,并冲彻底,确认完毕。

13. 问:是否可以关闭水源挪移管路?

答:可以关闭水源挪移管路,确认完毕。

14. 问:梯子是否扶牢?

答:梯子已扶牢,确认完毕。

15. 问:水棚架是否吊挂好?

答:水棚架已吊挂完毕,确认完毕。

16. 问:水袋是否吊挂好?

答:水袋已吊好,确认完毕。

17. 问:水袋是否加水?

答:水袋已加水,确认完毕。

18. 问:现场卫生是否清理?

答:现场卫生已清理,确认完毕。

矿井防灭火工

一、适用范围

第1条 本规程适用于在煤矿从事防灭火制浆、注浆、注氮作业的人员。

二、任务职责

第2条 矿井防灭火工应完成下列工作:

1. 负责制浆材料的收货、验货。
2. 负责浆液的制作及浆液的输出。
3. 采煤工作面洒浆、向采空区埋管注浆。
4. 负责巡查沿途注浆管路。
5. 负责操作注氮装置等机具向采空区和巷道注氮。
6. 检查、维护注氮管路系统。
7. 负责注氮设备等机具的维护、保养及故障排除等工作。

三、上岗条件

第3条 必须经过培训考试,经考试合格后方可上岗。

第4条 应具备的知识。

1. 熟悉矿井通风系统、入井人员的有关安全规定。
2. 熟悉制浆、注浆的工作原理。
3. 掌握矿井避灾路线、洒浆、埋管压浆的工作原理。
4. 熟悉制氮、注氮的工作原理。
5. 掌握《煤矿安全规程》对制氮、注氮的有关规定。
6. 熟悉注氮的正规流程、操作程序。

7. 掌握《煤矿安全规程》对制浆、注浆的有关规定。

8. 熟悉浆液制作的工作流程、操作程序。

9. 熟悉制浆设备的参数以及对浆液的要求。

10. 熟悉《煤矿安全规程》中对防灭火的有关规定。

11. 掌握煤矿自然发火的机理及防治知识。

四、安全规定

第 5 条 泥浆中固体材料可以采用含砂量不超过 25%的黄土、粉煤灰，要求加入少量的水就能制成浆、易于脱水、渗入性强、收缩量小、不助燃、不可燃。

第 6 条 制浆人员要时刻注意设备运转情况，当设备运转出现异常时应立即停机，进行检查处理。

第 7 条 开工前，检查制浆设备是否完好，工具是否携带齐全，是否完好，制浆材料是否满足要求。

第 8 条 检查浆池和排浆口盖板是否脱落，有无掉下的危险。

第 9 条 检查管路连接是否正常，冬季制浆时，检查水管水枪是否有积水结冰。

第 10 条 制浆料是否堆积过高，使用水枪冲击时，水枪要拿稳把牢，浆料有无塌方的可能，确认无问题后，方可开工。

第 11 条 俯采工作面埋管注浆时，面内必须安设专人进行巡查，以防浆水流到工作面影响生产。

第 12 条 进入工作面的人员不得随意操作工作面内各种电气设备、闸阀、开关、按钮等。洒注浆前后应仔细检查胶管是否有断裂，阀门是否有丢失和损坏，如发现问题及时进行更换处理，确保管路完好畅通，阀门开关可靠。

第 13 条 所有人员在工作中应避开机头、机尾、采煤机、刮板输送机和牵引绳等，防止安全隐患的出现。

第 14 条 在带式输送机机道或运输巷中施工时，施工前必须先与带式输送机司机或刮板输送机司机联系，压、洒浆期间严禁开启带式输送机或刮板输送机，严禁站在带式输送机或刮板输送机上进行作业，并将带式输送机或刮板输送机开关停电闭锁，设专人看守开关。

第 15 条 所有人员都必须熟知施工地点的避灾路线。

第 16 条 进入工作面时，工作前必须与采煤工作面跟班负责人取得联系，协调好工作时间。

第 17 条 所有洒注浆人员要熟知工作面的供浆系统，并确保供浆系统完好畅通。

第 18 条 俯采工作面洒注浆时，要时刻观察工作面浆水积聚情况，不得冲倒支柱，淹没机电设备而影响采煤生产。

第 19 条 因特殊情况，不能实施正常洒注浆时，要向单位汇报，报矿分管领导批准，否则一律不得无故不进行洒注浆。

第 20 条 注氮管路系统投入使用前，必须进行压力试验，确保密封不漏气。

第 21 条 注氮作业，必须按照设计施工，不得擅自改变注氮量、注氮方式等。

第 22 条 注氮时必须携带便携式瓦斯检测报警仪，进入工作地点，应首先检查瓦斯等气体以及巷道顶帮的情况，确认安全后，方可正常操作。

第 23 条　井下注氮操作场所附近必须安设电话，能与调度室、地面注氮操作间保持联系。

五、操作准备

第 24 条　制浆前所用各种设备应完好：各阀门应处在正确的开关位置，供水系统畅通，供电系统正常，照明设备齐全。

第 25 条　制黄泥浆前应将冲土用的水枪放到合适位置，并连接好供水管路。

第 26 条　制浆前，首先将浆池底清理干净，将遗存的脏杂物清扫出去。关闭下浆孔、泄水孔闸门。

第 27 条　井下注浆前需准备管钳、扳手、钳子、铁丝等工具材料。

第 28 条　沿途要对注浆管路系统进行检查。

第 29 条　到达工作地点后，必须首先检查管路系统状况和注浆地点的顶、帮支护情况和瓦斯、一氧化碳等气体及温度等，发现问题要及时处理，处理不了时要及时汇报。

第 30 条　地面注氮前的检查：检查注氮机组的状况，包括检查机组油量、冷却系统、仪器仪表、阀门等是否满足要求。

第 31 条　井下注氮检查：检查工作场所附近的巷道顶帮及气体情况，检查管路及阀门的状况，确保安全、完好。

六、操作顺序

第 32 条　本工种操作应遵照下列顺序进行：

地面注浆操作：查验制浆材料→制浆；

井下注浆操作：机具检查→要水→试注浆→注浆→停浆→停水→清理→记录。

注氮操作应遵照下列顺序进行：

井下操作顺序：安全检查→打电话要求供氮气→打开阀门注氮→观察记录注氮量；

地面操作顺序：安全检查→开启制氮机组→正常供气。

七、正常操作

第 33 条　注浆站工作人员制浆必须对搅拌机、电动机、链条、链轮、闸门、箅子、水泵进行检查，确保各机械传动灵活可靠。

第 34 条　开启清水泵，向高压水枪供水，其开泵的程序为：

1. 首先检查水泵和各部位是否完好无损，启动开关是否完好无损且灵敏可靠，确认无误后方可工作。

2. 按下启动开关的启动按钮，水泵开始运转，进入正常的工作。

3. 开泵人员精力要集中，时刻倾听和观察水泵的运转情况，发现异常现象，应立即停泵，进行处理。

第 35 条　水泵开启后，用高压水枪打黄土，其晃枪的程序为：

所有水枪都必须固定牢固，固定点到前方枪头的长度应保持在 300～600 mm 之间。

1. 晃枪人员要把水枪拿稳抓牢或间接固定。

2. 同时开启的高压水枪的数量最多不得超过 3 个。

3. 晃枪时要均匀地打到黄土，使水土充分混合，不得随意乱打水枪。所有制浆池及中间走道都要随时清理，不存留泥渣。

4. 除操作人员外，高压水枪打土方向的上方及前方不得有人。

第 36 条　高压水枪采土后的泥浆经过滤筛流入搅拌池，需沉降半个小时左右，把澄清的清水用吸管放出，按照上述标准再次打土制浆，直至浆水浓度的土水比达到洒浆 1∶4 以上，压浆 1∶6 以上。

第 37 条　备好的泥浆，在向下输送前，必须通过搅拌机搅拌均匀，方可送往井下。搅拌机操作的程序为：

1. 操作人员要熟知搅拌机的性能和使用说明书。

2. 搅拌机启动前，必须检查搅拌机的各个部位是否完好，搅拌机控制各电器原件是否完好，搅拌机控制箱各电器原件是否灵敏可靠，搅拌机行走道上是否有障碍物，经检查各部位合格后，方可启动搅拌机。

3. 要根据搅拌机停放的位置及需要行走的方向，按下控制箱上的按钮，切勿误按，使搅拌机开始运行。

4. 操作人员责任心要强，时刻观察和倾听搅拌机的运行情况，发现问题及时处理。

5. 搅拌机行走在泥浆的两端时，距端头的距离不得小于 2 m。

6. 每次搅拌结束后，搅拌机要停放在泥浆池的中间部位，并切断控制箱上的主隔离开关。

第 38 条　搅拌均匀的泥浆，在进入输浆管子之前必须经二层箅子分别为 15 mm 和 10 mm的筛子过滤，并将杂草、石块等杂物随时捞出，防止进入管子。

第 39 条　接到井下送浆的电话后，首先压水冲洗管路及钻孔，只有接到井下二次电话通知钻孔或封闭区进水畅通，方能改送浆水。

第 40 条　制浆池的泥浆用完后，应将池内杂物清除掉，并用水冲洗干净。

第 41 条　冬季灌浆，停浆后要把水泵及清水管路中的水放净。

第 42 条　注浆站要建立制浆输浆台账，记录每班的水土比和实际灌浆量。

第 43 条　采煤工作面洒浆操作。

1. 洒浆前应有专人沿输浆管路至工作地点，认真检查管路是否畅通及胶管和输浆管的连接情况，做到连接严密牢固。

2. 洒浆人员要站在顶帮完好的安全地带，如顶帮支护不好或存有危岩悬矸等，不得进行洒浆工作。在使用单体液压支柱支护的工作面进行洒浆时，首先对工作面的支柱进行检查，发现支柱卸载或漏液，无支柱防倒措施时，要立即汇报现场支柱工进行更换处理，严禁在支护不完好的地点进行洒浆。洒浆前，人员到位分配好职责后，再电话通知地面制浆站下浆。

3. 洒浆沿倾斜方向，自上而下向老塘冒落的矸石进行喷洒。如冒落的岩石堆积较高喷洒不方便，可在冒落岩石的空隙中插管注浆。

4. 工作面洒浆，不准与回柱工作平行作业，待回柱结束人员撤出后方可进行洒浆工作。

5. 工作面洒浆必须三方（采面工长、安监员、洒浆人员）签字方能有效证实该面已实施洒浆。

6. 洒浆结束后，要先通知注浆站停止下浆，确认压浆管无压力、无浆水后，再关闭现场控制阀门，并将所用的胶管盘放整齐，放置在不影响采面人员工作的地点。

第 44 条　仰采工作面埋管注浆。

仰采工作面埋管压浆具体方法为：在工作面的轨、运两道选择较高的一侧，在工作面外帮敷设直径 50 mm 注浆管路，将直径 108 mm 钢管埋入采空区，每隔 30～50 m 安设一个三通，出口处套上 0.5 m 长的直径 108 mm 的花管，工作面推进 50 m 后，开始向采空区注浆，随采随注。

第 45 条　俯采工作面埋管注浆。

因俯采工作面埋管压浆时采空区高于工作面，且不适宜工作面的洒浆工作，选用在工作面的轨、运两道较高的一侧敷设直径 108 mm 注浆管路，安装在工作面的外帮，随着工作面的向前推进，将其埋入老塘，每隔 30～50 m 把管子掐断，套上 1.5 m 长、直径 108 mm 的花管，工作面推进 50 m 后，每天在检修班安排专人注浆，其注浆量以不流出工作面影响生产为准。

第 46 条　采煤工作面仰俯采时，都可以进行洒浆或注浆，也可采用洒注结合的方法注浆。

第 47 条　下井后要沿注氮管路行走，并用随身携带的工具进行检查，发现有漏气要及时处理。

第 48 条　用氮气防灭火时，要对管路进行检查，对管路中的积水要及时排除。

第 49 条　向火区注氮。

1. 将管路接到防火墙上预留的注氮孔管路上，打开阀门。

2. 通知调度室或通防部门，由其通知制氮站供气。

3. 观察并记录注氮量：每隔 1 h 记录一次仪表值，并填入注氮记录表上。

4. 随时检查瓦斯、一氧化碳等气体的浓度，超限时要停止工作，先进行处理。

5. 达到设计的注氮量时，要停止注氮，待有关人员检查后，决定是否撤出管路或继续注氮。

6. 停止注氮时，要先通知调度室或通防部门、注氮机组值班人员后，再关闭阀门。

第 50 条　向采空区注氮。

1. 工作面开切眼时要预先埋设注氮管路，沿走向每推进 50 m，再沿工作面埋设注氮管路，通过平巷中的支管与注氮管路系统相连。

2. 根据设计的注氮量进行注氮操作。

第 51 条　停产工作面的注氮防火。

1. 通过临时密闭预留的注氮孔管路向停产工作面进行注氮，操作方法可以参考“向火区注氮”的操作程序。

2. 向停产工作面进行注氮时，要保证停产工作面进、回风巷的密闭不漏风。

第 52 条　制氮装置开车。

1. 启动空压机：按“ON”启动键。

2. 打开空气总阀和尾气放空阀，同时打开冷干机。

3. 启动空压机，待空气压力升到 0.7 MPa 时，调节仪表压力为 0.55 MPa 后，启动冷冻式干燥机。5 min 后按下制氮装置开关启动制氮装置，吸附器 PLC 控制器即处于运行状态。

4. 待氮气缓冲罐压力升到 0.8 MPa 时，缓缓打开放空装置，等氮气纯度合格后，关闭放空阀，打开产品气阀，使流量逐步升到额定产气量。

5. 监测和记录运行中的设备状况。

6. 装置在运行过程中，需定时检查各设备运行情况。如空压机是否处于工作状态，原料气温度是否正常，各吸附器压力循环是否正常，成品氮气浓度是否符合要求。

7. 注意控制箱 P86 氮气分析仪显示氮气纯度是否合格，否则手动放空。

第 53 条 制氮装置停车。

1. 停空压机：按“OFF”停机键。

2. 关 PLC 控制器。

3. 关产品气阀。

4. 关空气总阀。

5. 关冷冻式干燥机。

八、特殊操作

第 54 条 选用其他材料制浆时，包括制作物理泥浆和化学泥浆，必须编制专门注浆、制浆设计和措施，报公司总工程师批准后，按照设备、材料的使用说明书操作。

第 55 条 当制浆站或者制氮站发生火灾事故时，施工人员应立即切断电气设备电源，火势不大时应积极灭火，可采用干粉灭火器灭火，灭火时人员应站在火源的上风侧，对准火源底部进行灭火。火势较大不能扑灭时，应使用湿毛巾将口鼻捂住，弯腰撤至安全地点，并将现场情况及时汇报调度室并拨打火警电话“119”进行求救。

第 56 条 对洒浆、注浆的效果，要定期取样、分析，检查发现施工地点存在漏风或发火隐患，要及时进行补注。

第 57 条 处理漏气管路时，要首先关闭阀门，如果需要停气，还要通知制氮厂停供氮气，并向调度室、通防部门汇报。

第 58 条 处理漏气管路时，要有两人以上，并有人检查氧气浓度，如果低于 20%，不得操作。

第 59 条 井下发现不适合注氮的情况时，要立即打电话通知注氮机组操作人员进行停机，并向调度室和通防部门汇报。

第 60 条 机组操作人员发现设备有异常现象时，要立即进行处理，必要时要停机。

第 61 条 如果现场发生火、瓦斯、煤尘爆炸事故，要遵循安全撤离、及时汇报、妥善避灾、积极抢救的原则，进入安全区或紧急避险硐室。

1. 遇到瓦斯、煤尘爆炸事故时，要迅速佩戴好自救器，按照既定的安全避灾路线迅速撤离到安全地点，并及时向调度室汇报，做好自救和互救工作。

2. 当发生火灾事故时，在确保自身安全的前提下，及时向矿调度室汇报，并充分利用现场一切条件组织灭火。当火势失去控制、无法扑灭时，必须迅速组织人员迎风沿安全避灾路线进行撤离。当处于下风侧时，必须迅速组织人员佩戴好自救器沿最短的安全路线撤离到新鲜风流中。

3. 当遇到水灾事故时，要尽量避开突水水头，难以避开时，要紧抓身边的牢固物体并深吸一口气，待水头过去后开展自救和互救。

九、收尾工作

第 62 条 工作结束后，要核实本班的注浆量、浆液浓度、土量、水量，并将本班工作情况详细记入注浆日志。下班后做好整理工作，并按要求管理好设备，保持蓄水池有足够的浆水。

第 63 条 工作面洒浆、注浆结束后应整理好现场，并按要求将洒浆软管盘放整齐，上井后必须将当班的洒浆情况向单位值班人员汇报，并将洒浆、注浆记录单交单位值班人员，以便进行存档。

第64条 当班注氮完成后，要将当班的注氮量、火区检查情况、工作面采空区注氮的情况和制氮机组运行记录一并详细交接。

十、手指口述

（一）井上制浆

第65条 井上制浆开工前手指口述安全确认。

1. 问：是否持证上岗？

答：现持证上岗，确认完毕。

2. 问：检查设备是否正常？

答：制浆、注浆、注氮等设备完好，运转正常，确认完毕。

3. 问：材料、工具是否已备齐？

答：材料、工具已备齐，确认完毕。

4. 问：供浆阀门是否关闭？

答：关闭供浆阀门，进行制浆，确认完毕。

第66条 井上制浆岗位操作手指口述安全确认。

1. 问：供水阀门是否打开，搅拌机是否开启？

答：打开供水阀门，开启搅拌机，使泥浆搅拌均匀，确认完毕。

2. 问：浆水比例是否符合规定？

答：检查浆水浓度，压浆浓度土水比不低于1∶6、洒浆浓度土水比不低于1∶3，确认完毕。

3. 问：制浆完毕，是否打开供浆阀门？

答：打开供浆阀门，确认完毕。

4. 问：供浆地点是否正常？

答：供浆正常，未发现异常情况，确认完毕。

5. 问：供浆阀门是否已关闭？

答：供浆阀门已关闭，确认完毕。

第67条 井上制浆完工后手指口述安全确认。

1. 问：收拾好所使用的工具，工具是否齐全，是否有损坏？

答：经检查，工具齐全、完好，无损坏，确认完毕。

2. 问：清理好现场卫生，是否清理完毕？

答：现场卫生清理完毕，确认完毕。

（二）井下制浆

第68条 井下制浆开工前手指口述安全确认。

1. 问：是否持证上岗？

答：现持证上岗，确认完毕。

2. 问：材料、工具是否已备齐？

答：材料、工具已备齐，确认完毕。

3. 问：现场是否安全？

答:检查顶帮支护良好,无片帮、空顶现象,可以施工,确认完毕。

4. 问:注浆管路是否完好?

答:注浆管路完好,无滴漏现象,可以实施注浆,确认完毕。

第69条 井下制浆岗位操作手指口述安全确认。

1. 问:供浆阀门是否打开,浆水比例是否符合规定?

答:开启供浆阀门,电话通知制浆站下浆,浆水浓度不低于1∶3,确认完毕。

2. 问:注浆是否完成?

答:工作面注浆完成,确认完毕。

3. 问:注浆管路是否已清洗?

答:打开清水阀门,清洗管路,确认完毕。

4. 问:注浆阀门是否关闭?

答:注浆阀门已关闭,确认完毕。

第70条 井下制浆完工后手指口述安全确认。

1. 问:收拾好所使用的工具,工具是否齐全,是否有损坏?

答:经检查,工具齐全、完好,无损坏,确认完毕。

2. 问:现场卫生是否清理完毕?

答:现场卫生清理完毕,确认完毕。

(三)注氮操作

第71条 注氮开工前手指口述安全确认。

1. 问:是否持证上岗?

答:现持证上岗,确认完毕。

2. 问:设备、管路是否完好?

答:注氮设备、管路密封良好,无漏气现象,确认完毕。

3. 问:现场是否安全?

答:注氮现场,气体正常,顶帮支护良好,无片帮、空顶现象,可以施工,确认完毕。

第72条 注氮岗位操作手指口述安全确认。

1. 问:是否开启注氮设备?

答:启动空压机,按"ON"启动键,打开空气总阀和尾气放空阀,确认完毕。

2. 问:氮气浓度是否达标?

答:氮气浓度已达标,确认完毕。

3. 问:是否可以注氮?

答:可以实施注氮,关闭放空阀,缓缓打开产品阀,确认完毕。

4. 问:注氮是否完成?

答:注氮完毕,停空压机,按"OFF"停机键,关闭产品、空气阀,确认完毕。

第73条 注氮完工后手指口述安全确认。

1. 问:是否已向通防调度汇报注氮情况?

答:已向通防调度汇报注氮情况,确认完毕。

2. 问:是否填好注氮台账?

答:已填好注氮台账,确认完毕。

3. 问：现场卫生是否清理完毕？

答：现场卫生清理完毕，确认完毕。

配气分析工

一、适用范围

第1条　本规程适用于在煤矿从事气体分析作业的人员。

二、任务职责

第2条　配气分析工应完成下列工作：

1. 保持仪器、仪表及环境卫生，做到球胆、报表、台账等码放整齐。
2. 及时、准确分析送检的气样，为领导决策提供依据。
3. 认真填写分析日报并按规定报相关人员审阅。
4. 每15天对色谱仪标校一次，特殊情况应随时标校，并做好记录。

三、上岗条件

第3条　配气分析工上岗条件。

1. 具有初中及初中以上文化程度，身体健康。
2. 经考试合格后方可上岗。

第4条　配气分析工需要掌握以下知识：

1. 掌握《煤矿安全规程》对各种井下气体含量的有关规定。
2. 熟悉气体分析仪的工作原理和使用方法。

四、安全规定

第5条　配气分析工需要遵守以下规定：

1. 送电时一人操作一人监护，严禁湿手送电。
2. 定期检查供电线路，及时更换老化的供电线路。
3. 搬运和更换氢气瓶时，严禁碰撞，钢瓶高压气体不得低于0.5 MPa，否则立即更换。更换钢瓶时应首先关闭钢瓶高压阀门，人员应站在钢瓶嘴另一侧，更换后，应进行漏气检查，方法是：打开高压阀门，关闭低压阀，用肥皂沫检查，确认安全后，方可使用，以防气体伤人。
4. 在氢气瓶附近10 m范围内，严禁烟火，严禁45 ℃以上的高温热源。
5. 开启空气压缩机时，要保证压缩空气压力在0.4～0.5 MPa内。
6. 色谱仪出现电气故障时，应由专职维修人员处理。
7. 分析完毕后，一定要先使转化炉降至安全温度后，方可关闭载气。
8. 操作放射源，应按照放射源使用的有关规定执行，维修人员严禁打开放射源。
9. 分析人员必须掌握所用设备仪器的原理和操作规程。
10. 操作人员必须掌握高压钢瓶及标准气瓶的使用方法，无标签或超期的载气及标准气样禁止使用。
11. 仪器在预热、恒温、运转状态时，严禁工作人员离开所操作的仪器。
12. 仪器点火时必须用电子枪点火，严禁用明火点火。

13. 气体分析完毕后，要将存有有害气体的球胆放在室外稀释，防止气体中毒事故的发生。

五、操作准备

第 6 条 配气分析工操作准备。

1. 进入分析室必须先敞门通风 10 min，工作期间分析室排气扇要确保完好，不准停止运行。

2. 检查仪器外观，包括仪表、面板是否正常、完好无损。

3. 检查气路系统：查看氢气瓶、氮气瓶压力，压力在 0.3～0.5 MPa，并通过眼观、耳听查看气路各接头是否松动，接头是否漏气，软管是否损坏，如果发现问题，立即处理。

4. 检查电路系统：有无线头脱落、电压是否正常，如发现问题，由专职维修人员立即处理，同时严禁湿手送电。

5. 开启空气压缩机通入载气，检查整个仪器的气路是否漏气。使用氢气发生器做载气气源时，严格按说明书要求去操作。

6. 身穿工作服，准备气样、报表及台账。

六、操作顺序

第 7 条 配气分析工操作顺序：开门通风 10 min→穿好工作服→检查气体分析室安全环境→开启空气压缩机及氢气瓶、氮气瓶阀门→打开仪器电路系统、气路系统→检查仪表电压、气压→设置各室温度和极限温度→仪器点火→进入分析状态→分析气样→填写报表、台账→关闭电源、气瓶并清理卫生→送审报表。

七、正常操作

第 8 条 配气分析工正常操作。

1. SP6800A-MK 色谱仪。

(1) 开机：检查电路系统及气路系统是否正常，打开分析仪器总电源，打开空气泵电源，打开氢气瓶和氮气瓶，并检查压力表是否正常。打开色谱仪开关，按运行键，再按温度参数键，色谱仪屏幕上运行指示符亮，待屏幕上恒温指示符亮后，调整氢气 1、氢气 2 的流量至0.1 MPa。用电子枪在氢焰口处点火，点着后，再把氢气 1、氢气 2 的流量调回原流量，按检测参数键，设置氢焰 1、热导、电捕、氢焰 2 的灵敏度及极性，按 4 次送数键完成设置。打开微机，进入色谱仪工作站，点击 1 通道、3 通道和 4 通道，待仪器基线走平稳后便可进行分析。

(2) 抽取气样：将井下取上来的气样球的球嘴接上直径 8 mm 的铜管，铜管另一头接上软胶管，打开球胆夹，冲洗铜管和软胶管内的气体，然后夹实软胶管，再用 100 mL 的注射器，安上合适的针头(5 号或 6 号针头)插入软胶管内，一手挤压球胆上部，另一手缓慢拉动注射器活塞杆，其间保证注射器内处于正压状态，然后抽取 20 mL 拔出放掉，继而插进抽取，拔出放掉如此置换三次后，抽取 100 mL 气样。

(3) 进样：将抽取的 100 mL 气样安上针头，插入仪器进样口胶管内，打开进气阀，均匀地推入气样不少于 20 mL 后，快速关闭进气阀门，仪器进入分析状态。

(4) 气体稀释：如果气样中的一氧化碳、二氧化碳、甲烷等气体浓度超过仪器的分析范围，需对气样进行稀释，方法是：用 100 mL 注射器抽取高纯氮气 99 mL 作底气，用 1 mL 注射器抽取被测气样(反复冲洗不少于三次)，然后抽 1 mL 气样注入 99 mL 的注射器内，均匀摇晃(不少于 50 次)后即稀释完毕。

(5) 气相色谱仪生成分析数据后，气相色谱分析工要把分析的气体数据填写气体分析原始记录台账和气体分析日报表上，氧气、氮气、一氧化碳、二氧化碳、甲烷、乙烷、乙烯、乙炔、丙烷及温度等数据填写要与实际数据一致，在气体分析过程中，如有异常数据，需由单位值班领导逐级向上级部门及领导汇报并采取相应措施。

(6) 关机：分析完毕后，关闭色谱仪开关，关闭空气泵电源，关闭氢气瓶和氮气瓶，关闭分析仪器总电源。

(7) 清理现场卫生。

(8) 气体分析日报表经值班领导签字后，上报有关矿领导及相关部门存档保存，为矿井防灭火工作提供可靠依据。

2. GC4085型色谱仪(全自动)。

(1) 开机：检查电路系统及气路系统是否正常，打开分析仪器总电源，打开空气泵电源，打开氢气瓶和氮气瓶，并检查压力表是否正常。打开色谱仪开关，按运行键，打开抽样仪器开关，待转化温度达到360 ℃后，按点火键进行点火，打开微机，进入色谱仪工作站，待仪器基线走平稳后便可进样分析。

(2) 气相色谱仪生成分析数据后，气相色谱分析工要把分析的气体数据填写气体分析原始记录台账和气体分析日报表上，氧气、氮气、一氧化碳、二氧化碳、甲烷、乙烷、乙烯、乙炔、丙烷及温度等数据填写要与实际数据一致，在气体分析过程中，如有异常数据，需由单位值班领导逐级向上级部门及领导汇报并采取相应措施。

(3) 关机：分析完毕后，关闭色谱仪开关，关闭空气泵电源，关闭氢气瓶和氮气瓶，关闭分析仪器总电源。

(4) 清理现场卫生。

(5) 气体分析日报表经值班领导签字后，上报矿领导及相关部门存档保存，为矿井防灭火工作提供可靠依据。

八、特殊操作

第9条　若工作地点出现火灾时，应按照应急预案要求立即切断电源，关闭气瓶。能灭火则使用有效灭火工具进行灭火，火势过大，无法灭火时，迅速沿安全通道撤至安全地点。

第10条　要经常使用气体检测管及便携式气体检测仪器与分析结果进行对比分析，确保分析结果的准确性。

九、收尾工作

第11条　关闭电源、气瓶并清理卫生，将球胆分类码放，报表台账存档备查。

十、手指口述

第12条　手指口述安全确认。

1. 问：是否打开门窗通风10 min？

答：门窗已打开通风10 min，确认完毕。

2. 问：检查仪表外观，气路系统、电路系统是否正常？

答：检查完毕，一切正常，确认完毕。

3. 问：打开氮气瓶、氢气瓶及空气泵电源，检查压力是否正常？

答：氮气瓶、氢气瓶及空气泵电源已打开，压力正常，确认完毕。

4. 问:打开色谱仪电源,检查仪表电压是否正常?

答:打开完毕,仪表电压稳定,确认完毕。

5. 问:是否设置各室温度和极限温度?

答:温度设置完毕,进入加热状态,确认完毕。

6. 问:是否打开微机,进入分析状态?

答:微机已打开,进入分析状态,确认完毕。

7. 问:仪器预热半小时,各室温度是否达到恒温状态?

答:预热时间已到,各室温度恒定,确认完毕。

8. 问:是否调整流量,并进行仪器点火?

答:点火完毕,仪器正常,确认完毕。

9. 问:是否进样分析置换针管不少于3次?

答:气体分析完毕,确认完毕。

10. 问:是否填写台账与报表?

答:台账与报表填写完毕,确认完毕。

自救器管理工

一、适用范围

第1条 本规程适用于从事自救器管理工作的人员。

二、任务职责

第2条 自救器管理工应完成下列工作:负责管辖范围内自救器的验货、收发、保管、检查、校验和维修工作。

三、上岗条件

第3条 文化程度为初中或初中以上;经过培训考试合格后,持证上岗。

第4条 身体状况健康。

第5条 从事本岗位工作一年以上。

第6条 自救器管理工需要掌握以下知识:

1. 熟悉入井人员的有关安全规定。

2. 必须掌握自救器的性能结构、工作原理、技术参数和使用保管注意事项。

3. 了解“一通三防”基本常识。

四、安全规定

第7条 下井人员,必须佩戴自救器。

第8条 携带使用的隔绝式化学氧式自救器,使用时间超过3年的,或者储存时间超过5年的,应予以报废。

第9条 每季度对隔绝式化学氧自救器的外观和气密性进行一次检查。对外壳受损或怀疑有问题的自救器要随时检查。所用的检查仪器(气密仪)要按时送检,保证其精度。

第 10 条 自救器不得和易燃易爆品放置在同一库房内。自救器库房必须通风良好，整洁干燥，不得有腐蚀性气体或蒸汽。库房中的自救器应避免放在日光直射或其他热源直接辐射的地方，距取暖设备不小于 1.5 m。

第 11 条 必须对入井人员进行培训，要会正确使用自救器。

第 12 条 检查、维修自救器的工作场所应清洁，以避免粉尘、油脂等进入自救器。被检自救器上的煤粉和脏物应擦净，不可落到密封环和托盘上，保证气密仪的可靠和密封。

第 13 条 压缩氧自救器应定期检查，及时充氧和更换二氧化碳吸收剂和老化的橡胶件；存放和携带的压缩氧自救器，每年更换一次二氧化碳吸收剂。

第 14 条 自救器检验中发现下列情况之一者，必须停止使用：

1. 自救器的服务年限已满；

2. 自救器的签封已开启；

3. 自救器外壳严重变形、锈通、漏气严重。

五、操作准备

第 15 条 按要求按时参加班前会，认真听记当班工作任务，以及安全注意事项及其他要求。

第 16 条 准备需用的工具和材料。检查当班使用工具是否牢固、灵活、好用。按规定穿戴劳保用品。

第 17 条 清点自救器，检查各类自救器和检验用仪器是否完好。

第 18 条 每天对在用自救器进行巡查，要保证自救器整洁完好。

六、操作顺序

第 19 条 本工种操作应遵照下列顺序进行：

1. 自救器的检查与验收：验货→检查（合格证、外观、气密性）→入库→填写记录。

2. 使用气密仪检查自救器的操作：检查气密仪→放入自救器→加压观察→填写自救器检查记录。

七、正常操作

第 20 条 自救器由矿集中管理，实行专人专用。

第 21 条 检查自救器时，要轻拿轻放，严禁碰撞；自救器要擦干净，并进行外观、封条检查，放回原处。

第 22 条 对自救器应检查、维护，使其符合规定的要求，即：仪器要擦干净，外观完好、结构完整。

第 23 条 对使用未交回的自救器，要及时汇报，查清原因，提出处理意见。

第 24 条 对在用的自救器应逐台建账、登卡，即记录自救器的出厂日期、编号、检查日期、检查内容、检查结果、使用者的姓名、开启原因、使用效果等。自救器账、卡、物必须相符。

第 25 条 对失效的自救器要及时注销并补充。

第 26 条 发出的自救器必须带胶皮护套，损坏的护套要及时更换。

第 27 条 收到新自救器后，要对自救器的外观（包括铭牌、出厂日期）、气密性进行检查、验收，发现不符合标准时，严禁投入使用，要及时联系退换。

第 28 条 验收完毕后，要入库，并建立台账，包括自救器的出厂日期、编号、入库时间、出库时间等。

第 29 条 新领自救器人员，由所在单位出具证明领取，并及时记录入账。

第 30 条 收回的自救器，要检查完好情况，并及时销账、入库。

第 31 条 使用气密检查仪检查自救器气密性，必须按照“气密仪检查自救器的操作”规定进行，经过检查合格的方可投入使用。

第 32 条 使用的气密仪必须经过调试、检查，要求仪器系统本身是气密的。

第 33 条 使用气密仪时，环境温度应为 10～35 ℃，相对湿度小于 80%。气密仪的工作压力范围为(480～520)×9.81 Pa，检查自救器时，可将压力计水柱提高到 540 mm。封压后 10 s，水柱保持不动时，则认为气密仪调试合格。

第 34 条 气密合格的自救器可以继续使用；气密不合格的自救器不能继续使用。

第 35 条 被检查的自救器应处于气密仪检查场所 2 h 后，才能开始检查，检查时环境温度的波动不应超过 2 ℃。

第 36 条 使用气密仪时，加压(扣封压钩)、卸压(松开封压钩)均应缓慢地进行，切不可猛扣、快放，以防止水溅到工作室里，使机件受损。

第 37 条 自救器检查完后，应立即取出，不可长时间放在气密仪工作室里加压。

第 38 条 将被试自救器放入气密仪的工作室中。盖上气密仪封盖，扣上封压钩，同时按秒表计时，第 10 s 时，记下压力计水柱高度；第 25 s 时，再次记下压力计水柱高度。

1. 对于隔离式自救器，如果在最后的 15 s 内压力计水柱下降不超过 30 mm，则认为气密合格；超过 30 mm 或压力计水柱高度未达 450 mm，则认为气密不合格。

2. 为提高检查速度，封压 10 s 后，若压力计水柱停留在 480 mm 以上某一高度不动，则认为自救器气密合格，不必再观察后 15 s。

第 39 条 检验完毕，及时填写检验台账，包括自救器的气密等情况。

八、特殊操作

第 40 条 若扣上封压钩后，压力计水柱很快下降到 400 mm 以下，说明自救器大漏气；如怀疑气密仪系统本身的气密性，可换用库存不漏气的自救器作对比试验，不可贸然调整气密仪。

第 41 条 检查自救器时，若发现压力计水柱有上升现象，说明橡胶密封环质量不好；如在后 15 s 内压力计水柱上升高度超过 4 mm，则橡胶密封环应予更换。

第 42 条 压力计刻度管里出现水泡时，表明压力计缺水，应注水后再用。

第 43 条 对气密处于不合格边缘的自救器，应进行复查。

第 44 条 为了寻找漏气部位，可用直观方法寻找，也可用毛笔沾浓度适当的肥皂水在自救器被加压 30～60 s 后涂抹于可能漏气的部位进行检查，冒泡处即是漏气处。此法同样适用于隔离式自救器。

第 45 条 使用气密仪检查隔离式自救器时，如果在后 15 s 内压力计水柱高度下降 15～30 mm，属小漏气，仍属气密合格，但应将漏气处用锡焊封闭；如在最后 15 s 内压力计水柱下降 30～50 mm，属中等漏气，经试验还未失效的，补漏维修后可继续使用。

九、收尾工作

第 46 条 仔细检查当班各种工作记录情况。

第 47 条　清扫室内卫生，把自救器架和自救器清理干净。

第 48 条　清点自救器数量，回收工作所需的设备、材料、仪表、工具等物品。

十、手指口述

第 49 条　手指口述安全确认。

1. 校验员：从灯架上取下自救器，请记录×架×号。

记录员：×架×号，记录完毕。

2. 校验员：编号××。

记录员：编号××，记录完毕。

3. 校验员：日期××。

记录员：日期××，记录完毕。

4. 校验员：脱掉保护罩，自救器外观(完好)，封条(完好)，打开气密仪，放入自救器，缓慢加压，待 15 s 后，水柱稳定后，气密为××。

记录员：自救器外观(完好)，封条(完好)，气密为××，记录完毕。

5. 校验员：缓慢卸压打开气密仪，取出自救器。

记录员：取出自救器完毕。

6. 校验员：此台自救器二检合格，可以继续上架使用。

记录员：自救器二检合格，同意继续上架使用。

安全监测工

一、适用范围

第 1 条　本规程适用于从事安全监控系统、装置的安装、调试、维修、校正、巡查、回撤等作业的人员。

二、任务职责

第 2 条　安全监测工应完成下列工作：

1. 负责管辖范围内的矿井通风安全监控系统、装置的安装、调试、维修、校正、巡查维护、回撤等工作。

2. 应将在籍的装置逐台建账，并认真填写设备及仪表台账、传感器使用管理记录、故障登记表、检修校正记录。

3. 负责为矿井监测系统图的绘制、修改提供准确的现场数据。

三、上岗条件

第 3 条　必须经过培训，取得安全技术工种操作资格证后，持证上岗。

第 4 条　需要掌握以下知识：

1. 熟悉入井人员的有关安全规定。

2. 熟悉矿井安全监测监控系统、装置的工作原理。

3. 掌握《煤矿安全规程》、《煤矿安全监控系统通用技术要求》(AQ 6201—2006)、《煤矿安全监控系统及检测仪器使用管理规范》(AQ 1029—2007)中关于对安全监控系统、装置的有关规定。

4. 熟悉矿井安全监测监控系统、装置的安装要求。

5. 了解矿井安全监测监控系统、装置的主要性能指标。

6. 熟悉《煤矿安全规程》中对矿井气体指标的规定和超标时的处理办法。

7. 了解有关煤矿瓦斯、煤尘爆炸的知识。

8. 熟悉瓦斯检测仪的性能、参数及使用方法。

四、安全规定

第5条 安全监测工需要遵守以下规定：

1. 按照《煤矿安全规程》和《煤矿安全监控系统及检测仪器使用管理规范》(AQ 1029—2007)规定安设各类传感器。

2. 矿井安全监控系统主干线缆应当分设两条，从不同的井筒或者一个井筒保持一定间距的不同位置进入井下。

3. 电网停电后，安全监控系统的备用电源应当能保持系统连续工作时间不小于2 h。

4. 安全监控设备必须具有故障闭锁功能。

5. 安全监控系统必须具备甲烷电闭锁和风电闭锁功能。当主机或者系统线缆发生故障时，必须保证实现甲烷电闭锁和风电闭锁的全部功能。

6. 安全监控设备的供电电源必须取自被控开关的电源侧或者专用电源。

7. 安全监控设备必须定期调校、测试，每月至少1次。甲烷传感器每15天至少调校1次，甲烷电闭锁和风电闭锁功能每15天至少测试1次。

8. 安全监控设备发生故障时，必须及时处理，在故障处理期间必须采用人工监测等安全措施，并填写故障记录。

9. 每天必须检查安全监控设备及线缆是否正常，使用便携式光学甲烷检测仪或者便携式甲烷检测报警仪与甲烷传感器进行对照，并将记录和检查结果报矿值班员；当两者读数差大于允许误差时，应当以读数较大者为依据，采取安全措施并在8 h内对两种设备调校完毕。

五、操作准备

第6条 上机前的准备工作。

1. 必须严格执行交接班制度和填报签名制度。

2. 交接班内容包括：

(1) 设备运行情况和故障处理结果。

(2) 井下传感器工作状况、断电地点和次数。

(3) 瓦斯变化异常区及其他有害气体的变化异常情况的详细记录。

(4) 计算机的数据库资料。

第7条 地面检修前的准备工作。

1. 备齐必要的工具、仪器、仪表，并备有设备说明书和图纸。

2. 按规定准备好检修时所需要的各种电源、连接线，将仪表通电预热，并调整好测量类型和量程。

第8条 井下安装前的准备工作。

1. 根据要求确定安装位置和电缆长度。

2. 设备各部件应齐全、完整，电缆应无破口，相间绝缘及电缆导通应良好，并备足安装用的材料。

3. 通电试验下井设备，调试确定各功能指标符合要求，各类监测设备、传感器入井前必须在地面联机运行 48 h，运行稳定方可入井。

4. 入井传感器必须检查报警值、断电值，设置必须符合所安装地点规程规定的报警值、断电值要求。

5. 分站、电源箱、线盒、断电器、馈电器等设备入井前必须进行防爆检查，并涂抹凡士林。

六、操作顺序

第 9 条 本工种操作应遵照下列顺序进行：交接班→检查→地面检修→井下检修（安装）→验收→交接班。

七、正常操作

第 10 条 监控值班员操作。

1. 接班后，首先与通防部门、调度室取得联系，接受有关指示。

2. 实时监测井下各地点监控主机数据，并检查主、备机运行情况及上传数据情况。

3. 应当填写运行日志，打印安全监控日报表，并报矿总工程师和矿长审阅。

4. 与井下监测工协调配合进行传感器的校正。

5. 停电的顺序：主机→显示器、打印机等外围设备→不间断稳压电源→配电柜电源。

6. 送电顺序：配电柜电源→不间断稳压电源→打印机、显示器等外围设备→主机。送电前应将所有设备的电源开关置于停止位置，严禁带负荷送电。

7. 要经常用干燥的布擦拭设备外壳，保持卫生清洁。

第 11 条 地面检修操作。

1. 隔爆检查的步骤是：

(1) 按标准规定检查设备的防爆情况。

(2) 检查防爆壳内外有无锈皮脱落、油漆脱落及锈蚀严重现象，要求应无此类现象。

(3) 清除设备内腔的粉尘和杂物。

(4) 检查接线腔和内部电气元件及连接线，要求应完好齐全，各连接插件接触良好，各紧固件应齐全、完整、可靠，同一部位的螺母、螺栓规格应一致。

(5) 接通电源，对照电路原理图测量电路中各点的电位，判断故障点，排除故障。

2. 通电测试各项性能指标的内容有：

(1) 新开箱或检修完毕的设备要通电测试，经 48 h 通电后分 3 个阶段进行调试：① 粗调——对设备的主要性能做大致的调整和观察；② 精调——对设备的各项技术指标进行调试、观察和测试；③ 检验——严格按照设备出厂的各项技术指标进行检验。

(2) 测试完毕，拆除电源等外连接线，盖上机盖，做好记录，入库备用。

第 12 条 地面电缆敷设与检查。

1. 登高 3 m 以上要扎好安全带，戴好安全帽，并有专人监护，安全带必须拴在确保人身安全的地方。

2. 使用梯子时，梯子与地面之间角度以 60°为宜，在水泥地面上用梯子要有防滑措施，梯脚挖坑或拴牢，并设专人扶梯子，人字梯挂钩必须挂牢。

3. 人员同杆、同点工作时，先登者必须等另一人选好工作位置后，方准开始工作，同时要注意协调。

4. 高空使用的工具、材料必须装在工具袋内吊送，不准抛扔，杆下不准站人。

5. 架设的传输电缆，如与原有高压线交叉或邻近，必须先将原有高压线停电，并验电、放电、接地、短路，为防止中途送电，必须挂临时接地线后，方可进行架线作业。

6. 雷雨大风等恶劣天气时，不得从事高空架线作业。

7. 架设楼顶与楼顶之间的传输电缆，必须先测量楼与楼之间的距离，把传输线缆用扎线扎在钢丝绳或铁丝上，一头在一楼顶固定好，然后另一头用两台不低于 1 t 的手拉葫芦，卡好扣环后循环上吊传输电缆，直至吊平拉直后，固定在另一楼顶上，手拉葫芦必须固定在确保 1 t 以上的拉力的固定点上。

8. 楼顶如无护栏，操作时工作人员必须拴好安全带。

9. 严格执行《煤矿安全规程》露天部分电气高空作业规定。

第 13 条 井下安装操作。

1. 设备搬运或安装时要轻拿轻放，防止剧烈震动和冲击。

2. 电缆悬挂点间距，在水平巷道或者倾斜井巷内不得超过 3 m，在立井井筒内不得超过 6 m。

3. 电缆与压风管、供水管在巷道同一侧敷设时，必须敷设在管子上方，并保持 0.3 m 以上的距离。

4. 井筒和巷道内的通信和信号电缆应当与电力电缆分挂在井巷的两侧，如果受条件所限，在井筒内，应当敷设在距电力电缆 300 mm 以外的地方；在巷道内，应当敷设在电力电缆上方 0.1 m 以上的地方。

5. 在大巷敷设或检查传输电缆时，如果有车辆行驶，敷设或检查人员要躲到躲避硐中，严禁行车时敷设或检查传输电缆。

6. 在有架空线的大巷中敷设传输电缆时，要确保传输电缆与架空线有 300～500 mm 的距离，横跨架空线时必须停掉架空线的电后，方准进行工作，严禁带电作业。

7. 在暗斜井架设或检查传输电缆时，要和管辖单位联系好，并要慢慢下行敷设或检查，并时刻留意脚下台阶，以防地滑摔人。

8. 在轨道上山(或下山)敷设或检查传输电缆时，首先要和下车场把钩工、上车场司机联系好，明确不准提车或松车后，方准进入，轨道上山(或下山)敷设或检查传输电缆，严禁行车时工作。

第 14 条 传输电缆的敷设。

1. 将所携带盘好的电缆放在一个固定地点，慢慢放出，并设专人看管。

2. 敷设人员要听从统一指挥，严禁各行其是，传输电缆通过巷道顶底板危险区段时，要首先观察顶底板情况，无危险方准操作，否则暂停敷设待处理好后再敷设。

3. 敷设电缆时要有适当的张弛度，要求能在外力压挂时自由坠落。电缆悬挂高度应大于矿车和运输机的高度，并位于人行道一侧。

4. 电缆之间、电缆与其他设备连接处，必须使用与电气性能相符的接线盒。电缆不得与水管或其他导体接触。

5. 吊挂完毕后，方可与原有的电缆进行连接。

6. 电缆进线嘴连接要牢固、密封要良好，密封圈直径和厚度要合适，电缆与密封圈之间不得包扎其他物品。电缆护套应伸入器壁内 5～15 mm。线嘴压线板对电缆的压缩量不超过电缆外径的10%。接线应整齐、无毛刺，芯线裸露处距长爪或平垫圈不大于 5 mm，内连线松紧适当，符合机电设备安装连线要求。

第 15 条　监测分站、电源箱及断电器、馈电器安装。

1. 安装分站时，严禁带电作业，严禁带电搬迁或移动电气设备及电缆，并严格执行"谁停电，谁送电"制度。

2. 所停电的高压开关馈电处，必须派专人看管，并挂上"有人工作，严禁送电"的标示牌。

3. 停电范围影响到其他单位的，要取得联系，做好协调、协作工作。

4. 处理分站高压侧时，严禁一人单独作业。

5. 安装断电控制系统时，必须根据断电范围要求，接通井下电源及控制线。

6. 安全监控设备的供电电源必须取自被控开关的电源侧或者专用电源。

7. 传感器在安装或拆除时，高处必须使用梯子或木马，扶牢后，再上人安装或拆除。具体安装位置：距顶不大于 300 mm，距帮不小于 200 mm。若巷道中有带式输送机或刮板输送机时，必须和所辖单位的主要负责人联系安装时间，安装时必须和带式输送机或刮板输送机司机联系好，停下输送机后，不安装完毕不准开机。严禁在输送机运转时安装传感器。

8. 传感器或井下分站的安设位置要符合《煤矿安全监控系统及检测仪器使用管理规范》(AQ 1029—2007)规定。安装完毕，在详细检查所用接线、确认合格无误后，方可送电。井下分站预热 15 min 后进行调整，一切功能正常后，接入报警和断电控制并检验其可靠性，然后与井上联机并检验调整跟踪精度，进行测试。

9. 甲烷传感器报警浓度、断电浓度、复电浓度和断电范围必须符合《煤矿安全规程》第四百九十八条规定。

10. 检修与安全监控设备关联的电气设备、需要安全监控设备停止运行时，必须制定安全措施，并报矿总工程师审批。

第 16 条　井下维护操作。

1. 安全监控设备必须定期调校、测试，每月至少 1 次。甲烷传感器每 15 天至少调校 1 次，甲烷电闭锁和风电闭锁功能每 15 天至少测试 1 次。

2. 在给传感器送气前，应先观察设备的运行情况、检查设备的基本工作条件，应反复校正报警点和断电点。

3. 先用空气气样对设备校零，再通入校准气样校正精度。给传感器送气时，要用气体流量计控制气流速度，保证送气平稳。

4. 定期更换传感器里的防尘装置，清扫气室内的污物。当载体催化元件活性下降时，如调整精度电位器，其测量指示值仍低于实际的甲烷浓度值，传感器要上井检修。

5. 设备在井下运行半年后，要上井进行全面检修。

八、特殊操作

第 17 条　排除故障时，应注意以下问题：

1. 应首先检查设备电源是否有电，并进行验电、放电。

2. 可用替换电路板的方法，逐步查找故障。

3. 应 1 人工作，1 人监护，严禁带电作业。

4. 瓦斯断电仪投入正常使用后，严禁随意进行试验。若需试验必须有试验报告与所断电范围的单位管理人员协商好，方准进行试验。

5. 试验完毕后，要等所断电范围内电源全部恢复正常时，试验人员方准离开现场。

6. 传感器和分站出现故障，处理不了的要及时更换。

7. 当系统显示井下某一区域瓦斯超限并有可能影响其他区域时，应当按瓦斯事故应急救援预案切断瓦斯可能影响区域的电源。

8. 当与闭锁控制有关的设备未投入正常运行或者故障时，必须切断该监控设备所监控区域的全部非本质安全型电气设备的电源并闭锁。

九、收尾工作

第 18 条　收尾工作要求。

1. 安装设备后，严格按照质量标准、防爆标准进行检查，确定无误后方准收工。

2. 做好记录，汇报工作进展情况。

3. 做好交接班的有关事项。

十、手指口述

第 19 条　手指口述安全确认。

1. 问：工具是否齐全？

答：扳手、偏口钳、螺丝刀、万用表等工具携带齐全，确认完毕。

2. 问：检测仪表是否完好？

答：仪表完好，确认完毕。

3. 问：巷道支护及作业环境是否安全？

答：顶帮支护完好，站位安全，通风稳定可靠，瓦斯正常，可以工作，确认完毕。

（巡查时）

4. 问：设备情况是否完好？

答：设备完好，安设位置符合要求，线路吊挂标准，确认完毕。

5. 问：是否完成巡查工作？

答：巡检记录、设备状况填写完毕，已向监控室报岗汇报，巡查工作结束，确认完毕。

（标校时）

6. 问：设备标校是否协调相关人员？

答：已协调联系现场，标校准备工作就绪，确认完毕。

7. 问：标校流程是否正常？

答：标校装置正常，气样瓶流量正常，标校零点正常，标校气样灵敏度符合要求，确认完毕。

8. 问：甲烷传感器标校测试结果是否正常？

答：设备运行正常，报警值、断电值和复电值准确可靠，各项功能和记录正常，标校测试完毕。

监控系统维护工

一、适用范围

第1条　本规程适用于从事KJ70N安全监控系统维护作业的人员。

二、任务职责

第2条　监控系统维护工应完成以下工作：

1. 负责煤矿安全监测系统软件的安装、维护及监测主、备机的操作。

2. 定期对计算机进行维护，对监控中心站所有设备的安全使用情况进行监督检查及管理。

3. 对出现的故障及时修复，对发现的各种情况及时汇报并做好记录。

4. 及时向领导汇报监测设备运转情况，确保监测数据准确可靠，保障监测系统的正常运行。

三、上岗条件

第3条　文化程度为高中或高中以上，需要经过培训考试合格后，持证上岗。

第4条　身体状况健康。

第5条　从事本岗位工作两年以上。

第6条　监控系统维护工需要掌握以下知识：

1. 掌握《煤矿安全规程》及《煤矿安全监控系统通用技术要求》(AQ 6201—2006)、《煤矿安全监控系统及检测仪器使用管理规范》(AQ 1029—2007)中关于安全监控软件系统、设备的有关规定。

2. 掌握监控机房内各种设备的使用方法。

3. 熟悉监控机房及计算机操作的有关安全规定。

4. 掌握安全监控系统的结构、性能及工作原理。

5. 掌握安全监控软件系统的安装、维护、操作及参数设置。

6. 熟悉通风安全监控软件系统、设备的性能、技术指标及使用方法。

7. 了解计算机相关知识并能熟练操作，对出现的故障能及时排除。

8. 掌握“一通三防”基本常识。

四、安全规定

第7条　严格执行《煤矿安全规程》及《煤矿安全监控系统通用技术要求》(AQ 6201—2006)、《煤矿安全监控系统及检测仪器使用管理规范》(AQ 1029—2007)的有关规定、制度，遵守监控系统维护工岗位责任制。

第8条　严格按照操作规程和产品说明书操作，保证系统线路与设备的正常连接。

第9条　地面监控中心室设置在调度室内，系统维护员24 h持证上岗。通风安全监控系统必须具有断电状态和馈电状态监测、报警、显示、存储及打印报表功能。

第10条　通风安全监控系统的主机及与系统联网主机必须双机或多机备份，24 h不间断运行。当工作主机发生故障时，备份主机在5 min内投入工作。

第11条　系统主机严禁接入互联网或用作与安全监控无关的工作。联网主机有防火墙等网络安全设备，中心室操作系统主控软件、杀毒软件、防火墙必须使用正版软件，并及时更新升级。

第 12 条 通风安全监控系统主、备机定期维护，安全监控主机定期轮换运行，正常情况下，一般不超过 3 个月轮换一次。

第 13 条 安全监控中心机房内应正确悬挂温度计、湿度计、气压计等环境监测仪表，环境温度在 20 ℃±5 ℃、湿度在 40%～70%。并做好设备的防潮、防尘、防腐、抗静电措施。

第 14 条 中心机房必须双回路供电，配备使用时间不低于 2 h 的备用电源。

第 15 条 中心机房有可靠的保护接地和防雷装置，所有设备的连接线整齐有序，避开干扰，对接插头处定期检查，保证接触良好。

第 16 条 严禁私自改变系统密码或参数，如需改变必须先汇报并做好记录。

第 17 条 严禁私自拷贝或使用软盘或光盘，严禁使用监控机玩游戏、操作影像系统。

五、操作准备

第 18 条 上岗前按时参加班前会，了解情况，接受任务。

第 19 条 准备好工作所需的设备、材料、仪表、工具等物品，熟记相关安全注意事项。

六、操作顺序

第 20 条 本工种操作应遵照下列顺序进行：

1. 停电顺序：主机→显示器、打印机等外围设备→不间断稳压电源→配电柜电源。

2. 送电顺序：配电柜电源→不间断稳压电源→打印机、显示器等外围设备→主机。

3. 环网交换机检修维护顺序：选定交换机的地点→熟悉交换机的 IP 地址→了解交换机所在的瓦斯监控分站情况→了解交换机所接电源来源→了解交换机的基本性能→交换机停电→进行维护作业。

4. 中心机房设备日常维护顺序：显示器、打印机等外围设备→不间断稳压电源→监测系统主、备机→监测系统服务器→主传输线缆→各设备连接线缆。

七、正常操作

第 21 条 每天对监测系统运转、双机热备、防火墙、网络通信、数据传输等情况进行一次全面检查，如有异常，及时处理，并做好记录。

第 22 条 每天对安全监控主、备机的电源、数据线进行检查，各设备之间布线规范、防止线路交叉短路等接触不良情况发生。

第 23 条 定期对电脑系统进行维护，每天进行病毒查杀，使用正版计算机维护管理软件，检查硬件中的碎块文件以及整理磁盘。

第 24 条 重要文件、数据、参数要做好备份。监控系统数据每 3 个月进行一次备份，备份的数据介质保存时间不少于 2 年。

第 25 条 严格按规程操作，反馈信息及时准确，无漏报、错报、瞒报现象发生，认真做好各项工作记录，做到数据准确，内容具体。

第 26 条 正确启动监控机操作系统，界面窗中程序不要打开过多，禁止启动与监控无关的其他程序。当监控程序运行出现紊乱、死机等故障时要正确退出、关闭系统，严禁非法关机。

第 27 条 计算机软件及各类设备驱动程序、配置软件，应统一贴好标签，并存放在防磁、防潮的安全地方。设置好网络安全级别和控制权限，严禁私自访问、发送文件和下载游戏。不得私自拆卸安全监控主备机、增加、减少或试用新配件及驱动程序。

第28条 根据监控系统各设备的使用说明，定期进行保养、维护，检测其各项技术参数及监控系统传输线路质量，处理故障隐患，协助监控主管设定使用级别等各种数据，确保各设备各项功能良好，运行正常。

第29条 定期对监控系统进行优化。每月对监控系统网络性能检测1次，包括网络的连通性、稳定性及带宽的利用率等；检查监控各服务器运行状态，对异常情况及时进行处理。

第30条 保持机房卫生，每班对中心站设备进行清理、除尘，防止由于机器运转、静电等因素将尘土吸入监控设备机体内，确保机器正常运行的检查；同时检查监控机房通风、散热、除尘、供电等设施。

第31条 对监控系统及设备的运行情况进行监控，分析运行情况，及时发现并排除故障。如：网络设备、服务器系统、监控终端及各种终端外设。桌面系统的运行检查，网络及桌面系统的病毒防御。

第32条 对容易老化的监控设备部件每月进行1次全面检查，一旦发现老化现象应及时更换、维修。

第33条 加强对安全监控系统的日常维护，定期与厂家联系，修正程序，杜绝数据变形。对监控系统存在问题及时进行汇报，提出整改措施并落实责任。

八、特殊操作(应急处理)

第34条 中心机房监控软件可能出现的问题和解决办法。

1. 监控软件定义的所有分站通信都不成功，可能原因有两个：

(1) 中心机房通信设置和数据通信接口装置均没有问题，通信主干线或井下分站有问题。

判定办法：由通信数据状态栏显示或数据通信接口装置显示面板“接收”指示灯不亮来断定。

分析：这种情况，可用万用表电阻挡测量引入到微机室的通信主干线二线之间的电阻，若为几百欧姆，则井下各分站未工作(未送电或掉电时间过长)；若为无穷大是通信主干线断线；若为几十欧姆是通信主干线短路。

还需要检查下面列举的四种可能性：

① 中心室监控软件设置的通信端口与实际插接的COM口是否相符(如串口线插在COM1口却设置成COM2口)；

② 串口线插接位置错误或插接松动；

③ 中心室监控软件设置的通信参数不正确；

④ 接口装置后面的电源开关应重新开启一遍。

(2) 数据通信接口装置有问题，可能是电源开关没打开、电源没送上或是串口线位置插错或接触不好。

2. 监控软件定义的分站通信有部分不成功，可能原因是：

(1) 该路分站没有下井安装；

(2) 该路分站没有送电或掉电时间过长；

(3) 该路分站到通信主干线之间的通信线路断路或短路；

(4) 该路分站定义的分站号与其他送电工作的分站号重复。

3. 监控界面模拟量测点显示“掉线”,可能原因是:

(1) 该路探头没有下井安装;

(2) 该路探头负漂超过设定值;

(3) 该路探头的信号线断路、短路或探头电缆断线;

(4) 该路探头被人摘掉;

(5) 该路探头本身有问题;

(6) 该路探头所在分站与地面中心站通信不成功。

4. 监控界面开关量测点显示“停”或“开”,可能原因是:

(1) 该路测点确实停机或风门确实开;

(2) 该路测点虽已设定但未下井安装;

(3) 该路测点的信号线断路、短路或传输电缆断线;

(4) 该路探头被人摘掉;

(5) 该路探头本身有问题。

5. 监控界面控制量输出显示“断电”,可能原因是:

(1) 监测点超出设定断电值控制该路断电;

(2) 监测点超出设定断电值控制该路断电后还没有降到设定的复电值以下;

(3) 因某种原因而进行了手动控制断电。

6. 现象:某台分站,在井下查看时,一切正常,但是系统软件显示故障。

(1) 原因一:分站发送数据,计算机没有识别。

解决方法:查从分站输出到接口输入之间,或看通信中是否有接收数据。

(2) 原因二:分站类型中的输入口、输出口,或者是液显等参数配置错误。

解决方法:按照本公司给出的分站参数配置,分站名称为 KJF6.1 的分站配置为:分站显示为无液晶。

7. 现象:计算机无接收数据,接口接收灯不闪,分站不通。

原因:计算机与接口的连接是否正常,接口与分站连接线是否正常。

解决方法:将计算机的接口拔下来,重新插好;将接口与分站的连接线重新插好。

8. 现象:井下有一部分传感器数据与计算机显示数据误差过大。

原因:传感器没有校对,传感器输出频率不对,设备特性配置不正确。

解决方法:如果传感器没有校对,请校对一下,如果传感器输出不符合频率,不符合要求并出错,应与传感器供应商联系。主系统设备特性配置不正确,应按照出厂铭牌上的说明进行配置。

9. 现象:系统没有发现软件狗。

解决方法:插好软件狗,重新安装软件狗驱动(驱动目录在安装 KJ70N 系统的目录下的 Setup\Software\inistdrb.exe 文件)。

10. 现象:关闭系统后系统重新启动。

解决方法:若要关闭系统必须先进入“任务管理器”将 WATCHER 关闭。

11. 现象:系统中所有配置全部忽然丢失(可能是在重新启动计算机后)。

解决方法:查看启动系统的图标所指向的路径。

12. 现象:系统启动出现端口号已打开。

原因:计算机系统的串口号在 KJ70N 主运行系统没有打开前,已经被其他进程占用。

解决方法:完全删除这些监测程序。对系统驻留程序,强制关闭后,仍然打开,若未解决问题则重新安装 Windows 系统。

13. 现象:查看三分钟数据的显示界面,有数据显示,但在历史曲线中不显示曲线。

原因:Windows 系统时间格式改变。

解决方法:把 Windows 系统时间改为 H:mm:ss。

14. 现象:KJ70N 系统软件已打开,但传输接口的发送(绿色)指示灯不闪(不挂接分站)。

解决方法:

(1) 检查传输接口的电源连接线及与计算机的串口连接线是否可靠。

(2) 检查是否串口接错或计算机软件中串行口选择错误。

(3) 将 KJ70N 系统软件关闭,关闭传输接口电源,保持计算机串口连接线和传输接口连接,打开传输接口后盖,检测串口连接线中的"发送"和"接地"线之间电压(一般是传输接口内部接线端 X1 或 X2 的第 2 脚和第 3 脚),此时的电压值应为 −9.6 V 左右(正常电压值为:−12～−6 V),若电压值不在正常电压值范围内,从两个方面考虑问题:一是检查串口连接线是否有断电或脱落现象;二是考虑计算机串口是否损坏。

(4) 打开 KJ70N 系统软件,任意配置一个分站,按以上(2)的方法再次检测"发送"和"接地"线之间电压值,此时电压值应来回波动,波动范围为(−9.6～+8 V),若没有电压波动则说明计算机串口损坏;如有电压波动则说明 KJJ17 线路板损坏。

15. 现象:传输接口挂接分站时接口绿色和红色指示灯闪烁,分站的绿色和红色指示灯也闪烁,但系统软件显示分站故障。

解决方法:

(1) 检查传输接口的电源连接线及和计算机的串口连接线是否可靠;特别要注意检查传输接口线路板上的 X1 和 X2 的第 1 脚与传输接口面板上的 DB9 插头连接是否可靠。

(2) 检查串口连接线两头的第 2 脚的连接线是否有断线的现象。

(3) 将传输接口线路板上与计算机串口连接的端子(X1 或 X2)的第 1 脚断开/闭合后测量与接地线间的电压(正常电压波动范围为−9.6～+8 V),两者相比较。如果连接线闭合的电压值变电非常小,刚说明计算机串口接收的负载电阻变大,很可能是计算机串口损坏。

16. 现象:无法打开 KJ70N 主界面。

解决方法:查看其他应用程序,如 Word。如果也无法打开,则可能是系统中毒,应杀毒,杀毒后仍无法打开应重新安装操作系统。

17. 现象:所有数据丢失。

原因:重新安装了 KJ70N 系统,在安装过程中新创建了数据库,将以前的数据库覆盖。

解决方法:建议在重新安装 KJ70N 系统之前备份数据库。

18. 现象:设备特性界面里记录可以增加,但是不可以删除。

原因:每个设备只剩下一个,就不可以删除。

19. 现象:实际瓦斯值为 0,但在历史曲线界面中不下降。

原因：历史曲线未选择最小值功能。

20. 现象：KJ70N 系统的报警声音比主界面报警数据显示延时。

原因：报警过多，报警声音就会比报警声音延时。

21. 现象：无法打开手动开出功能。

原因：系统中无分站配置，或所有分站处于故障状态。

22. 现象：双机热备连接，主机显示备机未连接，备机显示主机未连接。

(1) 原因一：两台计算机网络未连通。

解决方法：检查是否在同一个域名。

(2) 原因二：双机热备配置不正确。

解决方法：重新配置热备。

第 35 条 KJ70N 文件特别说明：

config——用于存放系统配置；

Dynconfig——存放存入动态图配置；

Dynpicture——存入图库；

backpicture——存入背景；

usepicture——用于存储趋势数据；

ico——常见的 ico 文件；

picturelib——各类图形的归类；

KJ70N. mdb——存放实时数据库。

第 36 条 在培训监测工种操作技能时，利用微型模拟 KJ70N 安全监控系统，建立相对独立完善的地面安全监控系统，模拟井下监控系统设备的安装、调校、维护、撤除、故障处理、断电测试等工作流程，提高监测工种的业务技能素质。

第 37 条 当中心站主、备机或安全监测系统软件出现突发异常，而系统维护工不在中心站时，系统维护工可通过安全监控系统远程桌面访问，及时对监测系统主、备机或系统进行在线管理维护和处理异常情况。

九、收尾工作

第 38 条 回收工作所需的设备、材料、仪表、工具等物品。

第 39 条 仔细检查当班各种工作记录情况。

第 40 条 对本班作业情况及存在问题向接班人员认真交接。

十、手指口述

第 41 条 手指口述安全确认。

1. 问：监测设备运行情况是否正常？

答：监测设备运行正常，确认完毕。

2. 问：电脑系统运行是否正常？

答：电脑系统运行，确认完毕。

3. 问：是否定期对重要文件、数据、参数做好备份？

答：已按要求进行备份，确认完毕。

4. 问：监控系统程序数据、上传程序、内网发布程序是否正常？

答：各程序运行正常，各类数据未发现异常，确认完毕。

5. 问:监控系统各设备是否定期进行保养、维护?

答:监控系统各设备已按要求进行了保养及维护,确认完毕。

6. 问:监控系统问题是否及时进行汇报?

答:已按程序汇报,并提出整改措施,确认完毕。

7. 问:各类记录是否及时填写?

答:各类记录已按要求填写,确认完毕。

监控值班工

一、适用范围

第1条　本规程适用于从事安全监控系统值班工作的人员。

二、任务职责

第2条　监控值班工应完成以下工作:观察、汇报、记录安全监控系统所提供的井下各项气体及设备运行变化情况,及时对系统的测点数据和内容进行相应的增删或修改,对系统出现的各种异常情况及时处理和汇报,认真填写各项记录,定时打印报表并送领导签字,为矿井安全生产提供各项数据。

三、上岗条件

第3条　文化程度为高中或高中以上,需要经过培训考试合格后,持证上岗。

第4条　身体状况健康。

第5条　从事本岗位工作两年以上。

第6条　监控值班工需要掌握以下知识:

1. 掌握《煤矿安全规程》及《煤矿安全监控系统通用技术要求》(AQ 6201—2006)、《煤矿安全监控系统及检测仪器使用管理规范》(AQ 1029—2007)中关于通风安全监控系统、设备的有关规定。
2. 掌握矿井通风安全监测系统、设备的工作原理、安装要求及主要性能指标。
3. 掌握《煤矿安全规程》中对矿井气体指标的规定和超标时的处理方法。
4. 熟悉监控机房及计算机操作的有关安全规定。
5. 掌握安全监测系统出现异常时处理方法及汇报程序。
6. 熟悉计算机及监控软件系统相关知识并能熟练操作。
7. 熟悉"一通三防"基本常识。

四、安全规定

第7条　严格执行《煤矿安全规程》及《煤矿安全监控系统通用技术要求》(AQ 6201—2006)、《煤矿安全监控系统及检测仪器使用管理规范》(AQ 1029—2007)的有关规定、制度。遵守监控值班工岗位责任制。

第8条　严格按照系统操作说明进行相应操作,未经允许绝对禁止擅自修改各系统参数及程序的源代码。

第9条　准时到达工作地点,不得将有磁性和带静电的材料物品带进监控中心室,检查安全监控主、备机、服务器、UPS等设备及系统软件运行情况。

第10条 地面监控中心室设置在矿调度室内，监控值班工24小时持证上岗。严禁出现空岗、漏岗、串岗现象。

第11条 通风安全监控系统的主机及系统联网主机必须双机或多机备份，24小时不间断运行。当工作主机发生故障时，备份主机在5 min内投入工作。

第12条 系统主机严禁接入互联网或用作与安全监控无关的工作。严禁私自拷贝或使用软盘或光盘，严禁使用监控机玩游戏、操作影像系统。

第13条 安全监控中心机房内正确悬挂温度计、湿度计、气压计等环境监测仪表，环境温度在(20±5)℃、湿度在40%～70%。做好设备的防潮、防尘、防腐、抗静电措施。

第14条 中心室必须双回路供电，配备使用时间不低于2 h的备用电源。

第15条 中心室有可靠的保护接地和防雷装置，所有设备的连接线整齐有序，避开干扰，对接插头处定期检查，保证接触良好。

五、操作准备

第16条 上岗前按时参加班前会，了解情况，接受任务。

第17条 准时到达接班地点，准备工作所需物品，熟记相关安全注意事项。

六、操作顺序

第18条 本工种操作应遵照下列顺序进行：

1. 系统软件出现故障时汇报程序：监控中心室→矿调度→通防科值班→监测队值班领导→系统维护员→集团公司安全监控网络中心。

2. 系统分站故障：监控中心室→矿调度(询问是否有其他单位停电工作)→通防科值班→监测队值班领导→监测队值班监测工。

3. 当同一地点两台局部通风机都显示为“关”：监控中心室→矿调度(询问是否有其他单位停电工作)→通防科值班(询问是否有电工)→监测队值班领导→监测队值班监测工。

4. 传感器故障：监控中心室→通防科值班→监测队值班领导→监测队值班监测工。

5. 计算机设备开机顺序：UPS电源→打印机→显示器→主机。

6. 计算机设备关机顺序：主机→显示器→打印机→UPS电源。

七、正常操作

第19条 实时对系统各设备的参数、环境数据采集、显示、存储、上传、热备等工作状况进行观察，详细记录系统各部分的运行状态，接收上一级下达的指令并及时进行处理。

第20条 与安全监测工协调配合，做好井下各监测点的传感器标校、超限断电测试、设备故障处理及日常巡检等工作。

第21条 根据井下各采掘工作面布置及生产情况，及时对系统的测点数据和内容进行相应的增删或修改，修改前首先要做好各种配置参数的备份工作，修改后要确保系统的正常运行，并要观察各种信号准确与否。

第22条 每天按时打印安全监控日报表，报矿主要负责人和主要技术负责人审阅。认真填写各类记录。

第23条 实时观察安全监控数据网络上传，根据计划要求及时恢复、增删、屏蔽上传数据，发现网络异常情况要详细查询，按规定进行处理。

第24条 实时观察安全监控系统开停量动态示意图及安全监控系统模拟量动态示意图，随时全面掌握井下各类监测数据的实时变化情况。

第25条 做好内网WEP网页发布，确保各局域网内终端能够及时准确查询安全监控系统运行情况。

第26条 系统发出报警、断电、馈电异常信息时，中心室值班人员必须立即通知矿井调度部门，查明原因，并按规定程序及时报上一级网络中心。处理结果应记录备案。

第27条 发现系统及井下设备出现异常及时处理，并按照汇报程序及时汇报。

第28条 交班。

1. 检查各种运行日志填写情况。

2. 清理中心站杂物，保持室内卫生。

3. 检查监测监控中心站设备运行情况。

4. 向接班人汇报当班系统设备运行状况、所出现的问题及处理情况。

第29条 接班。

1. 准时到达接班地点。

2. 询问交班人员设备运行情况、所出现的问题及处理情况，并检查各类记录和台账。

3. 检查监测监控中心室设备运行情况。

4. 发现问题及时处理，并向领导汇报。

5. 确定运行正常后按规定履行交接班手续。

八、特殊操作

第30条 瓦斯超限汇报及处理方法。

1. 当井下监测点出现瓦斯浓度超限时，监控值班工必须及时向矿调度室、通防科调度、监测队值班人员汇报并记录汇报时间，并将瓦斯超限值、超限起始时间、超限地点调查清楚并做好详细记录。

2. 安排安全监测工和瓦斯检查工立即到现场查明原因、进行处理，将处理过程、时间、结果及时汇报并做好详细记录。

3. 系统显示井下某一区域瓦斯超限并有可能影响其他区域时，中心站值班员应按瓦斯事故应急预案手动遥控切断瓦斯可能影响区域的电源。

4. 瓦斯浓度超限未消除且无安全措施严禁施工单位恢复生产作业。

第31条 安全监控系统故障汇报程序及处理方法。

1. 当井下监测点传感器、分站出现故障时，监控值班工应立即向通防科值班领导汇报，同时会同值班人员通知井下安全监测工前去处理，详细记录故障现象、故障时间、故障原因及处理结果。

2. 井下监测点出现无遥测信号时，监控值班工必须立即向通防科值班人员及分管科长汇报，同时会同值班人员通知井下瓦斯监控操作员前去处理并记录故障现象、出现无遥测信号时间、产生无遥测信号原因及其处理结果。故障未消除且无安全措施，严禁施工单位恢复生产作业。

3. 一旦安全监控系统主机出现故障时，应及时起用备用机，并安排系统维护工查明原因，将事故分析结果汇报通防科值班领导、监测队值班领导，确保系统正常工作。

第 32 条 局部通风机开停、风门开关传感器出现异常开、停状态时，汇报程序及处理方法如下：

1. 当井下监测点局部通风机状态显示异常开、停时，监控值班工必须立即向通防调度、矿调度室、监测队值班人员汇报，安排安全监测工及时到现场查明原因、进行处理，将处理过程、时间、结果及时汇报并做好详细记录。

2. 工作地点停风期间且无安全措施严禁施工单位恢复生产作业。

3. 当井下监测点风门状态显示异常开、停时，监控值班工必须立即向矿调度室、通防调度、监测队值班人员汇报，安排安全监测工及时到现场查明原因、进行处理，将处理过程、时间、结果及时汇报并做好详细记录。

第 33 条 当监测日报表上出现监测数据超限、数据故障、无数据时，监控值班工必须在报表上注明原因后送矿总工程师和矿长审批签字。

九、收尾工作

第 34 条 清理监控中心室卫生，保持设备清洁。

第 35 条 仔细检查当班各种工作记录情况。

第 36 条 对本班作业情况及存在问题向接班人员认真交接。

十、手指口述

第 37 条 手指口述安全确认。

1. 问：监测主、备机、上传机、打印机是否正常运行？

答：监测主、备机、上传机、打印机正常运行，确认完毕。

2. 问：主机监测系统程序、上传程序及备用机上的内网发布程序是否正常？

答：主机监测系统程序运行正常，确认完毕。

3. 问：点击查看系统实时数据显示，观察分站及各种传感器的数据显示是否正常？

答：逐级查看分站及各种传感器工作正常，各类数据显示正常，确认完毕。

4. 问：监控系统问题是否及时进行汇报？

答：已按程序逐级汇报，并提出整改措施，填写记录，确认完毕。

5. 问：各类记录是否按要求填写？

答：各类记录已按要求填写完成，确认完毕。

6. 问：安全监控日报表是否填报，相关负责人是否签字审阅？

答：安全监控日报表已按时填报，矿主要负责人和主要技术负责人已签字审阅，确认完毕。

矿井测风工

一、适用范围

第 1 条 本规程适用于从事矿井风量测定作业的人员。

二、任务职责

第 2 条 矿井测风工应完成下列工作：

1. 按规定日期测定矿井风量、风压、漏风量。

2. 测定矿井各用风地点的风量,及时提出风量调整方案。

3. 测定矿井各用风地点的温度、湿度、有毒有害气体浓度。

4. 及时准确填报通风报表和各种记录。

5. 计算矿井通风参数:有效风量率、外部漏风率、等积孔等。

6. 监测各用风地点的配风是否符合《煤矿安全规程》规定。

7. 在进行矿井瓦斯等级鉴定、反风演习、通风能力核定等工作时,测定有关参数和做好资料汇总工作。

8. 协助开展矿井通风阻力测定和主要通风机性能测定等工作。

9. 做好通风构筑物的漏风测定。

10. 协助进行局部通风机风压的测定。

三、上岗条件

第3条　必须经过专业技术培训,取得安全技术工种操作资格证后,持证上岗。

第4条　需要掌握以下知识:

1.《煤矿安全规程》有关风量、气体浓度、温度以及对测风的规定。

2. 所用风表和其他仪器的性能、参数。

3. 熟悉矿井通风系统,掌握各用风地点所需风量。

4. 熟悉测风方法、过程、注意事项。

5. 掌握测定瓦斯、二氧化碳、一氧化碳等气体浓度的方法。

6. 掌握测定局部通风机风量、风压的方法。

7. 掌握测定井下某一工作区域的气候条件(即温度、湿度、风速等)的方法。

8. 掌握测量井巷点压力(静压、动压和全压)和一段巷道通风阻力(压差)的方法。

9. 熟悉入井人员的有关安全规定。

10. 了解井下各种气体超限的危害及预防知识。

11. 了解有关煤矿瓦斯、煤尘爆炸的知识。

四、安全规定

第5条　矿井每10天至少进行1次全面测风,测风地点、位置、测风周期应由矿技术负责人根据实际情况确定,必须符合有关规定。

第6条　测风应在专门的测风站进行。在无测风站的地点测风时,要选择巷道断面规整、无片帮空顶、无障碍物、无淋水和前后10 m内无拐弯的直线巷道内进行。

第7条　测风操作时要遵守下列规定:

1. 回采工作面的风量一般应在工作面的进、回风巷分别测定。

2. 掘进工作面的测风,根据需要测定掘进工作面风量、掘进巷道风量、局部通风机风量、局部通风机所在巷道风量、风筒漏风量等。掘进工作面风量测定风筒出风口处断面的风量。局部通风机风量的测定,可以采用测定局部通风机两端巷道的风量,其差额即为局部通风机风量。

3. 各硐室风量,应在硐室的回风侧进行测量。

4. 主要通风机风量的测定:在主要通风机扩散器出口布置测点(轴流式风机用等面积环原理布置测点,离心式风机按网格状布点),测3～5次,取其平均值。

第 8 条　测风时要避开巷道行人、行车频繁的时间，避开附近风门开关频繁的时间，测风时不得有人员、车辆经过。

第 9 条　反风时的测风操作，应按照反风演习计划和作业规程“反风演习时的测量”规定进行。

第 10 条　斜巷作业时严格执行“行人不行车、行车不行人、行车不作业”的原则。

第 11 条　进入作业地点时，必须先检查测风地点巷道支护情况，确认无安全隐患方可作业。

第 12 条　进入作业地点发现“一通三防”隐患必须及时处理，同时汇报通风调度。

第 13 条　风井、风硐主要通风机扩散器作业时，必须两人以上作业，一人作业，一人安全防护，防止坠落事故发生，必要时必须系好安全带。

第 14 条　架线运输大巷测风时必须穿反光背心，必须两人同行，一人作业，一人警戒，有车辆通过时必须停止作业，进行躲避；断面测量长度及高度时严禁用钢圈尺。

第 15 条　严禁在顶板破碎处作业。

五、操作准备

第 16 条　明确任务：明确测风地点、项目，即测量所测地点的巷道断面积、风速、风量、温度、瓦斯和二氧化碳浓度等。

第 17 条　准备仪器：下井前要选好所要使用仪表的类别、型号，并检查仪表是否完好、风表校正曲线是否吻合，配备长度 0.5 m 左右的非导电表把。带齐必需的各类检测仪器、记录工具、皮尺、温度计、秒表等。各种仪器（仪表）要符合以下要求：

1. 风表开关、回零装置、指针灵敏可靠，外壳以及各部件、螺钉无松动、异常，校正曲线吻合。

2. 秒表的开关、指针灵敏可靠，计时准确。

3. 瓦斯检测仪器部件完整、电（气）路畅通、气密完好、光谱清晰。

4. 皮托管的中心孔和管壁孔无堵塞，压差计的玻璃管无破损、刻度尺清晰，各部件、螺钉、胶皮管齐全，各旋钮灵敏可靠，注水的液体符合规定要求，补偿式微压计的反射镜及针尖完好。

六、操作顺序

第 18 条　本工种操作应遵照下列顺序进行：检查仪器→下井测风→测温度→测气体浓度→填测风手册→填测风记录牌板→整理仪器→上井填测风报表。

测压、测空气相对湿度及测空气密度以及反风时的操作，应参照上述操作顺序，并执行相应的操作规程。

七、正常操作

第 19 条　根据所测地点的风速，选择合适的风表（微速风表 0.3～0.5 m/s；中速风表 0.5～10 m/s；高速风表 10 m/s 以上）。

第 20 条　选用风表移动路线：可以采用折线法（六线法）、四线法、迂回八线法、12 点法、标准线路法等方法之一。

第 21 条　测风开始前应关闭计数器，将风表指针回零，在风表运转 30 s 时再开动计数器。在开停风表计数器的同时，开停秒表。

第 22 条　测风过程中，风表移动要平稳、匀速，不允许在测量过程中为了保证在 1 min

内走完全程而改变风表移动速度。

第 23 条　风表在移动时，矿井测风工持表姿势应采用侧身法。测风时风表不能离矿井测风工身体及测风地点顶、帮、底部太近，一般应保持 20 cm 以上的距离。

第 24 条　测风过程中，矿井测风工要能够看到刻度盘。风表要与风流方向垂直(在倾斜井巷中更要注意)，角度不得大于 10°。

第 25 条　在同一断面处测风不得少于 3 次，每次的结果误差不应超过 5%，如果误差大于 5%，需要加测 1 次，直至满足要求[误差=(最大读数－最小读数)/最小读数]，取 3 次平均值。

第 26 条　根据风表校正曲线的公式计算所测巷道的真风速。校正系数按下式计算：

$$k=s-0.4/s$$

式中　k——校正系数；

s——测风巷道断面积，m^2；

0.4——测风工人体所占面积，m^2。

第 27 条　当巷道风速低于 0.3 m/s 时，可以用烟雾法测定。即选一段 10 m 长、巷道断面规整、无拐弯的直线巷道，一人在起点释放烟雾(可以选用四氯化锡、四氯化钛)，另一人在终点用秒表记录烟雾到达的时间，然后采用下式算出风速。

$$V=KL/t$$

式中　K——系数，0.8～0.9；

L——起点到终点的巷道长度，m；

t——间隔时间，s

第 28 条　采用下式计算所测巷道的实际风量。

$$Q=VS$$

式中　S——测风地点的巷道断面积，m^2；

V——计算的巷道风速，m/s。

第 29 条　甲烷和二氧化碳等气体浓度的测量，可以参照瓦斯检查工的操作规程执行。

第 30 条　将所测实际风速、计算风量、温度、甲烷和二氧化碳浓度、测量时间，记入测风手册。

第 31 条　将所测实际风速、计算风量、温度、甲烷和二氧化碳浓度、测量时间填入测风地点的记录牌板上。

第 32 条　上井后要及时填写测风报表，做到牌板、手册、报表三对口。

第 33 条　风表要放入风表盒内保存、携带，避免碰撞，不能用嘴吹动或用手拨动风表叶片，不要交给非测风人员管理。

第 34 条　风表使用完毕以后，如果叶片、轴上有水珠，应用脱脂棉轻轻擦去，或用吸水纸吸去水分后放入风表盒内保存。

第 35 条　风表的螺栓、螺帽不得随意拧紧或拧松，需要维修时，要交专门的维修人员。

第 36 条　矿井测风工发现风速、气体浓度、温度不符合《煤矿安全规程》规定时，要立即采取措施，查明原因，通知所涉及作业场所的作业人员，采取撤离等措施，并立即向矿井通防部门和调度室汇报。

八、特殊操作

（一）测压

第 37 条 携带测压仪表、工具、材料，并检查其可靠性，应该做到：

1. 空盒气压计无破损，刻度及温度校正表齐全，量程符合要求。

2. 压差计或补偿微压计不漏气，装有酒精。

3. 精密气压计要充足电，显示数据稳定。

4. 皮托管不堵塞，胶皮管气密性良好。

第 38 条 测量绝对压力时使用空盒气压计、精密气压计；测量相对压力或压差时使用 U 形水柱计、单管倾斜气压计、补偿微压计；测量静压差时也可以使用精密气压计（使用精密气压计时要同时测定测点的标高和空气密度）。

第 39 条 用空盒气压计测压时，应将仪器盒面平行于风流方向放置，等待 10～20 min，一边注意指针的位置，一边用手轻击气压计的玻璃，至指针稳定后，读出测点的大气压力。

第 40 条 U 形压差计或 U 形倾斜压差计在测压前应注入蒸馏水或酒精，U 形管两侧的液面应处于同一水平。

第 41 条 操作单管倾斜压差计时，应配备皮托管和胶皮管，皮托管的管嘴应正对风流方向。测定时先将仪器调平，把三通旋钮转到测压位置，用短胶管排出积存于仪器中的气泡，调整仪器液面至零位，确定仪器的校正系数 K 值，然后把上风侧测点皮托管“－”号端连接到测压仪的“－”号端，稳定后，读出读数。将读数记入记录本，用读数乘以 K 值，即为两测点间的压差。

第 42 条 使用单管倾斜压差计时应注意：

1. 测定时，应防止水、杂物堵塞胶皮管，防止车辆、行人、设备等挤压胶皮管。

2. 仪器和胶皮管的接点要严密，防止漏气影响精度。

3. 携带压差计行走时要小心，防止损坏和酒精溢出。

第 43 条 使用精密气压计（又称为数字式气压计）时，应按以下程序进行：

1. 操作前的准备：将电源开关拨到“电源通”的位置，接通电源；将压差计分挡置于“0”位置，选择开关拨到“电池”位置，此时显示的值为电池的电压，如果该值小于规定值时，应及时更换电池或充电；电池电压正常后，将选择开关拨到“气压差”位置，仪器通电 15 min 后，可开始工作。

2. 测量绝对压力时，应将压差计分挡置于“0”的位置，选择开关拨到“气压”位置，此时仪器显示的数字与仪器本身标注基数的代数和即为该测点的绝对压力（数字前有“－”号时为负值）。

3. 测量静压时，应将压差计分挡置于“0”的位置，选择开关拨到“气压差”位置，转动气压调节旋钮，使数字显示零值，再将仪器移到下一个测点，仪器显示值为两点之间的相对静压差。需根据压差的大小，选择合适的分挡。

第 44 条 使用精密气压计时要注意：

1. 接通电源后至少 15 min 仪器才能工作。

2. 由于气压变化使气压差值来回跳动时，读数应取平均值。

3. 测定流速较大的气流静压时，静压管应尽可能与气流方向平行。

4. 仪器使用完毕后,应将电源开关关闭,切断电源。

5. 若仪器发生故障,应送修理部门检修,不要随意更换元件。

(二) 其他参数的测定

第 45 条　空气相对湿度:空气相对湿度的测定可以采用手摇湿度计或风扇湿度计。

第 46 条　湿度计的两支温度计应完好、准确,盒中的钥匙、纱布、滴水管、查对相对湿度的牌板要齐全。

第 47 条　手摇湿度计的使用:用净水湿润的纱布(湿润程度以不滴水为宜)包裹在任一温度计的水银球外面,手握摇把,使其以 120 r/min 的转数匀速旋转 1～2 min,待数值稳定后读出两支温度计的读数,根据干、湿两支温度计的读数从相对湿度查对表上查得相对湿度。

第 48 条　使用风扇湿度计时,用发条开动风扇,形成风速为 2 m/s 的气流,待湿温度计的数值稳定后,读出两支温度计的读数,根据干、湿两支温度计的读数从相对湿度查对表上查得相对湿度。

第 49 条　湿度计使用时应注意:

1. 人员不能对着仪器呼吸。

2. 必须在温度计的读数变化稳定后再读数。

3. 旋转风扇湿度计的发条时,不要过紧、过猛,以防止上断发条。

(三) 空气密度的测算方法

第 50 条　用空盒气压计测定空气的大气压力,用湿度计测定空气的干湿度和相对湿度,根据下列公式计算空气密度:

$$P=(0.003\,458\sim0.003\,473)p/T$$

式中　P——空气密度,kg/m^3;

p——大气压力,Pa;

T——空气绝对温度,$T=273+t$(t 为干温度计读数,0 ℃)。

(四) 温度测量

第 51 条　采用最小分度为 0.5 ℃并经过校正的温度计进行测量,测量时温度计要离开人体或其他发热体 0.5 m 以上。待测量一段时间温度计读数稳定后,记录温度计读数并填写在牌版上。

第 52 条　掘进工作面温度测量,在工作面迎头 2 m 处进行;回采工作面温度测量,在回风巷距煤壁 15 m 处进行;机电硐室、爆破材料库等地点温度测量,在硐室回风口处进行,每次测定时间不得少于 8 min。

(五) 反风演习时的测量

第 53 条　明确人员分工,每个测点安排相应的矿井测风工和瓦斯检查工。

第 54 条　将测定的各测点和主要通风机正常运转、停止运转、反转、再停止运转、恢复正常运转的时间计划进行详细记录并携带下井。

第 55 条　准备好各种仪器、仪表(参考测风时的规定)。

第 56 条　测定如下:

1. 主要通风机正常运转时的测定,要在主要通风机停止运转前 20 min 测定,测定风量和瓦斯、二氧化碳等气体的浓度,做好记录(含时间记录)。

2. 记录主要通风机停止运转的时间和主要通风机反转的时间。

3. 主要通风机反转时,应每隔 10 min 测定一次风量和瓦斯、二氧化碳等气体的浓度,做好记录(含时间记录)。

4. 记录主要通风机停止运转的时间和主要通风机恢复正常运转的时间。

5. 主要通风机恢复正常运转后,第 10 min、30 min 进行两次测定,测定风量和瓦斯、二氧化碳等气体的浓度,做好记录(含时间记录)。

第 57 条 测定过程中要及时向通防部门和调度室汇报测量结果。

第 58 条 收好各类仪器、仪表。

第 59 条 汇总各测点的测量数据,填写反风测风报表。

第 60 条 协助完成反风演习报告。

(六) *局部通风机工作风量的测定*

第 61 条 可以采用下列 3 种方法之一:

1. 用风表测定时,先在通风机吸风口前 10 m 处的巷道内测得风速,计算出该处风量,再在局部通风机后 5 m 处的巷道内测得风速,计算出该处风量,两处风量之差就是局部通风机的工作风量。

2. 用皮托管压差计测定时,在局部通风机吸风口外加一节风筒(刚性),在距离吸风口(4~6)D(D 为风筒直径)处选定测点,在局部通风机后部(6~14)D 处选定一个测点。为了求得平均风速,用等面积环的原理测断面内布置的 6~10 个测点,用压差计测出测点的风速压后,可以采用下式进行计算:

$$V_{均} = \sqrt{2/\rho}\ \frac{\sum_{i=1}^{n}\sqrt{h_{vi}}}{n}$$

式中 $V_{均}$——断面平均风速,m/s;

ρ——测点的空气密度,kg/m^3;

h_{vi}——各测点测得的动压值,Pa;

n——同一断面内布置的测点数。

根据算出的平均风速,可以求得测点的风量。

3. 在局部通风机的进、出风口直接用高速风表测定时,应当手持风表紧靠防护网,按照绕线法在吸风口全断面内均匀地移动 1 min 而测得,测风人员须站在一侧,不可正对进、出风口。

(七) *测算风筒的漏风率*

第 62 条 风筒的漏风率可以用两个指标进行衡量:

1. 漏风率:即风筒漏失的风量占局部通风机工作风量的百分数,可以采用下式进行计算:

$$P_{漏} = \frac{Q_s - Q}{Q_s} \times 100\%$$

式中 $P_{漏}$——风筒的漏风率,%;

Q_s——局部通风机工作风量,m^3/min;

Q——风筒出口风量,m^3/min。

2. 百米漏风率：即平均每百米风筒的漏风量占局部通风机工作风量的百分数，可以采用下式计算：

$$P=\frac{Q_f-Q}{Q_f \cdot L}\times 100\times 100\%$$

式中　P——风筒的百米漏风率，%；

Q_f——局部通风机工作风量，m^3/min；

Q——掘进工作面风量，m^3/min；

L——风筒长度，m。

（八）计算矿井通风参数

第63条　矿井有效风量（$Q_{有效}$）的计算，可以采用下列公式：

$$Q_{有效}=\sum Q_{采i}+\sum Q_{掘i}+\sum Q_{硐i}+\sum Q_{其他i}$$

式中　$Q_{采i}$——第 i 个采煤工作面进风流实测风量换算成标准状态的风量，m^3/s（可以用测量风量×测量点空气密度/1.2）；

$Q_{掘i}$——第 i 个掘进工作面实测风量换算成标准状态的风量，m^3/s；

$Q_{硐i}$——第 i 个硐室进风流实测风量换算成标准状态的风量，m^3/s；

$Q_{其他i}$——第 i 个其他用风地点进风流实测风量换算成标准状态的风量，m^3/s。

第64条　矿井有效风量率（C）的计算，可以采用下列公式：

$$C=(Q_{有效}/\sum Q_{通i})\times 100\%$$

式中　$Q_{通i}$——第 i 台主要通风机实测风量换算成标准状态的风量，m^3/s。

第65条　矿井外部漏风量（$Q_{外漏}$）的计算，可以采用下列公式：

$$Q_{外漏}=\sum Q_{通i}-\sum Q_{井i}$$

式中　$Q_{井i}$——第 i 号风井实测风量换算成标准状态的风量，m^3/s。

第66条　矿井外部漏风率（L）的计算，可以采用下列公式：

$$L=Q_{外漏}/\sum Q_{通i}\times 100\%$$

第67条　矿井等积孔（A）的计算，可以采用下列公式：

$$A=1.189\times Q/(h)^{1/2}$$

式中　Q——实测矿井风量，m^3/s；

h——矿井的通风阻力，Pa。

九、收尾工作

第68条　填写各类报表、台账，做好上报工作。

十、手指口述

第69条　手指口述安全确认。

1. 问：仪器准备是否就绪？

答：风表、秒表准备齐全，仪表完好，符合现场要求，确认完毕。

2. 问：巷道支护及作业环境是否安全？

答：顶帮支护完好，站位安全，通风稳定可靠，瓦斯正常，可以测风，确认完毕。

3. 问：巷道断面测量位置选择是否正确？

答：巷道断面测量位置前后无障碍物，位置符合要求，可以测量断面积，确认完毕。

4. 问:巷道断面积计算是否准确?

答:根据测量标准计算,核实计算过程准确,断面积为××.×m^2,确认完毕。

5. 问:风表是否准备就绪?

答:风表指针回零,持握可靠,计数器准备到位,可以测量,确认完毕。

6. 问:测风过程是否符合操作流程?

答:测风操作流程标准,计算过程准确,风速为××.× m/s,风量为××.× m^3/min,确认完毕。

7. 问:温度、气体、气压、湿度测量是否核对?

答:温度××.× ℃,甲烷浓度××.×%,二氧化碳浓度××.×%,气压××.× Pa,湿度××.×%,结果核对确认完毕。

8. 问:测风牌板、手册记录是否一致?

答:牌板、手册填写风速××.× m/s,风量××.× m^3/min;温度××.× ℃;甲烷浓度××.×%,二氧化碳浓度××.×%,气压××.× Pa,湿度××.×%,数据准确一致,测风工作完毕。

矿井通风操作工

一、适用范围

第 1 条 本规程适用于在井下从事通风设施安装、维护和拆除作业的人员。

二、任务职责

第 2 条 矿井通风操作工应完成下列工作:

1. 负责采空区密闭的施工及设施的安设。
2. 负责盲巷密闭的施工及设施的安设。
3. 负责调节风窗的安设。
4. 负责风门的安设。
5. 负责通风设施的拆除。
6. 负责通风设施的维修。
7. 负责局部通风机的搬运、安装、拆除工作。

三、上岗条件

第 3 条 必须经过培训,取得安全技术工种操作资格证后,持证上岗。并有 3 年以上从事相关工作的经验。

第 4 条 需要掌握以下知识:

1. 熟悉矿井通风系统,避灾路线。
2. 掌握下井须知等有关安全规定。
3. 熟悉矿井通风构筑物(风门、调节风窗、采空区密闭、盲巷密闭)的作用、安设方法和要求。
4. 掌握《煤矿安全规程》对局部通风和通风机安装的有关规定。

5. 熟悉局部通风机的安装要求。

6. 熟悉局部通风机的电源和风电闭锁、瓦斯电闭锁的接线方式。

7. 了解有关煤矿瓦斯、煤尘爆炸的知识。

8. 掌握《煤矿安全规程》中关于通风构筑物的规定。

9. 掌握《煤矿安全生产质量标准化基本要求及评分办法》"第四部分 通风"中有关通风设施的规定。

10. 了解井下各种气体超限的危害及预防知识。

四、安全规定

第 5 条　通风设施的施工，必须按照施工设计，在设计位置施工，设计要符合有关规定，不得随意改变安设位置、种类。

第 6 条　必须使用设计的材料，不得随意更改。

第 7 条　密闭外的钢轨、电缆、管路必须断开，不得与密闭内连通。

第 8 条　若在架线巷道中进行有关工作时，必须先和有关单位联系，在停电、挂好"有人工作，不准送电"的停电牌、设好临时接地线及保护好架线后方能施工。施工完毕后方可取下临时地线，摘下停电牌，合闸送电。

第 9 条　施工人员随身携带的小型材料和工具要拿稳，利刃工具要装入护套，材料应捆扎牢固，要防止触碰架空线等其他物品。

第 10 条　在运输巷道中施工风门时，要设专人指挥来往车辆，做到安全施工。

第 11 条　每个风门前后 5 m 内的支护要保证完好，并应清理剩余材料，保持清洁、通畅。

第 12 条　每个密闭前 5 m 内的支护要保证完好，按规定要求设置栅栏。

第 13 条　行车的两道风门间距不少于一列车长度，行人的两道风门间距要大于 5 m。

第 14 条　风门必须能够自动关闭；两道风门之间要安设联锁装置，保证不能同时打开。

第 15 条　通风设施竣工后，要组织验收，凡是不符合质量要求的，必须整改至合格。

第 16 条　在刮板输送机机道、带式输送机机道运料时要注意安全。不准用刮板输送机及带式输送机运送材料。

第 17 条　密闭、风门、风桥等通风设施的位置应选择在顶帮坚硬、未遭破坏的煤岩巷道内，尽量避免设在动压区。

第 18 条　在有电缆线、管路处施工时，要妥善保护电缆、管路，防止碰坏。

第 19 条　需移动高压电缆时，要事先与机电部门取得联系。

第 20 条　掏槽只能用大锤、钎子、手镐、风镐施工，不准采用爆破方法。

第 21 条　在立眼或急倾斜巷道中施工时，必须佩戴保险带，并制定安全措施。

第 22 条　砌墙高度超过 2 m 时，要搭脚手架，保证安全牢靠。

第 23 条　安装以前必须在地面对局部通风机进行试运转，保证完好、满足供风要求。

第 24 条　采用压入式通风方式时，局部通风机及其启动装置必须安装在进风巷道中，距掘进巷道回风口不得小于 10 m。

第 25 条　采用抽出式通风方式时，局部通风机及其启动装置必须安装在掘进巷道口 7 m 以外的回风侧。

第 26 条　局部通风机应安装在设计的地点，安装地点应支护良好、无滴水。

第 27 条 局部通风机安装地点(抽出式为吸风口)的风量,应大于局部通风机的最大吸风量,并保证该处巷道的风速满足安全生产要求。

第 28 条 局部通风机进风口前 10 m 范围内不得有杂物或障碍物。

第 29 条 局部通风机必须安设风电闭锁、甲烷电等相关设备。

第 30 条 通风设施安装完后,要组织验收,合格后方可投入使用。

五、操作准备

第 31 条 密闭、风门、风桥、测风站等通风设施施工前要认真学习通防部门下达的施工专项措施。

第 32 条 准备好计划所需的材料,并通知有关人员将材料装车。装运材料要有专人负责。各种材料装车后均不能超过矿车高度、宽度,装车要整齐,两头要均衡。

第 33 条 料车入井前必须与矿井调度室及有关单位联系,运送时应严格遵照运输部门的有关规定。

第 34 条 井下装卸笨重材料时要互相照应,靠巷帮堆放的材料要整齐,不得影响运输、通风和行人。

第 35 条 材料卸车时,应现场验收,发现不足或有误,须及时通知有关部门改正。

第 36 条 按通防部门下达的任务,列出详细的工作计划,分别通知相关部门、人员。

六、操作顺序

第 37 条 通风设施操作应遵照下列顺序进行:验收材料→清理操作现场(安全检查)→施工→质量检查→清理操作现场。

局部通风工操作应遵照下列顺序进行:运送→安设支架(吊挂件)→安设通风机(安消音器)→安过渡节→安装风筒→接线→试机。

七、正常操作

第 38 条 检查施工地点的瓦斯、二氧化碳等有害气体的浓度。施工地点必须通风良好,瓦斯、二氧化碳等气体的浓度不超过《煤矿安全规程》的规定。

第 39 条 由外向里逐步检查施工地点前后 5 m 的支架、顶板、巷帮的支护情况,发现问题及时汇报、处理,处理完后方可施工。

第 40 条 拆除施工地点的原有支架时,必须先加固其附近巷道支架,敲帮问顶,确认安全后方可施工;若顶板破碎,应先用托棚或探梁将棚梁托住,再拆棚腿,不准空顶作业。

第 41 条 掏槽时应注意以下几点:

1. 掏槽一般应按照先上后下的原则进行,掏出的煤、岩等物要及时运走,巷道应清理干净。

2. 掏槽深度必须符合规定要求(一般不小于 0.2 m),见硬底硬帮,与煤岩接实。

3. 砌巷道建密闭、风门时,要拆碹掏槽,并按专门安全措施施工。

(一) 采空区密闭操作

第 42 条 在有水沟的巷道中砌墙,既要保持水流畅通,又不能漏风。

第 43 条 按照 1∶3 的灰、砂比例配制砂浆。

第 44 条 将砌墙用的砖块用水浸湿,尽量多吸收水分。

第 45 条 采空区密闭至少要建筑两道厚度不小于 500 mm 砖或料石密闭,砖或料石必须使用水泥砂浆砌筑，在内道闭里侧设置木垛，并在内道闭一侧建筑 2 道防倒加固墙垛，墙垛高度不低于密闭墙的 2/3 高度。两密闭之间间隔不小于 1 m，中间使用黄土沙石、粉煤灰充填，并灌注水泥砂浆或充填罗克休等不燃性材料，要确保填实、充满。内道闭施工完毕后，必须对终采线至内道密闭墙体之间的区段使用粉煤灰固化材料或胶体泥浆等材料充实，内道闭距终采线超过 20 m 的，充填长度不小于 20 m（联络巷长度小于 20 m的，要将联络巷充满）。

第 46 条 用砖、料石砌墙时，竖缝要错开，横缝要水平，排列必须整齐。砖块之间要用砂浆抹匀，灰缝要均匀一致，墙心逐层用砂浆填实。

第 47 条 双层砖或料石墙中间填黄土的密闭，黄土湿度不宜大，且应随砌随填，层层用木锤捣实。

第 48 条 密闭要安齐“三管”和束管等设施，具备封闭条件后对终采线等地点实施注浆和灾害监测的功能。密闭墙体留设的“三管”及束管应直通采空区（大面积封闭的“三管”应直通采空区），“三管”的材质均为不导电体。措施管在闭体上部，最小直径为 108 mm；观测管在密闭体 2/3 高度、直径为 50 mm，管上设有水柱计；束管设置在密闭墙体上方，并在密闭施工位置加设硬质套管对其进行保护，所有束管均引至全风压通风处。

第 49 条 要根据封闭区涌水情况设置放水管或反水池，放水管的直径一般不小于 50 mm。

第 50 条 密闭周边要掏槽见硬底、硬帮，与煤岩结实（砌碹或锚喷巷道除外）。密闭封顶要与顶帮接实。当顶板破碎时，托棚或探梁上的原支架棚梁应随砌墙进度而逐渐拆下，且应除去浮煤、矸石后再掏槽砌墙，如果最后剩余的空间不足一砖的厚度，应用瓦刀将整块的砖切成片砖，再施工至顶部，不得留有空隙。

第 51 条 密闭墙砌实后要勾缝或抹面，墙四周要抹裙边，其宽度不小于 10 cm。要求抹平，打光压实，墙面 1 m^2 内凸凹不大于 10 mm，无缝隙。

（二）盲巷密闭操作

第 52 条 用砖建筑的盲巷密闭的厚度不应小于 240 mm，其他质量要求与永久密闭相同。

第 53 条 密闭要安置观察管，材质为不导电体。观测管在闭体 2/3 高度、直径为 50 mm，管上设有水柱计。

第 54 条 其他质量要求与采空区密闭相同

（三）风门施工操作

第 55 条 在有水沟的巷道中砌风门墙垛前，必须先砌反水池。

第 56 条 安放门框时应按以下规定进行：

1. 先安放下门坎，下坎的上平面要稍高于轨面，下坎设好后再安装门框及上坎横梁，要求门框与门坎互成直角，上、下坎应互相平行。

2. 根据风压大小，门框应朝顺风方向倾斜一定角度，一般以 85°左右为宜。调好门框倾角后，用棍棒、铁丝将门框稳固。

第 57 条 按照密闭的施工顺序，进行掏槽、砌墙、砌墙垛，要求两边墙垛施工平行进行，逐渐把门框牢固嵌入墙垛内。

第 58 条 若需要在风门墙垛中通过电缆线路，在砌堵时要预留孔口、孔位。

第 59 条 反向风门要与正向风门同时施工，除门框倾斜角度、开关方向与正向风门相反外，其余要求与正向风门相同。

第 60 条 风门墙垛砌好后，墙两边均要用细灰砂浆勾缝或满抹平整，做到不漏风。水泥砂浆凝固后，方可挂风门扇。

第 61 条 门槛施工，应将巷道底板浮矸或浮煤清理干净，松软底板还应挖深，再砌出门槛，有轨道的巷道，门槛高度不得超过轨道上平面，且轨道内边缘留出矿车轮槽，用水泥抹平。

第 62 条 门框要包边沿口，有衬垫。安装门扇时，使门扇与门框四周接触严密，要求风门不坠、不歪，开关自如。

第 63 条 风门下部及水沟处应钉挡风帘，确保严密不漏风；管线孔应用黄泥封堵严实。

第 64 条 安设有自动开关装置的主要通车风门时，应保证其灵敏可靠、开关自如。

第 65 条 风门要安设闭锁装置。

（四）调节风窗安装操作

第 66 条 挡风墙上需设调节风窗时，窗框预留在墙的正上方。

第 67 条 风门上设有调节风窗时，窗框预留在风门扇的上方。

第 68 条 调节风窗窗口要备有可调节的插板，并有锁定装置。

第 69 条 当挡风墙、风门墙砌筑按照施工程序施工到预留调节风窗位置时，即可将预制好的调节风窗框嵌入墙内。

第 70 条 调节风窗除窗口施工外，其余质量标准和施工操作要求与风门、密闭的质量标准和施工操作相同。

（五）拆除通风设施

第 71 条 需要拆除通风设施时，必须编制安全技术措施，批准后方可施工。

第 72 条 拆除其他通风设施时，必须注意安全，特别是通风设施附近的巷道顶、帮情况以及各种气体浓度情况，符合《煤矿安全规程》规定时，方可操作。

（六）局部通风机安撤

第 73 条 用车运送局部通风机到安装地点，要注意与装卸工人密切配合，防止损坏通风机和碰伤人员。

第 74 条 安设稳固的局部通风机标准底架或吊挂用品，采用底架时，底架离地高度应大于 30 cm。采用吊挂式时，局部通风机吊挂高度及与顶帮间距要符合规定要求。

第 75 条 将局部通风机安放在底架上（或挂好），固定好。

第 76 条 安装消音器。

第 77 条 安装通风机与风筒之间的过渡节，中间要加垫圈，上紧螺栓，要保证密封性。

第 78 条 安装风筒，要与过渡节接牢，不漏风。

第 79 条 待开关、相关设备安装完毕后进行试机，如果运转不正常或有其他问题，需调整、处理，直到局部通风机正常运行为止。

八、特殊操作

第 80 条 在灾变时期安装、维护和拆除通风设施，需要制定专门的施工安全措施。

九、收尾工作

第 81 条　进行质量检查及现场的安全检查。

第 82 条　完成上述操作后，要仔细检查工作地点，不得遗漏物品、工具、配件等。

十、手指口述

(一) 采空区密闭、盲巷密闭、风门墙施工

第 83 条　采空区密闭、盲巷密闭、风门墙施工开工前手指口述安全确认。

1. 问：是否持证上岗？

答：现持证上岗，确认完毕。

2. 问：检查所用的工具是否带齐？

答：米尺、抹子、瓦刀等工具已带齐，确认完毕。

3. 问：材料、工具是否已备齐？

答：材料、工具已备齐，确认完毕。

4. 问：施工地点巷道是否支护完好、无车辆运行？

答：施工地点巷道支护完好，无车辆运行，确认完毕。

5. 问：措施、标准是否明确？是否可以施工？

答：措施、标准已掌握，可以施工，确认完毕。

第 84 条　采空区密闭、盲巷密闭、风门墙施工岗位操作手指口述安全确认。

1. 问：先上后下，掏槽深度 200 mm，掏槽是否完毕？

答：掏槽完毕，符合规定，确认完毕。

2. 问：砌墙挂水平线、垂直线，是否挂好？

答：线已挂好，确认完毕。

3. 问：砌墙灰浆是否饱满，无重逢、无空缝，墙面平整？

答：砌墙灰浆饱满，无重逢、无空缝，墙面平整，确认完毕。

4. 问：脚手架已搭好，脚手架是否平稳牢固？

答：脚手架平稳牢固，可以继续施工，确认完毕。

5. 问：预留孔洞是否留好？顶帮是否接严填实？

答：预留孔洞已留好，顶帮已接严填实，墙体符合要求，确认完毕。

第 85 条　采空区密闭、盲巷密闭、风门墙施工完工后手指口述安全确认。

1. 问：收拾好所使用的工具，工具是否齐全？是否有损坏？

答：经检查，工具齐全、完好，无损坏，确认完毕。

2. 问：清理好现场卫生，是否清理完毕？

答：现场卫生清理完毕，请验收，确认完毕。

(二) 局部通风机安装

第 86 条　局部通风机安装开工前手指口述安全确认。

1. 问：是否持证上岗？

答：现持证上岗，确认完毕。

2. 问：检查所用的工具是否带齐？

答：扳手、尺子、手拉葫芦等工具已带齐，确认完毕。

3. 问：材料、工具是否已备齐？通风机是否完好？

答:材料、工具已备齐,通风机完好,确认完毕。

4. 问:施工地点巷道是否支护完好、无车辆运行?

答:施工地点巷道支护完好,无车辆运行,确认完毕。

5. 问:措施、标准是否明确?是否可以施工?

答:措施、标准已掌握,可以施工,确认完毕。

第 87 条 局部通风机安装岗位操作手指口述安全确认。

1. 问:检查现场通风机、平板固定是否牢靠?

答:通风机、平板已固定牢靠,确认完毕。

2. 问:开始运输通风机到指定地点,是否正确站位?

答:现已正确站位,可以开始运输,确认完毕。

3. 问:通风机已到位,材料、工具、人员是否已齐备?

答:材料、工具、人员已齐备,确认完毕。

4. 问:施工地点巷道是否支护完好、无车辆运行?

答:施工地点巷道支护完好,无车辆运行,确认完毕。

5. 问:检查预埋件与顶板是否牢固?

答:预埋件与顶板牢固可靠,确认完毕。

6. 问:检查手拉葫芦是否完好?

答:完好,确认完毕。

7. 问:人员是否到达指定地点,是否正确站位?是否可以开始安装?

答:到位,已正确站位,可以开始安装,确认完毕。

8. 问:通风机安装完毕,安装是否符合要求?

答:符合规程、质量要求,确认完毕。

9. 问:风袋安装是否严密?吊挂是否平直、牢固?

答:风袋严密不漏风,吊挂平直、牢固,确认完毕。

10. 问:通风机是否可以试运转?

答:可以进行运转调试,确认完毕。

第 88 条 局部通风机安装完工后手指口述安全确认。

1. 问:收拾好所使用的工具,工具是否齐全?是否有损坏?

答:经检查,工具齐全、完好,无损坏,确认完毕。

2. 问:清理好现场卫生,是否清理完毕?

答:现场卫生清理完毕,请验收,确认完毕。

(三)风门安装

第 89 条 风门安装开工前手指口述安全确认。

1. 问:是否持证上岗?

答:现持证上岗,确认完毕。

2. 问:检查所用的工具是否带齐?

答:扳手、尺子等工具已带齐,确认完毕。

3. 问:材料、工具是否已备齐?风门是否完好?

答:材料、工具已备齐,风门完好,确认完毕。

4. 问:施工地点巷道是否支护完好、无车辆运行?

答:施工地点巷道支护完好,无车辆运行,确认完毕。

5. 问:措施、标准是否明确?是否可以施工?

答:措施、标准已掌握,可以施工,确认完毕。

第90条　风门安装岗位操作手指口述安全确认。

1. 问:检查现场风门、平板固定是否牢靠?

答:风机、平板已固定牢靠,确认完毕。

2. 问:开始运输风门到指定地点,是否正确站位?

答:现已正确站位,可以开始运输,确认完毕。

3. 问:风门已到位,材料、工具、人员是否已齐备?

答:材料、工具、人员已齐备,确认完毕。

4. 问:施工地点巷道是否支护完好、无车辆运行?

答:施工地点巷道支护完好,无车辆运行,确认完毕。

5. 问:检查预埋件与墙体是否牢固?

答:预埋件与墙体牢固可靠,确认完毕。

6. 问:人员是否到达指定地点,是否正确站位?是否可以开始安装?

答:到位,已正确站位,可以开始安装,确认完毕。

7. 问:风门安装完毕,安装是否符合要求?

答:符合规程、质量要求,确认完毕。

8. 问:风门是否可以开关灵活?联锁是否正常使用?

答:风门开关灵活,联锁正常使用,确认完毕。

第100条　风门安装完工后手指口述安全确认。

1. 问:收拾好所使用的工具,工具是否齐全?是否有损坏?

答:经检查,工具齐全、完好,无损坏,确认完毕。

2. 问:清理好现场卫生,是否清理完毕?

答:现场卫生清理完毕,请验收,确认完毕。

通风调度工

一、适用范围

第1条　本规程适用于在通防科(区)从事通防调度作业的人员。

二、任务职责

第2条　通风调度工应完成下列工作:

1. 及时准确填写调度值班记录,对“一通三防”工作中出现的重大问题迅速向有关领导汇报。

2. 经常深入生产一线,熟悉“一通三防”情况,发现问题及时向有关部门汇报。

3. 做好通防调度日报表,及时送有关领导审阅。

三、上岗条件

第 3 条 文化程度要求中技以上学历，在通防专业工作 3 年以上，能熟练使用计算机办公软件，必须经过专业技术培训，考试合格后，方可上岗。

第 4 条 必须掌握以下知识：

1. 熟悉《煤矿安全规程》中关于“一通三防”工作的有关规定。

2. 熟悉通防部门各工种操作规定。

3. 了解井下各种气体超限的危害及预防知识。

4. 掌握入井须知等安全规定。

四、安全规定

第 5 条 遵守煤矿“三大规程”和本工种的岗位责任制，严格执行各项规章制度。

五、操作准备

第 6 条 做好交接班，认真分析上一班通防调度情况。重大问题必须向上一班通防调度人员询问清楚。

六、操作顺序

第 7 条 本工种操作应遵照下列顺序进行：查看交接记录→问清交接内容→接班→参加早会→调度→参加科务会→制作调度日报、瓦斯日报→写交接班记录→交班。

七、正常操作

第 8 条 认真做好通防调度值班记录，及时提交通防调度日报表，做到数字准确、内容完整。

第 9 条 做好当班通防调度情况分析，通防调度日报表及时送给有关领导审阅。

第 10 条 “一通三防”重大问题或隐患随时调度，跟踪了解隐患问题的处理进展情况，积极协调通防部门有关班组解决问题，并及时汇报。

第 11 条 认真做好上级调度通知、指令等的接受，做到件件有领导批示，及时向有关区队班组下达。

第 12 条 对瓦斯检查工的班中汇报等认真做好记录，生产活动中出现的重大问题迅速向有关领导汇报。

第 13 条 认真听取汇报，详细做好记录，不断深入井下、深入一线，了解生产环节，掌握第一手资料。

八、特殊操作

第 14 条 在发生重大事故时，按照规定的事故汇报程序和内容立即向有关领导汇报，并通知有关业务部门，做好记录。

九、收尾工作

第 15 条 认真做好交接班，做到事事有着落、件件有回音、项项有记录。

第 16 条 坚持调度场所文明化，室内清洁卫生，电脑、通信设备整洁完好。

十、手指口述

第 17 条 手指口述安全确认。

1. 问：检查灭火器是否完好？

答：灭火器完好，确认完毕。

2. 问：检查环境卫生是否清洁？

答:卫生清洁,确认完毕。

3. 问:检查各电脑网络运行情况是否完好?

答:电脑网络、系统运行完好,确认完毕。

4. 问:检查打印设备情况是否完好?

答:打印设备完好,可以打印,确认完毕。

5. 问:检查传真机工作情况是否正常?

答:传真机正常工作,确认完毕。

6. 问:检查检查通信设备情况是否正常?

答:通信设备畅通,确认完毕,确认完毕。

7. 问:是否填写台账与报表?

答:台账与报表填写完毕,确认完毕。

通风维护工

一、适用范围

第1条　本规程适用于在井下从事通风设施施工、维护、维修作业的人员。

二、任务职责

第2条　通风维护工应完成下列工作:

1. 负责各地点密闭、风门、调节风窗等通风设施的巡查。
2. 负责密闭、风门、调节风窗等通风设施的日常维修、维护。
3. 负责密闭、风门、调节风窗等通风设施的回撤工作。

三、上岗条件

第3条　通风维护工应符合以下上岗条件:

1. 必须经过培训,经考试合格后方可上岗。
2. 熟悉矿井通风系统、避灾路线等有关安全规定。
3. 了解有关煤矿瓦斯、煤尘爆炸的知识,了解井下各种气体超限的危害及预防知识。
4. 熟悉矿井通风构筑物密闭、风门、调节风窗等通风设施的作用、安设方法和质量标准要求。
5. 熟悉入井前的各种安全规定,并严格执行规定的入井程序。

四、安全规定

第4条　通风维护工操作安全注意事项。

1. 施工地点必须通风良好,甲烷、二氧化碳、一氧化碳等各种有害气体的浓度不超过《煤矿安全规程》有关规定时方可施工。

2. 维护施工前必须由外向里逐步检查施工地点前后5 m的支架、顶板及两帮情况,发现不完好必须及时打上临时支柱。

3. 维修施工现场需要登高作业时,脚手架必须搭建牢固、可靠。

4. 维修施工现场有通车轨道时,必须在施工地点前后各30 m范围内设置禁止车辆通过的警示标示及防止车辆通过的阻车装置。

5. 在回风巷道施工现场空气湿度大、有雾汽视线较差时，必须采取可靠的安全措施，防止出现安全事故。

6. 施工维修时，应避免平行作业。

7. 跨输送带维修作业时，必须和输送带司机联系，确保输送带不运行，并切断电源、闭锁开关。

五、操作准备

第 5 条 通风维护工操作准备。

1. 装运材料要有专人负责。各种材料装车后均不能超过矿车高度、宽度，装车要整齐，两头要均衡。

2. 料车入井前必须与运输管理单位联系，并办理相关入井手续，运送时要严格遵守运输部门的有关规定。

3. 施工人员随身携带的小型材料和工具要拿稳，利刃工具要装入护套，材料应捆扎牢固，要防止碰触电缆及其他管线。

4. 井下装卸笨重材料时要相互照应，靠巷帮堆放的材料要整齐，不得影响运输、通风和行人。

5. 人力运料过溜煤眼时，要注意安全，不准用刮板输送机及带式输送机运送材料。

6. 回撤通风设施时须佩戴适用的工具，需用车辆运输时备齐车辆，做好所回撤设施的保护，防止丢失和损坏。

7. 施工现场出现平行作业时，必须提前协调作业时间避免平行作业。

8. 施工现场需要找顶时，应配备安全可靠的找顶工具。

六、操作顺序

第 6 条 本工种操作应遵照下列顺序进行：准备施工材料→安全环境检查、清理操作现场→操作施工→质量检查验收→清理操作现场卫生。

七、正常操作

第 7 条 密闭的维护施工及回撤。

1. 施工前必须先检查施工地点瓦斯气体情况，确保各项气体指标符合《煤矿安全规程》有关规定。

2. 检查顶板安全状况，顶板支护良好、无悬矸、片帮现象。

3. 密闭维护施工前，必须严格按照安全技术措施施工，明确施工负责人、监督人、验收人。

4. 严格按照密闭设计要求及施工安全技术措施进行维护施工，确保密闭维护符合质量标准要求。

5. 维护施工后对密闭进行验收，对存在的质量问题现场必须整改完毕。

6. 拆除回撤密闭时，必须首先观察操作现场周边环境，配备适宜的拆除工具，确保顶板及周边环境安全后方可拆除施工。

7. 拆除回收时应自上而下逐步拆除回收，应确保所拆除设施的完好性，拆除后应及时对所拆设施回收保养维护，以备再用。

第 8 条 无压风门设施的维护及回撤。

1. 施工前必须先检查施工地点瓦斯气体情况，确保各项气体指标符合《煤矿安全规程》

有关规定。

2. 检查顶板安全状况，顶板支护良好、无悬矸、片帮现象。

3. 无压风门维护施工前，必须严格按照安全技术措施施工，明确施工负责人、监督人、验收人。

4. 维护施工时先固定好风门墙基础、固定好风门下坎位置，再维护无压风门框及上横梁，要求门框与门坎互成直角，上、下坎应互相平行。

5. 无压风门框必须调整垂直于底板，调整好门框角度后确保其稳固。

6. 维护水沟一侧巷道中风门墙时，必须上齐防漏风水闸门，墙垛平整符合要求。

7. 风门墙体两边维护泥抹平整，做到不漏风。

8. 风门扇调试严口、门扇与门框四周接触严密，连接铁件扣接牢固，门扇开关自如、灵敏。

9. 维护风门时要求包边严口，有衬垫，做到不漏风，门框门扇不得变形损坏。

10. 拆除无压风门时，应先加固周边顶板，使用安全可靠的拆除工具，确认安全后方可施工。

11. 拆除回收无压风门时应自上而下逐步拆除回收，应确保所拆除设施的完好性，拆除后应及时对所拆设施回收保养维护，以备再用。

12. 拆除时应实行轮流操作，施工时其他人员必须保持一定的安全距离，并注意观察现场安全环境的变化情况。

第9条　调节风窗的维护及回撤。

1. 施工前必须先检查施工地点瓦斯气体情况，确保各项气体指标符合《煤矿安全规程》有关规定。

2. 检查顶板安全状况，顶板支护良好、无悬矸、片帮现象。

3. 调节风窗维护施工前，必须严格按照安全技术措施施工，明确施工负责人、监督人、验收人。

4. 维护施工时先固定好调节风窗墙基础，再维护墙体、风窗等。

5. 调节风窗墙体平整、风窗不得变形损坏。

6. 拆除调节风窗时，应先观察周边顶板，使用安全可靠的拆除工具，确认安全后方可施工。

7. 拆除的调节风窗应及时回撤。

8. 拆除时应实行轮流操作，施工时其他人员必须保持一定的安全距离，并注意观察现场安全环境的变化情况。

八、特殊操作

第10条　出现下列情况时，应确保作业安全：

1. 在进行通风设施维护施工中，当发现施工现场出现气体超限时，必须立即停止施工，查明原因进行处理。

2. 当施工地点出现顶板破碎、悬矸时，必须对顶板实施临时加强支护，找掉悬矸，确认安全后方可继续施工。

3. 施工中出现其他危及施工安全的情况时，必须停止施工，采取安全有效的措施，确保施工安全。当出现大的安全隐患危及人身安全时，必须立即撤离现场到安全地点，并及时向调度室进行汇报。

九、收尾工作

第 11 条 作业结束时，应做好以下事项：

1. 维护施工完毕后对剩余材料进行清理，做到工完料净。

2. 由跟班副区长或班组长配合跟班安监员进行质量验收，合格后填写质量验收单并签字备查。

3. 向工区值班人员汇报当班安全生产情况及存在的安全质量问题。

十、手指口述

第 12 条 手指口述安全确认。

1. 问：检查各项气体指标是否符合规程规定？

答：经检查，甲烷、二氧化碳、一氧化碳等有毒有害气体浓度符合《煤矿安全规程》规定，确认完毕。

2. 问：检查顶板是否完好？

答：经检查顶板完好，巷道支护完好，确认完毕。

3. 问：有无来往车辆及设备运行？

答：现场无来往行车、无设备运行，确认完毕。

4. 问：是否按照质量标准施工作业？

答：严格按照质量标准施工，确认完毕。

5. 问：是否已挂水平、垂直线？

答：已挂水平和垂直线，确认完毕。

6. 问：维护施工通风设施已施工到 2 m 位置，是否搭脚手架？

答：已按要求搭建脚手架，确认完毕。

7. 问：维护施工完毕后，是否将工作现场清理完毕？

答：现场已清理完毕，确认完毕。

通风仪器仪表维修、收发管理工

一、适用范围

第 1 条 本规程适用于从事通风仪器仪表维修、收发管理作业的人员。

二、任务职责

第 2 条 通风仪器仪表维修、收发管理工应完成下列工作：

1. 熟练掌握仪器的工作原理和使用方法，了解各类仪器的基本技术参数和运行状态。

2. 负责年度便携式气体检测仪、光干涉甲烷检测仪的送检工作，根据年检计划，将便携仪分期、分批送矿山安全计量站，进行计量检定；仪器出现故障及时修理，负责便携式气体检测仪每 15 天一次的标校工作，并认真填写记录。

3. 负责便携式气体检测仪充电和收发管理，负责光干涉甲烷检测仪的收发管理，收发仪器时，认真对仪器进行检查，并做好记录。

4. 做好维修准备工作，修好的仪器必须记入仪器维修台账，及时解决便携仪出现的各类问题。

三、上岗条件

第3条 通风仪器仪表维修、收发管理工上岗条件：

1. 具有初中及以上文化程度，身体健康，一年以上通防、机电工作经验。

2. 经考试合格后方可上岗。

3. 熟悉入井人员的有关安全规定。

4. 掌握《煤矿安全规程》中关于便携式气体检测仪、光干涉甲烷检测仪的有关规定。

5. 了解便携式气体检测仪、光干涉甲烷检测仪完好标准。

6. 了解瓦斯检查的有关规定和操作方法。

四、安全规定

第4条 通风仪器仪表维修、收发管理作业规定。

1. 新进便携式气体检测仪，需要鉴定的，必须经有资质的鉴定部门校检合格后，方可投入使用。

2. 便携式气体检测仪自投入使用后，每15天必须通标准气样校验一次，并及时调整零点、报警点及灵敏度，误差在规定的范围之内，做好校验记录。

3. 标校便携式气体检测仪时，维修室排气扇要确保完好，不准停止运行，标校场所10 m内严禁烟火，无标签和超期气样禁止使用。

4. 通气前应先开高压阀，后开减压阀，使其流量控制在160 mL/min，工作完毕后，先关高压阀，后关减压阀。

5. 发现仪器故障由专业人员及时维修，经校验合格后，方可投入使用。

6. 新仪器投入使用前，要先充、放电3次以上再使用，充满电后将仪器取下备用，以免长时间充电缩短仪器的寿命。

7. 发放仪器时，先打开仪器检查，合格后方可发给使用者，并记清仪器牌号、发放时间、使用单位、姓名、发放。

8. 收回便携式甲烷检测报警仪时，应先打开仪器检查是否完好，记录是否清楚，同时记录收到时间、使用地点、瓦斯最大值以及收回人签名。

9. 维修便携式气体检测仪及光干涉甲烷检测仪需做好配件及报废药品的收集准备工作，禁止乱丢乱放。

10. 保管好发放记录、现场记录、检验记录、仪器管理台账、使用台账、维修记录等。

11. 更换综合收发室内电气设备时，由电工或专职人员停电后更换，严禁带电作业。

12. 在清扫仪器充电架时，必须先切断电源后，方可进行工作，严禁带电作业。

13. 标准气样的存放使用，要符合规定要求。

五、操作准备

第5条 通风仪器仪表维修、收发管理工操作准备。

1. 保持室内清洁、明亮、干燥，准备好常用工具、仪表、材料及工作台。

2. 对便携式气体检测仪进行表面清洁，除去机身上的煤尘等杂物。

3. 标校便携式气体检测仪前，打开换气扇进行换气。

4. 将合格的仪器从充电架上取下后，有序码放在收发台上。

六、操作顺序

第 6 条 通风仪器仪表维修、收发管理工操作顺序。

1. 便携式气体检测仪维修管理：检查便携式气体检测仪维修室安全环境→打开换气扇→对故障仪器进行维修→标校维修后的仪器→填写台账→维修后的仪器送回发放室→清理尾工。

2. 光干涉甲烷检测仪维修管理：检查光干涉甲烷检测仪维修室安全环境→打开换气扇→对故障仪器进行维修→标校维修后的仪器→填写台账→维修后的仪器送回发放室（存放室）→清理尾工。

3. 通风仪器仪表收发管理：检查施工地点安全环境→仪器巡检→将仪器从充电架上拿下→检查仪器→发放仪器→收回仪器→交班→清理尾工。

七、正常操作

第 7 条 通风仪器仪表维修、收发管理工正常操作。

1. 严格按《煤矿安全规程》规定执行：便携式甲烷检测仪的调校、维护及收发必须由专职人员负责，不符合要求的严禁发放使用。对光干涉甲烷检测仪的光路系统、电路系统及气路系统进行检查，确保光路系统完好正常、电路系统接触良好、光谱明亮清晰、气路系统畅通气密性良好。

2. 使用有资质单位配制合格的甲烷标准气及有效药品。对光干涉甲烷检测仪所用的药品性能进行检查，检查水分吸收管中氯化钙（或硅胶）和外接的二氧化碳吸收管中的钠石灰是否失效，如果药品失效应更换新药品，新药品的颗粒直径一般为3～5 mm。

3. 便携式气体检测仪发放前，先打开开关预热 5～10 min 后，显示器为零，若有偏差，可以调整电位器给予校正，使其指示为零。

4. 发放便携式检测仪前必须进行电压检查。如显示欠压或电池电压不足，要重新充电。电池电压不足时，不准投入使用。

5. 按照《煤矿安全规程》规定，必须佩戴便携式气体检测仪的人员，应发放仪器，不得借故不发。按牌发仪器，进行登记，发完后将仪器牌挂到相应位置。

6. 收回便携式气体检测仪时，发放人员应将其仪器牌还给使用人。

7. 对收回的便携式气体检测仪，应检查、维护，使其符合《爆炸性环境 第 1 部分：设备通用要求》(GB 3836.1—2010)所规定的要求。还要使仪器干净，外观完好、结构完整、附件齐全。各调节旋钮能正常调节，电源开关应灵活，显示部分应有相应显示，动作部件应能正常动作。

8. 对收回的便携式气体检测仪，要及时充电。

9. 对当班使用、交回的仪器进行登记。

10. 对当班使用未交回的仪器，要及时汇报，查清原因，提出处理意见。

11. 对维修的仪器各部分的检查，应按照维修顺序进行操作。

12. 便携式气体检测仪充电回路的常见故障和排除方法有：

(1) 电源开关接触不良、充电二极管损坏时，需要更换新件。

(2) 连接线断线时，焊接连接线。

13. 便携式气体检测仪电源部分的常见故障排除方法有：

(1) 电池损坏时，更换新品。

(2) 连接线断时，焊接连接线。

(3) 放电时间不足 8 h、有短路时，维修电路。

14. 便携式气体检测仪稳压电路的常见故障排除方法：显示值随电池组电压下降而下降，稳压电路有元件坏，更换新品。

15. 便携式气体检测仪传感电桥的常见故障排除方法：开机显示小数点或负极性点，黑白元件坏，更换新品。

16. 便携式气体检测仪标准气体显示值为负，黑白元件焊反，重新焊接。便携式甲烷检测仪显示数字不稳，A/D 转换器坏，更换新品。

17. 便携式气体检测仪不能报警，报警集成块坏，更换新品。

18. 更换便携式气体检测仪电池时须整体更换，不能用其他类型的部件代替。更换便携式气体检测仪元件时须关机，防止损坏集成块。

19. 维修过的便携式气体检测仪，必须重新进行检定，合格后方可投入使用。

20. 便携式气体检测仪零点校准：接通电源，仪器稳定后用清洁空气调准仪器零点。

21. 便携式甲烷检测仪示值校准：将 1.05%的甲烷标准气体，按仪器规定的流量流入仪器，标校 3 次，使仪器示值与标准气体一致。

22. 便携式甲烷检测仪基本误差检定：分别通入 1.05%、3.0%的甲烷标准气体，读取仪器示值，应分别不超过±0.1%、±0.2%。

23. 用 3.0%甲烷标准气体，检定便携式甲烷检测仪的漂移，应不超过±0.2%。

24. 用 3.0%的甲烷标准气体检定便携式甲烷检测仪的响应时间，吸入时间不超过 10 s，扩散时间不超过 30 s。

25. 用 1.05%的甲烷标准气体检定便携式甲烷检测仪的报警误差，报警设定值与报警时的示值之差应不超过±0.1%。

26. 便携式甲烷检测仪报警强度及信号检定，报警声级度不小于 75 dB(A)，光信号在黑暗中 20 m 处应清晰可见。

27. 光干涉甲烷检测仪的检修操作步骤有：

(1) 干涉条纹的寻找与校正。

(2) 干涉条纹移动。

(3) 读数不准确。

(4) 灯泡不亮或忽明忽暗。

(5) 气室的维修：① 卸下两端平行玻璃板；② 检查气室金属部分的气密性；③ 检查气室表面是否有脱漆现象；④ 擦洗玻璃；⑤ 擦洗气室两端面；⑥ 正确安装玻璃；⑦ 安装固定平行玻璃板用的包角及挡片；⑧ 气密性检查。

八、特殊操作

第 8 条 通风仪器仪表维修、收发管理工特殊操作。

1. 若工作地点出现火灾时，应按照应急预案要求，能灭火则使用有效灭火工具进行灭火；火势过大、无法灭火时，迅速沿安全通道撤至安全地点。

2. 维修过程中，如发现异常现象应立即停止维修，待处理正常后，再进行工作。

3. 便携式气体检测仪检定条件：环境温度 15～35 ℃，相对湿度小于85%，大气压力 86～106 kPa，周围无影响检测的干扰气体。

4. 便携式气体检测仪外观及通电检查，仪器外观完好，结构完整，附件齐全，连接可靠，电源电压应符合仪器工作要求，并有欠压指示灯，仪器各调节旋钮应能正常调节，仪器测量值的指示器应清晰无缺陷。

5. 便携式气体检测仪校准：检定前，被检仪器、检定标准气体及配套设备应在同等条件下放置 12 h 左右。

6. 便携式气体检测仪在使用一段时间或经过修理之后，必须进行校正。把仪器的读数与标准读数相比较，若误差在规定范围内，则可以使用，否则应进行检查。

九、收尾工作

第 9 条 通风仪器仪表维修、收发管理工收尾工作：做好交接班工作，按要求交接班，询问上班情况，仪器的数量是否有变动，认真填写交接班记录。

十、手指口述

第 10 条 手指口述安全确认。

1. 问：安全设施是否完好？

答：灭火器完好，安全通道畅通，确认完毕。

2. 问：工具是否齐全？

答：操作证、测试仪、万用表、电烙铁、螺丝刀准备齐全，确认完毕。

3. 问：是否按步骤检查故障仪器？

答：检查故障仪器，根据先简后繁、先外后内的原则，维修故障部位，确认完毕。

4. 问：更换元件操作顺序是否正确？

答：更换元件操作程序正确，确认完毕。

5. 问：仪器维修后应准备哪些工作？

答：将仪器开机预热 5～10 min；仪器稳定后调准仪器零点；打开标准气样瓶，将标准气样流入仪器，标校 3 次，使仪器示值与标准气样一致；记录标校结果；最后关掉气瓶，确认完毕。

6. 问：仪器发放前应准备哪些工作？

答：点清仪器物品数量，认真填写交接班记录，更换收发人姓名；将充电架上显示绿灯的便携仪取下，检查仪器完好后，关机，放置待发，确认完毕。

7. 问：仪器发放顺序是否正确？

答：发放仪器时，先接使用牌，照排显示照片是否与使用人相符，拿仪器，把仪器牌插到与仪器使用编号相对应的位置，输入使用地点，按回车键进入，把仪器交于使用者，确认完毕。

8. 问：收回仪器顺序是否正确？

答：收回仪器时，先接仪器，检查仪器是否完好，对照仪器编号从牌板上将仪器牌取下将仪器牌交于使用者，输入使用地点，按回车键退出，确认完毕。

瓦斯泵工

一、适用范围

第1条　本规程适用于从事瓦斯抽采泵的运行、巡查、日常维护以及瓦斯抽采参数调整作业的人员。

二、任务职责

第2条　瓦斯泵工应完成下列工作：

1. 负责抽采瓦斯泵的开停、运行和日常维护管理。
2. 负责运行参数的调整、记录工作。

三、上岗条件

第3条　必须经过培训，取得安全技术工种操作资格证后，持证上岗。

第4条　需要掌握以下知识：

1. 掌握瓦斯泵的结构、性能。
2. 会进行一般的维护保养及故障处理。
3. 掌握抽采瓦斯系统中设备的操作等有关规定。
4. 熟悉抽采瓦斯系统的工作原理。
5. 熟悉入井人员的有关安全规定。
6. 了解有关煤矿瓦斯、煤尘爆炸的知识。
7. 熟悉《煤矿安全规程》对抽采瓦斯的有关规定。

四、安全规定

第5条　地面抽采瓦斯泵房的建筑要符合《煤矿安全规程》有关规定。

第6条　地面抽采瓦斯泵房必须符合防火、防雷电、防管路回火爆炸的安全装备，必须配齐通信设备和必要的检测仪表。

第7条　采用地面泵房抽采瓦斯的，其管路应尽可能敷设在回风巷和风井中，管路离巷道底部保持一定高度并相对稳固，尽量减少弯头和直角弯，必须安装管路防回火、防回气、防爆炸的安全装备。

第8条　临时瓦斯抽采泵站的安设、使用，必须符合《煤矿安全规程》第一百八十三条规定要求。

第9条　临时瓦斯抽采泵站的安设，应选择在巷道规整、支护良好（不得有可燃性支护材料）处，还要充分考虑行人等安全间距。

第10条　泵房值班人员必须坚守岗位，不得擅离职守。

第11条　操作电气设备时，必须穿戴绝缘鞋和绝缘手套。

第12条　对于反映抽采泵运行状态的各种参数（瓦斯浓度、设备温度、压力、流量计静压差、流量等）及附属设备的运转状态、机房内的瓦斯浓度，在正常情况下应按规定的间隔时间进行观测、记录和汇报，特殊情况下必须随时观测、记录和汇报。

第13条　要经常检查维护抽采系统各种计量装置、阀门和安全装置等，保证灵活可靠。

五、操作准备

第14条　检查泵站进出气阀门、循环阀门、配风阀门、放空阀门和利用阀门，保证其处于正常工作状态。

第 15 条 检查抽采泵地脚螺栓、各部连接螺栓以及防护罩，要求不得松动。

第 16 条 检查并保持油路、水路处于良好工作状态。

第 17 条 各部位温度计应齐全，温度计指示值符合规定要求。

第 18 条 泵站的测压、测瓦斯浓度装置及电流、电压、功率表均应正常工作，无异常现象。

第 19 条 检查泵站进、出气侧的安全装置，要求保证完好；采用水封式防爆器的，要保证水位达到规定要求。

第 20 条 用手转动泵轮 1～2 周，要求泵内应无障碍物。

第 21 条 检查配电设备，应完好。

六、操作顺序

第 22 条 本工种操作应遵照下列顺序进行：交接班→检查→开机→停机。

七、正常操作

第 23 条 接到启动命令后，抽采瓦斯泵司机应一人监护、一人准备操作。

第 24 条 启动抽采泵时，应先启动供水系统，并开、关有关阀门。

第 25 条 真空泵的启动顺序如下：

1. 关闭进气阀门，打开出气阀门、放空阀门和循环阀门。
2. 操作电气系统，使抽采泵投入运行。
3. 缓缓开启进气阀门。
4. 调节各阀门，使抽采泵正负压达到合理要求，向泵体、气水分离器等供给适量的水。

第 26 条 抽采泵启动后，应及时观测抽采正、负压及流量、瓦斯浓度、轴承温度、电气参数等，并监听抽采泵的运转声。

第 27 条 按规定按时记录各种检查数据。

第 28 条 接到停止抽采泵运行的命令后，应 1 人监护、1 人准备进行停机操作。

第 29 条 抽采泵的停机操作顺序是：

1. 开启放空阀门、循环阀门，关闭总供气阀门和井下总进气阀门，同时开启配风阀门，使抽采泵运转 3～5 min，将泵体内和井下总进气阀门间的管路内的瓦斯排出。
2. 操作电气系统，停止抽采泵运转。
3. 停止供水。

第 30 条 抽采泵停止运转后，要按规定将管路和设备中的水放完。

第 31 条 抽采瓦斯的矿井，在抽采工作未准备好前，不得将井下总进气阀门打开，以免管路内的瓦斯出现倒流。

八、特殊操作

第 32 条 如遇停电或其他紧急情况需停机时，必须首先迅速将总供气阀门关闭，然后将所有的放空阀门和配风阀门打开，并关闭井下总进气阀门。

第 33 条 抽采泵每次有计划的停机，必须提前通知矿调度室和通防值班人员；紧急情况下，停机后应及时通知矿调度室和通防值班人员。

第 34 条 抽采泵需要互换运行时，必须报告调度室同意后方可按计划进行。

第35条　互换抽采泵的操作顺序如下：

1. 备用泵空载运转正常后，调小运转泵的流量，并相应调整抽气量。

2. 开启备用泵和运转泵系统间的联络阀门，并关闭备用泵的配风阀门，使备用泵低负荷与运转泵并联运行。

3. 当备用泵带负荷运转正常后，关闭其放空阀门。

4. 停止原抽采泵运转，并开、关有关阀门，调整备用泵的流量。

九、收尾工作

第36条　对全部设备的外表进行擦洗。

第37条　实行现场交接班，交接班时要对所有设备进行检查和交接，并履行台账签字手续。

十、手指口述

第38条　手指口述安全确认。

1. 问：抽采泵各部位是否符合要求？

答：抽采泵各气门、各连接螺丝、防护罩、油路、水路、各测压仪表等部件均完好，符合有关规定，确认完毕。

2. 问：抽采泵各连接装置是否牢固可靠，抽采管各阀门开启方向是否正确，抽采泵是否符合启动规定？

答：抽采泵各连接装置牢固可靠，抽采管路各阀门开启方向正确，抽采泵符合开启规定，可以启动抽采泵，确认完毕。

3. 问：停止抽采泵的操作步骤是否正确，抽采管路各阀门是否关闭？

答：停止抽采泵的操作步骤正确，抽采管路各阀门已关闭，确认完毕。

4. 问：抽采记录、交接班记录是否填写齐全？

答：抽采记录按要求填写，交接班记录已签字，确认完毕。

5. 问：泵站周围、设备是否清理卫生？

答：泵站已清洁卫生，无煤尘、杂物，确认完毕。

瓦斯抽采工

一、适用范围

第1条　本规程适用于在井下从事瓦斯抽采作业的人员。

二、任务职责

第2条　瓦斯抽采工应完成下列工作：

1. 负责抽采瓦斯系统中各参数的定时观测、计算。

2. 抽采钻孔的连接、拆除以及抽采管道的检查、维护、放水、管理工作。

三、上岗条件

第3条　必须经过培训，取得安全技术工种操作资格证后，持证上岗。

第4条　需要掌握以下知识：

1．熟悉入井人员的有关安全规定。

2．熟悉抽采瓦斯系统的工作原理。

3．掌握抽采瓦斯系统中设备的操作等有关规定。

4．掌握抽采瓦斯系统管路及配件的安装、检查、维护、放水、管理要求。

5．了解瓦斯、二氧化碳涌出、突出的机理和规律。

6．了解有关煤矿瓦斯、煤尘爆炸的知识。

7．了解井下各种气体超限的危害及预防知识。

四、安全规定

第5条 抽采瓦斯应当符合《煤矿安全规程》有关规定，其中抽采瓦斯设施应当符合《煤矿安全规程》第一百八十二条规定。

第6条 井下临时抽采瓦斯泵站必须符合《煤矿安全规程》第一百八十三条规定。

第7条 抽采容易自燃和自燃煤层的采空区内的瓦斯时，抽采管路应当安设一氧化碳、甲烷、温度传感器，实现实时监测监控。发现有自然发火征兆时，应当立即采取措施。

第8条 井上下敷设的瓦斯管路，不得与带电物体接触并应当有防止砸坏管路的措施。

第9条 抽采孔、高抽巷管路都应设置风门、放水器和观测瓦斯浓度、负压、流量的装置。

第10条 瓦斯抽采泵站必须安设通往调度室的直通电话，并保证完好。

第11条 在突出煤层采掘工作面附近安设瓦斯抽采泵站时，除了必须安设直通调度室的电话外，还要设置紧急避险设施。

第12条 地面泵房内电气设备、照明和其他电气仪表都应当采用矿用防爆型，否则必须采取安全措施。

五、操作准备

第13条 根据当天的工作任务和目标，带全所需工具、仪器，并保证完好。

六、操作顺序

第14条 本工种操作应遵照下列顺序进行：安全检查→系统检查、观测→系统维护、管理、钻孔的连接等→填写工作日志→交接班。

七、正常操作

第15条 按照工作程序安排，进行巡回检查。

第16条 检查管道内瓦斯。

1．要使用100％的瓦检仪。

2．瓦检仪的气泵应选择合适，尽量采用高负压气泵；如使用仪器本身气泵不合适，必须用气样泵抽取管道内的瓦斯进行测定。

3．用仪器气泵时，应连续挤压气泵（即鼓起立即再捏扁），挤压5～6次后，在气泵复原的瞬间，立即将仪器的进气口从管道内拔出。

4．检查时必须检查两次以上，发现差别较大时应查明原因，重新检查。

第17条 观测负压：

1．U形水柱计内必须是蒸馏水。

2．观察时，要将U形水柱计垂直放置，使两水柱凹面持平。

3. 用U形水柱计测定抽采压力时，应按规定将水柱计的胶管与管道上的压力接孔连接，并使其稳定1～2 min，然后读取压力值。

第18条　在测定负压时，如U形水柱计跳动不止，应检查管路积水情况，并采取放水措施。

第19条　定时观测观测点的流量计读数。

第20条　抽采瓦斯钻孔及分路观测点必须悬挂观测记录牌，并注明观测地点和孔号。每次观测后，应将有关参数（如负压、静压差、瓦斯浓度、流量、观测时间及观测人姓名）填写在记录牌上，并保证牌板、记录和报表三对口。

第21条　定时观测管路系统中的放水器（自动、手动），手动放水时操作如下：

1. 关闭隔离阀门，切断抽采负压。

2. 打开通气阀门，使得水箱内外压力平衡。

3. 打开放水阀门，放空水箱内的积水。

4. 正常抽采时，应关闭进气阀门、放水阀门，打开隔离阀门，使得管路内的水可以流入水箱。

第22条　使用临时瓦斯抽采泵站时，应经常检查瓦斯排放口稀释后的瓦斯浓度，发现超限要及时停机进行处理。

第23条　必须经常清理和润滑抽采瓦斯管路的阀门，以确保阀门使用灵活。

第24条　对所负责地区的抽采系统及设施要定期进行全面检查，发现漏气、断管、埋管、积水等问题时应立即汇报，并采取措施进行处理。

第25条　需要更换管路、钻孔的连接时应按照有关规定执行。

八、特殊操作

第26条　当抽采管路中瓦斯浓度急剧变化时，应及时调节该钻孔或高抽巷的管路抽采负压。

第27条　布置在回采工作面的抽采钻孔，必须在能抽上瓦斯前连接好。本煤层抽采瓦斯钻孔，应在钻孔钻完后及时连接好，并把钻孔与抽采管路连通的气门打开。

第28条　连接钻孔前，要将顶板的浮矸清理掉，严禁冒险作业。

第29条　抽放钻孔或管路的拆除，必须经通风技术负责人批准。

第30条　瓦斯钻孔或高抽巷瓦斯管拆除后，必须采取防瓦斯外泄的措施。

第31条　未经批准，任何人不得调整主干管路的抽采负压。

九、收尾工作

第32条　检查、清理操作现场，带齐工具、仪器上井。

第33条　现场交接班。

十、手指口述

第34条　手指口述安全确认。

1. 问：所带仪器是否符合测定要求，是否按规定进行检查？

答：使用上限量程为100%的瓦检仪，符合测定要求。检查程序正确，测定结果准确，确认完毕。

2. 问：负压观测是否符合规定？

答：严格按照有关规定使用，确认完毕。

3. 问:抽采现场是否悬挂牌板,数据是否记录,是否做到牌板、记录和报表三对口?

答:现场悬挂观测记录牌,已将有关数据填写在记录牌板上,并做到三对口,确认完毕。

4. 问:手动放水是否严格按照程序进行,管路是否漏气?

答:已严格按照程序进行手动放水,管路无漏气,确认完毕。

瓦斯防突工

一、适用范围

第 1 条 本规程适用于从事防治煤与瓦斯突出作业的人员。

二、任务职责

第 2 条 瓦斯防突工应完成下列工作:

1. 负责防突有关参数的测定。

2. 收集、整理突出资料。

3. 协助编制年度、季度、月防治突出计划。

三、上岗条件

第 3 条 必须经过培训,取得安全技术工种操作资格证后,持证上岗。瓦斯防突工要有 3 年以上的防突经验。

第 4 条 需要掌握以下知识:

1. 瓦斯防突工应由在突出矿井从事采掘工作不少于 3 年,并经过防突知识培训,熟悉本矿突出预兆的人员担任。

2. 应熟悉《防治煤与瓦斯突出规定》的防治内容。

3. 掌握防突技术措施的施工要求。

4. 熟悉入井人员的有关安全规定。

5. 掌握施工区域的通风系统和避灾路线。

6. 了解有关煤矿瓦斯、煤尘爆炸的知识。

7. 掌握煤与瓦斯突出的知识。

四、安全规定

第 5 条 操作人员在井下工作时要严格按照批准的防突设计施工。

第 6 条 必须携带隔离式自救器。

第 7 条 打钻前,工作面应有挡拦措施,预留钻孔位置。

第 8 条 打钻时,随时观测煤、岩壁动态,发现异常情况(如突出、瓦斯超限)时,应立即停止作业,撤出人员并向矿调度室汇报。

第 9 条 作业地点应悬挂便携式甲烷检测报警仪,只有瓦斯浓度符合《煤矿安全规程》规定时,才能工作。

第 10 条 打钻作业地点要安设瓦斯断电仪,确保瓦斯超限自动断电。

第 11 条 必须实行间歇作业,为实施防突施工留有充足的时间。

第 12 条 防突预测仪器,每年必须送有资质的单位进行一次检定。

第 13 条 在突出煤层采掘工作面附近爆破时，撤离人员集中地点必须有直通矿井调度室的电话，并有供给压缩空气设施或压风自救系统。工作面回风系统中有人工作的地点，也应设置压风自救系统。

第 14 条 建立“四图板”、“四台账”和“一卡片”。

1. 四图板即瓦斯地质图板、突出煤层采掘工作面动态图板、保护层与保护层关系图板、现场防突施工图板。

2. 四台账即突出煤层实际考察的基本参数台账、煤柱台账、瓦斯抽采台账、防突设备仪表使用及完好台账。

3. 一卡片即发生突出后的煤与瓦斯突出卡片。

五、操作准备

第 15 条 入井前，对所需携带的仪器、仪表、工具等进行全面检查和校正，以满足测试要求。

第 16 条 使用 YTC-10 瓦斯突出预测仪，使用前按说明书要求将仪器充足电并试操作一遍，确认无问题后，才准带仪器下井工作。

第 17 条 进行安全检查确认符合规定后，将电源送到工作面作业点，做好施工前准备工作和防爆检查。

第 18 条 测试前，应明确记录负责人、参数测定负责人。

六、操作顺序

第 19 条 本工种操作应遵照下列顺序进行：检查仪表→测试参数→检查清理作业现场→分析数据→填写报表。

七、正常操作

第 20 条 使用 YTC-10 瓦斯突出预测仪测定煤层突出危险指标 K_1 值和钻屑量时的操作。

1. 到达现场后，YTC-10 瓦斯突出预测仪放置要平稳，人员分工明确。

2. 具体操作如下：

(1) 接通电源，预热约 10 min，并将仪器调零。

(2) 向仪器内输入本矿的 K_1 值和 S_{max}(钻屑量)的临界指标数据，或按《防治煤与瓦斯突出规定》的规定输入其上、下限临界值。

(3) 在煤层内选择好钻孔位置，用风煤钻打眼，钻孔孔径 42 mm，打钻速度控制在 1 m/min左右。按要求每钻进一定深度测定 K_1 值和 S_{max}。

(4) 测定时，用 1～3 mm 的筛子筛取煤样，将筛好的煤样倒入煤样罐，盖好罐盖，打开盖上排气开关，同时记录时间，取样时间不得超过 2 min。1～2 min 后，扭紧排气开关，同时按下采样键，仪器即进入自动测量阶段。

(5) 5 min 后，输入取样时间数据，按监控器，再输入钻孔长度数据，再按监控键，则仪器计算并显示 K_1 值。然后倒掉煤样，再进行下一个煤样的测定。

(6) 全部煤样的 K_1 值测完后，按预报键，输入 S_{max} 值，再按监控键，仪器将自动显示突出危险性等级。

(7) 井下全部煤样测完后，按仪器说明书规定的方法关机。

(8) 仪器带上井后，在断电的情况下，将 YTC-10 瓦斯突出预测仪与电脑连接好，接通电源，按仪器上的打印键，打印机将自动打印出全部测试数据和预测结果。

3. 操作时注意事项有：

(1) 应严格按说明书进行操作。不能随意触动 YTC-10 瓦斯突出预测仪的满度电位器，不能随意打开主机盖。

(2) 仪器长期不用时(10 d 以上)，必须每 10 d 充 1 次电。

(3) 必须对每次测定结果做系统整理、分析，并将测定结果及时送交领导审阅。应注意观察突出前征兆及地质构造区煤的地质变化情况，并做好记录加以素描。

(4) 仪器要防止碰压，保持清洁，专人使用保管，不得让他人摆弄。

(5) 仪器在井下应放在顶板完好处，距离测突地点 5 m 处。

第 21 条 测定瓦斯涌出初速度时的注意事项如下：

1. 应根据煤体结构确定钻孔具体位置，并严格按设计方位布置钻孔，做到钻进速度均匀，按测定要求排出煤屑。

2. 测定时，应每施工 1 m 测定 1 次数据。从开钻起，每取出 1 m 段的钻屑量后，立即拔出钻杆，插入封孔器，要求在 2 min 内读取该米段的瓦斯涌出初速度。

3. 测定时，计时与读数必须准确。当瓦斯涌出初速度较慢时，测定时间一般为 3～5 min；若瓦斯涌出初速度较快时，其测定时间不应小于 10 min。

4. 收集钻屑量的同时，将温度计放入煤屑内测定该米段的煤屑温度。

5. 测定钻屑量时，应做到每米段推、拉钻杆的次数基本相同，以减小测试误差。

第 22 条 瓦斯防突工应经常下井检查施工区域压风自救装置，确保其能正常工作，并检查现场防突措施的执行进度，发现异常情况及时向有关领导汇报。防突工施工时，不要正对钻孔，防止喷孔伤人。

八、特殊操作

第 23 条 由于地质条件或其他原因不能执行所规定的防突措施时，必须立即停止作业，撤出人员，及时向领导汇报。

第 24 条 采用远距离爆破时，远距离爆破地点应设在进风侧反向风门之外的避难所内，距工作面的距离不得小于 300 m；爆破时，受影响区域，必须停电撤人，设置警戒；爆破工操纵爆破的地点，应配备急救袋或自救器；爆破 30 min 后，方可进入工作面检查。

第 25 条 突出的煤应及时清理。清理突出的煤时，必须按防止再次发生事故的防护措施进行操作。

第 26 条 对突出的孔洞应充填接顶，并应及时砌碹或注浆封闭孔洞。操作前均应检查作业地点的瓦斯等有害气体的浓度，符合规定要求时方可作业。

第 27 条 每次突出发生后，必须进行现场调查，按《防治煤与瓦斯突出规定》的要求做好详细记录并收集有关资料。

1. 记录突出时间、突出地点、距地表垂深、巷道名称、支护情况、煤层特征、地质构造及邻近层开采情况等。

2. 调查突出前的预兆、突出前及突出当时发生的过程、突出后的特征及支架破坏情况等，并及时向有关领导汇报。

3. 调查突出前瓦斯压力大小、正常时瓦斯浓度及突出后瓦斯涌出情况，并及时向有关领导汇报。

4. 绘制突出地点通风系统示意图、突出处煤层剖面图及煤岩柱状图。

5. 调查突出前所采取的防突措施，并附施工图，向有关领导汇报。

6. 填写突出记录卡。记录卡片数据应准确，附图应清晰并注明主要尺寸。

7. 强度大于 500 t 的突出，必须填写专题调查报告。

第 28 条　每年应对全年的突出记录卡片进行整理，总结经验、体会。

九、收尾工作

第 29 条　检查清理作业现场。

第 30 条　现场交接。

十、手指口述

第 31 条　手指口述安全确认。

1. 问：仪器是否完好？

答：携带 YTC-10 瓦斯突出预测仪完好，气密性符合要求，煤样罐完好，气密性符合要求，秒表完好，记录准确，便携式瓦斯报警仪完好，压缩氧自救器完好，确认完毕。

2. 问：工具是否齐全？

答：操作证、压缩氧自救器、便携式瓦斯报警仪、麻绳、卷尺、笔、记录本、秒表、白板笔、YTC-10 瓦斯突出预测仪、测量钻屑量的容器、煤样罐携带齐全，确认完毕。

3. 问：设施是否完好？

答：压风自救器完好，隔爆水袋完好，防突风门完好，安全出口畅通，工作面支护牢固可靠，风管水管正常；防突标记未移动，无数据修改迹象，工作面未出现超采或超掘迹象，确认完毕。

4. 问：煤层是否正常？

答：无地质构造变化，煤层正常，确认完毕。

5. 问：警戒是否有效？

答：警戒范围内除两名钻孔施工人员及一名防突预测人员，其余人员全部撤至警戒范围以外安全地点，确认完毕。

6. 问：作业环境是否安全？

答：工作面顶板巷帮无活岩危矸，钻具、钻杆齐全完好，安装稳固可靠，支护牢固可靠，通风稳定可靠，瓦斯正常，瓦斯监测探头和便携式瓦斯报警仪按规定吊挂，仪器摆放位置安全，人员站位安全，确认完毕。

7. 问：布孔是否正确？

答：巷道中线吊挂正确，后视点吊挂正确，开孔位置位于煤层中部，开孔倾角符合设计要求，按照措施设计在工作面标注开孔位置，确认完毕。

8. 问：指标测定是否有效？

答：仪器内上班数据未清除，本班工作面编号、临界指标、测定日期设置正确，按照规定采样测定指标，确认完毕。

9. 问：原始记录内容是否准确完整？

答：人员姓名、日期班次、孔号、孔径、钻屑量、K_1 值记录准确，开孔位置、钻孔倾角、孔深符合设计要求，施钻过程中未出现动力现象，确认完毕。

10. 问:防突标记、防突牌板填写是否准确完整?

答:防突标记未移动,数据日期正确、牌板干净整洁醒目;防突牌板上孔数、孔深、孔径、执行措施日期、班次、防突员姓名填写清晰;预测临界指标、实测最大预测指标、结论为有(无)突出危险内容填写准确完整,确认完毕。

瓦斯检查工

一、适用范围

第1条 本规程适用于在井下从事瓦斯检查作业的人员。

二、任务职责

第2条 瓦斯检查工应完成下列工作:

1. 测定作业地点的甲烷、二氧化碳等各种气体浓度、温度。
2. 及时准确填报瓦斯报表和各种记录。
3. 在参加矿井瓦斯等级鉴定工作时,测定有关参数及协助做好有关资料汇总工作。
4. 对照甲烷传感器校对完善测定数据。
5. 负责本区域的通风设施、装备的日常检查。

三、上岗条件

第3条 必须按国家有关规定培训合格,取得安全技术工种操作资格证后,持证上岗。

第4条 需要掌握以下知识:

1.《煤矿安全规程》有关风量、气体浓度、温度以及对瓦斯检查的规定。

2. 必须能够熟练使用有关通防安全的仪器、仪表,并能排除仪器仪表的一般故障。掌握所用仪器的性能、参数。

3. 必须熟悉矿井通风系统和所管辖范围内的通风、瓦斯、防尘、防灭火和监测监控设施。

4. 熟悉矿井通风系统,掌握各用风地点所需风量。

5. 了解煤与瓦斯突出、瓦斯、二氧化碳涌出机理和规律的相关知识。

6. 熟悉入井人员的有关安全规定。

7. 了解有关煤矿瓦斯、煤尘爆炸的知识。

8. 了解煤矿避灾路线。

9. 了解井下各种气体超限的危害及预防知识。

四、安全规定

第5条 必须按规定对煤矿井下采掘作业地点进行巡回瓦斯检查或专人定点检查。

第6条 瓦斯检查地点的设置、瓦斯检查次数、检查周期、瓦斯检查方式,由矿技术负责人确定,瓦斯检查工要严格按照确定的地点、次数、检查方式进行检查,严禁空班漏检和假检。

第7条 采煤工作面需测定甲烷和二氧化碳的地点有:

1. 工作面进风流(指进风巷至工作面煤壁线以外的风流)和工作面风流(指距煤壁、顶、底板各 20 cm 和以采空区切顶线为界空间的风流)。

2. 回风隅角(指采煤工作面回风侧最后一架棚向上 1 m 处)。

3. 工作面回风流(指距采煤工作面 10 m 以外的回风巷内不与其他风流汇合的一段风流)。

第 8 条　掘进工作面需测定甲烷及二氧化碳的地点有:

1. 掘进工作面进风流(指风筒出口到掘进工作面的一段风流)。

2. 掘进工作面回风流。

3. 局部通风机前、后各 10 m 以内的风流。

4. 局部高冒区。

第 9 条　爆破作业地点检查瓦斯的部位有:

1. 采煤工作面爆破作业地点的瓦斯检查应在工作面煤壁各 20 m 范围内的风流中进行。

2. 掘进工作面爆破作业地点的瓦斯检查应在该地点向外 20 m 范围内的巷道风流中进行。

第 10 条　检查瓦斯的次数为:低瓦斯矿井的采掘工作面每班不少于 2 次;高瓦斯矿井的采掘工作面每班不少于 3 次;突出煤层、有瓦斯喷出危险或者瓦斯涌出较大、变化异常的采掘工作面,必须有专人经常检查。

第 11 条　瓦斯检查牌板的设置位置以及需填写的内容,要符合有关规定。

第 12 条　瓦斯检查时,应严格按规定操作,发现安全隐患要先消除隐患再进行检查。

第 13 条　经分析确定的不宜瓦斯检查工进行检查的地点,未经矿井技术负责人批准,瓦斯检查工不得擅自进入检查瓦斯。

五、操作准备

第 14 条　准备仪器:下井要带齐便携式光学甲烷检测仪、便携式甲烷检测报警仪、检查瓦斯杖杆、胶皮管、温度计、手册及其他规定的仪器、用具。

第 15 条　对要携带的便携式光学甲烷检测仪(光瓦)的各部件进行检查,要求做到部件完整、电路畅通、光谱清晰。

第 16 条　检查药品是否失效:检查吸收管(短管)内装的氯化钙或硅胶以及附加吸引管(长管)内装的钠石灰(检查二氧化碳浓度时使用氯化钙)的吸收力。药品颗粒直径一般应为 3～5 mm,如发现药品变色、失效,应该立即更换药品。

第 17 条　气密性检查。

1. 检查吸气球:用右手捏扁吸气球,左手捏住吸气胶管,如果吸气球不膨胀还原,说明吸气球不漏气。

2. 检查仪器是否漏气:将吸气球胶皮管与便携式光学甲烷检测仪吸气孔连接,一手堵住进气孔,另一手捏扁吸气球,松手后 1 min 内不涨起还原,说明便携式光学甲烷检测仪不漏气。

3. 检查气路是否畅通:放开进气孔,捏、放吸气球,气球瘪、起自如时,说明完好。如果漏气、气路不畅通,需要查明原因,进行处理,重新重复上述程序。

第 18 条　检查干涉条纹是否清晰:由目镜观察,按下按钮,同时旋转保护玻璃座调整视度,使得观察数字最清晰,再看干涉条纹是否清晰。

第 19 条 对仪器进行校正:简单的校正办法是,将光谱的第一条黑纹对在“0”位上,如果第 5 条正对在“7%”的数值上,表明条纹宽窄适当。否则应对仪器的光学系统进行调整。

第 20 条 用新鲜空气清洗气室:每班在进入工作地点前,必须在和测量现场温度相接近(温差不超过 10 ℃)的新鲜空气中按压吸气球 5～6 次,清洗气室。

第 21 条 调整零位:按下测微按钮,转动测微手轮,使刻度盘的零位与指标线重合,然后按下按钮,转动粗手轮,从目镜中观察,把干涉条纹中最黑的一条或两条黑线中的任意一条与分划板上的零位线对准,并记住对准零位的这条黑线,旋上护盖。

六、操作顺序

第 22 条 本工种操作应遵照下列顺序进行:安全检查→取样→读数→记录→现场班组长签字→填写牌板→填报表。

七、正常操作

第 23 条 将调整零位便携式光学甲烷检测仪背在身上,把连接瓦斯入口的橡胶管或瓦斯检查杖杆伸入测定地点,然后慢慢握压吸气球 5～6 次,使得待测气体进入气室。

第 24 条 测定地点一般应在巷道靠近棚梁以下 20 cm 的位置,在有冒顶的巷道中,要将橡胶管伸入冒顶高处,由低到高逐渐向上检查,检查人员的头部不得伸入冒顶高处,以防缺氧窒息。

第 25 条 按动粗读数按钮,观看目镜,查看原来零位黑线移动位置,读出整数。

第 26 条 按动精读数按钮,转动测微手轮,将零位黑线移动到整数位置,再查看刻度盘上的读数,即为小数位。

第 27 条 整数和小数相加,即为该地点的甲烷浓度。

第 28 条 检查二氧化碳浓度时,应在靠近巷道底板 20 cm 处检查。

第 29 条 在检查完甲烷浓度后,拿掉二氧化碳吸收管,按上述操作检查混合气体的浓度(即甲烷和二氧化碳的浓度)。

第 30 条 混合气体的浓度减去甲烷的浓度,再乘以 0.95,即为该处的二氧化碳浓度。

第 31 条 用温度计检查测点的温度(参考矿井测风工的有关规定)。

第 32 条 用多种气体检定器检查其他气体。

在待测地点先将活塞往复抽送 2～3 次,使检定器内原来的气体被待测气体完全置换,然后抽取现场气样,把检查该气体的检定管两端的玻璃封口打开,将进气端插入到检定器的插孔中,将三通阀拨到通气位置 ,推动活塞把,按照检定管上要求的通气量和时间,均匀地将气样送到检定管里,根据检定管上产生的变色圈的刻度,读出该气样的浓度。测量一氧化碳时,要避开爆破时间,防止炮烟中的一氧化碳的干扰。

第 33 条 检查完甲烷、二氧化碳等气体浓度及温度后,瓦斯检查工要将检查结果及时记入瓦斯检查班报手册,然后填入检查地点的瓦斯牌板上,并将检查结果通知现场作业人员,由班组长在瓦斯检查班报手册上签字。

第 34 条 瓦斯检查工还应对沿途的通风设施、防尘设施的使用情况进行检查,发现问题及时汇报处理。

第 35 条 巡回检查其他地点,具体操作按照上述规定执行。

第 36 条 上井后,要根据瓦斯检查班报手册填写的数据,填写瓦斯报表,做到牌板、手册、班报、巡查路线四对口。

八、特殊操作

第37条　煤仓内的瓦斯检查及煤仓堵塞后的瓦斯检查与处理，应编制安全措施经矿技术负责人批准后执行。

第38条　采煤工作面采空区爆破放顶时，对于采空区瓦斯浓度的检查范围，应编制安全措施经矿技术负责人批准后执行，当甲烷浓度超限时应立即停止爆破。

第39条　临时停工的地点，不得停风；否则必须切断电源，设置栅栏、警标，禁止人员进入，并向矿调度室报告。停工区内甲烷或者二氧化碳浓度达到3.0%或者其他有害气体浓度超过《煤矿安全规程》第一百三十五条的规定不能立即处理时，必须在24 h内封闭完毕。恢复已封闭的停工区或者采掘工作接近这些地点时，必须事先排除其中积聚的瓦斯。排除瓦斯工作必须制定安全技术措施。严禁在停风或者瓦斯超限的区域内作业。

第40条　局部通风机因故停止运转，在恢复通风前，必须首先检查瓦斯，只有停风区中最高甲烷浓度不超过1.0%和最高二氧化碳浓度不超过1.5%，且局部通风机及其开关附近10 m以内风流中的甲烷浓度都不超过0.5%时，方可人工开启局部通风机，恢复正常通风。

第41条　对于可能存在的甲烷积聚区，要进行甲烷检查，发现体积大于0.5 m^3浓度达到2%时，附近20 m内必须停止工作，撤出人员，切断电源，进行处理，并向有关部门汇报。

第42条　在甲烷积聚区测量甲烷浓度时，用便携式光学甲烷检测仪取样后，要在新鲜风流中读数。

第43条　矿井因为停电和检修主要通风机停止运转时或通风系统发生重大变化(受到破坏)后，恢复正常通风后，所有受到影响的地点，必须经过瓦斯检查工的检查，证实无危险后方可恢复工作。

第44条　反风演习时的测定工作，可以参考矿井测风工操作规程执行。

第45条　井下需要电焊、气焊、喷灯焊时的瓦斯检查，需按照编制的安全措施执行。

九、收尾工作

第46条　将仪器清理干净，收好备用。

第47条　交接班要在指定地点进行，交清当班情况。

十、手指口述

第48条　手指口述安全确认。

1. 问：仪器、仪表是否完好？

答：便携式光学甲烷检测仪、便携式甲烷检测报警仪、一氧化碳检测仪、两用仪、温度计完好，确认完毕。

2. 问：巷道支护及作业环境是否安全？

答：顶帮支护完好，站位安全，通风稳定可靠，可以操作，确认完毕。

3. 问：准备工作是否就绪？

答：仪器气室已清洗，仪器已调零，吸收管的进气端已送到待测位置，温度计距离人体、发热(或制冷)设备超过0.5 m，可以检测，确认完毕。

4. 问：检测读数工作是否完成？

答：甲烷浓度×.××%，二氧化碳浓度×.××%，氧气浓度××.×%，一氧化碳浓度××%，温度××.×℃，确认完毕。

5. 问：手册记录、牌板数据是否填写准确？

答：数据填写准确无误，确认完毕。

第 6 篇　地测防治水

测　量　工

一、适用范围

第1条　本规程适用于从事基建、生产矿井地面、井下测量作业的人员。

二、上岗条件

第2条　必须学习《测绘法》，熟悉《煤矿安全规程》和《煤矿测量规程》，经专业技术培训，考核合格后，方可上岗。

第3条　必须掌握测量工作的一般安全知识和专业知识，熟悉测量仪器性能，掌握其操作方法，熟悉测绘资料整理、计算及图纸填绘等工作。

三、安全规定

（一）一般规定

第4条　遵守《煤矿安全规程》，严格按照《测绘法》、《煤矿测量规程》中各项技术要求进行测量资料的收集、汇总工作。

第5条　应根据工程精度要求确定施测等级，各项观测限差均应符合《煤矿测量规程》的规定和要求。

第6条　不得在测量原始记录、资料计算、汇总、图纸填绘等工作中弄虚作假。

第7条　测量人员应以施工设计、规程、任务通知单为依据，没有施工设计或任务通知单或与设计、规程要求相违背的，有权拒绝作业。

第8条　在高空或井筒中设点观测时，作业人员应佩戴保险带。仪器上下搬运应采取有效安全措施，仪器箱和其他用具须放置牢靠，严防坠落，确保人身和仪器安全。

第9条　用于煤矿井下的所有测量仪器、设备等必须防爆。

第10条　观测时应遵守以下安全规定：

1. 在主要运输大巷及运输石门等运输繁忙地段，必须提前与有关部门、人员联系，在测量作业区段内禁止车辆通行、机械运转。其他巷道和工作面的运输设施影响观测时，亦应立即停止运行。作业中应加强前后瞭望，做好监护，保证人员与仪器安全。

2. 在有架线巷道和电力设施的地点施测时，应特别注意人员和仪器的安全，必要时应停电作业。

3. 在上、下山等坡度较大的巷道内作业时，应事先联系，禁止斜巷绞车运行，必要时停止工作面施工，然后方可施测。

4. 严禁擅自进入盲巷、独头、独巷或已失修巷道内进行测量。

5. 在特殊地点进行测量作业，必须编制专项措施，报总工程师批准。

6. 井下工作面标定放线需打眼固定中腰线的，应由现场施工单位负责，测量工不得违章操作。

（二）仪器管理及使用规定

第11条　测量仪器、工具必须定期进行检校和维修。各种新购置的仪器，必须按《煤矿测量规程》规定的项目进行全面检校。在生产中使用的仪器每年必须定期进行全面的检校、计量。重要工程施测前应对所使用的仪器进行全面的检校。

第12条　仪器下井或外出作业前必须检查仪器箱的背带、提手、搭扣是否牢固，锁扣是否完好,三脚架各部螺丝有无松动、损坏,否则应及时加以修理。

第 13 条 GPS 使用前首先要检查仪器各部件是否完好,电池、内存是否足够。仪器部件完好,电池、内存满足要求,方可作业。

第 14 条 背着仪器行走、乘车或上下罐笼时,应注意仪器安全。仪器从箱内取出或用后装箱时应双手把握仪器,做到轻取轻放。仪器架设后,操作人员不得离开仪器。

第 15 条 汽车运输时,应将仪器放置到仪器箱内,并采取防震措施,不得碰撞、倒置、重压。

第 16 条 夏季在地面使用仪器,应避免阳光暴晒,必要时使用遮阳伞。使用光电测距仪不准将测距镜头照准阳光和反光较强的物体,以免损坏仪器。

第 17 条 在测点下进行仪器对中时,应防止所挂的垂球突然滑下损坏仪器,仪器安置好后,应及时将垂球取下,再进行观测。

第 18 条 移动测站时,必须卸下仪器装进仪器箱。如测站距离较短,可以不卸下仪器;但必须怀抱仪器,用手托住架腿。行进时,不得跳跃或快跑。

第 19 条 井下作业时,若仪器上凝结有水珠,切忌用手或毛巾擦拭物镜、目镜,必须用专用擦镜纸将水珠擦干,也可稍等片刻,待水分蒸发后再开始工作。

第 20 条 仪器箱不准坐人,不得将仪器箱、三脚架腿、标尺等作"脚手架"使用。

第 21 条 各种仪器应按规定操作,用力要轻,制动螺丝不要拧得太紧,微动螺丝的旋转速度要均匀。

第 22 条 仪器使用结束后,须将仪器及其附件及时装箱,并将各个部分固定装置锁好。上井后必须及时打开仪器箱,将仪器晾干、擦净,然后存入仪器柜。

第 23 条 测距仪(全站仪)一般应每月定期充放电一次,陀螺仪、激光指向仪每 3 个月充放电一次。

四、操作准备

(一) 一般规定

第 24 条 作业前,根据工程需要合理选择相应级别的测绘仪器,并按规程规定进行各项检验与校正,检验、校正合格后,方可作业。

第 25 条 作业前,必须明确工作地点、工作任务,备齐必需的仪器、工具、材料等。

第 26 条 作业前,准备齐全专用的原始记录簿、经检查无误的起始资料、设计施工图纸及标定数据等资料,资料齐全,方可作业。

(二) 测点的设置

第 27 条 井下测点按其相应级别及使用时间的长短,分永久点和临时点两种。具体设置方法按《煤矿测量规程》中第 80 条、第 81 条执行。

第 28 条 在井下进行测量时,测点的设置可由前视人员完成。前视点应确保通视,尽量考虑到前后视距及下一个前视有利或巷道特征处,在稳固的顶板或巷道棚梁上设置,且便于仪器架设。设置好后,应及时量取必要的测点要素。

五、正常操作

(一) 注意事项及操作程序

第 29 条 经纬仪观测。

1. 仪器转动要平稳,使用微动螺旋照准目标或用测微螺旋对准分画线时,其最后旋转方向应为旋进。

2. 每次照准目标，不得过分拧紧水平和垂直固定螺旋，微动螺旋应尽量使用中间部位。

3. 观测过程中，照准部水准器的气泡偏离中心不得超过一格，接近或超过一格时，应重新整置仪器并重测。

4. 当望远镜旋转超过了要观测的目标时，必须旋转一周后重新照准，不得反向旋转。

第30条　水准仪观测。

1. 使用补偿或自动安平水准仪时，在观测前，圆水准器应严格校正，观测时必须严格置平。

2. 除路线拐弯处外，每一测站上的仪器和前后视标尺的3个位置，应尽可能接近一条直线，并且要求前后视距尽量相等。

第31条　光电测距仪观测。

1. 作业前，要根据需要的充电时间为电池充电，并按规范规定的项目对测距仪及其主要附件进行检测，符合要求方可作业。

2. 要选择良好的气象条件和有利的观测时间进行测距作业。观测时按以下要求进行：

(1) 操作人员必须认真阅读测距仪使用说明书，并按说明书中的规定操作仪器。

(2) 测距开始前，应使测距仪与作业温度相适应。测量时，光强信号应在保证测距精度的情况下进行测距作业。

(3) 在晴天作业时，应给测距仪、反射镜打伞，严禁将照准头对向太阳，测距仪的主要电子附件应避免暴晒。

(4) 测距仪与反射镜必须配套使用。若更换反射镜时，必须重新测定仪器的加、乘常数，检查经纬仪望远镜光轴和测距仪光轴间的距离与反射镜中心到视标中心间的距离是否相等，如不相等时，应进行校正或考虑测量结果的修正。

(5) 测距时，宜根据测程范围采用规定的反射镜个数，且必须使反射镜镜面垂直于视线方向。

(6) 测距作业时，避免有另外的反光或发光体位于测线或测线的延长线上，否则应采取措施。

(7) 测距时应暂停无线电通话，以免干扰。

(8) 测距作业时，一般应用检定测距仪时所用的温度计和气压计。测距作业前应预先打开温度计和气压计，待10 min后方能正式读数。在测量前后，应在测线两端点上测定温度和气压数据。等外控制各类边长，可只在测站上测定。

(9) 测量气象元素时，气压表应平置，读数时要防止指针搁置。温度计应悬挂在与测距仪和反射镜近似同高、不受阳光直射、受辐射影响小和通风良好的地方。在使用通风干湿温度计时，应按其使用说明书上所规定的通风时间测记温度。

3. 操作程序：

(1) 在测站上安置测距仪，应严格仔细地进行对中、整平。对于分离式或组合式测距仪，需将测距头、控制器(箱)与经纬仪有机地组合成为一个整体。接好电缆线，并检查接装是否牢靠、接触是否良好，防止测距仪晃动。

(2) 精确对中、整平反射镜，反射镜面与测线要近似垂直。

(3) 对于具有米、英制或360°及400°制的各种不同制式的测距仪，应首先将程序选择器放在所需的位置上(我国通用 360°和米制)。

(4) 接通电源,进行仪器自检,待运行正常后即可开始测距。

(5) 照准反射镜可采用“电子照准”的方法,使光强信号适当时再进行读数。

(6) 按测距键,根据所测边的等级,按照规范所规定的测回数及读数次数进行读数。

第 32 条 全站仪观测。

1. 注意事项:

(1) 作业前,要根据需要的充电时间为电池充电,并按要求对仪器进行检测,符合要求方可作业。

(2) 作业开始前,应使全站仪设置与作业要求相适应。

(3) 全站仪与反射镜必须配套使用,若更换反射镜时,必须重新测定仪器的加、乘常数。

2. 观测程序:

全站仪的具体观测程序视各仪器而定,一般有如下程序:

(1) 在测站上安置全站仪,严格进行仪器整平。

(2) 打开电源键,正镜上下转动望远镜,屏幕为基本测量屏幕后,进行精确对中。

(3) 正镜瞄准后视点,归零或输入起始度数,再精确瞄准后视,读水平角 H_A,按导线级别需要读垂直角 V_A,按测量键,读斜距 S_D。

(4) 顺时针转动仪器,瞄准前视,分别从屏幕读 H_A、V_A、S_D。

(5) 倒镜,瞄准前视,读 H_A、V_A、S_D,逆时针转动仪器,瞄后视点,读数,一测回完成。

(6) 重复(3)、(4)、(5),完成另外测回,根据需要读温度和气压或提前将观测值输入以自动改正。

(7) 一测站结束后按电源键,再按回车键关机。

第 33 条 陀螺经纬仪观测。

1. 注意事项:

(1) 仪器使用前,应按要求对电池进行充电。

(2) 使用外援电源供电时,电压应与仪器要求的电压一致,正负极不能接错。

(3) 同一待定边的定向测量应由同一观测者完成。

(4) 在工作过程中,输出电压应达到额定电压值,否则应停止作业,充电后再进行观测。

(5) 启动和制动陀螺马达时,陀螺马达必须置于托起锁定状态,严禁在悬挂状态下启动和制动马达。

(6) 启动陀螺前和制动陀螺到静止,陀螺必须锁紧。陀螺没有制动到停止状态时,不许转动经纬仪,更不能把陀螺仪从经纬仪上卸下来。

(7) 启动陀螺时,应尽量使陀螺轴与陀螺北保持一致。

(8) 释放陀螺使之处于自由摆动状态时,转动陀螺仪应保证光标线在视场范围内。

2. 操作程序:

(1) 在观测点上架设经纬仪,严格整平、对中,小心谨慎地将陀螺安置在桥形支架上。

(2) 检查仪器的各开关位置是否在初始状态,部件、电器线路连接是否良好。

(3) 测定测前零位。

① 将仪器望远镜视准轴近似安置指北方向。

② 测定测前零位。

③ 零位观测一般读记 3 个读数。测毕，应立即将陀螺托起。

④ 在观测零位的同时测记自摆周期。

(4) 测记测前方向值。

(5) 确定陀螺近似北方向。

① 利用定向边已知的概略坐标方位角推算。

② 利用陀螺经纬仪粗略定向。

③ 利用罗盘、图纸和太阳位置确定。

(6) 精确测定陀螺北方向。

① 开始启动并测记启动时间。

② 启动完毕后，细心、缓慢、均匀地释放陀螺。

③ 采用跟踪逆转点法、中天法或其他方法进行定向测量。

④ 测定完毕托起并制动陀螺。

(7) 测定测后零位。

(8) 测记测后方向值。

(9) 陀螺定向观测结束后，应立即锁紧，直至锁紧红圈旋至看不到为止，达到陀螺锁紧的目的。

(10) 陀螺制动操作，应将启动开关转到“制动”位置，大约 50 s，速度指示由白色变为红色，再将陀螺制动。开关逆时针转到“运行”位置上，停留 1 s 后转到“关闭”位置，最后关闭电源开关。

3. 操作方法：

(1) 一般采用逆转点法观测，其步骤如下：

① 以一个测回测定待定边的方向值。

② 首先将水平微动螺旋旋至中间位置，将望远镜视准轴置于近似指北方向，以不超过 ±60′为宜，固定照准部。

③ 测前零位观测。启动陀螺几分钟后制动陀螺，然后下放陀螺灵敏部，观察目镜视场上光标像在分划板上的摆动，读出左、右摆动逆转点在分划板上的正、负格，连续读 3 个逆转点读数，并测定摆动周期。

④ 启动陀螺马达，达到额定转速后，缓慢释放陀螺至半阻尼状态，稍停数秒钟后，再全部下放。用水平微动螺旋微动照准部，使光标与分划板随时重合(即跟踪)，到达逆转点，在经纬仪水平度盘上读数。按相反方向跟踪，依次连测 5 个逆转点即可。

⑤ 测后零位观测方法同测前零位观测。

⑥ 测定待定边方向值。

(2) 中天法操作步骤与逆转点法的不同之处在于用秒表测记光标像每次经过零刻线的瞬间时刻，其他同逆转点法。

第 34 条　GPS 观测。

1. 架设仪器时脚架稳固安全，仪器稳固地连接在脚架、基座上，防止仪器意外跌落。

2. 架设好 GPS 接收机，检查确认接收机的各项功能设置。

3. GPS 接收机采集信号时，每个时段观测前后各量取天线高度一次，两次互差不得大于 3 mm，GPS 天线高的量测一般都是量斜高，不要人为地改为垂直高，要对称量两个方向，然后取平均值。观测中测量工要逐项填写测量手簿。

4. 一个时段观测过程中严禁以下操作：关闭接收机重新启动、进行自测试、改变接收机预设参数、改变天线位置、按关闭和删除文件功能键等。

5. 在做 GPS 加密点测量时应保证 1 h 以上的连续观测。

6. GPS 接收机在采集数据时，其仰角 15°范围内不得有任何障碍物；周围 50 m 范围内不得有高压输电线和大的水面、湖泊，防止产生多路径效应。

7. 在观测过程中，不应靠近接收机使用手机、对讲机，其距离应保持在 10 m 以上，以防止降低观测精度。

8. GPS 接收机在搬站的过程中，应将前两台接收机固定不动，将后两台向前移动，确保异步环之间通过相同的基线边连接。

9. GPS 接收机数据在传输前，应设置好各项参数并将各观测数据对应的点名、观测时段、天线高输入观测数据，以备解算基线使用。

10. 基线向量解算时，可根据不同情况，设置好是解算部分基线还是解算全部基线，软件将自动解算。

11. 基线向量解算后，可初步检查一下评判各基线的置信参数，检查同步环、异步环等闭合差，检查不同时段同一条边的较差，查出超限原因，剔除有粗差的基线；若发现有问题的基线，还可以查看各点接收到的卫星状况及其他有关部因素，以查找原因，确定此基线是否重新解算还是重测。

12. GPS 定位成果属于 WGS-84 大地坐标系，而实用的测量成果是属于国家坐标系或地方坐标系，因此必须解决成果的坐标转换问题。

（二）平面控制测量

第 35 条 水平角测量。

1. 水平角观测各测回，应均匀地分布在度盘和测微器上的不同位置。度盘和测微器的变换位置应按规程规定进行。

2. 地面三、四等控制导线及精密导线水平角的观测，一般应采用方向观测法。其一测回操作程序如下：

（1）在测站上将仪器严格整平、对中。

（2）经纬仪望远镜照准零方向目标，对好度盘和测微器。

（3）顺时针旋转照准部 1～2 周后，精确照准零方向目标，读取水平度盘和测微器读数（重合对径分画线两次，每重合一次读一次数）。

（4）顺时针旋转照准部，精确照准第 2 个方向目标读数，然后再依次照准第 3、第 4、…、第 n 个方向进行观测读数，最后归位到零方向。

（5）纵转望远镜，逆时针旋转照准部 1～2 周后，精确照准零方向目标，按步骤(3)读数。

（6）逆时针方向旋转照准部，依次观测其余各方向目标，最后归零（方向数不超过 3 个时不归零）。

3. 井下控制导线延测时，必须对接测点前的水平角和边长进行检查。检测水平角及边长与原测量值之差值不得超过相应控制导线的规程规定。

4. 井下导线水平角观测，应按规程的规定选用测回法或复测法。

5. 测回法一个测回操作步骤如下：

(1) 在测站上将仪器严格整平、对中。

(2) 照准后视目标,安置水平度盘的读数略大于 0°。

(3) 顺时针旋转照准部照准前视目标,读取度盘读数。

(4) 纵转望远镜照准前视目标,读取度盘读数。

(5) 逆时针旋转照准部照准后视目标,读取度盘读数。

6. 复测法一次复测步骤如下:

(1) 在测站上将仪器严格整平、对中。

(2) 照准后视目标,安置水平度盘为 0°,固定度盘,打开复测器。

(3) 顺时针旋转照准部照准前视目标,读取度盘读数,关闭复测器。

(4) 纵转望远镜照准后视目标,固定度盘不读数,打开复测器。

(5) 顺时针旋转照准部照准前视目标,读取度盘读数。

7. 在风速过大、对中困难的地段,可采用镜上光学对中或采用挡风措施以确保对中精度。

8. 设点困难或边长过短时,为保证测角精度,可采用三架法施测。

第 36 条　边长丈量。

1. 当使用钢尺进行边长丈量时,基本控制导线的边长丈量应遵守以下规定:

(1) 丈量时应注意行人和往返车辆,以免折断钢尺,钢尺不得扭曲和触及障碍物。

(2) 分段丈量时最小尺段长度不得小于 10 m,定线偏差应小于 5 cm。

(3) 对钢尺施以比长时的拉力,应悬空丈量或托平丈量,并注记温度。

(4) 丈量时,钢尺两端各应有一人拉尺,司尺由两人负责读数。每尺段应以不同起点读数 3 次,读至毫米,长度互差应不大于 3 mm。

(5) 量边时精力要集中,通过信号联络按规范要求进行读数。

(6) 边长必须往返丈量,其精度要求应符合规程有关规定。

2. 一般导线边长丈量可凭经验拉力,不测记温度,采用往返丈量或错动尺位(1 m 以上)的方法丈量两次,其互差不应超过规程要求。

(三) 高程控制测量

第 37 条　水准测量。

1. 地面等级水准测量须遵守以下规定:

(1) 在水准导线各测站上安置水准仪三脚架时,应使其中两脚与水准路线方向平行,而第三脚轮换置于路线方向的左侧与右侧。

(2) 同一测站上观测时,不得两次调焦。转动仪器的倾斜螺旋和测微鼓时,其最后旋转方向均应为旋进。

(3) 每一测段的往测与返测,其测站数均应为偶数,否则应加入标尺零点差改正。由往测转向返测时,两根标尺必须互换位置,并应重新整置仪器。

2. 三等水准测量应采用中丝读数法,并进行往返观测,也可采用单程双转点观测,两种方法每测站观测顺序均为:后—前—前—后。

3. 四等水准测量采用中丝读数法。当两端点为高等级水准点或自成闭合环时,可只进行单程测量。由已知点起测的四等水准支线,必须进行往返或单程双转点法观测。四等水准测量每站观测顺序可为:后—后—前—前。

4. 采用双面标尺中丝读数法的观测步骤如下：

(1) 整置仪器竖轴至垂直位置(望远镜绕竖轴旋转时，水准器泡两端影像分离不大于 1 cm)。

(2) 将望远镜对准后视尺黑面，用倾斜螺旋置水准气泡居中，再用视距丝和中丝精确读定标尺读数。

(3) 照准前视标尺黑面接第(2)项进行操作。

(4) 照准前视标尺红面按第(2)项进行操作，此时只用中丝进行标尺读数。

(5) 照准后视标尺红面，按第(4)项进行操作。当四等水准测量采用后—后—前—前的观测顺序时，在第(2)项操作结束后，紧接着进行本项的操作，然后进行第(3)、(4)项的操作。

5. 采用单面标尺法观测的步骤如下：

(1) 整置仪器竖轴至垂直位置。

(2) 按第 4 款第(2)项进行操作。

(3) 照准前视标尺按第(2)项进行操作。

(4) 变换仪器高度至 10 cm 以上，整置仪器与第(1)项相同。

(5) 照准前视标尺，按第(2)项进行操作，此时只用中丝进行标尺读数。

(6) 照准后视标尺，按第(5)项进行操作。当四等观测采用后—后—前—前的观测顺序时，变换仪器高度后，可先进行后视标尺的读数。

6. 等外水准测量操作程序采用中丝法后—后—前—前的观测顺序，与四等水准测量操作相同。

7. 井下水准测量一般采用两次仪器高方法观测，其操作程序如下：

(1) 用圆水准器将仪器粗略整平，前后标尺离仪器距离大致相等。

(2) 将望远镜照准后视标尺，旋转倾斜螺旋，使符合水准气泡两端影像精密重合，用中丝读取后视标尺读数。

(3) 照准前视标尺，转动倾斜螺旋使符合水准气泡两端影像精密重合，用中丝读取前视标尺读数。

(4) 变换仪器高度至 10 cm 以上，依上述步骤重新进行操作。

第 38 条 三角高程测量。

1. 地面三、四等三角高程测量垂直角的观测，一般将观测方向分成若干组，每组包括 2～4个方向，分别进行观测。若通视条件不佳，也可以分别对每一个方向进行连续观测。

2. 每一个方向的垂直角的观测，要在垂直度盘的正、倒镜两个位置上进行。

3. 在每次进行垂直度盘读数以前，必须将垂直度盘上的气泡精确调至中央。

4. 仪器高、觇标高必须在测前、测后各量取一次，且两次误差不得超过 4 mm，取其算术平均值作为最终结果。

5. 井下三角高程测量采用中丝法施测。井下三角高程测量可与水平角观测同时进行。

6. 井下三角高程测量同时要测量仪器高和前视高，并量测该点至底板高度。

(四) 碎部测量

第 39 条 井下碎步测量一般在导线测量的同时进行，可采用支距法、极坐标法或交会法。

第 40 条 为了满足填图的需要，须丈量测点至左右帮、三(四)角门等各帮的距离，测点至躲避硐、矸子窝、小水仓、硐室等中心的距离及宽度、深度，测点至弯道截取点的距离及各截取点至两帮的支距以及测点至巷道底板的高度。碎部测量的数据，应根据需要在手簿上绘图示意。

第 41 条 施工中报废的巷道和临时水仓、盲巷等，必须正确地控制迎头的平面位置和高程。

（五）井下中腰线标定

第 42 条 井下各类巷道开工必须有开工通知单或设计，严禁无设计和开工通知单标定放线。对于独头巷道必须及时进行平面和高程控制。

第 43 条 对于一井内测距大于 3 000 m 的贯通或两井间的贯通，必须编写贯通测量设计书。贯通测量设计书须报上级业务主管部门审批后实施。

第 44 条 测量人员必须对设计和开工通知单上的数据、附图进行校核，计算标定数据，经检查无误后方可进行现场标定。巷道中腰线标定后，必须及时向施工单位交代清楚实际标定数据。

第 45 条 用经纬仪施工放线，标定次数和其他限差严格按有关规程要求确定，每次必须采用两个镜位标定，取其平均位置，严禁用一个镜位标定。

第 46 条 次要巷道的开口位置及临时中腰线可用罗盘仪或悬挂半圆仪标定。当巷道向前掘进 4～8 m，必须用仪器重新标定，并检查标定的正确性。

第 47 条 用激光指向仪指示巷道中腰线，必须按《煤矿测量规程》第 206 条规定进行。

第 48 条 主要巷道的中腰线必须用全站仪、经纬仪、水准仪标定。

六、巷道贯通管理

第 49 条 凡掘进巷道贯通其他井巷、硐室、采空区以及向水、火、瓦斯等危险边界或保安煤柱边界掘进时，都要符合《煤矿安全规程》的要求，并按照规定的距离向有关单位发放贯通通知单或安全通知单并附示意图。

第 50 条 当掘进巷道从巷道、回采工作面和危险区域上方、下方或附近通过，其间距小于巷道高度或宽度 4 倍时，应向有关单位发出安全通知单，并附平面图和剖面图。

第 51 条 测量人员应对能行人的巷道在现场标出贯通位置，并向施工单位交代清楚。

七、记录、资料计算及整理

（一）记录

第 52 条 外业观测记录必须做到记录真实、注记明确、整洁美观、格式统一。

第 53 条 各种观测都必须有专人负责记录，并严格按规定的要求记录，严禁自测自记。

第 54 条 一切原始观测值和记事项目，必须在现场用铅笔或钢笔记录在规定格式的外业手册中(井下宜用铅笔)。严禁凭记忆补记。外业手册中每一页都须编号，任何情况下都不许撕毁手册中的记录纸。

第 55 条 每次观测必须记录工作地点、观测日期、仪器型号、观测者、记录者、导线等级初、复测及草图等。

第 56 条 一切数字、文字记载应正确、清楚、整齐、美观。凡更正错误，均应将错字整齐划去，在其上方填写正确的文字或数字，禁止涂改、擦改、转抄。对超限划去的成果，须注明原因和重测结果所在的页数。三角点、导线点、水准点的名称必须记载正确，同一点名在各种资料中应严格一致。

第 57 条　应熟知作业规范的有关规定和限差要求，严格按记录与计算取位的规定要求进行记录和计算。

第 58 条　对原始观测数据更改的规定：

1. 水平角和垂直角的观测，其秒值不得做任何涂改，秒值读错、记错应重新观测。原始记录的度、分，确属读错、记错，可在现场更正，但同一方向两个镜位不同时更改同一常数。垂直角观测中“分”的读数各测回不得连续更改同一数字。

2. 距离测量和水准测量中，厘米以下数值不得更改。确属读错、记错可在现场更改；但在同一测站、同一距离、同一高差的往、返测或两次测量的相关数字不得连环更改。

第 59 条　在记录过程中，要耐心、认真、细致、精力集中。采用复述方法记录，能及时发现观测中产生的错误（如对错度盘、看错方向等）和超限情况。掌握好重测及取舍原则，合理地进行重测、补测，确保记录、计算正确无误，使观测成果满足各项限差要求，符合有关规范规定。

第 60 条　作业观测结束后，应对观测手簿进行全面检查。记录、计算、正确无误，各项限差及检验项目均符合规范的要求后方可迁站。

（二）资料计算及整理

第 61 条　计算、对算者必须及时独立整理和检查外业观测手簿，确认无误及各项限差符合要求后方可进行内业计算。观测数据不全或限差超限必须进行补测或重测。

第 62 条　任何计算资料必须有对算。计算、对算或检查者都应在计算成果表上签字。资料的计算、复算或对算必须从起始数据和观测数据原始记录开始，不得互相转抄。

第 63 条　计算资料字体要工整，计算错误的数字不准涂改，可划掉后重新写上正确的数字。

第 64 条　各种计算资料应按照规定要求进行计算。

第 65 条　计算资料、成果台账要按工作地点收集整理，装订成册。封面要有名称、编号、单位、日期。要有目录、页次、示意图及必要的说明，计算成果表上都要有草图。计算后的最终成果必须及时填入专门的成果表，并建立台账。

第 66 条　用计算机进行内业计算的原则：

1. 计算程序必须经过验证，可靠后方可使用，并应符合《煤矿测量规程》或其他有关规程的要求。

2. 所有计算过程的检验结果，都要妥善保存。

3. 用计算机处理的观测数据或计算成果等都必须定期备份，同时入库。

八、绘图

第 67 条　绘图操作前应熟知规程、规范、图式、图例的有关规定和要求，绘图的内容、精度、比例尺应严格执行有关规程的规定。

第 68 条　各种矿图应采用计算机制图，均须使用统一的坐标系统。矿图必须并明确采用 1954 北京平面坐标系或 1980 西安平面坐标系、1985 国家高程（基准原点 72.260 m），并注明绘制坐标系统。

九、收尾工作

第 69 条　测量工作结束后，应在室内对使用过的仪器、工具用软布或手刷擦拭外部灰尘，通风晾干然后装箱。

第 70 条　仪器应定期擦拭、检校、鉴定、维修，确保测量仪器各项精度指标符合要求。

第 71 条　认真填写仪器、工具档案。

井下钻探工

一、适用范围

第 1 条　本规程适用于于从事基本建设、生产矿井的井下钻探作业的人员。

二、上岗条件

第 2 条　井下钻探工需要熟悉以下知识：

1. 必须熟悉《煤矿安全规程》、《煤矿防治水规定》、《煤矿地质工作规定》和井下工作的一般安全知识，经专门技术培训，考核合格后，取得相应资质，方可上岗。

2. 熟悉钻机的工作原理。掌握各种钻机的操作要领、维护保养及排除故障的技术知识。

3. 掌握井下探放水、探构造、瓦斯抽采、煤层注水、封堵水注浆、防灭火、防冲等各种钻孔的施工方式和封孔的规定及安全技术措施。

4. 掌握《煤矿安全规程》对探放水、瓦斯抽采、煤层注水、注浆、防冲等的有关规定。

5. 了解有关煤矿瓦斯及煤尘爆炸、自然发火、冲击地压等方面知识。

6. 熟悉预防灾害的措施和矿井的避灾路线。

第 3 条　掌握井下探水、注浆、封孔、煤层注水、防灭火、瓦斯抽采、防冲等各种钻孔的施工方法。

三、安全规定

第 4 条　井下钻探施工前，必须详细了解工程的设计目的、任务，学习安全措施，严格按照《煤矿安全规程》、作业规程、钻孔设计、施工安全技术措施进行施工。

第 5 条　严禁在无风或微风区域施工，特殊情况停风时，必须按规定撤出施工地点的所有人员。安设局部通风机通风或采用导风筒通风，在打钻过程中不准停风，并有可靠的风电闭锁装置。

第 6 条　工作人员进入钻场，必须进行安全确认，检查钻场及其周围的安全状况，发现存在安全隐患，必须处理，否则，不得施工。打钻时，必须加强原有的支护；若需改变支护方式，应制定安全措施，报有关部门批准后施工。

第 7 条　钻进时，要严格按照设计和地质、测量及有关专业技术人员标定的孔位及施工措施中规定的方位、角度、孔深等进行施工，不经技术人员同意，不得擅自改动。

四、操作准备

第 8 条　下井前，认真了解设计和施工的具体要求。施工前必须认真学习、贯彻钻孔设计、施工安全技术措施及相关要求。

第 9 条　根据工作安排、准备、检查、带足本班所需的工具材料等。

第 10 条　设备的运输必须遵守下列规定：

1. 钻机在车盘上必须捆绑结实，不得倾斜或倒置，不得超长、超宽、超高、超重，油管、电缆等接头要采取封堵防杂物进入及防潮措施，并符合井下提升运输的有关规定。拆下的螺钉等零件，要用有盖的箱子装好。容易丢失的零件，由钻探工自带，不得装车。

2. 运送超长管材时，必须遵守有关提升运输的安全技术措施。

3. 井下人工搬运设备时，必须系牢，并轻抬轻放，有专人统一指挥，起落行动一致。

4. 使用起重设备装卸钻机设备时，应检查起重设备的可靠性，要有专人指挥，保证人员和设备安全。

第 11 条　设备的安装必须遵守以下要求：

1. 安装前要检查、整修设备，并检查加固钻场及其周围支护，防止冒顶片帮；清理各种杂物，挖好沉淀池和排水沟。

2. 钻机立轴对准钻孔位置，摆正钻机架，机座与地梁木之间要用螺栓连接，固定在基台木上。基台木要安放牢固、平稳，用水泥打基础，并用底固螺丝固定卧入底板，四角打上压柱及戗柱固定。使用木柱时，直径不小于 18 cm。

3. 机身安放平稳，上紧底固螺丝。各种电气设备必须防爆，机械转动部分要安装防护栏、保护罩。

4. 电气设备的安装，必须执行《煤矿安全规程》和有关规定。

5. 在上山施工斜孔时，要有防止钻机下滑措施。

6. 准备好各种材料、配件、备用工具，摆放要整齐有序。

7. 调试钻机。检查钻机各传动部分运转是否正常，开关启闭是否灵活可靠，各种零部件及钻具是否齐全、完好。发现不符合规定的，必须进行处理或更换。

8. 施工前，防排水系统必须完好、可靠，具备排水条件。

9. 轨道、运输巷道钻探时，严禁施工期间提升运输；带式输送机、刮板输送机等机械运输地点施工，必须提前与司机联系，设备停运、开关停电闭锁后方可进行钻探施工。

10. 斜巷钻探施工前，工作地点上方 5～10 m 内必须采取防止物料滚落的措施。

第 12 条　各类钻机的操作方法，按其钻机使用说明书执行。

第 13 条　安装钻杆时应注意以下问题：

1. 钻杆应不弯曲、不堵塞、丝口未磨损，不合格的不得使用。

2. 接钻杆时要对准丝口，避免歪斜和漏水。

3. 卸钻头时，应严防管钳夹伤硬质合金片、夹扁钻头和岩芯管。

4. 装钻杆时，必须一根接一根依次安装。

第 14 条　井下钻场必须具有下列安全设施和条件：

1. 在上山工作面或独头巷道探水时，应有安全躲避硐室及安全撤离措施。

2. 有照明及专用电话。

3. 采用局部通风机通风时，钻场的动力设备应与通风机实现风电闭锁。

4. 具备安全可靠的排水系统。

第 15 条　开钻前的准备工作如下：

1. 检查有害气体含量。当瓦斯浓度达到或超过 1%时，不得开钻。

2. 工作人员进入钻场，必须进行安全确认，检查钻场及其周围的安全状况，发现存有安全隐患，必须处理，否则，不得施工。

3. 检查机械设备安装质量及安全设施情况，经试车合格后，方可开钻。

五、钻探操作

第 16 条　打钻时要做到：

1. 按地质、测量及有关专业技术人员所标定的孔位及施工措施中规定的方位、角度和钻孔防斜措施施工，未经技术人员同意，不得擅自改动。

2. 钻探人员穿戴要整齐、衣襟、袖口、裤脚必须束紧。操作钻机前人员配备要齐全，不准一人多岗。

3. 启闭开关时，注意力要集中，做到手不离按钮，眼不离钻机，随时观察和听从司机命令，准确、及时、迅速地启动和关闭开关。

4. 禁止用手、脚直接制动机械运转部分；禁止将工具和其他物品放在钻机、水泵、电动机保护罩上。

5. 扶把时，要站立轴和手把一侧，不得紧靠钻机；钻机后面和前面的给进手把活动范围内，不准站人，防止高压水将钻具顶出或给进手把翻起打伤人；给压要均匀，根据孔内情况及时调整钻进方法和压力。

6. 采用清水钻进时，要保证有足够的水量，不准打干钻；为防止埋钻，钻具钻至距孔底 1～2 m时，立即开泵送水，见返水后，才能钻进。

7. 钻进过程中，一旦发现见软、见空、见水和变层，要立即停钻，丈量残尺并记录其深度。

8. 若发现孔内涌水时，应测定水压、水量，并记录其变化情况。

9. 若发现煤岩松动、片帮、来压、见水或孔内水量、水压突然加大或顶钻时，必须立即停止钻进，但不得拔出钻杆，不得直对或任意跨越钻杆，撤出人员，迅速向有关部门汇报，并派人监视水情。

10. 透老空区后，需经瓦斯检查工检查有害气体浓度，并严格按作业规程要求对钻孔进行处理。

11. 钻机运转中如出现震动、异响等异常情况，应立即停机钻进，待故障消除后方可继续工作。

12. 停钻或钻进中因故障停钻，应设法及时将钻具提出孔口或提至安全孔段。

第 17 条　下置孔口管：

1. 套管下置深度、固结方法及耐压试验，必须符合设计要求。

2. 止水套管的接头必须用棉丝、铅油严加密封，防止漏水。

3. 下套管遇阻时，禁止猛墩套管。

4. 套管固结后，必须进行耐压试验。试验时间不少于 30 min，以套管不松动、不漏水为合格，然后安装止水闸阀。揭露高压水的钻孔，还要装好防喷装置，并采用反压方法钻进。

第 18 条　下钻具时要按下列要求施工：

1. 提钻前，准确丈量机上余尺。下钻前，还要认真检查钻具接头、接箍、丝扣加工是否合格，钻杆有无弯曲、磨损等。凡钻杆直径单边磨损达 2 mm，或均匀磨损达 3 mm，每米弯曲超过 3 cm 及各种钻具有微小裂隙，丝扣严重磨损、松动或其他明显变形时，均不得下入孔内。

2. 在提、下钻具的过程中，必须与其他岗位工人紧密配合，互相关照。操作要轻而稳，不得猛刹、猛放，不得超负荷作业。其他人员要注意钻具起落，在完成摘挂作业后，必须站在钻具起落范围以外。岩芯管提出孔口后，应立即盖好孔口，不准用手探摸、伸头观看管内岩芯。

3. 孔口人员抽插垫叉时，禁止手扶垫叉底面或用脚勾垫叉。

4. 升降钻具时，必须使用垫叉，禁止用管钳、链钳代替。

5. 及时准确全面地记录各种数据，包括加尺、残尺、孔深、分层厚度、涌漏水情况、岩芯采取率、套管下置深度、耐压试验数据、班报表等。提出的岩芯必须清洗干净并编号，按次序摆放在岩芯箱中。

6. 下钻时，应在钻头离孔底一定距离时提前运转，慢速钻进，待钻具到达孔底后，再正常给压、给速钻进。

第 19 条 砂浆封孔时应注意以下问题：

1. 砂浆封孔需下套管，套管可采用钢管或外端用钢管、里端用塑料管，煤层注水孔的套管也可采用钢丝编制的高压胶管。

2. 封孔部分需扩孔，孔径一般不小于 100 mm。煤层注水钻孔封孔深度一般应大于 5 m。

3. 封孔时，先把套管牢固地固定在钻孔内。固定方法可采用木塞或在套管上缠麻丝等方法。套管一般要露出孔口 10～15 cm。

4. 套管下入钻孔后，可用人工或用封孔注射器、泥浆泵，将按规定配制好的水泥砂浆送入管套壁外的钻孔内。

5. 人工送砂浆封孔，要边送砂浆边用力捣实；用泵送砂浆封孔时，灌浆管要固定于钻孔内，孔口要密封，工作结束时要用水把泵内砂浆清洗干净。

第 20 条 封孔器封孔时的注意事项如下：

1. 封孔器应完好。

2. 仰角钻孔安装封孔器时，操作人员不得正对封孔器，以防封孔器下滑伤人。

3. 安装封孔器时，一人用管钳固定封孔器套，另一人用管钳拧紧丝扣；连接气门与支管时，必须把支管总气门关闭。

4. 使用液压或机械加压封孔器时，给压要均匀，应先小后大，速度不要太快，待封孔器外壁与钻孔壁接触后再加压。

第 21 条 防止出现导水钻孔的措施。

1. 各类钻探孔达到勘探目的后，应立即全孔封闭，包括第四系潜水含水层及以下各含水层组。

2. 为了防止水沙分离或黏土稀释流失，封孔不能用水泥砂浆或黏土，要用高标号纯水泥。

3. 严重漏水段，应先下木塞止水，然后注浆，防止水泥浆在初凝前流失。

4. 要按照封孔设计，进行分段封孔并分段提取固结的水泥浆样品，实际检查封孔的深度和质量，边检查边封闭，做好记录。

5. 需要长期保留的观测孔、供水或其他专用工程孔必须下好止水隔离套管。

6. 已下套管的各类钻孔，不用之前，也应按 1、2、3 款的要求封孔。

7. 所有钻孔的孔口均应留设醒目标志，一旦需要时，便于采取措施。

六、钻孔防斜操作

第 22 条 在打垂直孔时，首先下好孔口套管。孔口套管中心必须与钻机立轴、天轮中心线一致。孔口管上下端必须用砂浆封闭。

第 23 条　在易斜或急倾斜地层中钻进，应以环状平底钻头为主，以粗径加重钻具为导向管。粗径钻具长度应大于 20 m，钻具与钻孔的环状间隙应小于 5 mm。

第 24 条　在钻进中遇有老窑、溶洞、纵向发育的岩层时，应加长粗径钻具。

第 25 条　软硬岩石互层时，要减小孔底压力，待钻头全部进入下层岩石时，再正常压力钻进。

七、取岩芯操作

第 26 条　不准猛敲、乱打岩芯管，避免造成人为破坏。

第 27 条　岩芯从岩芯管内应循序退出。

第 28 条　可以清洗的岩芯必须用水清洗后，按顺序摆放在岩芯箱内。

第 29 条　岩芯在岩芯箱内的排列顺序是自上而下、自左而右，不得颠倒和混淆。

第 30 条　岩芯应用红油漆在岩芯上按顺序编号。

第 31 条　钻进时，记录员必须在现场边施工边填写原始班报，不得漏记和补记。

八、特殊操作

（一）探放水操作

第 32 条　在接近积水区掘进前或排放被淹井巷的积水前进行探放水时，必须根据编制的探放水设计及安全措施规定的方位、角度、孔深等进行施工，不经技术人员同意不得擅自改动。

第 33 条　井下探放水必须符合“三专”规定，即使用专用探放水设备，由专业技术人员设计和专职队伍施工。

第 34 条　在采掘工作面探放水时，遇到下列情况，必须按《煤矿防治水规定》的要求，进行探放水操作。

1. 接近水淹或者可能积水的井巷、老空或者相邻煤矿。
2. 接近含水层、导水断层、暗河、溶洞和导水陷落柱。
3. 打开防隔水煤（岩）柱进行放水前。
4. 接近可能与河流、湖泊、水库、蓄水池、水井等相通的断层破碎带。
5. 接近有出水可能的钻孔。
6. 接近水文地质条件复杂的区域。
7. 采掘破坏影响范围内有承压含水层或者含水构造、煤层与含水层间的防隔水煤（岩）柱厚度不清楚可能发生突水。
8. 接近有积水的灌浆区。
9. 接近其他可能突水的地区。

第 35 条　对煤系地层有强承压含水层并有突水危险的工作面，在开采前应进行探放水，必须严格按编制的探放水设计及安全措施施工。

第 36 条　钻探人员必须明确带班负责人，交班时由带班负责人在施工地点进行交接。交接内容为工作情况及各种数据，包括：钻孔角度、方位、进尺、设备运转情况等。在施工过程中遇到异常情况，应及时向矿调度室汇报，并做好详细记录。

第 37 条　钻探人员必须详细记录开孔位置围岩破坏情况及钻探过程中所穿过的煤岩层岩性、厚度，并对各类岩层的岩石名称、颜色、成分等内容进行描述。对不提取岩芯的钻孔要及时收集岩粉，分段分装在专用岩粉袋中，以备岩性分析；取芯钻孔必须保存具有代表性的岩段，并对岩芯采取率、裂隙、岩溶率进行记录。

第 38 条 安装钻机探水前，必须遵守下列规定：

1. 加强钻孔附近的巷道支护，并在工作面迎头打好坚固的立柱和拦板。

2. 清理巷道，挖好排水沟。探水钻孔位于巷道低洼处时，配备与探放水量相适应的排水设备。

3. 在打钻地点或其附近安设专用电话。

4. 依据设计，确定主要探水孔位置时，由地质测量人员进行标定。负责探放水工作的人员亲临现场，共同确定钻孔的方位、倾角、深度和钻孔数量。

5. 在预计水压大于 0.1 MPa 的地点探水时，预先固结套管。套管口安装闸阀，套管深度在探放水设计中规定。预先开掘安全躲避硐，制定包括撤人的避灾路线等安全措施，并使每个作业人员了解和掌握。

6. 钻孔内水压大于 1.5 MPa 时，采用反压和有防喷装置的方法钻进，并制定防止孔口管和煤（岩）壁突然鼓出的措施。

7. 探放水钻孔，终孔孔径一般不得大于 75 mm。

第 39 条 预计水压较大的地区，探水钻进前，安设探放水外孔孔口管及其固定的方法必须符合设计的要求。

第 40 条 操作钻机具，应遵守以下规定：

1. 打开立轴箱时，横、立轴齿轮应加防护罩。合立轴时，应待齿轮停止转动后进行。

2. 禁止用手和脚直接制动机械的运转部件。

3. 操作高压电器时，应戴绝缘手套，穿绝缘靴，脚踏绝缘垫。

4. 在探放水钻机后面和前面的给进手把活动范围内，不准站人，防止高压水将钻具顶出伤人或给进手把翻起伤人。

第 41 条 下置的孔口管，必须进行耐压试验，达到设计压力，安装闸阀后，方准继续钻进。

第 42 条 钻孔内水压过大时，应采取反压和有防喷装置的方法钻进，并有防止孔口管和煤（岩）壁突然鼓出的措施。

第 43 条 在探放水钻进时，发现煤岩松软、片帮、来压或者钻眼中水压、水量突然增大和顶钻等透水征兆时，应当立即停止钻进，但不得拔出钻杆；应当立即向矿井调度室汇报，派人监测水情。

第 44 条 在钻进中，若发现孔内涌水时，应测定水位（压）和耗水、涌水量。

第 45 条 发现情况危急，应当立即撤出所有受水威胁区域的人员到安全地点，然后采取安全措施，进行处理。

第 46 条 探放老空水必须遵守下列规定：

1. 探放老空水前，首先要分析查明老空水体的空间位置、积水量和水压，使用专用钻机探放水。

2. 放水孔必须打中老空水体，并监视放水全过程，核对放水量，直到老空水放完为止，并进行钻探验证。

3. 钻孔放水前，估计放水量，根据矿井排水能力和水仓容量，控制放水量。

4. 放水时，必须设专人监测钻孔出水及瓦斯等有害气体情况，测定水量、水压、气体浓度，做好记录。

5. 若水量突然变化，必须及时处理，并立即报告调度室。

第 47 条　透老空后，如孔内无水流出，瓦斯检查工检查有害气体浓度，如浓度超限，必须立即停止钻进，用木塞、黄泥封闭。

第 48 条　疏通钻孔时，操作人员不准直对钻杆站立操作。

第 49 条　探放老空水钻孔接近老空区时，预计有瓦斯或其他有害气体涌出时，必须有瓦斯检查工或矿山救护队员在现场值班，检查空气成分。如果瓦斯或其他有害气体浓度超过《煤矿安全规程》规定时，必须立即停止钻进，切断电源，撤出人员，并报告矿调度室及时处理。

第 50 条　探放断层水必须遵守下列规定：

1. 在探查断层位置、产状要素、断层带宽度的同时，着重查明断层带的充水情况、与含水层的接触关系和水力联系情况、静水压和涌水量大小，达到一孔多用的目的。

2. 断层水探明之后，应根据水的来源、水压和水量，采取不同措施进行处理。若断层水来自强含水层，则要采取注浆封闭钻孔的方法，或选择留设断层煤柱保证开采安全，对已进入煤柱范围的巷道，要加以充填或封闭；若断层含水性不强，则可考虑放水疏干。

第 51 条　探放陷落柱水必须遵守下列规定：

1. 水压大于 2～3 MPa 的岩溶陷落柱，原则上不沿煤层布孔，而应布设在煤层底板岩层。

2. 应提高岩芯采取率，及时进行岩芯鉴定，做好断层破碎带和岩溶陷落柱的分析、研判工作。

3. 检测并记录孔内水压、水量和水质的变化，发现异常应加密或加深钻孔，争取直接探到陷落柱。

4. 探到陷落柱无水或水量很小时，应用水泵进行大于区域静水压力的压水试验，以便进一步检验其导水性。同时要向其深部布孔，了解深部的含(导)水性和煤层底板强岩溶充水含水层的原始导升高度。

5. 钻孔探测后必须进行注浆封闭并做好封孔记录，注浆结束压力应大于区域静水压力的 1.5 倍。

第 52 条　探放充水含水层水必须遵守下列规定：

1. 防治煤层顶、底板充水含水层的各类水害，既要从整体上查明矿井水文地质条件、采取疏干或截源堵水等不同的防治水措施，又要重视进行井下探查。若无水或补给量很小，通过探查孔放水即可达到降压或疏干目的；若补给水源丰富、水量大，则需要通过井下“大流量，深降深”的放水试验和物探、化探相结合的方法查明条件后，制定防治水方案。

2. 探放方法可参考断层水的探放方法。

(二) 探放气体操作

第 53 条　探放气体的采掘工作面，必须加强附近巷道支护，严禁空顶作业。

第 54 条　施工地点必须保持通风良好。在局部通风机供风地点施工，风筒必须跟到工作面，局部通风机必须由所在单位安排专人进行管理，杜绝无计划停电、停风。

第 55 条　施工地点必须安设专用电话。

第 56 条 施工地点必须有瓦斯检查工或矿山救护队员监护，否则严禁施工。

第 57 条 探放气体时，必须思想集中，边钻进边观察孔内气体变化，发现异常及时停钻处理。

第 58 条 钻孔透采空区发现有害气体喷出时，要停钻加强通风，并用黄泥封孔，同时向有关部门汇报。

第 59 条 钻瓦斯抽采孔、防突孔出现瓦斯急剧增大、顶钻杆等现象时，要立即停钻，按规定及时采取措施。

第 60 条 钻孔打到设计位置时，必须检查孔内气体含量，确定无溢出后，方可拔出钻杆。

（三）采煤工作面两巷全煤厚孔、煤体注水钻孔操作

第 61 条 全煤厚孔及煤体注水孔孔间距严格按设计施工，全煤厚孔以见煤层底板为准。

第 62 条 煤层注水钻孔进入顶板或底板岩石中时，要及时停钻，该钻孔报废，将废孔封闭，不得注水。

第 63 条 根据现场条件，施工全煤厚孔（顶、底）时，若因巷道高度不够 2.6 m 以上，必须用坡度规量出施工角度，每一巷的煤厚施工方位应一致。

第 64 条 用风动凿岩器施工全煤厚孔时，所有施工人员必须相互配合，必须握紧风动凿岩器手把后，方可启动风动凿岩器进行施工，以免因配合失误伤人。

第 65 条 严格按照现场点孔位置施工，因特殊原因需要前后移动孔位时，必须丈量与原孔的距离，填写在班报表内，并注明影响原因。

第 66 条 钻孔施工结束后，须用清水将孔内煤岩粉冲净再提钻。

第 67 条 在运输巷施工期间，每班必须在刮板输送机机头、机尾或带式输送机机头、机尾各安排专人进行监护，以便需要开、停刮板输送机或带式输送机时能及时协调联系，确保施工人员安全。

（四）采煤工作面分层煤厚孔操作

第 68 条 用风动凿岩器施工分层煤厚孔时，所有施工人员必须相互配合，必须有两人以上同时握紧风动凿岩器手把后方可启动进行施工，以免因配合失误伤人。

第 69 条 施工前，必须由施工负责人首先检查工作面顶板支护情况，发现问题及时协调处理，严禁空顶作业。

第 70 条 必须准确控制探测点的位置和深度及孔间距，认真填写在班报表上。

第 71 条 分层煤厚孔随工作面的推进施工，原则上每推进 20 m 施工一次，特殊情况下按照地测部门要求进行施工。

第 72 条 一般应在工作面整修期间进行施工，与工作面整修平行作业，必须做好相互协调联系，并做到自主保安及相互保安。

第 73 条 严禁在工作面正在移架或支护不完整区段进行施工。

第 74 条 每次施工结束后，必须将工作面内的钻机、管线收回、整理、吊挂摆放整齐。

（五）采煤工作面两巷及停采线附近防灭火注水、注浆孔操作

第 75 条 在采煤工作面材料道、输送机道以及停采线附近分别向上分层采空区或周边采空区施工注水、注浆孔，用岩石电钻施工。

第 76 条　施工地点必须清理浮煤和杂物，施工前必须由跟班负责人首先检查巷道支护情况，加强支护，严禁空顶作业。

第 77 条　严格按照挂线方位、角度摆放钻机，并及时用双圈铁丝扎紧钻机架子。严格按设计要求施工，杜绝弄虚作假，虚报进尺现象。

第 78 条　施工地点电气设备严禁失爆。

第 79 条　严格现场交接班制度，每班必须有班长以上管理人员跟班，必须认真填写班报表，将施工地点、钻孔类别、孔号、孔深、透水封孔情况、出勤人员施工日期及班次填写清楚。

第 80 条　局部通风机供风地点施工，杜绝随意停电、停风。

第 81 条　施工期间必须注意来往车辆，并协调好与平行作业单位的关系。

（六）反井钻机操作

第 82 条　掘煤仓、天井、溜煤眼、管道井、通风井等，适用反井钻机操作。

第 83 条　司机必须熟悉钻机主要结构、性能和工作原理，掌握液压传动基础知识，能熟练操作和维护、维修。

第 84 条　司机必须了解钻孔地段上、下水平（巷道、硐室）的情况和自然条件（包括通风、运输、通信、水源、电源等），未达到《煤矿安全规程》和作业规程的要求不能开钻。

第 85 条　穿戴整齐，扎紧袖口，集中精力，谨慎操作，坚守工作岗位，注意观察各部件及配套设备的工作情况，发现问题，应立即停机处理。

第 86 条　钻机所使用的电气设备、液压系统的保护装置必须齐全、灵敏可靠，额定值符合规定；安全防护装置必须正确使用，电气设备严禁失爆。

第 87 条　液压操作控制台上的压力表、换向阀、调压阀等到液压组件的安装位置必须符合规定，液压系统压力表、温度指示表必须齐全；关机前，必须使液压系统处于卸荷（空载）状态。

第 88 条　按施工组织设计（或作业规程）检查钻机的基础、洗井液池、冷却水池是否达到要求；钻孔中心位置是否准确，硐室是否符合施工要求。

第 89 条　检查供电、供水系统（设备及配套的管路、阀门、开关等）是否安全完好，各液压油泵的电动机旋转方向与液压油泵要求的转向是否一致，发现问题，及时处理。

第 90 条　检查油箱中液压油是否清洁，油量是否充足，油温指示表是否灵敏可靠。发现滤油器中脏物较多时，应及时更换其滤芯。向油箱加油时，必须经过滤网，工作时不允许打开油箱盖。

第 91 条　检查各零部件、紧固件是否齐全牢固可靠。检查液压系统各组件、管路接头、密封件有无脱落、漏装、损坏现象，管内有无异物，管路连接、电气设备连接是否正确，发现问题，及时处理。

第 92 条　钻机各部件及其配套设备必须按使用说明书要求依次安装就位；钻架按要求调平找正，调整相应的支撑装置并紧固所有基础的螺栓、螺母。在运转过程中，发现有螺母松动及时紧固。安装钻机、设备时，必须注意人身安全。

第 93 条　所需钻具（钻头、扩孔器、各类钻杆、接头等）专用工具（卸扣卡瓦、扶正器、特种扳手等）应配备齐全。

第 94 条　所有钻具和丝扣连接部位及钻杆内孔必须清理干净，并检查丝扣及端面有无损伤，碰坏部位应及时修复，有裂缝、缺口，丝扣磨损严重的严禁使用。在内外丝扣部位应涂专用矿用防锈油脂。

第 95 条 检查动力水龙头及各运动部位的润滑情况，开钻前应加足润滑油脂。

第 96 条 动力水龙头与高压水管连接处密封件应完好、可靠，高压水管须连接好。

第 97 条 连接好高压油管及冷却器的进、出水管，通过冷却器的水质必须清洁无异物。准备工作完成后，按下列要求进行试运转：

1. 启动冷却水泵调节冷却水流量。

2. 顺序启动液压油泵电动机，并空载试运转 3～5 min，观察电动机及油泵是否平稳，声音是否正常；如压力表显示空载压力超高或电动动机、油泵有异常震动、噪声，应停机处理。

3. 操作多路换向阀，使各部油缸往复伸缩全行程，观察各动力机构是否到位，有无卡阻；各控制阀、液压反动作是否可靠。对不合格的器件应进行更换。

4. 启动液压马达，调节立轴转速达到要求数值，进行正转、反转试验，并检查各控制阀、变速阀功能是否正常；观察压力表显示值是否正确，若超过正常空载压力，应查找原因并进行处理。观察液压马达及齿轮箱工作声音是否正常，发现问题应停机处理。

5. 启动水泵，检查洗井液通路是否畅通，各连接处有无渗漏，若有渗漏须立即处理。

第 98 条 钻机试运转达到要求后，清理作业现场，将不用的工具、配件暂时装箱。钻机的油管、水管、电缆排列整齐，在人员经常通过处将其吊挂好，做到文明生产。

第 99 条 开孔钻进时，司机必须按照使用说明书和作业规程要求进行操作。装卸钻杆时，严格控制推进速度，以免损坏丝扣。

第 100 条 停机前，必须使液压系统处于空载状态。

第 101 条 导向孔施工操作及注意事项。

1. 开钻前应先启动供冷却水的水泵，冷却水要连续供给，油温不得超过使用说明书和作业规程要求。

2. 钻进前必须先供洗孔液，钻进中应注意观察孔内流出的洗孔液流量变化及排出岩屑情况，发现不正常时及时处理。

3. 开孔时应使用扶钎器扶正钻杆，以小轴压、慢转速将孔开出。开孔深度达 0.5 m 后，可酌情加大轴压，提高转速，钻深超过 3 m 后，可按正常参数钻进。

4. 按施工组织设计或作业规程要求调整钻进参数值(钻压、转数)，遇到特殊地质构造时，可根据经验适当改变钻进参数。

5. 装接钻杆前，必须将钻具提至距孔底 5～10 cm 高度处，充分清洗钻孔，清洗时间可根据当时钻进的深度控制。若准备停机钻进，必须将钻具提至安全位置。

6. 装接钻杆操作程序如下：

(1) 关闭洗孔液阀门，停止供液。

(2) 用专用工具卡住钻杆方形部位，使钻具重量加在钻机底座上。

(3) 将机头提升到适当位置。

(4) 反转油马达(有辅助卸扣装置的钻机，可用其协助卸扣)，卸开钻杆与导向套之间的连接丝扣。

(5) 将钻杆丝扣清理干净，涂上油脂，把钻杆送入钻架，加铁丝或麻皮密封垫。

(6) 下放机头，旋转连接并拧紧钻杆的上端丝扣。

(7) 旋转下放机头,连接并拧紧钻杆的下端丝扣。

(8) 提升机头,取出专用工具。

(9) 打开洗孔液管路的阀门,向钻孔供应洗孔液,待洗孔液从孔内流出后方可继续钻进。

7. 导向孔钻进至与下水平距离 3 m 时,要减小钻进速度,并在下水平透孔位置周围 10 m处设置警戒、站岗,以免透孔时高压液体及岩石伤人。

8. 导向孔钻透后停止供洗孔液,继续接钻杆,直至钻头距孔底板距离便于拆装钻头的高度为止。

9. 导向孔透孔后,上、下水平必须安装电话,便于解决更换钻头和扩孔过程中出现的问题。

第 102 条　装接钻杆时,根据使用说明书及作业规程要求,加稳定钻杆,防止导向孔偏斜。

第 103 条　换接钻头的操作及注意事项。

1. 在下水平换接扩孔器(扩孔钻头)时,应用电话与上水平工作的司机进行联络。

2. 换接钻头的步骤如下:

(1) 用专用工具将钻头和接头卸下。

(2) 用专用工具将扩孔钻头运到预装位置并找平、垫平,使扩孔钻头芯轴中心与钻杆中心对中,在对接丝扣上涂油脂。

(3) 通知司机慢速转动钻杆缓慢下降,使钻杆与扩孔钻头芯轴丝扣旋合好。

3. 注意事项:

(1) 司机必须听从下水平工作人员的指挥,在收到下水平工作人员的动作指令后,必须重复一遍,核实无误后,方可开动钻机。

(2) 司机需要启动钻机时,必须先同下水平工作人员联系后方可操作,不得随意启动钻机。

(3) 要设专人监察安全,当出现不安全情况时(如瓦斯浓度超限、下水平顶板冒落等),必须停止工作,必要时撤离现场并向有关领导汇报,处理后再进行作业。

第 104 条　扩孔钻进的操作及注意事项。

1. 向扩孔钻头供高压水,观察扩孔钻头喷出的水是否喷到边刀上,如喷不到要加大水量。检查一切正常后,通知司机启动钻机扩孔。

2. 扩孔开始时应以较小钻压破岩,滚刀体全部进入钻孔后,再加压正常钻进。

3. 扩孔过程中所用参数值(钻压、转数)应根据岩性及钻机性能决定,一般不超过滚刀的允许压力和钻机的额定能力参数值。

4. 遇到卡钻时,应立即快速下放和旋转钻具,以甩掉卡钻岩石,然后再往返钻进数次。如仍不能正常钻进时,则应将钻头下放到下部巷道底板,进行人工处理。

5. 若发现钻进速度极慢,加大钻压后仍无提高时,应立即停止扩孔,将钻具下放至下部巷道底板,进行检查处理或更换滚刀。

6. 扩孔过程中严禁驱动头反转(卸钻杆除外),并且注意开钻时要先供水后扩孔,停机时先停机后停水。

7. 扩孔时,机头到达最高位置后,必须卸下一根钻杆方可继续钻进。拆卸钻杆操作步骤如下：

（1）用专用工具卡住下一根钻杆的方形部位，使钻具重量全部落在钻机底座上。

（2）操作辅助卸扣装置和油马达，卸开钻杆与导向套之间的连接丝扣。

（3）扣紧导向套上的卡块，配合钻机卸开待卸钻杆与下一根钻杆间的连接丝扣。

（4）提起机头，将卸下的钻杆用机械手移离钻架。

（5）下放机头，并与一根钻杆连接。

（6）继续扩孔钻进。

8. 卸下的钻杆必须及时清理干净，在丝扣部位涂专用防锈油，妥善保管。

9. 钻机司机必须及时了解下水平的出矸情况，矸石将要堵住钻孔时应立即停钻，待下水平矸石运出后方可扩孔钻进。

10. 扩孔至上部钻机基础部分时，应减小钻压，缓慢扩孔。

第105条 钻孔扩透后的收尾工作及提吊扩孔钻头注意事项。

1. 在上水平提吊扩孔钻头步骤如下：

（1）操作钻机卸下与扩孔钻头相接的最后一根钻杆。

（2）用专用工具连接机头和扩孔钻头，并将扩孔钻头往钻孔内下放一段距离（以扩孔钻头的中心管最上端不影响拆卸钻机为宜），用工具将扩孔钻头吊挂在基础的辅助横梁上，将机头和扩孔钻头连接件拆下。

（3）按与安装时相反的顺序拆卸、放倒钻架，使之成为运输状态并推离孔位。

（4）用吊车或其他起吊设备将扩孔钻头提吊到孔外，放在平车上运走。

（5）钻孔应用钢板或木板盖严，以防人或物掉入孔内造成事故。

2. 在下水平拆卸扩孔钻头步骤如下：

（1）操作钻机把扩孔钻头与钻杆连接的丝扣卸松半扣距离并用垫片从两面插入间隙中。

（2）用导向孔钻进方法装接钻杆，直到把扩孔钻头送到下水平。

（3）用专用工具卸掉扩孔钻头，并放在准备好的平车上运出。

（4）用扩孔钻进方法提升并拆卸全部钻杆。

（5）拆除电源、油管。

（6）按与安装时相反的顺序拆卸、放倒钻架，使之成为运输状态并推离孔位。

3. 检查扩孔器刀盘、刀座及滚刀的磨损情况，做好记录，并向有关部门汇报钻孔完毕。

第106条 将组合接头的连接螺钉卸掉，按照卸钻杆的顺序将钻杆逐根卸掉，将钻杆、钻头排放整齐。

第107条 拆除机械手、各进出油管。油管接头、各接油口均使用干净包装或专用堵头进行封堵，盘扎好，卸掉水管。

第108条 钻进过程中的故障处理。

1. 发生埋钻、掉钻具事故，必须立即丈量机上余尺，详细分析、记录孔内情况并及时通知有关单位，制定处理措施，进行处理，处理孔内事故，要有详细的事故处理记录。

2. 钻导向孔时，发生突然停电现象，不准停止供水；发生停水现象，要将钻头提到距孔底1 m位置，用抱合扳手或垫叉卡住钻杆，防止钻头下降发生埋钻事故。

3. 扩孔时发生突然停水现象，严禁继续扩孔。

4. 导向孔钻进过程中，发现上孔口反出的水量减小，要及时检查供水系统供给的水量是否减小。如果供给水量减小，要立即加大水量；如果供水系统水量未减小，要立即将钻头提到上孔口检查出水口是否被岩粉堵死。

第109条　钻进过程中的注意事项。

1. 钻孔在扩透前5 m时，要通知通风部门进行风量调节，对已扩完钻孔段检查瓦斯含量，防止钻孔扩完影响通风系统和钻孔内瓦斯积聚造成通风、瓦斯事故。

2. 钻进导向孔时，要安排专人清理孔口岩渣，防止岩渣在孔口囤积，同时严禁金属杂物掉入钻孔。

3. 严格执行"先停机，后停水；先开水，后开机"的操作顺序。

4. 钻机调试完毕后严禁油泵反转。安装新油泵、马达或更换油泵、马达内部零部件，必须向壳体内灌满液压油。

5. 接入液压系统的组件、接头和管路，必须清洗干净，防止进入杂物、损坏液压组件。

6. 做好液压系统巡回检查，液压系统出现泄漏或其他问题及时通知司机停机进行处理。

7. 严禁冷却装置向液压系统漏水，造成液压油和水混合，损坏液压组件。

8. 钻机使用的油压规定：主泵系统油马达一般在8～20 MPa，最高不超过25 MPa。副泵系统一般保持在6～15 MPa，最高不超过22 MPa。

（七）放水孔、注浆孔钻探操作

第110条　放水孔的钻进除执行钻探操作的有关规定外，还应执行以下操作：

1. 探放水孔终孔孔径一般不大于75 mm，水门要安设在末级套管上，其承受压力不小于孔口压力的1.5倍。

2. 注浆孔终孔孔径不得小于73 mm，注浆孔可根据现场地质条件只下一级套管，深度尽量靠近含水层，孔口要安设与注浆孔、注浆终孔压力相匹配的水门。

3. 钻孔内水压过大时，应采用反压和有防喷装置的方法钻进，并制定防止孔口管和煤(岩)壁突然鼓出的措施。

4. 开孔直径应比孔口管的外径大15～30 mm。

5. 钻进时操作人员不准离开钻机，并做到"两听"、"三看"，即听机器运转声音，听孔内震动声音；看操作手震动、给进压力和钻进速度，看压力表及回水情况，看胶带及接头情况，发现异常，及时停钻处理。

6. 取芯钻进时钻程不得超过岩芯管有效长度。

7. 钻进过程中若发生机械故障或突然停电，应立即断开开关，用人力将钻具提到安全高度。

九、收尾工作

第111条　钻孔结束后应清理钻机等设备，主要应做到：

1. 所有液压油缸的活塞杆缩回缸内，不能缩回的活塞杆应用渍纸包好，以防划伤。

2. 卸开的油管接口处必须用堵头堵住，严防污物进入管内。

3. 不需拆下的钻机油管，应堵好管口并牢固盘扎在运输钻机的平车上，严禁在运输过程中松散、损坏。拆下的油管应在堵好管口并经盘扎或捆绑后装入箱内。

4. 排除冷却器中的全部冷却水。

5. 将清点后的钻机零部件、工具及配套设备等装箱，不能装箱的大件也应捆扎好，不得丢失任何器件。

第 112 条 钻孔竣工后，应做好各种善后处理工作。其中包括：钻机的撤除、搬迁、检修、存放；钻杆及接头、接箍的更换；钻孔质量验收和封孔；场地中脏杂物的清理及有关资料的移交等。

第 113 条 钻孔竣工后，应配合地测、安监、生产、通防等相关单位组织竣工验收，验收合格后方可撤除钻机，并按要求进行封孔或处理。

第 114 条 钻孔资料的整理，每个班都必须填写班报，包括钻孔角度、进尺、套管下置深度、岩芯采集、设备运转、钻程记录、作业时间、交接班记录等原始资料。记录要真实反映生产情况，做到全面、准确、详细和整洁。记录需经当班班长审核并签字。

第 115 条 钻机应经常清扫擦洗、保养，以防锈蚀。长时间不用时，须在清洁后将运动部位涂以黄油包好。

第 116 条 钻机必须按使用说明书要求进行检修维护；需要更换备件时，应提出名称、型号、数量报请有关部门购买。

煤矿地质工

一、适用范围

第 1 条 本规程适用从事基本建设、生产矿井的地质观测作业的人员。

二、上岗条件

第 2 条 矿井地质观测必须由具有专业技术职称或经过专业技术培训的人员担任。

第 3 条 必须熟悉《煤矿安全规程》、《煤矿地质工作规定》的有关技术要求。

第 4 条 必须经过煤矿安全知识培训，掌握一定的防灾、避灾知识。

第 5 条 掌握地质器具的使用方法和矿井地质观测、仪器探测操作基本技能，并及时了解新技术、新设备的使用。

三、安全规定

第 6 条 检查巷道（工作面）顶、帮支护安全情况，认真执行敲帮问顶制度，确保工作地点顶、帮支护完好，无悬矸、危岩。不安全时严禁进行地质观测作业。

第 7 条 巷道迎头施工期间、巷道提升运输期间及工作面采煤机、运输机运行期间严禁进行地质观测作业。

第 8 条 进行地质构造观测时，由于构造带煤、岩层破碎、易冒落，必须设专人观察顶板安全。

第 9 条 巷道或工作面发现突水征兆时，严禁继续进行地质观测作业。

第 10 条 按照《煤矿安全规程》、《煤矿地质工作规定》中各项技术要求及规定进行操作。

第 11 条 掌握工作地点及经过地点的隐患类别、性质及治理措施落实情况，严禁进入危险区域工作。

第 12 条　遇到灾情或发生事故时，严格按照“积极抢险、妥善避灾、及时汇报、安全撤离”原则进行应急处置。

第 13 条　当工作地点遇到险情或作业区域发生水、火、瓦斯煤尘爆炸事故以及接到紧急撤人指令时，应立即根据自救、避险常识，使用好自救器、按规定的避灾方法和避灾路线撤离，并发出求救信号。

四、安全确认

第 14 条　入井前自觉遵守确认制度，检查安全帽、矿灯、毛巾、自救器、定位卡、证件等挈带(佩戴)是否齐全完好。

第 15 条　入井途中按规定秩序乘罐、乘车、乘单钩吊、乘坐架空乘人索道时，应使用好防护装置，保证自身安全；按规定路线行走，严格遵守斜巷行车不行人制度，横跨轨道、过风门、使用助力车等要认真进行安全确认，并爱护好安全设施。

第 16 条　安全环境确认，到达工作地点后，对顶板、通风、粉尘、有毒有害气体、安全设施等进行确认，符合规定要求方可工作。

五、观测准备

第 17 条　地质观测人员应根据工作面的位置、进度及相邻区的地质资料等情况，确定观测的内容、目的及方法。

第 18 条　地质观测人员应当备齐观测、记录用具，如工具包、记录本、铅笔、放大镜、地质锤、皮尺、罗盘、坡度规、条痕板、钉子、线绳、测距仪等。

六、煤矿地质观测技术要求

第 19 条　每次观测不能少于 2 人。

第 20 条　地质观测结果应及时复查、核实，确保提供的地质资料准确无误。严禁在地质观测、资料汇总、统计工作中弄虚作假。

第 21 条　煤矿地质观测应做到及时、准确、完整、统一。

1. 观测、描述、记录应在现场进行，并记录在专门的地质记录簿上，记录簿统一编号，妥善保存；原始记录必须采用铅笔或碳素钢笔记录，严禁采用圆珠笔记录。现场的观测记录必须采用《煤矿地质测量图例》中所规定的符号。

2. 观测与描述应做到内容完整、数据准确、表达确切、重点突出、图文结合、字迹清晰，客观地反映地质现象的真实情况。

3. 观测与描述应记录时间、地点、位置和观测、记录者姓名。

4. 观测与描述应做到现场与室内、宏观与微观相结合。

5. 对采掘工程的布置和调整有影响的地质资料，要及时填绘在有关的采掘工程平面图等生产用图上。

第 22 条　井巷均应逐层观测其揭露岩层的特征、厚度及产状等，煤层、顶底板及标志层应重点观测，同时对井巷施工中的巷道变形、冒顶、片帮、底鼓和出水点等情况进行观测。

露天煤矿采煤工作面观测间隔根据工作面推进速度和煤层稳定性来决定；煤层测绘点间距应以能连出圆滑的分界线为准；煤层顶底板(包括夹矸)测绘点间距不应大于 20 m，特殊情况应加密。

第 23 条　沉积岩的观测描述要求。

1. 观测描述工作必须随着井巷工程的掘进及时进行，并须敲开岩石，观测描述其新鲜断面。

2. 观察描述岩石颜色和条痕时,要尽量在统一的自然光线和岩石湿度下进行。

3. 一般情况下用放大镜和肉眼在现场进行观察、描述;若有特殊需要,可采取岩样在室内磨片,用显微镜或化学方法进行鉴定。例如可用浓度为5%的稀盐酸试剂滴在岩石标本上,若产生气泡,即可确定碳酸盐成分的存在。

4. 靠近露头受风化影响的岩石,应沿其倾向每隔10 m选一个点观测描述。

5. 要正确描述沉积岩的颜色,取其新鲜断面所显示的颜色;单色岩石先鉴定岩石基本颜色,再观察其色度的深浅。描述时要把主要颜色放在后面,次要颜色放在前面,如深紫红色、浅黄绿色等。两种或两种以上颜色的岩石,首先鉴定出岩石主要颜色,再确定次要颜色。

6. 要逐一观察沉积岩的结构类型,根据碎屑的矿物成分及含量确定岩石类型;当某一矿物成分含量达25%以上时,要对其进行详细描述,并进行岩石的命名。

7. 观察、描述沉积岩碎屑的粒度大小,并按岩石粒度分级标准和岩石粒度命名原则进行岩石命名。碎屑粒度含量达50%以上者构成基本名称;粒度含量为25%~50%者,以"质"表示;粒度含量为5%~25%者,以"含"表示;含量少于5%则不参与命名。如含粉砂细砂岩、砂质泥岩等。

8. 对于中砂粒级以上的碎屑岩要观察、描述碎屑颗粒的滚圆度和分选性。

9. 观察、鉴定胶结物的成分,描述其胶结状态、类型。

10. 描述沉积岩的层理类型。区分水平、斜交、交错、波状、透镜状层理类型。岩层的厚度(层系的厚度)要按三类观察记录:厚层(0.5~2.0 m);中厚层(0.1~0.5 m);薄层(0.01~0.1 m)。对于岩石中的结核,要观察、描述其形态大小和成分。

11. 尽可能地鉴定化石的种属,重点观察、描述其特点、数量、大小及产状。

12. 用锤击法或用小刀、指甲刻划来确定岩石的摩氏硬度(以岩石强度分级表进行比较,小刀硬度:5.0~5.5;指甲硬度:2.0~2.5),并描述其断口形状和条痕色调。

13. 观察、描述岩石的吸水性(遇水变软或膨胀)等物理性质。

14. 采取具有典型特征的岩石作为标本,放在标本箱内妥善保存。标本上要贴标签,注明岩石名称、标本的形状特征、取样地点、层位及取样时间。

15. 碎屑岩类(砾岩、砂岩)应描述其颜色,结构构造,碎屑成分、大小、形态、磨圆度,岩石分选性,结核与包裹体的情况等。

16. 黏土岩应描述其颜色,结构、构造及页理特征,固结程度,滑腻感,断口形状,可塑性,吸水软化或膨胀特点,黏结性,所含化石及其保存完整程度,结核与包裹体的情况等。

17. 化学岩及生物化学岩类应描述其颜色,结构构造,主要成分及杂质成分,硬度,所含化石、结核或包裹体大小、形态、分布情况,裂隙发育特征、方向性和充填物,与稀盐酸的反应状况等。

18. 沉积岩层还应描述层理类型和特征,层面构造和接触关系等。对于煤层对比困难的煤矿,应系统收集沉积相、沉积旋回等资料。

第 24 条 含煤地层中的火成岩观测描述要求。

1. 颜色、结晶程度及矿物成分,并确定火成岩的名称。

2. 侵入体的位置、产状、宽度及其形态。

3. 侵入体周围的煤层变质范围及其变质程度。

4. 观察火成岩的内生节理及含水性。

第 25 条　煤层的观测描述要求。

1. 井筒、石门和穿层巷道揭露煤层的地点应进行观测；根据煤层的稳定程度，顺煤层巷道的观测点间距 L(m)分别为：稳定煤层 $50<L\leqslant100$；较稳定煤层 $25<L\leqslant50$；不稳定煤层 $10<L\leqslant25$；极不稳定煤层 $L\leqslant10$。遇地质构造时，应适当加密，两观测点间有构造时，必须测量其产状，并绘制素描图。稳定和较稳定煤层，两观测点的煤厚之差大于 0.25 m 或倾角之差大于 5°时，在两测点间必须增加一个观测点。

2. 观测内容：

(1) 煤层的厚度、煤分层厚度、宏观煤岩成分和类型，夹矸(层)厚度、岩性和坚硬程度，煤体结构及其空间展布，裂隙发育特征。当巷道不能揭露煤层全厚时，按第一款规定的间距探测煤层全厚。

(2) 层位难以判断、煤层对比困难时，还应观测煤的光泽、颜色、断口、软硬程度、脆韧性、结构构造和内生裂隙的发育情况，煤层中结核与包裹体的成分、形状、大小、坚硬程度及其分布特征等。

(3) 煤层含水性的观测内容主要是煤层的出水情况，一般分干燥、潮湿、滴水、淋水、涌水等。

(4) 煤层顶底板特征，其中包括：伪顶、直接顶、伪底和直接底的岩层名称、分层厚度、岩性特征、裂隙发育情况及其与煤层的接触关系。必要时，测试岩石物理力学参数。

(5) 煤层变薄、分岔、合并时，应观测煤层结构、煤厚、煤质、煤层的接触关系、围岩岩性等。

(6) 煤层尖灭时，应对尖灭层位进行全面观测，分析尖灭原因。

(7) 在煤层被冲刷区域，应观测冲刷带岩性、冲刷标志，系统收集供判明冲刷类型、推断冲刷变薄带方向和范围的基础资料。

(8) 煤层风氧化带、变质程度、灰分的变化，以及后生变化对煤质的影响等。

(9) 当煤层受褶皱、断层、岩浆侵入及喀斯特陷落破坏，并引起煤厚变化时，应着重观察煤质、煤岩层接触关系、煤层结构及煤厚。

(10) 煤层的产状要素。

3. 煤岩特征的观测、描述应包括煤的光泽、颜色、断口、硬度、脆韧性、内生裂隙数量及发育特征，以及宏观煤岩组分、煤的碎裂特征、煤的名称等。

4. 煤层结构的观测应包括煤层的各个分层和夹矸层的层数、厚度、稳定性，夹矸的形态、岩性特征及其接触情况。对复杂结构的煤层，对各分层和厚度大于 0.05 m 的较稳定的夹矸，均应进行分层丈量。

第 26 条　煤层厚度观测应遵守下列规定：

1. 直接丈量煤层的真厚度。在不能直接丈量真厚度时，可丈量煤层的伪厚，再换算成真厚度。观测精度以米为单位，保留两位小数。

2. 对于分层开采的厚煤层，在回采第一分层时必须探煤厚；对于分层开采的特厚煤层，在回采倒数第二分层时必须探煤厚。

第 27 条　煤层顶底板的观测要求。

1. 煤层顶底板的岩性、厚度及与煤层的接触关系，顶板裂隙的发育程度以及岩石的坚硬程度等，并需绘制小柱状图。

2．伪顶、直接顶板的岩性如有变化或不稳定时，需观测其厚度变化范围和尖灭点的位置。

第 28 条 岩层观测描述流程。

1．首先对作业地点安全环境进行确认。

2．确定观测点位置，用导线点控制。

3．测量岩层分层厚度。

4．测量岩层产状。

5．敲开岩石，观测描述岩石新鲜断面颜色和条痕，确定岩石的摩氏硬度。

6．观察沉积岩的结构类型、碎屑成分、粒度大小、磨圆度、分选性、结核与包裹体、胶结物的成分、胶结状态、类型。

7．观察描述沉积岩的层理类型、特征，层面构造和接触关系。

8．鉴定化石的种属、特点、数量、大小及产状。

9．观察描述岩石的吸水性，固结程度，滑腻感，断口形状，可塑性，吸水软化或膨胀特点、黏结性。

10．采取具有典型特征的岩石作为标本。

第 29 条 顺层巷道中煤岩层产状的观测流程。

1．首先对作业地点安全环境进行确认。

2．确定观测点位置，用导线点控制。

3．煤层顶板较平整时的操作流程：

(1) 用半圆仪的直边在顶板层面上移动找平。

(2) 沿直边方向画一条线段。

(3) 用矿灯照此线段，在罗盘保持水平的条件下转动罗盘，使罗盘玻璃镜中的长线与走向线在镜中重合。

(4) 磁针所指的方位刻度值即为煤层走向方位角。

(5) 将半圆仪直边贴在层面上，垂直走向即可测出煤层倾角。

(6) 顺倾斜方向可用罗盘测出煤层倾向。

(7) 用产状符号在草图上标定煤层的倾斜方向。

4．煤层顶板不平整时，可在上、下帮的稳定夹矸或底板面上挂半圆仪拉线，找出最大倾角，并用罗盘测出其倾向。利用走向与倾向的夹角为 90°的关系，求出煤层走向。

5．当巷道内的金属支架、铁轨、电缆对罗盘有干扰时，不得使用罗盘。煤岩层产状可采用几何丈量法求得。

第 30 条 穿层巷道中煤岩层产状的观测流程。

1．首先对作业地点安全环境进行确认。

2．一般穿层巷道中煤岩层产状的观测：

(1) 在巷道两帮选同一层面，用绳挂半圆仪并拉平。

(2) 用罗盘测出煤层走向。

(3) 在与走向垂直的层面上，用半圆仪测出倾角。

(4) 按走向与倾向夹角 90°的关系，求出倾向。

3. 在与岩层走向夹角较小的巷道中观测产状时，可在巷道中间测得两组视倾向、视倾角，也可以在掘进工作面及一帮分别测得视倾角，用作图法间接求出产状。

第31条　井筒、石门等穿层巷道所揭露的煤层，不论是否可采，均应按《煤矿地质工作规定》的要求进行观测、描述。

七、地质构造观测描述技术要求

第32条　节理的观测、描述内容包括节理位置、岩性层位、产状要素、节理名称、节理面的形状及充填物的性质、含水性及瓦斯情况，测定单位面积平均节理条数，做素描图等。在井巷及采煤工作面测定节理时，首先应测定测区的长、宽，然后按上述内容逐一观测，并填入规定记录格式内。

第33条　断层观测内容。

1. 断层面的形态、擦痕和阶步特征，断层面的产状要素和擦痕的侧伏角。

2. 断层带中构造岩的成分和分布特征，断层带的宽度、充填、胶结情况及充水性等。

3. 断层两盘煤、岩层的层位、岩性、产状、错位和牵引特征、伴生和派生小构造、断层类型。

4. 断层的切割关系，断层、褶皱的组合特征。

5. 断层附近煤层厚度、煤体结构、围岩破碎程度、出水和瓦斯涌出情况等。

6. 回采工作面的断层应每隔10～30 m跟踪观测一次，观测方法及要求与一般的断层相同。

第34条　褶皱观测内容。

1. 褶皱位置、轴面、走向、倾伏向和倾伏角。

2. 褶皱形态、两翼产状。

3. 褶皱与煤层厚度变化、煤体结构变化、顶底板破碎等关系。

第35条　岩浆岩体观测内容。

1. 岩石名称、颜色、结构构造、矿物成分、结晶与自形程度、分布排列特征。

2. 岩体产状、形态、厚度、侵入层位，对煤层厚度和煤质的影响。

第36条　陷落柱观测内容。

1. 形状、大小和陷落角。

2. 柱面形态。

3. 充填物的岩性、层位、密实程度和含水性。

4. 陷落柱附近煤、岩层的产状要素等。

5. 陷落柱的伴生构造。

6. 按观测煤层含水性的内容观测陷落柱的含水性。

第37条　露天煤矿边坡观测应包括下列内容：

1. 边坡岩层（岩体）的岩石特征，软弱结构层（面）的赋存状态、分布规律、接触关系、接触面的特征及产状等。

2. 与边坡稳定有关的各类地质构造，包括断层、褶曲和裂隙等的性质、产状、发育方向及程度、裂隙带宽度、充填物等。

3. 松散及风化岩石的岩性、次生矿物、岩石破碎程度、与坚硬岩石的接触关系及接触面特征等。

4. 滑坡体(包括排土场)位置、范围及滑落时间、滑动方向、滑落面产状及渗水情况等。

第 38 条 断层观测描述流程。

1. 首先对作业地点安全环境进行确认。

2. 确定断层位置。测量巷道已知标志点到断层的距离和方位,每当断层面成组出现时,则需分别测出各断裂面的位置,并确定出主要断裂面。

3. 测量断层面产状与断煤交面线。断层面产状与岩层产状测量方法相同,当断层面产状变化较大时,要掌握其变化特点和原因。实测断煤交面线时,先从巷道两帮上断层迹线向同一盘煤层的顶板或底板的交点拉线绳,然后用罗盘测量出线绳的倾伏方向与倾伏角。此方向即为断煤交面线方向。

4. 确定断距。断层落差小于巷道高度时,可在巷道一壁实测各种断距;断层落差大于巷道高度,且地层出现重复或缺失时,可据测得的水平断距或铅垂断距,并用换算或图解量的方法推算其他断距。也可根据钻探、巷探所获得的断层两盘岩层层位进行地层对比,求出两盘同层位之间的距离,即地层断距,并据此换算其他断距。

5. 描述断层。一般以素描为主,再配合一些必要的数据和简要的文字描述,主要有:巷道剖面图加注数字;巷道平面图加注数字;巷道平面图加小断面图;巷道平面图加巷道剖面图等。

6. 确定断层两盘煤层和岩层所属层位,并进行详细对比。

八、资料编录

第 39 条 立井素描图应符合下列基本要求:立井应编录两个互成直角的井筒素描剖面,其中主素描剖面应与矿井地质剖面的方向相一致。必要时,需加绘井筒水平地质断面图。

第 40 条 石门和斜井素描图应符合下列基本要求:构造复杂程度为简单或中等时,可编录一帮(或顶、底)素描图;构造复杂程度为复杂或极复杂时,应绘制素描展开图。

第 41 条 岩巷素描图应符合下列基本要求:构造复杂程度为简单、中等或岩巷沿同一层位掘进时,每隔 20~50 m 编录一个迎头断面,遇地质构造时加密;构造复杂程度为复杂、极复杂或岩巷穿层掘进时,应编录一帮素描图或素描展开图。

第 42 条 煤巷素描图应符合下列基本要求:

1. 巷道能够揭露全厚的近水平、缓倾斜煤层,稳定或较稳定时,应实测煤层小柱状;不稳定或极不稳定时,应编录一帮素描图。巷道不能揭露全厚的近水平、缓倾斜煤层时,第一分层巷道应作一帮素描图。

2. 巷道能够揭露全厚的倾斜、急倾斜煤层稳定或较稳定时,应编绘实测煤层小柱状;不稳定或极不稳定时,应编录迎头断面,并编绘巷顶(或底)水平切面图。巷道不能揭露全厚的倾斜、急倾斜厚煤层时,应编录煤门一帮素描图和必要的迎头断面,并编绘巷顶水平切面图。

九、收尾工作

第 43 条 观测过程中发现地质变化异常,对采掘(剥)工程布置有影响或可能导致安全问题的地质信息,应及时报告矿井总工程师。

第 44 条 观测资料应在上井后两天内整理完毕,并转绘在素描卡片、成果台账及相关图件上,并由观测人员进行校对。

第 45 条 必须做好观测仪表、工具的清点、擦拭、整理和保管工作。

水文地质观测工

一、适用范围

第1条　本操作规程适用于从事基本建设、生产矿井水文地质的观测作业的人员。

二、上岗条件

第2条　矿井水文地质观测必须由具有专业技术职称或经过专业技术培训的人员担任。

第3条　必须熟悉《煤矿安全规程》、《煤矿防治水规定》等有关技术规定。

第4条　必须经过煤矿安全知识培训，掌握一定的防灾、避灾知识。

第5条　掌握矿井水文地质观测、仪器、仪表和器具的使用方法，遵守定期检校、保养和使用制度。

三、安全规定

第6条　严格遵守《煤矿安全规程》，按照《煤矿防治水规定》中各项技术要求及有关规定进行操作、汇总水文观测资料。

第7条　提交的各类成果资料必须经科长或主任工程师审核。严禁在水文地质观测、计算、资料汇总、统计中弄虚作假。

第8条　发现重大水害隐患、突水征兆时，必须立即汇报；情况紧急时应直接报告矿调度室及有关领导。汇报内容必须做好记录。

第9条　对小煤矿、老窑、老空积水区、出水密闭、人员罕至的出水地点进行水文地质观测时，必须由两人以上参加，携带便携仪，严禁一人观测；现场需有瓦斯检查工或者矿山救护队员检查空气成分，如果瓦斯或者其他有害气体浓度超过有关规定，应当撤出人员，并报告矿井调度室，及时处理。

四、观测准备

第10条　水文地质观测应根据观测项目及有关规定，确定观测的内容、目的及观测方法。

第11条　水文地质观测工必须备齐观测、记录用具。

第12条　观测结果必须及时记录在专用的记录本上，记录本应统一编号、妥善保管。每次观测必须记录观测的时间、地点、位置和观测者的姓名。现场记录应用铅笔记录，防止水浸后字迹模糊。

第13条　水文地质观测结果应及时复查、核实，确保资料真实可靠。

五、水文地质观测

（一）地面水文地质观测

第14条　地面水文地质观测包括气象观测、地表水观测和地下水动态观测。地面水文地质调查与观测的内容要符合《煤矿防治水规定》的要求。

第15条　地面水文地质观测可根据实际需要增加观测项目和内容。

第16条　对气象观测的要求如下：

1. 距离气象台（站）大于30 km的矿区（井），设立气象观测站。站址的选择和气象观测项目，符合气象台（站）的要求。

2. 距气象台(站)小于 30 km 的矿区(井),可以不设立气象观测站,仅建立雨量观测站。

第 17 条 地表水观测。包括河流、沟渠、湖泊、水库及塌陷积水区观测。一般情况下,每月进行一次地表水观测;雨季或暴雨后,根据工作需要,增加相应的观测次数。调查内容如下:

1. 地表水体的历年水位、流量、积水量、最大洪水淹没范围、含泥沙量、水质。

2. 地表水体与下伏含水层的水力联系。

3. 查清井田范围内及其附近地面水流系统(包括塌陷积水区)的汇水、渗漏情况、疏水能力;对渗漏情况,要在井下设点定期观测,并对地面相关水体水量等进行监测。

第 18 条 对地面井、泉、水文钻孔、河流、沟渠、湖泊、水塘、水库及塌陷积水区等设立观测点。观测点应当统一编号,设置固定观测标志,测定坐标和标高,并标绘在综合水文地质图上。观测点的标高应当每年复测一次;如有变动,应当随时补测。

第 19 条 地表水位观测站的建立,应符合以下要求:

1. 观测站应建立在地基牢固、观测方便并具有代表性的地点。

2. 实测测站基面坐标、高程,测定不同高程的断面积,以便计算不同水位的过流量。

3. 实测水位标尺的零点标高,根据水位标尺的零点标高重新计算水位。

第 20 条 地表水体的水位观测,必须使用水位标尺、自计水位计或遥测传输系统。井、泉和钻孔水位观测,应使用铅钟测绳、水位计或遥测传输系统。

第 21 条 地下水动态观测应当布置在下列地段和层位:

1. 对矿井生产建设有影响的主要含水层。

2. 影响矿井充水的地下水强径流带(构造破碎带)。

3. 可能与地表水有水力联系的含水层。

4. 矿井先期开采的地段。

5. 在开采过程中水文地质条件可能发生变化的地段。

6. 人为因素可能对矿井充水有影响的地段。

7. 井下主要突水点附近,或者具有突水威胁的地段。

8. 疏干边界或隔水边界处。

第 22 条 观测点的布置,应当尽量利用现有钻孔、井、泉等。观测内容包括位置、标高、出水层位、涌水量(流量)、水位、水温、水质、补给来源等。

第 23 条 矿井应当在开采前的 1 个水文年内进行地面水文地质观测工作。在采掘过程中,应当坚持日常观测工作;在未掌握地下水的动态规律前,应当每 7～10 日观测 1 次;待掌握地下水的动态规律后,应当每月观测 1～3 次;当雨季或者遇有异常情况时,应当适当增加观测次数。

第 24 条 进行水文地质观测工作时,应当按照固定的时间和顺序进行,并尽可能在最短时间内测完,并注意观测的连续性和精度。钻孔水位观测每回应当有 2 次读数,其差值不得大于 2 cm,取值可用平均数。测量工具使用前应当校验。水文地质类型属于复杂、极复杂的矿井,应当尽量使用智能自动水位仪观测、记录和传输数据。

第 25 条 对塌陷积水区和水库,除观测水位外,还应在地形图上圈出积水范围,用计算机自动计算或用求积仪分段计算不同水深的面积,求得塌陷积水区、水库的总积水量。同时,要根据地形图和地表水系的分布情况圈定和计算该塌陷积水区或水库、塘坝的汇水面积，以便预计不同降水强度下的可能汇水量和水位上升情况。

第 26 条　地下水温度的观测，应根据地下水的深度、温度、井(孔)口径及要求测量的精度，选用不同的观测仪器。

第 27 条　每年雨季前对雨季"三防"工作进行全面分析排查。受雨季降雨影响或威胁的矿井，必须查清矿区及附近地面水流系统的汇水、渗漏情况；水库下游流域可能受洪水影响的矿井，必须加强与上游泄洪信息沟通，做好沟通记录，采取防范措施。

第 28 条　安装有降水量自动观测系统的，应实时观测；无自动观测系统的，人工观测时必须在降水停止 15 min 内及时测定降水量，连续降雨期间每 2 h 至少观测 1 次。降水量的观测、记录和统计必须遵守下列规定：

1. 每日降水量以早 8 时为每日分界，从本日 8 时至次日 8 时的降水量为本日的降水量。

2. 降水间隔等于或小于 15 min 可看作一次降水，间隔 15 min 以上可看作两次降水。

3. 降水量记至 0.1 mm，不足 0.05 mm 时可不作记载。历时记至 1 min。

4. 观测降水量应采用定时分段观测制，时段及其相应时间如下表：

降水量观测时间分段表

段数	时间(时)
1 段	8
2 段	20、8
4 段	14、20、2、8
6 段	12、16、20、24、4、8
8 段	11、14、17、20、23、2、5、8
12 段	10、12、14、16、18、20、22、24、2、4、6、8
24 段	从本日 9 时至次日 8 时，1 h 观测 1 次

5. 非雨季可只分一段，每日 8 时观测。但降雨量大的地区或雨季高峰时，则应根据矿区(井)防洪需要规定观测时间。

第 29 条　矿井应根据实际情况，选择合适的气象、地表水、地下水观测设备，尽可能使用自动观测传输系统提高观测数据的实时性。定期对观测设备、系统进行维护、保养、校正，保证正常使用。

第 30 条　使用雨量计、水位标尺、铅钟测绳、水位计或遥测传输系统等各类观测设备时，须按照设备说明书规定的操作程序和方法使用。

第 31 条　井、泉和钻孔水位观测结束后，必须妥善保护井口装置，防止钻孔被破坏和堵塞，发现淤堵，应及时采取清扫措施。

第 32 条　观测井、泉、钻孔涌水量时，应根据涌水量的大小，采用容积法、堰测法、流速仪法、浮标法、喷水钻孔法、流量计(水表)法等不同方法。河流、水渠、湖泊等地表水体流量可向有关水利部门咨询。

第 33 条　每次气象、地表水、地下水观测完毕后，应检查记录是否正确、齐全，填写记录台账。

（二）井下水文地质观测

第 34 条 井下水文地质观测的任务有：

1. 为矿井建设、开拓延探、采掘、改扩建提供所需的水文地质资料。

2. 在采掘过程中进行水害分析、预测和探放水。

3. 提供防治水工程中的水文地质资料。

4. 为钻探、堵水注浆提供观测资料。

第 35 条 井下水文地质观测的内容有：

1. 矿井、水平、含水层、煤层、采区和采掘工作面的涌水量观测。

2. 井巷及采掘工作面的突、涌、淋、渗、滴水点的水量、水压、水质、水温观测。

3. 井下各类水文地质钻孔、地质孔的水量、水位(压)、水质、水温的动态观测。

4. 当井巷穿过含水层，或遇到含水层裂隙、岩溶、断裂构造、褶曲、陷落柱、突水点时，必须进行水文地质调查及编录。

5. 矿井可能的充水通道的水文地质编录。

6. 定期检查各类防(隔)水煤柱的留设情况。

第 36 条 对新开凿的井筒、主要穿层石门及开拓巷道，应当及时进行水文地质观测和编录，并绘制井筒、石门、巷道的实测水文地质剖面图或展开图。

第 37 条 当井巷揭露含水层时，应当详细描述其产状、厚度、岩性、构造、裂隙或者岩溶的发育及充填情况，揭露点的位置及标高、出水形式、涌水量和水温等，并采取水样进行水质分析。必要时应进行水中环境同位素比值及特殊元素的测定。

第 38 条 遇含水层裂隙时，观测内容如下：

1. 测定其产状、长度、宽度、数量、形状、尖灭情况、充填程度及充填物等。

2. 观察地下水活动的痕迹，绘制裂隙玫瑰图。

3. 选择有代表性的地段测定岩石的裂隙率。

4. 测定的面积：较密集裂隙，可取 1～2 m^2；稀疏裂隙，可取 4～10 m^2。其计算公式为 $K_T=\frac{\sum lb}{A}\times 100\%$，式中：$K_T$——裂隙率，%；$A$——测定面积，$m^2$；$l$——裂隙长度，m；$b$——裂隙宽度，m。

第 39 条 遇岩溶时，应当观测其形态、发育情况、分布状况、有无充填物和充填物成分及充水状况等，并绘制岩溶素描图。

第 40 条 遇断裂构造时，应当测定其断距、产状、断层带宽度，观测断裂带充填物成分、胶结程度及导水性等。

第 41 条 遇褶曲时，应当观测其形态、产状及破碎情况。

第 42 条 遇陷落柱时，观测内容如下：

1. 陷落柱的位置，圈定其范围。

2. 观测陷落柱内外地层岩性与产状、裂隙与岩溶发育程度及充填物的岩性、胶结程度等。

3. 涌水的陷落柱要测定涌水量，并要取水样做水质分析，必要时要取样进行特殊项目分析，以判断涌水水源。

4. 判定陷落柱发育高度，并编制卡片，附平面图、剖面图和素描图。

5. 用钻孔探到陷落柱时，绘制钻孔柱状图或剖面图。孔内如有出水现象，则要测定水量、水压、水温等。

第 43 条　遇突水点时，观测内容如下：

1. 突水时间、地点、确切位置，并填绘在采掘工程图和充水性图上。

2. 出水层位、岩性、厚度、出水形式、围岩破坏情况等。

3. 测定涌水量、水温、含砂量等，并取样进行水质分析。

4. 观测附近的出水点和观测孔涌水量、水位(水压)的变化情况，并分析突水原因。

5. 各主要突水点可以作为动态观测点进行系统观测，并应当编制卡片，附平面图和素描图。

第 44 条　对于大中型煤矿发生 300 m^3/h 以上的突水、小型煤矿发生 60 m^3/h 以上的突水，或者因突水造成采掘区域和矿井被淹的，应当将突水情况及时上报集团公司、所在地煤矿安全监察机构和地方人民政府负责煤矿安全生产监督管理的部门、煤炭行业管理部门。

第 45 条　按照突水点每小时突水量(Q)的大小，将突水点划分为小突水点、中等突水点、大突水点、特大突水点等 4 个等级。

1. 小突水点：$Q \leqslant 60\ m^3/h$。

2. 中等突水点：$60\ m^3/h < Q \leqslant 600\ m^3/h$。

3. 大突水点：$600\ m^3/h < Q \leqslant 1\ 800\ m^3/h$。

4. 特大突水点：$Q > 1\ 800\ m^3/h$。

第 46 条　矿井应当分井、分水平设立观测站进行涌水量观测，主要出水点要单独设站观测，每月观测次数不少于 3 次。对于出水较大的断裂破碎带、陷落柱，应当单独设立观测站进行观测，每月观测 1～3 次。对于水质的监测每年不少于 2 次，丰、枯水期各 1 次。涌水量出现异常、井下发生突水或者受降水影响矿井的雨季时段，观测频率应当适当增加。

第 47 条　对于井下新揭露的出水点，在涌水量尚未稳定或尚未掌握其变化规律前，一般应当每日观测 1 次。对溃入性涌水，在未查明突水原因前，应当每隔 1～2 h 观测 1 次，以后可适当延长观测间隔时间，并采取水样进行水质分析。涌水量稳定后，可按井下正常观测时间观测。

第 48 条　当采掘工作面上方影响范围内有地表水体、富水性强的含水层、穿过与富水性强的含水层相连通的构造断裂带或接近老空积水区时，应当每日观测涌水情况，掌握水量变化。

第 49 条　对于新凿立井、斜井，垂深每延深 10 m，应当观测 1 次涌水量。掘进至新的含水层时，如果不到规定的距离，也应当在含水层的顶底板各测 1 次涌水量。

第 50 条　当进行矿井涌水量观测时，应当注重观测的连续性和精度，采用容积法、浮标法、流速仪法或者其他先进的测水方法。测量工具和仪表应当定期校验，以减少人为误差。

1. 量桶容积法适用于流量小于 1 L/s 的情况。容器一般选用量桶或水桶，为减少测量误差，计量容器充水时间不应小于 20 s。顶、帮的淋、流水可用塑料薄膜将水汇集到容器内。

2. 巷道容积法即在矿井发生突水时，在水流淹没倾斜巷道的过程中，经常不断测量巷道与自由水面相交断面面积，用单位时间内水位上涨高度来计算水量。

3. 水泵排量法即利用水泵实际排量和水泵的运转时间来计算涌水量。

4. 浮标测流法是明渠水量测定的基本方法。采用水面浮标的流水沟道地段及实测断面应符合下列要求：排水沟顺直，沟床地段规则完整，长度为 3～5 倍的沟宽；水流均匀平稳，无旋涡及回流；排水沟地段内无阻碍水流的杂物。

浮标测流法的实测程序：

(1) 选定实测地段后，按相等距离布设 3 个断面(上断面、基本断面、下断面)，测量每个断面的横断面积。

(2) 在上断面上游附近投放浮标，使浮标在接近上断面时，已具有同行水流的流速，测出浮标自上断面至下断面的时间。

(3) 浮标从上断面至下断面的漂流历时不应短于 20 s，如流速较大，可酌情缩短，但不能短于 10 s。

(4) 投放浮标的数量，视沟道宽度而定，一般不少于 2 个，每个至少重复投放 2 次，若 2 次漂流历时相差不超过 10%，则取其平均历时计算。计算公式为 $Q=K_f \times V_f \times F \times 3\ 600$，式中：$Q$——断面流量，$m^3/h$；$K_f$——断面浮标系数，根据经验数值一般介于 0.6～0.8 之间；V_f——流速，m/s；F——过水断面面积，m^2。

5. 流速仪法即在巷道水沟中选择一个断面，用流速仪测流速，乘以过水断面面积即可测定流量。

6. 水仓水位观测法即用标尺读出一定时间内的水位差，乘以水仓面积，即可计算出水量。

7. 电子流量仪适用于井下钻孔疏放水的测量，适用时注意选择合适的精度。

第 51 条　在井下对含水层进行疏水降压时，在涌水量、水压稳定前，应当每小时观测 1～2次钻孔涌水量和水压；待涌水量、水压基本稳定后，按照正常观测的要求进行。疏放老空水时，应当每日进行观测。

第 52 条　对井下水文钻孔进行水量、水位、水压观测的方法和要求，与地面水文钻孔基本相同，但应注意以下几点：

1. 根据水头压力的大小和观测条件，选用专用的高精度压力表或高精度压力传感器进行观测，用压力表观测水压时，应将压力表拧紧在测管上，不得漏水，压力估至 0.01 MPa。

2. 观测水压后，根据孔口标高及时换算出水位标高。

3. 钻孔在钻进过程中，应记录初见涌水的孔深、水量、水位(压)等，且每进尺 5～10 m 或按设计要求测定水量、水压或水位。发现水量突变时，应停钻测算孔深和进行水量、水位观测，以了解相对隔水层的渗透性。

第 53 条　喷水钻孔水量观测方法只适用于井上、下自流钻孔(由于喷水高度不易准确测量，故精度较差)。其方法是用量尺测出水头上喷高度、套管内径，计算其涌水量。

(三) 古井老窑、周边矿井及老空积水区的水文地质观测

第 54 条　古井老窑、周边矿井、老空积水区的观测要求：

1. 对古井老窑、老空积水区的观测，必须安排两人，严禁一人进行观测。

2. 严禁擅自进入通风不良或空顶区域内观测水情。

3. 必要时应取水样，并作全分析。

第 55 条　对于矿(井)区古井老窑及小煤矿，应及时调查以下情况：

1. 废井或老窑的井口位置及附近地形特征、标高；井筒性质、井口形状及填充状态；地面塌陷状况；附近有无地表水体及其与地表水体距离。

2. 建井时间、生产能力及开采概况，井深、井筒直径、开采煤层层数及名称、采煤方法、顶板管理、巷道布置、采空分布及积水情况、通风、运输、提升、排水情况、巷道规格、支护、停采报废原因等。

3. 废井或老窑的封闭日期、封填材料及深度等资料。

第 56 条　调查周边矿井的名称、位置、井田范围、开拓方式、实际生产能力、批采煤层、开采煤层、开采范围、正常涌水量及最大涌水量、生产能力、隔离煤柱、与相邻矿井的空间关系、采煤方法、超层越界开采现象、井田边界 100～200 m 范围内的采空区范围及积水情况、矿井涌水量与排水能力。

第 57 条　当井田及其邻近范围内有小窑时，调查了解因小窑开采而引起的危害矿井的可能的充水因素[如小窑采掘矿井防(隔)水煤柱、越界向矿井掘进贯通、小窑向矿井排放水、报废小窑井口未做封填处理等]。

第 58 条　对调查的小煤矿、老窑、周边矿井及老空积水区等情况，做好记录，必须填绘在采掘工程平面图和井上下对照图上。

第 59 条　井田范围内老空水的观测内容如下：

1. 老空区位置、开采煤层层位。

2. 积水量、上下限水位标高，老空区之间隔水煤柱的宽度及上下层的重叠关系。

3. 积水区与上下煤层充水含水层之间的关系，积水区与地表建筑物及河流洼地之间的关系，断层及岩浆岩之间的分布和积水被切割情况等。

4. 积水区补给水源和水质情况等。

（四）放水试验与连通试验中的观测

第 60 条　放水试验中井上下观测点的水位、水压、水量的观测。要严格按照设计所规定的时间和经过校测的量具、仪表进行操作。

第 61 条　放水试验前的准备工作有：

1. 检查地面观测孔，其内的淤积物必须低于观测层底面，导水应畅通，否则要注水冲洗或用液体二氧化碳洗井。

2. 检校观测水位、水压、水量的仪表器具，必须符合精度及安装要求。

3. 备齐原始记录表。

(1) 地面钻孔观测记录表，内容包括孔号、孔口标高、观测时间(年、月、日、时、分)、水面埋深、水位标高、观测者、水位变化、累计降深等。

(2) 井下钻孔水压观测记录、水量表观测记录表，内容包括堰号(注明规格尺寸)、观测时间(年、月、日、时、分)、水头高、水量、观测者和备注。

第 62 条　放水试验期间的井上、下水动态观测，必须按设计规定的时间同步进行。

第 63 条　放水试验中的水位恢复观测，放水试验结束时要按设计规定的时间和次序关闭水门，观测其水位、水压直至稳定。

第 64 条　放水试验开始前，必须按设计规定进行观测孔水位、出水点水量、相关井巷涌水量背景值等的观测。放水开始后，应每天填绘水位、水量历时曲线图等。

第 65 条　连通试验必须有试验设计，建立简易试验室，配备化验人员，以便及时测定示踪剂的含量。示踪剂的选择和用量的确定，既要考虑连通试验的需要，又不能对地下水质产生有害的影响，且必须按照设计所规定的方法、时间和地点进行。

第 66 条 对连通试验的准备、投放和接收监测工作的要求。

1. 投放示踪剂前的准备：

(1) 投放示踪剂前，必须采集投放点、接收点以及溶解示踪剂用水的水样，进行本底值测定。

(2) 投放方法和投放量必须符合设计要求，溶解示踪剂的容器或设备必须进行清洗，防止污染。

(3) 采用比色法时，要提前调配不同浓度的标准溶液，并分别装入比色管待用。用光度计及检测仪时，要事先检测仪表并测定本底值。

(4) 取水容器每次取样前均应洗刷清洁，并用蒸馏水刷洗干净后待用，严防污染。

(5) 试验前应备齐取样用的容器、标签及检测用记录纸和计算纸。

2. 投放示踪剂的要求：

(1) 根据投放方法选择投放容器，先加入一定量的清水，后按规定量加入示踪剂。如采用染色剂，则需加入一定量的促溶剂，随加随搅动，直到全部溶化。

(2) 向钻孔内投放试剂溶液时，必须用导管下到受试含水层段的设计深度，确保试剂准确送至设计层位。

(3) 向孔内注入示踪液前，要预先用清水冲洗钻孔；向孔内投放示踪剂溶液时，必须下入投注溶液管，以便准确送至设计层位。然后向孔内注清水，抬高水头，促使示踪剂全部进入试验层。

3. 接收示踪剂：

(1) 设专人在接收点值班，接设计规定时间取样，取样前需用接收点的水刷洗容器 3 次后，方可取样。

(2) 每取一个样后，应封严容器，及时填写标签。水样标签的内容包括取样编号、取样地点、取样时间(月、日、时、分)、化验项目及要求、取样人。

(3) 必须及时依据各接收点的水样检测结果，填制历时曲线图、表(填全绝对值)，分析示踪效果。

(五) 水样采取

第 67 条 应根据水样采取的目的和要求，选择水质分析的项目，如：简分析、全分析、特殊项目分析等。各类水样采取的容量要求为：

1. 简分析样 1～1.5 L。

2. 全分析样 2.5～3 L。

3. 细菌检验样 0.5 L。

4. 特殊分析样：视化验项目要求确定。

第 68 条 细菌检验样一般由卫生部门人员配合，并提前与检测单位预约送检时间。取样容器事先必须经过消毒灭菌处理，取样后立即严密封口，送往检测单位。检测单位必须在 24 h 内检测完毕。

第 69 条 由孔口管接取水样时，需稍离孔口管接灌。从地表水体取样时，容器必须在水面以下采集。

第 70 条 长期观测孔如需取水样，应先进行抽水，抽水的体积应大于孔(井)中水柱体积的 1.5～2 倍，然后在出水口中心处灌取水样。也可用取水器下入所需含水层一定深度取样。

第 71 条　做侵蚀性二氧化碳分析的水样，其数量为 0.5 L，采取后应立即加入 3～5 g 碳酸钙粉末。

第 72 条　对含有机物的水样，为控制脱硫作用，取样时必须在每升水中加入 1 mL 三氯甲烷或甲苯。

第 73 条　如需采取特殊水样，应与化验单位联系，并按其要求采取水样。

第 74 条　采取水样时，应在现场初步鉴定水的颜色、气味、透明度、水温等物理性质。取样后立即封闭装好，并填贴标签，送样前应登记送样序号。

第 75 条　抽水试验中的水文地质观测，按《煤炭资源地质勘探抽水试验规程》的要求进行。

六、原始记录及资料成果整理

第 76 条　必须使用专用的记录本填写水文地质观测试验记录，并分页编码，附必要的草图，写明观测地点、日期、观测者姓名、使用仪器及编号。

第 77 条　必须同时记录影响观测试验资料精度、质量的各种因素和主要原因，供分析资料时参考。

第 78 条　每项测试所用记录本要按时间顺序进行编号，注明目录索引后，存档保存。

第 79 条　测试资料应在当天进行计算整理，并将计算前结果和计算公式填写在专用台账上。原始资料的计算，必须由两人对算复核，发现问题要及时核实或补测。汇总表要经技术负责人审核。

第 80 条　填写各类台账、图表和成果表时，必须使用钢笔或碳素笔，要求字迹工整、图文清晰、数据准确，影响观测资料精度的各种因素也应同时填写在备注栏内。

第 81 条　矿井应当建立下列防治水基础台账：

1. 矿井涌水量观测成果台账。
2. 气象资料台账。
3. 地表水文观测成果台账。
4. 钻孔水位、井泉动态观测成果及河流渗漏台账。
5. 抽(放)水试验成果台账。
6. 矿井突水点台账。
7. 井田地质钻孔综合成果台账。
8. 井下水文地质钻孔成果台账。
9. 水质分析成果台账。
10. 水源水质受污染观测资料台账。
11. 水源井(孔)资料台账。
12. 封孔不良钻孔资料台账。
13. 矿井和周边煤矿采空区相关资料台账。
14. 水闸门(墙)观测资料台账。
15. 其他专门项目的资料台账。

矿井防治水基础台账，应当认真收集、整理，实行计算机数据库管理，长期保存，并每半年修正 1 次。

第 82 条 矿井应当按照规定编制下列防治水图件：

1. 矿井充水性图。

2. 矿井涌水量与各种相关因素动态曲线图。

3. 矿井综合水文地质图。

4. 矿井综合水文地质柱状图。

5. 矿井水文地质剖面图。

6. 其他有关防治水图件由矿井根据实际需要编制，如区域水文地质图、岩溶图、地下水化学图、含水层等水位线图、井上下防治水系统图等。

矿井应当建立数字化图件，内容真实可靠，并每半年对图纸内容进行修正完善。

第 83 条 每一种成果表或台账、图表填写后必须进行校对，并须经技术负责人签字。

第 84 条 各矿井水文地质观测台账、图表应按标准化规定的内容填写。

七、收尾工作

第 85 条 观测过程中发现水文地质情况变化异常，对采掘工程有影响或可能导致安全问题时，应及时报告矿井总工程师。

第 86 条 认真完成观测结果的计算、校对、分析研究工作。

第 87 条 必须做好观测仪表、工具的清点、擦拭、整理、保管工作。

第 7 篇　调　　度

调度通信管理维护工

一、适用范围

第1条 本规程适用于从事煤矿调度通信管理维护作业的人员。

二、上岗条件

第2条 掌握有关通信设备的性能、结构、原理及测试、调整、检修方法和操作要求等，经培训考试合格后，方可上岗。

第3条 熟悉并遵守有关通信线路、交换机、电话机、配线架、线位表的有关规程和《煤矿安全规程》的有关规定，能独立工作，不做与工作无关的事情。

三、安全规定

第4条 设备使用前，应按产品说明书的要求测试设备，并在地面通电运行不小于24 h，合格后方可安装使用。

第5条 矿用有线调度通信电缆必须专用；有线调度通信系统的调度电话至调度交换机(含安全栅)必须采用矿用通信电缆直接连接，严禁利用大地作回路。

第6条 严禁调度电话由井下就地供电，或者经有源中继器接调度交换机。

第7条 调度电话至调度交换机的无中继器通信距离应当不小于10 km。

第8条 通信线路和交换机的各种安全保护装置应工作正常、可靠，入井线缆的入井口处必须装设熔断器和防雷电装置。

四、操作准备

第9条 必须严格执行交接班制度，交接班内容包括：

1. 设备运行情况和故障处理结果。
2. 井下调度电话系统工作状况。
3. 服务器的数据库资料。

第10条 了解当日维修任务及影响范围，并通知调度室和使用单位。

第11条 在井下检修调度电话前要向调度室汇报，禁止未经汇报私自处理。

第12条 周期性维修必须申报作业计划，主要内容是：目的要求、工作任务、起止时间、劳动组织安排、安全防护措施、材料计划、验收标准和注意事项等。较大的工程和技术比较复杂的工程，事先必须制定详细的作业计划，施工方案，报请有关领导审批后才能开工。

第13条 地面检修前的准备工作：

1. 备齐必要的工具、设备、仪器、仪表，并备有设备说明书。所有工具仪器仪表必须安全可靠。

2. 按规定准备好检修时所需要的各种电源、设备、连接线、仪表、仪器、专用工具、防护用品等，并调整好仪器、试验需要更换的设备，做好检修人员的分配，讲清安全注意事项。

第14条 井下安装维护前的准备工作。

1. 井下安装设备和敷设通信电缆时，首先了解现场情况，做出施工方案及人员分配，并携带专用工具。

2. 井下安装和维护调度电话时，必须提前报告调度室，并联系调度电话安装和维护地点的单位配合处理，安装人员佩戴好安全防护用品和维护调度电话所需要的工具、仪器、配件等。安装完成后做好安装记录并报告调度室。

五、正常操作

（一）调度通信机房设备维修和维护

第 15 条 检查各种信号显示是否准确。

第 16 条 信号灯是否闪动，是否正常。

第 17 条 总配线架跳线必须按跳线表、配线表、电话号码表进行，不准随意改变跳线。

第 18 条 暂不用的用户线一定要与外线电缆断开。

第 19 条 定期对机房设备进行维护和维修。

1. 交换设备的测试和检查维修严格按规定执行，机架清灰，每月一次。

2. 总配线架每年清扫一次，线对和跳线的焊接每年检查和校核一次，弹簧排压力每年试验调整一次。

3. 总配线架接地电阻每年测试 2 次，接地电阻不大于 4 Ω。

4. 夏季雷雨前，必须抽查一次热圈放电管（避雷器），按 10% 抽查，发现一只不合格，要全部进行测试，必要时更换全部热圈放电管（避雷器）。

（二）电缆敷设与检查

第 20 条 地面电缆敷设注意事项。

1. 登高作业 2 m 以上要系好安全带，戴好安全帽，并有专人监护，安全带必须拴在确保人身安全的地方。

2. 使用梯子时，梯子与地面之间角度以 60°为宜，在水泥地面上用梯子要有防滑措施，梯脚挖坑或拴牢，并设专人扶梯子，人字梯挂钩必须挂牢。

3. 两人同时工作时，必须等另一人选好工作位置后，方准开始工作，同时要注意协调。

4. 高空使用的工具、材料必须装在工具袋内吊送，不准抛扔，高空作业范围内下面不准站人，并由专人看管。

5. 架设传输电缆时，根据电缆距离、架设高度做好施工方案、人员协调、安全防护等工作。

6. 雷雨大风等恶劣天气时，不得从事高空架线作业。

第 21 条 井下电缆敷设注意事项。

1. 井下传输电缆在大巷敷设或检查时，如果有电动机车行驶，人员必须停止作业，站在安全距离外，等待机车通过。严禁行车时敷设或检查传输电缆。

2. 在斜巷架设或检查传输电缆时，要和管辖单位联系好，并要慢慢下行敷设或检查，并时刻留意脚下，以防地滑摔人。

3. 在轨道上山（或下山）敷设或检查传输电缆时，首先要提前和下车场把钩工、上车场把钩工、绞车房绞车司机联系好，明确不准提车或松车后，方准进入轨道上山（或下山）敷设或检查传输电缆，严禁行车时工作。

第 22 条 电缆敷设要求。

1. 将所携带的盘好的电缆放在一个固定地点，慢慢放出，并设专人看管。

2. 敷设作业人员要听从统一指挥，传输电缆通过巷道顶底板危险区段时，要首先观察顶底板有无危险,无危险方准操作,否则暂停敷设,待处理好后再敷设。

3. 巷道中敷设传输电缆时,要对所要敷设的传输电缆放入电缆钩中,以免敷设后和其他通信线不能形成统一。

4. 敷设电缆时要有适当的弛度,并能在意外受力时自由坠落。其悬挂高度应当保证电缆在矿车掉道时不受撞击,在电缆坠落时不落在轨道或者运输机上。

5. 电缆之间、电缆与其他设备连接处,必须使用与电气性能相符的接线盒。电缆不得与水管或其他导体接触。

6. 吊挂完毕后,方可与原有的电缆进行连接。

7. 电缆喇叭口连接要牢固、密封要良好,密封圈直径和厚度要合适,电缆与密封圈之间不得包扎其他物品。电缆护套应伸入接线盒内 5～15 mm。喇叭口压线板对电缆的压缩量不超过电缆外径的 10%。接线应整齐、无毛刺,接线盒内连线松紧适当,符合机电设备安装连线要求。

8. 电缆不应悬挂在管道上,不得遭受淋水。电缆与压风管、供水管在巷道同一侧敷设时,必须敷设在管子上方,并保持 0.3 m 以上的距离。井筒和巷道内的通信和信号电缆应当与电力电缆分挂在井巷的两侧,如果受条件所限,在井筒内,应当敷设在距电力电缆 0.3 m以外的地方;在巷道内,应当敷设在电力电缆上方 0.1 m 以上的地方。

9. 电缆悬挂点间距,在水平巷道或者倾斜井巷内不得超过 3 m,在立井井筒内不得超过 6 m。

10. 严格执行停送电制度,严禁带电作业。

(三) 调度电话日常安装及维护

第 23 条　掌握矿井生产情况,合理布置安全生产通信系统,熟悉现场情况,对新安装、回撤的工作面和掘进迎头的电话和线缆进行及时保养回撤。

第 24 条　接到井下汇报出现的故障及时正确处理,保证线路的完好正常,对于已坏的设备要及时回收上井,及时维修,并做好记录。

第 25 条　检修电话前要求对维修地点进行安全确认,确认顶板支护完好,气体正常,无其他安全隐患后方可施工。

第 26 条　电话维修应先用信号仪检查线路是否畅通,然后逐级找到受损电缆,进行更换。若检查线路无故障,应将新电话进行更换,旧电话带上井后进行维修。

第 27 条　电话机检修完毕后,必须做到零部件齐全、无锈蚀,外壳应无损伤。通话清晰、无杂音、按键灵敏。

第 28 条　各部位螺钉、弹簧垫、垫圈等应齐全完整。

第 29 条　将以上检查结果、接线盒线位、安装日期、使用地点填入记录簿内。

第 30 条　电话机应尽量避免安装在有潮气、淋水、积水、顶板脱落的工作地点。

第 31 条　定期清除话机灰尘、油污和潮气,擦拭调整各个触点。螺钉应紧固,触点接触应良好,送、受话器通话效果应良好,铃声应响亮。

第 32 条　为使话机保持完好通话状态,维修人员要经常巡查维护,每月不少于 2 次,并填写好巡查巡检记录。

六、特殊操作(应急处置)

第 33 条　在操作或检修过程中,一旦发生触电,检修人员应迅速切断电源,立即对触电者进行抢救，并汇报有关领导，检查事故原因，未排除故障或查明原因前，严禁继续操作或检修。

第 34 条 当发现电气设备或电缆着火时，迅速切断电源，使用干粉灭火器材或砂子灭火，并及时向调度室汇报。

七、收尾工作

第 35 条 井下电话检修结束后，通知值班人员可以对该路用户呼叫，待电话通信正常后，方可离开。

第 36 条 设备安装完成后，严格按照质量标准、防爆标准进行检查，对设备进行编号管理，贴标志牌，清理设备及设备周围卫生，联系机房值班人员确定设备正常运行后，方可离开。

第 37 条 电缆敷设完成后，对敷设的电缆卫生、吊挂情况再查看一次，确保电缆无脱落，整齐整洁。

第 38 条 电缆接入设备或接线盒后，查看喇叭口是否牢固，未使用的喇叭口是否有挡板，余线是否整齐，检查无误后方可离开。

第 39 条 做好设备安装和维修维护记录，汇报工作进展情况。

第 40 条 做好交接班的有关事项。

人员位置监测管理维护工

一、适用范围

第 1 条 本规程适用于从事煤矿人员位置监测管理维护作业的人员。

二、上岗条件

第 2 条 应掌握有关人员位置监测系统设备的性能、结构、原理及测试、调整、检修方法和操作要求等，经培训考试合格后，方可持证上岗。

第 3 条 需要掌握以下知识：

1. 熟悉入井人员的有关安全规定。
2. 熟悉矿井人员位置监测系统、设备的工作原理及主要性能指标。
3. 掌握《煤矿安全规程》中关于矿井人员位置监测系统的有关规定。

第 4 条 工作中应遵守相关管理规定，不做与工作无关的事情。

三、安全规定

第 5 条 人员出入井口、重点区域出入口、限制区域、泵房、变电所等地点应设置读卡器，并能满足监测携卡人员出入井、出入重点区域、出入限制区域的要求。

第 6 条 巷道分支处应设置分站读卡器，并能满足监测携卡人员出入方向的要求。系统在井下所有工作场所、行走路线的信息应百分之百覆盖，不能有死角。

第 7 条 工作不正常的标识卡严禁使用。性能完好的标识卡总数，至少比经常下井人员总数多 10%。

第 8 条 矿调度室应设置显示设备，显示井下人员位置、设备运行情况等。

第 9 条　各个人员出入井口应设置检测标识卡工作是否正常(移动读卡器)和唯一性检测的装置,并提示携卡人员本人及相关人员。

第 10 条　分站应设置在便于读卡、观察、调试、检验、围岩稳定、支护良好、无淋水、无杂物的位置。

第 11 条　系统主机及联网主机应当双机热备份,连续运行。工作主机发生故障时,备份主机应当在 5 min 内自动投入工作。

第 12 条　设备发生故障时,应及时处理,在故障期间应采用人工监测,并填写故障登记表。

第 13 条　人员位置监测管理维护工应 24 小时值班,应每天检查设备及电缆、发现问题应及时处理,并将处理结果报告调度室。

第 14 条　当电网停电后,备用电源不能保证设备连续工作 2 h 时,应及时更换。

第 15 条　入井电缆的入井口处应具有防雷措施。

四、操作准备

第 16 条　必须严格执行交接班制度,交接班内容包括:

1. 设备运行情况和故障处理结果。
2. 井下人员位置监测系统工作状况。
3. 服务器的数据库资料。
4. 井下人员位置监测的报警信息情况。
5. 定位卡的数据采集情况。
6. 双机热备份的切换情况。

第 17 条　了解当日维修任务及影响范围,并通知调度室和使用单位。

第 18 条　在井下检修人员位置监测设备前要向调度室汇报,禁止未经汇报私自处理。

第 19 条　周期性维修必须申报作业计划,主要内容是:目的要求、工作任务、起止时间、劳动组织安排、安全防护措施、材料计划、验收标准和注意事项等。较大的工程和技术比较复杂的工程,事先必须制定详细的作业计划、施工方案,报请有关领导审批后才能开工。

第 20 条　地面检修前的准备工作。

1. 备齐必要的工具、设备、仪器、仪表,并备有设备说明书。
2. 按规定准备好检修时所需要的各种电源、设备、连接线、仪表、仪器、专用工具,防护用品等,并调整好仪器、试验需要更换的设备,做好检修人员的分配,讲清安全注意事项。

第 21 条　井下安装维护前的准备工作:井下安装设备和敷设通信电缆时,首先了解现场情况,做出施工方案及人员分配,并携带专用工具。

五、正常操作

(一) 人员位置监测系统机房维护

第 22 条　停电和检修设备时首先与调度室取得联系,接受有关指示。

第 23 条　定期检查监测各种仪表的指示、机房室温、机身温度和电源、电压波动情况。

第 24 条　进入机房不要穿化纤的衣服、不得将有磁性和带静电的材料、绒线和有灰尘的物品带进机房。要经常用干燥的布擦拭设备外壳。

第25条 机房值班人员禁止做与工作无关的事情,做好外来人员出入登记。

(二)电缆敷设与检查

第26条 地面电缆敷设注意事项。

1. 登高作业2 m以上要系好安全带,戴好安全帽,并有专人监护,安全带必须拴在确保人身安全的地方。

2. 使用梯子时,梯子与地面之间角度以60°为宜,在水泥地面上用梯子要有防滑措施,梯脚挖坑或拴牢,并设专人扶梯子,人字梯挂钩必须挂牢。

3. 两人同时工作时,必须等另一人选好工作位置后,方准开始工作,同时要注意协调。

4. 高空使用的工具、材料必须装在工具袋内吊送,不准抛扔,高空作业范围内下面不准站人,由专人看管。

5. 架设传输电缆时,根据电缆距离、架设高度,做好施工方案、人员协调、安全防护等工作。

6. 雷雨大风等恶劣天气时,不得从事高空架线作业。

第27条 井下电缆敷设注意事项。

1. 井下传输电缆在大巷敷设或检查时,如果有电动机车行驶,人员必须停止作业,站在安全距离外,等待机车通过。严禁行车时敷设或检查传输电缆。

2. 在斜巷架设或检查传输电缆时,要和管辖单位联系好,并要慢慢下行敷设或检查,并时刻留意脚下台阶,以防地滑摔人。

3. 在轨道上山(或下山)敷设或检查传输电缆时,首先要和下车场把钩工、上车场把钩工以及绞车房绞车司机提前联系好,明确不准提车或松车后,方准进入轨道上山(或下山)敷设或检查传输电缆,严禁行车时工作。

第28条 电缆敷设要求。

1. 将所携带的盘好的电缆放在一个固定地点,慢慢放出,并设专人看管。

2. 敷设作业人员要听从统一指挥,传输电缆通过巷道顶底板危险区段时,要首先观察顶底板有无危险,无危险方准操作,否则暂停敷设,待处理好后再敷设。

3. 巷道中敷设传输电缆时,要指派一人在前面对所要敷设的传输电缆放入电缆钩中,以免敷设后和其他通信线不能形成统一。

4. 敷设电缆时要有适当的弛度,并能在意外受力时自由坠落,其悬挂高度应当保证电缆在矿车掉道时不受撞击,在电缆坠落时不落在轨道或者输送机上。

5. 电缆之间、电缆与其他设备连接处,必须使用与电气性能相符的接线盒。电缆不得与水管或其他导体接触。

6. 吊挂完毕后,方可与原有的电缆进行连接。

7. 电缆喇叭口连接要牢固、密封要良好,密封圈直径和厚度要合适,电缆与密封圈之间不得包扎其他物品。电缆护套应伸入接线盒内5～15 mm。喇叭口压线板对电缆的压缩量不超过电缆外径的10%。接线应整齐、无毛刺,接线盒内连线松紧适当,符合机电设备安装连线要求。

8. 电缆不应悬挂在管道上,不得遭受淋水。电缆与压风管、供水管在巷道同一侧敷设时,必须敷设在管子上方,并保持0.3 m以上的距离。井筒和巷道内的通信和信号电缆应当与电力电缆分挂在井巷的两侧,如果受条件所限,在井筒内,应当敷设在距电力电缆

0.3 m以外的地方;在巷道内,应当敷设在电力电缆上方0.1 m以上的地方。

9. 电缆悬挂点间距,在水平巷道或者倾斜井巷内不得超过3 m,在立井井筒内不得超过6 m。

10. 严格执行停送电制度,严禁带电作业。

(三)井下设备安装和维护

第29条 安装分站及设备时,严禁带电作业,严禁带电搬迁或移动电气设备及电缆,并严格执行"谁停电,谁送电"制度。

第30条 停电范围影响到其他单位的,要取得联系,做好协调协作工作。

第31条 处理分站故障和电源故障时,严禁一人单独作业。

第32条 设备的供电电源必须取自被控制开关的电源侧,严禁接在被控开关的负荷侧。

第33条 拆装防爆电气设备时,应用专用工具,严禁野蛮拆装和违章操作。

第34条 设备维护。

1. 检查设备的防爆情况。

2. 清除设备内腔的粉尘和杂物。

3. 检查接线腔和内部电器元件及连接线,要求应完好齐全,各连接插件接触良好,各紧固件应齐全、完整、可靠,同一部位的螺母、螺栓规格应一致。

第35条 拆除或改变与设备关联的电气设备的电源线及控制线、检修与设备关联的电气设备、需要设备停止运行时,须报告矿调度室,并制定安全措施后方可进行。

六、特殊操作(应急处置)

第36条 在检查和维修过程中,发现电气设备失爆时,立即停电处理。对在现场无法恢复的防爆设备,停止运行,并向有关领导汇报。

第37条 在操作或检修过程中,一旦发生触电,检修人员应迅速切断电源,立即对触电者进行抢救,并汇报有关领导,检查事故原因,未排除故障或查明原因前,严禁继续操作或检修。

第38条 当发现电气设备或电缆着火时,迅速切断电源,使用干粉灭火器材或砂子灭火,并及时向调度室汇报。

七、收尾工作

第39条 设备安装完成后,严格按照质量标准、防爆标准进行检查,对设备进行编号管理,贴标志牌,清理设备及设备周围卫生,联系机房值班人员确定设备正常运行后,方可离开。

第40条 电缆敷设完成后,对敷设的电缆卫生、吊挂情况,再查看一次,确保电缆无脱落,整齐整洁。

第41条 电缆接入设备或接线盒后,查看喇叭口是否牢固,未使用的喇叭口是否有挡板,余线是否整齐,检查无误后方可离开。

第42条 做好设备安装和维修维护记录,汇报工作进展情况。

第43条 做好交接班的有关事项。

调度监测监控管理维护工

一、适用范围

第 1 条 本规程适用于从事调度监测监控管理维护作业的人员。

二、上岗条件

第 2 条 必须经过培训,取得安全技术工种操作资格证后,持证上岗。

第 3 条 需要掌握以下知识:

1. 熟悉入井人员的有关安全规程规定。

2. 熟悉矿井调度监测监控系统、流媒体平台,存储服务器,DVR、NVR、解码器、网络摄像机和模拟摄像机的工作原理。了解机房的配置及光缆的敷设,并熟知光缆配线柜(架)的线位和光缆敷设的区域。

3. 掌握《煤矿安全规程》中关于矿井调度监测监控系统的有关规定。

4. 熟悉矿井调度监测监控系统、摄像机的安装要求和配置,熟悉流媒体平台、硬盘录像机和网络摄像机的修改和配置参数。熟知监控系统仪表仪器的使用和维修监控系统所必备的专用工具。

5. 了解矿井调度监测监控系统、装置的主要性能指标以及所监控区域的重要性。

三、安全规定

第 4 条 必须对视频调度监测监控设备的种类、数量和位置、信号电缆和电源电缆的敷设、控制区域等绘制监控系统布置图、线位图和接线图,并做好维修维护记录、安装回撤记录、设备使用记录。

第 5 条 煤矿安全监控设备之间必须使用专用阻燃电缆或光缆连接,严禁与调度通信电缆或动力电缆等共用一条线路。调度监测监控设备必须具有故障记录表,出现故障及时处理,每天对机房所有设备巡检巡查一次,对所有监控摄像头浏览一次,确保各监控画面正常显示。各单位对负责巷道内光缆、射灯、摄像头负有保护义务,确保标准化达标。凡在辖区范围内工业电视监控装置被破坏或丢失,应及时汇报矿调度室,以便采取补救措施。

第 6 条 严禁任何部门和个人故意遮挡视频监控摄像头,因工作需要临时遮挡时必须报告使用部门领导同意,工作完毕后立即拆除遮挡物。维修人员定期清除摄像头的灰尘,保持摄像头图像清晰;定期对主板、接插件和监控设备内部进行除尘;定期检查摄像头固定支架、吊架等固定件是否牢固。

第 7 条 发现视频监控系统设备如摄像头、主机、线路等老化或经检修后仍不能恢复的以及夜间不能清晰录播影像和不能提供正常影像信息等情况,及时更换。

第 8 条 使用部门不得擅自复制、提供、传播图像信息资料;不得擅自删改、破坏图像信息资料的原始记录。行政执法人员需要调取、查看、复制视频系统图像信息和相关资料的,行政执法人员必须出示执法证件并上报相关领导批准后才能配合提供。对其他部门或个人不予提供视频资料。

四、操作准备

第 9 条 必须严格执行交接班制度,交接班内容包括:

1. 设备运行情况和故障处理结果。

2. 视频监测系统工作状况。

3. 服务器的数据库资料。

第10条 了解当日维修任务，并根据工作、任务情况准备好所需的设备、材料、仪表、工器具及影响范围，并通知调度室和使用单位。

第11条 在井下检修视频监测系统前要向调度室汇报，禁止未经汇报私自处理。

第12条 周期性维修必须申报作业计划，主要内容是：目的要求、工作任务、起止时间、劳动组织安排、安全防护措施、材料计划、验收标准和注意事项等。较大的工程和技术比较复杂的工程，事先必须制定详细的作业计划和施工方案，报请有关领导审批后才能开工。

第13条 地面检修前的准备工作。

1. 备齐必要的工具、设备、仪器、仪表，并备有设备说明书。

2. 按规定准备好检修时所需要的各种电源、设备、连接线、仪表、仪器、专用工具、防护用品等，并调整好仪器，准备试验需要更换的设备，安排好检修人员的分配，检修人员应了解所注意的安全事项。

第14条 井下安装前的准备工作。

1. 井下安装设备和敷设通信电缆时，首先了解现场情况，做出施工方案及人员分配，并携带专用工具。

2. 井下安装摄像机时，必须提前报告调度室并联系摄像机安装地点的单位配合处理，安装人员佩戴好安全防护用品和维修摄像机所需要的工具、仪器、配件等。安装完成后做好安装记录并报告调度室。

五、正常操作

(一) 机房操作

第15条 首先与调度室取得联系，接受有关指示。

第16条 工作人员在监控时应加强日常维护和管理，及时发现监控设备和所有异常情况，采取相应措施并进行处理，保证监控设备正常运行，值班人员应做好值班记录，不得擅自更改监控画面、改变监视摄像角度，每天对监控设备运行情况、电缆、UPS、机房温度进行安全检查。

第17条 视频监控系统采取24小时值班，值班人员不得迟到、早退、脱岗、睡觉和做与工作无关的事情，不得随意在监控系统中安装无关的程序、删除系统任一程序、改变系统设置的任何参数，不得未经领导批准私自调取监控存储信息提供给他人。

第18条 做好监控室清洁卫生工作，保持室内通风干燥；值班员严格按照操作步骤精心操作，密切注意设备运行情况，保证监控设备安全有序；不许带电进行硬件的热插、热拔工作(支持热插拔的硬件除外)；不得无故中断监控。

第19条 每年对机房设备进行一次检测、试验，合格的方可继续使用，不合格的严禁重新安装使用。

第20条 发现下列监视可疑情况，应立即向上级报告，并实施跟踪监视，并保持对可疑情况的处理及结果的记录。

1. 有人在控制中心及基地破坏设施，某部位有人在撬锁、摸锁、窥视房间内情况。

2. 视频监控系统及设备某部位冒烟、起火、冒水、光闪动。

3. 有人在挪用消防设施、器材,有人影响消防安全的运行。

4. 有人在禁止吸烟的场所吸烟、动用明火。

5. 无关人员进入机房内实施破坏。

6. 在监控范围内打架斗殴、抢劫、盗窃。

第 21 条　视频监控系统操作人员和维护人员必须对工作认真负责、遵守单位各类规章制度,按规定穿戴工作服、劳动保护用品。

第 22 条　视频监控系统操作人员和维护人员必须自觉遵守国家与企业的各项安全法规和安全制度,视频监控系统操作人员和维护人员有权拒绝执行或制止违反安全制度的指挥或操作。

(二) 电缆敷设与检查

第 23 条　地面电缆敷设注意事项。

1. 登高作业 2 m 以上要系好安全带,戴好安全帽,并有专人监护,安全带必须拴在确保人身安全的地方。

2. 使用梯子时,梯子与地面之间角度以 60°为宜,在水泥地面上用梯子要有防滑措施,梯脚挖坑或拴牢,并设专人扶梯子,人字梯挂钩必须挂牢。

3. 两人同时工作时,必须等另一人选好工作位置后,方准开始工作,同时要注意协调。

4. 高空使用的工具、材料必须装在工具袋内吊送,不准抛扔,高空作业范围内下面不准站人,由专人看管。

5. 架设传输电缆时,根据电缆距离、架设高度做好施工方案、人员协调、安全防护等工作。

6. 雷雨大风等恶劣天气时,不得从事高空架线作业。

第 24 条　井下电缆敷设注意事项。

1. 井下传输电缆在大巷敷设或检查时,如果有电动机车行驶,人员必须停止作业,站在安全距离外,等待机车通过,严禁行车时敷设或检查传输电缆。

2. 在斜巷架设或检查传输电缆时,要与管辖单位联系好,并要慢慢下行敷设或检查,并时刻留意脚下台阶,以防地滑摔人。

3. 在轨道上山(或下山)敷设或检查传输电缆时,首先要和下车场把钩工、上车场把钩工、绞车房绞车司机提前联系好,明确不准提车或松车后,方准进入轨道上山(或下山)敷设或检查传输电缆,严禁行车时工作。

第 25 条　电缆敷设要求。

1. 将所携带的盘好的电缆放在一个固定地点,慢慢放出,并设专人看管。

2. 敷设作业人员要听从统一指挥,传输电缆通过巷道顶底板危险区段时,要首先观察顶底板有无危险,无危险方准操作,否则暂停敷设,待处理好后再敷设。

3. 巷道中敷设传输电缆时,要指派一人在前面对所要敷设的传输电缆放入电缆钩中,以免敷设后和其他通信线不能形成统一。

4. 敷设电缆时要有适当的弛度,并能在意外受力时自由坠落。其悬挂高度应当保证电缆在矿车掉道时不受撞击,在电缆坠落时不落在轨道或者输送机上。

5. 电缆之间、电缆与其他设备连接处,必须使用与电气性能相符的接线盒。电缆不得与水管或其他导体接触。

6. 吊挂完毕后，方可与原有的电缆进行连接。

7. 电缆喇叭口连接要牢固，密封要良好，密封圈直径和厚度要合适，电缆与密封圈之间不得包扎其他物品。电缆护套应伸入接线盒内 5～15 mm。喇叭口压线板对电缆的压缩量不超过电缆外径的 10%。接线应整齐、无毛刺，接线盒内连线松紧适当，符合机电设备安装连线要求。

8. 电缆不应悬挂在管道上，不得遭受淋水。电缆与压风管、供水管在巷道同一侧敷设时，必须敷设在管子上方，并保持 0.3 m 以上的距离。井筒和巷道内的通信和信号电缆应当与电力电缆分挂在井巷的两侧，如果受条件所限，在井筒内，应当敷设在距电力电缆 0.3 m以外的地方；在巷道内，应当敷设在电力电缆上方 0.1 m 以上的地方。

9. 电缆悬挂点间距，在水平巷道或者倾斜井巷内不得超过 3 m，在立井井筒内不得超过 6 m。

10. 严格执行停送电制度，严禁带电作业。

（三）井下安装和维护

第 26 条 设备搬运或安装时要轻拿轻放，防止剧烈震动和冲击。

第 27 条 安装摄像机时，应了解现场情况，做出施工方案及人员分配，并携带专用工具、检测仪器、配置好的摄像机及安装摄像机所需要的附件。联系好安装位置所属单位进行配合。安装完成后汇报调度室。

第 28 条 监控维修人员应经常深入现场，了解矿井生产状况，掌握矿井摄像机位置、线路等，并熟悉现场情况，对新安装和回撤的工作面及时安装和回撤摄像机。

第 29 条 严禁带电作业，严禁带电搬迁或移动电气设备及电缆，并严格执行“谁停电，谁送电”制度。由现场所属单位电工配合，停电范围影响到其他单位的，要取得联系，做好协调协作工作。

第 30 条 拆除或改变监控设备关联的电气设备的电源线及控制线、检修与监控设备关联的电气设备、需要监控设备停止运行时，须报告矿调度室，经过同意后方可进行。

第 31 条 排除故障时应注意以下问题：

1. 应首先检查机房流媒体、DVR、电源、网络、光端机、信号灯是否正常。

2. 网络摄像机、模拟摄像机故障维修排除步骤：对现场电源、摄像机、光缆、光端机、适配器逐步排查，一般情况下光缆最不容易排查，现常使用打光笔或者光时域反射仪排除故障，网络摄像机光纤收发器容易死机。

六、特殊操作

第 32 条 在检查和维修过程中，发现电气设备失爆时，立即停电处理。对在现场无法恢复的防爆设备，停止运行，并向有关领导汇报。

第 33 条 在操作或检修过程中，一旦发生触电，检修人员应迅速切断电源，立即对触电者进行抢救，并汇报有关领导，检查事故原因，未排除故障或查明原因前，严禁继续操作或检修。

第 34 条 当发现电气设备或电缆着火时，迅速切断电源，使用干粉灭火器材或砂子灭火，并及时向调度室汇报。

七、收尾工作

第 35 条 设备安装完成后，严格按照质量标准、防爆标准进行检查，对设备进行编号管理，贴标志牌，清理设备及设备周围卫生，联系机房值班人员确定设备正常运行后，方可离开。

第 36 条 电缆敷设完成后，对敷设的电缆再查看一次，确保电缆无脱落，电缆吊挂整齐整洁。

第 37 条 电缆接入设备或接线盒后，查看喇叭口是否牢固，未使用的喇叭口是否有挡板，余线是否整齐，检查无误后方可离开。

第 38 条 做好设备安装和维修维护记录，汇报工作进展情况。

第 39 条 做好交接班的有关事项。

第 8 篇　选煤煤质运销

给煤机司机

一、一般规定

第1条　应经安全培训和本工种专业技术培训，通过考试取得操作证后，持证上岗。

第2条　熟悉本岗位设备的检查、维护和一般故障的排除方法。

第3条　熟悉给煤机的工作原理、结构性能、技术特征、零部件的名称和作用，不同用途给煤机的构造性能、维护保养知识及有关电气基本知识。

第4条　熟悉设备开停车顺序、操作方法以及检查、分析、防止和排除故障的方法。

第5条　严格执行《选煤厂安全规程》、岗位责任制、交接班制度和其他有关规定。

第6条　上岗时，按规定穿戴好劳动保护用品。

二、操作准备

第7条　对设备进行以下检查：

1. 了解煤仓装载情况，并检查给料闸板是否灵活。

2. 入料、排料溜槽应畅通，无损坏变形。

3. 给煤机箱体、抽板或输送带无过度磨损，往复式给煤机托轮运转灵活可靠，运转部位轴承润滑良好，无缺油现象；甲带给煤机各部件紧固可靠，声音正常，润滑良好，轴承转动部位润滑良好；甲带无变形、无缺少；输送带完好，无跑偏。

4. 带式给料机各托辊、滚筒、传动链条等齐全、完好，叶轮给煤机叶轮的进出口无杂物堵塞，叶片上无杂物缠绕，护板未变形，电缆牵引装置灵活、可靠，电缆无破损。

5. 电动机、减速机等部件完好，减速箱内油位正常，基础螺栓紧固良好，无松动。

6. 叶轮给煤机行车轨道应平直，无障碍，车轮无三条腿现象，叶轮下部边缘应水平，与煤仓平台无刮碰现象。

7. 给煤机各运转部位的销子、螺钉必须牢固。安全设施应正常，无缺失、开焊或不牢固现象。

8. 安全保护装置、通信照明装置灵敏可靠，能够正常使用。

9. 根据调度安排使用就地、集控、检修状态，检查操作按钮所在位置，按要求将开关打到就地、集控、检修位置。

第8条　开车前对岗位安全环境进行确认：

1. 确认安全设施、安全保护装置的完好性。

2. 确认安全通道畅通。

3. 确认现场新增加的设施不危及本岗安全。

4. 确认消防设施符合要求。

三、正常操作

第9条　开车。

1. 手动开车。接到就地开车信号，检查确认控制箱操作状态，待下一道工序设备运行后，方可发信号开车。开车后，应在给煤机正常运行无异常现象后再给料。

2. 集控开车。接到调度集控通知或集控开车信号后，检查确认控制箱操作状态，检查确认设备周边无影响安全运转的状况，在远离设备保证自身安全的位置，巡查岗位设备的集控开启及运转情况。

第 10 条 运行期间认真对给煤机运转状况进行巡回检查，若发现有异常声音或异常震动情况应及时汇报，必要时可停车处理。

第 11 条 运行期间注意观察给煤机电动机、减速机的运行情况，如出现温度过高、震动异常等情况，应及时汇报处理。

第 12 条 检查带式给煤机各滚筒、上下托辊是否灵活，如有因润滑不良或轴承损坏而不转或有异响的滚筒、托辊，发现后及时汇报处理。工作中注意叶轮给煤机电源滑动电缆的工作状况，防止挂上设备或拉断。

第 13 条 检查往复式给煤机曲拐运行状况，发现异常情况及时汇报处理，必要时停车检查处理。

第 14 条 运行中严禁清理设备运转部位，严禁叶轮给煤机行车存在“三条腿”现象，严禁身体接触设备运转部位，处理溜槽堵卡等事故时必须严格执行停电挂牌制度。

第 15 条 班中根据生产实际情况及时合理调整给煤量，防止因煤质变化而造成输送带放滑、拣选物料厚等现象。

第 16 条 检查往复式给煤机抽板(带式给料机输送带，甲带给煤机甲带、衬带)运行有无跑偏现象，发现后要及时调整。

第 17 条 注意检查前、后溜槽的下料情况，严防堵溜槽或其他尖锐硬物挤住、划坏输送带的事故。

四、特殊操作

第 18 条 带式给煤机被物料压住后或往复式给煤机出料口被大块矸石堵卡时，不得强行启动，应卸掉载荷后再启动，严禁带负荷强行启动。

第 19 条 在运行中，给煤机自动停车或开不动时，应查明原因，排除故障后再启动。

第 20 条 发现卸料溜槽堵塞，铁器、杂物等卡住给煤机时要及时停车处理。

第 21 条 运行中出现带式给煤机输送带连接处开胶、拉断、撕裂、跑偏严重或有刮坏、撕裂等危险情况，应立即停车汇报处理。

第 22 条 运行中出现往复式给煤机曲拐轴断、抽板跑偏严重等危险情况时，要立即停车汇报处理。使用叶轮给煤机时，发现钢丝绳缠绕在主轴上或大块矸石、铁器、木材卡住轮子，必须紧急停车处理。

第 23 条 发现煤仓堵塞时，要用专用工具捅煤。捅煤时，应站在适当的平台上进行，严禁站在栏杆、电动机或设备上操作，不准用身体正对工具，以防伤人，工具用完后，应立即取出。

第 24 条 给煤机在运行中被物料卡住堵塞时，不得用手直接清除。

五、收尾工作

第 25 条 接到停车信号时，注意观察设备停车期间的运行状态，有异常情况需及时汇报处理。

第 26 条 停车后，应进行整机巡视，发现问题，应及时汇报处理。

第 27 条 停车后，应定期检查箱体内部磨损情况，根据磨损情况安排检修计划。

第 28 条 检查电动机、减速机、往复式给煤机曲拐、托轮、抽板或带式给煤机输送带、滚筒托辊、甲带给煤机甲带，根据检查结果及时汇报处理。停车对叶轮给煤机维护检查时，不得只开行走电动机，应同时将给煤机电动机开启，但给煤转速不宜过大，以免将叶轮挤坏。

第 29 条　利用停车时间对设备进行维护保养，并清理设备和环境卫生。

第 30 条　按规定填写岗位记录，做好交接班工作。

六、安全规定

第 31 条　设备运行期间严禁清理运转部位。

第 32 条　应在给煤机运转部位设置防护栏杆与巡检平台。

第 33 条　严禁人员进入给煤机内部和从事其他工作，人员进入时必须执行停电挂牌制度。

第 34 条　给煤机运转时，禁止下面站人。

第 35 条　给煤机急停控制开关应由触动者的授权人完成。当不能确认开关的触动者时，复位人员必须对给煤机进行全面细致的检查，确认一切正常后，方可复位。

第 36 条　当给煤机运转不正常时，要及时查找原因，并向调度和班长汇报。

第 37 条　进行 2 m 以上的高空作业时，必须系安全带。

第 38 条　听到集控开停车预警信号后，司机立即远离设备的运转部位，在就地开关附近监视设备启动情况。

七、危险因素、职业危害与防护

第 39 条　岗位存在的职业危害为煤尘和噪声，生产过程中，相关安全防护设施必须正常运行和使用。上岗人员必须穿好工作服、戴好安全帽及防尘口罩、防噪耳塞，生产过程中不得弃用防护用品。

第 40 条　岗位存在的危险因素为物体打击、机械伤害、触电伤害、高空坠落及其他伤害。

第 41 条　一旦发生人身安全职业危害事故，立即送往医院治疗。

原煤手选工

一、一般规定

第 1 条　经过安全培训和本工种专业技术培训，考试合格，取得操作资格证后，方可持证上岗。

第 2 条　熟悉本作业的工艺作用和要求，了解煤与矸石的物理特性以及选后产品的指标要求。

第 3 条　了解本岗位机械设备的性能及构造，熟悉其操作方法、安全要求和排除一般故障的方法。

第 4 条　严格执行《选煤厂安全规程》、技术操作规程、岗位责任制、交接班制度和其他有关规定。

第 5 条　上岗时，按规定穿戴好安全帽、手套、防尘口罩、毛巾、耳塞（耳罩）等劳动保护用品，工作服纽扣齐全并扣好，衣领和袖口要收紧，女工必须将发辫盘入帽内。

二、操作准备

第 6 条 按“选煤厂机电设备检查通则”的要求检查手选胶带输送机，发现问题及时汇报进行处理。

第 7 条 了解原煤质量、数量情况，检查前后溜槽是否畅通，有无损坏和严重变形，矸石仓存情况，发现问题及时汇报，进行处理。

第 8 条 检查工具的完好状况，特别是大锤的锤头一定要牢固，大小撬棍应齐备。

第 9 条 检查手选带式输送机两侧的挡板、挡煤皮应完好牢固。

第 10 条 当听到开车信号时，要认真查看转换开关是否打到相应位置，发现未在“集控/就地”相关位置时，需马上进行调整，并在开关附近观察设备启动情况，发现异常及时停机。

第 11 条 手选带式输送机司机与上道工序司机应做好配合，发现一侧入料不正常，司机应检查是否堵卡。

第 12 条 操作现场必须有良好的采光条件。

三、正常操作

第 13 条 根据集控或就地启动要求，按逆煤流方向启动手选带式输送机。启动后，先空转 2 圈，没发现问题再给料，注意检查输送带是否跑偏；运行中也应随时观察其动态，出现问题及时汇报处理。

第 14 条 拣矸石时应戴手套，工作时全神贯注，分辨清矸石和块煤，保质保量地拣出矸石。

第 15 条 拣矸工作较繁重，在搬出大块矸石时，要注意周围的人，不得在手选输送带上砸大块煤，注意人身安全。

第 16 条 根据手选输送带上物料含块率和含矸率及时要求调整给煤量，保持适当的煤层厚度，以保证拣矸效果。

第 17 条 除拣矸石外，还应彻底拣出煤中可见杂物，如木块、铁器、雷管等，并堆放在指定地点组织回收。

第 18 条 工作中注意岗位电气、机械设备工作状况，如有异响、轴承温升和润滑等情况，发现问题及时汇报。

四、特殊操作

第 19 条 入选煤中含矸量特别多、正常运行中无法拣出时，应停机集中人力拣矸，同时通知上道工序暂停给料，不可让大块矸石进入动筛跳汰机、重介浅漕、单段跳汰机、破碎机等下道工序。

第 20 条 遇有特大矸石，一人无法搬动，应停机由多人协力搬下，严防大块矸石卡入下道工艺工序设备，特大块矸石需经破碎后再进入矸石溜槽。

第 21 条 发现有下列情况之一时，必须停机，经妥善处理后，方可继续运行。

1. 输送带跑偏、撕裂、接头卡子断裂；

2. 机头、机尾滚筒开裂；

3. 电气、机械部件温升超限或运转声音不正常；

4. 危及人身安全；

5. 手选输送带下道工序破碎机停机。

五、收尾工作

第 22 条　就地开车时，接到停车信号后，待设备上无物料时，方可按下停车按钮进行停车。

第 23 条　集控开车时，由调度集中控制停车。

第 24 条　交班时手选工必须待接班人员穿戴好劳动保护用品，上岗拣矸后，上班拣矸人员方可撤离手选输送带，并交清矸石仓存情况。

第 25 条　清理使用过的工具，损坏的及时修理，并按指定位置摆放整齐。

第 26 条　岗位司机在现场应向接班司机详细交代本班手选输送带运转情况，出现的故障和存在的问题到交牌时还需及时向值班领导汇报。

六、安全规定

第 27 条　手选输送带的两侧必须加设防护板。手选作业点应当至少有 2 人工作，互相监护。手选工不得蹲在或者坐在带式输送机两侧的护板上作业。

第 28 条　严禁在手选输送带上行走、跨越或坐卧。操作人员不得在原煤分级筛筛口下 1.2 m 范围内和下料溜槽口处站立或工作。带式输送机必须安装紧急停车按钮。

第 29 条　工作人员发现雷管、炸药、金属、木料、特大块矸石等物品，应当及时谨慎选出，必要时可以停机处理。选出的雷管、炸药，不得私自保管、转移或销毁。

第 30 条　下矸石仓作业必须制定安全措施并经批准后方可进行。

七、危险因素、职业危害与防护

第 31 条　岗位存在的职业危害为煤尘和噪声。

第 32 条　岗位存在的危险因素为物体打击、机械伤害、触电伤害、高空坠落及其他伤害。

第 33 条　生产过程中，相关安全防护设施必须正常运行和使用。上岗人员必须穿好工作服、戴好安全帽及防尘口罩、防噪耳塞，生产过程中不得弃用防护用品。

第 34 条　一旦发生人身安全职业危害事故，立即送往医院治疗。

破碎机司机

一、一般规定

第 1 条　应经安全上岗资格培训，通过考试取得上岗证后，持证上岗。

第 2 条　熟悉本作业设备的工艺作用和要求，以及煤质数质量情况及粒度组成和煤块的破碎要求。

第 3 条　熟悉破碎机的工作原理、结构性能、技术特征、零部件的名称和作用、设备的性能、维护保养知识及有关电气基本知识。

第 4 条　熟悉岗位设备开停车顺序、操作方法以及检查、分析、防止和排除故障的方法。

第 5 条　严格执行《选煤厂安全规程》、岗位责任制、交接班制度和其他有关规定。

第 6 条　上岗时，按规定穿戴好劳动保护用品。

二、操作准备

第7条 对设备进行以下检查：

1. 检查各紧固件、螺栓、连接是否紧固可靠，不得有松动现象。

2. 检查电动机、电气控制系统、信号照明等是否完好、输送带是否张紧，点动空机确认电动机转向无误，破碎齿无碰撞。

3. 检查进出溜槽有无堵塞、卡住现象，破碎机必须保证空载启动。

4. 检查润滑是否良好，有无漏油现象。润滑油不够，须加足量润滑脂。

5. 安全设施是否齐全可靠。

6. 查看交接班运转记录。

第8条 开车前对岗位安全环境进行确认：

1. 确认安全设施的完好性。

2. 确认安全通道畅通。

3. 确认现场新增加的设施不危及本岗安全。

4. 确认消防设施符合要求。

三、正常操作

第9条 开车。

1. 手动开车。接到就地开车信号，检查确认控制箱操作状态，待下一道工序设备运行后，方可发信号开车。破碎机运转正常以后，给上一道工序发送开车信号。

2. 集控开车。接到调度集控通知或集控开车信号后，检查确认控制箱操作状态，检查确认设备设施周边无影响安全运转的状况，在远离设备设施保证自身安全的位置不得巡查岗位设备的集控开启及运转情况。

第10条 物料要保持均匀，不得有铁器、木棒等不能破碎的物料，不得过大块。

第11条 注意观察出料粒度是否符合要求，发现过粗现象，应汇报停机处理。

第12条 注意破碎机声音、电动机温度、轴承温度是否正常，发现声音异常，温升过高应立即停机处理，查明原因排除故障后方可重新开机。

第13条 设备运转时，严禁打开观察孔或检查孔盖板，严禁进行清理和维修工作。

第14条 运转中应注意观察地脚螺栓，紧固件等有无松动现象。

四、特殊操作

第15条 破碎机工作时，发现异常现象(如异常声音、温升过高等)应立即停机，查明故障原因，待故障排除后方可重新开机。

第16条 发现齿板固定螺丝过于松动应立即停车处理，发现有大块物料(木头、铁器、大块矸石)进入破碎机内堵塞或卡住齿辊不能工作时，应立即停车处理。

五、收尾工作

第17条 正常情况，接到停机信号，应待带式输送机上物料及破碎机膛腔中物料处理完毕，按下停机按钮，做到空负荷停机。

第18条 检查各部件如轴瓦、传动带、安全护罩、螺栓等无破损和松动，保险装置状态良好。

第19条 做好设备维护保养工作，打扫破碎机及周围环境清洁卫生，做到无积尘、无积煤、无积水、无杂物，不漏油、不漏煤、不漏电。

第 20 条　认真写好当班工作记录，做好交接班。

六、安全规定

第 21 条　破碎机必须在密闭状态下工作，破碎机的旋转部件必须设防护罩，不准运转中打开破碎机箱盖，不准操作人员站在破碎机上。

第 22 条　设备运行期间严禁清理运转部位。严防金属、木材等异物进入破碎机内，要进入破碎机内清理杂物或检修时，必须严格执行停送电制度，并至少两人在场，一人清理，一人监护。

第 23 条　观察电动机、偶合器运行情况，机体震动幅度，液力偶合器易熔塞，不得随意更换或不用，破碎机保险销不得用其他金属销代替。

第 24 条　打反车时必须有人在现场观察。

第 25 条　破碎机的各类保护要齐全。

第 26 条　听到集控开停车预警信号后，司机立即远离设备的运转部位，在就地开关附近监视设备启动情况。

七、危险因素、职业危害与防护

第 27 条　岗位存在的职业危害为煤尘和噪声。

第 28 条　岗位存在的危险因素为物体打击、机械伤害、触电伤害、高空坠落及其他伤害。

第 29 条　生产过程中，相关安全防护设施必须正常运行和使用。上岗人员必须穿好工作服、戴好安全帽及防尘口罩、防噪耳塞，生产过程中不得弃用防护用品。

第 30 条　一旦发生人身安全职业危害事故，立即送往医院治疗。

振动筛司机

一、一般规定

第 1 条　应经安全培训和本工种专业技术培训，通过考试取得操作证后，持证上岗。

第 2 条　熟悉本岗位设备的检查、维护和一般故障的排除方法。

第 3 条　熟悉振动筛的工作原理、结构性能、技术特征、零部件的名称和作用、设备的性能，不同用途振动筛的构造性能、维护保养知识及有关电气基本知识。

第 4 条　熟悉岗位设备开停车顺序、操作方法以及检查、分析、防止和排除故障的方法。

第 5 条　严格执行《选煤厂安全规程》、岗位责任制、交接班制度和其他有关规定。

第 6 条　上岗时，按规定穿戴好劳动保护用品。

二、操作准备

第 7 条　对设备进行以下检查：

1. 筛子不得带负荷启车。筛面应平整，无破损、松动现象，接缝应严密，筛板（包括弧形筛板）无破损，筛孔或筛缝不应有过大、过小和过度磨损现象。

2. 喷水管路、阀门完好，开启灵活，压力表正常，水压、水量符合要求，喷嘴喷水孔无堵塞。

3. 各支撑弹簧应无损坏、断裂等失效现象。

4. 钢丝绳应吊挂牢固，长短一致，筛箱倾角应符合要求，各三角带完好，无断裂。

5. 轴承、各旋转部件的润滑良好，激振器油位要适当，不渗油、不漏油。

6. 入料箱、排料溜槽应通畅，无损坏变形。

7. 防护装置、安全栏杆、平台应齐全可靠，无缺失或开焊、不牢固现象。

8. 启动、照明等信号装置应灵敏可靠。

9. 根据调度安排使用就地、集控、检修状态，检查操作按钮所在位置，按要求将开关打到就地、集控、检修位置。

第 8 条 开车前对岗位安全环境进行确认：

1. 确认安全设施的完好性。

2. 确认安全通道畅通。

3. 确认现场新增加的设施不危及本岗安全。

4. 确认消防设施符合要求。

三、正常操作

第 9 条 开车。

1. 集控开车。一般采用集控开车，接到调度集控通知或集控开车信号后，检查确认控制箱操作状态，检查确认设备设施周边无影响安全运转的状况，在远离设备设施保证自身安全的位置，巡查岗位设备的集控开启及运转情况。

2. 手动开车。如需手动开车在确认设备设施周边无影响安全运转的状况后，检查确认控制箱操作状态，待下一道工序设备运行后，方可发信号开车。开车后，应在振动筛运行无异常现象时再给料。

第 10 条 运转中要巡回检查电动机及激振器温度、声音是否正常。

第 11 条 筛子运行是否平稳，脱介弧形筛、脱介固定筛透水性是否正常，走料是否正常，发现问题及时汇报处理。

第 12 条 运行中注意振动筛的振幅和转速，观察筛箱、支撑弹簧、激振器、轴承的工作状况，发现异常后及时汇报处理，必要时停车检查处理。

第 13 条 运行中注意筛面的工作状况，有无松动、破损严重、漏煤等现象，发现问题立即停车处理。

第 14 条 运行中观察来料大小和粒度变化并相应调节喷水量，喷头喷水应成密实水帘状，对射流发散严重和堵塞喷头详细记录并汇报。

第 15 条 注意观察振动筛上的物料分布情况，给料不宜过大过小，要均匀，运行中要密切注意给料变化，及时调整给料量。

第 16 条 观察弧形筛过水情况，筛面不存料或过水严重时应及时翻转或更换；观察振动筛筛面冲水情况，当筛上过水时，相应减小冲水量和调整给料量。

第 17 条 脱水、脱介、脱泥振动筛、弧型筛，应定期检查筛下水浓度和粒度组成，定期用塞尺检查筛缝，及时判断筛条磨损状况。

第 18 条 注意检查前、后溜槽的下料情况，严防堵溜槽事故。

第 19 条 注意检查筛上物料或者下料溜槽箅子上是否有杂物，及时清理。

四、特殊操作

第 20 条　在运行中，振动筛自动停车或开不动时，应查明原因，排除故障后再启动。

第 21 条　发现筛板松动、轨座损坏时要及时停车处理。

第 22 条　运行中发生筛板脱落、筛下溜槽进料事故时，应立即停车汇报处理，安排人员清理，尽快恢复生产。

第 23 条　运行中发生激振器冒烟、激振器防护罩脱落等事故时，应立即停车汇报处理。

五、收尾工作

第 24 条　接到停车信号时，系统按集控顺序逐步停车。

第 25 条　停车后，应进行整机巡视，发现问题，应及时汇报处理。

第 26 条　停车后，筛面无负荷，应对筛板进行冲洗并清理堵塞筛孔、筛前溜槽箅子上杂物，对堵塞喷嘴进行疏通。

第 27 条　根据对筛板、支撑弹簧、三角带等的检查结果，随时进行调整、汇报更换。

第 28 条　利用停车时间对设备进行维护保养，并清理设备和环境卫生。

第 29 条　按规定填写岗位记录，做好交接班工作。

六、安全规定

第 30 条　设备运行期间严禁清理运转部位，严禁人员进入振动筛筛面上。

第 31 条　振动筛各运转部位必须设置安全防护网（罩）或栏杆，严禁无防护罩运转。

第 32 条　清理筛孔及处理筛子事故，必须将控制箱转换开关打到检修位置，执行停电挂牌制度，并设专人监护。

第 33 条　上下振动筛平台应注意台阶，防止跌倒摔伤。

第 34 条　检修或处理事故时，应站稳扶牢，注意防滑。

第 35 条　当振动筛运转不正常时，要及时查找原因，并向调度和班长汇报。

第 36 条　听到集控开停车预警信号后，司机立即远离设备的运转部位，在就地开关附近监视设备启动情况。

七、危险因素、职业危害与防护

第 37 条　岗位存在的职业危害为煤尘和噪声。

第 38 条　岗位存在的危险因素为物体打击、机械伤害、触电伤害、高空坠落及其他伤害。

第 39 条　生产过程中，相关安全防护设施必须正常运行和使用。上岗人员必须穿好工作服、戴好安全帽及防尘口罩、防噪耳塞，生产过程中不得弃用防护用品。

第 40 条　一旦发生人身安全职业危害事故，立即送往医院治疗。

除尘风机司机

一、一般规定

第 1 条　应经安全上岗资格培训，通过考试取得上岗证后，持证上岗。

第 2 条　熟悉本岗位设备的检查、维护和一般故障的排除方法。

第 3 条 熟悉除尘风机的工作原理、结构性能、技术特征、零部件的名称和作用、设备的性能、维护保养知识及有关电气基本知识。

第 4 条 熟悉岗位设备开停车顺序、操作方法以及检查、分析、防止和排除故障的方法。

第 5 条 严格执行《选煤厂安全规程》、岗位责任制、交接班制度和其他有关规定。

第 6 条 上岗时，按规定穿戴好劳动保护用品。

二、操作准备

第 7 条 对设备进行以下检查：

1. 检查逆止水封水位情况。

2. 启动油泵检查压力是否正常，检查油箱，测试各润滑点是否回油。待高位油箱溢流管回油后方可启动风机。

3. 风机高位油箱旁路阀是否在关的位置。

4. 冷却水的压力是否正常。

5. 机组各部位螺丝有无松动缺件。

6. 安全设施是否齐全可靠。

7. 查看交接班运转记录。

第 8 条 开车前对岗位安全环境进行确认：

1. 确认安全设施的完好性。

2. 确认安全通道畅通。

3. 确认现场新增加的设施不危及本岗安全。

4. 确认消防设施符合要求。

三、正常操作

第 9 条 开车。

1. 手动开车。接到就地开车信号，检查确认控制箱操作状态，待下一道工序设备运行后，方可发信号开车。

2. 集控开车。接到调度集控通知或集控开车信号后，检查确认控制箱操作状态，检查确认设备设施周边无影响安全运转的状况，在远离设备设施保证自身安全的位置，巡查岗位设备的集控开启及运转情况。

第 10 条 除尘设备应在工艺设备启动之前启动，湿式除尘器启动时，按照集控就地程序设计要求，要先开清水，再开风机。机组有异常响声应立即查找原因，并处理。

第 11 条 检查设备密封罩是否严密，各连接处是否存在漏风现象，检查喷水压力、调节水量、进口气流速度是否到达要求，检查各部位螺丝，严禁松动，如有松动必须紧固。

第 12 条 风机运行中每 30 min 检查一次，注意电流、油温、油压、轴瓦温度、有无震动，发现问题及时处理。

四、特殊操作

第 13 条 风机工作时，发现异常现象(如排料堵塞、压力流量异常、电流异常、异常噪声、温升过高等)应立即停机，查明故障原因。待故障排除后方可重新开机。在机器运转时，禁止进行清理和维修工作。

五、收尾工作

第 14 条 定期检查风机各部位的间隙尺寸，防止转动部分与固定部分有摩擦及碰撞现象的发生。

第 15 条　经常检查各紧固件是否紧固，发现松动应及时紧固。

第 16 条　经常清理除尘风机中的灰尘及异物。

第 17 条　定期检查与风机相连的管路，定期清理管道内的污垢，杂质，防止风机锈蚀

第 18 条　认真写好当班工作记录，做好交接班。

六、安全规定

第 19 条　设备运行期间严禁清理运转部位。

第 20 条　周围环境中不应存在易燃、易爆、有毒和有腐蚀性的气体。如发现上述气体，应立即停机并向上级汇报。

第 21 条　听到集控开停车预警信号后，司机立即远离设备的运转部位，在就地开关附近监视设备启动情况。

七、危险因素、职业危害与防护

第 22 条　岗位存在的职业危害为煤尘和噪声。

第 23 条　岗位存在的危险因素为物体打击、机械伤害、触电伤害、高空坠落及其他伤害。

第 24 条　生产过程中，相关安全防护设施必须正常运行和使用。上岗人员必须穿好工作服、戴好安全帽及防尘口罩、防噪耳塞，生产过程中不得弃用防护用品。

第 25 条　一旦发生人身安全职业危害事故，立即送往医院治疗。

除铁器司机

一、一般规定

第 1 条　应经安全上岗资格培训，通过考试取得上岗证后，持证上岗。

第 2 条　熟悉本岗位设备的检查、维护和一般故障的排除方法。

第 3 条　熟悉除铁器的工作原理、结构性能、技术特征、零部件的名称和作用、设备的性能、维护保养知识及有关电气基本知识。

第 4 条　熟悉岗位设备开停车顺序、操作方法以及检查、分析、防止和排除故障的方法。

第 5 条　严格执行《选煤厂安全规程》、岗位责任制、交接班制度和其他有关规定。

第 6 条　上岗时，按规定穿戴好劳动保护用品。

二、操作准备

第 7 条　对设备进行以下检查：

1. 检查除铁器各吊环、螺旋扣，必须处于完好状态，不得有裂纹及钩环拉开(断)现象。

2. 检查电控设备是否完整、齐全、可靠。

3. 带式输送机在运行前必须给除铁器送电并个处于工作状态，并与相关带式输送机连锁。

第 8 条　开车前对岗位安全环境进行确认：

1. 确认安全设施的完好性。

2. 确认安全通道畅通。

3. 确认现场新增加的设施不危及本岗安全。

4. 确认消防设施符合要求。

三、正常操作

第 9 条 开车。

1. 手动开车。接到就地开车信号，检查确认控制箱操作状态，待下一道工序设备运行后，方可发信号开车。开车后，应在除铁器运行几周、无异常现象时再进行下一道工序。

2. 集控开车。接到调度集控通知或集控开车信号后，检查确认控制箱操作状态，检查确认设备设施周边无影响安全运转的状况，在远离设备设施保证自身安全的位置巡查岗位设备的集控开启及运转情况。

第 10 条 带式输送机在运行中严禁使电磁除铁器停电或永磁除铁器停车，严禁铁器进入下道工序。

第 11 条 除铁器处于工作状态时，岗位工要时刻注意电控指示是否正常，除铁性能是否良好，发现问题应停下带式输送机及除铁器进行处理。

第 12 条 带式输送机上除铁器铁较多，确需进行除铁或每天停产检修时必须进行除铁。

四、特殊操作

第 13 条 经常检查除铁器温度是否超标(75 ℃)，是否有异味；注意除铁器上所吸铁器的多少和有无大料，如果物料太多应联系有关岗位停车，将除铁器开离工作位置卸铁，卸完铁器后开回工作位置投入工作状态；经常检查除铁器是否处于良好的工作状态，试验其吸铁效果。

五、收尾工作

第 14 条 正常停车，除铁器卸完料后，应将除铁器处于停电状态。

第 15 条 就地将除铁器开离工作位置，并卸料停车。

第 16 条 清理除铁器上的杂物，存放在专用杂物箱内，分类别统计数量，并填入岗位记录簿。

六、安全规定

第 17 条 带式自卸式除铁器运行过程中，严禁在卸铁前方位置停留，并严禁将身体任何部位进入卸铁溜槽下方。

第 18 条 带式输送机和除铁器在运行及工作状态时，严禁卸铁操作。

第 19 条 绝对不准用水冲洗该设备。

第 20 条 严禁站在除铁器的正下方清理铁器等杂物。

七、危险因素、职业危害与防护

第 21 条 岗位存在的职业危害为煤尘和噪声。

第 22 条 岗位存在的危险因素为物体打击、机械伤害、触电伤害、高空坠落及其他伤害。

第 23 条 生产过程中，相关安全防护设施必须正常运行和使用。上岗人员必须穿好工作服、戴好安全帽及防尘口罩、防噪耳塞，生产过程中不得弃用防护用品。

第 24 条 一旦发生人身安全职业危害事故，立即送往医院治疗。

矸石推车工

一、一般规定

第 1 条　应经安全培训和本工种专业技术培训，考试合格后，方可上岗。

第 2 条　熟悉工作场所的环境状况，掌握与上一道工序的信号联系，并能及时与集控员联系，以便矸石车皮准确到位并及时运走已装满矸石的矸石车。

第 3 条　严格执行《选煤厂安全规程》、岗位责任制、交接班制度及其他有关规定。

第 4 条　上岗时，按规定穿好工作服，戴好安全帽，严禁班前、班中喝酒。

二、操作准备

第 5 条　每班操作前必须检查本岗设备是否正常。

第 6 条　检查轨道、护轨的磨损，有无障碍物，推车、挡车装置是否可靠。

第 7 条　钢丝绳的断丝、磨损等不超限。

第 8 条　检查矸石车道内、外两侧有无杂物，如矸石、木器等，要及时清理，保持车道畅通。

第 9 条　检查矸石车皮是否在本生产系统的车道上，根据需要进车时，要有专人与电车司机联系，其他人员要避开车道，以防车皮掉道伤人。

第 10 条　检查矸石车皮是否完好无损，车内有污水时，要及时运出以防矸石溅出污水。

三、正常操作

第 11 条　操作前对岗位安全环境进行确认：

1. 确认安全设施的完好性。

2. 确认安全通道畅通。

3. 确认现场新增加的设施不危及本岗安全。

确认检查无误，方可给料推车。

第 12 条　当推车工到达推车位置时，正确操作，按动按钮后，矿车不动或电动机及设备声音不正常时，不准强行启动，待查明原因处理后，方可再次启动。

第 13 条　注意观察矿车运行是否平稳，阻车器的阻车爪是否开启。

第 14 条　人力推车时，在矿车两侧推车，严禁站在轨道内推车或前方拉车。推车时必须时刻注意前、后方情况，发现车皮运行前方有障碍物或有人时，必须及时发出警告，或将车皮停稳后进行处理，确认安全后，方可继续操作。

第 15 条　根据生产需要，将矸石车放在矸石下料口处，矸石装到车皮 3/4 时，及时推出，以防矸石过多溅落伤人、埋道或卡住车皮。

第 16 条　清理道上杂物，要站在轨道两侧进行；系统不运行时，矸石漏斗下方必须存放空车皮。严禁矸石漏斗口下方站人、行人。

第 17 条　发现两轨道不在同一直线上或矿车掉道要及时停车。

第 18 条　矿车进入规定的位置要及时停车。

第 19 条　发现有异常声音或异常现象必须及时停车。

四、特殊操作

第 20 条　要及时观察矸石下料情况，如下料不及时，要查出原因，如果是被大块矸石或其他异物卡住漏斗，及时汇报处理。

五、收尾工作

第 21 条 当工作结束后，要及时清点本班矸石车数，并上报车间。

第 22 条 严格执行交接班制度。

六、安全规定

第 23 条 矸石下料口两侧要加设安全防护装置。

第 24 条 在生产过程中，严禁手、脚及身体任何部位进入漏斗下料范围内。

七、危险因素、职业危害与防护

第 25 条 本岗存在的职业危害为煤尘和噪声。

第 26 条 本岗存在的危险因素为物体打击、机械伤害、高空坠落及其他伤害。

第 27 条 生产过程中，相关防护设施必须正常运行和使用。上岗人员必须穿好工作服、戴好安全帽。根据岗位职业卫生要求佩戴适宜的防尘口罩、防噪耳塞。

第 28 条 一旦发生人身职业危害事故，立即送往医院治疗。

动筛跳汰机司机

一、一般规定

第 1 条 应经安全培训和本工种专业技术培训，通过考试合格后，方可上岗。

第 2 条 掌握动筛排矸的基本理论、本系统的工艺流程及操作系统的参数调节，入料原煤的粒度组成、矸石含量、产品指标要求等。

第 3 条 熟悉岗位设备的开、停车程序以及检查、分析和排除故障的方法。

第 4 条 熟悉本岗位设备的工作原理、构造、技术特征、零部件名称和作用、有关电气基本知识和设备维护保养方法。

第 5 条 严格执行《选煤厂安全规程》、岗位责任制、交接班制度及其他有关规定。

第 6 条 上岗时，按规定穿戴好劳动保护用品。

二、操作准备

第 7 条 对动筛跳汰机做如下重点检查：

1. 各注油点(液压站、变速箱等)油位是否适当。

2. 各传动机构连接处是否牢固，转动是否灵活。

3. 排料装置是否正常，有无卡堵现象，动筛筛板筛缝是否完好无损，机体内洗水水位是否合适。

4. 自控装置各部位是否灵活，控制显示是否无误。

5. 上下溜槽是否畅通，溜槽翻板装置是否灵活好用。

三、正常操作

第 8 条 开车前对岗位安全环境进行确认：

1. 确认安全设施的完好性。

2. 确认安全通道畅通。

3. 确认现场新增加的设施不危及本岗安全。

确认检查无误，接到开车信号，待下一道工序设备运行后，方可发信号开车。

第 9 条　动筛跳汰机启动程序为先启动提升轮，再启动动筛，然后启动排矸系统和调速装置。

第 10 条　根据动筛入料量及含矸大小调整动筛排矸轮速度。

第 11 条　运行中检查水位是否正常，检查各部件是否有松动现象，排矸机构是否正常。

第 12 条　运行中注意电动机温升不得超过 65 ℃。

第 13 条　根据入料煤质及排矸浮沉或直观检查的情况，调节排矸量和动筛振幅等。

第 14 条　随时观察矸石带煤、精煤带矸情况，并及时调整操作，持续出现跑煤、带矸，应及时检查分析、汇报，必要时停车检查处理。

第 15 条　随时观察煤泥水情况，煤泥水浓度应控制在 80 g/L 以下，超过 100 g/L 应及时补充清水或换水。

四、特殊操作

第 16 条　生产中发现连杆结合点过热、冒烟、筛板松动、筛面严重破损、前后溜槽堵塞、各输油管、水管断裂或出现异常声音，应及时汇报集控室安排停车处理。

第 17 条　发现排矸轮卡矸或掉链，应停车放水处理。

五、收尾工作

第 18 条　接到停车信号后，应先停止给煤，再停止动筛，待物料排空后再停止主提升轮。

第 19 条　停车后要检查设备各部件是否正常，各油杯、油位是否正常，上下连接溜槽是否畅通，发现问题要及时处理。

第 20 条　为防止煤泥沉积造成提升轮或斗提机被压住，需做以下两点工作：

1. 停车检查煤泥水浓度，如浓度过大应放空，再进行补加清水。

2. 停车 40 min 后，再启动斗提机一次，把料带空。

第 21 条　按规定填写好岗位记录，做好交接班工作。

六、安全规定

第 22 条　在正常开车时，要注意排料情况，发现无排料等异常现象要及时处理。处理事故时要停机，并断电、挂牌、闭锁。

第 23 条　检修、清理跳汰机须进入机箱时，要按停送电制度办理停送电手续，并要有人监护。

第 24 条　在运转中不得清理任何运转部位的卫生。

七、危险因素、职业危害与防护

第 25 条　本岗存在的职业危害为噪声。

第 26 条　生产过程中，相关防护设施必须正常运行和使用。上岗人员必须穿好工作服、戴好安全帽。根据岗位职业卫生要求佩戴适宜的防尘口罩或防噪耳塞。

第 27 条　一旦发生人身职业危害事故，立即送往医院治疗。

单段跳汰机司机

一、一般规定

第 1 条 应经安全培训和本工种专业技术培训，通过考试取得操作证后，持证上岗。

第 2 条 掌握跳汰选煤的基本理论，筛分工艺流程，入洗煤种的数质量、粒度组成、浮沉组成和可选性等。熟悉煤炭产品结构、指标要求。

第 3 条 熟悉跳汰系统的风、水管线布置，能正确操作使用。了解本岗位自动控制、各种仪表的使用，维护、保养方法。开机前必须进行安全确认并按标准流程操作。

第 4 条 熟练掌握跳汰机操作技术，能根据煤质情况、产品指标要求，灵活地调整各个工艺、操作因素，全面完成各项生产指标。

第 5 条 熟悉岗位设备开、停车程序以及检查、分析、防止和排除故障方法。

第 6 条 严格执行《选煤厂安全规程》、岗位责任制、交接班制度和其他有关规定。

第 7 条 上岗时，按规定穿戴好劳动保护用品。

二、操作准备

第 8 条 与生产调度联系，了解入选煤种的数质量情况，指导操作。

第 9 条 对设备进行以下检查：

1. 各风阀的调整手把应灵活可靠好用，保持良好润滑，调节自如。
2. 排料装置应正常，无卡住现象。
3. 各斗提机正常，无损坏斗子、跑道等现象。
4. 各处溜槽、管道应畅通，各顶水阀门应灵活好用。
5. 自控装置应灵活，各仪表应灵活可靠。

第 10 条 按正常生产的风、水用量把所有的分风、水阀门校对一次。

第 11 条 开车前对岗位安全环境进行确认：

1. 确认安全设施的完好性。
2. 确认安全通道畅通。
3. 确认现场新增加的设施不危及本岗安全。
4. 确认消防设施符合要求。

三、正常操作

第 12 条 接到开车信号后，确认检查无误即可回答开车，就地启动时，按逆煤流方向进行，首先开启斗提机，待下一道工序及鼓风机、循环水泵等辅助设备开车后，再开启风阀及总水门，给煤机开始给煤，然后开动跳汰机。集控开车时，检查确认设备设施周边无影响安全运转的状况，在远离设备设施保证自身安全的位置，仔细观察各设备是否按照开启顺序开车，发现异常及时向调度反应，及时处理。

第 13 条 根据煤种、煤质情况给料。开车时，根据正常生产经验，以调整到适宜的给煤量。

第 14 条 床层形成后，根据床层厚度、松散度运动情况，调整风量、水量，使给煤量、风量、水量得到最佳配合。

第 15 条 水的运用包括冲水和顶水。顶水与风的共同作用，决定着水流的运动特性和跳汰周期;冲水作为运输动力,其大小应以冲动原煤、不堵溜槽及煤进入跳汰机内不起干煤团为原则,以小为宜。

第 16 条　产品快速检查结果出来后,应对给煤量、风量、水量以及排料情况进行一次全面的检查、分析,作出判断后进行一次细致的操作微调整。

第 17 条　自动排放装置要根据煤质变化和指标情况,调整床层排放重产物来定位,并注意观察其变化。

第 18 条　准确掌握煤种变换和煤质变化情况,并及时进行操作调整,减少产品的质量波动。

第 19 条　运转中随时检查筛板是否振动、破裂,筛孔是否堵塞。跳汰机内的透筛物是否起拱,排料装置是否正常,有无堵、卡、失灵等现象,发现问题应及时停机处理。

第 20 条　检查轴承、电动机、减速器温度是否正常,风阀和各传动链条等运转是否正常,各溜槽和斗提升机的运转及提升情况是否正常,发现问题及时处理。

第 21 条　密切注意循环水的浓度变化,浓度过大影响分选效果,应及时和班长和值班领导及调度反应浓度变化情况。

四、特殊操作

第 22 条　生产中发现筛板严重变形、漏煤、筛板大面积松动以及和床层一起跳动应立即停车处理。

第 23 条　发现床层压死情况,及时发信号停止给料,对床层手动排至松散最佳状态。如果床层手动排不下去,应及时停机停水,放水清理床层重物料,如铁器、硫铁矿等重物。

第 24 条　跳汰机筛孔堵塞,水从风阀排气口溢出,说明透筛物排不出,应立即停车处理。检查筛下排料系统是否正常。

五、收尾工作

第 25 条　收到停车信号后,先停止给煤,待循环水和鼓风停给后关闭总风门、总水门,停止排矸和风阀,最后停止斗提机。集控停机时,应认真观察停车顺序,发现异常,及时汇报处理。

第 26 条　停机后,检查所属设备各部件是否正常,有无漏风、漏水现象,各处溜槽有无损坏、是否畅通,发现问题及时处理。

第 27 条　定期检查跳汰机筛板、筛孔堵塞情况,筛板松动要紧固,筛板破损要更换,并要拣出筛板上的铁器、大块矸石和杂物,并坚持遵守定期清理床层的制度。

第 28 条　利用停车时间对设备进行维护保养,并清理设备和环境卫生。

第 29 条　按规定填写岗位记录,做好交接班工作。

六、安全规定

第 30 条　设备运行期间严禁清理运转部位卫生。

第 31 条　严禁在跳汰机开启状态下用手伸进跳汰床层或进入跳汰机捞取异物。

第 32 条　检查机壳内斗提机链板尾轮、排料装置时,必须执行停电挂牌制度。

第 33 条　检查跳汰机筛下机壳、斗提机溜槽等时,严禁单人进入,必须有专人监护。

第 34 条　当跳汰机运转不正常,要及时查找原因并汇报,和相关人员共同查找原因,避免单人在危险因素大的地方巡查。

第 35 条 进行 2 m 以上的高空作业时，必须系安全带。

七、危险因素、职业危害与防护

第 36 条 岗位存在的职业危害为煤尘和噪声。

第 37 条 岗位存在的危险因素为物体打击、机械伤害、触电伤害、高空坠落及其他伤害。

第 38 条 生产过程中，相关安全防护设施必须正常运行和使用。上岗人员必须穿好工作服、戴好安全帽及防尘口罩、防噪耳塞，生产过程中不得弃用防护用品。

第 39 条 一旦发生人身安全职业危害事故，立即送往医院治疗。

浅槽分选机司机

一、一般规定

第 1 条 应经安全培训和本工种专业技术培训，通过考试取得操作证后，持证上岗。

第 2 条 掌握浅漕分选机的基本理论，工艺流程，入洗煤种的数质量、粒度组成、浮沉组成和可选性等。

第 3 条 熟悉煤炭产品结构、指标要求。

第 4 条 熟悉浅槽分选机的工作原理、结构性能、技术特征、零部件的名称和作用、设备的性能、维护保养知识及有关电气基本知识。

第 5 条 熟悉岗位设备开停车顺序、操作方法以及检查、分析、防止和排除故障的方法。

第 6 条 严格执行《选煤厂安全规程》、岗位责任制、交接班制度和其他有关规定。

第 7 条 上岗时，按规定穿戴好劳动保护用品。

二、操作准备

第 8 条 对设备进行以下检查：

1. 检查刮板是否松动、弯曲，严禁在刮板严重弯曲的情况下启动运转。

2. 检查刮板连接板固定螺栓、刮板链轴销是否松动、断裂、脱落。导轨耐磨衬板固定螺栓是否脱落或松动。刮板链的松紧程度是否合适。

3. 检查减速机油位和头轮、托轮、尾轮的轴承润滑情况是否正常。

4. 检查三角带的松紧程度是否合适，有无磨损、跳槽、断裂。

5. 检查其他各部紧固螺栓是否松动。

6. 检查刮板是否缠绕杂物，底部上升流孔板是否堵塞。

7. 如果日常检修后，必须就地点动检查刮板的运转方向是否正确。

8. 安全设施应正常，无缺失或开焊、不牢固现象。

9. 根据调度安排使用就地、集控、检修状态，检查操作按钮所在位置，按要求将开关打到就地、集控、检修位置。

第 9 条 开车前对岗位安全环境进行确认：

1. 确认安全设施的完好性。

2. 确认安全通道畅通。

3. 确认现场新增加的设施不危及本岗安全。

4. 确认消防设施符合要求。

三、正常操作

第 10 条　开车。

1. 手动开车。接到就地开车信号，检查确认控制箱操作状态，待下一道工序设备运行后，方可发信号开车。设备运行必须按启动→给水(介质)→给煤的顺序进行。

2. 集控开车。接到调度集控通知或集控开车信号后，检查确认控制箱操作状态，检查确认设备设施周边无影响安全运转的状况，在远离设备设施保证自身安全的位置，巡查岗位设备的集控开启及运转情况。

第 11 条　严禁在槽内存有物料时强行启动运行。

第 12 条　注意观察来煤情况和浮煤的运行情况，及时调节上升流和水平流的大小和给料量。

第 13 条　注意观察矸石排料带煤情况和精煤排料带矸情况，及时调整分选介质密度。

四、特殊操作

第 14 条　密切注意刮板、刮板链及连接销轴的使用情况，发现弯曲、断裂或卡阻时要及时停车检修。

第 15 条　槽体衬板孔或上升流介质槽管道堵塞会造成无上升流介质液，需停车清理槽体衬板和管道。

第 16 条　发现大块物料阻塞排料口时，应立即停车处理。

第 17 条　在运行中，浅槽分选机自动停车或开不动时，应查明原因，排除故障后再启动。

五、收尾工作

第 18 条　接到停车信号时，必须先停止给料，然后将槽内剩余的物料排净后方可停车，停车必须按下列程序进行，即：停止给料→继续运转排净余料→排除介质→停车。

第 19 条　停车后，应进行整机巡视，重点检查刮板、刮板链的连接螺栓，发现问题，应及时汇报处理。

第 20 条　清理槽体内的遗留杂物。

第 21 条　利用停车时间对设备进行维护保养，并清理设备和环境卫生。

第 22 条　按规定填写岗位记录，做好交接班工作。

六、安全规定

第 23 条　设备运行期间严禁清理运转部位。

第 24 条　应在本岗位设置检修平台、安全过桥和防护装置。

第 25 条　在排除障碍物时，严禁将工具和人体伸入运转的浅槽箱体内。

第 26 条　进入槽体检修或清理卫生时必须执行停电挂牌制度。

第 27 条　当浅槽分选机运转不正常时，要及时查找原因，并向调度和班长汇报。

第 28 条　进行 2 m 以上的高空作业时，必须系安全带。

第 29 条　听到集控开车预警信号后，司机要立即远离设备的运转部位，在就地开关附近监视设备启动情况。

七、危险因素、职业危害与防护

第 30 条 岗位存在的职业危害为噪声和粉尘。

第 31 条 岗位存在的危险因素为物体打击、机械伤害、触电伤害、高空坠落及其他伤害。

第 32 条 生产过程中,相关安全防护设施必须正常运行和使用。上岗人员必须穿好工作服、戴好安全帽及防尘口罩、防噪耳塞,生产过程中不得弃用防护用品。

第 33 条 一旦发生人身安全职业危害事故,立即送往医院治疗。

跳汰机司机

一、一般规定

第 1 条 应经安全培训和本工种专业技术培训,通过考试取得操作证后,持证上岗。

第 2 条 必须掌握跳汰选煤的基本理论,本厂的选煤工艺流程、入洗煤的数质量指标、粒度组成、浮沉组成、可选性等。

第 3 条 熟悉所属机械、电气设备的工作原理、构造、零部件的名称和作用、技术特征、设备简单的维护保养及有关的电气基本知识。

第 4 条 熟悉本厂跳汰系统的风、水管线布置,能正常操作使用。

第 5 条 熟练掌握跳汰机操作技术,能根据煤质情况、产品指标要求以及主要材料消耗指标,灵活调整各项工艺参数,完成各项生产指标。

第 6 条 熟悉岗位设备开、停车程序以及简单的检查、分析、排除故障的方法。

第 7 条 严格执行《选煤厂安全规程》、技术操作规程、岗位责任制、交接班制度和其他有关规定。

第 8 条 上岗时,按规定穿戴好劳动保护用品。

二、操作准备

第 9 条 对岗位设备设施进行以下检查:

1. 开车前联系生产调度,了解仓存情况及所需入洗原料煤的煤质情况及上一班洗选指标完成情况。

2. 掌握浓缩设备、定压水箱、循环水池的水量以及循环水浓度,确保洗煤用水。

3. 三联体、电磁阀工作正常,风阀、水阀灵活好用,并检查风压(工作风压、控制风压)是否正常。

4. 检查给煤机、排料装置及对应的斗提机是否正常,无卡住现象,检查溢流堰、下料溜槽、下道工艺设备是否完好。

5. 检查各液压、变频排料系统、床层传感监测系统工作是否正常,仪器、仪表是否灵活可靠。检查筛板是否磨损、堵塞、损坏、漏煤、大面积松动。

6. 安全设施应正常,无缺失或开焊、不牢固现象。

第 10 条 开车前对岗位安全环境进行确认:

1. 确认安全设施的完好性。

2. 确认安全通道畅通。

3. 确认现场新增加的设施不危及本岗安全。

4. 确认消防设施符合要求。

三、正常操作

第 11 条　接到开车信号后，确认无误即可答应开车。待鼓风机、循环水泵、斗子提升机、精煤筛、煤泥筛等设备开启后，即可打开风阀、水阀和给煤机开车洗煤。

第 12 条　待各段床层形成后，根据床层的厚度、松散度、运动情况，合理调整给煤量、风量、水量，使床层达到最佳分选效果。给煤量大小要根据原料煤上浮物含量情况进行调节，一般控制在规定范围。

第 13 条　注意风、水的运用，其大小应以跳汰机内不起干煤为宜。水的总用量控制在 3 m^3/t 以内，风的总用量控制在 7.0 $m^3/(m^2 \cdot min)$为宜。

第 14 条　根据最先报出的产品快速检查结果，对给煤量、风量、水量等做一次全面的分析调整。

第 15 条　生产过程中密切注意床层的运动情况，及时调整各段浮标配重块的数量，合理调整自动排料装置，如发现异常，分析原因，及时调整。

第 16 条　保持给料均匀稳定，充分润湿，准确掌握煤质变化，密切注意各段产品的质量，减少产品质量波动，达到作业计划要求的产品质量。

四、特殊操作

第 17 条　在生产过程中发现筛板严重损坏、漏煤、筛板大面积松动并与床层一起跳动的现象时应立即停车处理。洗水浓度过大应停车采取措施使浓度降到正常后再开车。

第 18 条　当斗提机或精煤筛出现急停现象时，要立即停止给料，处理后方可投料。

五、收尾工作

第 19 条　接到停车信号后，先停止给煤，再停循环水泵、鼓风机，停止后关闭风、水阀门。

第 20 条　停车后，应进行整机巡视，发现问题，应及时汇报处理。

第 21 条　定期检查跳汰机筛板，筛孔是否堵塞，筛板是否松动、破损，发现问题汇报处理。拣出筛板上的铁器、大块矸石和杂物。

第 22 条　交接班前应将工作区域卫生清理干净，各类物品码放整齐。

第 23 条　应在现场进行交接班，向接班人员详细交代清本班跳汰机的运转状况、出现的故障及存在的问题，履行完交接班手续后，方可交接。

六、安全规定

第 24 条　设备运行期间严禁清理运转部位。

第 25 条　严禁在跳汰机开启状态下用手伸进跳汰床层或进入跳汰机捞取异物。

第 26 条　检查机壳内斗提机链板尾轮、排料装置时，必须执行停电挂牌制度。

第 27 条　检查跳汰机筛下机壳、斗提机溜槽等时，严禁单人进入，必须系好安全带，并设专人监护。

第 28 条　当跳汰机运转不正常，要及时查找原因并向调度汇报，与相关人员共同查找原因，避免单人在危险因素多的地方巡查。

第 29 条 在跳汰机运转中,工作人员不得用手在风阀排气口试探风量或者直接用手润滑缸体。

第 30 条 采用气动风阀的跳汰机,其高压风压不得高于 0.6 MPa,风阀系统不得在油雾器缺油情况下运行。

第 31 条 清理跳汰机体时,必须先将床层筛板清理干净。

第 32 条 听到集控开停车预警信号后,司机立即远离设备的运转部位,在就地开关附近监视设备启动情况。

七、危险因素、职业危害与防护

第 33 条 岗位存在的职业危害为煤尘和噪声。

第 34 条 生产过程中,相关安全防护设施必须正常运行和使用。上岗人员必须穿好工作服、戴好安全帽及防尘口罩、防噪耳塞,生产过程中不得弃用防护用品。

第 35 条 岗位存在的危险因素为滑跌、机械伤害、触电伤害、高空坠落及其他伤害。

第 36 条 一旦发生人身安全职业危害事故,立即送往医院治疗。

重介旋流器司机

一、一般规定

第 1 条 应经安全培训和本工种专业技术培训,通过考试取得操作证后,持证上岗。

第 2 条 必须掌握重介选煤的基本理论,本厂的选煤工艺流程、入洗煤的数质量指标、粒度组成、浮沉组成、可选性等。

第 3 条 熟悉旋流器的工作原理、结构性能、技术特征、零部件的名称和作用、设备的性能、维护保养知识。

第 4 条 熟悉岗位设备开停车顺序、操作方法以及检查、分析、防止和排除故障的方法。

第 5 条 严格执行《选煤厂安全规程》、岗位责任制、交接班制度和其他有关规定。

第 6 条 上岗时,按规定穿戴好劳动保护用品。

二、操作准备

第 7 条 对设备进行以下检查:

1. 旋流器入料口、润湿管及各集料箱、布料箱是否堵塞。
2. 各螺栓是否紧固,各管路、阀门及法兰无跑冒滴漏现象。
3. 旋流器筒体是否因内在磨损而突起,是否漏料。
4. 旋流器支撑钢架是否晃动、开焊、变形。
5. 防护装置、安全栏杆、平台应齐全可靠,无缺失或开焊、不牢固现象。
6. 启动、照明等信号装置应灵敏可靠。

第 8 条 开车前对岗位安全环境进行确认:

1. 确认安全设施的完好性。
2. 确认安全通道畅通。
3. 确认现场新增加的设施不危及本岗安全。

4. 确认消防设施符合要求。

三、正常操作

第 9 条　检查重介旋流器入料压力及通畅情况，确认工作压力在给定旋流器正常工作压力范围内。

第 10 条　巡回检查，润湿水管有无堵塞，是否有跑冒滴漏现象，及时汇报处理。

第 11 条　注意观察旋流器的下料情况，严防因大块物料及其他杂物堵精、中、矸集料箱或旋流器二段的事故发生。

第 12 条　如发现集料箱堵塞或旋流器下级设备遇有事故或隐患，应立即汇报调度室停料或减料。

第 13 条　注意观察振动筛入料箱和筛面物料情况，如发现入料箱无料或筛面物料异常，应及时疏通相应集料箱或增减物料。

四、特殊操作

第 14 条　当旋流器二段堵塞发生时，应确认合介泵和上级来料都停止后，再打开二段入料事故检查口，取出造成堵塞的物料后，关闭检查口后，再联系系统进行开车。

第 15 条　各集料箱堵塞，润湿管堵塞或润湿管泄露必须立即通知调度停料、停合介泵后进行处理。

第 16 条　旋流器筒体破损漏料应及时反映汇报，通知调度停料、停合介泵后，采取相应处置措施。

五、收尾工作

第 17 条　停车后，应进行整机巡视，发现问题，应及时汇报处理。

第 18 条　利用停车时间对设备进行维护保养，并清理设备和环境卫生。

第 19 条　按规定填写岗位记录，做好交接班工作。

六、安全规定

第 20 条　严格控制入料粒度，禁止金属物件和杂物进入旋流器。设备运行期间，禁止爬到设备上处理事故。

第 21 条　处理事故，必须将上级入料设备和合介泵控制箱转换开关打到检修位置，执行停电挂牌制度，并设专人监护。

第 22 条　上下平台应注意楼梯、台阶，防止跌倒摔伤。

第 23 条　检修或处理事故时，应站稳扶牢，注意防滑。

第 24 条　设备运行期间严禁打开事故盖板，必须等合介泵停止入料后再拆事故盖板螺栓，防止高压水流冲击出来造成人身伤害。

第 25 条　进行 2 m 以上的高空作业时，必须系安全带。

七、危险因素、职业危害与防护

第 26 条　岗位存在的危险因素为物体打击、机械震动伤害、高压射流伤害、触电伤害、高空坠落及其他伤害。

第 27 条　生产过程中，相关安全防护设施必须正常运行和使用。上岗人员必须穿好工作服、戴好安全帽及防尘口罩、防噪耳塞，生产过程中不得弃用防护用品。

第 28 条　一旦发生人身安全职业危害事故，立即送往医院治疗。

密 控 员

一、一般规定

第 1 条 应经安全培训和重介密控操作培训，通过考试取得操作证后，持证上岗。

第 2 条 必须掌握重介选煤的基本理论，熟悉本厂的选煤工艺流程和入选煤采面、煤种和数质量、粒度组成、浮沉组成、可选性以及原煤入选系统。

第 3 条 熟悉重介旋流器的工作原理、构造、技术特征，掌握密控参数的测量工作原理，了解本岗位控制系统的各种仪表，具备中等水平计算机知识，能熟练操作配套微机，掌握设备维护保养方法和有关的电气基本知识。

第 4 条 熟悉本厂的煤炭产品结构、指标要求、主要材料消耗，熟练掌握密控系统的操作技术，能够根据煤质情况、产品指标要求，灵活调整各种工艺、操作因素，准确分析技术指标的不良原因，采取措施迅速扭转局面，全面完成各项生产指标。

第 5 条 熟悉开车过程中密控系统的调整方法。每周定期测量密度并协助现场检查补水阀门和分流阀门开关情况，是否正确执行操作指令。

第 6 条 严格执行《选煤厂安全规程》、岗位责任制、交接班制度和其他有关规定。

二、操作准备

第 7 条 对设备以及密控系统进行以下检查：

1. 检查密控系统各参数，包括密度显示、磁性物含量计显示、压力显示是否归零、液位显示是否正常。

2. 检查各补水阀门、分流阀门是否正常。

3. 了解循环水池的水量以及喷淋水的浓度。

4. 了解入选原煤的数质量和上一班密度控制及选煤产品的指标情况。

5. 仔细检查系统具备启车条件后，按顺序打开电源，开 UPS、显示器及工控机。

6. 检查密控参数，补加水闸门、分流器是否灵活、准确。

第 8 条 开车前对岗位安全环境进行确认：

1. 确认密控系统操作界面能正常调整。

2. 确认现场密控数据显示正常。

3. 确认分流阀、补水阀能正常打开、关闭。

三、正常操作

第 9 条 手动开车。接到调度启车通知后，确认检查无误后，按逆煤流方向通知启车。询问调度确认系统全部启车后，联系调度开启喷淋水，向合介桶去启车点，使系统带介，根据上一班密度控制、选煤产品的指标和本班次原煤资料及产品质量指标情况，调整密度。如密度低，根据磁选机处理能力和效果，适当加大分流量；如密度高，根据液位和煤泥含量，进行补加水操作；如合格但介质桶液位低于规定液位，则需要补加介质。待悬浮液密度达到要求、稳定后，通知原煤入洗开车。

第 10 条 自动开车。开车前准备工作确认后，接到调度通知或听到开车电笛声音后，司机在密控室(保证自身安全的位置)检查设备周围无人工作，并巡查岗位设备的集控开启及运转情况，采用手动模式将密度调整到设定密度，然后将重介密控主控界面，转换到自动状态。重介系统正常运行后，检查合格介质桶液位，若处于低液位，需要安排加介。

第 11 条　根据煤质情况和洗选灰分要求，通过补水、分流来调整密度。产品快速检查结果出来后，应对介质密度进行一次细致的操作调整。

第 12 条　准确掌握煤种变换和煤质变化，及时进行操作调整，减少产品的质量波动。

第 13 条　密切注意悬浮液中的煤泥含量（即弧形筛的脱介效果），入选原煤煤泥含量大，必须同时进行分流、补水操作，平衡系统中的煤泥量。

第 14 条　密切注意喷淋水的水源是否充足以及水量、浓度等情况，保证脱介效果。

第 15 条　若需要降灰、提灰，按照密控操作规定执行。

第 16 条　定期安排岗位司机检查脱介弧形筛脱介效果和磁选机运行情况。

第 17 条　保证入选煤分级粒度。给料要均匀，不可忽大忽小。

第 18 条　保持合格介质桶介质量的平衡。

第 19 条　注视密度自动控制系统的工作情况，发现问题及时处理。

第 20 条　操作中产品灰分、数量效率（处理量）、介质消耗等指标，达不到规定的要求，要重新调整密控数据，并安排测量密度和调整。

四、特殊操作

第 21 条　开车过程中，若密控系统出现异常导致密控数据不能正常调整，为保证精煤质量，需停车处理。

第 22 条　开车过程中，出现堵二段的情况，需停车处理。

第 23 条　操作中注意产品灰分、数量效率（处理量）情况，遇系统跑水、跑介严重时，需停车进行调整处理。

五、收尾工作

第 24 条　停车。

1. 手动停车：先向入选原煤输送带去停车点，停料后，进行分流操作，待合格介质桶液位达到规定液位后，向合格介质泵去停车点，悬浮液系统停完后，停循环水系统以及重介系统。

2. 集控停车：集控停入选原煤输送带，停料后，进行分流操作，待合格介质桶液位达到规定液位后，顺序自动停循环水系统以及重介系统。

3. 检查所属设备是否正常、灵活，发现问题及时处理。

第 25 条　利用停车的时间进行设备的维护和保养，处理运行中出现和停车后检查出的问题，并做好卫生清理工作。

第 26 条　按规定填写好运转日志，做好交接班工作。

六、安全规定

第 27 条　在进行数据调整时，输入数据不能有任何错误，避免造成产品质量不合格或现场出现堵、漾现象。

第 28 条　使用旋流器分选，应当严格控制入料粒度。禁止金属物件和杂物进入旋流器。

第 29 条　严禁磁粉进入电动机内部。磁介质粉堆放地点与电动机之间应当保持一定距离，若距离难以保证，应当选用防护等级为 IP44 以上的电动机。

第 30 条　介质桶上面必须设置箅子，箅子的孔径不得大于 10 mm。操作人员清理箅子上的杂物时，必须系好安全带。

七、危险因素、职业危害与防护

第 31 条 岗位存在的职业危害为电脑辐射、腰肌劳损。

第 32 条 岗位存在的危险因素为物体打击、机械震动伤害、高压射流伤害、触电伤害、高空坠落及其他伤害。

第 33 条 生产过程中，相关安全防护设施必须正常运行和使用。上岗人员必须穿好工作服、戴好安全帽及防尘口罩、防噪耳塞，生产过程中不得弃用防护用品。

第 34 条 一旦发生人身安全职业危害事故，立即送往医院治疗。

粗煤泥分选机司机

一、一般规定

第 1 条 必须经过安全培训和本工种专业技术培训，考试合格，取得操作资格证后，方可持证上岗。

第 2 条 掌握粗煤泥分选机的基本原理、煤泥水系统工艺流程、产品数质量指标、粒度组成、浮沉组成、可选性等。

第 3 条 熟悉本岗位机械、电气设备的工作原理、使用条件和工作方法。

第 4 条 熟悉本岗位设备开、停车程序和操作方法，以及检查、分析、防止和排除故障的方法。

第 5 条 熟悉掌握粗煤泥分选机操作技术，能根据粗煤泥分选机入料情况、产品指标要求灵活地调整各个工艺、操作因素，全面完成各项生产指标。

第 6 条 严格执行《选煤厂安全规程》、技术操作规程、岗位责任制、交接班制度和其他有关规定。

第 7 条 上岗时，按规定穿戴好劳保用品。

二、操作准备

第 8 条 对设备进行以下检查：

1. 检查桶体、入料、排料等各部位是否漏水，顶水流喷嘴是否畅通，溢流槽及底流槽是否有物料堆积。

2. 各阀门的严密情况，三个排料阀是否动作一致，开启度相同。

3. 桶体支撑是否变形，开裂。

4. 检查平台上的护栏及人行扶手是否紧固安全，检查平台上安装的各执行器，密度探测器是否有松动，偏斜或螺栓是否松动等。

5. 检查粗煤泥分选机电控箱及各仪表、气动元件是否正常。

第 9 条 开车前对岗位安全环境进行确认：

1. 确认安全设施的完好性。

2. 确认安全通道畅通。

3. 确认现场新增加的设施不危及本岗安全。

4．确认消防设施符合要求。

三、正常操作

第 10 条　打开空压机电源和粗煤泥分选机附属供气阀门，观察阀门表盘上空气压力读数是否在正常范围之内，同时检查管路各部分是否有漏气现象。

第 11 条　开启顶水泵，顶水阀门自动打开，桶内水位开始上升。同时，检查桶底各部分有无漏水现象。

第 12 条　当桶内水已蓄满、有稳定的溢流、触摸屏上各数值正常时，开始按程序启动。

第 13 条　系统正常运行给料时，调整密度给定值和顶水流量给定值，当溢流煤泥数量、灰分超标时，首先改变密度给定值，然后调整顶水流量给定值。

第 14 条　正常生产状态下观察触摸屏各显示值与实际是否一致，各阀门显示开度与实际是否一致，顶水流量值与平时有无明显变化。

第 15 条　生产过程中，操作司机应通过溢流表面是否有翻花或用木质探杆探测桶内物料是否有明显堆积来判断粗煤泥分选机是否处于正确分选状态。正常分选状态下，探杆能插入底部、没有明显团块和硬堆积情况。

四、特殊操作

第 16 条　发现桶底有明显团块、物料堆积或密度指示跳动时，及时排料或疏通，保证床层正常。

第 17 条　发现无顶水进入时，立即停止入料，检查顶水阀是否开启、变频器频率是否设定异常或气动阀压力是否正常。

第 18 条　粗煤泥分选机有闭锁关系，应按照打开顶水泵、开启顶水阀、最后开启入料泵的顺序依次开机，否则系统将会报警提示。

第 19 条　钟形排料阀门关闭状态下漏水严重，应通过重新分配钟形阀连接杆管箍或钟形阀连接杆(上)与钟形阀连接杆的螺纹配合予以调节。

五、收尾工作

第 20 条　接到停车信号后，在一天之内还需继续使用，则不需放空桶内物料，按以下顺序操作：停入料→关闭底流放料阀→停顶水泵→气动阀关闭→控制系统断电→停止系统后序设备。

第 21 条　若需长时间停用，则需放空桶内物料。可自动放空桶内物料：在参数调节画面中，将停机阀门开度值设定为“非 0”，例如 100%，将打开时间设定为“非 0”值；也可手动放空桶内物料：停入料→停顶水泵→手动打开底流放料阀门→控制系统断电→高压风阀门关闭→停止系统后序设备。

第 22 条　定期(两周)放空桶内物料，清理紊流塞和顶水仓，彻底冲净顶水仓中的煤泥和杂物。

第 23 条　定期检查执行器拉杆、钟形排料阀和阀座的磨损情况，若严重及时更换。

第 24 条　按“四无”、“五不漏”的要求做好设备和环境卫生。

第 25 条　应在现场进行交接班，向接班人员详细交代清本班的运转状况、出现的故障及存在的问题，履行完交接班手续后，方可交接。

六、安全规定

第 26 条　操作人员在检查溢流和尾矿情况时，应远离开机体 200 mm 距离，站在观察平台上，必须抓牢两侧扶手。

第 27 条 清理桶底喷嘴时，人员进入桶内必须抓牢把手以防跌落，同时必须设专人进行监护。任何人不得将工具及杂物等落入桶内。

七、危险因素、职业危害与防护

第 28 条 岗位存在的职业危害为煤尘和噪声。

第 29 条 生产过程中，相关安全防护设施必须正常运行和使用。上岗人员必须穿好工作服、戴好安全帽及防尘口罩、防噪耳塞，生产过程中不得弃用防护用品。

第 30 条 岗位存在的危险因素为煤泥水管路事故、跌落溺水、机械伤害、触电伤害及其他伤害。

第 31 条 一旦发生人身安全职业危害事故，立即送往医院治疗。

矿浆预处理器操作工

一、一般规定

第 1 条 应经安全培训和本工种专业技术培训，通过考试取得操作证后，持证上岗。

第 2 条 熟悉本岗位设备的检查、维护和一般故障的排除方法。

第 3 条 熟悉矿浆预处理器的工作原理、结构性能、技术特征、零部件的名称和作用、设备的性能、维护保养知识及有关电气基本知识。

第 4 条 熟悉岗位设备开停车顺序、操作方法以及检查、分析、防止和排除故障的方法。

第 5 条 严格执行《选煤厂安全规程》、岗位责任制、交接班制度和其他有关规定。

第 6 条 上岗时，按规定穿戴好劳动保护用品。

二、操作准备

第 7 条 对设备进行以下检查：

1. 检查矿浆预处理器传动机构是否完好，传动输送带的松紧是否适中，安全罩是否良好，运转部位润滑是否正常。

2. 检查槽体内有无积聚的煤泥和杂物。

3. 检查入料、出料、稀释水及药剂管路是否通畅。检查各管路阀门是否打到正确的位置。

4. 检查药剂桶内药剂储存情况，并做好记录。

5. 检查矿浆预处理器平台盖板是否齐全，安全栏杆是否牢固，无缺失或开焊、不牢固现象。

第 8 条 开车前对岗位安全环境进行确认：

1. 确认安全设施的完好性。

2. 确认安全通道畅通。

3. 确认现场新增加的设施不危及本岗安全。

4. 确认消防设施符合要求。

三、正常操作

第 9 条　开车。接到浮选系统开启信号后，待煤泥水进入矿浆预处理器后开启矿浆预处理器，并加入药剂。

第 10 条　开车过程中注意检查煤泥水浓度，通过增加或减少稀释水水量调节入料浓度。

第 11 条　根据浮选效果调节加药量。

四、特殊操作

第 12 条　在运行中，矿浆预处理器自动停车或开不动时，应查明原因，排除故障后再启动。

第 13 条　发现预处理器进异物或物料堵塞时要及时停车处理。

第 14 条　处理油管及管道堵塞时，禁止用重锤敲打。

五、收尾工作

第 15 条　待无煤泥水进入矿浆预处理器后停止加药，停止矿浆预处理器。

第 16 条　停车后，应进行整机巡视，发现问题，应及时汇报处理。

第 17 条　检查药剂桶药剂储存情况，并做好记录。

第 18 条　利用停车时间对设备进行维护保养，并清理设备和环境卫生。

第 19 条　按规定填写岗位记录，做好交接班工作。

六、安全规定

第 20 条　在本岗位设置检修操作平台和防护装置。

第 21 条　上下预处理器时，手必须抓牢，扶住栏杆。平台盖板要经常检查其牢固性。在进行矿浆预处理器检查时，不要接触其传动机构。

第 22 条　当矿浆预处理器运转不正常时，要及时查找原因，并向调度和班长汇报。

七、危险因素、职业危害与防护

第 23 条　岗位存在的职业危害为噪声和有毒气体。

第 24 条　生产过程中，相关安全防护设施必须正常运行和使用。上岗人员必须穿好工作服、戴好安全帽及防尘口罩、防噪耳塞，生产过程中不得弃用防护用品。

第 25 条　岗位存在的危险因素为煤泥水管路事故、跌落溺水、机械伤害、触电伤害及其他伤害。

第 26 条　一旦发生人身安全职业危害事故，立即送往医院治疗。

机械搅拌式浮选机司机

一、一般规定

第 1 条　应经安全培训和本工种专业技术培训，考试合格后，方可上岗。

第 2 条　掌握浮选的基本理论、选煤工艺流程，入选煤中末煤的数质量情况，乳腐煤泥的粒度组成和可浮性。

第 3 条　熟悉浮选的精矿、尾矿、药剂消耗指标要求。

第 4 条　熟悉所属机械、电气设备的工作原理、构造、技术特征、零部件的名称和作用以及设备维护保养方法。

第 5 条　熟悉本岗位设备开、停机程序和操作方法，以及检查分析、预防和排除故障的方法。

第 6 条　熟练掌握浮选机操作技术，能根据煤质情况、产品指标要求，灵活地调整各项工艺参数，全面完成各项生产指标。

第 7 条　严格执行《选煤厂安全规程》、岗位责任制、交接班制度及其他有关规定。

第 8 条　上岗时，按规定穿戴好劳动防护用品。

二、操作准备

第 9 条　通过生产调度了解入选煤煤的数质量情况，了解上一班生产指标及浮选入料的煤质情况，有无跑粗现象。了解浮选药剂的罐存数量、品种、性能情况。

第 10 条　浮选司机在检查中发现不具备开机条件时，应及时向调度室汇报。开车前对以下设备进行检查：

1. 检查各部件是否正常、齐全，紧固螺栓有无松动，检查浮选机叶轮、定子、循环孔、充气孔等应无堵塞，间隙、开口应合适，充气应调整灵活。

2. 检查槽箱内有无棉纱、木块等容易堵塞喷嘴的杂物，检查浮选机各室调整闸门应灵活好用，药剂和矿浆管路的接头、阀门应无漏油、漏水现象。

3. 检查浮选机刮泡机构的刮板应平直、齐全，转动灵活、均匀，转数适当，保证边堰平整水平。

4. 检查浮选药剂是否合适，起泡剂、捕收剂是否有储备，加药管路是否通畅，管道有无滴、漏，加药管路上阀门有无损坏，能否灵敏控制浮选药剂的添加量。

5. 检查转动部件润滑是否良好，尾矿排料阀电动执行器能否灵活动作。各调整闸门应严密、平整、灵活调节，精、尾矿溜槽畅通，无损坏、变形，各种检测仪表如流量计、料位计、密度计等完好、灵活可靠。

6. 检查药剂储罐应封闭严密、无渗漏，药剂充足，杜绝发生缺油事故。

7. 检查本岗位消防器材、设施齐全、完好。

第 11 条　开机前对岗位安全环境进行确认：

1. 确认安全设施的完好性，包括护罩、防护栏杆、盖板、平台、照明、工具等。

2. 确认安全通道畅通。

3. 确认现场新增加的设施不危及本岗安全。

4. 确认消防设施符合要求。

三、正常操作

第 12 条　手动开车：接到调度开车通知后，确认检查无误，即按逆煤流方向进行开车，及时开启浮选机各室充气搅拌机构，待下道工序开机后，就地启动刮泡器、充气搅拌装置、入料管路上的阀门，入料后按常规方法添加浮选剂。

第 13 条　集控开车：开车前准备工作确认后，将矿浆准备器电动机、搅拌器电动机打到集控位，设备控制箱转换开关打到集控侧。接到调度通知或听到开车电笛声音后，本岗位司机在岗位(保证自身安全的位置)检查设备周围有无人员工作，并巡查岗位设备的集控开启及运转情况。

第 14 条　经过一段时间运行，当新加物料已在各室形成泡沫层，并通过各室进入尾矿后，即可根据泡沫层厚度、尾矿数量、颜色和带煤情况，对给料量、加药量和刮泡情况进行调整。

第 15 条　调整尾矿闸板位置。观察矿浆给入量情况以及液位高低。

第 16 条　检查矿浆液位控制装置是否正常，刮泡器有否脱节现象，仪表是否灵敏完好，有无跑、漏现象。

第 17 条　检查浮选机入料浓度变化，控制入料浓度在 80 g/L 左右，当入料浓度超过 100 g/L 时，应补加稀释水，以保证最佳入料浓度。

第 18 条　观察泡沫数量、厚度和液面高度，通过调节尾矿箱闸板高度来调整整个浮选机的泡沫厚度和液面高度。

第 19 条　操作时根据浮选入料的可浮性难易等级、粒度组成、煤质变化、入料浓度和精煤、尾煤质量和泡沫大小、尾矿颜色、粒度等，及时调节药剂量、排料量等，并及时根据快灰结果，调整浮选参数，确保精煤、尾煤的灰分合格。

第 20 条　保持浮选入料浓度稳定是稳定浮选指标的主要条件，要经常与煤泥水系统各岗位保持密切联系。

第 21 条　对入料浓度、药剂制度、充气量等影响浮选的因素进行详细记录。

第 22 条　浮选机在运转中，要注意叶轮转动有无摆动和震动，各部螺栓有无松动，有无异常声响，电动机有无震动、温度升高，溜槽和管道堵塞或外溢等情况，发现问题立即向调度汇报，并及时处理。

四、特殊操作

第 23 条　浮选入料出现严重跑粗时，或含有大量大颗粒煤泥的物料进入浮选机后恒快沉积在槽底，阻碍叶轮工作，应立即停机处理。

第 24 条　稀释水（包括清水）严重短缺、入浮浓度过高又无法稀释时，应停机，待解决供水问题后再开机。

第 25 条　运转时，机室中搅拌和充气突然消失，可能是叶轮脱落，使机械搅拌失去作用，应立即停机处理。

第 26 条　运行中，机室中发出金属碰撞或摩擦声，可能是定子盖板下沉，或金属物件掉入，应立即停机检查处理。

第 27 条　自动化控制系统、监测系统出现异常，应立即停机检查处理。

五、收尾工作

第 28 条　停车。

1. 就地停车时，接到停车信号后，待停止入料即可停止加药，其他设备停车顺序与开车顺序相反，即先停止入料底流泵和滤液泵，待刮泡机构无物料时，停浮选机。

2. 集控停车时，观察浮选机运转集控停车等情况，等待集控停矿浆准备器电动机、搅拌器。

第 29 条　矿浆预处理器停止入料后，继续添加稀释水将矿浆准备器内物料基本处理完毕，防止堵塞管路；提升尾矿闸板高度把浮选机中的泡沫尽可能刮出；停止加浮选药剂，停刮泡器。

第 30 条　定期放疗、清理浮选机机室中的存煤和杂物，检查叶轮、定子的间隙，叶轮、定子有无堵塞现象，并根据生产需要调整定子眼和循环孔开口。

第 31 条 利用停机时间对设备进行设备和环境卫生的清理。

第 32 条 按规定填好岗位记录，做好交接班工作。

六、安全规定

第 33 条 药剂库及操作区域严禁吸烟、携带明火。

第 34 条 油管及管道堵塞时，禁止用重锤敲打。浮选机各加药点应布置于安全位置处。

第 35 条 浮选机开机时应避免冲水管及取样器具搅进刮泡器，否则应停机处理。

第 36 条 调节药剂时必须戴手套，严禁用手直接接触药剂。

第 37 条 设备运行期间严禁清理运转部位。

第 38 条 清理浮选槽、搅拌桶及矿浆预处理器时，应将煤泥水放空，对入料泵进行停电，清理时必须设置专人监护。

第 39 条 夏季生产时更要做好通风工作，减少药剂挥发造成伤害。

第 40 条 使用药剂泵往药剂罐打药时，一定要将捕收剂、起泡剂分开，严禁将两种药剂混装。

第 41 条 检查药剂罐及药剂缓冲箱时，上下梯子要注意脚下安全，慎防滑跌。

第 42 条 进行 2 m 以上的高空作业时，必须系安全带。进入浮选机内部进行清理要谨防滑跌，并做到有人监护。

七、危险因素、职业危害与防护

第 43 条 岗位存在的职业危害为煤尘、噪声、有害气体。

第 44 条 生产过程中，相关安全防护设施必须正常运行和使用。上岗人员必须穿好工作服、戴好安全帽及防噪耳塞、防尘(毒)口罩等防护用品。生产过程中不得弃用防护用品。

第 45 条 岗位存在的危险因素为煤泥水管路事故、跌落溺水、机械伤害、触电伤害及其他伤害。

第 46 条 一旦发生人身安全职业危害事故，立即送往医院治疗。

浮选柱司机

一、一般规定

第 1 条 应经安全培训和本工种专业技术培训，考试合格后，方可上岗。

第 2 条 掌握浮选的基本理论、选煤工艺流程，特别是煤泥水系统的运行情况。

第 3 条 熟悉浮选的精矿、尾矿、药剂消耗指标要求。

第 4 条 熟悉所属机械、电气设备的工作原理、构造、技术特征、零部件的名称和作用以及设备维护保养方法。

第 5 条 熟悉浮选流程、各种管线布置，并能正确操作使用。

第 6 条 熟悉本岗位设备开、停机程序和操作方法，以及检查分析、防止和排除故障的方法。

第 7 条　熟练掌握浮选柱操作技术，能根据煤质情况、产品指标要求，灵活地调整各项工艺参数，全面完成各项生产指标。

第 8 条　严格执行《选煤厂安全规程》、岗位责任制、交接班制度及其他有关规定。

第 9 条　上岗时，按规定穿戴好劳动防护用品。

二、操作准备

第 10 条　通过生产调度了解入选煤的数质量情况，了解上一班生产指标及浮选入料的煤质情况，有无跑粗现象。了解浮选药剂的罐存数量、品种、性能情况。

第 11 条　对以下设备进行检查：

1. 检查浮选药剂桶中是否充满药剂，以确保开机后能及时加药，同时生产过程中应根据药桶上的刻度，及时补加药剂。

2. 检查中发现不具备开机条件时，应及时向调度汇报，说明原因。

3. 检查循环泵是否正常，检查浮选柱每个气泡发生器进气情况，发现故障及时汇报处理。

4. 检查矿浆预处理器传动结构是否完好，传动胶带的松紧是否适中，安全罩是否完好。

5. 检查扩散器有无损坏，槽内有无积聚的煤泥和杂物。

6. 检查入料、出料、稀释水及药剂管路是否畅通。

7. 检查各管路闸门是否打到正确位置。

8. 检查矿浆预处理器平台盖板是否齐全、安全栏杆是否牢固。

第 12 条　开机前对岗位安全环境进行确认：

1. 确认安全设施的完好性，包括梯子、防护护栏、平台、照明、工具等。

2. 确认安全通道畅通。

3. 确认现场新增加的设施不危及本岗安全。

4. 确认消防设施符合要求。

三、正常操作

第 13 条　接到开机信号后，确认无误后回点启动浮选柱。开机顺序：开入浮料泵和调浆水泵→预处理器→循环水泵→加药。

第 14 条　检查浮选柱入料浓度，浓度控制在 50～90 g/L，最佳状态调整在 50～80 g/L，循环压力控制在 0.16～0.20 MPa。

第 15 条　操作过程中，司机根据浮选柱精煤泡沫情况及精煤、尾煤质量情况，及时调整浮选药剂量、尾矿箱调节高度及调浆水量。

第 16 条　在运行中注意尾矿排放应及时，不得堆积。应经常调节浮选药剂用量，保证浮选效果。

第 17 条　在精煤质量合格的情况下，冲洗水尽量少用或不用。

第 18 条　一般情况下，所配用的气泡发生器应全部工作，不要同时关闭相邻几个发生器，以免柱内气泡分布不均，影响设备的处理能力和效率。

第 19 条　注意检查每个气泡发生器进气情况，发现故障及时汇报调度处理。

四、特殊操作

第 20 条　泡沫外溢时，起泡剂量大，调整药剂，用清水消泡。

第 21 条　不出泡沫时，及时查找原因，进行处理。不出泡的原因有：调浆水浓度高、起泡剂用量少、循环泵进气少等。

第 22 条 循环泵故障时，及时停料检查。

第 23 条 入料浓度过大时，减小入料量，加大调浆水。

第 24 条 吸气管喷射煤泥，气泡发生器通道堵塞，应停机清理气泡发生器通道。

第 25 条 充气搅拌装置喷嘴出口堵塞，应及时停泵，打开混合室上的盖板清理杂物，检查清理伞形分散器出口的堵塞物。

五、收尾工作

第 26 条 浮选柱在停机前应先停止给料泵，再停矿浆预处理器和浮选药剂闸门，延时 5～10 min 待浮选柱不再有精矿溢出，停止调浆水泵，最后停止浮选柱循环泵。

第 27 条 停机后要对设备进行全面检查，确保浮选药剂所有阀门关闭，防止浮选药剂的损失和影响洗水。

第 28 条 检查矿浆预处理器槽体内有无积聚的煤泥及各管路有无堵塞现象。

第 29 条 停机后及时清理浮选柱箅子。

第 30 条 利用停机时间对设备进行维护保养，并清理设备和环境卫生。

第 31 条 按规定填好岗位记录，做好交接班工作。

六、安全规定

第 32 条 药剂库及操作区域严禁吸烟、携带明火。

第 33 条 严禁无保护防护措施进入浮选柱内部检查、清理卫生。

第 34 条 调节药剂时必须戴手套，严禁用手直接接触药剂。

第 35 条 观察浮选泡沫时，防止探身跌入浮选柱内。

第 36 条 泡沫外溢时，要停循环泵处理，防止泡沫带油造成人员滑跌。

第 37 条 巡查设备时，看清周围环境，防止滑跌。

第 38 条 设备运行期间严禁清理运转部位。

第 39 条 查看尾矿排放阀及盖板，观察时盖板不能打开，行走时应注意安全，盖板翘起时不能通过。

第 40 条 使用药剂泵往药剂罐打药时，一定要将捕收剂、起泡剂分开，严禁将两种药剂混装。

第 41 条 往药剂罐及药剂缓冲箱内打药时，上下梯子要注意安全，注意防滑。

第 42 条 夏季生产时更要做好通风工作，减少药剂挥发造成伤害。

第 43 条 进行 2 m 以上的高空作业必须系安全带。进入浮选柱进行清理时，设专人监护。

七、危险因素、职业危害与防护

第 44 条 岗位存在的职业危害为煤尘、噪声、有害气体。

第 45 条 生产过程中，相关安全防护设施必须正常运行和使用。上岗人员必须穿好工作服、戴好安全帽及防噪耳塞、防尘(毒)口罩等防护用品。生产过程中不得弃用防护用品。

第 46 条 岗位存在的危险因素为煤泥水管路事故、跌落溺水、机械伤害、触电伤害及其他伤害。

第 47 条 一旦发生人身安全职业危害事故，立即送往医院治疗。

喷射式浮选机司机

一、一般规定

第1条　应经安全培训和本工种专业技术培训，通过考试取得合格证后，持证上岗。

第2条　熟练掌握浮游选煤的基本理论、选煤工艺流程，特别是浮选煤泥水工艺系统、管线布置。

第3条　熟悉浮选的精矿、尾矿指标要求以及药剂消耗、电耗、水耗等。

第4条　熟悉浮选机机械、电气设备的工作原理、构造、技术特征、零部件的名称和作用、设备维护保养方法并能正确操作使用。了解各自动控制装置的工作原理、使用条件和操作方法。

第5条　熟悉本岗位设备开、停车程序和操作方法，以及检查、分析、防止和排除故障的方法。

第6条　熟练掌握浮选机操作技术，能根据煤质情况、产品指标要求，灵活地调整各个工艺、操作因素，全面完成各项生产指标。

第7条　严格执行《选煤厂安全规程》、岗位责任制、交接班制度及其他有关规定。

第8条　上岗时，按规定穿戴好劳动保护用品。

二、操作准备

第9条　对设备进行以下检查：

1. 各部件是否正常、齐全，紧固螺栓有无松动，充气搅拌装置、刮料装置是否正常，检查槽箱内有无棉纱、木块等容易堵塞喷嘴的杂物，检查矿浆准备器内应无料。

2. 浮选药剂是否合适，是否有储备，加药管路是否通畅，管道有无滴、漏，加药管路上阀门有无损坏，能否灵敏控制浮选药剂的添加量。

3. 循环泵和刮泡器减速机的油位是否正常，检查循环泵和刮泡器的转动部件润滑是否良好，能否转动灵活，电动执行器能够灵活动作。

4. 安全设施应正常，无缺失或开焊、不牢固现象。

5. 逐台巡视，查看机体内是否有其他检修人员，转动部位是否有障碍物。

6. 了解原煤煤质、生产情况、浮选产品指标要求。

7. 根据调度室安排使用就地、集控状态，检查操作按钮所在位置，按要求将开关打到就地、集控位置。

8. 在检查中发现不具备开车条件时，应及时向调度室汇报，说明原因，待具备开车条件时，及时通知调度室等待开车。

第10条　开车前对岗位安全环境进行确认：

1. 确认安全设施的完好性。

2. 确认安全通道畅通。

3. 确认现场新增加的设施不危及本岗安全。

4. 确认消防设施符合要求。

三、正常操作

第11条　开车。

1. 手动开车。接到就地开车信号，检查确认控制箱操作状态，待下一道工序设备运行后，方可发信号开车。开车后，检查应浮选机运行情况，无异常现象时通知入料泵给料。

2. 集控开车。接到调度集控通知或集控开车信号后，检查确认控制箱操作状态，检查确认设备设施周边无影响安全运转的状况，在远离设备设施保证自身安全的位置，巡查岗位设备的集控开启及运转情况。

第 12 条　待入料泵开启后按常规方式添加浮选剂；当浮选槽箱内的液面高度达到 0.8 m 左右时方可开启循环泵。

第 13 条　开动刮泡器，调整尾矿闸板位置。观察矿浆给入量情况以及液位高低。检查矿浆液位控制装置是否正常，刮泡器有无脱节现象，仪表是否灵敏完好，有无跑、漏现象。

第 14 条　检查浮选机入料浓度变化，最佳入料浓度为 80 g/L，当入料浓度超过 100 g/L 时，应补加稀释水，以保证最佳入料浓度。

第 15 条　根据入料煤浆性质，对入料量、浮选剂添加量、液面高度、充其量作进一步调整。

第 16 条　观察泡沫数量、厚度和液面高度，调节尾矿箱闸板高度来调整整个浮选机的泡沫厚度和液面高度。

第 17 条　操作时根据浮选入料的可浮性难易等级、粒度组成、煤质变化、入料浓度和精煤、尾煤质量指标，并观察泡沫层的状况等来调整吸气管盖板开启程度，一般开启 10 mm 缝隙即可。

第 18 条　操作过程中注意观察充气搅拌装置的工作压强应不小于 0.15 MPa。调节循环泵入料管上的闸阀开启度，保证充气搅拌装置工作压强，控制电动机工作电流不超过额定值。

第 19 条　检查泡沫和尾矿的颜色、粒度等，并结合快灰结果，及时调节药剂量、排料等参数，确保各项浮选指标合格。

第 20 条　对入料浓度、药剂制度、充气量等影响浮选的因素进行详细记录。

第 21 条　浮选机在运转中，要注意有无震动、温度升高、异常声响、溜槽管道堵塞或外溢、精矿桶满等情况，发现问题立即汇报，并及时处理。

四、特殊操作

第 22 条　运转时，浮选槽内充气突然消失，应立即停车处理。

第 23 条　混合室上压力表读数下降或没有读数，应停车检查压力表是否损坏，循环泵入料管路是否堵塞。

第 24 条　混合室上压力表指针摆动幅度过大，循环泵进气，应点车排气。

第 25 条　吸气管喷射煤泥，伞形分散器通道堵塞，应停车清理伞形分散器通道。

第 26 条　分段加药管喷射煤泥水，加药管插入太深，升高加药管。

第 27 条　稀释水(包括清水)严重短缺、入浮浓度过高又无法稀释时，应停车，待解决供水问题后再开车。

第 28 条　充气搅拌装置喷嘴出口堵塞，应及时停泵，打开混合室上的盖板清理杂物，检查清理伞形分散器出口的堵塞物。

第 29 条　电动执行器失灵时，应酌情调节，控制液位。保证浮选效果，避免洗水变黑，影响选煤。

第 30 条　要经常观察浮选药剂桶油位，若库存较少，应及时汇报调度室。

第 31 条　出现影响浮选系统正常生产的事故时，就地停车，同时汇报调度室，并采取应急措施。

五、收尾工作

第 32 条　接到停车信号，停止入料后，继续添加稀释水将浮选机内物料基本处理完毕，提升尾矿闸板高度把浮选机中的泡沫尽可能刮出。然后停止加浮选药剂，停刮泡器，停循环泵。

第 33 条　停车后，应进行整机巡视，发现问题及时汇报处理。

第 34 条　根据对喷嘴、吸气管、刮泡板和设备其他部件的检查结果，随时进行调整、汇报更换。

第 35 条　利用停车时间对设备进行维护保养，并清理设备和环境卫生。

第 36 条　按规定填写岗位记录，做好交接班工作。

六、安全规定

第 37 条　设备运行期间严禁清理运转部位。

第 38 条　浮选机操作平台必须设置安全防护栏杆。

第 39 条　当浮选机运转不正常时，要及时查找原因，并向调度和班长汇报。

第 40 条　听到集控开停车预警信号后，司机立即远离设备的运转部位，在就地开关附近监视设备启动情况。

第 41 条　油管及管道堵塞时，禁止用重锤敲打。浮选机各加药点应布置于安全位置处，并按规定配备消防器材。不得使用有害工人健康的浮选药剂。

第 42 条　浮选机运转时应避免冲水管及取样器具搅进刮泡器，否则应停车处理。

第 43 条　清理浮选槽应将煤泥水放空，并在操作柜上挂停电牌。操作人员进入机内工作，必须系安全带，并设专人监护。

第 44 条　开关尾矿放料阀门等 2 m 以上的高空作业时，必须严格遵守登高作业规程。

七、危险因素、职业危害与防护

第 45 条　岗位存在的职业危害为煤尘、噪声和浮选药剂。

第 46 条　岗位存在的危险因素为机械伤害、触电伤害、高空坠落、淹溺及其他伤害。

第 47 条　浮选车间保证通风良好，以减少挥发的浮选剂对人体的刺激。接触或处理浮选药剂时，最好带上乳胶手套，必要时戴上防护眼镜。人身上沾有浮选剂时，应立即洗涤干净，浮选操作工在进餐前必须洗手。

第 48 条　生产过程中，相关安全防护设施必须正常运行和使用。上岗人员必须穿好工作服、戴好安全帽及防尘口罩、防噪耳塞，生产过程中不得弃用防护用品。

第 49 条　一旦发生人身安全职业危害事故，立即送往医院治疗。

鼓风机司机

一、一般规定

第 1 条 应经安全培训和本工种专业技术培训，考试合格后方可上岗作业。

第 2 条 熟悉本岗位设备的检查、维护和一般故障的排除方法。

第 3 条 熟悉鼓风机的工作原理、结构性能、技术特征、零部件的名称和作用、设备的性能、维护保养知识及有关电气基本知识。

第 4 条 熟悉岗位设备开停车顺序、操作方法以及检查、分析、预防和排除故障的方法。

第 5 条 严格执行《选煤厂安全规程》、岗位责任制、交接班制度和其他有关规定。

第 6 条 上岗时，按规定穿戴好劳动保护用品。

二、操作准备

第 7 条 对设备进行以下检查：

1. 检查各部分连接件是否有松动现象。各风门应在停车位置，风包的安全阀应灵活可靠，管道及消音器、过滤器完好。

2. 检查轴承座内是否填充润滑脂，油脂是否适当，手动盘车，检查各部是否有阻滞现象和撞击声。

3. 检查仪表应灵活可靠，停车时指示在相应正确位置。

4. 安全设施应正常，无缺失或开焊、不牢固现象。

5. 根据调度安排使用就地、集控、检修状态，检查操作按钮所在位置，按要求将开关打到就地、集控、检修位置。

第 8 条 开车前对岗位安全环境进行确认：

1. 确认安全设施的完好性。

2. 确认安全通道畅通。

3. 确认现场新增加的设施不危及本岗安全。

4. 确认消防设施符合要求。

三、正常操作

第 9 条 开车。

1. 手动开车。接到就地开车信号，检查确认控制箱操作状态，待下一道工序设备运行后，方可发信号开车。

2. 集控开车。接到调度集控通知或集控开车信号后，检查确认控制箱操作状态，检查确认设备设施周边无影响安全运转的状况，在远离设备设施保证自身安全的位置，巡查岗位设备的集控开启及运转情况。

3. 开车时，进气闸门(旁通闸门)应处于打开状态，出气闸门应处于关闭状态。

4. 空车运行正常后，打开出口闸门(逐步关闭旁通阀)，逐步打开进口阀门加载到额定工作状态。

第 10 条 注意启动中的震动、声音等情况，如有异常应立即停车，检查原因并及时汇报处理。

第 11 条 启动完成，电动机达到额定工作状态，并确认各部均无异常，打开进口阀门时注意电流表指示值应低于电动机允许电流值。

第12条　达到正常转数时，检查轴承温度，有无油的泄漏。注意鼓风机的内部声音、震动有异常时，应停车检查。

第13条　检查电动机负荷状况是否有异常。检查各连接处有无气体泄漏。按一定时间记录风压、风量等数据。运转中注意声响、震动情况，发现异常，立即汇报处理。

四、特殊操作

第14条　有以下情况应立即停车处理：

1. 鼓风机轴承部位的径向震速达到上限时；
2. 鼓风机产生强烈震动或鼓风机内部有磨刮声时；
3. 鼓风机轴承或密封处冒烟时；
4. 稀油润滑风机的润滑油路堵塞时；
5. 鼓风机轴承温度急剧升高并超过65 ℃以上，采取措施仍无效时；
6. 鼓风机发生喘振现象时；
7. 鼓风机电动机发生紧急情况时；
8. 稀油润滑鼓风机的冷却水中断时；
9. 稀油润滑鼓风机的润滑油失效时。

五、收尾工作

第15条　停车时先回停车信号，然后迅速关闭进气口阀门，若设置有旁通管路可先打开旁通管路，然后按下停止按钮，关闭排气口阀门。

第16条　停止运转过程中，应注意内、外有无异常声响，记录从切断电动机电源时起到机组转子完全停止转动的时间，如发现比正常停机时间短，则应检查机组内部是否有摩擦现象，并采取措施排除。

第17条　长期停机时，要注意防止腐蚀和灰尘，特别是要把管道封好，以免异物进入机体内造成事故。

第18条　关闭旁通阀，应进行整机巡视，发现问题，应及时汇报处理。

第19条　利用停车时间对设备进行维护保养，并清理设备和环境卫生。

第20条　按规定填写岗位记录，做好交接班工作。

六、安全规定

第21条　严禁满载时突然停车。

第22条　当设备运转不正常时，要及时查找原因，并向调度和班长汇报。

第23条　听到集控开停车预警信号后，司机立即远离设备的运转部位，在就地开关附近监视设备启动情况。

第24条　要特别注意检查阀类的完好。

第25条　鼓风机严禁在喘振区内运行，如发现喘振现象，应立即快速打开放空阀，使风机尽快脱离喘振区。

第26条　两台以上离心鼓风机并联运行，每台鼓风机出口除配置弹性接头、消声器、单向阀、压力表、泄压阀外，还必须配有放空阀和主管路阀门。

第27条　经常检查轴封装置有无漏气、漏油；系统中的阀门有无卡住或断裂；检查管道支承等，发现问题及时维修调整。

第 28 条 应经常注意和定期检测机体和轴承震动情况，机体内有无碰撞磨刮等，如发现不正常的震动或响声，应立即采取措施或停机检查，找出故障原因并排除。

第 29 条 经常检测轴承温度和震动，温度不应超过 95 ℃，震动不应超过 4 mm/s，如有异常请及时检查排除。

第 30 条 鼓风机的齿轮箱轴颈应当密封严密。安全阀应当按 0.3 MPa 压力调整。禁止润滑油脂进入机壳。

第 31 条 鼓风机的滤风器应当定期清理。清洗滤风圈，必须使用含 0.5%氢氧化钠热水溶液，不得使用汽油、煤油。

第 32 条 采用水冷装置的鼓风机，启动前一定要检验是否渗漏，保证水道畅通，水压不大于 0.1 MPa，然后才能启动鼓风机，保证水冷效果，特别是在冬季注意做好冷却系统维护。

七、危险因素、职业危害与防护

第 33 条 岗位存在的职业危害为煤尘和噪声。

第 34 条 岗位存在的危险因素为物体打击、机械伤害、触电伤害、高空坠落及其他伤害。

第 35 条 生产过程中，相关安全防护设施必须正常运行和使用。上岗人员必须穿好工作服、戴好安全帽及防尘口罩、防噪耳塞，生产过程中不得弃用防护用品。

第 36 条 一旦发生人身安全职业危害事故，立即送往医院治疗。

螺杆压风机司机

一、一般规定

第 1 条 应经安全培训和本工种专业技术培训，通过考试取得操作证后，持证上岗。

第 2 条 熟悉本岗位设备的检查、维护和一般故障的排除方法。

第 3 条 熟悉螺杆压风机的工作原理、结构性能、技术特征、零部件的名称和作用，设备的性能、维护保养知识及有关电气基本知识。

第 4 条 熟悉岗位设备开停车顺序、操作方法以及检查、分析、防止和排除故障的方法。

第 5 条 严格执行《选煤厂安全规程》、岗位责任制、交接班制度和其他有关规定。

第 6 条 上岗时，按规定穿戴好劳动保护用品。

二、操作准备

第 7 条 对设备进行以下检查：

1. 了解冷却水池水位情况，水池水位不足应及时补加，并检查自控装置应完整、灵活、可靠。

2. 检查各清水泵工作是否正常，机械密封是否完好。

3. 检查螺杆压风机显示屏幕上的数据有无异常，检查设备有无报警信息。

4. 检查各压力表是否完好，读数是否正常。

第 8 条 开车前对岗位安全环境进行确认：

1. 确认安全设施的完好性。

2. 确认安全通道畅通。

3. 确认现场新增加的设施不危及本岗安全。

4. 确认消防设施符合要求。

三、正常操作

第 9 条　开车。

1. 接到开车信号，确认检查无误后可准备开车。

2. 螺杆压风机开启前应先开启冷却水泵，并确保冷却水返回冷却水池后方可启动。启动螺杆压风机时只需按下"启动"按钮，设备自动加载。

3. 注意检查设备的声响、震动和温升情况，及时读取设备显示屏上信息并做好记录，有问题及时汇报。

4. 经常查看各清水泵工作是否正常，各水池内水位是否正常，及时调整水平衡。

四、特殊操作

第 10 条　设备因缺水超温自停，不能立即开冷却水泵，防止设备损坏。

第 11 条　设备出现异常声响或震动危及设备安全，司机要立即按下急停按钮，然后查找原因。

五、收尾工作

第 12 条　接到停车信号，准备停车。

第 13 条　空气压缩机停车顺序：按下"停车"按钮设备自动停车；停清水泵。

第 14 条　停车后，对各机电设备、自控装置和各仪表及管道、阀门进行一次检查，发现异常情况，及时处理。定时排放储气罐中的油水及杂物。

第 15 条　利用停车时间对设备进行维护保养，并清理设备和环境卫生。

第 16 条　按规定填写岗位记录，做好交接班工作。

六、安全规定

第 17 条　设备运行期间严禁清理运转部位。

第 18 条　应在压风机房门口设立警示牌防止闲杂人员进入。

第 19 条　设备的安全防护网、安全门必须安装到位。

第 20 条　设备检修必须执行停电挂牌制度。

第 21 条　当设备运转不正常时，要及时查找原因，并向调度和班长汇报。

第 22 条　进行 2 m 以上的高空作业时，必须系安全带。

七、危险因素、职业危害与防护

第 23 条　岗位存在的职业危害为煤尘和噪声。

第 24 条　岗位存在的危险因素为物体打击、机械伤害、触电伤害、高空坠落及其他伤害。

第 25 条　生产过程中，相关安全防护设施必须正常运行和使用。上岗人员必须穿好工作服、戴好安全帽及防尘口罩、防噪耳塞，生产过程中不得弃用防护用品。

第 26 条　一旦发生人身安全职业危害事故，立即送往医院治疗。

罗茨风机司机

一、一般规定

第 1 条 应经安全培训和本工种专业技术培训，通过考试取得操作证后，持证上岗。

第 2 条 熟练本岗位设备的开、停车程序和操作方法，以及检查、分析、防止和排除故障的方法。

第 3 条 掌握罗茨风机的工作原理、性能、结构、技术特征、零部件的名称和作用。

第 4 条 安全装置必须齐全可靠，温度计、压力表完整齐全。

第 5 条 严格执行《选煤厂安全规程》、岗位责任制、交接班制度和其他有关规定。

第 6 条 上岗时，按规定穿戴好劳动保护用品。

二、操作准备

第 7 条 开车对设备进行以下检查：

1. 鼓风机和管道各接合面连接螺栓、机座螺栓、联轴器柱销螺栓应紧固可靠。

2. 空气过滤器及进出风管路应清洁畅通。

3. 管道上对应的闸阀应打开，出风管路旁通泄压阀应打开。

4. 检查各注油点，确保油量充足，油质清洁。

5. 仪表和电气设备应完好正常。

6. 开车前停电并用手转动联轴器，机内应无摩擦碰撞现象。

第 8 条 开车前对岗位安全环境进行确认：

1. 确认安全设施的完好性。

2. 确认安全通道畅通。

3. 确认现场新增加的设施不危及本岗安全。

4. 确认消防设施符合要求。

三、正常操作

第 9 条 开车。

1. 按下启动按钮，空运转至电流、声音平稳。

2. 缓慢关闭旁通阀门(需 3～5 min)，检查电流、升压是否超过额定值，关闭过程中如升压、声音异常应立即停止关闭旁通阀并适当打开，待正常后再继续关闭旁通阀。

第 10 条 定期巡视风机声音、电流、温度等有无异常现象。

第 11 条 检查风压是否正常，各处是否有漏气现象。

第 12 条 严禁通过开关阀门来调整流量大小。

第 13 条 压力表开关处于常闭状态，测定压力时，可将压力表开关打开。

四、特殊操作

第 14 条 发现以下情况时应立即停车，避免造成事故。

1. 风叶碰撞或转子与机壳摩擦，发热冒烟。

2. 轴承、齿轮油箱油温超过规定值。

3. 机体强烈震动，轴封装置涨围断裂，大量漏气。

4. 电流、风压突然升高，电动机及电气设备发热冒烟。

5. 安全阀打开,风压泄放。

五、收尾工作

第 15 条　停机前先做好检查,缓慢打开旁通阀后,按下停车按钮。

第 16 条　利用停车时间对设备进行维护保养,并清理设备和环境卫生。

第 17 条　按规定填写岗位记录,做好交接班工作。

六、安全规定

第 18 条　设备运行期间严禁清理运转部位。

第 19 条　设备运转部位必须加装防护罩。

第 20 条　机体及送风管路运行中温度较高,严禁直接触摸。

第 21 条　运行中严禁通过关闭出风阀门调解供风量 。

第 22 条　进行 2 m 以上的高空作业时,必须系安全带。

第 23 条　风机运行中发现异常必须立即停机,汇报维修。

第 24 条　严禁站在安全阀、旁通阀正面。

第 25 条　操作风机时必须戴耳塞。

七、危险因素、职业危害与防护

第 26 条　岗位存在的职业危害为高温和噪声。

1. 噪声主要通过听力感觉,长期接触会对人体多个系统产生不良影响,其中尤以对听觉器官的损害最为突出,严重时甚至会引起噪声性疾病。岗位人员每天连续接触噪声时间达到或者超过 8 h 的,噪声声级限值为 85 dB(A);不足 8 h 的,时间减半、噪声声级限值增加 3 dB(A),但最高不得超过 115 dB(A)。

2. 高温对人体体温调节、水盐代谢等生理功能产生影响的同时,还可导致中暑性疾病,如热射病、热痉挛、热衰竭。如温度较高必须采取降温或减少高温工作时间。

第 27 条　岗位存在的危险因素为物体打击、机械伤害、触电伤害、高空坠落及其他伤害。

第 28 条　生产过程中,相关安全防护设施必须正常运行和使用。上岗人员必须穿好工作服、戴好安全帽、防护手套及防噪耳塞,生产过程中不得弃用防护用品。

第 29 条　一旦发生人身安全职业危害事故,立即送往医院治疗。

煤介混合桶操作工

一、一般规定

第 1 条　应经安全培训和本工种专业技术培训,通过考试取得操作证后,持证上岗。

第 2 条　熟悉煤介混合桶的工作原理、构造、技术特征、零部件的名称和作用,掌握电动机和控制设施的性能及相关安全用电基本知识。

第 3 条　熟悉与上、下岗位的联系,熟练掌握本岗设备的开停机顺序、操作方法。

第 4 条　熟悉岗位设备的检查维护、问题分析及防止和排除一般故障的方法。

第 5 条　严格执行《选煤厂安全规程》、岗位责任制、交接班制度和其他有关规定。

第6条 上岗时，按规定穿戴好劳动防护用品。

二、开车前的准备

第7条 对以下设备进行检查：

1．检查煤介混合桶、管道、闸阀有无漏水、漏介及堵塞现象。

2．检查混合桶的合格介质的密度，如果达不到规定要求应及时补充。

3．检查旁通管道气动闸阀操作机构、供风管道及截止阀、调压阀、过滤器、油雾器是否完好，油雾器的油位是否合适。

4．开车前旁路闸门必须处于打开状态。

5．检查泵体、胶带轮、传动电动机等附件情况，所有螺栓、螺钉是否紧固。检查并加好盘根。

6．检查润滑系统，润滑油量是否足够。

第8条 开机前对岗位安全环境进行确认：

1．确认安全设施的完好性。

2．确认安全通道畅通。

3．确认现场新增加的设施不危及本岗安全。

4．确认消防设施符合要求。

三、正常操作

第9条 开车前首先冲洗泵和入料管约1 min。

第10条 开启泵，通过旁路返回混合桶后，立即关闭冲洗水管，并打循环5～10 min。

第11条 系统其他设备启动完后，接集控室通知，关闭管道旁路闸门，开始向旋流器供料。

第12条 检查泵与电动机运转情况，发现有异常或泵体震动时，应立即停车，检查处理。

第13条 检查泵的压力情况，当压力增大，说明出水管道堵塞；当压力降低，说明进水管道堵塞或泵内卡塞，应停车处理。

第14条 不断检查泵轴承及电动机温度，当轴承温度高于65 ℃及电动机温度增高时，应采取措施或停泵检查处理。

第15条 注意填料盘根松紧程度，发现漏水或冒烟，应及时停车，调整填料压盖压紧程度。

第16条 及时检查传动带的松紧程度和两传动轮的平行度。

四、特殊情况处理

第17条 发现排料量不足时，倒泵反冲3～5次，如仍不上料，及时汇报处理。

第18条 发现有噪声、异常音响以及排料不能满足生产需要等现象时，应及时停车汇报处理。

第19条 生产过程中发生突发性事件时，应立即停车，及时汇报处理。

五、收尾工作

第20条 接到停车信号后，先停止给料。停车程序：关闭出料阀门→关闭入料阀门→停电动机→关闭冷却水阀门。使用变频器的泵，应调节频率使其逐渐减小，关闭入料阀门，关闭出料阀门。

第 21 条　检查所属设备各部件是否正常，风、水、闸门有无漏风、漏水现象，各处溜槽有无损坏、是否畅通，发现问题及时处理。

第 22 条　利用停车时间进行设备的维护保养，处理运行中出现的和停车后检查出的问题。

第 23 条　按规定填好岗位记录，做好交接班工作。

六、安全注意事项

第 24 条　在正常开车时，要注意泵的运行情况，发现问题要及时处理，处理事故时要停机、停电，并要有人监护。

第 25 条　必须进入桶中时，按停送电制度办理相关设备的停电事宜，并设专人监护。进入前必须系好安全带，并首先检查桶内网箅是否牢固安全，孔径是否符合要求等，然后再进行作业。

七、危险因素、职业危害与防护

第 26 条　本岗存在的职业危害为噪声和煤尘。

第 27 条　岗位存在的危险因素为物体打击、机械伤害、触电伤害、高空坠落及其他伤害。

第 28 条　上岗人员必须穿好工作服、戴好安全帽及防噪耳塞等防护用品。

第 29 条　一旦发生人身职业危害事故，立即送往医院治疗。

集控操作工

一、一般规定

第 1 条　应经安全培训和本工种专业技术培训，通过考试取得操作证后，持证上岗。

第 2 条　严格执行《选煤厂安全规程》、岗位责任制、交接班制度和其他有关规定。

第 3 条　具备组织和指挥生产的能力，熟练掌握集控操作和故障应急处理方法。

第 4 条　掌握选煤工艺流程、设备流程、各主要作业过程。

第 5 条　熟悉机电设备的构造、技术特征、故障规律、常见故障的原因，能对生产中出现的问题做出正确判断和处理。

第 6 条　掌握风、水、电系统的工作情况，能合理调配使用，确保生产需要。

第 7 条　掌握井下各工作面原煤的煤质情况及原煤、产品的储运情况，生产计划和产品指标等。

第 8 条　了解各基层单位的区域范围及职责分工，能联系畅通，促使各方更好地为生产一线服务。

第 9 条　掌握各集控操作系统开、停车顺序及联锁、闭锁关系，显示器上各种信号的指示意义。必须熟悉调度室内各种通信、集控和自控设备的工作原理、操作方法、维护保养基本知识，充分发挥其性能，为生产服务。

第 10 条　能熟练填写并运用各种生产图表和记录，为积累原始资料和现代化管理服务。

第 11 条 上岗时，按规定正确穿戴好劳保用品。

二、操作准备

第 12 条 掌握按生产计划、检修计划、临时安排或抢修的检修项目进展和完成情况。开车前 30 min 确认检修项目是否完成，确认后方可按照生产需要开车。

第 13 条 掌握生产作业产品数质量计划，了解矿井原煤提升情况及仓储、各产品的仓储情况，以合理安排开车时间。

第 14 条 开车前，应了解循环水状况以及絮凝剂、浮选药剂、重介质等材料的供应情况。

第 15 条 了解生产岗位人员的到岗情况。

第 16 条 上述各项全部落实后，根据系统设备情况，选择集控或就地开车方案，并通知现场操作人员。

第 17 条 开车前对岗位安全环境进行确认：

1. 确认各工控机运行正常，鼠标操作灵敏。
2. 确认各集控操作系统、工艺参数控制系统通信正常。
3. 确认各通信设备完好。
4. 确认消防设施符合要求。

三、正常操作

第 18 条 仅当班调度员（集控操作工）有权操作集控系统。正常生产开车时，根据各自的启车系统程序要求进行启车操作。正常启动前，操作人员必须发出启车信号，时间不得少于 2 min，开车的顺序按照逆煤流顺序进行。

第 19 条 正常生产开车时，集控启车设备要等候集中启动；不参加集控的设备的开车，由调度员（集控操作工）根据具体情况，电话通知岗位人员开启。

第 20 条 在启车过程中，要通过大屏幕显示、显示器等密切监视各系统的运行情况，观察各设备运转状态，如出现异常情况要及时采取应急措施。

第 21 条 密切观察各种控制按钮、指示仪表、指示灯等是否正常，发现问题应及时通知维修人员进行维修。

第 22 条 系统设备运转正常后，方可安排带煤生产。

第 23 条 不开车时，应确保所属范围内的仪表、监视设备等处于初始状态，发现问题要及时通知有关人员处理。

第 24 条 按规定记录各种运行数据，并按规定进行数据的上报。

四、特殊操作

第 25 条 生产过程中，出现重大事故，包括影响时间超过 30 min 的影响时间、生产系统大面积电气故障、人身伤害事故、重大机电设备事故等，调度员（集控操作工）应根据实际情况快速安排停止给料、停水等相关事宜，按照相关应急预案及响应要求，及时安排事故处理，并汇报值班领导，必要时，到现场查看事故情况，做好相关记录。

第 26 条 装车配煤的操作：装车前，准确掌握装煤品种的质量要求和发运量，根据产品的质量和仓存情况，确定配煤装车方案，并安排装车有关人员严格按照方案进行装车，确保外运产品的质量符合客户要求，必要时，到达现场进行必要的监督和指挥。

五、收尾工作

第 27 条　停车时按顺煤流停车的顺序进行。调度员(集控操作工)应根据计划停车或事故停车的不同情况来进行下一步工作安排。事故停车应及时安排处理,并汇报当天值班及相关领导,组织力量抢修,尽快恢复生产。

第 28 条　就地停车时,通知源头设备停止给料,由岗位工就地停车。集控停车时,通知生产班长及有关岗位人员,由集控系统控制系统停车。

第 29 条　煤泥水浓缩、回收环节,可根据实际情况,待底流浓度降到规定指标以下时,方可停车。

第 30 条　停车后应进行的工作:收集停车后各岗位检查出的需要处理的问题,并汇总上报有关部门进行处理。认真填写有关报表的工作记录,做好向上级领导的汇报工作,做好交接班工作。

第 31 条　有重点检修项目时,应动态跟踪项目的进展情况,准确掌握检修进度信息,及时向有关领导汇报。

第 32 条　按文明生产要求,安排做好设备和工作现场的卫生。

六、安全规定

第 33 条　调度室(集控室)工控机、视频显示气等电气设备多,应注意安全用电,不得用湿布擦拭电气设备,避免发生触电或电气设备故障。

第 34 条　严格按照集控安全技术操作规程操作,避免由于操作不当引发人身安全事故或机械事故。

第 35 条　开车前,必须确认各项检修项目完工,检修人员撤离,生产岗位人员到位,并发出启车信号。

第 36 条　对现场反映的问题,及时安排处理,避免造成机电、生产或人身事故。

第 37 条　停车后需单开有关设备时,先解除联锁,再就地启车。

七、危险因素、职业危害与防护

第 38 条　岗位存在的危险因素为触电伤害、火灾及其他伤害。

第 39 条　定期检查消防设施的完好情况,工作过程中,穿平底鞋,在清理卫生时,不用湿布擦拭带电设备。

第 40 条　一旦发生人身安全职业危害事故,立即送往医院治疗。

磁选机司机

一、一般规定

第 1 条　应经安全培训和本工种专业技术培训,通过考试取得操作证后,持证上岗。

第 2 条　熟悉本岗位设备的检查、维护和一般故障的排除方法。

第 3 条　熟悉磁选机的工作原理、结构性能、技术特征、零部件的名称和作用、设备的性能、维护保养知识及有关电气基本知识。

第 4 条　熟悉岗位设备开停车顺序、操作方法以及检查、分析、防止和排除故障的方法。

第 5 条　严格执行《选煤厂安全规程》、岗位责任制、交接班制度和其他有关规定。

第 6 条　上岗时，按规定穿戴好劳动保护用品。

二、操作准备

第 7 条　对设备进行以下检查：

1. 检查入料箱内是否有杂物，将杂物清理干净。

2. 检查入料箱内滤网或过滤网是否破损，清理后方可给料。严禁在无过滤网或过滤网破损的情况下使用该设备。

3. 检查各机械部件是否正常，各入料、排料管道及槽体底流管、溢流管是否畅通。

4. 检查卸料橡胶刮板的磨损情况及与滚筒的接触情况，如果接触不好必须及时调整。

5. 检查不锈钢滚筒表面是否有变形和损伤情况。

6. 检查固定螺栓的紧固情况。检查地脚螺栓是否紧固、无松动，磁体架与中心轴连接是否紧固、无松动。

7. 检查各润滑部位是否完整齐全，油路是否畅通、油量是否适宜。

8. 安全设施应正常，无缺失或开焊、不牢固现象。

9. 根据调度安排使用就地、集控、检修状态，检查操作按钮所在位置，按要求将开关打到就地、集控、检修位置。

第 8 条　开车前对岗位安全环境进行确认：

1. 确认安全设施的完好性。

2. 确认安全通道畅通。

3. 确认现场新增加的设施不危及本岗安全。

4. 确认消防设施符合要求。

三、正常操作

第 9 条　开车。

1. 手动开车。接到就地开车信号，检查确认控制箱操作状态，待下一道工序设备运行后，方可发信号开车。

2. 集控开车。将现场控制箱打到集控位置，接到调度集控通知或集控开车信号后，检查确认控制箱操作状态，检查确认设备设施周边无影响安全运转的状况，在远离设备设施保证自身安全的位置，巡查岗位设备的集控开启及运转情况。

第 10 条　运转中要巡回检查电动机震动、温度、声音是否正常，随时询问上级筛子运行情况。

第 11 条　运转中注意给料箱内是否有杂物，如果给料管堵塞或给料箱冒料需立即通知控制室停泵并清理。

第 12 条　任何情况下都严禁使尺寸大于 10 mm 的物体进入分选槽。

第 13 条　要随时观察入料槽、入料管入料情况，观察每根入料管入料是否均匀。

第 14 条　要随时观察磁选尾矿溢流情况，溢流量占总尾矿量的 25%～50%，尾矿槽严禁出现翻花等现象，以防降低介质回收，增加介耗。

第 15 条　要定时用竹竿或水冲洗清理磁选滚筒底部积聚的物料，根据积聚物料的分布范围判断入料管情况。严禁用铁制工具清理滚筒及其他部位。

第 16 条　时刻观察精矿槽刮取精矿情况，当精矿浓度较高时，可以加入冲水。

第 17 条　运行中严禁跳到磁选机上处理事故，避免发生危险，遇有事故或隐患，应立即向调度室汇报并停车，当磁选机的入料管或出料管发生堵塞时，必须停车处理。

第 18 条　检查或清理磁选机必须严格执行停电挂牌制度，将控制箱打到检修位置。

第 19 条　现场不得有长流水及长明灯现象，磁选机不得出现空开车现象。

四、特殊操作

第 20 条　经检验尾矿中磁性物含量高时：

1. 尾矿液位过低时，减少尾流量直到约有 25%的量通过溢流堰，确保整个溢流堰均有溢流均匀通过，溢流高度约为 10 mm 为最佳。

2. 磁极位置错误时，若排出的磁精矿浓度太高，则将磁极朝精矿排料堰方向微调；若排出的磁精矿浓度太低，则将磁极朝远离精矿排料堰方向微调。

3. 选别区间隙过大时，将转筒调至合适位置(最多可以将选别区所有垫片全部去掉)。

4. 入料中煤泥含量高时，增加水量降低磁选机入料浓度或降低选别间隙。

5. 尾矿液面有翻花现象时，清理槽体内杂物或降低入料压力。

第 21 条　如发现外筒皮有磨损现象时，松开刮板，将刮板与滚筒虚搭，清理选别区杂物。

第 22 条　精矿卸不尽时，在精矿侧增加喷水辅助卸料。

第 23 条　磁精矿比重低时，重新调整转筒垂直位置，或重新调整磁偏角；重新调整尾流口径；将转筒前移。

第 24 条　精矿排料不均匀时，重新将转筒操平找正；用垫片校正机架或轴瓦座直到水平；检查处理堵塞之处。

第 25 条　排料溢出槽体外时：

1. 若尾流通过量太少，调节尾流调节板，增加尾流通过量以达到 25%的溢流。

2. 若入料中固体物粒度过大，加大操作间隙并重新检查溢流。

3. 若转筒位置太靠近给料端，重新调整转筒位置。

4. 若液流涌动(紊流)，在磁选机入料前安装(稳流板)或控制、降低入料速度。

5. 若转筒下部堵塞，用一根橡皮管穿过转筒与槽体之间从磁选机的一侧移到另一侧，来寻找堵塞处，找到后进行清理即可。

五、收尾工作

第 26 条　接到调度通知停车后，确认磁选机无入料时，集控停止磁选机。

第 27 条　停车后，应进行整机巡视，发现问题，应及时汇报处理。

第 28 条　停车后清理磁选机滚筒表面，清理磁选滚筒与排料槽之间的物料，清理尾矿槽内物料，清理尾矿箅子上的颗粒及杂物，检查各连接部位、螺栓是否紧固。

第 29 条　利用停车时间对设备进行维护保养，并清理设备和环境卫生。

第 30 条　按规定填写运转日志，做好交接班工作。

六、安全规定

第 31 条　设备运行期间严禁清理运转部位。

第 32 条　主机运转过程中严禁用铁器或其他磁导体接触转盘及磁极。

第 33 条　电气设备要保持干燥、清洁，防止水溅到电气设备上。

第 34 条　不得擅自改变激磁电流。

第 35 条 当磁选机运转不正常时，要及时查找原因，并向调度和班长汇报。

第 36 条 听到集控开停车预警信号后，司机立即远离设备的运转部位，在就地开关附近监视设备启动情况。

七、危险因素、职业危害与防护

第 37 条 岗位存在的职业危害为煤尘和噪声。

第 38 条 岗位存在的危险因素为物体打击、机械伤害、触电伤害及其他伤害。

第 39 条 生产过程中，相关安全防护设施必须正常运行和使用。上岗人员必须穿好工作服、戴好安全帽及防尘口罩、防噪耳塞，生产过程中不得弃用防护用品。

第 40 条 一旦发生人身安全职业危害事故，立即送往医院治疗。

加压过滤机司机

一、一般规定

第 1 条 应经安全培训和本工种专业技术培训，通过考试取得操作证后，持证上岗。

第 2 条 熟悉本岗位设备的检查、维护和一般故障的排除方法。

第 3 条 熟悉加压过滤机的工作原理、结构性能、技术特征、零部件的名称和作用、设备的性能、维护保养知识及有关电气基本知识。

第 4 条 熟悉岗位设备开停车顺序、操作方法以及检查、分析、防止和排除故障的方法。

第 5 条 严格执行《选煤厂安全规程》、岗位责任制、交接班制度和其他有关规定。

第 6 条 上岗时，按规定穿戴好劳动保护用品。

二、操作准备

第 7 条 对设备进行以下检查：

1. 打开仓内照明。
2. 检查料位、液位、电极是否正常。
3. 检查滤扇、下料槽、仓内锚链是否正常。
4. 清理仓内杂物，关闭人孔门。
5. 检查高压风机、液压站各部阀门管路是否正常。
6. 手动启动高压风机、液压站关闭仓内通向外部的所有阀门及上、下排料闸板。
7. 加压过滤机应保持空载启动。
8. 安全设施应正常，无缺失或开焊、不牢固现象。
9. 根据调度安排使用就地、集控、检修状态，检查操作按钮所在位置，按要求将开关打到就地、集控、检修位置。

第 8 条 开车前对岗位安全环境进行确认：

1. 确认安全设施的完好性。
2. 确认安全通道畅通。
3. 确认现场新增加的设施不危及本岗安全。
4. 确认消防设施符合要求。

三、正常操作

第 9 条　开车。

1. 手动开车。接到就地开车信号，检查确认控制箱操作状态，待下一道工序设备运行后，方可发信号开车。开车后，应在加压过滤机运行正常后再给料。

2. 集控开车。接到调度集控通知或集控开车信号后，检查确认控制箱操作状态，检查确认设备设施周边及加压仓内运转的状况，在远离设备设施保证自身安全的位置，巡查岗位设备的集控开启及运转情况。

3. “转换”开关打到自动位置。按下“启动按钮”(高压风机、液压站自动启动)待高压风压力达到 0.7 MPa 时(自动“提出”开给料泵)按给料泵开车信号按钮，手动将入料阀门开到 40%～50%，过滤机槽内液位达到低位时(自动启动刮板运输机、搅拌机)，向低压风机房发开车信号，手动调节低压风“调节器”(输出指示接近 100%，仓内压力达到 0.15 MPa 时，自动启动轴，开滤液阀)。

4. 加压过滤机工作正常后，将阀门调节投入“自动”，将调节器投入自动。

第 10 条　生产过程中岗位司机要及时调整储浆槽内液位，观察高压风压力、加压仓内压力。同时，观察排料周期是否正常。

第 11 条　生产过程中，司机要及时查看精矿池液位，精矿池液位过高或过低司机要及时通知浮选司机调整操作。

四、特殊情况处理

第 12 条　注意压力仓保压情况：当压力仓内压力降到 0.17 MPa 以下时(自动报警)，应检查各部位是否有漏风现象，低压风机供风是否正常。如仓内压力继续下降，按“等待”按钮(自动停主轴，关滤液阀)手动调节入料阀门，当仓内压力达到 0.25 MPa 时，按“恢复”按钮(自动投入正常运行)。

第 13 条　注意过滤机槽内液位，如液位突然下降，低于中料位时，要及时观察给料泵入料情况。如给料泵不上料，手动关闭入料阀门，查找原因。

第 14 条　运行中如发出“故障信号”及时按“确认”按钮，查看模拟盘“提示”，查找原因。

第 15 条　当滤饼在滤扇成饼区脱落，司机应及时降低入料泵频率，提高主轴转速。当滤扇被物料压住不能运行时，司机应及时对设备进行停车操作，然后待设备停电后处理。

第 16 条　如发生紧急故障，及时按紧停按钮，并停给料泵(手动)关给料阀，停低压风机。

五、收尾工作

第 17 条　接到停车信号时，及时向给料泵发停车信号。当滤饼卸净后按顺序停车，向低压风机房发停车信号后按正常停车按钮(加压过滤机自动停主轴、搅拌机、刮板机、高压风机、液压站)。当仓内压力降到 0.15 MPa 时，自动关闭滤液阀，打开放气阀。最后向下一道工序发停车信号。

第 18 条　当仓内压力降到 0 时，打开入孔门，然后手动打开上下闸板，开启刮板机主轴，冲洗滤盘，清理积水。

第 19 条　加压过滤机停车后，旋转开关处于“手动”和“自动”中间位置，滤液阀打开，放气阀关闭，上下闸板打开，停掉电源，锁上操作盘。

六、安全规定

第 20 条　设备运行期间严禁打开加压过滤机仓门。

第 21 条　严禁用水冲洗电气设备，不准高空抛物。

第 22 条　在检修过程中，必须执行停电挂牌制度同时设备控制按钮打到手动位置，电脑界面调出警示语画面。

第 23 条　当加压过滤机运转不正常时，要及时查找原因，并向调度和班长汇报。

第 24 条　进行 2 m 以上的高空作业时，必须系安全带。

第 25 条　听到集控开停车预警信号后，司机立即远离设备的运转部位，在就地开关附近监视设备启动情况。

七、危险因素、职业危害与防护

第 26 条　岗位存在的职业危害为煤尘和噪声。

第 27 条　岗位存在的危险因素为物体打击、机械伤害、触电伤害、高空坠落及其他伤害。

第 28 条　生产过程中，相关安全防护设施必须正常运行和使用。上岗人员必须穿好工作服、戴好安全帽及防尘口罩、防噪耳塞，生产过程中不得弃用防护用品。

第 29 条　一旦发生人身安全职业危害事故，立即送往医院治疗。

分级旋流器操作工

一、一般规定

第 1 条　应经安全培训和本工种专业技术培训，通过考试取得操作证后，持证上岗。

第 2 条　熟悉本岗位设备的检查、维护和一般故障的排除方法。

第 3 条　熟悉分级旋流器的工作原理、结构性能、技术特征、零部件的名称和作用、设备的性能、维护保养知识。

第 4 条　熟悉岗位设备开停车顺序、操作方法以及检查、分析、防止和排除故障的方法。

第 5 条　严格执行《选煤厂安全规程》、岗位责任制、交接班制度和其他有关规定。

第 6 条　上岗时，按规定穿戴好劳动保护用品。

二、操作准备

第 7 条　对设备进行以下检查：

1. 开车前应检查入料桶、入料管、旋流器本体、溢流箱、底流箱是否损坏，是否有漏水、漏煤及堵塞现象。

2. 检查入料桶液位是否正常，检查旋流器入料泵和电动机是否正常。

3. 旋流器各部位，特别是入料口、排料口的磨损不能超过要求，无堵塞现象。

4. 检查阀门是否在正常位置，检查压力表是否完好。

5. 安全设施应正常，无缺失或开焊、不牢固现象。

第 8 条　开车前对岗位安全环境进行确认：

1. 确认安全设施的完好性。

2. 确认安全通道畅通。

3. 确认现场新增加的设施不危及本岗安全。

4. 确认消防设施符合要求。

三、正常操作

第9条　开车。

1. 手动开车。接到就地开车信号，检查确认入料泵控制箱操作状态，待下一道工序设备运行后，方可发信号开车。

2. 集控开车。接到调度集控通知或集控开车信号后，检查确认入料泵控制箱操作状态，检查确认设备设施周边无影响安全运转的状况，巡查岗位设备的集控开启及运转情况。

第10条　检查旋流器工作压力是否正常，入料压力可通过调整入料管上的阀门进行控制。

第11条　检查旋流器底流，在正常压力情况下，分级旋流器底流呈伞状喷出，伞的中心有不大的空气吸入口。

第12条　倾听旋流器声音是否正常。

第13条　要准确掌握煤质变化，及时调节入料压力，确保产品质量指标达到合格要求。

四、特殊操作

第14条　当入料压力低时，排料不成辐射状，形不成中心柱。造成压力不足的原因主要有：管路堵塞；阀门开度小；管路部分磨损，阻力增大或有磨损；入料泵泵衬里、叶轮磨损严重，间隙过大。

第15条　旋流器声音异常，可能入料中有异物，应停车处理。

第16条　发现旋流器溢流中含过多粗颗粒时，应及时与上道工序司机联系，查找原因认真处理。

五、收尾工作

第17条　接到停车信号后，先停止给料，由集控室集中停车。

第18条　检查入料桶、入料管、旋流器本体、溢流箱、底流箱、管路、闸门的磨损情况。

第19条　认真填写运行记录，认真做好设备及地面清洁工作，做好交接班工作。

六、安全规定

第20条　处理旋流器堵塞事故时必须将入料泵停电，不得在有料情况下处理。

第21条　进行2 m以上的高空作业时，必须系安全带。

沉降机司机

一、一般规定

第1条　应经安全培训和本工种专业技术培训，考试合格后方可上岗作业。

第2条　熟悉本岗位设备的检查、维护和一般故障的排除方法。

第3条　熟悉沉降机的工作原理、结构性能、技术特征、零部件的名称和作用、设备的性能、维护保养知识及有关电气基本知识。

第 4 条 熟悉煤泥水处理工艺流程，岗位设备开停车顺序、操作方法以及检查、分析、防止和排除故障的方法。

第 5 条 严格执行《选煤厂安全规程》、岗位责任制、交接班制度和其他有关规定。

第 6 条 上岗时，按规定穿戴好劳动保护用品。

二、操作准备

第 7 条 对设备进行以下检查：

1. 检查入料管阀门是否处于关闭位置，检查冲水阀门是否处于关闭位置，检查三通蝶阀是否处于放料位置，各阀门应开启灵活。检查入料管、沉降离心液管和排料溜槽是否畅通。

2. 检查沉降机各部件及其电动机、电器是否完好无损。各检测仪表如电流表、油压表、电压表、扭矩仪应完好。

3. 检查油箱油位、油质符合要求，且无漏油现象。检查三角带的数量和松紧度适宜。转动部位应无接触、摩擦，运转灵活，转鼓无破损。

4. 安全设施应正常，无缺失或开焊、不牢固现象。减振橡胶齐全无破损、老化现象。

5. 了解入料浓度及生产情况，根据需要选择开启设备数量。

6. 检查操作按钮所在位置，根据调度指令开车。

7. 岗位工在检查中发现不具备开车条件时，应及时向调度室汇报，说明原因，待具备开车条件时，及时通知调度室等待开车。

第 8 条 开车前对岗位安全环境进行确认：

1. 确认安全设施的完好性。

2. 确认安全通道畅通。

3. 确认现场新增加的设施不危及本岗安全。

4. 确认消防设施符合要求。

三、正常操作

第 9 条 开车。接到就地开车信号，检查确认控制箱操作状态，待下一道工序设备运行后，方可发信号开车。开车后，应在沉降机运行正常、无异常现象时再进料。

第 10 条 开车顺序。

1. 开启控制柜电源开关，电源指示灯亮。

2. 启动油泵电动机 3～5 min，观察电接点压力表是否正常，主润滑系统压力表指针在 0.05～0.5 MPa之间，差速器润滑系统压力表指针在 0.05～0.8 MPa 之间为正常，查明循环润滑油是否流到润滑点。

3. 待各润滑油油压正常后，启动主动电动机，观察电流表指针，由大到小变化，直到稳定到空载值，并观察扭矩仪为空载值，开始缓缓给料。给料要求要均匀、稳定，不能过急过浓，防止设备超负荷运转。

4. 给料可选择自动或手动。打开电源，通过操作电动操作器，操纵电动执行机构（三通蝶阀）转动实现进料或放料。达到手动位置时，手动指示灯亮，左右操作开关手把，电流表指针将向进料或放料摆动，此时可根据扭矩仪显示的扭矩值控制离心机的进料量。

第 11 条 沉降离心机正常运行时，三通蝶阀应处于全进料位置，可通过调节闸板阀控制离心机的入料量，使离心机扭矩值稳定在规定值范围内。

第12条　设备运转过程中，要经常检查给料管有无堵塞，来料是否均匀，沉降液管、滤液管和排料溜槽是否畅通。检查沉降机运转是否平稳，润滑是否正常，有无异常震动和异响现象，注意扭矩仪和电流表的指示，并根据具体情况进行调整。

第13条　检查电动机和供油系统温度是否正常。两个主轴承，即：差速器固定轴、传动轴轴承，各点温升不得大于40 ℃，温度不得超过75 ℃。电动机温度一般不超过55 ℃。温度过高，要及时采取措施，并汇报调度。

第14条　具备条件情况下要经常检查脱水后产品水分、离心液的流量、粒度、浓度，判断沉降机工作状态，判断筛网磨损、堵塞情况。

四、特殊操作

第15条　运行中发现以下情况，应立即停车处理：

1. 安全销被剪断。
2. 产生强烈震动。
3. 放料管堵塞、滤液管及排料溜槽堵塞。
4. 筛网破损，跑粗严重。
5. 扭矩仪损坏或其他设备故障。

第16条　因故障停车的，再次开车前使用专用工具盘车，使转鼓回转两圈，不应有卡碰现象后方可继续开车。

五、收尾工作

第17条　接到停车信号后应向上一道工序发出停车点。

第18条　待无入料后打开转鼓内、外冲洗水阀门，清洗机器内部5～10 min。（筛网冲洗水压力要求为0.5 MPa）。待电流表和扭矩仪回到空载值后，停止主电动机。

第19条　继续冲水直到转鼓停止运转为止（此段时间约为7 min左右，此时对转鼓过滤段冲洗效果更好）。

第20条　待转鼓停稳后，关闭冲洗水阀门，停止油泵电动机，三通牒阀调整到全放料位置，关闭控制柜电源。

第21条　停车后，应进行整机巡视，发现问题，应及时汇报处理。

第22条　根据对三角带、三通蝶阀、扭矩仪、保险销等部件的检查结果，随时进行调整、汇报更换。

第23条　利用停车时间对设备进行维护保养，并清理设备和环境卫生。

第24条　按规定填写岗位记录，做好交接班工作。

六、安全规定

第25条　设备运行期间严禁清理运转部位。

第26条　沉降机传动部位必须设置安全防护网（罩）。

第27条　当沉降机运转不正常时，要及时查找原因，并向调度汇报。

第28条　严格执行信号联系制度，信号不清或无联系信号时不准开沉降离心脱水机。

第29条　沉降离心脱水机入料中不得混有软、硬杂物及大颗粒物料。

第30条　离心脱水机的油泵电动机、主电动机之间必须实现闭锁。沉降式离心机必须装设安全保护装置及传感器。

第31条　开车前入料管阀门、冲水阀门必须处于关闭位置，三通蝶阀必须处于放料位置，保证离心机开启前不得入料。

第32条 主电动机电流和差速器轴扭矩不得超过给定值。扭矩给定值应由专人根据入料情况进行设定，操作工不得随意改动。

第33条 停车前必须按规定冲洗转鼓和筛网，待电流表和扭矩仪回到空载值后，才可停止主电动机。

第34条 根据离心机入料量，调整离心机开启台数，在保证产品水分的前提下，尽量少开离心脱水机。

第35条 沉降式离心机的主断阀、入料阀、冲洗阀的开度指标应当准确。沉降离心脱水机不得超负荷运行。设备运行中，工作人员不得爬到机体上作业。

七、危险因素、职业危害与防护

第36条 岗位存在的职业危害为煤尘和噪声。

第37条 岗位存在的危险因素为物体打击、机械伤害、触电伤害及其他伤害。

第38条 生产过程中，相关安全防护设施必须正常运行和使用。上岗人员必须穿好工作服、戴好安全帽及防尘口罩、防噪耳塞，生产过程中不得弃用防护用品。

第39条 一旦发生人身安全职业危害事故，立即送往医院治疗。

斗式提升机司机

一、一般规定

第1条 必须经过安全培训和本工种专业技术培训，考试合格取得操作资格证后，方可持证上岗。

第2条 必须熟悉斗式提升机的结构、性能、工作原理及操作方法，不同用途斗式提升机构造特点，了解本岗位有关电气的基本知识。

第3条 熟悉岗位设备开、停车程序操作方法，以及简单的检查、分析、防止和排除故障的方法。

第4条 严格执行《选煤厂安全规程》、技术操作规程、岗位责任制、交接班制度和其他有关规定。

第5条 上岗时，按规定穿戴好劳动保护用品。

二、操作准备

第6条 注意查看传动系统、传动链的松紧程度，传动链与链轮的啮合是否良好，磨损是否严重，有无跳链现象。

第7条 紧链装置应完好齐全，调整灵活。

第8条 机头星轮与链板的啮合应正常、无过度磨损。

第9条 链板及其连接轴不应损坏、变形，链板孔不过度磨损，无掉道，销子无脱落。

第10条 斗筐应无严重变形、损坏和缺少，脱水孔不应堵塞。

第11条 滑道应平整，无过度磨损。

第12条 斗式提升机前、后溜槽应通畅，无损坏变形等现象。

第 13 条　安全设施应正常，无缺失或开焊、不牢固现象。

第 14 条　根据调度安排使用就地、集控、检修状态，检查操作按钮所在位置，按要求将开关打到就地、集控、检修位置。

第 15 条　开车前对岗位安全环境进行确认：

1. 确认安全设施的完好性，确认作业区照明符合要求。
2. 确认安全通道畅通。
3. 确认现场新增加的设施不危及本岗安全。
4. 确认消防设施符合要求。

三、正常操作

第 16 条　在接到开车信号，确认检查无误后，即可答应开车。启动后，应在斗子运行几周无异常情况后，方可给料。

第 17 条　注意观察斗子的负荷情况。斗子的装料要均匀，以平斗以下为宜，不能长时间尖斗运行，防止压斗子事故。

第 18 条　注意检查斗子卸料情况，发现严重返煤现象，应抓紧处理，以免发生压斗子事故。

第 19 条　定期逐个检查一周链板、链轴、滚轮和销子的工作状态，防止因链板折断或销子、小轴松脱等造成事故。

第 20 条　注意检查斗子的运行情况，有无刮坏、撕坏和撕开等现象。

第 21 条　检查传动机构的运行情况：电动机的声音和温度应正常，减速机、传动链和链轮运行应正常。

四、特殊操作

第 22 条　压住斗子后，不可强行启动，应卸掉部分物料后再行启动，严禁满负荷开车。

第 23 条　在运行中，斗提机自动停车或卡住开不动，应查明原因，在排除故障后再开车。

第 24 条　在停车时间较长时，每 2～4 小时将斗子开动一次，以防煤泥沉淀压住斗子。

第 25 条　发生销子频繁切断现象，应认真检查分析原因。

五、收尾工作

第 26 条　停车前，要先停止给料，在将斗箱底部物料全部拉净后，方可停车，严禁满载停车。

第 27 条　就地开车时，接到停车信号后，待设备上无物料时，方可按下停车按钮进行停车。

第 28 条　集控开车时，由调度集中控制停车。

第 29 条　交接班前应将工作区域卫生清理干净，各类物品码放整齐。

第 30 条　应在现场进行交接班，向接班人员详细交代清本班斗提机的运转状况、出现的故障及存在的问题，履行完交接班手续后，方可交接。

六、安全规定

第 31 条　斗式提升机穿越楼板的孔洞，必须加设防护栏杆或盖板。当检查物料及斗子运转情况时，操作人员应当站在斗箱侧面。

第 32 条　斗子压住或卡住时，必须立即停车处理。处理时，斗子正面不得站人。

第 33 条 当斗子压住需放水处理时，应当使用事故放水门放水。禁止操作人员打开机尾大盖。

第 34 条 在斗式提升机运转中，禁止操作人员进行检查、维修和清扫。

第 35 条 斗式提升机检修，必须切断电源。进入机壳作业，上下之间必须有完善的信号联系，并设专人负责安全监督工作。检修完毕，检修工作负责人必须清点工作人员及工具，待确实证明内部无人及工具时，方可试车或灌水。

第 36 条 斗式提升机的逆止装置必须安全可靠。

七、危险因素、职业危害与防护

第 37 条 岗位存在的职业危害为煤尘和噪声。

第 38 条 生产过程中，相关安全防护设施必须正常运行和使用。上岗人员必须穿好工作服、戴好安全帽及防尘口罩、防噪耳塞，生产过程中不得弃用防护用品。

第 39 条 岗位存在的危险因素为机械伤害、触电伤害、高空坠落及其他伤害。

第 40 条 一旦发生人身安全职业危害事故，立即送往医院治疗。

高频脱水筛司机

一、一般规定

第 1 条 应经过安全培训和本工种专业技术培训，通过考试取得操作证后，持证上岗。

第 2 条 熟悉本岗位设备的检查、维护和一般故障的排除方法。

第 3 条 熟悉高频筛的工作原理、结构性能、技术特征、零部件的名称和作用、设备的性能、维护保养知识及有关电气基本知识。

第 4 条 熟悉岗位设备开停车顺序、操作方法以及检查、分析、防止和排除故障的方法。

第 5 条 严格执行《选煤厂安全规程》、岗位责任制、交接班制度和其他有关规定。

第 6 条 上岗时，按规定穿戴好劳动保护用品。

二、操作准备

第 7 条 设备启动前对高频筛进行以下检查：

1. 筛面应平整，筛板、轨座及侧压板无破损、松动现象，接缝应严密无破损。

2. 各支撑气垫簧应无损坏、不平衡等现象。

3. 激振电动机运转平稳可靠，无异常噪声，电动机温度在正常范围内。

4. 入料管路、筛下溜槽应通畅，无堵塞情况。

5. 安全栏杆、平台、转动部位防护罩等安全保护设施应齐全可靠，无缺失、不牢固现象。

6. 确认本岗位的通信、照明、急停开关等信号装置应灵敏可靠。

7. 根据调度室安排使用就地、集控、检修状态，检查操作按钮所在位置，按要求将开关打到就地、集控、检修位置。

第 8 条 开车前对岗位安全环境进行确认：

1. 确认安全设施的完好性。

2. 确认安全保护装置灵敏可靠。

3. 确认安全通道畅通。

4. 检查现场新改造地方不危及本岗安全。

5. 确认灭火器等消防设施符合要求。

三、正常操作

第 9 条　开车。

1. 集控开车。一般采用集控开车，接到调度集控开车信号后，检查确认控制箱操作状态，检查确认设备设施周边无影响安全运转的状况，在远离设备设施保证自身安全的位置，巡查岗位设备的集控开启及运转情况。

2. 手动开车。如需手动开车在确认设备设施周边无影响安全运转的状况后，检查确认控制箱操作状态，待下一工序设备正常开启后，方可发信号空载开车。开车后，应在高频脱水筛运行无异常现象后再给料。

第 10 条　高频筛启动要严格确保空载启动，正常运行期间要经常对设备进行巡回检查，检查高频筛运行是否平稳正常，有无异常噪声与异常振动，振幅是否在标准范围内，发现隐患或异常情况要及时汇报处理。

第 11 条　正常投料后要根据入料量及浓度的变化，合理进行调整，原则上使煤泥均匀平铺到筛面上，厚度在 50～150 mm 为宜，严禁无料长时间运行。

第 12 条　运行中注意筛箱、支撑簧、激振电动机等部件的运行状况，发现后及时汇报处理，必要时停车检查处理。

第 13 条　运行中注意筛面的运行状况，筛板有无松动、破损、漏料等现象，发现问题立即停车处理。

第 14 条　运行中，如激振电动机或激振器振动发生异常或过热时，要及时停车处理。

第 15 条　注意观察高频筛上的物料分布情况，出现筛上物料量大，筛下跑粗时，要及时调整给料量并检查筛板有无破损情况。

第 16 条　注意检查筛下溜槽的情况，严防堵溜槽事故。

第 17 条　注意检查筛上物料或者下料溜槽箅子上是否有杂物，必要时可停车清理。

四、特殊操作

第 18 条　在运行中，高频筛自停时，应及时查明原因，排除故障后再启动。

第 19 条　高频筛压料过载停车后，要停电挂牌卸掉负载物料后，方可再次启动，严禁带负荷强行启动设备。

第 20 条　运行中发生筛板破损、松动、脱落、筛下溜槽堵塞事故时，应立即停车汇报处理。

第 21 条　处理高频筛应急事故时，要严格执行停电挂牌制度。

五、收尾工作

第 22 条　接到停车信号时，注意观察设备停车期间的运行状态，有异常情况需及时汇报处理。

第 23 条　停车后，应进行整机巡视，发现问题，应及时汇报处理。

第 24 条　停车后，应对筛板进行冲洗并清理筛前溜槽箅子上杂物。

第 25 条　检查筛板、轨座、激振器或激振电动机以及支撑簧，根据检查结果及时汇报处理。

第 26 条 利用停车时间对设备进行维护保养，并清理设备和环境卫生。

第 27 条 按规定填写岗位记录，做好交接班工作。

六、安全规定

第 28 条 设备运行期间严禁清理运转部位，严禁人员进入高频筛筛面上。

第 29 条 高频脱水筛各运转部位必须设置安全防护网(罩)或栏杆。

第 30 条 清理筛孔及处理筛子事故，必须将控制箱转换开关打到检修位置，执行停电挂牌制度，并设专人监护。

第 31 条 上下高频筛平台应抓好扶手，防止跌倒。进行 2 m 以上的高空作业时必须系好安全带。

第 32 条 听到集控开停车预警信号后，司机立即远离设备的运转部位，在就地开关附近监视设备启动情况。

七、危险因素、职业危害与防护

第 33 条 岗位存在的职业危害为煤尘和噪声。

第 34 条 生产过程中，相关安全防护设施必须正常运行和使用。上岗人员必须穿好工作服、戴好安全帽及防尘口罩、防噪耳塞，生产过程中不得弃用防护用品。

第 35 条 岗位存在的危险因素为物体打击、机械伤害、触电伤害、高空坠落及其他伤害。

第 36 条 一旦发生人身安全职业危害事故，立即送往医院治疗。

渣浆泵司机

一、一般规定

第 1 条 必须经过安全培训和本工种专业技术培训，考试合格，取得操作资格证后，方可持证上岗。

第 2 条 熟悉煤泥水泵的工作原理、构造、性能及有关基本知识，了解一些常见故障的发生原因及预防措施。

第 3 条 了解本岗位的作用，煤泥水的浓度、粒度组成，数质量及工艺要求。

第 4 条 掌握本岗位煤泥水、清水的管线布置并能进行正确的操作调整。

第 5 条 熟悉本岗位设备开、停车的程序和操作，以及检查、分析防止简单故障的方法。

第 6 条 严格执行《选煤厂安全规程》、技术操作规程、岗位责任制、交接班制度和其他有关规定。

第 7 条 上岗时，按规定穿戴好劳保用品，女工必须将发辫盘入帽内，禁止带围巾。

二、操作准备

第 8 条 对设备进行以下检查：

1. 检查电动机轴和泵的旋转是否同心。

2. 检查传动带或轴销是否完好。

3. 检查轴承箱是否加入轴承油到油标指示位置。

4. 渣浆泵启动前要先开通轴封水(机械密封为冷却水),同时要展开泵进口阀,关闭泵出口阀。

5. 检查阀门是否灵活可靠。

6. 检查地脚螺栓、法兰密封垫及螺栓,管路系统等是否坏损。

7. 安全设施应正常,无缺失或开焊、不牢固现象。

8. 根据调度安排使用就地、集控、检修状态,检查操作按钮所在位置,按要求将开关打到就地、集控、检修位置。

第 9 条　开车前对岗位安全环境进行确认:

1. 确认安全设施的完好性。

2. 确认安全通道畅通。

3. 确认现场新增加的设施不危及本岗安全。

4. 确认消防设施符合要求。

三、正常操作

第 10 条　在接到开车信号经检查正常后,即可应答开车。

第 11 条　渣浆泵开泵程序:打开冷却水阀门、关闭出料阀门(停车时已关),打开入料阀门,启动电动机;缓慢打开出料阀门直到正常排量。

第 12 条　煤泥水泵正常运转后,电流不能超过额定值,根据生产实际情况,随时调整排料量。

第 13 条　注意电动机声音、震动和温升情况,发现异常及时处理。

第 14 条　密切注意各轴承的润滑情况和轴承温度,发现异常及时处理。

第 15 条　注意检查三角带的数量、松紧度,以保证泵的排料量。

第 16 条　注意各水池不能溢出,若发现溢出,应及时与有关岗位联系并采取措施。

四、特殊操作

第 17 条　发现排料不足时,应检查;发生噪声或异常声响时,应立即停车,检查原因。

第 18 条　发现叶轮、泵壳等严重磨损,以致排量不能满足生产需要时,立即停车处理。

五、收尾工作

第 19 条　接到停车信号后,即准备停车:停车程序为:关闭入料阀门→关闭排料阀门→停电动机→关闭冷却水阀门→打开放料阀门→放净后关闭。

第 20 条　按“四无”、“五不漏”的要求做好设备和环境卫生。

第 21 条　应在现场进行交接班,向接班人员详细交代清本班设备的运转状况、出现的故障及存在的问题,履行完交接班手续后,方可交接。

六、安全规定

第 22 条　水泵运行必须遵守下列规定:

1. 不得在无水情况下运行。

2. 不得在闸阀闭死情况下长期运行。

3. 运行中,吸水管淹没深度不得小于 0.5 m。

4. 按泵标方向旋转。

5. 不得在设备运转中清理设备卫生。

七、危险因素、职业危害与防护

第 23 条 岗位存在的职业危害为噪声。

第 24 条 生产过程中，相关安全防护设施必须正常运行和使用。上岗人员必须穿好工作服、戴好安全帽、防噪耳塞，女工严禁戴围巾，生产过程中不得弃用防护用品。

第 25 条 岗位存在的危险因素为运转部位防护缺陷、管路事故、滑跌伤害、机械伤害、触电伤害、高空坠落及其他伤害。

第 26 条 一旦发生人身安全职业危害事故，立即送往医院治疗。

离心机司机

一、一般规定

第 1 条 应经安全培训和本工种专业技术培训，通过考试取得操作证后，持证上岗。

第 2 条 熟悉本岗位设备的检查、维护和一般故障的排除方法。

第 3 条 熟悉离心机的工作原理、结构性能、技术特征、零部件的名称和作用、设备的性能、维护保养知识及有关电气基本知识。

第 4 条 熟悉岗位设备开停车顺序、操作方法以及检查、分析、防止和排除故障的方法。

第 5 条 严格执行《选煤厂安全规程》、岗位责任制、交接班制度和其他有关规定。

第 6 条 上岗时，按规定穿戴好劳动保护用品。

二、操作准备

第 7 条 对设备进行以下检查：

1. 检查入料及排料溜槽是否堵卡，机体内有无物料堵积，及时清理干净。
2. 入料阀门是否完好，开启是否灵活。
3. 各旋转部件的润滑是否良好，自动注油器是否完好，油位是否正常。
4. 各三角带是否完好，无断裂，张紧程度是否符合要求。
5. 检查离心液水槽有无堵塞现象，确保离心液水管畅通。
6. 筛篮磨损是否严重，有无破损。
7. 防护装置应齐全可靠，无缺失或开焊、不牢固现象。
8. 启动、照明等信号装置应灵敏可靠。
9. 根据调度安排使用就地、集控、检修状态，检查操作按钮所在位置，按要求将开关打到就地、集控、检修位置。

第 8 条 开车前对岗位安全环境进行确认：

1. 确认安全设施的完好性。
2. 确认安全通道畅通。
3. 确认现场新增加的设施不危及本岗安全。
4. 确认消防设施符合要求。

三、正常操作

第 9 条 开车。

1. 集控开车。一般采用集控开车，接到调度集控通知或集控开车信号后，检查确认控制箱操作状态，检查确认设备设施周边无影响安全运转的状况，在远离设备设施保证自身安全的位置，巡查岗位设备的集控开启及运转情况。

2. 手动开车。如需手动开车在确认设备设施周边无影响安全运转的状况后，检查确认控制箱操作状态，方可发信号开车。

第 10 条　运转中要巡回检查电动机及轴承温度、声音是否正常。

第 11 条　检查离心机运行是否平稳、振动是否正常，发现问题及时汇报处理。

第 12 条　运行中注意电动机、振动电动机的工作状况，发现异常后及时汇报处理，必要时停车检查处理。

第 13 条　运行中注意入料溜槽和下料溜槽是否发生堵塞等现象，发现问题立即处理。

第 14 条　运行中观察离心液管是否下料，离心液管是否畅通，发现堵塞及时处理。

第 15 条　根据来料情况合理调整入料阀门开度，调整给料量。

四、特殊操作

第 16 条　在运行中，离心机自动停车或开不动时，应查明原因，排除故障后再启动。

第 17 条　发现筛篮磨损严重或者破损时要及时停车处理。

第 18 条　运行中发生离心机机体振动剧烈时，应立即停车汇报处理。

第 19 条　运行中发现电动机、振动电动机温度、声音异常时应立即汇报处理。

五、收尾工作

第 20 条　接到停车信号时，系统按集控顺序逐步停车。

第 21 条　停车后，应进行整机巡视，发现问题，应及时汇报处理。

第 22 条　停车后，应对筛篮进行冲洗并检查筛篮磨损情况。

第 23 条　利用停车时间对设备进行维护保养，并清理设备和环境卫生。

第 24 条　按规定填写岗位记录，做好交接班工作。

六、安全规定

第 25 条　设备运行期间严禁清理运转部位，严禁人员站在离心机机体上作业。

第 26 条　离心机各运转部位必须设置安全防护网（罩）或栏杆。

第 27 条　离心脱水机的油泵电动机和振动电动机、回转电动机之间必须实现闭锁

第 28 条　清理检查筛篮及处理事故，必须将控制箱转换开关打到检修位置，执行停电挂牌制度，并设专人监护。

第 29 条　检修或处理事故时，应站稳扶牢，注意防滑。

第 30 条　当离心机运转不正常时，要及时查找原因，并向调度和班长汇报。

第 31 条　听到集控开停车预警信号后，司机立即远离设备的运转部位，在就地开关附近监视设备启动情况。

七、危险因素、职业危害与防护

第 32 条　岗位存在的职业危害噪声。

第 33 条　岗位存在的危险因素为机械伤害、触电伤害、高空坠落及其他伤害。

第 34 条　生产过程中，相关安全防护设施必须正常运行和使用。上岗人员必须穿好工作服、戴好安全帽及防尘口罩、防噪耳塞，生产过程中不得弃用防护用品。

第 35 条　一旦发生人身安全职业危害事故，立即送往医院治疗。

压滤机司机

一、一般规定

第 1 条 应经安全培训和本工种专业技术培训,通过考试取得操作证后,持证上岗。

第 2 条 熟悉本岗位设备的检查、维护和一般故障的排除方法。

第 3 条 熟悉压滤机的工作原理、结构性能、技术特征、零部件的名称和作用、设备的性能、维护保养知识及有关电气基本知识。

第 4 条 熟悉岗位设备开停车顺序、操作方法以及检查、分析、防止和排除故障的方法。

第 5 条 严格执行《选煤厂安全规程》、岗位责任制、交接班制度和其他有关规定。

第 6 条 上岗时,按规定穿戴好劳动保护用品。

二、开车前的准备

第 7 条 对设备进行以下检查:

1. 了解压滤入料的数量、浓度、粒度组成。主机两侧的卸料装置(链条、拉钩)松紧应合适,位置应正确。搅拌桶传动带松紧应适当。

2. 各处螺钉及紧固件不应松动脱落,液压系统各油管、压滤机入料管路及接头应无漏水、漏油现象。滤板无破裂,密封胶垫应齐全,滤布无破损、打褶,滤板周边应无黏煤及中心入料孔应畅通。

3. 搅拌桶的状况应良好。

4. 各滤板中的孔有无堵塞,滤液排出孔是否畅通,排出的滤液不得回流。开车前搅拌桶内保持适当水位。

第 8 条 开车前对岗位安全环境进行确认:

1. 确认安全设施的完好性。

2. 确认安全通道畅通。

3. 确认现场新增加的设施不危及本岗安全。

4. 确认消防设施符合要求。

三、正常操作

第 9 条 开车。

1. 手动开车。接到就地开车信号,按逆煤流方向开车,待各设备的下一工序启动后,再启动相关设备。

2. 集控开车。接到调度集控通知或集控开车信号后,检查确认控制箱操作状态,检查确认设备设施周边无影响安全运转的状况,在远离设备设施保证自身安全的位置,巡查岗位设备的集控开启及运转情况。

3. 检查入料浓度,入料应保持均匀,压紧滤板,开泵给料,要逐步关闭回流阀门,在 2～3 min内将主机滤室充满矿浆,使入料压力缓慢上升到 0.4～0.6 MPa 后进入压滤过程,见滤液管出水成滴时,关闭给料泵。

4. 运行期间注意两侧拉板装置是否同步移动,头板在轨道上是否移动,尾板的倾斜是否过大,液压系统各压力表指针是否正常,观察是否流黑水。

5. 压滤进程中发现流黑水时要记下滤板编号,以便卸料后修补滤布。

6. 卸料的程序与操作:松开滤板→近机人控拉板→用木铲清理干净滤板→压紧滤板。

四、特殊操作

第10条　运输设备被物料压住后,不得强行启动,应卸掉一半以上的载荷后再启动,严禁带负荷强行启动。

第11条　在运行中,输送机自动停车或开不动时,应查明原因,排除故障后再启动。

第12条　发现卸料溜槽堵塞,铁器、杂物等卡住输送带时要及时停车处理。

第13条　运行中出现锚链出现错牙、落链等危险情况,应立即停车汇报处理。

五、收尾工作

第14条　接到停车信号时,应按停车顺序停稳,待输送设备上物料拉净后停车。

第15条　停车后,应进行整机巡视,发现问题,应及时汇报处理。

第16条　根据对滤布、滤板、液压站、挡煤板、清扫器、漏斗等相关设备检查结果,随时进行调整、汇报更换。

第17条　利用停车时间对设备进行维护保养,并清理设备和环境卫生。

第18条　按规定填写岗位记录,做好交接班工作。

六、安全规定

第19条　设备运行期间严禁清理设备卫生。

第20条　应在输送机过人的地方设安全过桥和防护装置。

第21条　输送机机头、机尾必须设置安全防护网(罩)或栏杆。

第22条　严禁人员在压滤机下方从事任何工作,人员必须进入压滤机下方时必须对相关设备执行停电挂牌制度。

第23条　更换滤布、滤板时,操作起重设备人员必须持有起重操作工证件。起重过程中,起重设备下方不准站人,起重设备不能斜拉或超载。

第24条　更换滤布时,要清理黏在滤板上的煤泥,要把换上的滤布拉平,将边绳打活结扎紧,严防折叠。

第25条　更换滤布或清洗滤板入料孔内的煤泥时,必须将传动拉钩打平,切断电源后方可工作。

第26条　压滤机运行过程中,人的任何身体部位不能深入到滤板间,不能通过滤板缝观察下方运输设备。

第27条　滤板更换完后,司机一定要检查连接链条及固定螺丝是否安装到位。

第28条　当输送机运转不正常时,要及时查找原因,并向调度和班长汇报。

第29条　进行2 m以上的高空作业时,必须系安全带。

第30条　听到集控开停车预警信号后,司机立即远离设备的运转部位,在就地开关附近监视设备启动情况。

七、危险因素、职业危害与防护

第31条　岗位存在的职业危害为煤尘和噪声。

第32条　岗位存在的危险因素为物体打击、机械伤害、触电伤害、高空坠落及其他伤害。

第33条　生产过程中,相关安全防护设施必须正常运行和使用。上岗人员必须穿好工作服、戴好安全帽及防尘口罩、防噪耳塞,生产过程中不得弃用防护用品。

第 34 条 一旦发生人身安全职业危害事故，立即送往医院治疗。

清水泵司机

一、一般规定

第 1 条 应经本工种专业技术培训，通过考试取得合格证后，持证上岗。

第 2 条 熟悉离心式水泵的工作原理、选煤工艺流程的清水管路布置、加水点及其工艺要求。

第 3 条 熟悉岗位设备开停车顺序、操作方法以及检查、分析、防止和排除故障的方法。

第 4 条 严格执行《选煤厂安全规程》、岗位责任制、交接班制度和其他有关规定。

第 5 条 上岗时，按规定穿戴好劳动保护用品。

二、操作准备

第 6 条 对设备进行以下检查：

1. 了解水仓、水池的水位情况。

2. 对清水泵做如下检查：

(1) 盘根应严密、均匀，法兰压盖应牢固，无偏斜。

(2) 水泵前、后阀门处于停车位置，并应严密，灵活好用。

(3) 先人工盘转联轴器 1～2 周看是否灵活，如转不动，严禁开车。

第 7 条 开车前对岗位安全环境进行确认：

1. 确认安全设施的完好性。

2. 确认安全通道畅通。

3. 确认现场新增加的设施不危及本岗安全。

4. 确认消防设施符合要求。

三、正常操作

第 8 条 开车。

1. 集控开车。接到调度集控通知或集控开车信号后，检查确认控制箱操作状态，检查确认设备设施周边无影响安全运转的状况，在远离设备设施保证自身安全的位置，巡查岗位设备的集控开启及运转情况。

2. 手动开车。接到就地开车信号，检查确认控制箱操作状态，待下一道工序设备运行后，方可发信号开车。开车后，应在输送机运行几周、无异常现象时再给料。

3. 开泵的程序，打开吸水管阀门，开动电动机，缓慢打开排料口阀门，直到达到需要的压力、流量为止。

4. 注意电流的变化情况，应根据各仪表指示的变化和生产实际情况，随时调整排水量。

5. 注意检查各轴承的润滑情况和温升变化。

6. 检查盘根的密封情况，不过紧、过松，适宜的松紧度应是每分钟清水 1～20 滴为宜，法兰压盖不偏斜。

四、特殊操作

第 9 条　在运行中，清水泵自动停车或开不动时，应查明原因，排除故障后再启动。

第 10 条　发现设备震动、声响或电流异常时要及时停车处理。

第 11 条　运行中出现打销子、烧电动机等危险情况，应立即停车汇报处理。

五、收尾工作

第 12 条　接到停车信号后准备停车。停车程序：关闭进水管阀门，关闭电动机，关闭排水管。

第 13 条　停车后对机电设备、自控装置、各仪表及管道阀门进行一次检查，发现异常情况及时处理。

第 14 条　利用停车时间进行设备的维护保养，处理运行中出现和停车后检查出的问题。

第 15 条　利用停车时间对设备进行维护保养，并清理设备和环境卫生。

第 16 条　按规定填写岗位记录，做好交接班工作。

六、安全规定

第 17 条　设备运行期间严禁清理运转部位。

第 18 条　应在清水泵过人的地方设安全过桥和防护装置。

第 19 条　设备检修时必须执行停电挂牌制度。

第 20 条　当设备运转不正常时，要及时查找原因，并向调度和班长汇报。

第 21 条　进行 2 m 以上的高空作业时，必须系安全带。

第 22 条　听到集控开停车预警信号后，司机立即远离设备的运转部位，在就地开关附近监视设备启动情况。

七、危险因素、职业危害与防护

第 23 条　岗位存在的职业危害为煤尘和噪声。

第 24 条　岗位存在的危险因素为物体打击、机械伤害、触电伤害、高空坠落及其他伤害。

第 25 条　生产过程中，相关安全防护设施必须正常运行和使用。上岗人员必须穿好工作服、戴好安全帽及防尘口罩、防噪耳塞，生产过程中不得弃用防护用品。

第 26 条　一旦发生人身安全职业危害事故，立即送往医院治疗。

浓缩机司机

一、一般规定

第 1 条　应经本工种专业技术培训，通过考试取得合格证后持证上岗。

第 2 条　熟悉本岗位浓缩机的工作原理、构造、技术特征、零部件的名称和作用，设备的维护保养方法和有关的电气基本知识。

第 3 条　熟悉本岗位的各种管线布置、阀门配置及其相互关系，能正确操作使用。

第 4 条　熟练掌握浓缩机操作技术，能准确分析生产不良的原因，采取措施迅速扭转。

第 5 条 严格执行《选煤厂安全规程》、岗位责任制、交接班制度和其他有关规定。

第 6 条 上岗时,按规定穿戴好劳动保护用品。

二、操作准备

第 7 条 对设备进行以下检查:

1. 了解洗煤入洗量情况,或其他作业用水情况。

2. 检查来料水槽、管道、闸门应通畅、严密,各闸门处于应有的开、闭位置。

3. 溢流水槽应通畅,溢流堰应平整,无堆积煤泥现象。

第 8 条 开车前对岗位安全环境进行确认:

1. 确认安全设施的完好性。

2. 确认安全通道畅通。

3. 确认现场新增加的设施不危及本岗安全。

4. 确认消防设施符合要求。

三、正常操作

第 9 条 开车。

1. 煤泥浓缩机开车前应先灌满水,以保证生产正常进行。

2. 接到开车信号,确认检查无误后,即可答应开车。

3. 要根据浓缩机来料情况和机内煤泥量(每班试耙子不少于 4 次)情况与浮选、压滤司机密切联系。

4. 要注意检查轨道是否平整,接头是否松动,托轮运行是否平稳,雨雪天注意防滑,一般可在轨面撒干沙子。

5. 注意检查电动机、减速器及传动装置的工作情况,温升、音响应无异常。

四、特殊操作

第 10 条 浓缩机由于底流浓度过大出现下部管道堵塞时,应利用底部高压水冲刷,边冲边开底流泵排料,如管道被杂物堵塞,则应采取其他措施处理。

第 11 条 耙子打滑时,司机要及时通知相关岗位加大处理量,同时通知班长组织人员处理(情况严重要立即停车处理)。

五、收尾工作

第 12 条 接到停车信号时,应按停车顺序停稳,待物料排净后停泵。

第 13 条 停车后,应对相关设备进行巡视,发现问题,应及时汇报处理。

第 14 条 利用停车时间对设备进行维护保养,并清理设备和环境卫生。

第 15 条 按规定填写岗位记录,做好交接班工作。

六、安全规定

第 16 条 设备运行期间严禁清理运转部位。

第 17 条 应在浓缩机过人的地方设安全过桥和防护装置。

第 18 条 各水池必须设置安全栏杆、警示灯,各浓缩机走廊必须设置安全栏杆、警示灯。

第 19 条 设备检修时必须执行停电挂牌制度。

第 20 条 严禁从正面上下浓缩机。

第 21 条 当设备运转不正常时,要及时查找原因,并向调度和班长汇报。

第 22 条　进行 2 m 以上的高空作业时，必须系安全带。

七、危险因素、职业危害与防护

第 23 条　岗位存在的职业危害为煤尘和噪声。

第 24 条　岗位存在的危险因素为物体打击、机械伤害、触电伤害、高空坠落及其他伤害。

第 25 条　生产过程中，相关安全防护设施必须正常运行和使用。上岗人员必须穿好工作服、戴好安全帽及防尘口罩、防噪耳塞，生产过程中不得弃用防护用品。

第 26 条　一旦发生人身安全职业危害事故，立即送往医院治疗。

煤泥沉淀池管理工

一、一般规定

第 1 条　应经安全培训和本工种专业技术培训，考试合格后，方可上岗。

第 2 条　熟悉本岗位设备的检查、维护和一般故障的排除方法。

第 3 条　熟悉煤泥泵的工作原理、结构性能、技术特征、零部件的名称和作用、设备的性能、维护保养知识及有关电气基本知识。

第 4 条　熟悉煤泥水处理流程和岗位设备开停车顺序、操作方法以及检查、分析、防止和排除故障的方法。

第 5 条　严格执行《选煤厂安全规程》、岗位责任制、交接班制度和其他有关规定。

第 6 条　上岗时，按规定穿戴好劳动保护用品。

二、操作准备

第 7 条　对设备进行以下检查：

1. 检查各沉淀池液位、煤泥水沉淀情况、溢流水浓度。
2. 检查沉淀池各进出料阀门是否处于合适位置，各阀门应开启灵活。
3. 检查煤泥水泵各部件及其电动机、电器是否完好无损，各部分连接件是否坚固，润滑油是否充足，各仪表应灵活、可靠。
4. 安全设施应正常，无缺失或开焊、不牢固现象。
5. 根据沉淀池水位及用水情况合理安排转排水。

第 8 条　开车前对岗位安全环境进行确认：

1. 确认安全设施的完好性。
2. 确认安全通道畅通。
3. 确认现场新增加的设施不危及本岗安全。
4. 确认消防设施符合要求。

三、正常操作

第 9 条　开车。接到开车信号，检查确认控制箱操作状态。

第 10 条　开车时，先打开进料闸门，启动电动机，运转正常后，方可打开出料闸门至所需要的排料量为止，并根据需要进行调整。

第 11 条 在开车和运转中,必须注意观察各仪表读数,倾听水泵及电动机运行情况,如有异响和震动应立即停车处理。

第 12 条 检查各有关水池水位是否正常,水池应保持正常水位,既不跑溢流,又不被抽空。

第 13 条 班中随时掌握沉淀池来料情况及各沉淀池液位,做到各沉淀池循环使用,合理选择溢流池,保证溢流水为清水。

第 14 条 对沉淀池内上层清水要做到及时处理和排放,保证有足够空间接纳外来污水。

四、特殊操作

第 15 条 煤泥沉淀池内煤泥积聚多时,及时放空上部积水,通知龙门吊司机对沉淀池进行清挖。

第 16 条 溢流水池不能保证溢流水为清水的要及时更换,杜绝污水外排,污染环境。

第 17 条 雨季要确保一个沉淀池为空池,暴雨天气要及时转排,避免出现池满外溢事故。

第 18 条 龙门吊作业期间严禁任何人进入沉淀池区域。

五、收尾工作

第 19 条 接到停车信号时,应按停车顺序停稳,根据水池水位情况需停泵时,及时停泵。

第 20 条 停车后,应进行整机巡视,发现问题,应及时汇报处理。

第 21 条 利用停车时间对设备进行维护保养,并清理设备和环境卫生。

第 22 条 按规定填写岗位记录,做好交接班工作。

六、安全规定

第 23 条 沉淀池周边必须设置固定盖板或围栏,并设有明显的警示牌。禁止非工作人员入内。夜间照明应充足。

第 24 条 转排水泵的排水能力必须超过雨季最大涌水量的 20%。

第 25 条 设备运行期间严禁清理运转部位。

第 26 条 煤泥水泵不得在无水情况下运行;不得在闸阀闭死情况下长期运行,运行中,吸水管淹没深度不得小于 0.5 m。

第 27 条 发生故障停泵倒转时,在没有停转前严禁启动,以防损坏设备。

第 28 条 池内管道堵塞清理时,工作人员必须携带安全带、梯子等工具;同时,上面应当有专人监护。

第 29 条 严禁任何人在起吊设备下停留或作业。禁止任何人在沉淀池内游泳。

七、危险因素、职业危害与防护

第 30 条 岗位存在的职业危害为煤尘和噪声。

第 31 条 岗位存在的危险因素为物体打击、机械伤害、触电伤害、高空坠落及其他伤害。

第 32 条 生产过程中,相关安全防护设施必须正常运行和使用。上岗人员必须穿好工作服、戴好安全帽及防尘口罩、防噪耳塞,生产过程中不得弃用防护用品。

第 33 条 一旦发生人身安全职业危害事故,立即送往医院治疗。

絮凝剂制备加药工

一、一般规定

第 1 条　应经安全培训和本工种专业技术培训，通过考试取得操作证后，持证上岗。

第 2 条　熟练掌握加药装置常见的故障及处理方法。

第 3 条　熟悉煤泥水系统的工艺流程和药剂投加去向。

第 4 条　熟悉加药装置的工作原理、结构性能、技术特征、零部件的名称和作用、设备的性能、维护保养知识及有关电气基本知识。

第 5 条　熟悉岗位设备开停车顺序、操作方法以及检查、分析、防止和排除故障的方法。

第 6 条　严格执行《选煤厂安全规程》、岗位责任制、交接班制度和其他有关规定。

第 7 条　上岗时，按规定穿戴好劳动保护用品。

二、操作准备

第 8 条　对设备进行以下检查：

1. 检查各注油点，油质是否清洁，油量是否适宜。
2. 检查搅拌桶、储药箱液位是否合适。
3. 检查出料管路是否畅通，出料闸门是否关闭。
4. 检查喷嘴是否畅通，干粉箱料位是否充足，水压是否正常。
5. 检查各部分连接件是否牢固，地脚螺栓是否松动，连接是否良好。
6. 检查电控系统指示是否正常。

第 9 条　开车前对岗位安全环境进行确认：

1. 确认安全设施的完好性，安全通道畅通。
2. 确认现场新增加的设施不危及本岗安全。
3. 确认消防设施符合要求。
4. 确认设备及地面无油迹或洒落的药剂。

三、正常操作

第 10 条　手动开车。

1. 把电控箱外的转换开关拨到手动位置。
2. 打开絮凝剂气环真空泵。
3. 打开水路控制上的电磁阀和手动球阀。
4. 当搅拌桶的水位盖住了搅拌器的叶轮底部时，打开搅拌器。
5. 启动给药电动机，按照设定的给药时间给药。
6. 当搅拌桶内液位到达上限，关闭控制上的电磁阀，切断供水。
7. 停止絮凝剂气环真空泵。
8. 继续搅拌溶液约 30 min，然后停止搅拌器。
9. 确认储药箱有足够的空间，打开传输阀将药液转移至储药箱内。
10. 根据水质情况设定药剂投加量，启动加药泵进行加药。

第 11 条　自动开车。

1. 在自动启动之前先在人工设置里设置好加药时间和搅拌时间。

2. 把电控箱外的转换开关拨到自动位置，点击自动启动按钮，启动自动控制系统。

3. 设备根据煤泥水浓度检测值，自动控制药剂投加量。

第 12 条 运行中当系统出现故障时，系统发出报警，自动控制系统会把除加药泵外的执行器全部停止，查看具体的报警信息，以便维修。

第 13 条 在出口阀门关闭的情况下，泵连续工作的时间不得超过 3 min。

第 14 条 在开车和运转中，必须注意观察各仪表的读数，倾听泵及电动机的运行情况，如有异响和震动应立即停车处理。

第 15 条 根据药剂使用量及时补加干粉箱药剂。

第 16 条 定时检查储药箱液位传感器与实际液位检测值是否一致。

第 17 条 泵的轴承温度不得超过 75 ℃，一般情况下不得超过环境温度 35 ℃。

第 18 条 运行中设备各部阀门运行必须灵活可靠。

四、特殊操作

第 19 条 搅拌装置、气环真空泵、固体喂料机或加药泵在运行中发生故障时，必须立即停机，并停电进行处理，严格执行停电挂牌制度。

第 20 条 当处理泵不上料事故及管路堵塞时超过 2 m 时，必须严格执行高空作业规程。系好安全带，并做到高挂低用。

第 21 条 清扫设备卫生时应在开车按钮处挂停车牌或有专人进行监护，上下栏杆应注意安全，抓紧栏杆，注意防滑。彻底清扫设备上洒落的药剂，严禁将杂物放进搅拌桶或储药箱。

第 22 条 检修设备或进入机内清理杂物时，必须严格执行停电挂牌制度，并设专人监护。

五、收尾工作

第 23 条 煤泥水系统停止后，及时停止药剂投加装置。

第 24 条 停车后，应进行整机巡视，发现问题，应及时汇报处理。

第 25 条 检查药剂箱药剂存量并及时补充，地面洒落药剂时及时进行清理。

第 26 条 利用停车时间对设备进行维护保养，并清理设备和环境卫生。

第 27 条 按规定填写岗位记录，做好交接班工作。

六、安全规定

第 28 条 设备运行期间严禁清理运转部位。

第 29 条 运转部位必须加装防护罩。

第 30 条 絮凝剂为化学品，严禁直接接触皮肤、入眼或食用，如入眼或皮肤接触立即用大量清水冲洗，如误食立即就医。

第 31 条 进行 2 m 以上的高空作业时，必须系安全带。

第 32 条 药剂溶液十分湿滑，洒落后必须彻底清理，清理时严防滑倒跌伤。

七、危险因素、职业危害与防护

第 33 条 岗位存在的职业危害为粉尘和噪声。

1. 粉尘主要通过呼吸道进入人体，主要损害人的呼吸系统，如长期吸入煤尘引起煤工尘肺。作业场所游离 SiO_2 含量＜10％，呼吸性粉尘浓度不得超过 2.5 mg/m^3。

2. 噪声主要通过听力感觉，长期接触会对人体多个系统产生不良影响，其中尤以对听觉器官的损害最为突出，严重时甚至会引起噪声性疾病。岗位人员每天连续接触噪声时间达到或者超过 8 h 的，噪声声级限值为 85 dB(A)；不足 8 h 的，时间减半、噪声声级限值增加 3 dB(A)，但最高不得超过 115 dB(A)。

第 34 条　岗位存在的危险因素为物体打击、机械伤害、触电伤害、高空坠落及其他伤害。

第 35 条　生产过程中，相关安全防护设施必须正常运行和使用。上岗人员必须穿好工作服、戴好安全帽及防尘口罩、防噪耳塞，生产过程中不得弃用防护用品。

胶带输送机司机

一、一般规定

第 1 条　应经安全培训和本工种专业技术培训，通过考试取得操作证后，持证上岗。

第 2 条　熟悉本岗位设备的检查、维护和一般故障的排除方法。

第 3 条　熟悉输送机的工作原理、结构性能、技术特征、零部件的名称和作用、设备的性能、维护保养知识及有关电气基本知识。

第 4 条　熟悉岗位设备开停车顺序、操作方法以及检查、分析、防止和排除故障的方法。

第 5 条　严格执行《选煤厂安全规程》、岗位责任制、交接班制度和其他有关规定。

第 6 条　上岗时，按规定穿戴好劳动保护用品。

二、操作准备

第 7 条　对设备进行以下检查：

1. 了解煤仓装载情况，并检查给料闸板是否灵活、好用。
2. 入料、排料溜槽应通畅，无损坏变形。
3. 各处挡煤板(皮)、卸料器、清扫器应齐全、牢固，无过度磨损。
4. 各托辊、挡辊、压辊等应齐全、良好。轴承、减速箱及各旋转部件的润滑应良好。
5. 各滚筒周围不应堆煤或有其他物品妨碍运行。
6. 输送机应保持空载启动。
7. 安全设施应正常，无缺失或开焊、不牢固现象。
8. 根据调度安排使用就地、集控、检修状态，检查操作按钮所在位置，按要求将开关打到就地、集控、检修位置。

第 8 条　开车前对岗位安全环境进行确认：

1. 确认安全设施的完好性。
2. 确认安全通道畅通。
3. 确认现场新增加的设施不危及本岗安全。
4. 确认消防设施符合要求。

三、正常操作

第 9 条　开车。

1. 手动开车。接到就地开车信号，检查确认控制箱操作状态，待下一道工序设备运行后，方可发信号开车。开车后，应在输送机运行几周、无异常现象时再给料。

2. 集控开车。接到调度集控通知或集控开车信号后，检查确认控制箱操作状态，检查确认设备设施周边无影响安全运转的状况，在远离设备设施保证自身安全的位置，巡查岗位设备的集控开启及运转情况。

第 10 条 检查各滚筒、上下托辊是否灵活，有因润滑不良或轴承损坏而不转或有异响的滚筒、托辊，发现后及时汇报处理。

第 11 条 检查各处挡煤板、清扫器、卸煤器上胶皮的松紧度，有无漏煤、卸煤不净或因过紧而刮坏输送机的现象，发现后及时汇报处理，必要时停车检查处理。

第 12 条 输送机要安装清扫器。运行中严禁清理机头、机尾滚筒。严禁站在机架上铲煤、扫水、触摸输送带；需要清理托辊、机头、机尾、张紧滚筒时，必须执行停电挂牌制度。

第 13 条 无论输送带运行与否，都严禁在输送带上站、行、坐、卧、横跨，严禁用输送机搬运工具和其他物件。

第 14 条 禁止向滚筒撒煤、砂子、垫草袋等杂物。禁止在运行中使用刮滚筒积煤的方法进行调偏。

第 15 条 检查输送带有无跑偏现象，发现后要及时调整。

第 16 条 检查输送带接头应平整、平滑，无开胶、剥层、划破等情况。

第 17 条 注意观察输送带上的物料分布情况，出现给料不均匀现象时，要及时进行调整。

第 18 条 注意检查前、后溜槽的下料情况，严防堵溜槽或其他尖锐硬物挤住、划坏输送带。

第 19 条 随时掌握输送带的负荷情况，避免超负荷运行。

四、特殊操作

第 20 条 输送带被物料压住后，不得强行启动，应卸掉一半以上的载荷后再启动，严禁带负荷强行启动。

第 21 条 在运行中，输送机自动停车或开不动时，应查明原因，排除故障后再启动。

第 22 条 发现卸料溜槽堵塞，铁器、杂物等卡住输送带时要及时停车处理。

第 23 条 运行中出现输送带连接处开胶、拉断、撕裂、跑偏严重或有刮坏、撕裂等危险情况，应立即停车汇报处理。

五、收尾工作

第 24 条 接到停车信号时，应按停车顺序停稳，待输送带上物料拉净后停车。对于双向运行的输送带，应改换方向，并检查清扫器、漏斗等所属设施是否适应改向运行，确认无误后方可再行启动。严禁运行中强行改向运行。

第 25 条 停车后，应进行整机巡视，发现问题，应及时汇报处理。

第 26 条 根据对挡煤板、清扫器、卸煤器的检查结果，随时进行调整、汇报更换。

第 27 条 利用停车时间对设备进行维护保养，并清理设备和环境卫生。

第 28 条 按规定填写岗位记录，做好交接班工作。

六、安全规定

第 29 条 设备运行期间严禁清理运转部位。

第 30 条 应在输送机过人的地方设安全过桥和防护装置。

第 31 条　输送机机头、机尾必须设置安全防护网(罩)或栏杆。

第 32 条　严禁人员进入输送带底部清理卫生和从事其他工作,人员进入时必须执行停电挂牌制度。

第 33 条　大倾角输送带运转时,禁止下面站人。

第 34 条　在输送机运行时不准进入输送带走廊非人行侧。

第 35 条　拉线开关的复位应由拉动者或拉动者的授权人完成。当不能确认开关的拉动者时,复位人员必须对输送机的机头、机尾溜槽进行全面细致的检查,确认一切正常后,方可复位。

第 36 条　当输送机运转不正常时,要及时查找原因,并向调度和班长汇报。

第 37 条　进行 2 m 以上的高空作业时,必须系安全带。

第 38 条　听到集控开停车预警信号后,司机立即远离设备的运转部位,在就地开关附近监视设备启动情况。

七、危险因素、职业危害与防护

第 39 条　岗位存在的职业危害为煤尘和噪声。

第 40 条　岗位存在的危险因素为物体打击、机械伤害、触电伤害、高空坠落及其他伤害。

第 41 条　生产过程中,相关安全防护设施必须正常运行和使用。上岗人员必须穿好工作服、戴好安全帽及防尘口罩、防噪耳塞,生产过程中不得弃用防护用品。

第 42 条　一旦发生人身安全职业危害事故,立即送往医院治疗。

刮板输送机司机

一、一般规定

第 1 条　应经安全培训和本工种专业技术培训,通过考试取得操作证后,持证上岗。

第 2 条　熟悉刮板输送机的工作原理、构造、技术特征、零部件的名称和作用,掌握电动机和控制设施的性能及相关安全用电基本知识。

第 3 条　熟悉与上、下岗位的联系,熟练掌握本岗设备的开停机顺序、操作方法。

第 4 条　熟悉岗位设备的检查维护、问题分析及防止和排除一般故障的方法。

第 5 条　严格执行《选煤厂安全规程》、岗位责任制、交接班制度和其他有关规定。

第 6 条　上岗时,按规定穿戴好劳动防护用品。

二、操作准备

第 7 条　对设备进行以下检查:

1. 电动机、减速机的地脚螺栓应齐全、牢固,声音、温度应正常。电动机接线应良好无间断。

2. 刮板链、连接环、刮板、链轮无严重磨损,连接螺栓应牢固无脱落,压链器应齐全、完好。

3. 轨道和衬板应无翘起、脱落或断裂现象。底部衬有耐磨衬板时,要检查耐磨板磨损不严重,无松动、脱落现象。

4. 链子的松紧应适宜,紧链装置应灵活可靠,链条无飘链,刮板无窜链拉斜及垫起现象。

5. 清扫装置应齐全、好用,机头护板不变形。

6. 前、后溜槽应畅通,分料、卸料口闸板应调整灵活。

7. 检查操作按钮所在位置,根据调度安排使用就地或集控开机,按要求将开关打到就地或集控位置。

第 8 条 对岗位安全环境进行确认:

1. 确认安全设施的完好性,包括平台、栏杆、过桥、护罩、盖板、照明、工具等。

2. 确认安全通道畅通。

3. 确认现场新增加的设施不危及本岗安全。

4. 确认消防设施符合要求。

三、正常操作

第 9 条 开机。

1. 手动开机。接到就地开机信号,检查确认控制箱操作状态,并与上下道工序进行信号联系和确认,待下一道工序设备运行后方可开机。开机后,应在设备运行几圈、无异常现象时再回复上道工序。

2. 集控开机。接到调度集控通知或者集控开机信号后,检查确认集控箱操作状态以及设备设施周边有无影响安全运转的状况。处于安全位置监视岗位设备的集控开启及运转情况。

第 10 条 检查链条刮板应运行平稳无刮帮、飘链现象。链条松紧不适合时要及时汇报调度处理。

第 11 条 检查链板是否窜链(拉斜)。发现窜链(拉斜),立即向调度汇报处理。

第 12 条 检查清扫器应完好、可靠;头轮、尾轮与环链应配合良好,无卡住或跳动现象。

第 13 条 给料量要均匀且与输送机处理能力相适宜。

第 14 条 刮板输送机反向运行的正常操作:

1. 在接到刮板输送机反向运行通知后,应首先检查前后漏斗是否畅通,上道工序设备是否停机,下道工序设备是否开启。

2. 确认检查工序状态符合要求,且待物料拉空后停刮板输送机。

3. 将设备的转向旋钮打到反向位置,并向下道工序发开机信号。接到返回的许可开机信号后,开启设备,并向上道工序发送开机信号。

4. 集控开机时,待接到调度通知后,设备拉空停稳,再将设备的转向旋钮打到反向位置,等候集控开机。

四、特殊操作

第 15 条 刮板输送机被物料压住后,应停电停机卸掉一半以上的载荷后再送电启动。严禁超负荷强行启动。

第 16 条 在运行中,输送机自动停机或开不动时,应查明原因,排除故障后再启动。

第 17 条 发生下列情况必须停机处理:严重的飘链或脱落,刮板、连接环拉断,螺丝掉落,链条脱节。

第 18 条　运行中发现链条拉斜、跳链或槽箱内卡有杂物，必须报调度停电停机处理，并有专人监护。

五、收尾工作

第 19 条　接到停机信号后，待来料停止、刮板输送机中的物料拉净后方可停机。

第 20 条　停机后要对电动机、传动部分、连接部分以及其他部件进行检查，发现异常现象，及时汇报处理。

第 21 条　检查来料、排料闸门应灵活、严密，有无破损变形。

第 22 条　检查各个溜槽应畅通，无破损或变形。

第 23 条　利用停机时间对设备和环境进行卫生清理。

第 24 条　按规定填写岗位记录，做好交接班工作。

六、安全规定

第 25 条　机头、机尾必须设置防护罩或防护栏杆。

第 26 条　设备运行期间严禁清扫刮板输送机及清理运转部位。

第 27 条　处理飘链、窜链拉斜时，机头、机尾不得站人。

第 28 条　禁止横跨运行中的刮板输送机。在刮板输送机上（方）施工，必须制定完备的安全防护措施。

第 29 条　进行高空作业时，必须系安全带。

第 30 条　禁止刮板输送机超负荷启动。

第 31 条　听到集控开停机预警信号后，司机立即远离设备的运转部位，在就地开关附近监视设备启动情况。

七、危险因素、职业危害与防护

第 32 条　本岗存在的职业危害为噪声。

第 33 条　上岗人员必须穿好工作服、戴好安全帽及防噪耳塞等防护用品。

第 34 条　一旦发生人身职业危害事故，立即送往医院治疗。

管状皮带机司机

一、一般规定

第 1 条　应经安全培训和本工种专业技术培训，通过考试取得操作证后，持证上岗。

第 2 条　熟悉管状皮带机的工作原理、构造、技术特征、零部件的名称和作用，掌握电动机和控制设施的性能及相关安全用电基本知识。

第 3 条　熟悉与上、下岗位的联系，熟练掌握本岗设备的开停机顺序、操作方法。

第 4 条　熟悉岗位设备的检查维护、问题分析及防止和排除一般故障的方法。

第 5 条　严格执行《选煤厂安全规程》、岗位责任制、交接班制度和其他有关规定。

第 6 条　上岗时，按规定穿戴好劳动防护用品。

二、操作准备

第 7 条　做好开车前的检查准备工作，检查机尾漏斗是否畅通，如发现积煤时，在加料前应清理干净。检查是否已加注润滑油，检查是否有妨碍传送带运行的障碍物。

第8条 开车前应注意检查设备用电是否全部恢复。

第9条 对岗位设备做好如下检查：

1. 检查给料闸板是否灵活、好用。

2. 入料、排料溜槽应畅通，无损坏变形。

3. 各处挡煤皮、卸料器、清扫器应齐全、牢固、无过度磨损。

4. 各托辊、挡辊、压辊等应齐全、良好。轴承、减速箱及旋转部件的润滑应良好。

5. 根据调度安排使用就地或集控开车，检查操作按钮所在位置，按要求将开关打到就地或集控位置。

第10条 开车前对岗位安全环境进行确认：

1. 确认安全设施的完好性，包括梯子、机道、护栏、照明、工具等。

2. 确认安全通道畅通。

3. 确认现场新增加的设施不危及本岗安全。

4. 确认消防设施符合要求。

三、正常操作

第11条 接到开车信号后，确认检查无误，按下启动按钮。

第12条 管状皮带机运行一圈后且无异常现象时方可向机尾司机发出加料信号。

第13条 运行中检查电动机运行是否平稳，驱动部位是否有异常震动，发现异常及时汇报及时处理。

第14条 检查展开段挡板、清扫器、卸煤器上胶皮的松紧度，有无漏煤、卸煤不净或因过紧而刮坏输送带的现象，发现后及时处理。

第15条 无论管状皮带机运行与否，都严禁在输送带上站、行、坐、卧。

第16条 检查展开段输送带有无跑偏或磨边现象，发现后要及时汇报处理。

第17条 在展开段检查输送带接头应完整、平滑，无开胶、剥层、划破等情况，发现问题及时汇报处理。

第18条 注意检查管状皮带机前、后溜槽的下料情况，严防堵溜槽或大块煤和其他尖锐硬物挤住、划坏输送带。

第19条 随时掌握管状皮带机的负荷情况，避免超负荷运行。

第20条 运行中，观察机头、机尾输送带运行状况，出现输送带过卷、折弯、撕裂等问题，必须立即拉沿途急停开关或按下急停按钮，并及时向调度汇报。

第21条 运输物料的转载不得超过管径的70%，并且尽量做到给料均匀。

第22条 运行中避免造成扭转，扭转原因如下：

1. 装载物料过偏。

2. 机头、机尾下部输送带物料堆积过多。

3. 过多不转或托辊及托辊黏着异物。

四、特殊操作

第23条 管状皮带机被物料压住后，不得强行启动，应停车停电卸掉一半以上载荷后再启动；严禁满负荷启动。

第24条 在运行中，管状皮带机自动停车或开不动时，应查明原因，排除故障后再启动。

第 25 条　发现给料、卸料溜槽堵塞，铁器、杂物等卡住输送带时要及时停车汇报处理。

第 26 条　运行中出现输送带连接处开胶、拉断、撕裂、跑偏严重或有刮坏、撕裂等危险情况，应立即停车汇报处理。

第 27 条　管状皮带机发生事故处理完毕后，应将管状皮带机上的淤煤清理干净，然后进行试车运行。

五、收尾工作

第 28 条　接到停车信号后，待物料全部拉净后按下停止按钮。

第 29 条　停车后要对整机进行巡视，发现问题应及时汇报处理。

第 30 条　利用停车时间对设备进行维护保养，并清理设备和环境卫生。

第 31 条　按规定填好岗位记录，做好交接班工作。

六、安全规定

第 32 条　设备运行期间严禁清理运转部位。

第 33 条　雨雪天气不得运行管状皮带机。

第 34 条　开车前应注意检查落料点下应无人或车，以免物料淤埋人或车。

第 35 条　机头部分人行道坡度大，上下机道应抓牢扶手栏杆。

第 36 条　管状皮带机由于是露天输送带，部分区域坡度大，雨雪天气在管状皮带机走道行走时必须抓牢安全栏杆，以免滑倒而摔伤。

第 37 条　禁止向滚筒撒煤、砂子、垫草袋等杂物。禁止管状皮带机超负荷强行启动。禁止在运行中使用刮滚筒积煤的方法进行调偏。

第 38 条　加强与机尾之间的信号通信联系，联系时间不明确，不准随意开停车。

七、危险因素、职业危害与防护

第 39 条　本岗存在的职业危害为噪声。

第 40 条　上岗人员必须穿好工作服、戴好安全帽及防噪耳塞，生产过程中不得弃用防护用品。

第 41 条　一旦发生人身职业危害事故，立即送往医院治疗。

龙门吊抓斗机司机

一、一般规定

第 1 条　应经安全培训和本工种专业技术培训，通过考试取得操作证后，持证上岗。

第 2 条　熟悉本岗位设备的检查、维护和一般故障的排除方法。

第 3 条　熟悉龙门吊抓斗机的工作原理、结构性能、技术特征、零部件的名称和作用、设备的性能、维护保养知识及有关电气基本知识。

第 4 条　熟悉设备操作方法以及检查、分析、防止和排除故障的方法。

第 5 条　严格执行《选煤厂安全规程》、岗位责任制、交接班制度和其他有关规定。

第 6 条　上岗时，按规定穿戴好劳动保护用品。

二、操作准备

第 7 条 了解本班抓煤的工作场所及其他工作条件。

第 8 条 检查龙门吊电气部分能否送电，送电后是否正常。

第 9 条 上下行人用的梯子与平台，应连接牢固，不得有松动、损坏现象。

第 10 条 开车前对岗位安全环境进行确认：

1. 确认安全设施的完好性。
2. 确认安全通道畅通。
3. 确认现场新增加的设施不危及本岗安全。
4. 确认消防设施符合要求。

三、正常操作

第 11 条 在经以上检查、试运行后，确认轨道和行车附近无人和其他障碍时，即可发信号开车。

第 12 条 操作时精神集中，随时注意观察设备运行情况和工作场地附近的人员，车辆动态，发现异常问题应立即停车，切断电源、检查处理。检查或加油时，不准站在抓斗活动范围内，以防发生事故。

第 13 条 非抓斗机工作人员不得进入操作室或楼梯过桥上，以免妨碍工作。

第 14 条 抓取煤泥要按顺序，以保证抓取得彻底、干净。

第 15 条 煤泥的堆放要在合适的位置，禁止堆放过高或在影响交通或生产的地方。

四、特殊操作

第 16 条 龙门吊在超过 5 级大风或雨雪天气应停止工作，将吊车停放在指定的地方，锁紧风钳；小车应返回规定位置，放下抓斗，并抓满煤泥。

五、收尾工作

第 17 条 各控制器停在零位，关上总阀，关上天窗和窗户，切断大行车的总开关，锁上操纵室，上好轨道夹持器，方可离开。

第 18 条 利用停车时间对设备进行维护保养，并清理设备和环境卫生。

第 19 条 按规定填写岗位记录，做好交接班工作。

六、安全规定

第 20 条 钢结构与传动轴应当符合下列规定：

1. 发现钢结构有断裂变形情况，及时更换和加固。
2. 上下行人用的梯子与平台连接牢固。梯子踏板和行走平台使用花格板。

第 21 条 抓斗、滚筒及绳轮应当符合下列规定：

1. 斗不得变形、开焊。滚筒上不得有裂纹。绳槽磨损不得超过 2 mm。
2. 绳轮及导向轮转动灵活，不得卡住不转。
3. 固定钢丝绳的夹子、卡子不得松脱。使用的夹子数不得少于 3 个。钢丝绳不得扭转工作。禁止使用提斗带动车辆或抓斗斜线提升。
4. 钢丝绳的磨损、断丝不得超过允许规定值。

第 22 条 制动闸及安全装置应当符合下列规定：

1. 闸皮磨损厚度不得超过 1/3。闸皮与制动轮的间隙在转动时保持 0.5～0.7 mm 之间，停止时接触紧密。

2. 大、小车轨道设置限位开关和阻车器。终端开关的控制角铁不得损坏。发现大、小阻车器上的木块腐烂或损坏，及时更换。小阻车器内的弹簧不得有裂纹和损坏。

3. 大车上的钢轨夹持器及丝杆灵活可靠。

4. 起吊时，上部钩头终端控制器灵活可靠。

5. 主电源开关必须加锁并设专人负责。闭合主电源前或者工作中突然断电后，所有控制器手把应当处于零位，当吊车上及周围无人后，再闭合主电源。不得利用极限位置的限位装置停车。

第 23 条　严禁任何人在起吊设备下停留或作业。

第 24 条　电引绳在绳槽内不得打滑、震动。

七、危险因素、职业危害与防护

第 25 条　岗位存在的职业危害为煤尘和噪声。

第 26 条　岗位存在的危险因素为物体打击、机械伤害、触电伤害、高空坠落及其他伤害。

第 27 条　生产过程中，相关安全防护设施必须正常运行和使用。上岗人员必须穿好工作服、戴好安全帽及防尘口罩、防噪耳塞，系好安全带，生产过程中不得弃用防护用品。

第 28 条　一旦发生人身安全职业危害事故，立即送往医院治疗。

轨道衡司磅员

一、一般规定

第 1 条　经过安全培训和本工种专业技术培训，通过考试取得合格证后，持证上岗。

第 2 条　应掌握本岗位设施、仪表的性能、构造、技术特征、作用，熟悉法定计量单位的正常使用，轨道衡鉴定的基本要求和周期。

第 3 条　应熟知本岗位操作程序、操作、维护、保养方法和有关的基本知识。

第 4 条　严格执行《选煤厂安全规程》、岗位责任制、交接班制度和其他有关规定。

第 5 条　上岗时，按规定穿戴好劳保用品。

二、操作准备

第 6 条　了解本班按煤种、级别的洗煤计划，预计本班产品数量情况。

第 7 条　了解本班按煤种、级别、用户的发送计划。

第 8 条　对轨道衡台面以上部分进行外观检查，各部件应齐全、完整，各部分应平稳、灵活。

第 9 条　检查台面、轨道两端与轨道的间隙，应符合要求，无顶死现象，借口应平整。

第 10 条　应检查火车调位情况及有无重车压道情况。

第 11 条　做好车皮的检查及抄号工作并做好记录。

第 12 条　装车前必须清楚添加仓的仓存情况，将仓存情况汇报调度，并通知车间和装车人员，做好添加准备工作。

三、正常操作

第 13 条 轨道衡使用前，必须进行零位校正，使用中必须停车过磅，严禁不停车过磅。

第 14 条 操作中计量要准确，填单要准确。装车过程中发现放仓偏差较大，应及时通知放仓人员。装车完毕后，应按规定加盖个人印章，有关单据应立即送交。

第 15 条 磅房仪器、仪表发生故障，影响装车准确性或添加仓无法正常添加时，应立即通知停车，并向调度、车间和专业维修人员汇报，待问题解决或采取措施后再装车。

第 16 条 在工作许可情况下，应与调度员做好车皮抽查工作，并做好记录。

四、特殊操作

第 17 条 无论什么原因造成车辆超载、应均匀将超载部分卸下。

第 18 条 轨道衡出现下列情况之一时，不得继续使用：

1. 没有鉴定合格证或鉴定合格证超过鉴定周期；
2. 仪器仪表出现异常；
3. 台面、轨道与两端引线轨顶死，或间隙过大。

五、收尾工作

第 19 条 交接班前，必须做好室内、衡面卫生，保持桌椅、仪器、仪表清洁。

第 20 条 交接班有特殊情况时，汇报值班人员后再做处理。

第 21 条 按规定填写岗位记录，做好交接班工作。

六、安全规定

第 22 条 过往铁道时，注意观察有无车辆，遵循“一停、二看、三通过”的原则，禁止与火车抢道。

第 23 条 有火车挡道时，严禁爬车、钻车或从两车之间通过。绕行时应从停放车皮 10 m 以外的地方通过。

七、危险因素、职业危害与防护

第 24 条 岗位存在的职业危害为煤尘和噪声。

第 25 条 岗位存在的危险因素为物体打击、触电伤害及其他伤害。

第 26 条 上岗人员必须穿好工作服、戴好安全帽及防尘口罩、防噪耳塞，生产过程中不得弃用防护用品。

第 27 条 一旦发生人身安全职业危害事故，立即送往医院治疗。

电子皮带秤操作工

一、一般规定

第 1 条 应经安全培训和本工种专业技术培训，通过考试取得操作证后，持证上岗。

第 2 条 熟悉本岗位设备的检查、维护和一般故障的排除方法。

第 3 条 熟悉电子皮带秤的工作原理、主要性能、技术特征、零部件的名称和作用、设备的性能、维护保养知识。

第 4 条 熟悉岗位设备操作方法以及检查、分析、防止和排除故障的方法。

第 5 条　严格执行《选煤厂安全规程》、电子皮带秤使用维护等相关安全规程、岗位责任制、交接班制度和其他有关规定。

第 6 条　上岗时，按规定穿戴好劳动保护用品。

二、操作准备

第 7 条　操作前对岗位安全环境进行确认：

1. 确认安全设施的完好性。

2. 确认安全通道畅通。

3. 确认现场新增加的设施不危及本岗安全。

4. 确认消防设施符合要求。

第 8 条　对设备进行以下检查：

1. 控制器的电源应与大地连接(接地)是否完好。

2. 检查和清理电子皮带秤设备，尤其是称重区域、电子皮带秤的调节杆等，确保电子皮带秤本身的清洁。

3. 秤架、称重传感器、计量及控制仪表等齐全、良好。

三、正常操作

第 9 条　按照电子皮带秤的操作说明书进行操作，对皮带进行校正。校正后，皮带开始正常工作。

第 10 条　检查皮带输送机上的自动调张力装置是否正常运行。

第 11 条　按电子秤使用说明要求定期清理传感器测速光电管，并检查其固定螺栓是否松动，如果出现松动应调整其到正确的位置，再对其进行紧固。

第 12 条　检查各处螺栓有无松动。

第 13 条　严禁踩压电子皮带秤设备。

第 14 条　检查输送带有无跑偏现象，发现后要及时调整。

第 15 条　注意观察输送带上的物料分布情况，出现给料不均匀现象时，要及时进行调整。

第 16 条　注意避免称量段周围出现风、气候及温度等急剧变化情况，做好设备的防水、防火等工作。

四、特殊操作

第 17 条　当危及设备安全、跑料严重时，实行紧急停车后汇报。

第 18 条　当危及人身安全时，实行紧急停车并主动采取措施。

第 19 条　有人对皮带实施作业时，必须将相关皮带电源关闭。

五、收尾工作

第 20 条　接到关机信号时，先关闭给料机、再关闭倾斜皮带秤，最后关闭水平皮带秤，保证关机过程中没有物料的堆积。

第 21 条　关机后，应进行整机巡视，发现问题，应及时汇报处理。

第 22 条　利用停车时间对设备进行维护保养，并清理设备和环境卫生。

第 23 条　按规定填写岗位记录，做好交接班工作。

六、安全规定

第 24 条　在切换给料机时，应注意不要拿捏按捏开关的线路及胶布缠绕处，应拿捏在开关的塑料绝缘处，防止触电。

第 25 条 严禁人员进入输送带底部清理卫生和从事其他工作，人员进入时必须执行停电挂牌制度。

第 26 条 当输送机运转不正常时，要及时查找原因，并向调度和班长汇报。

七、危险因素、职业危害与防护

第 27 条 岗位存在的职业危害为煤尘和噪声。

第 28 条 岗位存在的危险因素为物体打击、机械伤害、触电伤害、高空坠落及其他伤害。

第 29 条 生产过程中，相关安全防护设施必须正常运行和使用。上岗人员必须穿好工作服、戴好安全帽及防尘口罩、防噪耳塞，生产过程中不得弃用防护用品。

第 30 条 一旦发生人身安全职业危害事故，立即送往医院治疗。

放 仓 工

一、一般规定

第 1 条 经过安全培训和本工种专业技术培训，通过考试合格后，方可上岗。

第 2 条 严格执行《选煤厂安全规程》、岗位责任制、交接班制度和其他有关规定。

第 3 条 应懂得铁路运输有关调车的信号、标准和保证安全作业的基本要求。用绞车、铁牛取送车时，应懂得本岗设备的操作方法、维护保养和有关电气的基本知识。

第 4 条 熟练掌握放仓、装车、卸煤设备的构造、工作原理，检查、分析、防止和排除故障的方法。熟悉装车、放仓程序，各煤仓存放的煤种。

第 5 条 加强与有关岗位的联系，信号不明确，不准随意开动放仓、装车、卸煤设备。

第 6 条 上岗时，穿戴好劳保用品，严禁穿高跟鞋、凉鞋、戴围巾；在操作室外工作时，必须戴好安全帽，长发盘入帽内。

二、操作准备

第 7 条 岗位安全环境确认。

1. 检查工作场所的安全设施：梯子、护栏等是否牢固，消防设施是否正常，发现问题及时汇报处理。

2. 安全通道是否畅通：所有安全出口是否打开，出现应急情况知道如何处理、逃生。

3. 工作场所有无新增设施影响安全，正常过往的地点是否有障碍物、是否有外来施工等情况。

4. 阴暗场所、夜间照明是否符合生产要求。

第 8 条 了解本班产品按品种、等级的装车和发运计划。了解各煤仓按品种、等级的仓存情况及排列序号。

第 9 条 检查放仓、装车、卸煤设备状况，如按钮灵敏、确定开关方向等，保证设备完好、开关方向正确，确定铁牛停在规定位置，不影响堆车等。

第 10 条 检查信号是否正常，确保信号联系。

第 11 条　仔细检查皮带上的情况，是否有煤、水。

三、正常操作

第 12 条　严格执行信号联系制度，信号不通或信号联系不清楚，不准开动装车、放仓设备。

第 13 条　接到班长准许装车的指令后，确认车皮无抱闸方可跟铁牛，铁牛与车皮对接时必须用慢挡位。将车带到装车漏斗下，带车时对道的容量做到心中有数。给仓上发开车信号。待接到仓上准许开车的信号后，启动皮带，皮带运行 2～3 min 后，严格按联办、调度要求煤种、仓号放仓装车，不得错装、混装。

第 14 条　放仓装车时，注意观察车皮内、外情况，发现车门没砸上或车底、车门、车皮漏煤、车内有人、车内有脏杂物等情况时，应立即停车处理。

第 15 条　精煤仓上放仓供煤时，应注意控制好给煤量，尽量做到皮带上的给料均匀，避免皮带超负荷或断料运转，遇有铁器或杂物卡阻现象，立即停车处理。

第 16 条　随时牵引移动车皮和上、下调节提斗位置，做到放进车皮里的煤前后、左右均匀，避免造成集载、偏载。操作铁牛时要密切注意车皮的行进和钢丝绳运行状况，发现钢丝绳行走异常或突然停止，车皮行走声音异常等必须立即停车，通知班长查看是否有车皮抱闸、掉道等现象，不得强行跟车。

第 17 条　保持和计量员的密切配合，及时打翻板或关仓控制给煤量、停皮带等，避免卡、堵及多装、欠载，保证计量的准确性。

第 18 条　当一个煤种的车快装完时，应减小给煤机的给煤量或关闭仓口，若装不完车，再慢慢给煤，尽量做到当前煤种的车装完后，皮带上的煤拉净，为换煤种装车或下一次空负荷开车做好准备。

第 19 条　装车或供煤完毕，停下皮带，关好仓门，将接水板推到位，将提斗提到最高位置，把铁牛倒到指定位置。

四、特殊操作

第 20 条　发生蓬仓、窜仓事故时，要立即向调度汇报，制定措施进行处理，严禁擅自处理。

第 21 条　在放煤装车过程中，因人为设备或其他原因影响线路行车，应立即清理。设备出现故障应汇报调度停电停机处理。

五、收尾工作

第 22 条　对放仓、装车、卸煤设备的操作控制系统进行停机、上锁处理。

第 23 条　认真填写各种工作日志。

第 24 条　打扫工作现场卫生，保持铁路畅通及工作场所清洁。

六、安全规定

第 25 条　发生错装、混装事故时，要立即向调度汇报，制定措施进行处理，严禁擅自处理。

第 26 条　严格信号联系制度。信号不通或不清楚不得随意开动设备。

第 27 条　跟铁牛或倒铁牛时，注意观察大绳的运行方向及状况，发现跟铁牛向北、倒铁牛向南及其他异常时，应及时调整方向或停车处理，避免铁牛超出运行界线越位。铁牛与车皮对接时不得用快挡，必须用慢挡位。牵引车皮时不得用快挡。铁牛连接车皮后密切注意车皮的行进和钢丝绳运行状况，发现钢丝绳行走异常或突然停止，车皮行走声音异常等必须立即停车，通知班长查看是否有车皮抱闸、掉道等现象，不得强行跟车。开动铁牛换挡时，必须确保铁牛运行稳定后切换；换方向时，必须待大绳停稳后再切换，不得快停、快换。装车完毕，必须将铁牛倒到规定位置，严禁越位或不到位。

第 28 条　清理卫生等作业时严禁将手、脚、头伸入车皮或铁牛下的轨道上或轨道内。

第 29 条　装车过程中出现设备损坏等机电事故，要立即汇报调度协调处理，不得私自处理。

第 30 条　注意与装车、卸煤工的配合，听到上车平车、清扫等的信息后要停止牵引车皮。

第 31 条　机车与车皮没有脱离前，任何人不得进行各种作业。

第 32 条　横过铁路时，必须做到“一停、二看、三通过”，严禁爬车、钻车或从两车之间通过。

第 33 条　皮带运行期间，严禁清理运转部位及机道内的卫生。

七、危险因素、职业危害与防护

第 34 条　在原煤皮带机道内放仓时存在的职业危害为煤尘。

第 35 条　岗位存在的危险因素为物体打击、机械伤害、触电伤害、高空坠落及其他伤害。

第 36 条　生产过程中，相关防护设施必须正常运行和使用。上岗人员必须穿好工作服、戴好安全帽。根据岗位职业卫生要求佩戴适宜的防尘口罩、防噪耳塞。

第 37 条　一旦发生人身职业危害事故，立即送往医院治疗。

卸　煤　工

一、一般规定

第 1 条　经过安全培训和本工种专业技术培训，通过考试合格后，方可上岗。

第 2 条　严格执行《选煤厂安全规程》、岗位责任制、交接班制度、本操作规程和其他有关规定。

第 3 条　熟练掌握卸煤设备的操作性能及火车车皮装卸煤炭的操作方法。

第 4 条　熟悉卸煤程序及检查、分析、防止和排除故障的方法。

第 5 条　熟悉与有关岗位的联系，信号不明确，不准随意开动卸煤设备。

第 6 条　上岗时，按规定穿好工作服，戴好安全帽，穿上软底鞋，戴上手套等，严禁酒后上岗。

二、操作准备

第 7 条　准备。

1. 岗位安全环境确认。

(1) 检查工作场所的安全设施：梯子、护栏等是否牢固，消防设施是否正常，发现问题及时汇报处理。

(2) 安全通道是否畅通：所有安全出口是否打开，出现应急情况知道如何处理、逃生。

(3) 工作场所有无新增设施影响安全：正常过往的地点是否有障碍物、是否有外来施工等情况。

(4) 阴暗场所、夜间照明是否充足。

2. 接到联办、调度通知，确定来车时间及卸煤走向，做好巡道工作，发现轨道内及两侧 1.5 m 内有障碍物及时清理。

3. 准备好卸煤工具，如开门转盘、大扫帚、大锨、大锤、长把工具等。

第 8 条　检查。

1. 卸煤设备是否正常，各信号是否畅通、绞车按钮是否灵敏等，发现问题及时汇报调度室，以便及时处理。

2. 各类工具是否齐全并牢固可靠，发现不安全问题加以整改，确保牢固可靠后方可使用。

3. 火车进站堆车时，所有人员必须离开所占铁路、大绳，到安全地点等待堆车完毕，机车与车皮没有脱离前，任何人不得进行作业。

4. 待机车脱离车皮后，按班长分工进行作业。

三、正常操作

第 9 条　卸煤。

1. 车门工、清理工、绞车司机、皮带司机等按照班长分工进入自己的作业范围。

2. 检查车皮有无抱闸现象，发现抱闸及时关风放气缓解处理。

3. 绞车司机在确定车皮无抱闸后开动绞车牵引车皮配合计量员完成复磅工作。

4. 打开卸煤口盖板，将煤车牵引到卸煤漏斗并对准下料口。

5. 开车门人员从车皮梯子处安全蹬到车皮的第一平台上，站在平台里侧。

6. 接到仓下皮带、给煤机司机正常运行信息后，缓慢打开车门，让煤自行落入受煤坑。

7. 清车人员从车厢外的爬梯处攀登上车，在车皮两端的平台上站稳、站牢，并挂好保险带，用长把工具清理干净车壁的余煤。清理完车皮余煤后工具递给车下卸煤工，解下安全带，然后从车皮梯子处慢慢下车，待看清地面的情况，确保安全后，回到地面。上车前必须和绞车司机、车下卸煤工保持联系，清理过程中需牵引、移动车皮时，必须从梯子处下到车皮第一平台或车下，以免车皮移动时由于惯性作用从车上摔下。

8. 将车门关好，将空重阀打到“空”位，为带车做好准备，然后发信息给铁牛或绞车司机将卸完的空车皮牵离受煤坑。

9. 按照上述 4～8 款步骤开始卸下一个车。

10. 全部煤车卸完后，将铁路、受煤坑外侧的余煤全部清理干净，保持铁路畅通。

第 10 条　以上操作必须做到以下几点：

1. 车皮移动时不得摘、接风管，并密切注意车皮的行进状况。发现车皮行走声音异常等情况时，必须通知司机停车处理，查看是否有淤煤埋道、车皮抱闸等，不得强行跟车。

2. 严禁走车沿、坐车沿、钻车底、直接跨越两节车皮、从车皮上直接往下跳等。

3. 上、下车时，做到手抓牢，脚蹬实，在确保安全的前提下进行，以防摔伤、碰伤等。

4. 使用绞车牵引车皮时，钢丝绳要牢固挂在车皮两端牢固的四铆“丁”字铁上。牵引时任何人不得靠近绳鼻子处和钢丝绳，严禁在钢丝绳的两侧及受力方向行走或站立。

5. 密切注意受煤坑上方的铁箅子，发现松动及时联系停车处理。

6. 绞车司机、卸煤工等各工序相互配合。

7. 需要进行手闸时，必须蹬牢站稳，上车时必须看准手抓、脚踩的位置后在确保自身安全的前提下进行。严禁站或蹲在钩头上，以免挤伤。需要气刹车时，必须一手抱紧风管，一手放气。

8. 铁路沿线地面不平、障碍物较多，注意观察，避免扎伤、刮伤、碰伤或挤伤等。

9. 钩头对接前、掐钩后或刹闸时，注意观察前后车皮或铁牛运行状况，禁止站在车皮钩头的正对面。

10. 清理卫生等作业时严禁将手、头、脚等部位伸入车皮或铁牛下的轨道上或轨道内。

四、特殊操作

第 11 条 如出现车下淤煤、埋道，应及时停止卸煤，进行清理，以免车皮掉道。

第 12 条 当发现受煤坑上方的箅子松动、不平等情况时，及时联系处理。

五、收尾工作

第 13 条 将卸煤漏斗的盖板复位并固定牢固。

第 14 条 做好铁牛及绞车的复位工作。将铁牛倒到指定位置(距离北头限位器 70 m 处)，严禁不到位或越位；将绞车的钢丝绳盘好。

第 15 条 将设备进行停电或上锁处理。

第 16 条 打扫好现场卫生，保持铁路畅通。

第 17 条 做好各项记录工作。

六、安全规定

第 18 条 严禁从卸煤漏斗、铁箅子处上、下车皮。

第 19 条 上、下车皮必须手抓紧、抓牢，脚蹬稳，确保安全。

第 20 条 夜间卸车必须有足够的照明。

第 21 条 禁止从车皮之间直接跨越，防止从车上摔下，造成人身伤亡事故。

第 22 条 横过铁路时，必须做到"一停、二看、三通过"，严禁爬车、钻车或从两车之间通过。

第 23 条 严禁在车沿上行走、站立。

第 24 条 卸车过程中出现设备损坏等机电事故，要立即汇报调度协调处理，不得私自处理。

第 25 条 严格信号联系制度。信号不通或不清楚，不能随意开动设备。

第 26 条 严禁在铁箅子上方站立或行走。

第 27 条 机车与车皮没有脱离前，任何人不得进行各种作业。

第 28 条 注意观察车皮下方的铁路状况，发现淤煤埋道及时停车处理。

七、危险因素、职业危害与防护

第 29 条 本岗存在的职业危害为高温，夏季露天作业因高温易引发缺水中暑等现象。作业时准备足够的饮用水，尽可能两人配对作业，做好互保。

第 30 条 上岗人员必须穿好工作服、戴好安全帽，生产过程中不得弃用防护用品。

第 31 条 夏季露天作业时感到身体不适或中暑现象，及时采取措施。情节严重时，立即送往医院治疗。

清　车　工

一、一般规定

第1条　经过安全培训和本工种专业技术培训，通过考试取得合格证后，持证上岗。

第2条　了解本作业的基本内容。

第3条　严格执行《选煤厂安全规程》、岗位责任制、交接班制度和其他有关规定。

第4条　上岗时，按规定穿戴好劳保用品。

二、操作准备

第5条　接到调度室通知，确定来车时间及来车种类，准备清车工作。

第6条　在制高点等候火车通过，火车通过时，观察车厢情况，确定清车需用工具，对较脏车厢记下车号，进行重点清理。准备好清车用工具，如大扫帚、小扫帚、大锨、镐头、斧子等。接到火车对外完毕的通知后，清车人员按分工进行清车工作。

三、正常操作

第7条　清车人员进入自己的分工范围，先将大、小车门打开。

第8条　清车人员由车厢外的爬梯爬上车帮顶，然后蹬着车厢拐角处的突出三角板下到车厢内。禁止由小门爬入车厢内。

第9条　进入车厢后，先用铁锨将车帮凸沿上的杂物刮下来，对有锈蚀的车帮需用大锤将铁锈震下来。

第10条　将车厢内的杂物由已打开的大、小门清出，对于边角地段应认真清扫，不遗留死角。

第11条　对于较脏的车皮，如车厢内曾装过红土的，须接清水进行认真冲洗；如车厢内曾装过水泥的，须将板结的水泥用大锤、撬棍等敲松，彻底清干净。

第12条　所有车皮清扫完毕后，向班长汇报清扫车皮数量、车皮号和清扫情况，经复检无误方可装车。

四、特殊操作

第13条　对无法清扫加固的车皮，由班长组织人员重点清扫或报黄牌车。

第14条　由于信号错误等原因误装的黄牌车，应及时向装车工发出停装信号，并将误装的货物进行回收清理，避免造成损失。

五、收尾工作

第15条　清车完毕后，将清扫的杂物扫成堆，集中外运，禁止将杂物随意处理，污染道床及周围环境卫生。

第16条　彻底清理绳道和托辊下的杂物，防止钢丝绳磨损。彻底清理轨道衡以上和周围的积煤。

六、安全规定

第17条　爬越车厢清理卫生时，上下车皮必须手抓牢、脚蹬稳。

第18条　夜间清车工作必须保证足够的照明，出现站场照明不足时，需及时向灯房借用矿灯，保证安全及清车质量。

第19条　禁止从车皮之间直接跨越，防止失足从车上摔下，造成人身伤亡事故。

第 20 条　清车需横过车厢时，必须绕过车皮，间距达到 5 m 以上，防止车皮突然滑动伤人。

第 21 条　横过铁路时，必须做到"一停、二看、三通过"，严禁爬车、钻车或从两车之间通过。

第 22 条　清理站场卫生时，禁止将垃圾堆扫到绞车钢丝绳周围，禁止站在钢丝绳、托绳轮上，防止将人摔倒。

第 23 条　清扫站场的杂物时，必须听从监护的指挥，防止车辆运行伤人。

第 24 条　清车时，严禁在车沿上行走。

七、危险因素、职业危害与防护

第 25 条　岗位存在的职业危害为煤尘和噪声。

第 26 条　岗位存在的危险因素为物体打击、机械伤害、高空坠落及其他伤害。

第 27 条　生产过程中，相关安全防护设施必须正常运行和使用。上岗人员必须穿好工作服、戴好安全帽及防尘口罩、防噪耳塞，生产过程中不得弃用防护用品。

第 28 条　夏季露天作业，因高温易引发高温中暑现象，作业时准备好足够的饮用水，尽可能两人配对作业，做好互保。

第 29 条　一旦发生人身安全职业危害事故，立即送往医院治疗。

装　车　工

一、一般规定

第 1 条　经过安全培训和本工种专业技术培训，通过考试取得合格证后，持证上岗。

第 2 条　掌握本岗位所属设备的构造、工作原理、技术特征、零部件的名称和作用及有关安全用电知识。

第 3 条　熟悉岗位设备的检查、维护和一般故障的排除方法。

第 4 条　严格执行《选煤厂安全规程》、岗位责任制、交接班制度和其他有关规定。

第 5 条　上岗时，按规定穿戴好劳保用品。

二、操作准备

第 6 条　除按《选煤厂机电设备检查通则》要求对本岗位设备进行一般性检查外，还应做到：

1. 机架要牢固，无变形现象。
2. 仓下车道上应无堆积的物料。
3. 插板磨损应不严重。
4. 簸箕斗运动应灵活可靠。
5. 发现车皮损坏严重，及时向值班人员汇报，根据值班人员安排决定装车或退车。
6. 检查链钩要拴紧车销，系牢钢丝绳，确认无误后方可开装。

三、正常操作

第 7 条　装车要精力集中，落料点对准车皮，看清吨位。

第 8 条　密切注意计量员发来的涨、亏信号，根据涨、亏情况掌握放煤量，保证装车质量,不超载、不亏载。

第9条　发现异常情况(如车底有杂物、煤放不出来、闸门失灵等)要立即通知绞车司机停车处理,确保安全装车。

第10条　装车期间,注意观察钩头情况,发现铁销松动、绳套挂住枕木、设备等,要立即通知绞车司机停车处理,确保安全装车。

四、特殊操作

第11条　发生蓬仓、窜仓事故时,要立即向调度汇报,制定措施进行处理,严禁擅自处理。

第12条　冬天长时间不开车时,必须将仓放空,以防止物料被冻在仓内放不出来。

五、收尾工作

第13条　装车后关闭闸门(簸箕斗提到高位),切断电(气)源。

第14条　按规定对设备进行润滑维护。

第15条　清理环境卫生,做好交接班工作。

六、安全规定

第16条　注意观察监视人员发出的停车信号,接到信号立即停车。

第17条　密切注意仓口出料状态,防止造成窜仓事故。

七、危险因素、职业危害与防护

第18条　岗位存在的职业危害为煤尘和噪声。

第19条　岗位存在的危险因素为物体打击、机械伤害、触电伤害、高空坠落及其他伤害。

第20条　生产过程中,相关安全防护设施必须正常运行和使用。上岗人员必须穿好工作服、戴好安全帽及防尘口罩、防噪耳塞,生产过程中不得弃用防护用品。

第21条　一旦发生人身安全职业危害事故,立即送往医院治疗。

平　车　工

一、一般规定

第1条　经过安全培训和本工种专业技术培训,通过考试取得合格证后,持证上岗。

第2条　应掌握平车设备的构造、工作原理、性能、技术特征、零部件的名称和作用。掌握平车设备的维护保养方法和一般故障的排除方法。

第3条　应熟知本岗位设备的操作程序、操作方法和有关安全用电知识。

第4条　严格执行《选煤厂安全规程》、岗位责任制、交接班制度和其他有关规定。

第5条　上岗时,按规定穿戴好劳保用品。

二、操作准备

第6条　平车前,首先检查平车器完好情况,经空行检查各电器按钮无异常后,方可进行平车作业。

第7条　检查安全设施是否齐全。

三、正常操作

第 8 条 车厢前沿过去 0.5 m 后方可落下平车铲，确保平车器和车皮不被拉坏。

第 9 条 平车期间发现异常问题(如车皮外涨、按钮失灵等)要立即停止平车，检查处理。

第 10 条 平车到每节车厢后沿 0.5 m 处升起平车铲。

第 11 条 平过的车要达到无偏载、无凹凸。

第 12 条 平车过程中如出现装车严重偏载，前后严重不均匀时，应停止机械平车，再采用人力平车。

四、特殊操作

第 13 条 平车过程中出现电气或机械故障、安全设施失灵时应立即停止平车，将平车器提到高位。

第 14 条 操作过程中发现下列情况之一时必须立即停止平车作业，待查明原因，确认无误后再开始平车。如有以下问题，应及时采取措施并汇报：

1. 收到不明信号时；
2. 有异响、异味、异状时；
3. 钢丝绳有异常跳动、负荷增大或突然松弛时；
4. 突然断电时；
5. 平车器和簸箕突然失灵时；
6. 有其他险情时。

五、收尾工作

第 15 条 平车后应将平车器升到高位，用机械闭锁装置将平车器锁定。

第 16 条 对平车器停电。

六、安全规定

第 17 条 操作时要精力集中，随时观察设备运行情况和附近的一些状况。

第 18 条 操作人员必须在规定位置上操作，操作时要手不离按钮，注意观察车辆、钢丝绳、平车器，注意倾听信号。

七、危险因素、职业危害与防护

第 19 条 岗位存在的职业危害为煤尘和噪声。

第 20 条 岗位存在的危险因素为物体打击、机械伤害、触电伤害、高空坠落及其他伤害。

第 21 条 生产过程中，相关安全防护设施必须正常运行和使用。上岗人员必须穿好工作服、戴好安全帽及防尘口罩、防噪耳塞，生产过程中不得弃用防护用品。

第 22 条 一旦发生人身安全职业危害事故，立即送往医院治疗。

第 23 条 夏季露天作业，因高温易引发高温中暑现象，作业时准备好足够的饮用水。

叉车司机

一、一般规定

第 1 条 经过安全培训和本工种专业技术培训，通过考试取得操作资格证后，持证上岗。

第 2 条　熟悉叉车的构造、工作性能、零部件的名称和作用，掌握设备的维护保养知识和一般故障的处理方法。

第 3 条　在厂内干线上的行驶速度不得超过 5 km/h，厂内其他场合的行驶速度不得超过 3 km/h。在公路或城市道路上行驶应遵守交通部门的有关规定。

第 4 条　严格执行《选煤厂安全规程》、安全责任制、交接班制度和其他有关规定。

第 5 条　上岗时，按规定穿戴好劳保用品。

二、操作准备

第 6 条　启动前应重点检查制动器、方向盘、轮胎气压、仪表、灯光、喇叭、燃油、润滑油、冷却水和各连接件达到规定要求。

第 7 条　将变速杆置于空挡位置，拉紧手制动器，启动后观察各仪表指示是否正常，机器运转无异常后方可进行作业。寒冷天气不得以明火预热部件、油管和油箱，严禁拖、顶启动。

三、正常操作

第 8 条　叉装物件时，被装物件重量必须在该机允许载荷范围内。如物件重量不明时，应将物件叉起离地 100 mm 后，检查机械的稳定性，确认无超载现象后，方可运送。

第 9 条　叉装时，物件尽量靠近起落架，其重心应在起落架中间，确认无误后方可提升。叉载时不得偏载或单叉作业。叉运货物时禁止刹车。

第 10 条　物件提升离地高度应为 200～300 mm，离地后应将起落架后仰，方可行驶。

第 11 条　起步时应平稳。变换前后方向时，须待机械停稳后，方可进行。倒车、下坡或拐弯时，应减速慢行。

四、特殊操作

第 12 条　作业时，应注意各仪表的读数，如有异常，应立即停车检查检修。

第 13 条　作业时，如控制杆、货叉等部件出现异响，应立即停车检查维修；下坡时不得空挡滑行。

五、收尾工作

第 14 条　作业后，应将叉车停在比较平整坚实的场地上，使叉齿落至地面。

第 15 条　将操纵杆放在空挡位置，拉紧手制动器。

第 16 条　冬季将内燃机的冷却水放空。

六、安全规定

第 17 条　严禁叉齿载人，驾驶室除规定操作人员外，其他人员一律不准进入或在车外搭乘，严禁超载使用叉车。

第 18 条　以内燃机为动力的叉车进入仓库作业时，仓库应有良好的通风设施，严禁在易燃、易爆的仓库内作业。运送贵重物品、危险品和腐蚀品时，必须经过批准，并有安全措施。

第 19 条　下坡时，不得熄火滑行。特殊情况下需在坡道上停车时，除拉紧手制动器并挂好低速挡外，还应将轮胎楔牢。

第 20 条　作业区域禁止闲人围观。在公路上作业时，应设专人监护。

第 21 条　严禁在发动机运转中钻入车下、叉前或轮胎正前、后方进行维修作业。

七、危险因素、职业危害与防护

第 22 条 岗位存在的危险因素为物体打击、机械伤害及其他伤害。

第 23 条 岗位存在的职业危害为煤尘和噪声。

第 24 条 一旦发生人身安全职业危害事故，立即送往医院治疗。

装载机司机

一、一般规定

第 1 条 装载机司机必须熟悉装载机的技术性能和工作原理。

第 2 条 行驶前应将后视镜调整好，使驾驶员入座后能达到最好的视觉效果。

二、操作准备

第 3 条 作业前，检查液压系统应无渗漏，液压油箱油量应充足。检查润滑系统油液，水箱水是否符合规定值，及时添加油液，轮胎气压应符合规定，确保装载机的刹车、喇叭、后退信号灯以及所有的保险装置齐全、灵敏，能正常工作。

三、正常操作

第 4 条 装载机在作业时斗臂下禁止有人站立或通过。

第 5 条 装载机在配合自卸汽车工作时，装载时自卸汽车不能在铲斗下通过。向运煤车辆装载时应尽量降低铲斗，减少卸落高度，防止偏载、超载和砸坏车厢。

第 6 条 装载机动臂升起后在进行润滑和调整时，必须装好安全销或采取其他措施，防止动臂下落伤人。

第 7 条 装载机在工作中，应注意随时清除夹在轮胎间的石渣。

第 8 条 当操纵动臂和转斗操纵杆完成某一动作后，应使操纵阀杆置于中间位置。

第 9 条 夜间工作时，装载机及工作场所应有良好的照明。

第 10 条 不允许铲斗提升到最高位置时进行运载物料。

第 11 条 装载机转向架未闭锁时，严禁站在前后车架之间进行检修保养。

四、特殊操作

第 12 条 当装载机遇到阻力增大、轮胎（或履带）打滑和发动机转速降低等现象时，应停止铲装，切不可强行操作；在下坡时，严禁装载机脱挡滑行。

第 13 条 作业时，应注意各仪表的读数，如有异常，应立即停车检查检修。

五、收尾工作

第 14 条 作业后，应将装载机停放在安全场地，将铲斗平放地面，所有操作杆置于空挡位置，并将制动锁定；将装载机驶离工作现场，将机械停放在平坦的安全地带；按日常例行保养项目对机械进行保养和维护。

六、安全规定

第 15 条 严禁铲斗载人。严禁超载使用装载机。

第 16 条 下坡或拐弯时，不得高速行驶。下坡时不得熄火滑行。特殊情况下需在坡道上停车时，除拉紧手制动器并挂好低速挡外，还应将轮胎楔牢。

第 17 条　作业区域禁止闲人围观。在公路上作业时，应设专人监护。

七、危险因素、职业危害与防护

第 18 条　岗位存在的危险因素为物体打击、机械伤害、高空坠落及其他伤害。

第 19 条　岗位存在的职业危害为煤尘和噪声。

第 20 条　一旦发生人身安全职业危害事故，立即送往医院治疗。

高压配电工

一、一般规定

第 1 条　必须经过安全培训和本工种专业技术培训，取得特殊工种操作证后，持证上岗。

第 2 条　严格执行《选煤厂安全规程》、岗位责任制、交接班制度和其他有关规定。

第 3 条　熟悉高低压电器布置情况、系统接线图、各种高低压电器的性能、用途。熟悉有关设备的安全运行规程、作业规程和各项管理制度。

第 4 条　应熟知供电系统及设备特性，并熟练掌握操作方法。掌握一般触电急救方法及电气设备的防灭火知识。

第 5 条　停送电必须严格执行停送电操作制度、倒闸操作票制度。

二、操作准备

第 6 条　工作前必须正确穿戴合格的劳动防护用品。

第 7 条　操作前严格审核工作票是否有效，认真填写倒闸操作票。

第 8 条　停送电操作前要先请示调度，经允许后方可组织停送电。

第 9 条　操作前必须严格检查检验绝缘用具及高压测电笔性能是否可靠，不合格的严禁使用。

第 10 条　操作前必须戴好绝缘手套，穿绝缘靴或站在绝缘台上。

第 11 条　操作前必须确认所停送电配电柜名称、位置及编号，准确无误后方可操作。

第 12 条　操作前必须严格确认指令，如发现有疑问时，严禁擅自更改操作任务记录和操作票，必须向有关项目施工负责人请示，确认后进行操作。

第 13 条　进入高压配电室后要对现场的安全环境进行确认，检查并排除现场安全隐患，掌握现场安全设施、安全通道和避灾路线。

三、正常操作

第 14 条　倒闸操作时要严格执行唱票制度，一人操作、一人监护，监护人由对设备熟悉的人员担任并做好监护工作。

第 15 条　操作程序必须按停电、验电、放电、合接地刀闸或挂短路接地线的顺序进行工作。装设短路接地线应先接地线端，后接导线端，拆除时顺序相反。

第 16 条　接地线应用多股软裸铜线，其截面应符合短路电流的要求，但不得小于 25 mm^2。接地线必须使用专用的线夹固定在导体上，严禁用缠绕的方法进行短路接地。

第 17 条　送电时必须联系好，由专人联系，专人送电，严禁盲目送电或约定时间送电。

第 18 条 停电操作顺序为:审查工作票→请示调度→填写操作票→穿戴绝缘保护用品,准备工具→确认开关柜停电→断开断路器→摇出断路器→合上接地刀闸→检查接地刀闸是否已合上→悬挂“禁止合闸,有人工作”和“已接地”警示牌→把工具放回原处→通知调度。

第 19 条 送电时必须确认送电指令,准确无误后,认真填写送电操作票,并由发令人签字生效。

第 20 条 送电合闸操作顺序为:审查工作票→请示调度→填写操作票→穿戴绝缘保护用品,准备工具→检查开关柜是否可以送电→拆除警示牌→断开接地刀闸(或拆除短路接地线)→检查接地刀闸已完全断开→查看真空断路器是否在断开位置→摇进断路器→合上断路器→查看电流电压是否正常→检查运行情况→把工具放回原处→通知调度。

第 21 条 值班时要经常对各种运行仪表进行检查,看是否有变动情况,出现放电、过热、异声、分合闸指示有误等应立即向调度汇报。

第 22 条 应定期保养各种绝缘用具及有关仪器、仪表。保持配电室干净卫生。

四、特殊操作

第 23 条 发现电气设备和电缆起火时,应当迅速切断电源,使用二氧化碳灭火器、干粉灭火器、砂子扑救。严禁使用水和泡沫灭火器灭火,并及时向调度汇报。如火势蔓延不可控制,应立即沿避灾路线逃离到安全地带。

第 24 条 在发生人身触电后,可以不经许可立即断开相关设备的电源进行抢救,但在未脱离电源前,不准直接接触触电者,并及时报告上级和调度。

五、收尾工作

第 25 条 操作完毕后清理现场用具,及时、清晰、完整、正确地填好各种记录,并将工具用具、记录本及其他用品摆放整齐。

第 26 条 对当班发生或未做完的工作,应记录清楚并向接班人交代清楚。要详细交代本班一切运行情况和有关文件及口头通知。

六、安全规定

第 27 条 禁止无关人员进入配电室。凡外来参观人员及领导上岗检查人员一律登记,出示证件方可允许进入。

第 28 条 非专职或值班电气人员,不得擅自操作电气设备。

第 29 条 配电工必须熟悉所属电气设备,无论高压设备带电与否,都不得单独移开或越过遮护栏杆进行工作。

第 30 条 雷雨天气时,严禁进行倒闸操作和更换保险。用手拉、合刀闸开关时,脸部不许正对开关,以免电弧烧伤。

第 31 条 操作高压开关设备,必须戴绝缘手套和穿绝缘靴或站在绝缘台上。

第 32 条 装卸高压熔断器,应当停电、验电、放电和挂短路接地线,并穿绝缘靴、戴绝缘手套。

第 33 条 不得带电检修、搬迁、移动电缆和电气设备。

七、危险因素、职业危害与防护

第 34 条 本岗存在的危险因素为发生火灾、触电、接地、短路、电弧烧伤、接触不良、绝缘用具不合格等,容易造成人身伤害、设备损坏。

第 35 条　本岗存在的职业危害为电磁辐射，长期接触会危害身体健康。

第 36 条　工作过程中，确保相关安全防护设施必须正常运行和使用。作业人员必须使用相应的绝缘手套、绝缘鞋等劳保用品，一旦发生人身职业危害事故，立即送往医院治疗。

电　　工

一、一般规定

第 1 条　必须经过安全培训和本工种专业技术培训，取得特殊工种操作证后，持证上岗。

第 2 条　严格执行《选煤厂安全规程》、岗位责任制、交接班制度和其他有关规定。

第 3 条　掌握触电急救方法和事故紧急处理措施，并具有电气防灭火知识。掌握常用电气设备、仪表、工具和绝缘用具的使用方法，掌握本工种的安全技术操作规程和高空作业的有关规定。

第 4 条　必须掌握工作所辖区域供电系统、设备性能、各种保护及运行状况，并有维修及故障处理等技能和基础理论知识。

二、操作准备

第 5 条　工作前必须正确穿戴合格的劳动防护用品。

第 6 条　从事电气作业时，必须两人以上，一人监护，一人操作。

第 7 条　施工负责人向参加本项目工作的全体人员讲清现场情况、工作内容、检修工艺和质量标准等。

第 8 条　工作前对材料、配件、工具、仪器仪表及工作中使用的其他用具进行认真检查，并做必要的性能检验，不合格的不能使用。

第 9 条　进入工作场所后首先对现场的安全环境进行确认，检查并排除现场安全隐患，掌握现场安全设施、安全通道及避灾路线。

第 10 条　使用起重工具时，应先检查手动葫芦、三脚架、起吊基础、卡子、绳套等工具是否安全可靠，不合格的不能使用。

第 11 条　凡离地面(楼板)2 m 以上进行工作时，应按《选煤厂安全规程》中高空作业规定操作，在楼沿、屋沿等平台边缘工作时也要遵循高空作业相关规定。高空作业必须戴好安全带。使用梯子登高作业时，使用前应检查梯子是否完好，应有防滑措施，梯子靠放斜度不小于 30°，设专人扶持。站在人字梯上作业时，应挂好搭钩，并有专人扶梯。不准抛扔工具和零件。

三、正常操作

第 12 条　严禁带电作业。任何电气线路、设备未经验电一律视为有电，不准触及。在切断设备电源后，必须挂上“禁止合闸，有人工作”的警示牌(必要时应上锁或派专人监护)，经验明无电后，方可工作。停送电操作时，脸部不许正对开关，以防电弧烧伤。

第 13 条　停电或事故停电后，在未对有关断路器分闸并做好安全措施前，不准接触设备，不准进行检修工作。

第 14 条 在有可能反送电的开关或有联络的开关柜上应加“有可能反送电”警示标示。工作时，必须断开前后两级电源的开关，并悬挂“禁止合闸，有人工作”警示牌和装设短路地线，由专人联系，专人送电。严禁不经联系盲目送电或约定时间送电。

第 15 条 同一供电系统多人同时工作时，必须有可靠的安全措施且有专人统一指挥。要分别挂停电牌，各环节均结束后方可送电。

第 16 条 设备运行时，不准检修。对比较复杂的控制系统进行检修，除执行本规程外，还应执行针对具体设备、系统所制定的有关规定。

第 17 条 在高压设备上作业时，应戴绝缘手套、穿绝缘靴和使用绝缘棒。操作程序必须按停电、验电、放电、挂短路接地线的顺序进行。装设短路接地线应先接地线端，后接导线端，拆除时顺序相反。

第 18 条 如果工作因故停止，再重新工作时，必须详细检查各设备停电情况，待充分了解无误后方可进行工作。工作临时中断或每班工作前，都必须重新验电和检查接地是否正常可靠。

第 19 条 测量电缆、电容器及较大容量的设备绝缘电阻后，必须将被测部位及时进行放电，然后进行其他工作。

第 20 条 手持式电气设备、移动式电气设备的操作手把和工作中必须接触的部分，必须有良好的绝缘，其外壳必须可靠接地。

第 21 条 使用电气测量仪器、仪表，必须使用与被测参数相适应的型号与量程的仪器、仪表，并事先了解掌握其使用方法，以免损坏仪器、仪表或测得数据不准确。

第 22 条 使用外接电气仪表、仪器，对高压系统进行参数测量时，要在安全监护人员监护下进行，要有相应的安全技术措施。

第 23 条 在检修期间，与相邻带电体安全距离小于规定者，必须加可靠的遮栏，禁止用金属尺测量带电体。

第 24 条 检修电线、电缆时，严禁有明接头和明线头，禁止“鸡爪子”和“羊尾巴”，严禁带电体裸露在易被人接触到的地方。

第 25 条 50 V 以上的交流电气设备和内绝缘可能损坏导致触电危险的电气设备和金属外壳、构架等，必须有可靠的接地。接地电阻不得大于 4 Ω，地线截面要大于相线的 1/3。

第 26 条 电器或线路拆除后，可能有电的线头必须用绝缘布包扎好。

第 27 第 行灯电源应采取双线圈变压器，电压不超过 36 V，在特殊潮湿地点及金属容器内工作时，电压不超过 12 V。

第 28 条 不得自行改变电气设施的原有结构、接线方式及元件参数，不准任意改动原设备上的端子序号和标记。禁止私自调整安全保护装置和保护整定值，禁止短接各类保护装置。电气线路需要改动，应经有关领导批准，新装端子必须加装字迹清晰的端子号，并及时做好记录。

第 29 条 线路和设备安装、检修完成后，应先用摇表检查绝缘，其绝缘电阻低压不得小于 0.5 MΩ，高压不小于 1 000 MΩ，再通电进行试验。

第 30 条 检修电容器和连接电容器的电气装置时，应注意停电、验电和放电，待放电 5 min后方可开始操作。电容器一定要可靠接地并压接牢固。

第 31 条 巡视变压器时不得低于 2 人，且与带电导线必须保持 0.7 m 以上的安全距离。

第 32 条　检修变压器前，要穿戴好绝缘手套、绝缘靴，手持高压验电笔缓慢靠近高压侧母排进行验电，验明无电后，拉下隔离开关，放电，挂三相短路接地线，接地线要挂在高压侧。再先挂地线端，再挂相线端，拆除时顺序相反。

第 33 条　变压器跳闸后，在未查明原因前不准将变压器合闸送电。根据保护装置的动作情况和变压器跳闸时的象征确定是内部故障还是外部故障。如经检查是人为因素、外部短路、过流或二次回路故障、保护误跳闸等原因引起，排除故障后，变压器停电摇测绝缘合格后，则允许试送电。若是内部故障，必须进一步查明原因，排除故障，并经电气试验、分析以及进行相应针对性的试验证明故障确已排除后，方可重新投入运行。

第 34 条　严禁将带电的电流互感器二次侧开路，不得将二次侧接地点断开。短路电流互感器二次线圈必须用短路片或不小于 2.5 mm^2 的铜线。短路片和铜芯线必须紧固，接触良好。

第 35 条　严禁将带电的电压互感器二次侧短路和接地。

第 36 条　高压验电笔使用规定：操作人员必须戴绝缘手套，穿绝缘靴或站在绝缘台上，持验电笔手把，逐渐缓慢靠近带电部位，灯亮鸣闪表示有电，反之为无电。验电笔必须先在确认带电体上进行检验后，方可正常使用。

第 37 条　在雷电、暴雨、冰雪、浓雾、高温或严寒等气候突变及新设备或设备大修后参加运行时，采用新技术或新的运行方式时，必须对变配电设备进行特殊巡视。

第 38 条　供电系统发生故障后，必须查明原因，找出故障点，排除故障后方可送电。禁止强行送电或用强送电的方法查找故障点。

第 39 条　电气设备(包括输电导线、电缆)应当定期进行试验与检测。试验与测定前，必须按技术规程拟定工作计划，准备好试验用仪表、仪器。

四、特殊操作

第 40 条　发现电气设备和电缆起火时，应当迅速切断电源，使用二氧化碳灭火器、干粉灭火器、砂子扑救。严禁使用水和泡沫灭火器灭火，并及时向调度汇报。如火势蔓延不可控制，应立即沿避灾路线撤离到安全地带。

第 41 条　在发生人身触电后，可以不经许可，立即断开相关设备的电源，进行抢救，但在未脱离电源前，不准直接接触触电者，并及时报告上级和调度。

五、收尾工作

第 42 条　操作完成后，必须清点工具、配件、材料、仪器、仪表等，检查开关柜或设备内有无遗留线头、杂物等，检查无误后按规定送电，试车正常无问题后方可离开现场。

六、安全规定

第 43 条　电气工作人员应执行有关上级电业部门的现行规程及各项规定，严禁非电气工作人员安装、检修各种电气设备。

第 44 条　电气工作人员必须严格执行停送电制度、工作票制度、倒闸操作制度。部分停电检修及带电作业较为复杂的倒闸操作和非电气工作人员在电气场所工作，必须严格执行专人监护制度。

第 45 条　有双电源的设备，应有防止向电网反送电的措施，亦应防止由低压倒送高压。当电网检修时，必须将可能反送电的刀闸或断路器摇出，悬挂“有人工作，禁止合闸”的警示牌。

第 46 条 检修高、低压电气设备和线路时，必须严格执行停电挂牌制度，并进行验电、放电工作，需要挂接地线的一定要及时挂接地线，工作完毕立即拆除。严禁采取就地按钮或拉紧急开关代替停送电制度。严禁打电话停送电、约时停送电。

第 47 条 不准带电检修、搬迁、移动电气设备和电缆。

第 48 条 无论高压设备带电与否，都不得单独移开或越过栏杆进行检修工作。

第 49 条 电工所用工器具，带绝缘防护的，绝缘要完好，否则禁止使用。

第 50 条 严禁用潮湿的手指接触各种电气按钮。不得用湿布清理擦拭电气设备内部。

第 51 条 严禁往电气设备、电缆沟、电缆线路上乱丢油棉纱、木材及其他易燃、易爆物品。

第 52 条 检修变频器时，刚停电后变频器的直流母线 P＋、P－端子有残余电压，待变频器停电且经放电 5 min 后，方可开始检修，否则有触电的危险。

七、危险因素、职业危害与防护

第 53 条 本岗存在的危险因素为发生火灾、触电、接地、短路、电弧烧伤、接触不良、绝缘用具不合格等，容易造成人身伤害、设备损坏。

第 54 条 本岗存在的职业危害为电磁辐射，长期接触会危害身体健康。

第 55 条 工作过程中，确保相关安全防护设施必须正常运行和使用。作业人员必须使用相应的绝缘手套、绝缘鞋等劳保用品，一旦发生人身职业危害事故，立即送往医院治疗。

地面电气焊工

一、一般规定

第 1 条 经过国家劳动部门的专业安全技术培训，取得特殊工种操作证后，持证上岗，无证不得上岗进行电气焊操作。

第 2 条 熟知《选煤厂安全规程》、《选煤厂机电设备完好标准》的有关标准和规定。

第 3 条 具备电气焊工的基本知识，了解所负责维修的设备性能原理和保护装置的运行状况，有维修及故障处理等方面的技能和基础理论知识，能独立工作。

第 4 条 熟悉在灾害情况下人员撤离路线，掌握防灭火方法。

二、安全规定

第 5 条 操作场地应通风良好，无易燃、易爆物品，各类氧气瓶、乙炔瓶要距明火 10 m 以上，氧气瓶距乙炔瓶 5 m 以上，严禁在附近吸烟。

第 6 条 严禁在压力液体或压力气体的容器、带电设备以及正在运转的机械上进行焊接、气割。

第 7 条 对存放过汽油、煤油、硫黄、甲苯、酒精等易燃物品和情况不明的容器进行焊割时，应采取清洗、灌清水或置换惰性气体等防爆措施后才能操作。

第 8 条 因工作需要进入设备内部或容器内部工作时，应设有专人监护，行灯变压器不得带入，照明电压不得超过 12 V。

第 9 条　焊工应穿干燥工作服和胶鞋，严禁将漏乙炔气的焊炬、割炬或乙炔携带到设备内和容器内，以防混合气体遇明火爆炸。

第 10 条　氧气瓶、乙炔瓶必须有防震圈、安全帽、减压器(减压器上应有安全阀)。乙炔发生器必须设有回火防止器，中压以上的乙炔发生器必须装有压力表、安全阀。

第 11 条　各气瓶连接处、胶管接头、回火防止器、减压器等不许沾染油脂。

第 12 条　各气瓶不许在露天暴晒，冬季各气瓶、回火防止器、减压器等被冻住，只许用热水或蒸汽解冻，严禁火烤。

三、操作准备

第 13 条　作业前要检查各种工具，割枪、气线是否有漏气现象，电焊机是否完好，焊钳、把子线是否绝缘良好，电焊面罩是否完好，否则不准使用。电焊机应有可靠接地。

第 14 条　焊工应穿绝缘鞋，戴电焊手套。在潮湿的地方工作时，需注意防护用品的绝缘程度，不允许穿短裤和凉鞋进行作业。

第 15 条　根据作业内容提前画好标线，调整好氧气表、乙炔表压力，根据焊接位置和工件材质调整好电焊机焊接电流。

四、正常操作

第 16 条　工作前，应先清理工作现场，距易燃、易爆物 10 m 以外。在焊接下方若有易燃物品时，应用不燃物覆盖，并设专人监护，并有可靠的防火措施。

第 17 条　焊接长缝时，需点焊确定好相互位置再通焊；焊接容易变形的工件时要采取防止变形的焊接工艺和措施。

第 18 条　焊接前根据焊接工件材质、厚度，正确选用相应的焊条、焊接电流以及焊接工艺来保证焊缝质量。

第 19 条　高空焊接时，必须遵守《选煤厂安全规程》中关于高空作业的有关规定，并设专人监护，严禁乱扔电焊条头。

第 20 条　在设备、溜槽及容器内进行焊接时，应有良好的通风条件，同时对焊接设备及相关联设备进行断电、挂牌、闭锁，设专人监护，并系好安全带。

第 21 条　焊接前，应将工件表面的水、污垢及氧化物清除干净，需要分层焊接时，每层焊渣都要清理干净，保证焊接质量。

第 22 条　下雨天不得在露天场地进行电焊作业，在潮湿的地点工作时，应站在铺有绝缘物品的地方。不得将电焊钳乱丢在焊接工件上。

第 23 条　接线时，点焊接二次接地线必须可靠地接在被焊工件上，严禁将设备、轴承及储油部件作为地线使用。

第 24 条　电焊机要放置在易散热的场所，并设有专用开关，不得与其他设备混用。

第 25 条　焊接盛过易燃、易爆物的容器时，事先用肥皂水或碱水清洗干净，并用蒸汽或压缩空气吹净，工作时要打开容器所有通道，确保通风良好。

第 26 条　焊接时，电焊工要使用符合要求的面罩，焊接位置应使电弧至少离墙 0.5 m。对与电焊有关的辅助工作人员，应按规定戴好防护眼镜。

第 27 条　电焊工禁止卷起袖口、敞开衣领进行电焊作业。清渣时应戴好防护眼镜，以防灼热的药皮烫伤眼睛。

第 28 条　夜间作业应有良好的照明设施或电筒，便于观察作业区域的情况和更换电焊条。

第 29 条 在井口附近、煤仓内等重要场所进行作业时，除执行上述规定外，必须制定专门的安全技术措施，报矿批准，并指定专人在现场进行检查、监督。

五、收尾工作

第 30 条 工作完毕或暂停时，必须切断电源、气源，拆除电气焊工具，消除现场火种，检查焊接质量，确认无起火危险后方可离开。

第 31 条 工作完毕后认真填写工作记录。

六、危险因素、职业危害与防护

第 32 条 本岗存在的危险因素为物体打击、机械伤害、高空坠落，发生火灾、触电、接地、短路等，容易造成人身伤害、设备损坏。

第 33 条 本岗存在的职业危害为金属烟尘。金属烟尘主要危害人体的肺部，长期接触会危害人的身体健康。

第 34 条 生产过程中，相关安全防护设施必须正常运行和使用。施工现场必须通风良好，通风不好的地方必须安装临时通风设备。作业人员必须使用相应的防护眼镜、面罩、手套、脚套、绝缘鞋，绝不能穿短袖衣服或卷起袖子。

起重操作工

一、一般规定

第 1 条 经过国家劳动部门的专业安全技术培训，取得特殊工种操作证后，持证上岗。

第 2 条 熟悉起重机械的构造、性能、技术特征、零部件的名称和作用。

第 3 条 熟悉起重工作的操作要领，熟悉常用起重设备、索具、工具的使用方法。掌握高空作业的有关规定。

第 4 条 熟悉各种手势、信号等传递语言。

第 5 条 严格执行《选煤厂安全规程》、岗位责任制、交接班制度和其他有关规定。

第 6 条 上岗时，按规定穿戴好劳保用品。

二、操作准备

第 7 条 起吊前要认真检查起重设备是否完好，信号装置、安全装置是否齐全、灵敏、可靠，并检查确认吊钩、吊环、钢丝绳、卸扣等起重用具承载能力是否满足要求。不符合要求时，禁止使用。

第 8 条 学习与本项工作有关的规定和安全技术措施，多人工作时要明确施工负责人和安全负责人，明确现场指挥人员，并对信号问题进行沟通，要求人人熟知。

第 9 条 了解作业环境、吊运路线等相关外围环境的情况，清理工作现场的杂物。

第 10 条 施工前，对施工现场进行安全环境确认。

1. 工作前检查所用的材料、工具和起吊设备的可靠性等是否符合要求。

2. 工作前要对作业场所的安全设施进行认真的检查，安全栏杆必须完好，以确保作业和人员、设备的安全。在某一地点长期进行起吊作业时，必须设立警戒线，设专人监护。其他短时起吊作业时，必须有专人监护。

3. 起吊重物时，地板砖上必须有防护措施，防止重物砸坏地板砖。

4. 主厂房各楼层均有安全通道，发生危险时，应立即沿通道避险。

三、正常操作

第 11 条　擦净被吊运物件中捆绑处的油污，棱角处要用软物衬垫，用经过核对的绳索或吊具将吊运物体与起重机械连接好。

第 12 条　将起吊绳逐渐张紧，使物体微离地面，进行试吊，检查物体应平衡。捆绑应无松动，吊运工具、机械应正常无异响；如有异常应立即停止吊运，将物体放回地面后进行处理。

第 13 条　被吊物体的活动部件必须可靠固定，或卸下分别吊运。

第 14 条　试吊 1～2 次，确认可靠后再正式起吊，将物体吊至指定位置（或车辆内）卸下。

第 15 条　卸下吊运物体时要垫好衬物，放置平稳，不得将物体压住管线或堵塞通道，然后拆除绳索吊具。

第 16 条　如需平车运送物件时，应将物体平稳吊至车辆中心位置，垫好衬物，平稳放下，用木楔（或软质衬垫）将物体垫稳，再用绳索固定在平车上。

第 17 条　用人力抬搭大件重物时，要有专人统一指挥，互叫互应，齐起齐落，防止伤人或损坏设备。

第 18 条　用滚工杠搬运物体时，禁止直接用手调整滚杠的方位，用滚杠在坡道上搬运时，应使用拉绳在上方牵制，正下方不得有人，作业人员应在物体上方和两侧工作。

第 19 条　使用手拉葫芦（千不拉）起吊重物时，拉小链时应双手均匀用力，不得过猛过快。

第 20 条　使用千斤顶顶升重物前，注意放正千斤顶的位置，使其保持垂直，以防止螺杆偏斜弯曲及由此引起的事故。

第 21 条　千斤顶顶重时，应均匀使用力量摇动手把，避免上下冲击而引起事故。

第 22 条　千斤顶使用时，应注意不能超过允许的最大顶重能力，防止超负荷所引起的事故。

第 23 条　使用千斤顶起重时，应将底座垫平找正，底座及顶部必须用木板垫好，升起重物时，应将重物随起随垫，重物升起的高度不准超过千斤顶的额定高度，无高度标准的千斤顶，螺杆或活塞的伸出长度不得超过全长的 2/3，同时使用两台以上千斤顶起重同一重物时，必须使负荷均衡，保持同起同落。

第 24 条　放松千斤顶使重物降落之前，必须事前检查重物是否已经支垫牢靠，然后缓缓放落，以保证安全。

第 25 条　利用小绞车起吊重物时，应注意使小绞车提升中心线与实际受力方向一致。若方向不对时，不得用撬棍等别住钢丝绳导向，可利用滑轮导向。按小绞车安装规程，使小绞车安装稳固，点动开车，使钢丝绳张紧后检查钢丝绳受力方向正确，各部件无异常方可开车起重或搬运。不允许在运转过程中一手推制动手把，一手调整钢丝绳，如需调整应使钢丝绳松弛后再调整。

第 26 条　吊运作业时，将重物提起、平放、旋转起重臂、重物接近人员时，司机均应鸣铃

(或按喇叭)示警,注意观察,情况允许后方可继续作业。

第 27 条 一般不应使用两台设备共同起吊(搬运)同一重物,在特殊情况下需要用两台设备时,重物和吊具的总重量不得超过较小台设备负荷的两倍,并应有可靠的安全措施。

第 28 条 在吊装孔吊运物体时,吊运前需由专人(吊运负责人或安全员)将本次作业所需工具、卡具、绳索等认真检查,确保安全可靠,吊装口周围应无杂物,零件等应放置妥当,防止在吊运作业时异物坠下。

第 29 条 根据吊件形状,需要用钢丝绳捆绑固定时,应先将吊装面油污擦净;在物体棱角处要用木板、橡胶等软质材料垫好,以免损伤钢丝绳和吊物;对管子、钢轨等长材料,应首先将一次吊运量捆绑牢固,对有起吊环的设备应检查起吊环的安全状况,对大件设备要认真校对外形尺寸,并有防止设备损伤的措施。

四、特殊操作

第 30 条 起吊过程中,当起吊重物需悬空停留时,要将手拉小链拴在大链上。

第 31 条 起重司机应听从挂钩人员的指挥,但对任何人发出的紧急停车信号都应立即停车,起重机在开车前要将所有控制器手把置于零位,鸣铃警示后方可开车。

第 32 条 起吊过程中,突然发生停电或其他异常情况,导致被吊物悬挂空中时,起重人员不准离开岗位,严禁任何人通过危险区,待恢复正常后,完成起吊作业。

五、收尾工作

第 33 条 卸下的吊运物体要垫好衬物、放置平稳,然后拆除绳索、吊具。

第 34 条 起吊完毕后,要及时恢复安全护栏和盖板,然后清点工具、清扫工作现场,一切无误后方可离开现场。

六、安全规定

第 35 条 起重物体时不得斜吊,不得大幅度摇摆。禁止吊固定或掩埋不明物件。禁止超负荷吊装以及超负荷使用各类起重工具。

第 36 条 禁止任何人在起重物下面通过或停留。禁止任何人站在起重物上。禁止人与物一起吊运。起重现场应当设警戒线。

第 37 条 在任何情况下,严禁用人体重量来平衡被吊运的重物,不得站在重物上起吊。进行起重作业时,不能站在重物下方,只能在重物侧面作业,严禁用手直接校正被重物张紧的吊绳和吊具。

第 38 条 严禁在运行管道、带电运转机械设备以及不坚固的建筑物或其他物体上固定滑轮、葫芦等作为起重物的承力点。禁止在高压线下进行起重作业。

第 39 条 禁止将有电缆通过或有滑线电缆的钢梁、水泥梁作为起重支承点。在钢梁、设备及楼板上禁止焊接吊环和打吊装孔,如果确实需要,必须经有关部门同意并计算后,方可进行。吊环焊接必须牢固可靠。

第 40 条 采用电动葫芦进行起吊作业时,操作人员要手不离控制装置,禁止戴手套,以便及时控制。起吊工作要一次完成,不得吊到中途停止后人员离开。

第 41 条 在输电线路附近进行起重作业时,应保持一定的距离,在起重机械、装备、物体的最大回转半径范围内,与输电线路的最近安全距离 1 kV 以下为 1.5 m,1～20 kV 为 2 m。雨雾天气作业时,安全距离应适当放大。

第 42 条 起重作业场地风力达到 6 级以上时,应停止起重作业;风力在 4 级以上,不得吊运兜风大件。

第 43 条　凡在无安全栏杆的吊装口作业时，作业人员必须佩戴合格的保险带，保险带的另一端必须拴在牢靠的地点。

七、危险因素、职业危害与防护

第 44 条　本岗位存在的危险因素为物体打击、机械伤害、触电伤害、高空坠落及其他伤害。

第 45 条　本岗位存在的职业危害为煤尘和噪声。

第 46 条　生产过程中，相关安全防护设施必须正常运行和使用。上岗人员必须穿好工作服、戴好安全帽，生产过程中不得弃用防护用品。

第 47 条　一旦发生人身职业危害事故，立即送往医院治疗。

地面维修工

一、一般规定

第 1 条　必须经过培训并考试合格后，持证上岗。

第 2 条　熟知《选煤厂安全规程》、《选煤厂机电设备完好标准》及有关规定和要求。

第 3 条　熟悉所有维护设备的结构、性能、技术特征、工作原理，能独立工作。

二、安全规定

第 4 条　上班前不准喝酒、上班不得做与本职无关的工作，严格遵守本操作规程及各项规章制度。

第 5 条　维修工进行操作时应不少于两人。

第 6 条　两个或两个以上工种联合作业时，必须指定专人统一指挥。

第 7 条　作业前要切断或关闭所检修设备的电源，并挂“有人作业”警示牌。

第 8 条　高空作业时，必须戴安全帽和系保险带，保险带应扣锁在安全牢靠的位置上，且要高挂低用。

第 9 条　禁止血压不正常，有心脏病、癫痫病及其他不适合从事高空作业的人员参加高空作业。

第 10 条　高空禁止上下平行作业，若必须上下平行作业时，应有可靠的安全保护措施。

第 11 条　在试验、采用新技术、新工艺、新设备和新材料时，应制定相应的安全措施。

三、操作准备

第 12 条　熟悉设备检查内容、工艺过程、质量标准和安全技术措施，保证检修质量及安全。

第 13 条　设备检查前要将检修用的备件、材料、工具、量具、设备和安全保护用具准备齐全。

第 14 条　作业前要对作业场所的施工条件进行认真的检查，以保证作业人员和设备的安全。

第 15 条　作业前要检查各种工具是否完好，否则不准使用。

四、正常操作

第 16 条 维修人员对所负责范围内设备每班的巡回检查和日常维护内容如下：

1. 检查所维护的设备零部件是否齐全、完好、可靠。

2. 对设备运行中发现的问题，要及时进行检查处理。

3. 对安全保护装置要定期调整试验，确保安全可靠。

4. 检查设备各部液压时，油质和润滑油量应符合规定要求。

第 17 条 按时对所规定的日、周、月检内容进行维护检修，不得漏检、漏项。

第 18 条 拆下的机件要放在指定的位置，不得妨碍作业和通行，物件放置要稳妥。

第 19 条 拆卸设备必须按预定的顺序进行，对有相对固定位置或对号入座的零部件，拆卸前应做好标记。

第 20 条 拆卸较大的零部件时，必须采取可靠的防止下落和下滑的措施。

第 21 条 拆卸有弹性、偏重或易滚动的机件时，应有安全防护措施。

第 22 条 拆装机件时，不准用铸铁、铸铜等脆性材料或比机件硬度大的材料作锤击或顶压垫。

第 23 条 在检修时需要打开机盖、箱盖时，必须遮盖好，以防落入杂物、淋水等。

第 24 条 在装配滚动轴承时，若无条件进行轴承预热处理时，应优先采用顶压装配，也可用软金属衬垫进行锤击。

第 25 条 在对设备进行换油或加油时，油脂的牌号、用途和质量应符合规定，并做好有关数据的记录工作。

第 26 条 对检修后的设备，要进行全面的验收，需盘车的设备必须做盘车试验，检查设备的传动情况。

第 27 条 设备检修后的试运转工作，应由工程负责人统一指挥，由司机操作时，在主要部位设专人进行监视，发现问题，及时处理。

第 28 条 设备经下列检修工作后，应进行试运转：

1. 设备经过修换轴承。

2. 电动机经过解体大修，调整转子、定子间隙。

3. 泵修换本体主要部件后。

4. 皮带机更换电动机、减速机及主滚筒后。

第 29 条 试运转时，监视人员应特别注意以下两点：

1. 轴承润滑等转动部分的情况及温度。

2. 转动及传动部分的震动情况、转动声音及润滑情况。

第 30 条 禁止擅自拆卸成套设备的零部件去装配其他机械。

第 31 条 传递工具、工件时，必须等对方接妥后，送件人方可松手；远距离传递必须拴好吊绳、禁止抛掷。高空作业时，工具应拴好保险绳，防止坠落。

第 32 条 各种安全保护装置、监测仪表和警戒标志，未经主管领导允许，不准随意拆除和改动。

第 33 条 检修后应将工具、材料、换下的零部件等进行清点核对。对设备内部进行全面检查，不得把无关的零件、工具等物品遗留在机腔内，在试运转前应由专人复查一次。

第 34 条 检修中被临时拆除或甩掉的安全保护装置，应指定专人进行恢复，并确保动作可靠。

第 35 条　试运转前必须移去设备上的物件。

五、收尾工作

第 36 条　检修结束后应会同岗位司机共同验收，验收中发现检修质量不合格，验收人员应通知维修人员，及时加以处理。

第 37 条　认真填写记录检修部位、内容、结果及遗留问题等，并将检修资料整理存档。

第 38 条　做好检修现场的环境卫生，检修清洗零部件的废液应倒入指定的容器内，严禁随便乱倒。烧焊后，余火必须彻底熄灭，以防发生火灾。

六、危险因素、职业危害与防护

第 39 条　本岗位存在的危险因素为物体打击、机械伤害、触电伤害、高空坠落及其他伤害。

第 40 条　本岗位存在的职业危害为煤尘和噪声。

第 41 条　生产过程中，相关安全防护设施必须正常运行和使用。上岗人员必须穿好工作服、戴好安全帽，生产过程中不得弃用防护用品。

第 42 条　一旦发生人身职业危害事故，立即送往医院治疗。

车　　工

一、一般规定

第 1 条　必须经过培训并考试合格后，持证上岗。

第 2 条　具备初等数学、机械制图的基础知识，能熟练看懂机加工图纸。

第 3 条　必须熟悉机床的结构、性能及传动系统、润滑部位、电气等基本知识和使用维护方法，操作者必须经过考核合格后，方可进行操作。

第 4 条　必须熟知《煤矿安全规程》、《选煤厂安全规程》的有关内容；熟知车床安全技术操作规程的有关规定和要求。

第 5 条　具有执行本企业员工道德准则和行为规范的职业道德。

二、操作准备

第 6 条　检查润滑系统储油部位的油量应符合规定，封闭良好。油标、油窗、油杯、油嘴、油线、油毡、油管和分油器等应齐全完好，安装正确。按润滑指示图表规定进行人工加油，查看油窗是否来油。

第 7 条　检查机床、导轨以及各主要滑动面，如有障碍物、工具、铁屑、杂质等，必须清理、擦拭干净、上油。

第 8 条　检查安全防护、制动（止动）和换向等装置应齐全完好，电器配电箱应关闭牢靠，电气接地良好。

第 9 条　开车前，先把各手把、闸把打到空挡位置，以手搬动车头，查看是否有障碍物，并清洁各润滑部位，然后进行低速运转试车，检查车床运转是否正常。

三、正常操作

第 10 条 工件装夹要牢靠，用卡盘夹紧工件时，不准用加长手把增加力矩的方法紧固工件，找正工件不准用重锤敲打。用顶尖装夹工件时，顶尖与中心孔应完全一致，不能用破损或歪抖的顶尖，使用前应将顶尖和中心孔擦净。后尾座顶尖要顶牢。

第 11 条 刀具装夹要牢靠，刀头伸出部分不要超出刀体高度 1.5 倍，垫片的形状尺寸应与刀体形状尺寸相一致，垫片应尽可能少而平。

第 12 条 加工工件时按工艺规定进行加工。不准任意加大进刀量、切削速度。不准超规范、超负荷、超重量使用机床。机床在加工偏心工件时，要加均衡铁，将配重螺丝上紧，并用手扳动 2～3 周明确无障碍时，方可操作。

第 13 条 工件切角时，调整车刀方向，使其与工件端点截面呈 45°角，横向进刀车出 1 mm棱角。用同样方法将工件另一端车出相同的棱角。

第 14 条 工件抛光时，应把刀具移动到安全位置，不要让衣服和手接触工件表面。将工件伸出，一般夹紧调整转速为 290 r/min；用粗砂布抛光到工件表面没有黑点，调整转速为 570 r/min、820 r/min；用粗砂布继续抛光，最后调整转速为 1 170 r/min；用细砂布抛光至工件表面光亮。加工内孔时，不可以用手持砂布，应用木棍代替，同时速度不宜太快。

第 15 条 机床运转时，操作者不能离开机床，机床工作时要密切注意机床运转情况、润滑情况，如发现动作失灵、震动、发热、爬行、噪声、异味、碰伤等异常现象，应立即停车检查，排除故障后，方可继续工作。当突然停电时，要立即关闭机床，并将刀具退出工作部位。

第 16 条 经常注意避免切屑掉在丝杆、光杠上，并随时注意清除床面切屑，长的切屑要及时处理，以免伤人。

四、收尾工作

第 17 条 将机械操作手把、开关等扳到非工作位置上。

第 18 条 停止机床运转，切断电源、气源。

第 19 条 清除铁屑，清扫工作现场，认真擦净机床。对导轨面、转动及滑动面、定位基准面、工作台面等处作加油保养。严禁使用带有铁屑的脏棉纱擦机床，以免损伤机床导轨面。

第 20 条 认真将班中发现的机床问题填到交接班记录本上，做好交班工作。

五、安全规定

第 21 条 操作前要穿紧身工作服，袖口扣紧，上衣下摆不能敞开，严禁戴手套，不得在开动的车床旁更换衣服，或围布于身上，防止机器绞伤。必须戴好安全帽，辫子应放入帽内，不得穿裙子、拖鞋。要戴好防护镜，以防铁屑飞溅伤眼。

第 22 条 装卸卡盘时，床面上应垫木板，不得用铁棍支卡盘，可用木棍。应将主轴颈螺纹擦净加油。卡盘卸下后螺孔应用棉丝堵塞保持清洁。有反车装置的必须上好安全爪防止卡盘自行脱落。卡头若伸出卡盘母体 2/3 以上则禁止使用。

第 23 条 严禁用手触摸机床的旋转部分；严禁在车床运转中隔着车床传送物件。装卸工件，安装刀具，加油以及打扫切屑时，均应停车进行。清除铁屑应用刷子或钩子，禁止用手清理或用嘴吹。

第 24 条 切削脆性金属，事先要擦净导轨面的润滑油，以防止切屑擦坏导轨面。

第 25 条 机床运转时，不准用棉纱擦拭工件，不准测量工件，不准用手去刹转动的卡盘;用砂纸时,应放在锉刀上,严禁戴手套用砂纸操作,磨破的砂纸不准使用,不准使用无柄锉刀,不得用正反车电闸作刹车,应经中间刹车过程。

第 26 条　加工切削时,停车时应将刀退出。切削长轴类须使用中心架,防止工件弯曲变形伤人;伸入床头的棒料长度不超过床头立轴之外,并慢车加工。

第 27 条　高速切削时,应有防护罩,工件、工具要固定牢固。当铁屑飞溅严重时,应在机床周围安装挡板使之与操作区隔离。

第 28 条　车床地面上放置的脚踏板,必须坚实,平稳,并随时清理其上的切屑,以免滑倒,发生事故。

第 29 条　工作时必须侧身站在操作位置,禁止身体正面对着转动的工件。

六、危险因素、职业危害与防护

第 30 条　岗位存在的危险因素为物体打击、机械伤害、触电伤害及其他伤害。

第 31 条　生产过程中,相关安全防护设施必须正常运行和使用。上岗人员必须穿好工作服、戴好安全帽、护目镜等劳保用品,工作过程中不得弃用防护用品。

第 32 条　一旦发生人身安全职业危害事故,立即采取急救措施并汇报调度。

钳　　工

一、一般规定

第 1 条　必须经过培训并考试合格后,持证上岗。

第 2 条　具备初等数学、机械制图的基础知识,能熟练看懂机加工图纸。

第 3 条　必须熟知《煤矿安全规程》、《选煤厂安全规程》的有关内容;熟知《选煤厂机电设备完好标准》的有关规定和要求。

第 4 条　必须熟悉所修设备、零部件的结构性能、工作原理、修理工艺和设备的维护保养要求。

1. 了解常用设备、工具、夹具、量具的名称、规格、用途和维护保养及正确使用方法。
2. 了解常用金属材料、刀具、润滑液、冷却液的种类、牌号、用途。
3. 了解公差配合的知识,螺纹的加工,铰孔的加工余量的计算。
4. 了解动能生产设备的性能、结构,熟悉动能生产工艺流程,熟练掌握其修理技能。
5. 能看懂动能设备的零件图、工艺图并正确执行工艺规程进行维护修理。
6. 掌握一般工件的夹具安装、画线、钻孔、攻丝、铰孔、刮研平板、剔削键槽及齿轮齿端倒角。

第 5 条　能适应较强脑力、体力劳动工作环境。

第 6 条　具有执行本企业员工道德准则和行为规范的职业道德。

二、操作准备

第 7 条　在工作开始前,合理安排工作流程。

第 8 条　维修较大的项目,必须制定安全技术措施,报请有关部门和领导审批同意。

第 9 条　较大维修工作应设项目负责人和安全负责人,统一指挥。安装检修工作前,要组织参加人员学习该项目的安全技术措施并签字。

第 10 条 检修设备前应首先检查各种工具是否齐全完整,加工用设备设施是否完好。

三、正常操作

第 11 条 部件组装,整体装配,必须严格按工艺要求进行。拆卸设备零部件时,不得直接敲击设备或零件的外表面,应垫木板或铜棒。拆装设备的某一零部件时,其他零部件必须上紧或脱离,以避免产生滑动伤人。拆装大型部件时,底部应有垫板,并放置稳固。装配时,严禁手插入连接面或探摸螺孔,取放垫铁时,手指应放在垫铁的两侧。拆卸重件时,需用起重工具,抬到一定高度垫牢,然后进行拆卸,不能直接拆卸,多人工作应有专人指挥。

第 12 条 在装拆侧面机件时,应先拆下部螺钉,装配时应先紧上部螺钉;重心不平衡的机件拆卸时,应先拆离重心远的螺钉,装时先装离重心近的螺钉;装拆弹簧时,应注意防止弹簧崩出伤人。

第 13 条 检修工作中,拆下的零部件,应尽量放在一起,不得丢失,并放置平稳,可以放置在地面上的不得放置在设备、平台等高处,有回转机构的部位应提前卡死,防止其转动。

第 14 条 用人力移动机件时,要妥善配备人员。多人搬抬应由一人统一指挥,工作时动作要一致。抬轴杆、扭矩轴、管子和护板时,必须同肩,要稳起、稳放、稳步前进。搬运大型部件时,应严格遵守起重工、搬运工的安全技术操作规程。

第 15 条 组装前要对所有零部件进行清理清洁,确保箱体内没有杂质,零件上没有毛刺等异物。清洗零件时,严禁吸烟、打火或进行其他明火作业。不准用汽油清洗零件、擦洗设备或地面。废油要倒在指定容器内,定期回收,不准倒入下水道。

第 16 条 拆解和紧固螺栓时要用力矩倍增器和力矩扳手进行,使用力矩倍增器时人员要站在两侧,防止倍增器脱出伤人,紧固螺栓时力矩要打到规定扭矩。

第 17 条 拆解液压管路时,一定要先卸压。

第 18 条 工作地点要保持清洁。油液、污水不得流在地上,以防滑倒伤人。

第 19 条 机器设备上的安全防护装置在未安装好之前,不准试车,不准移交生产。

第 20 条 因检修需要移动、拆除栏杆、安全罩、盖板等安全设施时,如工作人员离开工作地点,必须在上述作业地点的周围设置临时护栏、护网,并设置醒目的警示标志。一切工作结束后,应当立即恢复原样。

四、收尾工作

第 21 条 工作完毕后,维修人员必须检查设备有无故障或缺陷并清点工具、清理工作现场,不得将杂物或工具遗留在工作现场。

第 22 条 进行设备维修,经检查确认后,方可由申请停电人通知调度送电试车。

第 23 条 整机组装完毕后要进行空载运行测试,并做测试报告。设备测试时至少要有两名人员进行,首先检查防护装置、紧固螺钉以及电、油、气等动力开关是否完好,并空载试运行正常后,方可投入工作。

五、安全规定

第 24 条 钳工上岗应穿戴齐全劳动保护用品,禁止使用破损的护目镜等劳保用品。工作前要检查工具设备,禁止使用不合格的工具和有隐患的加工设备。

第 25 条 设备检修必须执行专人申请停电挂牌制度。检修人员进入机器内部,必须设专人在外监护,手灯或移动式照明灯具的电压应小于 12 V。在特别潮湿的地方及金属容器内作业用的照明灯具的电压不超过12 V。严禁使用明火照明。

第26条　机械设备、零部件在运行或未处于静止可控状态时，禁止测量和修理。

第27条　零件、工具等物资存放整齐，有锋利刀口的工具，如刮刀、画针、画规等，用完后放在安全的地方，不要将刀尖暴露在外，防止伤人。

第28条　使用活扳手的扳口尺寸应与螺帽尺寸相符，不准在手把上加套管。高空操作使用手工具时，要用手腕带系牢。

第29条　使用钢锯时，工件须夹牢，用力要均匀，工件将要锯断时，要用手或支架托住以防滑落伤人。工件较长或较重时必须另加安全可靠支撑，以防工件坠落伤人。

第30条　禁止使用有裂纹、带毛刺、手把松动等不符合安全要求的工器具。不得使用无柄的刮刀、锉刀等有柄类工具，且刮刀、锉刀等手把必须安装牢靠，否则不准使用。在作业时用力平衡，以免刀柄脱出伤人；錾子头部不得有毛边和油污，在錾削作业时前方应设遮挡物，锉屑、刮屑、錾屑等操作产生的铁沫等碎屑，禁止用嘴吹和手抹，应用毛刷进行清除。

第31条　台钳要固定牢固可靠，两人及以上作业时，中间要有安全有效的防护铁丝网。使用台虎钳夹持工件作业时，钳把不得用套管加力或用手锤敲打，所夹工件不得超过钳口最大行程的2/3，工件应当卡在钳口当中，夹持牢靠，夹持较长工件时要另加支撑，以防工件坠落伤人。

第32条　剔、削、铲作业前，要检查锤头与锤把是否牢固，锤把不准有油，注意周围情况，避免伤人，打锤时禁止戴手套。

第33条　使用三角刮刀时，必须一手握把，前手应手心向下，以防被刮刀刺伤。

第34条　用煤、柴油清洗零件时，在周围5 m内严禁明火，保证安全。

第35条　检修场所周围有妨碍检修人员安全的运转机器时，要注意设置可靠的安全设施，否则不准作业。

第36条　在同台设备上多工种同时作业，必须做好互保联保，确保安全。

第37条　不准无措施检修、拆卸或加工有剩余压力、腐蚀性气体或液体等有毒有害物质的容器、零部件等。

第38条　登高作业应遵守高空作业的有关规定，工作前应检查梯子、脚手架等是否牢固可靠及有无防滑措施。进行高空作业或起吊设备时必须严格遵守《选煤厂安全规程》有关高空作业或起重工作的相关规定及《高空作业安全技术规程》的有关规定。

第39条　用千斤顶顶起重物时，物体重量不得超过千斤顶负荷，禁止用手起落千斤顶，不准在顶起的物件下工作，必要时，须在物件下用坚固材料垫牢。

第40条　多人进行装配操作时，由专人指挥，同起重工密切配合。高处作业应按规定设登高平台，并遵守有关安全技术操作规程。停止装配时，不许有大型部件吊悬于空中或放置在有可能滚滑的位置上，休息期间应将未安装就位的大型部件用垫块支撑。

第41条　使用手电钻等电器工具或加工设备设施，要认真阅读其使用说明书，确保电器工具或加工设备设施符合安全使用规定，严格遵守其使用说明书的使用条件、使用要求、使用注意事项等，佩戴齐全所需保护用品，严禁不按说明书违规使用。

第42条　采用加热器加热零件时，应遵守有关安全操作规程和采用专用夹具夹持零件。工作台板上不准有油污，工作场地附近不准有易燃易爆物品，加热好的组件应及时装配，不得随意乱放，以免烫伤事故发生。

第 43 条 实行冷装时，对盛装液氮或其他制冷剂的压力容器或气瓶的使用、保管，应严格按照压力容器或气瓶安全技术操作规程进行。取放工件使用专用夹具，戴隔热手套，人体不得接触液氮或刚冷却后的零件。

第 44 条 用三脚架起重时，应注意支点，必须稳固。

第 45 条 搬运物件时，应注意有无障碍物，以免绊倒、碰撞伤人。

第 46 条 工作中发现安全隐患、安全防护设施设备不完好，应在发现后立即上报，并设置醒目的安全警示。

六、危险因素、职业危害与防护

第 47 条 岗位存在的危险因素为物体打击、机械伤害、触电伤害、高空坠落及其他伤害。

第 48 条 生产过程中，相关安全防护设施必须正常运行和使用。上岗人员必须穿好工作服、戴好安全帽、护目镜等劳保用品，工作过程中不得弃用防护用品。

第 49 条 一旦发生人身安全职业危害事故，立即采取急救措施并汇报调度。

刨 工

一、一般规定

第 1 条 必须经过培训并考试合格后，持证上岗。

第 2 条 具备初等数学、机械制图的基础知识，能熟练看懂机加工图纸。

第 3 条 必须熟悉机床的结构、性能及传动系统、润滑部位、电气等基本知识和使用维护方法。

第 4 条 必须熟知《煤矿安全规程》、《选煤厂安全规程》的有关内容；熟知机床安全操作规程的有关规定和要求。

第 5 条 具有执行本企业员工道德准则和行为规范的职业道德。

二、操作准备

第 6 条 检查润滑系统储油部位的油量应符合规定，封闭良好。油标、油窗、油杯、油嘴、油线、油毡、油管等应齐全完好，安装正确。

第 7 条 检查机床、导轨以及各主要滑动面，如有障碍物、工具、铁屑、杂质等，必须清理、擦拭干净、上油。

第 8 条 检查安全防护、制动（止动）和换向等装置应齐全完好，电气配电箱应关闭牢靠，电气接地良好。

第 9 条 开车前，先把各手把、闸把打到空挡位置，查看是否有障碍物，并清洁各润滑部位，然后进行低速运转试车，检查机床运转是否正常。

三、正常操作

第 10 条 牛头定位螺钉和工件要紧固，刨刀要夹紧固，并不宜伸出过长。工作台上不得放置工具。

第 11 条 用虎钳卡工件时，钳口及垫铁应擦拭干净，虎钳必须在工作台中心位置上固定牢固。

第 12 条　调整牛头冲程要使刀具不接触工件，并用手摇动经历全行程进行试验。溜板前后不许站人。

第 13 条　装卸工件、更换刀具、用手摸拭工件光洁度、测量工件、变速时必须停车，机床调整好后，随即将摇把手把取下。

第 14 条　刨削时，要选好进给量，以免进给量过大造成撞刀；刨刀要根据加工件的需要尽量缩短，冲头行程一定要离开工件调正合适后再进行工作。刀架往复走刀时，工作台不准进行升降。龙门刨、单臂刨工作台往复运动时，刀架不准进行升降。应根据工件和刨刀的材料，选择适当的进刀量，进刀量严禁超过规范要求。

第 15 条　刨削过程中，头、手不要伸到车头下检查，并不得用棉纱擦拭工件和机床转动部位，清扫铁屑应使用毛刷，禁止用嘴吹。

第 16 条　机床运转时，操作者不能离开机床，机床工作时要密切注意机床运转情况，润滑情况，如发现动作失灵、震动、发热、爬行、噪声、异味、碰伤等异常现象，应立即停车检查，排除故障后，方可继续工作。当突然停电时，要立即关闭机床，并将刀具退出工作部位。

四、收尾工作

第 17 条　将机械操作手把、开关等扳到非工作位置上。

第 18 条　停止机床运转，切断电源。

第 19 条　清除铁屑，清扫工作现场，认真擦净机床。导轨面、工作台面等处加油保养。

第 20 条　认真将班中发现的机床问题，填到交接班记录本上，做好交班工作。

五、安全规定

第 21 条　操作前要紧身工作服，袖口扣紧，上衣下摆不能敞开，严禁戴手套，不得在开动的刨床旁更换衣服，或围布于身上，防止机器绞伤。必须戴好安全帽，辫子应放入帽内，不得穿裙子、拖鞋。要戴好防护镜，以防铁屑飞溅伤眼。

第 22 条　安装工件前必须检查工作台上是否有障碍物，不得在吊起的工件下进行清理，以防发生事故。

第 23 条　调解行程要紧固，机床运转时，不准调解行程速度，不准超负荷违章作业。

第 24 条　在刨大型或走刀时间长的工件时，操作者不得因走刀时间长而擅自离开机床，有事须离开刨床时，必须停车，切断电源。

第 25 条　更换刀具时，必须将刀离开工件，防止碰刀发生事故。

第 26 条　切削刀架不允许伸出过长，切削面长时，要调节升降工作台。

第 27 条　在切削过程中，不要把头俯在行程内，并要注意刨屑崩出伤人。

第 28 条　装卸较大工件和夹具时应请人帮助，防止滑落伤人。

六、危险因素、职业危害与防护

第 29 条　岗位存在的危险因素为物体打击、机械伤害、触电伤害及其他伤害。

第 30 条　生产过程中，相关安全防护设施必须正常运行和使用。上岗人员必须穿好工作服、戴好安全帽、护目镜等劳保用品，工作过程中不得弃用防护用品。

第 31 条　一旦发生人身安全职业危害事故，立即采取急救措施并汇报调度。

铣　工

一、一般规定

第1条　必须经过培训并考试合格后，持证上岗。

第2条　具备初等数学、机械制图的基础知识，能熟练看懂机加工图纸。

第3条　必须熟悉机床的结构、性能及传动系统、润滑部位、电气等基本知识和使用维护方法。

第4条　必须熟知《煤矿安全规程》、《选煤厂安全规程》的有关内容；熟知机床安全操作规程的有关规定和要求。

第5条　具有执行本企业员工道德准则和行为规范的职业道德。

二、操作准备

第6条　检查冷却系统是否正常，检查润滑系统储油部位的油量应符合规定，封闭良好。油标、油窗、油杯、油嘴、油线、油毡、油管和分油器等应齐全完好，安装正确。

第7条　检查机床、导轨以及各主要滑动面，如有障碍物、工具、铁屑、杂质等，必须清理、擦拭干净、上油。

第8条　检查安全防护、制动（止动）和换向等装置应齐全完好，电气配电箱应关闭牢靠，电气接地良好。

第9条　开车前，先把各手把、闸把打到空挡位置，查看是否有障碍物，并清洁各润滑部位，然后进行低速运转试车，检查机床运转是否正常。

三、正常操作

第10条　在铣床上装夹工件必须牢固可靠，不得有松动。加工旧件前，必须将有害物质清除干净。

第11条　装拆铣刀要用揩布垫衬，不要用手直接握住铣刀，拆装立铣刀时，台面须垫木板，禁止用手托刀盘。刀具装夹时，应保持铣刀锥体部分和锥孔的清洁，并要装夹牢固。

第12条　铣刀装好后，应先慢速试车，在整个切削过程中，头、手不得接触铣削面。卸取工件时，必须移开刀具，在刀具停稳后方可进行。

第13条　对刀时必须慢速进刀。刀具接近工件时，须用手摇进刀，不准快速进刀。铣长轴时，轴件超出床面时应设动托架。快速进刀时应摘下离合器，防止手把伤人。

第14条　工作时应先用手进给，然后逐步自动走刀。运转自动走刀时，拉开手轮，注意限位挡块是否牢固，不准放到头，不要走到两极端而撞坏丝杠；使用快速行程时，要事先判断是否会发生相撞等现象，以免碰坏机件、铣刀碎裂飞出伤人。经常检查手摇把内的保险弹簧是否有效可靠。

第15条　切削时禁止用手摸刀刃和加工部位。测量和检查工件必须停车进行，切削时不准调整工件。

第16条　主轴停止前，须先停止进刀。如若切削深度较大时，退刀应先停车，挂轮时须切断电源，挂轮间隙要适当，挂轮架背母要紧固，以免造成脱落；加工毛坯时转速不宜太快，要选好吃刀量和进给量。

第17条　机床运转时，操作者不能离开机床，机床工作时要密切注意机床运转情况、润滑及冷却情况，如发现动作失灵、震动、发热、爬行、噪声、异味、碰伤等异常现象，应立即停车检查，排除故障后，方可继续工作。当突然停电时，要立即关闭机床，并将刀具退出工作部位。

四、收尾工作

第 18 条　将机械操作手把、开关等扳到非工作位置上。

第 19 条　停止机床运转，切断电源。

第 20 条　清除铁屑，清扫工作现场，认真擦净机床。导轨面、工作台面等处加油保养。严禁使用带有铁屑的脏棉纱擦拭机床，以免拉伤机床导轨面。

第 21 条　认真将班中发现的机床问题，填到交接班记录本上，做好交班工作。

五、安全规定

第 22 条　操作前要穿紧身工作服，袖口扣紧，上衣下摆不能敞开，严禁戴手套，不得在开动的铣床旁更换衣服，或围布于身上，防止机器绞伤。必须戴好安全帽，辫子应放入帽内，不得穿裙子、拖鞋。要戴好防护镜，以防铁屑飞溅伤眼。

第 23 条　键铣床在切削过程中，刀具进给运动未脱开时不得停车，用手对刀，开始吃刀时应缓慢进刀，不得猛然突进、不准突然变速。变换主轴速度必须在停车状态下进行。

第 24 条　禁止在工件与刀具接触的情况下启动机器，只有机器达到稳定速度后，才能开始加工。

第 25 条　严禁手摸或用棉纱擦转动部位和刀具，禁止用手接触托刀盘。清除切屑要用毛刷，不可用手抓、用嘴吹。

第 26 条　人工加冷却液时必须从刀具前方加入，毛刷要离开刀具。

第 27 条　龙门铣床上工件要用压板、螺栓或专用工具夹紧。使用一般的扳手不许加套管，以免滑脱伤人。刀具一定要夹牢，否则不准开车。

第 28 条　龙门铣床上铣切各种工件，特别是修复旧工件、粗铣时，开始应进行缓慢切削。

第 29 条　靠模铣床工作时不得用手伸进运动部分，进刀不得过猛，应顺进刀方向沿着靠模边缘上移动。

第 30 条　靠模铣床工件与靠模必须装夹牢固，铣刀必须用拉紧螺栓拉紧，并要求遵守铣工其他安全操作规程。

第 31 条　仿型铣床工作时必须先停止所有方面的进刀才能停止主轴。操作者离开机车、主轴变速、更换工具或工件，均必须先停车。

第 32 条　螺纹铣床由铣标准螺距的细纹转换到大螺距螺纹时，必须将所需要的交换齿轮装上，再把手把扳到所需的工作位置。必须使主轴上内齿轮咬合脱离后才能开动机器。溜板在返回行程时，必须将跟刀架固定螺栓松开，把铣刀退出螺栓后，才允许开返回程。

第 33 条　花键铣床在切削过程中，刀具退离工件时不得停车，在挂轮和装卡刀具、工件时必须切断电源。

第 34 条　花键铣床在运转切削时要选用适当的切削量，以免产生过大的机震。发现工件松动或发生故障必须停车检查。

第 35 条　铣床在运行过程中，发现异常情况应立即停车，切断电源，然后进行检查，如属电气故障，应由电工处理。

六、危险因素、职业危害与防护

第 36 条 岗位存在的危险因素为物体打击、机械伤害、触电伤害及其他伤害。

第 37 条 生产过程中,相关安全防护设施必须正常运行和使用。上岗人员必须穿好工作服、戴好安全帽、护目镜等劳保用品,工作过程中不得弃用防护用品。

第 38 条 一旦发生人身安全职业危害事故,立即采取急救措施并汇报调度。

调度维修工

一、一般规定

第 1 条 必须经过专业技术培训,考试合格,执证上岗。应掌握有关通信设备的性能、结构、原理及测试、调整、检修方法和操作要求等。

第 2 条 应熟悉并遵守有关通信线路、交换机、电话机的有关规程、《煤矿安全规程》及《选煤厂安全规程》的有关规定,能独立工作。

第 3 条 掌握电气事故处理方法和紧急救护知识。

第 4 条 身体适应本工种工作,无影响本职工作的病症。

二、操作准备

第 5 条 维修人员应配备以下资料:通信设备说明书、工作原理图、配线图、检查记录、故障记录以及其他单项记录。

第 6 条 周期性维修必须申报作业计划,主要内容是:目的要求、工作任务、起止时间、影响范围、验收标准和注意事项等。较大的工程和技术比较复杂的工程,事先必须制定详细的作业计划,报请有关领导审批后才能开工。

第 7 条 了解当日维修任务及影响范围,并通知调度和使用岗点。

第 8 条 工作前认真清点、检查施工中所使用的材料、备件、工具。安全用具必须完好、可靠。

三、正常操作

第 9 条 电话机的修理。

1. 电话机应尽量避免安装在有潮气、淋水、积水的工作地点。

2. 定期清除话机灰尘、油污和潮气,擦拭、调整各个触点。触点接触应良好,送、受话器通话效果应良好,铃声应响亮。各部位螺钉、弹簧垫、垫圈等应齐全完整。

3. 绝缘要求:127 V 及以下不低于 0.5 MΩ。

4. 拧卸凹窝内的螺钉时,应使用专用工具。

5. 按线路图校对电话机接线,接线应正确,连接应良好,元件、导线应齐全无损。电话机检修完毕后,必须做到零部件齐全、无锈蚀,外壳应无损伤。

6. 将以上检查结果、安装日期、使用地点填入记录簿内。

第 10 条 整流器、蓄电池维修。

1. 整流器的启动和停止:接通负载后再开机,负载电源由小到大逐步调到额定值。关机时,将电流由大调小,先断交流后断负载。

2. 定期检查和测试整流器各点的电压、电流，观察各点波形，掌握各点电压、电流及波形的参考值。

3. 各点过压、过流、报警等保护动作应灵敏可靠。

4. 整流器主回路(整流元件、主变压器、扼流圈)对地绝缘电阻不小于1 MΩ，系统工作接地线不少于2条，接地电阻应小于4 Ω，保护接地电阻应小于10 Ω。接地电阻每年春秋两季各测试一次，测试时应分组进行，不准两组同时断开。

5. 蓄电池应经常检查并记录以下项目：每个电池电解液相对密度、温度，极板有无变形、弯曲、短路、脱落，隔离板、弹簧板、绝缘子不应有位移，连接线应接触良好，没有腐蚀现象，外壳完整没有裂纹、溢酸等。

6. 蓄电池电液相对密度应保持在1.2～1.21(25 ℃)范围内，液面应高出极板10～20 mm。

7. 蓄电池每年进行一次容量试验和核对放电试验，放出保证容量的50%～60%，然后单独充电。

8. 蓄电池在充电过程中，每2 h记录一次电压、电流、温度、相对密度，放电时每10 h记录一次。

第11条　调度交换机的维修。

1. 机房温度、环境湿度、供电电源、接地电阻一定要符合说明书要求。

2. 两次开机时间间隔在3 min以上。

3. 所有的设定数据以文件的形式保存到计算机中，以防主机数据丢失从而可以进行恢复。

4. 当出现故障时，首先要对故障现象进行分析、测试(设备测试、记发器测试、网络测试)，以确定故障性质和类别，查明原因后再进行处理。

5. 软件故障可按复位键消除。若有硬件故障，可换入正常的备用板，不可带电插拔插件。

第12条　调度视频监控系统的维修。

1. 每季度对设备进行一次除尘、清理，扫净监控设备显露的尘土，对摄像机、防护罩等部件要卸下进行彻底吹风除尘，之后用无水酒精棉将各个镜头擦干净，调整清晰度，防止由于机器运转、静电等因素将尘土吸入监控设备机体内，确保机器正常运行。同时检查监控机房通风、散热、除尘、供电等设施。室外温度应在－20～＋60 ℃，相对湿度应在10%～100%；室内温度应控制在＋5～＋35 ℃，相对湿度应控制在10%～80%。

2. 摄像机信号采集系统的维修保养。

(1) 摄像镜头部分：目测摄像机有无图像、干扰、清晰度如何、信号的强弱情况等。

(2) 云台部分：进行云台控制，检查水平、垂直方向的运作情况，包括上下、左右、自动。

(3) 镜头部分：调试可变镜头伸缩情况，光圈开与闭，焦距的调整。

(4) 电源部分：用万用表检查电源的输出是否稳定，电源的发热情况是否正常。

(5) 卫生状况：摄像机外罩是否清洁直接关系到摄像枪的图像清晰度。

(6) 安全状况：检查摄像头的云台、支架间是否牢固。

(7) 焊点状况：每月检查一次各BNC接头是否焊点老化。

3. 信号传输系统的维修保养。

(1) 检查各视频服务器信号转换是否正常,IP 是否正确,各端口电路是否损坏,并定期进行维护保养。

(2) 定期对视频传输线路、控制线路和网络线路进行检测,并进行维护保养。

(3) 每季应对视频服务器进行一次全面维护保养,紧固固定螺丝,适当拧紧接线端子,对电路板部分进行一次灰尘的清理和温湿度的检测。对控制模块箱和配线进行吹扫清洁。检查一次各接地点接地是否良好。

(4) 每半年进行一次系统线路的测试,检查线路是否有损伤或老化,接触是否良好,模块接线端子是否松动氧化,线路保护层是否完好无损,及时进行保养。

4. 视频服务器及平台的维护保养。

(1) 定期对本地硬盘录像机进行视频丢失、丢帧检测,发现问题及时解决;对本地硬盘录像机的存储空间进行整理,发现不明文件进行清理,对重要文件进行特别备份。

(2) 每月对每个点的本地硬盘录像机进行一次软硬件全面维护保养,紧固固定螺丝,适当拧紧接线端子,清除接线端子处的氧化物并作除尘清洁处理。

(3) 每半年对硬盘录像机的存储空间进行整理一次,重要文件采用外接设备备份,有问题应及时维修或更换。

(4) 对易吸尘部分(如监控屏幕)每季度定期清理一次。

(5) 每季度应检查各接地点接地是否良好。

第 13 条 总配线架。

1. 总配线架每年清扫一次,线对和跳线的焊接每年检查和校核一次,弹簧排压力每年试验调整一次。

2. 暂不用的用户线一定要用绝缘片隔开。

3. 总配线架接地电阻每年测试 2 次,接地电阻不大于 4 Ω。

4. 总配线架跳线必须按跳线表、配线表、电话号码表进行,不准随意改变跳线。

5. 夏季雷雨前,必须抽查一次热圈放电管(避雷器),按 10% 抽查,发现一个不合格,要全部进行测试,必要时更换全部热圈放电管(避雷器)。

四、特殊操作

第 14 条 矿井停电检修期间或因其他各种异常原因造成长时间停电,通信机房交换设备供电系统发生故障、无法正常送电、备用电瓶放电到临界时,调度维修工接到故障通知后,迅速赶到故障地点,及时切换至备用电源。

第 15 条 调度交换设备发生故障时,调度维修工在接到调度员故障通知后,应立即赶到调度机房,根据故障现象判断故障影响范围,排查故障原因并尽快排除,问题严重要立即联系厂家尽快在响应范围内处理解决。

第 16 条 调度集中控制系统通信发生故障时,调度维修工在接到调度员故障通知后,应立即赶到调度机房,将系统切换至备用系统,确保现场安全生产。根据故障现象判断故障原因,故障问题严重需联系厂家进行排除的,要立即联系厂家尽快处理解决。

五、收尾工作

第 17 条 检修工作结束后,要清理现场,清点工具,严禁在工作现场遗留杂物。

第 18 条 检修故障排除后,需要进行调试试车,需要向当班调度员申请,并将影响范围汇报清楚,由调度通知生产现场相关岗位,确保安全试车。

第 19 条　认真做好检修记录。

六、安全规定

第 20 条　防爆电话(含本质安全型)的防爆性能、绝缘性能等安全指标必须符合《煤矿矿井机电设备完好标准》性能要求。

第 21 条　严禁带电作业,当在不能断电的整流器或直流配电屏内、电池组工作时,必须制定专门的安全措施。必须有防止触电,防止金属器件或长柄金属工具滑脱掉入机柜内,避免电池组自环的措施,避免短路或极性接反烧毁设备。

第 22 条　通信线路和交换机的各种安全保护装置应工作正常、可靠。

第 23 条　机房内不得存放易燃、可燃液体或物体,机房内清洗、维护通信设备必须使用易燃、可燃液体时,应严格限制用量,在单独房间内进行,严禁使用易燃液体刷地板和清洗设备。通信机房必须设有合格的防灭火设施。

第 24 条　通信线路外线作业必须遵守有关外线作业安全操作规定。

第 25 条　调度机房的防雷接地电阻要求不得大于 4 Ω。

第 26 条　进行 2 m 以上的高空作业时,必须严格遵守《选煤厂安全规程》高空作业部分的相关规定。

七、危险因素、职业危害与防护

第 27 条　岗位存在的危险因素为触电伤害、高空坠落。

第 28 条　生产过程中,相关安全防护设施必须正常运行和使用。上岗人员必须穿好工作服、戴好安全帽,工作过程中不得弃用防护用品。工作中严禁带电作业。

第 29 条　一旦发生人身安全职业危害事故,立即采取急救措施并汇报调度。

行车(电动葫芦)操作工

一、一般规定

第 1 条　必须经过安全培训和本工种专业技术培训,考试合格,取得行车(电动葫芦)操作资格证后,方可持证上岗。

第 2 条　掌握行车(电动葫芦)的构造、工作原理、维护保养知识和一般故障的处理方法。

第 3 条　作业人员应当熟悉各种手势、信号。行车(电动葫芦)必须标明起重吨位,安全自动装置、卷扬限位装置、行程限制装置和自动联锁装置必须灵活可靠,否则不得使用。

第 4 条　严格执行《选煤厂安全规程》、岗位责任制、交接班制度和其他有关规定。

第 5 条　上岗时,按规定穿戴好劳保用品。

二、操作准备

第 6 条　起重工作前,应检查工作场地以及所用的设备、工具。

(1) 轨道应平直、牢固,两轨接头高差不得超过规定,轨距一致,无卡轨现象。

(2) 行车(电动葫芦)各部螺栓、零部件齐全、可靠、完好。

(3) 检查滚筒、钢丝绳及卡子、导绳器、止退块应齐全、可靠,滚筒无裂纹,钢丝绳无过度磨损和断丝现象。

(4) 钩头无严重锈蚀、变形及销子拉脱等现象,滑轮转动灵活。

(5) 检查安全制动装置应灵敏、可靠。

(6) 电气设备,如限位开关,滑触线和各仪表应正常。

(7) 轨道和行车(电动葫芦)附近无人或其他障碍时,按开车程序进行试车。

三、正常操作

第 7 条 操作时应精力集中,随时观察设备运行情况与工作场地附近人员。操作人员所站位置应处在观察到整个吊装工作现场的位置。在起重口与行车行走的范围内要加设防护栏,挂设警示牌。

第 8 条 严格执行“三不吊”制度,即:信号不明不吊、重量不明不吊、重心不明不吊。

第 9 条 钢丝绳固定绳头的夹子数不得少于 3 副。钢丝绳不得扭转或打绞,不得用钩头斜线提升或带动其他设施。

第 10 条 吊运作业时,将重物提起、平放、旋转起重臂、重物接近人员时,司机均应鸣铃(或按喇叭)示警,注意观察,情况允许后方可继续作业。

第 11 条 一般不应使用两台设备共同起吊(搬运)同一重物,在特殊情况下需要用两台设备时,重物和吊具的总重量不得超过较小台设备负荷的两倍,并应有可靠的安全措施。

第 12 条 在吊装孔吊运物体时,吊运前需由专人(吊运负责人或安全员)将本次作业所需工具、卡具、绳索等认真检查,确保安全可靠,吊装口周围应无杂物、零件等应放置妥当,防止在吊运作业时有异物坠下。

第 13 条 根据吊件形状,需要用钢丝绳捆绑固定时,应先将吊装面油污擦净;在物体棱角处要用木板、橡胶等软质材料垫好,以免损伤钢丝绳和吊物;吊装管子、钢轨等长材料,应首先将一次吊运量捆绑牢固,对有起吊环的设备应检查起吊环的安全状况,对大件设备要认真校对外形尺寸,并有防止设备损伤的措施。

第 14 条 行车(电动葫芦)在接近终点时应慢速行驶,各限位装置必须灵敏,严禁用反转方法停止运转。操作中不准用倒车代替制动、限位代替停车、紧急开关代替普通开关。

第 15 条 禁止将有电缆通过或有滑线电缆的钢梁、水泥梁作为起重支撑点;在钢梁、设备及楼板上禁止焊接吊环和打吊装孔,如果确实需要,必须经有关部门同意并验算后,方可进行;吊环焊接必须牢固可靠。

第 16 条 厂房内的吊装孔,每层之间必须有可靠的安全装置;各吊装孔必须有牢固盖板和栏杆;临时吊装孔、眼,必须设置临时栏杆、盖板和醒目标志。

四、特殊操作

第 17 条 操作过程中,发现问题和不正常声响,应立即停车,切断电源检查处理。

第 18 条 吊运过程中突然停电,必须将开关恢复到零位。

第 19 条 严格按照指挥信号操作,对紧急停车信号,不论何人发出均应立即执行。

五、收尾工作

第 20 条 卸下的吊运物体要垫好衬物、放置平稳,然后拆除绳索、吊具。

第 21 条 起吊完毕后,要及时恢复安全护栏和盖板,然后清点工具、清扫工作现场,一切无误后方可离开现场。

六、安全规定

第22条　起重物体时不得斜吊，不得大幅度摇摆。禁止吊固定或掩埋不明物件。禁止超负荷吊装以及超负荷使用各类起重工具。

第23条　禁止任何人在起重物下面通过或停留。禁止任何人站在起重物上。禁止人与物一起吊运。起重现场应当设警戒线。

第24条　在任何情况下，严禁用人体重量来平衡被吊运的重物，不得站在重物上起吊。进行起重作业时，不能站在重物下方，只能在重物侧面作业，严禁用手直接校正被重物张紧的吊绳和吊具。

第25条　严禁在运行管道、带电运转机械设备以及不坚固的建筑物或其他物体上固定滑轮、葫芦等作为起重物的承力点。禁止在高压线下进行起重作业。

第26条　采用电动葫芦进行起吊作业时，操作人员要手不离控制装置，禁止戴手套，以便及时控制。起吊工作要一次完成，不得吊到中途停止后人员离开。

第27条　在输电线路附近进行起重作业时，应保持一定的距离，在起重机械、装备、物体的最大回转半径范围内，与输电线路的最近安全距离1 kV以下为1.5 m，1～20 kV为2 m。雨雾天气工作时，安全距离应适当放大。

第28条　起重作业场地风力达到6级以上时，起重应停止作业；风力在4级以上，不得吊运兜风大件。

第29条　凡在无安全栏杆的吊装口作业时，作业人员必须佩戴合格的保险带，保险带的另一端必须拴在牢靠的地点。

第30条　在吊运过程中，严禁在吊物上进行电焊、气割作业。

七、危险因素、职业危害与防护

第31条　本岗位存在的危险因素为物体打击、机械伤害、触电伤害、高空坠落及其他伤害。

第32条　本岗位存在的职业危害为煤尘和噪声。

第33条　生产过程中，相关安全防护设施必须正常运行和使用。上岗人员必须穿好工作服、戴好安全帽，生产过程中不得弃用防护用品。

第34条　一旦发生人身职业危害事故，立即送往医院治疗。

电梯司机

一、一般规定

第1条　应经安全培训和本工种专业技术培训，通过考试取得特种设备作业人员资格证，且身体状况良好，持证上岗。

第2条　熟悉本岗位设备的检查、维护和一般故障的排除方法。

第3条　熟悉电梯的工作原理、结构性能、技术特征、零部件的名称和作用、设备的性能、维护保养及有关电气基本知识，并熟练掌握驾驶电梯和处理紧急情况的技能。

第4条　熟悉岗位设备操作方法以及检查、分析、防止和排除故障的方法。

第 5 条　严格执行《选煤厂安全规程》、岗位责任制、交接班制度和其他有关规定。

第 6 条　上岗时，按规定穿戴好劳动保护用品。

二、操作准备

第 7 条　对设备进行以下检查：

1. 所操作电梯应是经国家认证许可生产的合格产品。

2. 电梯应经国家核准的特种设备检验机构检验合格，并向特种设备安全监察机构注册登记。

3. 电梯运行的环境状态、电源等条件符合电梯的技术要求。

4. 应查看运行记录，了解上一班电梯运行情况。

5. 将电梯上、下空载运行数次，观察电梯的选层、启动、换速、平层、停车、消号、开关门及防止人员被门扇撞击的安全保护装置（如安全触板，光幕保护）等动作是否正常，有无异常情况。

6. 电梯的各种信号（包括内外召唤信号、层站信号、方向信号等）工作正常。报警、对讲装置完好，轿厢照明、通风良好。

7. 进行轿厢内尤其是地坎处、光幕处的清洁。

8. 对连续停用 7 d 以上的电梯，使用前应协助维修工进行详细的检查。

第 8 条　开车前对岗位安全环境进行确认：

1. 确认安全设施的完好性。

2. 确认安全通道畅通。

3. 确认现场新增加的设施不危及本岗安全。

4. 确认消防设施符合要求。

三、正常操作

第 9 条　监督、控制轿厢的运载重量，不得超过电梯的核定载重量。

第 10 条　载荷应均匀、稳妥地安放在轿厢内，以减轻偏载和避免在运行中倾倒。

第 11 条　不允许利用轿顶安全窗、轿厢安全门的开启，来装运长物件。

第 12 条　电梯内严禁烟火，不允许装载易燃、易爆的危险品。如遇特殊情况，需经领导同意和批准并采取安全保护措施后才可装运。

第 13 条　关门启动前禁止人员在厅、轿门中间逗留、打闹，更不准其他人员触动操纵盘上的开关和按钮。

第 14 条　开动电梯之前必须先将轿厢门关闭，严禁敞门开动。电梯未停稳不准开门。操作时精力集中，严格按照开、停步骤操作，不准擅离工作岗位，如需离开，必须将厢门锁好。

第 15 条　在电梯行驶中，应劝阻乘梯人员倚靠在轿厢门上。

第 16 条　在行驶中应用操作按钮的开关来开或停电梯，不可利用电源开关或限位开关等安全装置来开或停电梯，更不可利用物件塞住控制开关来开动轿厢上下运行。

第 17 条　不允许用急停按钮作为消除信号和呼梯信号；禁止用检修开关作为正常运行开关。在运行中禁止用检修开关、急停按钮作为正常行驶中的消号。严禁在厅门和轿门开启情况下，用检修速度作为正常行驶速度。

第 18 条　运行中如发现有异常震动、异常气味、异常响声及麻电现象应就近停车，停止使用，并通知维修人员进行检查维修。

第 19 条　使用过程中发现有部分功能装置失效或不灵敏的，应暂停使用，并通知维修人员进行检查修复后才能继续使用。

第 20 条　电梯在运行中严禁进行擦拭、润滑、修理拆卸机件。

第 21 条　电梯运行过程中开、关厢门应注意平层精确度有无明显变化。

第 22 条　电梯必须专人操作，他人一律不准动用。

四、特殊操作

第 23 条　因电梯安全装置动作或外电停电而中途停机时，一方面告诉乘梯人员不要惊慌，严禁拨门外逃，一方面通过电梯厢内的紧急报警装置通知外界前来救助。

第 24 条　电梯突然失控发生超速运行，断电无法控制时，可能造成钢丝绳断裂而使轿厢堕落，或可能因漏电而造成轿厢自动行驶的，操作人员首先应按急停按钮，断开电源，就近停层。如电梯继续运行，则应重新接通电源，操作按钮使电梯逆向运行，如果轿厢仍自行行驶无法控制，应再切断电源，操作人员应保持冷静，等待安全装置自动发生作用，使轿厢停止，切勿跳出轿厢，同时告诉随乘人员将脚跟提起，使全身重量由脚尖支持，并用手扶住轿厢，做好承受因轿厢急停或冲顶、蹲底而产生冲击的思想准备和动作准备（一般采用屈腿、弯腰动作），以防止轿厢冲顶或蹲底而发生伤亡事故。

第 25 条　发生电气火灾时，应尽快将电梯开到安全楼层（一般着火层以下的楼层认为比较安全），将人员引导到安全的地方，待全部撤出后切断电源，在有关部门前来抢救前，用干粉、砂子或二氧化碳等灭火器进行扑救。

第 26 条　井道内进水时，一般将电梯开至高于进水的楼层，将电梯的电源切断；遇井道底坑积水和底坑内电气设备被浸在水中，应将全部电源切断后，方可把水排除掉，以防止触电事故。

第 27 条　发生地震时应立即就近层停止运行。

第 28 条　电梯出现故障后，不得自行脱离轿厢，耐心等待救援。

五、收尾工作

第 29 条　工作结束后，电梯必须停在底层，对轿厢进行清洁，关门上锁，切断电源，并逐一检查各层门关闭正常。

第 30 条　填写当班电梯运行记录，做好交接班。

第 31 条　每周会同检修人员，检查配电柜、钢丝绳及各部件是否完好、有无松脱、磨损、断裂等现象，并给轮滑系统加油，确保安全后方可启动。

六、安全规定

第 32 条　严格控制电梯载荷，不得超载，货物必须摆放均匀、平稳牢固。

第 33 条　轿厢内严禁吸烟，严禁载运易燃、易爆等危险物品。

第 34 条　任何人员不得在轿厢门口逗留，不得倚靠在轿门上。

第 35 条　严格禁止撞击轿门、层门、安全触板、轿厢。

第 36 条　严禁在任何开门状态下运行电梯。

第 37 条　电梯未停稳不得打开门。

第 38 条　电梯在运行中严禁擦拭、润滑、修理拆卸机件。

第 39 条　平层精确度发生变化必须停止使用。

第 40 条　不可利用电源开关或限位开关等安全装置来开或停电梯，更不可利用物件塞住控制开关来开动轿厢上下运行。

第 41 条 电梯必须设有完好的联锁装置和信号装置,安全钳必须可靠。

第 42 条 在紧急情况下应保持镇定,按求救警铃,等候救援。

第 43 条 发生火灾时,切勿使用电梯。雷雨等恶劣天气尽量不使用电梯。

第 44 条 当电梯发生下列故障时,应立即停止使用:

1. 电梯层、轿门关闭后电梯不能正常启动行驶时;
2. 电梯运行速度显著变化时;
3. 电梯层、轿门关闭前后电梯自行启动行驶时;
4. 行驶方向与选定方向相反时;
5. 内选、平层、快速、召唤和指层信号失灵时(司机应立即揿按急停按钮);
6. 发觉有异常噪声、较大震动和冲击时;
7. 当轿厢在额定载重下,有超越端站位置而继续运行时;
8. 安全钳或夹绳器误动作时;
9. 接触到电梯的任何金属部分有麻电现象时;
10. 发觉电气部件因过热而发出焦煳味时。

第 45 条 工业厂房内电梯以运输、提升货物为主,除装、卸人员随同电梯上下外,一般情况下不准作为厂房工作人员上、下楼层使用。

第 46 条 电梯司机必须坚守工作岗位,若离开岗位,必须将轿厢门锁好,以免被他人操作、发生危险。

七、危险因素、职业危害与防护

第 47 条 本岗位存在的危险因素有撞击伤害、挤压伤害、触电伤害、剪切伤害及其他形式的伤害。

第 48 条 电梯运行过程中,司机须按照电梯操作说明和本操作规程精心操作,并及时督查运送、装卸货物的合规性,乘梯人员按规定站立、上下电梯等。

第 49 条 电梯发生事故,操作人员必须立即停车,抢救受伤人员,保护现场,移动的现场须设好标记,并及时报告有关部门,听候处理。

砂轮机操作工

一、一般规定

第 1 条 应经过安全培训和本工种专业技术培训,考试合格后,方可上岗。

第 2 条 严格执行《选煤厂安全规程》、岗位责任制、交接班制度和其他有关规定。

第 3 条 掌握砂轮机的构造、工作原理、各部件的名称和作用,了解设备的维护保养知识。

第 4 条 上岗时,按规定穿戴好劳动保护用品。

二、操作准备

第 5 条 上班前,穿好工作服,扎好袖口,女同志戴好工作帽,头发或辫子应塞在帽子里，戴上护目镜，禁止戴手套、穿凉鞋、拖鞋或高跟鞋进行操作。

第 6 条　作业前检查防护挡板、防护罩是否牢固可靠，检查轴承、砂轮、托架等有无变形或损坏，检查砂轮外壳接地保护装置和用电线路是否良好。如发现问题在排除前禁止使用。

第 7 条　使用砂轮机前，应先检查各部螺栓紧固情况。检查砂轮片有无裂纹或缺口，如有裂纹缺口，应立即更换；空运转 2～3 min，检查砂轮的运动是否平稳，确认一切正常后，方可使用。

三、正常操作

第 8 条　圆周磨削的砂轮机，防护罩的角度不得大于 65°，防护罩与砂轮半径方向的间隙不得大于 20～30 mm，侧面间隙不得大于 10～15 mm。

第 9 条　夹持砂轮的法兰盘直径不得小于砂轮直径的 1/3。砂轮与法兰盘之间应当垫放弹性纸垫圈或石棉垫圈。

第 10 条　在砂轮机上磨削时，操作者必须戴眼镜，并站在砂轮的侧面。不准戴手套拿工件，不准撞击。

第 11 条　砂轮与磨架的间隙以 3 mm 为宜，砂轮磨耗后，磨架应随时调整并紧固。

第 12 条　在微薄的砂轮机上磨大工件时，禁止使用侧面。

第 13 条　禁止在砂轮机上磨大工件以及 25 mm 以下的小工件和铅、铝、锡、铜、巴氏合金等金属材料。

第 14 条　不允许用手锤或其他物品敲打螺帽，紧固适当；维护保养人员应定时检查设备安全状况，严防设备漏电。

第 15 条　一人操作一台砂轮机，严禁两人共用一台砂轮机同时操作，作业中防止无关人员靠近砂轮机。

四、特殊操作

第 16 条　操作人员在操作过程中，应精力集中，细心看、听、嗅砂轮机有无异声、异味、异常温升，发现异常情况，应立即停止作业检查修复后方可恢复作业，严禁带病运行。

第 17 条　操作过程中，发生人员受伤事故，根据实际情况进行处置，问题严重时及时送往医院。

第 18 条　操作过程中，发生人员触电，立即使触电人员与电源脱离，然后关闭电源，根据实际情况进行处置，问题严重时及时送往医院。

五、收尾工作

第 19 条　使用完后，注意及时关闭电源。

第 20 条　做好现场整理清洁工作。

六、安全规定

第 21 条　砂轮机的旋转方向要正确，只能使磨屑向下飞离砂轮。

第 22 条　初磨时不能用力过猛，以免砂轮受力不均而发生事故。

第 23 条　开机前先认真检查砂轮机与防护罩之间有没有杂物堵塞，如果有一定要先将杂物清理干净才可以开机。

第 24 条　操作时，操作者必须在砂轮机侧面操作，严禁正面操作，以防砂轮崩裂，发生事故。

第 25 条　太小的东西不得在砂轮机上磨削，以防被卷入砂轮机造成事故

第 26 条　在换新砂轮时,砂轮片在安装前要认真检查,如果发现砂轮的质量、硬度、粒度和外观有裂缝或破损等缺陷时就绝不可以安装。

第 27 条　换砂轮片拧紧螺帽时,要用专用的扳手,不可以拧得太紧,以防砂轮受击破裂。

七、危险因素、职业危害与防护

第 28 条　本岗位存在的危险因素为物体打击、机械伤害、触电伤害及其他伤害。

第 29 条　本岗位存在的职业危害为噪声。噪声主要通过听力感觉,长期接触会对人体多个系统产生不良影响。

第 30 条　生产过程中,相关安全防护设施必须正常运行和使用。上岗人员必须穿好工作服、戴好安全帽,生产过程中不得弃用防护用品。

第 31 条　一旦发生人身职业危害事故,立即送往医院治疗。

气焊(割)工

一、一般规定

第 1 条　经过国家劳动部门的专业安全技术培训,取得特殊工种操作证后,持证上岗,无证不得上岗进行气焊操作。

第 2 条　应熟悉割炬的工作原理,气割、气焊的基本操作方法和工艺。

第 3 条　严格执行《选煤厂安全规程》、岗位责任制、交接班制度及其他有关规定。

第 4 条　上岗时,按规定穿戴好劳保用品。

二、操作准备

第 5 条　进行气焊(割)作业前要检查所用的工具、材料、量具、保护用具和气瓶安全装置齐全可靠,设备及附件是否有漏气等不安全因素。

第 6 条　氧气瓶、乙炔瓶必须有防震圈、安全帽、减压器,氧气瓶不能与乙炔瓶放在一起,氧气瓶及气管不得接触油类,同时不准用戴着有油渍的手套去触摸氧气瓶,并将气瓶垂直放置,有防倒措施,两者最少相距 5 m,距离加工件、热源、明火不少于 10 m。

三、正常操作

第 7 条　施工前,先要检查清除周围易燃、易爆物品,使用割枪(或焊枪)时注意周围作业人员。点火前,迅速开启焊(割)炬阀门,用氧吹风喷嘴出口,不准对准脸部试风。

第 8 条　射吸式焊(割)炬点火时,应先微开焊(割)炬上的氧气阀,再开乙炔气阀点火,然后分别调节阀门来控制火焰。

第 9 条　点火时,焊(割)炬不准对人,燃烧着的焊(割)炬不准放在地面或工件上。

第 10 条　进入容器内焊(割)时,点火和熄火要在容器外进行。

四、特殊操作

第 11 条　一旦氧气瓶、乙炔瓶压力表损坏或失灵,必须立即停止作业并更换。

第 12 条　气割作业发生回火事故时,先关氧气阀,后关乙炔阀,乙炔管着火时,可采用弯折管的方法,将火熄灭。

第 13 条　工作中出现烫伤，在烫伤 24 h 之内进行局部冷敷、消毒，并涂抹湿润烧伤膏治疗。如果是大面积烫伤，去医院接受治疗。

五、收尾工作

第 14 条　工作完毕后应关闭各阀门，把焊枪、皮管收回，放在规定的位置。

第 15 条　检查工作地点，确认无起火危险后，方可离开。

六、安全规定

（一）氧气瓶安全规定

第 16 条　搬运氧气瓶时应轻拿轻放，严禁滚动等不合理运输，注意并防止碰坏瓶头、瓶口。

第 17 条　夏季露天作业，应将氧气瓶放在凉处，不得在烈日下室外存放。

第 18 条　将压力调节器与氧气瓶连接前，应检查管接头的螺纹瓶阀，减压器是否完好，同时必须看上面是否有油脂，当吹泄气门时，操作者应站在气门的侧面，慢慢开启，严禁开气太快，每转一下约 1/4 周，以防在必要时立即关闭阀门。

第 19 条　使用氧气瓶，不能全部把气用完，压力至少保留 0.1～0.2 MPa。

第 20 条　压力调节器的压力表不正常，无铅封或安全阀不可靠时，禁止使用。

第 21 条　气瓶与电焊设备在同一地点使用时，要防止气瓶带电。

第 22 条　冬季使用时，瓶阀如有结冰，可以用热水和水蒸气解冻，严禁烘烤或铁器猛击瓶阀，严禁猛拧减压器的调节螺丝。

第 23 条　氧气瓶着火时，应迅速关闭阀门，停止供氧，并存放在安全地点。

第 24 条　气瓶要封闭良好，严禁泄漏或瓶阀毁坏，不得混入其他可燃性气体，同时应注意操作，防止产生静电火花。

（二）乙炔瓶安全规定

乙炔瓶除遵守上属规定外，还应遵守下列规定：

第 25 条　严禁震动或撞击，必须直立，严禁卧置使用。

第 26 条　瓶内气体不得用完，高压表读数为 0，低压表读数为 0.01～0.03 MPa 时，不可继续使用。

第 27 条　禁止持明火，燃着的烟卷或炽热的物体靠近气瓶，瓶体表面温度不应超过 40 ℃。

第 28 条　应配有专用乙炔压力表，压力应符合规定。将减压器各接口处的油污和灰尘擦拭干净，拧紧各个接头。

第 29 条　安装减压器之前需略打开气瓶口阀，吹除污物，以免将灰尘水分带入减压器。将减压器装到气瓶上后，缓缓打开气瓶阀门，以免减压器受高压气体的冲击而损坏。

第 30 条　经检查无漏气现象，压力表指示正常方可接上胶管。

第 31 条　在冬天时，应注意预防压力调节器冻结，在发生冻结的情况下，应用热水或水蒸气加温，绝对禁止用明火烘烤。

（三）输气胶管安全规定

第 32 条　使用胶管时，应先确定胶管原来输送的是什么气体，禁止借用、乱用。

第 33 条　当使用新的胶管时，必须选用压缩空气吹净管内的滑石粉或灰尘再用，氧气胶管不得沾有油脂。

第 34 条　不允许使用已损坏的胶管，也不允许捆扎或修补再使用。

第 35 条 在将胶管与焊枪及割炬结合时，严禁接错接头。

第 36 条 胶管应当用卡子固定在压力调节器或焊枪上，不允许用铁丝或绳子捆扎。

第 37 条 如遇胶管着火，应将着火处上方的胶管弯折，并迅速关闭有关的各气门。

（四）焊枪与割炬安全规定

第 38 条 在点燃时，应先开氧气门 2～3 s 后，再开乙炔气门，在熄火时顺序相反。

第 39 条 焊枪割炬点火前，必须进行检查，严禁使用不合格或漏气的焊枪及割炬。

第 40 条 当发生回火，应立即关闭氧气阀门，然后关闭乙炔阀门。

第 41 条 燃着的焊枪或割炬不准离手，焊（割）炬等各气体通道不得沾有油脂、不得漏气。

第 42 条 当焊嘴堵塞时，应用黄铜丝疏通，不准用其他的金属丝。

第 43 条 气焊（割）操作时，必须戴好专用防护眼镜。

第 44 条 不准在带电设备、有压力（液体或气体）和装有易燃、易爆物品的容器上焊接或气割，也不能在存有易燃、易爆物品的室内焊接或气割。对装过爆炸、易燃品的容器，在焊接或切割时，应用适当的溶剂洗净后再用水蒸气或溶有苏打的热水冲洗。

七、危险因素、职业危害与防护

第 45 条 本岗位存在的危险因素为物体打击、发生火灾、机械伤害、高空坠落及其他伤害。

第 46 条 本岗存在的职业危害为金属烟尘。金属烟尘主要危害人体的肺部，长期接触会危害人的身体。

第 47 条 生产过程中，相关安全防护设施必须正常运行和使用。施工现场必须通风良好，通风不好地方必须安装临时通风设备。作业人员必须使用相应的防护眼镜、面罩、手套、脚套、绝缘鞋，绝不能穿短袖衣或卷起袖子。

地面采样工

一、一般规定

第 1 条 必须经过培训，考试合格，持证上岗。

第 2 条 班前、班中严禁喝酒，上班时不准睡觉、脱岗，不得做与本职工作无关的事情。

第 3 条 熟悉采样地点情况、行走路线。厂房内采样和商品煤采样人员应熟知《选煤厂安全规程》。

第 4 条 熟悉本矿地面洗选加工工艺，熟悉采样理论、采样基本原则和方法、采样点布置图、影响采样误差因素和减小误差的方法。

第 5 条 了解本岗位采样机械设备的构造、技术特征，使用和保养方法，配合机电检修工安装检修采样设备。

第 6 条 了解采样新技术和新方法，能书写各种煤样标签，抄写发运车号、编制煤样编号和其他煤样记录工作，熟悉采样所用工具设备的名称、规格和用途。

第 7 条 上岗前，必须进行安全确认，按规定穿好工作服和戴好有关劳保用品，女同志不得穿高跟鞋，长发要裹在帽子里，严禁穿短裤、拖鞋等违章操作。

第8条　应按要求定期进行血压测量和心脏病等病症检查，如实汇报身体健康情况。

第9条　严格执行《选煤厂安全规程》、岗位责任制和其他有关规定，按指定岗位、地点、准时进行班次交接，并如实填写交接记录。

二、操作准备

第10条　采样工具。

1. 检查采样工具是否完好、匹配；采样袋（桶）、存样桶有无破损，密封是否完好。
2. 检查采样铲、采样袋、存样桶是否干净、无杂物。
3. 检查机械采样机运行是否正常，料斗有无堵塞。
4. 检查煤样提调设备运行是否正常，钩丝有无破损。

第11条　商品煤采样。

1. 应了解当班发运品种、发运吨位、装车时间及仓储煤情况。
2. 车次到矿后，认真抄写发运批次用户、吨位、车号等相关信息，编写发运编号。
3. 根据实到车数、吨位，设计发运批次的采样方案。
4. 熟知所采煤样的煤源和配装情况。

第12条　安全确认。

1. 检查采样平台焊接有无开焊，护栏是否牢固。
2. 检查上下楼梯扶手、护栏是否牢固，行走路线有无安全隐患。
3. 检查操作区域上、下、左、右方位环境是否安全可靠。
4. 掌握煤样运输途中的安全环境及安全状况，有无安全措施保护。
5. 检查提吊设备钩头、采样桶把手是否完好，有无脱钩。
6. 在偏僻及条件困难采样点采样时严禁单人作业。
7. 确认岗位消防设施是否符合要求。

三、正常操作

第13条　厂房内采样工遵守的操作规定。

1. 按规定采样时间、采样地点采样，采样点不得随意变更。

2. 在静止输送带上采取煤样时，应使采样铲紧贴输送带，不得悬空采取。采样后，应迅速将采样铲移开煤流。

3. 在筛子、给煤机采样时，应沿整个排料口从左至右截取煤样，如煤量太大，可按左、中、右三点截取煤样。

4. 在溜槽口与溜槽内采样时，应将工具平放，左右移动截取整个断面的煤样，或按左、中、右三点截取煤样。截取煤样时，应防止大块煤样溅落在采样器外影响试样代表性。

5. 在管道采样时，应在采样前先将闸门打开数分钟，待水流正常后再用采样器截取试样。采取煤泥水试样，应截取水流断面的全宽或在水流由高向低的流出口处采取，采样后关闭好闸门。

6. 采样时严禁人为将该采取的煤块、矸石漏采或弃掉。所采取的煤样子样质量和份数应符合规定。

第14条　火车或汽车顶部采样应遵守的操作规定。

1. 严格按《商品煤样人工采取方法》（GB 475—2008）规定在装车后立即采取，分品种、分用户以 1 000 t 为一采样单元，运量超过或不足 1 000 t 时，可以以实际发运量为一采样单元。

2. 依据“均匀布点，使每一部分煤都有机会被采出”的原则，按系统采样法或随机采样法分布子样点，当要求子样数多于采样单元车厢数时，每车的子样数应等于总子样数除以车厢数，若有余数，则余数子样应分布于整个采样单元，可用系统方法，也可用随机方法。子样重量不少于国家规定标准。

3. 当煤量少于 1 000 t 时，原煤、筛选煤应采取的最少子样数目为 18 个，煤样质量不少于 170 kg，精煤、其他洗煤应采取的最少子样数目为 10 个，精煤煤样质量不少于 60 kg。

4. 每批商品煤的车数吨位按联办上报数填写，若有欠装，则在发运吨数后面注明欠装车数和吨数；遇有补车，则需单独采样，注明补车的用户、到站、吨位、编号等。

5. 若同时发运多个用户，要对车号、用户、品种逐一核实，确认无误后采取煤样，分品种、用户单独存放。

第 15 条 煤堆采样中的操作规定。

1. 根据煤堆的大小形状，将煤堆表面划分间隔区间相等的方块，用系统或随机方法进行采样。

2. 从每一小块采取一个子样，在新落煤堆采样时可在顶部采取，在非新落煤堆，子样采取时应先除去 0.2 m 的表面层煤，堆底部子样布点位置应距地面 0.5 m。

3. 煤堆高度高于 2 m 时，不能直接采取商品煤样，应在煤堆迁徙或运输过程中采取。

4. 子样数目、子样质量、煤样总重严格按《商品煤样人工采取方法》(GB 475—2008)规定进行操作。

四、特殊操作

第 16 条 煤样采取过程中若发现煤质异常要及时与部门领导沟通汇报，做好采样记录。

第 17 条 使用机械采样机时，若发现料斗无料或料少时，应停机检查输送带是否堵塞，待清理后，方可使用。

第 18 条 如发现机械采样机运行异常，要及时向班组长及科值班员汇报，并严禁启动设备。

五、收尾工作

第 19 条 采取后，煤样运输、存放均应小心，避免损失或混入杂物，商品煤样应在不受日光直接照射和不受风雨影响的地点保存。

第 20 条 搬运煤样上下台阶时，每人每次不得超过 25 kg。

第 21 条 在货车采完样后，确认车下无人时，方可丢下采样工具下车，严禁随身携带采样工具下车。

第 22 条 煤样采取后，要准确放置标签进行标识，并准确称取煤样质量，做好记录。

第 23 条 采样操作完毕后全面清理区域环境卫生，关闭一切电源，按要求将煤样、设备、工具等安置放好。

第 24 条 按规定填写岗位记录，做好交接班工作。

六、安全规定

第 25 条 在货车上采样时，要等车停稳后，站在车内煤堆上采取煤样，严禁在车帮上行走。

第 26 条　在输送带上采样时，身体要与输送带保持一定的安全距离，人要站稳，紧握工具方可进行采样操作。

第 27 条　在流速较高的煤泥水和煤流中采取煤样时，所用的工具和样品总质量不得超过 10 kg。采样前要检查周围情况，有安全措施，人要站稳，紧握工具才能开始采样。

第 28 条　在采样平台上行走时，要确保脚下行走安全，谨防从采样平台上跌落下来。

第 29 条　采样人员在过往铁路时，一定要注意观察有无车辆，禁止与火车抢道。

第 30 条　等待采样时，严禁从火车底部或两车之间穿行和在铁路中间停留，以免造成人身伤害。

第 31 条　通过输送带时，禁止从输送带上方或下方穿过，须走人行过道。

第 32 条　煤堆采样时，注意观察附近有无车辆，注意避让来往车辆，确认安全后方可开始采样。

第 33 条　采取煤堆中、顶部子样时，应时刻观察煤堆有无塌堆，并防止上方物品掉落，必须一人操作、一人监护，确保安全。

第 34 条　在偏僻及条件困难的采样点采样时，严禁单人作业。

七、危险因素、职业危害与防护

第 35 条　本岗位存在的危险因素为物体打击、机械伤害、高空坠落及其他伤害。

第 36 条　本岗存在的职业健康安全危害因素为煤尘。

第 37 条　生产过程中，相关安全防护设施必须正常运行和使用，上岗人员必须穿好工作服、戴好安全帽，生产过程中不得弃用防护用品。

井下采样工

一、一般规定

第 1 条　应经安监部门和本工种专业技术培训，考试合格后，持证上岗。

第 2 条　熟悉《煤矿安全规程》、井下安全操作规程和井下采样技术操作规程。

第 3 条　熟悉采样地点情况、行走路线和井下施工地点发生各种灾害时的避灾路线。

第 4 条　熟悉采样工具名称、规格和用途，能编制煤样编号、填写煤层煤样报告单和生产检查煤样报表。

第 5 条　了解自身身体健康情况，如有不适，应如实汇报。

第 6 条　严格执行岗位责任制和其他有关规定，按指定岗位、地点准时进行班次交接，并如实填写交接记录和上井安全报岗记录。

二、操作准备

第 7 条　按要求进行血压测量和心脏病等病症检查，身体若有不适禁止下井。

第 8 条　检查采样工具是否完好、匹配；煤样袋有无破损。

第 9 条　检查安全帽、矿灯、自救器等安全防护用品是否完好，劳保用品是否齐全、佩戴是否规范。

第 10 条 了解工作面生产进度和上班次采样情况，确定采样地点。

第 11 条 准备好垫布、铲子、尺子等采样工具，仔细清除煤样堆放点的浮煤、矸石和杂物，防止煤样污染。

第 12 条 按工作面采样技术操作标准，设计采取的子样个数及煤样质量。

第 13 条 认真观察工作地点及周围环境的安全情况和煤层赋存情况。

第 14 条 认真检查采样地点顶板、煤壁、支架等情况，严格执行敲帮问顶制度，确认安全后方可开始工作。

三、正常操作

第 15 条 生产煤样和煤层煤样可同时采取。生产煤样以一个循环班为单位，按产量比例分配所采子样数。

第 16 条 煤层煤样应在矿井掘进巷道和回采工作面上采取，回采工作面每 5 d 采取一次，掘进工作面每 10 d 采取一次。

第 17 条 生产煤样应在确定采样点输送机煤流中采取，根据煤流大小横截煤流左右或左中右三点循环采取，点位不得交叉重复，采样铲不得悬空煤流。

第 18 条 生产正常时，在输送带上采取的子样数目不少于 30 个，煤样总重不少于 90 kg。

第 19 条 采样时严禁人为将该采取的煤块、矸石漏采或弃掉。所采取的煤样子样质量和份数应符合规定。

四、特殊操作

第 20 条 遇有打棚栏和无风的巷道或爆破时不许进行采样工作。

第 21 条 采取煤层煤样时，如必须拆棚栏，则在采样后应将棚栏插严背实，防止劈帮冒顶。

第 22 条 井下发生安全事故时，必须保护好现场并及时向矿调度室汇报。

五、收尾工作

第 23 条 采样后应在井下简单破碎、缩分，留取质量不少于 15 kg，送交制样室进行制备分析。

第 24 条 填写煤层煤样报告单和生产检查煤样报表，编写煤样编号放入煤样袋进行标识。

第 25 条 全面清理废弃煤样，工具归位收回。

第 26 条 采取后煤样运输、存放均应小心，避免损失或混入杂物。

第 27 条 采样完毕应进行安全回签报岗登记，认真填写岗位记录，做好煤样和班次交接班工作。

六、安全规定

第 28 条 遵守入井前安全确认、打卡考勤和入井前禁酒制度，正确佩戴和使用劳动防护用品。

第 29 条 严格执行在矿井下行走及乘车(罐)的规定和制度。

第 30 条 在急倾斜煤层中采样时要严密注意底板情况，确保安全。

第 31 条 遵守井下安全操作规程和井下采样技术操作规程，上岗时集中思想，精心操作，确保个人的安全生产。

第 32 条　遵章守纪，杜绝“三违”现象。

七、危险因素、职业危害与防护

第 34 条　本岗位存在的危险因素为物体打击、机械伤害、高空坠落及其他伤害。

第 35 条　本岗存在的职业健康安全危害因素为煤尘。

第 36 条　生产过程中，相关安全防护设施必须正常运行和使用，上岗人员必须穿好工作服、戴好安全帽，生产过程中不得弃用防护用品。

制　样　工

一、一般规定

第 1 条　应经安全培训和本工种专业技术培训，通过考试取得操作证后，持证上岗。

第 2 条　熟悉本岗位设备的检查、维护和一般故障的排除方法。

第 3 条　熟悉破碎机、粉碎机的工作原理、结构性能、技术特征、零部件的名称和作用、设备的性能、维护保养知识及有关电气基本知识。

第 4 条　熟悉岗位设备开停顺序、操作方法以及检查、分析、防止和排除故障的方法。

第 5 条　严格执行岗位责任制、交接班制度和其他有关规定。

第 6 条　上岗前，必须进行安全确认，按规定穿好工作服和戴好有关劳保用品，女同志不得穿高跟鞋，长发要裹在帽子里，严禁穿短裤、拖鞋等违章操作。

二、操作准备

第 7 条　对设备进行以下检查：

1. 了解制样设备运行情况，并检查手把闸板（或颚板）是否灵活、好用。
2. 入料、排料应通畅，无损坏变形。
3. 动力或照明线路必须符合安全规程，仪器设备开关必须灵活完好，严禁破皮漏电。
4. 安全设施应正常，无缺失或开焊、不牢固现象。

第 8 条　制样前对岗位安全环境进行确认。

1. 确认安全设施的完好性。
2. 确认安全通道畅通。
3. 确认现场新增加的设施不危及本岗安全。
4. 确认消防设施符合要求。

三、正常操作

第 9 条　煤样破碎、缩分前后，机器和用具都要清扫干净，煤样应破碎至标称粒度，再进行缩分。

第 10 条　使用破碎机时，加入的煤样要适量，操作时要闪开转动轮，严禁运转时用手或铁棍直接插入机内清扫煤样。使用密封式破碎机时，要盖好防护罩，防止零件及破碎物料飞出伤人。

第 11 条　检查设备运行过程中的输送带松紧度及破碎煤样时有无铁器杂物，发现异常时要及时停机检查处理。

第 12 条 注意制样给料均匀，出现给料不均匀堵塞现象时，要及时进行调整。

四、特殊操作

第 13 条 制样设备被煤样堵塞后，不得强行启动，应卸掉载荷后再启动，严禁带负荷强行启动。

第 14 条 在运行中，破碎机自动停机或开不动时，应查明原因，排除故障后再启动。

第 15 条 发现破碎机给料口内有铁器、杂物时要及时停机处理。

第 16 条 运行中发现破碎机固定松动、粉碎机机盖不能盖严，粉碎碗压不实等危险情况，应立即停机汇报处理。

五、收尾工作

第 17 条 停机后，应进行整机巡视，发现问题，应及时汇报处理。

第 18 条 制样结束后，设备要断电。

第 19 条 对设备定期进行维护保养，并清理设备和环境卫生。

第 20 条 按规定填写岗位记录，做好交接班工作。

六、安全规定

第 21 条 设备运行期间严禁清理运转部位。

第 22 条 严禁抛掷工具或物品。

第 23 条 工作时间，要戴好安全帽，穿好工作服、胶靴，严禁打闹、嬉笑、串岗、睡岗，严禁班前或班中饮酒。

第 24 条 检修设备人员必须执行停电挂牌制度。

七、危险因素、职业危害与防护

第 25 条 岗位存在的职业危害为煤尘和噪声。

第 26 条 岗位存在的危险因素为物体打击、机械伤害、触电伤害、高空坠落及其他伤害。

第 27 条 生产过程中，相关安全防护设施必须正常运行和使用。上岗人员必须穿好工作服、戴好安全帽及防尘口罩、防噪耳塞，生产过程中不得弃用防护用品。

第 28 条 一旦发生人身安全职业危害事故，立即送往医院治疗。

浮　沉　工

一、一般规定

第 1 条 应经安全培训和本工种专业技术培训，通过考试取得操作证后，持证上岗。

第 2 条 会使用密度计，能安全熟练地进行浮沉液密度、液位的调整。

第 3 条 熟悉所用药剂的使用操作方法及使用中应注意事项。

第 4 条 严格执行《选煤厂安全规程》、岗位责任制、交接班制度和其他有关规定。

第 5 条 上岗时，按规定正确穿戴好劳动保护用品。

二、操作准备

第 6 条 对操作工具等进行以下检查：

1. 检查密度计是否齐全、完好，读数刻度应显示清晰。

2. 检查浮沉桶无损坏变形，浮沉桶内 0.5 mm 金属网无破损，捞勺完好，0.5 mm 金属网无破损。

3. 氯化锌溶液充足，清水管道完好。电子秤称量准确，电量充足。

4. 工作前检查浮沉液密度、液位是否满足工作需要，计算器完好。

5. 安全设施应正常，无缺失、不牢固现象。

6. 根据调度安排及时展开工作。

第 7 条　工作前对岗位安全环境进行确认：

1. 确认安全设施的完好性。

2. 确认安全通道畅通。

3. 确认现场新增加的设施不危及本岗安全。

4. 确认消防设施符合要求。

三、正常操作

第 8 条　做浮沉前首先量取浮沉液比重，并配浮沉液比重精确至 0.002 g/cm^3，浮沉液液位要确保煤样能够在其中顺利分层，且分层后浮物与沉物之间相距 350 mm。

第 9 条　浮沉前先将煤样用清水冲洗干净，然后将盛有煤样的浮沉桶在缓冲液中浸润一下，最后提起斜放在盛缓冲液的桶边上，滤尽滤液。

第 10 条　将盛有煤样的浮沉桶放到比重为 1.45 g/cm^3 的浮沉液桶内，用木棒小心搅动煤样或将浮沉桶缓缓地上下移动，然后使其静止分层，分层时间不小于 2 min。煤样在浮沉液分层稳定后用捞勺按一定方向捞取浮煤样，捞取深度不超过 100 mm，捞取时应注意不能使沉物搅起混入到浮物中，待大部分浮物捞出后，再用木棒搅动沉物，然后使其静止分层，用上述方法捞取浮物，反复操作直到捞尽为止。浮物捞取后，先在缓冲液中浸润一下，然后用清水清洗残留的缓冲液，冲洗中要不断翻动浮物确保冲洗干净，水沥净后称重，并做好数据记录。

第 11 条　将浮沉桶提起斜放在 1.45 g/cm^3 的浮沉液桶边缘，滤尽浮沉液，然后将浮沉桶放入比重为 1.80 g/cm^3 的浮沉液桶，用木棒小心搅动煤样或将浮沉桶缓缓地上下移动，然后使其静止分层，分层时间不小于 2 min。煤样在浮沉液分层稳定后用捞勺按一定方向捞取浮煤样，捞取深度不超过 100 mm，捞取时应注意不能使沉物搅起混入到浮物中，待大部分浮物捞出后，再用木棒搅动沉物，然后使其静止分层，用上述方法捞取浮物，反复操作直到捞尽为止。浮物捞取后，先在缓冲液中浸润一下，然后用清水清洗残留的浮沉液，冲洗中要不断翻动浮物确保冲洗干净，水沥净后称重，并做好数据记录。

第 12 条　最后将浮沉桶提起斜放在 1.80 g/cm^3 的浮沉液桶边缘，滤尽浮沉液，再放入缓冲液桶中浸润，提起斜放在缓冲液桶边上，滤尽滤液，用清水清洗残留的缓冲液，冲洗中要不断翻动浮物确保冲洗干净，水沥净后称重，并做好数据记录。

第 13 条　对数据进行审核，清理工作场地，恢复到待试验状态。

四、特殊操作

第 14 条　操作过程中，突然没有清水，要及时向上级汇报原因，如长时间停水要及时要求准备备用水源。

第 15 条　操作过程中，电子秤或计算器损坏，要及时使用备用电子秤或计算器。

第 16 条 发现浮沉桶或捞勺的金属网有破损现象，要及时更换浮沉桶或捞勺。

第 17 条 发现浮沉桶内煤泥较多影响浮沉效果，要及时清挖桶内煤泥，并重新配置浮沉液。

五、收尾工作

第 18 条 要及时清挖浮沉液桶内煤泥，调整浮沉液密度、液位。

第 19 条 及时对浮沉桶及捞勺用清水进行清洗，防止出现锈蚀。

第 20 条 应对岗位进行巡视，发现问题，应及时汇报处理。

第 21 条 利用停车时间清理岗位卫生。

第 22 条 按规定填写岗位记录，做好交接班工作。

六、安全规定

第 23 条 不准用湿手或湿抹布接触各电气用品。

第 24 条 配置浮沉液时，要戴好护目镜、橡胶手套。

第 25 条 当皮肤接触到浮沉液时，要立即用大量清水冲洗。

第 26 条 地面湿滑时，要及时将地面清理干净，防止滑倒伤人。

七、危险因素、职业危害与防护

第 27 条 岗位存在的职业危害为煤尘和噪声。

第 28 条 岗位存在的危险因素为地面湿滑跌倒、$ZnCl_2$溶液伤害、触电伤害及其他伤害。

第 29 条 生产过程中，相关安全防护设施必须正常运行和使用。上岗人员必须穿好工作服、戴好安全帽及防尘口罩、防噪耳塞，进入工作现场过程中不得弃用防护用品。

第 30 条 一旦发生人身安全职业危害事故，立即送往医院治疗。

化　验　工

一、一般规定

第 1 条 应经安全培训和本工种专业技术培训，通过考试取得资格证后，持证上岗。

第 2 条 熟悉岗位设备操作方法以及检查、分析、排除故障的方法。

第 3 条 熟悉化验设备的工作原理、结构性能、技术特征、零部件的名称和作用、设备的性能、维护保养知识及有关电气基本知识。

第 4 条 严格执行岗位责任制、交接班制度和其他有关规定。

第 5 条 上岗时，按规定穿戴好劳动保护用品。

二、操作准备

第 6 条 试验前对岗位安全环境进行确认：

1. 确认安全设施的完好性。
2. 确认安全通道畅通。
3. 确认现场新增加的设施不危及本岗安全。
4. 确认消防设施符合要求。

第 7 条 对设备进行以下检查：

1. 了解设备情况。

2. 加热称重的瓷器皿，应事先进行灼烧，达到恒重后再使用。

3. 检查热电偶位置及马弗炉恒温区。

4. 挥发分测定、全硫测定升温到规定温度。

5. 干燥箱预先鼓风并加热到 105～110 ℃。

三、正常操作

第 8 条　试验。

1. 天平室应保持整洁、卫生，称量时门窗保持关闭，避免空气对流，玻璃窗扇要挂窗帘，避免日晒，影响天平的性能和称量结果。

2. 检查天平正常完好后方可使用，并检查调整天平水平和零点。

3. 用转瓶法混合煤样并使煤样混合均匀。

4. 称取煤样，使其在国标规定范围内。

5. 物体在称量前应对天平进行清零，然后将物体置于天平的中心位置上进行称量，称量时要轻拿轻放，开关天平门应平稳，不得造成过大的晃动。

6. 试样、药品应置于容器中称量，不可直接置于秤盘上；有挥发性的物品，应装入带严密盖的容器中称量。

7. 被称物体温度同天平温度一致时方可放入天平内，不得将过冷过热的物品置于天平内称量。

8. 称量干燥状态物品的试样时，天平内不应放有干燥剂，天平内空气温度应同工作室内温度保持一致。

9. 对电热恒温干燥箱等工作中产生高温的设备，严格按照设备操作规程，避免操作过程中被烫伤。

10. 天平使用完毕后，关上开关进行清扫，将干燥剂放置于天平内，然后关闭天平门。干燥剂应做到勤处理，避免失效。

第 9 条　干燥器的使用。

1. 干燥器中干燥剂不可放得过多，以免接触坩埚或其他内存物品的底部。

2. 搬移干燥器时，要用双手，并用大拇指紧紧按住盖子。

3. 打开干燥器时，不能往上掀盖，应用左手按住干燥器，右手小心地把盖子稍微平推，等空气徐徐进入，器内压力平衡后，才能将开口推大或全开。取下的盖子必须仰放。

4. 不可将太热的物品放入干燥器中。较热的物品放入后，应当用手按住盖子，不时把盖子稍微推开一下，放出点空气，防止顶起盖子。

第 10 条　电热设备的使用。

1. 烘箱、马弗炉使用温度不得超过规定最高温度。

2. 烘箱、马弗炉不准烘烤液体和有腐蚀性的药品，凡电热设备不准烘烤与工作无关的东西。

3. 电热设备使用时，应经常检查控温仪表的运转情况，如出现异常立即停止使用，检查处理故障后，方能继续使用。

4. 高温炉配套的高温计和热电偶要定期进行检定，保证必要的测量精度。

5. 电热设备在操作运转期间，操作人员不得远离操作室，否则发生事故，追究责任。

第 11 条 量热仪安全操作注意事项。

1. 量热仪必须安装在没有空气对流及阳光直射的牢固实验台上。

2. 氧气瓶应放置在没有震动的地方，远离热源，室内不得有明火。

3. 试验前应检查室温是否达到要求并保持恒定。

4. 检查量热仪性能、氧弹的气密性、氧气瓶压力等是否达到要求，发现问题及时处理后方可进行试验。

5. 经常使用苯甲酸或标准煤样进行验证，保证结果的可靠、准确性。

第 12 条 硫分测定(库仑法)安全操作注意事项。

1. 煤样上覆盖一层三氧化钨作为催化剂，使煤中硫在 1 150 ℃全部分解为硫氧化物。避免温度过高缩短燃烧管和高温炉的寿命。

2. 电解液可重复使用，必须避光保存，但 pH 值小于 1 时，电解液必须重新配制。

3. 仪器使用时，发现停电或其他故障时，应立即关闭燃烧管和电解池间的活塞，防止电解液倒流到高温炉造成仪器损坏。

4. 升温时，高温燃烧炉的电流不易过大，最初为 1～3 A，然后逐渐加大到 7～8 A。

第 13 条 原始记录、报表。

1. 使用与测试项目相应的原始记录，各栏目应填写清楚，字要工整。

2. 测定结果的取舍按该项目的国家标准进行。

3. 不同基的换算按《煤炭分析试验方法一般规定》(GB/T 483—2007)进行。

4. 计算完成后的原始记录经自检无误后签字，记入台账，填写化验结果报告单。

5. 原始记录本上禁止写与实验无关的内容，记录者应在记录本上签字。

6. 原始记录数据不得任意涂改，查对时发现确实为记录错误，应在错误数据上打一斜线，将正确的数字写在错误处的右上角。不得在原数字上更改，严禁将原数字涂改，以免他人辨认不出原来的数字。

7. 原始记录、化验结果报告单由技术负责人审核签字，确认无误后得出化验结果报告单。

8. 原始记录必须有编号，不得丢失。用后应存档备查。

四、特殊操作

第 14 条 仪器设备发生故障时，要查清原因，排除故障后方可继续使用。

第 15 条 本岗位有可能发生灰皿、挥发分坩埚、瓷舟破裂等异常状态。用备查煤样重新测定。

五、收尾工作

第 16 条 干燥器中的干燥剂应随时进行检查，及时更换回收，防止干燥剂失效。

第 17 条 对设备进行维护保养，并清理设备和环境卫生。

1. 及时清理现场和实验用具，对实验器皿要合理的存放，常用常洗，保持干净、干燥。

2. 化验用工具、仪器、量具应按类进行设置、摆放，不应随意放置或丢失，要养成一切用品和工具用完后放回原处的习惯。

第 18 条 试验结束后，及时关闭加热器，应对仪器、电、水、气等进行关闭。

第 19 条 按规定填写岗位记录，做好交接班工作。

六、安全规定

第 20 条　要经常检查化验室用电器保护接地的可靠性，并经常注意检查电路的绝缘层是否完好，如有破损应立即更换。

第 21 条　实验时注意不能将液体漏入各种仪器内部，尤其是带电部分，防止引起火灾或电击事故。

第 22 条　做高温灼烧工作时要戴好手套，防止烫伤。

第 23 条　在实验中如遇皮肤和眼睛受伤，可速用水冲洗。

第 24 条　严禁湿手操作电器，严禁用水及湿布带电擦洗电器。

第 25 条　严禁在火燃、电热器具或其他热源附近放置易燃、易爆危险药品等。

第 26 条　化验室必须保持安静，禁止在室内喧哗、嬉闹、进食和存放食物。

第 27 条　下班离开前要检查各自分管区域门、窗、水、电、气是否处于关闭状态，仪器电源是否处于断电状态以免损害仪器引起火灾，确保安全。

七、危险因素、职业危害与防护

第 28 条　岗位存在的职业危害为触电和高温火灾。

1. 实验时注意不能将液体漏入各种仪器内部，尤其是带电部分，防止引起火灾或电击事故。

2. 电源接线部分，防止电线风化裸露导致设备带电，如有此现象则及时处理，应当迅速切断电源，使用灭火器、砂子扑救，并上报有关领导。

第 29 条　岗位存在的危险因素为物体打击、机械伤害、触电伤害及其他伤害。

第 30 条　化验员在工作中要切实做好防中暑、防滑、防中毒、防触电工作。当发生意外事故时，立即采取有效措施及时进行处理，并上报有关领导。

第 31 条　一旦发生人身安全职业危害事故，立即送往医院治疗。